普通高等教育“十二五”规划教材

石油化工概论

（第三版）

李为民　单玉华　邬国英　主编

中国石化出版社

内 容 提 要

本书在第二版基础上未对全书结构作重大调整，主要在内容上除旧补新。本书共分六章，全面概述了石油和油品的基本知识、石油馏分的催化加工，介绍了石油化学工业中有机化工产品、精细石油化学品以及三大高分子合成材料的生产原理、工艺过程、性能与用途等。

本书为高等院校相关专业的教材，也是一本普及性的石油化学工业读物，可供炼化企业的生产管理人员参考，还可满足高级职业技术人才继续教育的需要。

图书在版编目(CIP)数据

石油化工概论/李为民,单玉华,邬国英主编.—3版.
—北京:中国石化出版社,2013.6(2018.7重印)
普通高等教育"十二五"规划教材
ISBN 978-7-5114-2175-3

Ⅰ.①石… Ⅱ.①李… ②单… ③邬… Ⅲ.①石油化工-高等学校-教材 Ⅳ.①TE65

中国版本图书馆CIP数据核字(2013)第105795号

中国石化出版社出版发行

地址:北京市朝阳区吉市口路9号
邮编:100020 电话:(010)59964500
发行部电话:(010)59964526
http://www.sinopec-press.com
E-mail:press@sinopec.com
北京柏力行彩印有限公司
全国各地新华书店经销

*

787×1092毫米 16开本 20.75印张 518千字
2018年7月第3版第3次印刷
定价:45.00元

第三版前言

《石油化工概论》第二版在2006年1月出版发行至今已经六年了。在此期间，我国石油化学工业有了长足的进步，石油化工及其相关工程科学领域的新产品、新材料、新工艺不断涌现，产品标准要求等也有很大提高。作为介绍石油化工基础知识的《石油化工概论》一书，社会适应面在不断拓宽。为满足高等院校石油化工类专业教学、高级职业技术人才工程继续教育以及希望了解石油化工的科技人才的需要，在兄弟院校、行业及社会阶层的大力支持下，对本书的第二版作了修改与补充，作为第三版出版。

在中国石化出版社的统筹下，根据几年来我院、兄弟院校的教学和使用情况，结合许多读者对本书提出的一些宝贵建议和要求，本书在作为第三版出版前进行了修改，但全书的结构未做重大改动，各章节内容在第二版的基础上除旧补新，主要补充了近年来石化工业中科学技术的最新动态，按照与国际接轨的新标准对相关内容进行了修改。

参加本书第三版编写工作的人员：第一章由叶青、邬国英编写，第二章由邬国英、周国平编写，第三章由林西平编写，第四章由李为民、杨基和编写，第五章由单玉华、邬国英编写，第六章由李为民编写。林西平、李为民对全书进行了统稿与审定。

书中不妥和错误之处在所难免，诚望专家和读者批评、指正。

编　者

目　录

第一章 绪 论

第一节 石油化学工业发展概况

一、石油化学工业概貌

石油化学工业是以石油❶和天然气为原料，既生产石油产品，又生产石油化学品的石油加工工业。

按加工与用途划分，石油加工业有两大分支：一是石油经过炼制生产各种燃料油、润滑油、石蜡、沥青、焦炭等石油产品；二是把石油分离成原料馏分，进行热裂解，得到基本有机原料，用于合成生产各种石油化学制品。前一分支是石油炼制工业体系，后一分支是石油化工体系。因此，通常把以石油、天然气为基础的有机合成工业，即石油和天然气为起始原料的有机化学工业称为石油化学工业(petrochemical industry)，简称石油化工。炼油和化工二者是相互依存相互联系的，是一个庞大而复杂的工业部门，其产品有数千种之多。它们的相互结合和渗透，不但推动了石油化工的技术发展，也是提高石油经济效益的主要途径。石油化工是20世纪60年代以来快速发展起来的一个新兴工业部门。石油化学工业产品概貌及其石油化工上中下游产品关系如图1-1和图1-2所示。可见，要把如同一部百科全书的产品群描绘清楚是十分困难的，这里只从石油的加工过程和产品类别这两方面去认识石油化学工业的概貌。

石油化工包括以下四大生产过程：基本有机化工生产过程、有机化工生产过程、高分子化工生产过程和精细化工生产过程。基本有机化工生产过程是以石油和天然气为起始原料，经过炼制加工制得三烯(乙烯、丙烯、丁烯)、三苯(苯、甲苯、二甲苯)、乙炔和萘等基本有机原料。有机化工生产过程是在“三烯、三苯、乙炔、萘”的基础上，通过各种合成步骤制得醇、醛、酮、酸、酯、醚、腈类等有机原料。高分子化工生产过程是在有机原料的基础上，经过各种聚合、缩合步骤制得合成纤维、合成塑料、合成橡胶(即三大合成材料)等最终产品。

石油化工是精细化工的基础，精细化工的原料大部分来自廉价的石油化工。精细化工为石油化工提供高档末端材料，如催化剂、表面活性剂、油品添加剂、三大合成材料用助剂等。精细化工生产多项工业和尖端技术所需要的工程材料和功能性材料，取得高附加值。所以，一般认为精细化程度已成为衡量石化工业水平的尺度。

---

❶石油与原油二者在含义上是有区别的，石油一词源于拉丁语petro(岩石)与oleum(油)，二者拼起来即石油(petroleum)。根据美国石油化学家瓦拉斯(Walace)定义，一切天然碳氢化合物，不管它是气体、液体、固体(煤炭除外)，或它们的混合物，统称石油。而原油(crude oil)指的是自油井中所采出的液体油料，按这个定义来说，石油包括原油、天然气、天然汽油、地蜡、地沥青及油页岩干馏油等。不过，在日常术语中一般将石油与原油二词交换使用或相提并论，本书也沿用人们的习惯，石油指的是原油。

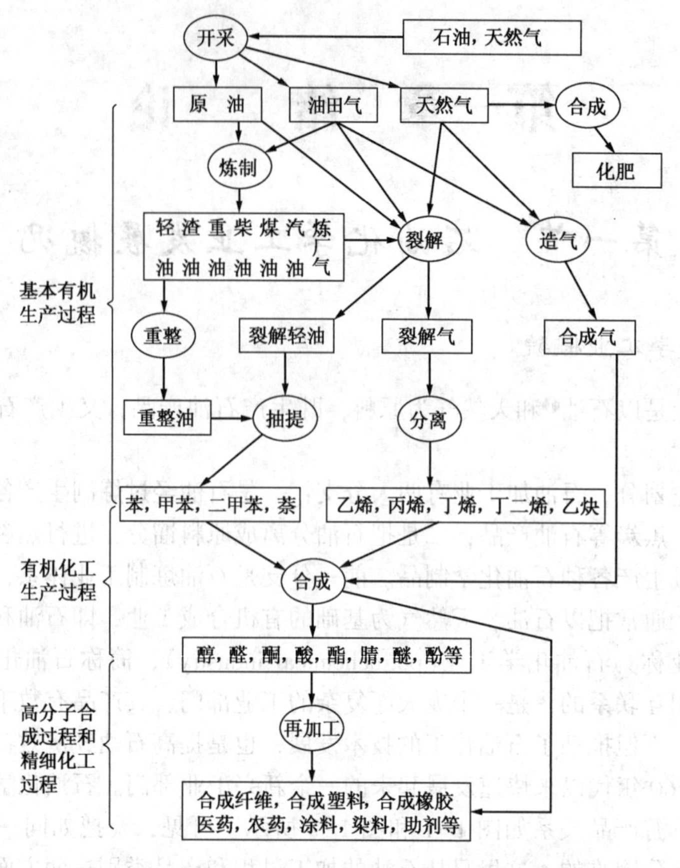

图 1-1　石油化学工业概貌

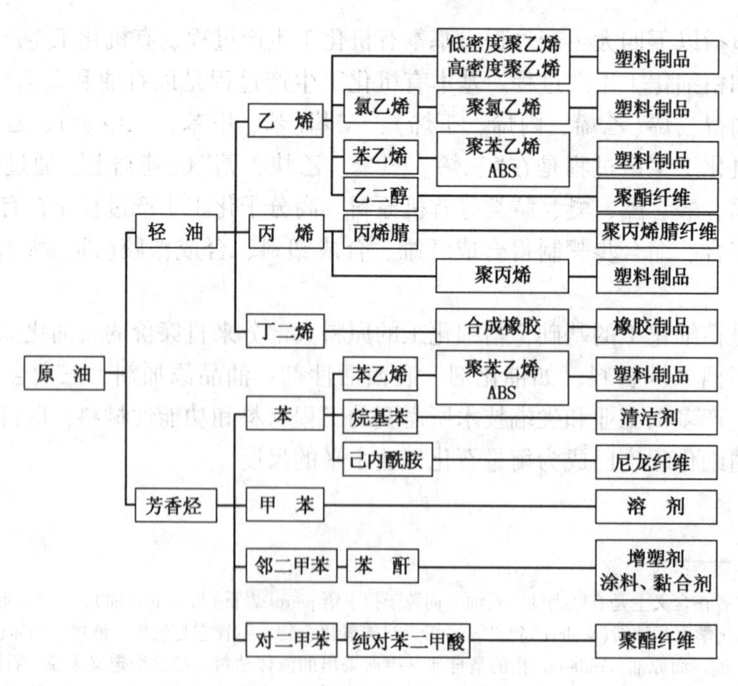

图 1-2　石油化工上中下游产品关系简图

二、石油化工发展简史

石油化工是在煤化工基础上发展起来的，基本有机化工原料的生产大致经过三个阶段，即初级阶段、煤化学阶段、石油化学阶段。

最早，人们是以农副产品的“发酵”和“干馏”的方法获得品种有限的有机原料，如粮食发酵制取酒精，木材干馏取得甲醇、丙酮、醋酸、苯酚等。19 世纪后半期，钢铁工业的发展带动了炼焦工业的发展。用煤炼焦时，副产约 3%的煤焦油，煤焦油富含苯、甲苯、萘等有用芳烃，将这些芳烃提取出来，为染料生产提供了充足原料。随后，人们用焦炭和石灰石融炼出电石(CaC_2)，电石与水反应轻而易举地制得乙炔，利用乙炔的特有活性可制得氯乙烯、醋酸乙烯、氯丁二烯、三氯乙烯、丙烯腈、乙醛、异戊二烯等有机原料，再由此衍生最终产品，这是煤化工最灿烂的历史阶段。苯，过去都是由煤炭干馏副产的煤气中取得，现在可由石油出发，在汽油重整或轻质油品裂化制取石油化工原料气的同时产生，用溶剂萃取而得。由于煤化工的工艺路线和效益不佳，在 1970 年以石油为燃料的化工产品比例猛增到 80%以上。到 1979 年，在西欧天然液体及气体燃料在化工原料的能源消耗上已高达 99%，固体燃料只占 1%。

石油化工是在煤化工基础上发展起来，以其低成本、高产出、高效益的绝对优势，从它的诞生开始，就结束了仅以煤和农产品为化学工业原料的历史。近 60 年来，除中国外其他发达国家煤炭产业几乎被石油、天然气工业挤得无立足之地。

随着世界经济的增长和人民生活水平的提高，石油供求矛盾日益突出。20 世纪 70 年代末开始至今，出现了两次大的石油危机，加之石油价格大起大落，严重危及各国经济、能源和安全。因此，调整能源结构、开辟多种能源利用渠道，合理开发利用煤炭资源已成为有识之士的共识。世界煤炭资源十分丰富，发达国家已投入大量资金研究洁净煤技术，煤化工的比例有所回升，这是煤化工发展的新趋势。

石油化工最初是在炼油工业进步的基础上发展起来的，石油化工的兴起始于美国。西·埃力斯(C·Ellis)于 1908 年创建了世界上最早的石油化工实验室，经过约 10 年的刻苦钻研，于 1917 年用炼厂气中的丙烯制成最早的石油化工产品——异丙醇。1920 年美国新泽西标准油公司(美孚石油公司)采用他的研究成果进行工业化，从此开创了石油化学工业的历史。1919 年，美国联碳化合物公司开发出以乙烷、丙烷为原料高温裂解制乙烯的技术，随后林德公司建成了工业化生产乙烯(从裂解气中分离出乙烯)的石油化工厂。大分子烃转化成小分子烃的裂化技术的出现，使炼油工业从一次加工发展到二次加工，这可以看成是石油化工的兴起。1941 年管式炉制乙烯实现了工业化，石油化工走上加速发展的道路。在第二次世界大战期间，涉及战略物资的合成橡胶急剧发展，乳液聚合技术趋于成熟。进入 20 世纪 50 年代，以齐格勒-纳塔(Ziegler-Natta)催化剂为代表的一批重大技术先后突破，为石油化工进入大发展时期进行了技术准备。20 世纪 60 年代，石油化工经历了全球性的大发展，1960 年世界乙烯生产能力为 2.91Mt/a，到 1970 年达到 19.76Mt/a。20 世纪 70~80 年代，经历了石油危机的冲击，世界石油化工仍然继续发展，各项重要技术趋向成熟。1980 年乙烯生产能力达到 34.06Mt/a。进入 20 世纪 90 年代，以信息技术为代表的高新技术向石油化工渗透，全球石油化工经历了一次空前的产业结构调整，石油化工产业在提升中继续发展，世界乙烯生产能力由 1991 年的 64.60Mt/a，增加到 2009 年底的 1385Mt/a。

三、世界石油化工的发展现状

乙烯生产在石油化工基础原料生产中占主导地位。由乙烯装置生产的乙烯、丙烯、丁二烯、苯、甲苯、二甲苯，即“三烯三苯”是生产各种有机化工原料和合成树脂、合成纤维、合成橡胶三大合成材料的基础原料。可以说，乙烯工业的发展水平总体上代表了一个国家石油化学工业的水平。

（一）乙烯

乙烯是石油化学工业最重要的基础原料之一，全球石化行业经过半个多世纪的发展，乙烯的年产量逐年提高，近两年世界乙烯生产能力增势明显放慢，见图 1-3。

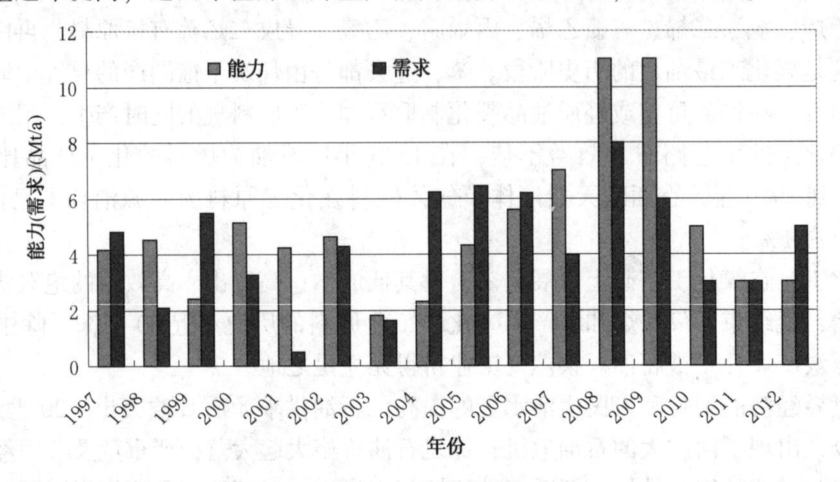

图 1-3 全球乙烯产能图

目前，全球乙烯的生产主要分布在北美、西欧和亚洲（表 1-1）。2010 年世界十大乙烯产能国家依次是：美国 27.593Mt/a、中国 12.978Mt/a、沙特阿拉伯 11.955Mt/a、日本 7.265Mt/a、德国 5.743Mt/a、韩国 5.630Mt/a、加拿大 5.531Mt/a、伊朗 4.734Mt/a、中国台湾省 4.006Mt/a、荷兰 3.965Mt/a。

表 1-1 世界各地区乙烯产能分布 kt/a

地区	2007 年	2008 年	2009 年	2010 年
亚太地区	3300.2	3336.2	3973.1	42631
东欧和前苏联地区	851.2	857.1	797.1	7971
中东和非洲	1234.2	1931.2	2060.2	23357
北美	3570.8	3540.7	3446.9	34508
南美	508.3	508.3	508.4	5084
西欧	2492.8	2491.8	2491.8	24904
总能力	11957.5	12665.3	13277.5	138455

全球乙烯工业发展的主要特点：

（1）产能过剩的局面仍在持续。受全球经济低迷、乙烯新增产能投产以及市场需求疲软的影响，2008 年以来乙烯装置开工率一直处于较低水平。2009 年，世界乙烯产能达到 133Mt，需求量为 112Mt，装置开工率为 84.2%，产能过剩约 15Mt，占需求量的 13.4%。

（2）中东地区多数项目推迟投产，亚太地区新增产能主要来自中国。由于金融市场动荡及全球经济减速，中东石化生产商纷纷调整项目进程，主要体现在重新安排投资计划、重新谈判工程合同等。在原规划2009年投产的项目中，只有日本住友化学公司与沙特阿美石油公司的合资企业PetroRabigh的1.30Mt/a乙烷裂解装置投产，许多项目的投产推迟到2010年后。2009年，亚太地区新增乙烯产能主要来自中国(含台湾省)的新建扩建装置，包括福建炼油乙烯一体化项目的800kt/a裂解装置、独山子石化千万吨炼油百万吨乙烯工程的1.0Mt/a裂解装置以及上海赛科从900kt/a扩建为1.19Mt/a的装置。另外，东欧关闭了600kt/a的乙烯产能，北美关闭了938kt/a的产能。

(3) 国际大型石油石化公司仍是乙烯生产的最主要力量。2009年，世界十大乙烯生产公司的产能总计6.1219Mt，占世界总产能的46.0%，仍是乙烯供应的主力。其中名列第一的陶氏化学公司拥有10.079Mt/a的生产能力，约占当年世界乙烯总产能的7.6%。近年来，国际大石油石化公司还通过合资方式，在乙烯消费市场和原料供应地尤其是在中东和亚太地区建设了一批世界级规模的大型乙烯装置。

(4) 装置规模和集中度继续提高。2009年全球共有266家乙烯生产厂，平均规模为500kt/a，同比提高4个百分点。中国台湾的台塑石化公司对麦寮乙烯厂的两套装置进行了扩能，分别从450kt/a扩大到700kt/a、900kt/a扩大到1.35Mt/a，产能合计达到2.935Mt/a，取代多年居首位的加拿大诺瓦(NOVA)化学公司的Joffre乙烯厂，跃居世界乙烯生产厂的第一位。其余乙烯厂的排序没有变化(见表1-2)[2]。从全球来看，已建和在建的生产能力在1.0Mt/a以上的乙烯裂解装置多达30多套[3]。2010年7月，阿联酋Borouge公司的生产能力为1.5Mt/a的乙烯装置建成投产，该装置取代伊朗Jam石化公司2008年12月投产的1.32Mt/a的乙烯装置，成为全球最大的单系列乙烯装置。

表1-2　近年全球十大乙烯生产商拥有的乙烯生产能力　　kt/a

排名	1998年		2003年		2009年	
	公司	生产能力	公司	生产能力	公司	生产能力
1	陶氏化学	5428	陶氏化学	9851	陶氏化学	10079
2	等星	5202	埃克森美孚	8406	埃克森美孚	8551
3	埃克森美孚	3692	壳牌	6319	沙特基础工业	8399
4	壳牌	3351	Sabic	5196	中国石化	6075
5	诺瓦	2222	等星	4880	壳牌	5947
6	BP阿莫科	2201	BP	4672	道达尔	5472
7	埃尼化学	2100	雪佛龙菲利浦斯	3738	利安德巴塞尔	5200
8	菲利浦斯	2040	中国石化	3506	伊朗国家石化	4734
9	中国石化	1785	阿托菲纳	3388	英力士	4586
10	联碳	1776	诺瓦	2965	台塑石化	4476
	合计	29297		52915		61219
	占世界总能力的比例/%	32.19		47.77		46.00

单炉能力的提高为装置大型化奠定了基础。20世纪80年代，600kt/a大型乙烯装置的单炉生产能力一般为75~80kt/a，目前已增加到150~160kt/a。加拿大新建的诺瓦大型乙烯装置，采用斯通-韦伯斯特公司的乙烯技术，气体裂解炉的单炉能力达到240kt/a，液体裂解炉的单炉能力达到175kt/a。据介绍，KBR公司设计的单台裂解炉能力可以达到280kt/a。

(二) 基本有机化工原料

石油化工的基础原料主要有乙烯、丙烯、丁二烯和芳烃。而像环氧乙烷/乙二醇、环氧丙烷、丙烯腈、苯乙烯、苯酚/丙酮、醋酸、醋酸乙烯、α-烯烃、甲乙酮、顺丁烯二酸酐、丁醇/辛醇等都是主要的有机化工原料。

目前世界丙烯生产能力从2003年的63.87Mt增加到2007年的84.03Mt，而世界丙烯的需求量从20年前的15.20Mt/a增加到2007年的73.49Mt，预计世界丙烯的需求量到2013年将达到85.0Mt。

1999年，世界丁二烯的生产能力为9.60Mt/a，到2004年达11.204Mt/a。1994~2004年，世界丁二烯生产能力的年增长率为3.3%。2011年，丁二烯的生产能力为12.916Mt/a。增长最快的地区分别为亚洲、南美以及中东，新增能力主要来源于亚洲和北美。目前，亚洲是世界上最大的丁二烯生产地区，产能约占世界总产能的三分之一。

（三）合成树脂、合成橡胶、合成纤维

1. 合成树脂

随着石油化工的发展，合成树脂已迅速成长为和钢铁、水泥、木材相提并论的四大基本材料之一。合成树脂加入各种助剂后称为塑料，被大量应用在日用品、包装、建筑、信息电子、电力、汽车、农业、机械等许多领域。全球塑料的生产速度5.7t/s，塑料的消费速度为4.9t/s。

合成树脂主要分为通用塑料和工程塑料两大类，以通用塑料为主，2010年PE、PP、PS、PVC、ABS五大通用塑料产量占总合成树脂的90%以上。工程塑料以通用热塑性工程塑料为主。2007年，世界五大通用树脂的产量为260Mt/a，聚乙烯占40%，聚丙烯占26%，聚氯乙烯占20%，聚苯乙烯占10%，ABS树脂占14%。

据资料介绍，目前全球的合成树脂产量已达260Mt/a，亚洲、北美和欧洲共占世界总产量的90%以上，其中美国、日本、德国、韩国和中国的年合成树脂产量分列世界的前5位。

2. 合成橡胶

天然橡胶和合成橡胶均应用于各种工业部门：轮胎生产占60%，工业制品占23%，其余近10%用于塑料改性、沥青改性和其他应用。迄今，合成橡胶已有近百年的发展历史，最近30年，世界橡胶工业一直处于动荡状态，一直延续多年的美、日、欧三极体制，从2001年开始，以中国加入WTO和橡胶消费量创记录增长为标志，揭开了美、日、欧、中竞相发展的局面。

2010年，世界合成橡胶生产量已达14.027Mt，创造了世界历史新高，同比增长4.3%，连续两年保持在3%以上的速度。按国家地区来看，中国是发展最快的一个国家，从2001年首次超过1Mt开始，年年以双位数增长，到2010年已一举超2Mt大关，达到了2.123Mt，世界排名已从原来的第4升到世界第2。历史上技术一直领先世界、长期位居全球之首的美国，近10年来则一直在2.3~2.4Mt之间徘徊，但2010年达到2.94Mt。日本在结束长达10多年的年产1.5Mt上下停滞的状态之后，从2007年起升至1.65Mt，到2010年又回到了1.557Mt。

俄罗斯也是世界合成橡胶生产大国。1990年之前的苏联时代，合成橡胶年产量曾达到过2.5Mt，位居当时全球之首。1991年解体成立俄罗斯后生产直线下降，整个90年代年产量不过600~800kt，不足原来的1/3。2004年才恢复到百万吨之上的1.11Mt。2007年增至1.24Mt，2010年继续增至1.64Mt。在英法意等历史合成橡胶生产大国相继低沉之际，俄罗斯又重新崛起。

法国为欧盟产量最多的国家，2010年，法国产量已达698t已超过德国的637kt，成为欧盟产量最多的国家。特别值得关注的是新兴国家韩国。10年来合成橡胶一直迅速发展，已由1997年的540kt增长到2010年的近1180kt，从2002年以来保持了6%~9%的高速度增长，超过德国成为世界第5大合成橡胶生产国。巴西经过几次停滞之后，在2010年产量已近460kt，增长速度也在2.4%以上。

上述九大年产合成橡胶400kt以上的国家，总产量已达11777kt，占到全球的82.9%，其中的中俄日韩已成为拉动世界合成橡胶生产发展的主导力量。

据统计，2010年全球橡胶消费量为24.61Mt/a，其中天然橡胶消耗量为10.765Mt，合成橡胶消耗量为13.845Mt，合成橡胶和天然橡胶消耗比仍维持在2009年的56.3∶43.7。在合成橡胶消费量中，顺丁橡胶(BR)和丁苯橡胶(SBR)占合成橡胶消费总量的56%。据分析，在2009年14.207Mt合成橡胶消费量中，SBR固体占37%，BR占22%，乙丙橡胶(EPDM)占9%，丁腈橡胶(NBR)占5%，氯丁橡胶(CR)占3%，其他占24%。

目前，世界合成橡胶市场供大于求，尤其是BR和SBR。据国际合成橡胶生产商协会(IISRP)预测，到2020年，世界天然橡胶消费量将达到10Mt左右，合成橡胶消费量达到16Mt左右。其中，中国天然橡胶消费量在2.5Mt以上，合成橡胶消费量在5Mt以上。

3. 合成纤维

合成纤维是重要的合成材料之一，与棉、毛、纤维素纤维等统称为纺织纤维，在国民经济中起很重要的作用。直到19世纪末，人们穿着的都还是棉、麻、丝等天然产物。1939年，DuPont公司用人工方法合成了第一种化学纤维——锦纶66，从此合成纤维工业得到迅速发展。20世纪50年代末期，由于石油化学工业的发展，为合成纤维工业提供了充足的原料来源，合成纤维生产迅速由以煤向以石油和天然气为原料的生产方法转变，为合成纤维产业提供了前所未有的发展前景。

据报道，受全球性经济低迷的影响，2008年全球纤维产量比上年下降4.6%，为71.27Mt。统计数据显示，2009年上半年中国纺织品出口额为728亿美元，中国政府出台了纺织工业刺激政策来扭转下降趋势。至2009年9月这一市场也呈现出一些亮点，一些主要的纤维产品，如涤纶的需求已经好于预期。据估计，2011年中国纺织品出口额为2400亿美元，年均增速达到8%。

2010年全球纤维市场开始复苏，需求出现大幅反弹，而且这种增长的趋势有望维持3~4年时间。2009年世界化纤产量约为41.56Mt，同比增加7.8%，已恢复到2007年的水平。除尼龙纤维外，其他纤维产量均转为增长，除部分先进国家及地区外，2009年下半年世界化纤生产均进入恢复状态。中国化纤的生产恢复最为显著，生产量增加15.7%，为26.05Mt，增长率及产量远超其他国家和地区。

四、石油化工发展的趋势和特点

世界炼油工业继续向规模化发展，产业集中度进一步提高。据美国《油气杂志》统计，截至2011年年底，全球共有655座炼油厂，平均规模达到6.72Mt/a。与2003年相比，炼油厂数量减少9%，但平均规模提高了17%，由5.72Mt/a上升到6.72Mt/a。排名世界前十位的10家炼油公司的炼油能力达到1770Mt，占全球总能力的40%以上。规模在20.0Mt/a以上的炼油厂达到22座。印度信实公司贾姆讷格尔炼油厂以62.0Mt/a的炼油能力成为世界最大的炼油厂。

表1-3列出了2002年和2011年世界十大炼油公司。

表 1-3　世界十大炼油公司

排　名	2002 年		2011 年	
	公　　司	原油加工能力/(Mt/a)	公　　司	原油加工能力/(Mt/a)
1	埃克森莫比尔公司	268	埃克森美孚公司	285
2	英荷壳牌集团	226.85	英荷壳牌集团	206.65
3	英国石油公司	159.75	中国石化集团公司	196.67
4	中国石化集团公司	133.25	英国石油公司	164.19
5	委内瑞拉石油公司	133.25	美国瓦莱罗能源公司	136.81
6	康菲公司	130.65	委内瑞拉国家石油公司	131.96
7	TotalFinaElf 公司	125.45	中国石油天然气集团公司	131.81
8	Chevron Texaco 公司	119	康菲公司	126.55
9	沙特阿拉伯石油公司	106.4	美国雪佛龙石油公司	126.12
10	巴西石油公司	95.35	沙特阿拉伯石油公司	120.8

21 世纪以来，炼油-化工一体化正在向纵深发展。实施炼油-化工一体化战略，炼油厂低辛烷值组分和加氢裂化尾油可送往乙烯厂作为裂解原料，乙烯厂的裂解汽油等高辛烷值组分又可返回炼油厂，从而优化资源利用。除此之外，实施炼油-化工一体化还可使库存和储运、公用工程、营销等费用减少，削弱市场需求和价格波动的影响；一体化战略可以使25%的石油产品变为高附加值的石化产品，资金回报率提高 2%~5%。为持续降低成本，提高资源综合利用效率，实现企业效益最大化，世界主要石油公司都在加强炼化一体化基地的建设。目前已经形成了美国墨西哥湾沿岸地区、日本东京湾地区、韩国蔚山、新加坡裕廊岛、沙特朱拜勒和延布石化工业园区等一批世界级炼化一体化工业园区。其中美国墨西哥湾沿岸地区是世界最大的炼化基地，炼油能力达到 393Mt/a，占美国总炼油能力的 44%。该地区还集中了美国 95%的乙烯产能。日本东京湾地区的炼油能力占全国的 38.5%，乙烯能力占 55.9%。我国的长三角、珠三角、杭州湾地区、环渤海地区以及印度的贾姆纳加尔、伊朗的伊玛姆等地正在加快建设世界级炼化一体化工业园区。

同时，精细化工发展速度继续增长。精细化工率在一定程度上反映一个国家精细化工的发展水平。美、日、德等发达国家化学工业的精细化率 20 世纪 80 年代一般为 45%以上，目前已上升到 55%以上。近几年，发达国家精细化工的发展速度都高于化学工业的发展速度，精细化工品种也将不断增加，高新技术加速渗透，在 21 世纪初这种趋势仍将继续。

在 20 世纪下半期，石化工业不断向原料重质化方向发展。20 世纪 40 年代的石油化学工业主要是利用炼厂气；20 世纪 50 年代用乙烷、丙烷；20 世纪 60 年代发展了石脑油的裂解；20 世纪 70 年代轻柴油裂解技术得到发展；20 世纪 80 年代，出现了重柴油裂解技术。而且石油加工深度越高，经济效益越显著。如果以原油作燃料发电的经济效益为 100，则炼制成品油的经济效益为 140~220，加工成基本化工原料的经济效益为 380~430，加工成合成材料的经济效益为 1030~1560。

石化工业技术的另一重要发展方向是生产技术进步。为了节约能源、原料，优化生产工艺，新技术不断涌现。例如乙烯生产新技术不断涌现，鲁姆斯(ABB Lumms Global)公司开发的 Ethylene 2000 乙烯生产工艺近年得到推广应用。该工艺特征是短停留时间(SRT)裂解炉、快速急冷转油线换热器(TLE)和在线清焦技术，最近在美国多家公司获得应用。道化学公司开发了采用乙烷在自热条件下进行催化氧化脱氢的工艺，该工艺可削减乙烯生产费用。在原料方面，世界富产天然气的地区都将廉价天然气中的乙烷、丙烷用作裂解装置制乙烯的原料，大大提高了裂解制乙烯的经济性。LG 石化公司(Seoul)开发了石脑油催化裂解新工艺，与传统的蒸汽裂解工艺相比，该工艺可提高乙烯产率20%、丙烯产率10%。现有裂解装置稍加改进就可使用此工艺。最近还发展了乙烯裂解炉延长周期的抗垢剂和炉管涂层技术。陶氏化学加拿大公司推出称为CCA-500的抗垢剂，使雪佛龙-菲利浦斯化学公司蒸汽裂解的焦炭和CO生成量大大减少。这种抗垢剂根据炉管的不同条件，可使裂解炉运转时间延长2~8倍。日本大同钢铁公司和壳牌公司联合开发了乙烯裂解装置内壁涂层的反应炉管，这种新型炉管被称为等离子电力焊接(PPW)技术管(PTT)。中试表明，该涂层可防止炉管内表面焦炭沉积，使两次清焦作业之间的运转周期延长50%，同时使炉管寿命延长2~3倍。UOP公司开发了MaxEne工艺，将非正构烷烃从石脑油进料中分离，从而使石脑油裂解为乙烯的产率可提高30%。所得进料物流含约90%正构烷烃，可生产较多乙烯，而少含正构烷烃的抽余物更适合用作催化重整进料，可提高C_{5+}汽油产率或提高总芳烃收率。

保护生态环境、消除环境污染，将是21世纪人类最为关注的问题。采用“环境友好”技术，实现“零排放”，已经成为石化技术发展的主要方向之一。近年来绿色化学的研究包括：开发绿色工艺，实现“原子经济”反应，如采用具有定向氧化催化功能的钛硅分子筛，使丙烯环氧化制环氧丙烷、苯酚氧化制苯二酚等过程实现“零排放”；取代剧毒原料；发展废合成材料的“闭路循环”回收技术，等等。可以预期，随着人们对环境越来越关注，绿色化学将会有更大的发展。

五、我国的石油化工发展概况

我国的石油化学工业是在十分薄弱的基础上起步，1949年年底全国有机化工原料的总产量仅900t。为了加速发展石油化学工业，20世纪50年代开始从国外引进石油化工装置和较为先进的炼油设备。20世纪60年代大庆油田开发以后，我国石油炼制工业有了很大规模的发展。20世纪70年代，北京燕山和上海金山两个石化企业的建设，使我国形成了初具规模的石化工业。特别是1983年成立中国石化总公司之后，对全国重要的炼油、石化、化纤和部分化肥企业集中领导，统筹规划。石化工业经过50多年的发展，具有了较大的规模，生产能力和产品质量持续稳定增长，基本形成了一个完整的具有相当规模的工业体系。我国石油化工主要产品生产能力(产量)增长情况及世界排名见表1-4，2000~2010年我国石化产品需求见表1-5。

表1-4　我国石油化工主要产品生产能力(产量)增长情况及世界排名　kt/a

	原油	炼油能力	乙烯	塑料	合成纤维	合成橡胶	洗涤剂
1970年							
中国	30650	44020	15.1	176	36.2	25.4	
1990年							
中国	138000	130400	1571.6	2196	1404	298	318
世界	3024000	3732000	52331.0	98040	18942	14501	
占世界份额/%	4.6	3.5	3.0	2.2	7.4	2.1	
世界排名	7	4	12	12	5	8	
2000年							
中国	163300	217300	4278	10967	6398	889	
世界	3740000	4062600	100799	1408400	31230	14200	
占世界份额/%	4.4	5.4	4.2	7.8	20.5	6.3	
世界排名	3	4	7	5	1	4	

续表

	原油	炼油能力	乙烯	塑料	合成纤维	合成橡胶	洗涤剂
2010 年							
中国	203010	340300	14340	36630	13740	2703	
世界	3903850	4411480	138455	170910		14789	
占世界份额/%	5.2	7.7	10.3	21.4		18.3	
世界排名	5	4	2	1		1	

* 为中国石化总公司产能。

表 1-5　2000~2010 年我国石化产品需求

产　品	需求量①/(kt/a)			2000~2010 年增速/%
	2000 年	2005 年	2010 年	
乙　烯	9000	14000	17000	6.6
合成树脂②	13610	21890	34060	6.8
合成橡胶	5580~5830	7100~7360	8200~8500	3.6
合成纤维③	970~1000	1250~1400	1580~1950	5.9

①指产量净进口量的国内消费量；②合成树脂指 5 大通用合成树脂；③合成纤维指涤纶、锦纶和腈纶 3 大品种。

截至 2011 年年底，我国共有 24 家乙烯生产企业，共计 29 套乙烯装置。中国石油独山子石化分公司是我国最大的乙烯生产商，2011 年该公司乙烯生产能力达到 1.22Mt/a，占乙烯总生产能力的 8%；其次为上海赛科石油化工有限责任公司，生产能力达到 1.19Mt/a，占 7.8%；中沙(天津)石化有限公司、中国石化镇海炼化分公司、中国石化茂名分公司的乙烯装置规模也达到了百万吨以上。2011 年我国乙烯生产装置情况见表 1-6。

表 1-6　2011 年国内乙烯装置情况一览表　　kt/a

序　号	厂　家	产　能	产　量	分离工艺
	中国石化	9585	9704	
1	北京燕山分公司	710	753	Lummus 顺序分离
2	天津分公司	200	230	Lummus 顺序分离
3	中沙(天津)	1000	1112	Lummus 顺序分离
4	北京东方石油化工有限公司	150	143	TPL 专利技术
5	上海赛科石油化工有限责任公司	1190	1065	Lummus 顺序分离
6	镇海炼化分公司	1100	1108	Lummus 顺序分离
7	上海分公司 1 套	145	148	三菱重工前脱丙烷后加氢
8	上海分公司 2 套	700	762	S&W 前脱丙烷前加氢
9	齐鲁分公司	800	852	Lummus 顺序分离
10	扬子分公司	700	818	Lummus 顺序分离
11	扬子-巴斯夫有限公司	740	389	S&W 前脱丙烷前加氢
12	茂名分公司	1000	1085	S&W 前脱丙烷前加氢
13	福建炼油化工有限公司	800	852	Lummus 顺序分离
14	广州分公司	210	204	S&W 前脱丙烷前加氢
15	中原分公司	240	183	Lummus 顺序分离
	中国石油	3710	3468	
16	抚顺石化分公司	140	135	Lummus 顺序分离
17	辽阳石化分公司	200	178	IFP
18	大庆石化分公司	600	616	KBR 前脱丙烷前加氢

续表

序号	厂家	产能	产量	分离工艺
	中国石油	3710	3468	
19	吉化有机厂	150	109	三菱重工前脱丙烷后加氢
20	吉化聚乙烯厂	700	696	Linde 前脱乙烷
21	兰州石化分公司 1 套	240	206	S&W 前脱丙烷前加氢
22	兰州石化分公司 2 套	460	486	KBR 前脱丙烷前加氢
23	独山子石化分公司 1 套	220	209	Lummus 顺序分离
24	独山子石化分公司 2 套	1000	831	Linde 前脱乙烷
	中国海油	950	975	
25	中海壳牌石油化工有限公司	950	975	S&W 前脱丙烷前加氢
	其他	1065	1018	
26	辽宁华锦化工集团 1 套	180	159	Lummus 顺序分离
27	辽宁华锦化工集团 2 套	450	532	S&W 前脱丙烷前加氢
28	辽阳化工股份有限公司	135	64	CPP 裂解
29	神华包头煤化工有限公司	300	263	DMTO
	合计	15310	15167	

国内在扩大规模的同时，积极推动跨国公司合资在中国建设乙烯装置。目前，我国与跨国公司在乙烯工业上已有多个项目建成和实施中。

截至 2011 年年底，我国乙烯新增产能 200kt，分别是南京扬巴石化从 600kt/a 扩至 740kt/a 扩能项目、中原石化 600kt/a 甲醇制烯烃(MTO)装置项目(建成后新增乙烯 60kt/a)。全年乙烯装置平均开工率达到了 99.1%。2010 年 8 月，神华包头 300kt/a 甲醇制乙烯项目的投产，意味着我国乙烯生产达到 3 种原料工艺路线，即石脑油(含加氢尾油等)、催化热裂解工艺(CPP)和甲醇制烯烃(MTO)。其中，大多数装置仍以石脑油(含加氢尾油等)路线为主，占总能力的 96.8%；MTO 路线的企业有神华包头煤化工有限公司和中国石化中原分公司，占总能力的 2.3%；采用 CPP 路线的企业仅有沈阳化工股份有限公司，占总能力的 0.9%。

装备国产化取得突出进展。我国炼油工业除了 20 世纪 50 年代建成的前苏联援建的兰州炼油厂外，20 世纪 60~70 年代依靠自己的技术力量，研究开发了流化催化裂化、铂重整、延迟焦化、尿素脱蜡以及有关催化剂、添加剂等炼油新技术，并在此后建设的炼油厂中普遍使用，因此炼油工业基本上是依靠自己的技术力量建设起来的。20 世纪 80 年代以来，开始引进一些技术，如渣油催化裂化技术。由于国内研究同步进行，也开发了不少我国的技术，包括工艺技术、催化剂和设备等。

石油化工从 20 世纪 70 年代开始以来，特别是乙烯工艺一直大量引进国外先进装置和技术，同时也开展了对引进技术的消化、吸收和创新。如乙烯裂解炉是生产装置的“龙头”，过去基本依赖进口，多年来，科研设计单位对裂解技术持续进行攻关，先后开发出 SH-1、CBL-Ⅰ、Ⅱ、Ⅲ、Ⅳ型裂解炉，并成功地实现工业化，且已有多台在国内工业上应用。这些炉型符合当前高温、短停留时间和低烃分压发展趋势，各项技术经济指标均比较先进，投资仅为引进装置的 70%。成功开发了一系列石油化工催化剂，包括：丙烯腈催化剂、环氧乙烷/乙二醇催化剂、甲苯歧化与烷基转移催化剂、二甲苯异构化催化剂、乙苯/苯乙烯催化剂等。上述催化剂性能优良，达到同期国际水平，已在工业装置上推广应用，使我国石油化工生产装置所需催化剂 85%以上已立足于国内。

我国乙烯工业装备经过多年的发展，经过了从全盘引进到合资，然后实现全面自主建设的过程。从1976年引进第一套300kt/a乙烯装置开始，其装备从成套引进到只引进关键设备，用了20年时间。但真正实现300kt/a乙烯关键设备国产化还是近10年的事情，而在"十一五"期间则实现了百万吨乙烯关键设备的国产化。百万吨乙烯装置的裂解气压缩机、丙烯制冷压缩机和乙烯压缩机(俗称"乙烯三机")是装置中最关键、最难国产化的核心设备，"十一五"期间，这些核心装备均已实现了国产化。

例如，抚顺石化800kt/a乙烯装置采用的乙烯压缩机组由沈鼓集团提供，这是我国自主研制的首台百万吨乙烯装置用乙烯压缩机组。天津百万吨乙烯工程除少部分装置引进国外专利使用权和技术工艺包外，该项目乙烯大部分采用国内或合作开发技术。其中，作为核心装备的裂解气压缩机和冷箱首次由国内厂家制造，乙烯装备的国产化率达到78%。镇海炼化百万吨乙烯工程实现了三大核心机组之一的丙烯制冷压缩机的首台国产化。整个工程共有13台套大型设备被列为国家重大设备国产化攻关和重点推广应用项目，所有的国产化攻关项目均实现自主设计、自主制造、自主安装，有力地推动了国内装备制造业水平的提升。

中国石油和中国石化分别开发了乙烯工艺包技术，为乙烯项目建设提供了技术支撑；国内开发的CBL裂解技术投入使用；与鲁姆斯公司合作开发100kt/a以上SL裂解炉，在建或正在设计的SL型裂解炉超过60台，总能力超过7.0Mt/a；与鲁姆斯公司合作开发的新型乙烯回收技术已在新建640kt/a乙烯装置中成功应用；自主开发的前脱丙烷前加氢流程已被新建800kt/a乙烯装置采用。配套的裂解汽油加氢、芳烃抽提、丁二烯抽提等单元技术已在国内改造或新建装置中大面积推广；配套的碳二、碳三馏分加氢催化剂已在国内大面积应用，并出口国外。目前，我国石油化工需要的催化剂85%立足于国内，催化剂技术出口到美国；开发的顺丁橡胶技术、SBS技术、聚酯技术等都接近或者达到了国际先进水平。此外，国内MTO/MTP、C_4烯烃催化裂解、丁烯与乙烯歧化制丙烯(OMT)等技术的示范工程相继取得一系列成果。

节能减排取得成效。在国家政策指导下，国内大型石油石化企业大力开展节能减排活动，关停了一批物耗能耗高、环境污染严重的小炼油、小化工等装置，调整了产业结构；积极推进了减排科技开发及应用，重点开发推广了一系列实用节能减排技术，如：裂解炉空气预热节能技术、吸收式热泵在合成橡胶凝聚装置上的应用技术、扭曲片管强化传热技术等。通过采取一系列节能、降本增效和长周期稳定生产等措施，乙烯及三大合成材料生产装置的能耗下降，主要技术经济指标有所提高。

原料多元化取得一定进展，甲醇制烯烃原料甲醇来源广泛，可大量替代日益宝贵和稀缺的石油资源。2006年国家批准实施了内蒙古包头神华煤化工有限公司煤经甲醇制烯烃工程。该工程建设规模为年产1.8Mt甲醇、600kt烯烃，采用了中国科学院大连化学物理研究所与陕西新兴煤化工科技发展公司、中国石化洛阳工程公司合作开发的甲醇制低碳烯烃(DMTO)技术。该项目于2010年8月一次开车成功，实现了非油制烯烃技术产业化。2010年10月26日，新一代甲醇制烯烃(DMTO-Ⅱ)技术许可合同在北京签订，标志着DMTO-Ⅱ工业化示范项目——陕西煤业化工集团有限责任公司与中国长江三峡集团公司合作建设的700kt/a煤制烯烃项目正式启动。此外，由中国石化上海石油化工研究院和中国石化工程建设公司共同开发的100t/d甲醇制乙烯技术(SMTO)已在燕山石化取得示范成功，采用该技术的首套600kt/a甲醇制乙烯工业化装置正在中国石化中原乙烯化工有限责任公司建设。

第二节 石油化工在国民经济中的作用

化学工业为国民经济发展作出了重要贡献。新中国成立后，我国化学工业发展十分迅速，已成为国民经济重要的基础原材料产业和支柱性产业，为国民经济建设和社会发展作出了突出贡献。经过60多年的发展，我国的石油和化学工业已经形成包括油气开采、炼油、基础化学原料、化肥、农药、专用化学品、橡胶制品等约50个重要子行业，可生产6万多种产品，涉及国民经济各领域的完整工业体系。2010年，全行业实现总产值8.88万亿元，位居世界第二。其中，化学工业产值达5.23万亿元，超越美国，跃居世界第一。氮肥、磷肥、纯碱、烧碱、硫酸、电石、农药、染料、轮胎、甲醇、合成纤维等产品产量排名世界第一，原油加工量与乙烯、合成树脂、合成橡胶等产品产量排名世界第二，原油产量突破200Mt，天然气产量接近1000亿m^3，其中海上原油产量达到50.0Mt，我国已成为世界举足轻重的石油和化工产品生产和消费大国。

一、石化与农业的关系

我国是一个有13亿人口的大国。目前，人均耕地面积仅为0.1公顷，世界平均水平0.25公顷，为中国的2.5倍。要发展农业，只有靠科学种田，提高单产。石化工业需为农业机械化提供燃料，为农业增产提供农膜及化肥，农业对石化工业的依赖程度很高。

(一) 化肥

化肥是重要的农业生产资料，是作物产量和品质的重要保证，但施肥过量或不当所引起养分的流失，也是产生水源污染的重要原因。据有关资料统计，中国化肥施用总量从1949年的6000t(纯养分)增加到2001年的42.54Mt，单位面积的化肥施用量从1952年的0.75kg/公顷增加到2001年的327.0kg/公顷，与此同时，粮食产量也大幅度提高，单位面积粮食产量达4620kg/公顷。中国的粮食生产之所以能取得如此大的成绩，与化肥施用量的增长及农业生产技术水平的提高是密不可分的。

(二) 农膜

农膜覆盖栽培技术是提高单产的重要手段之一，一般可提高作物产量30%~50%。在原有水平上每覆盖2~3亩玉米地，相当于4亩露天玉米地的产量。每覆盖5亩棉田，产量相当于6亩露天棉田。地膜栽培还可提高作物质量，例如蔬菜可提前上市，鲜嫩可口，色泽好；西瓜早熟，糖度可提高1度。

近十几年来，国内各种农地膜应用发展迅速，已成为合理利用有限的国土资源、增加单产、提高土地利用率的有效手段。据有关部门不完全统计，2010年我国农地膜生产能力为2.2Mt/a以上，实际产量超过1Mt/a，其中地膜1.3Mt，地膜覆盖面积1800万公顷，棚膜280万公顷左右。据农业部预测，到2015年，全国地膜覆盖面积将达2000万公顷，园林设施栽培面积将达到2300万亩，再加上氨化膜、青贮膜、饲料用缠绕保鲜膜、塑料育苗容器、遮阳网、防虫网、农药器械等，约需农用塑料3.0Mt/a。

农用塑料树脂、长寿耐老化防雾滴等功能膜、农田塑料管材每年也需树脂逾百万吨。

(三) 油品

在我国农村城市化快速发展的形势下，农业户减少，农田耕作相对集中，对农业机械化提出了新的要求，石油化学工业需充分保证农业机械化所需油品。

农用车消费柴油量由1996年的9.28Mt增加到2009年的138.59Mt，年均增长率为12.6%，占柴油总消费量的比例从18%上升到22%。因此保证柴油供应，已成为石化工业支援农业的重大责任。

二、石化与汽车工业发展的关系

汽车工业是资金密集、技术密集、附加值高、经济效益显著的产业，它能带动一系列相关产业的发展，在现代社会、经济、科技及至人民生活福利等方面起着重要的作用。工业发达国家都把汽车工业作为经济的支柱产业。汽车工业的发展已成为各国工业水平及人民生活水平的重要标志。汽车工业对石化工业提出的要求，主要包括以下几方面。

（一）油品

随着中国经济的快速增长，尤其是汽车工业井喷式的发展，中国的石油消费量将会越来越大。目前，我国机动车总量达到2050万辆，其中轿车850万辆。汽车的迅速增加无疑会导致石油消耗的大幅增加。统计数字显示，目前中国机动车已消耗了全国石油总产量的85%，约为142Mt，已成为世界第二大石油消耗国，仅次于美国。石化工业生产汽油及柴油相当大部分是由汽车消费的，车用汽油量约占汽油总消费量的92%，车用柴油量约占柴油总消费量的43%。

从汽油消费来看，2011年，我国汽油的产量达81.411Mt，同比增长6.1%；汽油的表观消费量达7.738Mt，同比增长8.1%。2011年，我国汽油的进口量达29kt，同比增长21990.6%；出口量为4.06Mt，同比下降21.5%。

所需要的润滑油，也由石化工业供应。

（二）塑料

20世纪90年代以来，许多国家汽车工业重要变革之一是提高时速、降低能耗，其主要对策是更多地采用塑料件以减轻车体重量。国际上已将车用塑料特别是工程塑料用量的多少作为衡量一个国家汽车工业发展水平高低的重要标志之一。据报道，现在每辆汽车用100kg塑料，可替代200~300kg其他材料，相应地在150000km的平均寿命里程中可减少燃料消耗75L。塑料车身使形状、结构设计更加合理。20世纪80年代，世界轿车中塑料占车重为5%，而目前，国外工业发达国家每辆汽车平均塑料用量已达120kg，占汽车总重量的12%~20%。塑料大量地用于保险杠、油箱、仪表盘、方向盘、座垫、蓄电池壳、顶蓬及内装饰件、车灯罩、扶手以及各种零配件。

20世纪90年代以来，塑料在我国汽车制造业的应用已日益广泛，用量逐年增加。我国平均每辆汽车用塑料70kg，占汽车自重的5%~10%。当前我国部分汽车内装饰件、外装饰件已初步实现塑料化，并逐步向功能件与结构件方向发展。

（三）橡胶

汽车工业与橡胶工业发展关系密切，汽车工业一直是橡胶工业的主要市场，其中轮胎占车用橡胶的60%~70%左右，其余还包括胶管、胶带密封件、减震件、雨刷胶条、挡泥板等。每辆汽车均有各种橡胶配件500~600件，约重40kg，占车重的4%~5%，常用胶达14种，生胶耗量约10~15kg。

轮胎配件种类繁多，尤其需要乙丙橡胶(EPR)、丁腈橡胶(NBR)、氯丁橡胶(CR)以及硅橡胶和氟橡胶等合成橡胶。

2000年汽车橡胶制品(不含轮胎)消耗各种橡胶约200kt，2005年消耗量达300kt，2010

年为420kt。

（四）涂料

汽车涂料是指各种类型汽车在制造过程中涂装线上使用的涂料以及汽车维修使用的修补涂料。汽车涂料品种多、用量大，涂层性能要求高，涂装工艺特殊，已经发展成为一种专用涂料。汽车涂料是工业涂料中技术含量高、附加值高的品种，它代表一个国家涂料工业的技术水平。汽车涂料的主要品种有：汽车底漆、汽车面漆、罩光清漆、汽车中间层涂料和汽车修补漆。随着汽车工业的发展，国内对涂料需求量将进一步增多。据资料显示，2000年汽车涂料的总需求量为62.4kt，2010年汽车工业对涂料的总需求量为148.4kt。

（五）胶黏剂及密封胶

汽车用胶黏剂及密封胶的许多基础原料也出自石化工业。国外每辆汽车的用量为18~23kg(10年前9~11kg)，美国通用汽车公司每天在组装生产线上就要消耗胶黏剂5680L，车身使用最多(四门二盖)，其次为内装饰、顶篷、地毯的粘接等。这类材料环氧类占25%，PVC(聚氯乙烯)类占23%。

（六）织物

汽车用的纺织品越来越多地为合成纤维所占领，有人把车用织物概括为“五子登科”，即帘子(轮胎帘子布)、料子(座椅面料)、毯子(地毯)、带子(安全带)、垫子(隔热隔音棉毡)。

三、石化与建筑业发展的关系

（一）建筑塑料

建筑业在朝着更高层次发展的过程中，除了要有现代建筑风格外，更加强调讲求效率和速度、节约能源资源和低污染，室内外装饰力求简洁、明快、华丽，体现时代精神，这就迫切要求石化工业为之提供各种类型的化学建材。

化学建材是当代继钢材、木材、水泥之后新兴的第四代新型建筑材料。化学建材包括建筑塑料(塑料异型材、塑料管道、墙体、地面等)、建筑涂料、防水材料、密封材料和建筑黏合剂等，其特点是外型美观、密度小、比强度大、耐磨、易成型、耐腐蚀、不霉烂，无毒无气味、无污染，并兼有防水、密封、隔音、保温、抗震所需的功能。

塑料在建材中获得广泛应用，除了与塑料自身所具有的优良性能外，主要与世界能源日益紧张有很大关系。从材料生产能耗比较，如以PVC为1，则钢材为4.5，铝材为8.8，从应用节能效果比较，塑料窗比铝窗可节省采暖能耗约30%。目前塑料建材发展十分迅速，2004年塑料管材需求量约占管材需求量的40%。

目前国外大量给排水采用PVC塑料管道，燃气用电缆导管采用HDPE管，它们质轻、耐腐蚀、寿命长，容易铺设安装及维修。

（二）建筑涂料

在国外发达国家中，建筑涂料占整个涂料的40%~55%，与工业涂料、特殊涂料一起并称三大涂料。近年来，我国建筑涂料行业总体上呈现出良好的发展势头，2002年全国建筑涂料产量超过1.5Mt，2003年，建筑涂料的年产量大约为1.7Mt，其市场份额占整个涂料市场消费的35%~40%，2010年建筑涂料年产量达3.518Mt，是2001年的6倍。预计到2015年我国建筑涂料年产量有望达到5.0Mt。而目前建筑工程发展迅速，就北京而言，未来5年的星级饭店、大型商业区和设施等建筑工程的建筑涂料使用量将超过百亿元，全国建筑涂料需求量将以每年20%的速度增长，所以建筑涂料具有广阔的市场空间。我国现有建筑涂料生产厂4000余家，从数量上看，能够满足市场需求。目前，建筑涂料所用乳液、助剂、颜料等原料大部分出自石化工业。

(三) 防水卷材

传统的屋面防水材料是沥青油毡，因使用寿命短、维修麻烦、造价高，目前已很少使用。大多数国家已采用改性油毡(如SBS改性油毛毡、无规聚丙烯APP改性油毡等)及高分子卷材(如PVC片材、EPDM三元乙丙共聚物片材)等。对不规则屋面防水、堵漏也需要优质防水密封材料以及优质沥青。

四、石化与机械电子行业的关系

电子工业以其高技术含量，将继续超前带动其他行业的发展。石化工业发展离不开机电部门的产品进行装备，而机电工业也需要石化工业提供众多原材料才得以发展。如机械行业的机器、仪表需要润滑、密封、传动、防腐等，离不了润滑油脂、密封材料、橡胶输送及传送带，以及各种涂料；电子工业进入百姓家庭的消费类电子产品(如电视、音像设备等)及办公机械，都需要大量合成树脂；还有当今和以后，电子电气产品结构朝着短、小、轻、薄方向发展，像家用电器、通讯及动力用电线电缆，都需要石化工业提供大量塑料原料。一台电冰箱约需ABS树脂6kg，1200万台就需要72kt；一台洗衣机约需PP树脂6~8kg，1500万台就需要90~120kt。这些树脂专用料性能要求高，电视机壳每个约用ABS或HIPS(高抗冲聚苯乙烯)4~5kg，包装用EPS(膨胀性聚苯乙烯)0.3kg，3000万台即需ABS(或HIPS)120~150kt，EPS 9000t。

1. 何为石油化学工业，它是由哪些部门组成的？
2. 简述石油化工在国民经济中的地位。

第二章 石油和油品

第一节 石油的化学组成

一、石油的性质

石油(或称原油，Petroleum 或 Crude oil)是从地下深处开采出来的黄色乃至黑色的流动和半流动的黏稠液体。石油按其产地不同，性质也有不同程度的差异。它是由烃类和非烃类组成的复杂混合物，其沸点范围很宽，从常温到500℃以上，相对分子质量范围从数十到数千。

绝大多数石油的密度介于0.8~0.98g/cm^{3}之间，我国原油的相对密度大多在0.85~0.95之间，属于偏重的常规原油。在商业上，按相对密度把原油分为轻质原油(相对密度≤0.865)、中质原油(相对密度=0.865~0.934)、重质原油(相对密度=0.934~1.000)、特重质原油(相对密度≥1.000)。轻质石油在世界上的储量较少，青海冷湖原油即属此类轻质石油。

二、石油的元素组成

世界上的石油性质千差万别，但其元素组成是一致的，基本上是由碳、氢、氧、氮、硫五种元素组成。由碳、氢两种元素组成烃类；由碳、氢两种元素与其他元素，如硫、氮和氧组成非烃类。在石油中的一般元素含量范围是：83.0%~87.0%碳，10.0%~14.0%氢，0.05%~8.00%硫，0.02%~2.00%氮，0.05%~2.00%氧。

氢/碳原子比(H/C)是研究石油的化学组成与结构、评价石油加工过程的重要参数。烷烃的H/C比最大，环烷烃的H/C比次之，芳香烃的H/C比最低。同一族烃类中，随相对分子质量增大，H/C比下降。在原油加工转化为产物的过程中，总的碳含量和氢含量是维持不变的。

除上述五种元素之外，在石油中还含有微量的金属元素：铁、钒、镍、铜、铅、钙等；还发现有非金属元素：氯、碘、磷、砷、硅。一般含量只是百万分之几，甚至十亿分之几，极低；但对石油加工过程，特别是对催化加工等二次加工过程影响很大。

三、石油的馏分组成

石油的沸点范围宽，因此，无论是对石油进行研究或是进行加工利用，都必须首先用蒸馏的方法将原油按沸点的高低切割为若干个部分，即所谓馏分(fractions)。每个馏分的沸点范围简称馏程或沸程(boiling range)。从原油直接蒸馏得到的馏分称为直馏馏分。一般把原油中从常压蒸馏开始馏出的温度(初馏点)到200℃(或180℃)之间的轻馏分称为汽油馏分；常压蒸馏200℃(或180℃)到350℃之间的中间馏分称为柴油馏分，或常压瓦斯油(atmospheric gas oil，简称AGO)；而>350℃的馏分则称为常压渣油或常压重油(atmospheric residue，简称AR)。350~500℃的减压馏分称为润滑油馏分或减压瓦斯油(vacuum gas oil,

简称 VGO)；而>500℃的馏分称为减压渣油(vacuum residue，简称 VR)。这些馏分是制取油品的原料，选择适当的馏分经加工处理才能得到符合特定规格的产品。用常减压蒸馏方法得到的原油中沸点范围不同的一系列馏分的百分含量，就是它的馏分组成(fraction composition)。

四、石油的烃类组成

石油中的主要成分是烃类，在天然石油中主要含有烷烃、环烷烃、芳香烃，一般不含有烯烃。在不同的石油中，各族烃类含量相差较大；在同一种石油中，各族烃类在各个馏分中的分布也有很大的差异。

(一) 石油中的烷烃

烷烃是组成石油的主要成分之一。随着相对分子质量的增加，烷烃分别以气、液、固三态存在于石油中。

1. 气态烷烃

在常温下，从甲烷到丁烷是气态，它是天然气和炼厂气的主要成分。天然气和炼厂气中不但含有 $C_1 \sim C_4$烷烃，还含有氢气、$C_1 \sim C_4$烯烃和少量 C_5烃类等气体。炼厂气的组成，因加工条件不同而不同。

天然气有干气和湿气、富气和贫气之分。干气和湿气之间并无严格的界限。一般每立方米天然气中 C_5以上的重质烃含量低于 $13.5\times10^{-6}m^3$ 的为干气，高于此值的为湿气；含 C_3以上的烃类超过 $94\times10^{-6}m^3$ 的为富气，低于此值的为贫气。

2. 液态烷烃

在常温下，$C_5 \sim C_{15}$的烷烃为液态，其沸点随着相对分子质量的增加而上升。它主要存在于汽油和煤油中。在蒸馏石油时，$C_5 \sim C_{10}$的烷烃组分多进入汽油馏分，而 $C_{11} \sim C_{15}$的烷烃组分则进入煤油馏分。

3. 固态烷烃

在常温下，C_{16}以上的烷烃为固态。一般多以溶解状态存在于石油中，当温度降低时，就有结晶析出，工业上称这种固体烃类为蜡。通常在 300℃以上的馏分中，即从柴油馏分开始才含有蜡。含蜡量的多少，对油品的凝点的高低有很大影响。

一般把蜡含量低于 2.5%的原油称为低蜡原油，蜡含量在 2.5%～10.0%之间的原油称为含蜡原油，蜡含量高于 10.0%的原油称为高蜡原油。

(二) 石油中的环烷烃

环烷烃是石油的主要成分之一，也是组成润滑油的主要组分。

在石油中所含的环烷烃主要是环戊烷和环己烷及其衍生物。环烷烃在石油各馏分中的含量是不同的，它们的相对含量随馏分沸点的升高而增加。但在重的石油馏分中，因芳香烃的增加，环烷烃则逐渐减少。一般说来，汽油馏分中的环烷烃主要是单环环烷烃，在煤油、柴油馏分中除含有单环环烷烃以外，还出现了双环及三环环烷烃，而在高沸点馏分中则包括了单、双、三环及更多环的环烷烃。

(三) 石油中的芳香烃

芳香烃也是石油的主要组分之一。在轻汽油(<120℃)中含量较少，而在较高沸点(200～300℃)馏分中含量较多。一般在汽油馏分中主要含有单环芳烃，煤油、柴油及润滑油馏分中不但含有单环芳烃，还含有双环及三环芳烃，三环及多环芳烃主要存在于高沸点馏分

及残油中。

五、石油中的非烃化合物

石油中的非烃化合物主要是含硫、氧、氮的化合物以及胶质、沥青质。

(一) 石油中的含硫化合物

所有的原油都含有一定量的硫，但不同的原油含硫量相差很大，可从万分之几到百分之几。如我国克拉玛依原油含硫量只有0.04%，而委内瑞拉原油含硫量却高达5.48%。由于硫对原油加工工艺影响大，对产品质量的影响是多方面的，所以含硫量常作为评价石油的一项重要指标。

通常将含硫量低于0.5%的原油称为低硫原油，大于2%的原油称为高硫原油，介于0.5%~2.0%之间的原油称为含硫原油。我国原油大多为低硫原油。

硫在原油中的分布一般随着石油馏分沸程的升高而增加，大部分硫均集中在残油中。硫在原油中大多以有机含硫化合物形式存在，极少部分以元素硫存在。含硫化合物按性质可分为三大类：

1. 酸性含硫化合物

酸性含硫化合物主要为硫化氢(H_2S)和硫醇(RSH)。原油中硫化氢和硫醇含量都不大，它们大多是石油加工过程中其他含硫化合物的分解产物。硫化氢和硫醇大多数存在于低沸点馏分中，已经从汽油馏分中分离出十多种硫醇，但在高沸点馏分中尚未发现它们。

2. 中性含硫化合物

中性含硫化合物主要有硫醚(RSR)、二硫化物(RSSR)。硫醚是原油中含量较多的硫化物之一。硫醚在原油中的分布随馏分沸点的上升而增加，大量集中在煤油和柴油馏分中。二硫化物在石油馏分中含量较少，而且较多地集中于高沸点馏分内。二硫化物也不与金属作用，但它的稳定性较差，受热后可分解成硫醚、硫醇或硫化氢。

3. 热稳定性较高的含硫化合物

主要有噻吩和四氢化噻吩类化合物。噻吩具有芳香气味，在物理性质和化学性质上接近于苯及其同系物，主要分布在石油的中间馏分和高沸点馏分中。

石油中的含硫化合物给石油加工过程和石油产品质量带来许多危害：

(1) 污染环境　含硫石油在加工过程中产生H_2S和低分子硫醇等有恶臭的毒性气体，污染环境，影响人体健康，甚至造成中毒。含硫燃料油燃烧后生成的SO_2和SO_3排入大气形成酸雨，污染环境。

(2) 使催化剂中毒　在炼油厂各种催化加工过程中，硫会造成催化剂中毒丧失催化活性。

(3) 影响产品质量　硫化物的存在严重影响油品的储存安定性，易氧化变质，生成胶质，影响发动机或机器的正常工作。

(4) 腐蚀设备　含硫石油在炼油厂加工过程中产生的H_2S、低分子硫醇和元素硫等活性硫化物，对金属设备造成严重腐蚀。石油产品中含硫化物，在储存和使用过程中同样会腐蚀金属。含硫燃料油燃烧后生成的SO_2和SO_3遇水后生成H_2SO_3和H_2SO_4，会强烈腐蚀金属机件。

(二) 石油中的含氧化合物

石油中的含氧量一般都很少，大约在千分之几的范围内，但也有个别原油含量较高，超过2%~3%。石油中的氧大部分集中于胶质和沥青质中，这里讨论的是胶质、沥青质以外的含氧化合物。

石油中的含氧化合物可分为酸性氧化物和中性氧化物两类。酸性氧化物中有环烷酸、脂肪酸以及石油酚类，总称石油酸。中性氧化物有醛、酮、醚、酯、呋喃类化合物等，在石油中含量极少。

在石油的酸性氧化物中，环烷酸最为重要，约占石油酸性氧化物的90%左右，但它在石油中的含量一般多在1%以下。环烷酸在石油馏分中的分布是：在中间馏分(沸程为250~350℃左右)中含量最高，而在低沸点馏分和高沸点馏分中其含量都比较低。大致从煤油馏分开始，随馏分沸点升高其含量逐渐增加，到轻质润滑油及中质润滑油馏分其含量达到最高点，以后又逐渐下降。

在石油的酸性氧化物中，除了环烷酸外，还有酚类，如苯酚、甲酚、二甲酚、萘酚等。酚类在石油直馏产品中的含量较少。

(三) 石油中的含氮化合物

石油中的含氮量很少，一般在万分之几到千分之几。我国大多数原油含氮量均低于0.5%，如大庆原油含氮量为0.15%。

石油中的含氮量一般随馏分沸点升高而增加，因此，大部分以胶质、沥青质存在于渣油中。石油中的氮化物可分为碱性和中性两类：碱性氮化物主要有吡啶类、喹啉类和胺类化合物及其衍生物；中性氮化物主要有吡咯类和酰胺类化合物及其衍生物。碱性氮化物约占20%~40%，中性氮化物约占60%~80%。

氮化合物在石油中含量虽少，但对石油加工及产品使用都有一定的影响，所以石油及石油馏分中的氮化物应予以精制脱除。

(四) 石油中的胶质、沥青质

在石油的非烃化合物中，有很大一类物质，那就是胶质和沥青质。它们在石油中的含量相当可观，我国各主要原油中，含有约40%以上的胶质和沥青质。胶质、沥青质是石油中结构最复杂、相对分子质量最大的物质。在其组成中，除含碳、氢外，还含有硫、氮、氧和微量元素。

1. 胶质

胶质是一种很黏稠的液体或半固体状态的胶状物，其颜色为深棕色至暗褐色。它的平均相对分子质量为1000~3000，$n(H):n(C)$大体在1.4~1.5之间。一般把石油中溶于非极性的小分子正构烷烃(C_5~C_7)和苯的物质称为胶质。在胶质分子中有相当数目的环状结构，并且多为稠环系，在其结构中既有芳香环，也有环烷环和杂环(含硫、含氮、含氧的环)，且这些稠环由不太长的烷基桥连结起来，在环上还有若干个烷基侧链。在石油中的分布是从煤油馏分开始，随馏分沸点的上升，其含量不断增多，在渣油中的含量最大。胶质具有很强的着色能力，0.005%的胶质就能使无色汽油变为草黄色，所以油品的颜色主要是由于胶质的存在而引起的。

胶质受热氧化时，会转变成沥青质。

2. 沥青质

沥青质是一种黑色的无定形固体，相对密度大于1.0，平均相对分子质量范围为3000~10000，$n(H):n(C)$大体在1.1~1.3之间。一般把石油中不溶于非极性的小分子正构烷烃(C_5~C_7)而溶于苯的物质称为沥青质，它是石油中相对分子质量最大、极性最强的非烃组分。它没有挥发性，几乎全部集中在渣油中，但它是以胶体状态分散于石油中，而不像胶质一样与石油形成真溶液。

沥青质在350℃以上时，会分解生成焦炭状物质和气体，经氢气还原会转化为胶质。

六、石油烃类表示方法

了解石油烃类组成，还需要了解石油烃类组成表示方法。前面已介绍了石油的元素组成，这种烃类组成表示方法最为简单。下面再介绍三种常用的烃类组成表示方法。

1. 单体烃组成

单体烃组成是表示石油及其馏分中每一种单体化合物的含量，由于分析和分离手段有限，目前单体烃组成表示方法一般只限于石油气和低沸点石油馏分的组成表示。利用气相色谱技术可分析鉴定汽油馏分中上百种单体化合物，求算汽油馏分单体烃组成。

2. 族组成

族组成表示方法简单而实用，适用于不能用单体烃组成表示的馏分油。所谓族就是化学结构相似的一类化合物，至于要分哪些族则取决于分析方法以及实际应用的需要。例如直馏汽油馏分一般用烷烃、环烷烃、芳香烃三类族来表示；要分析裂化汽油，需要增加不饱和烃这一族的组成表示；如果要求分析更细致些，可将烷烃再分为正构烷烃和异构烷烃，环烷烃分为环己烷系和环戊烷系等。对其他馏分油根据所用分析方法不同，其分析项目也不同，分的族也不同。

3. 结构族组成

由于高沸点馏分以及渣油中各种类型分子的数目繁多复杂，用单体烃组成表示已不可能，用族组成较难准确表示时，人们又提出结构族组成表示方法来描述这些混合烃结构。采用六个结构参数即$\%C_A$、$\%C_N$、$\%C_P$、R_T、R_A、R_N就可以对这些混合烃结构进行描述。详细的描述方法可以参考徐春明主编《石油炼制工程》第四版。

思考题

1. 原油具有哪些一般性质？
2. 石油由哪些元素组成？其含量分布如何？
3. 石油中有哪些烃类和非烃类？石油中非烃类化合物的分布状况如何？非烃化合物的存在对石油加工和产品质量有何影响？
4. 何谓胶质和沥青质？简述两者的区别。
5. 了解石油烃类组成有哪几种表示方法？

第二节　石油及油品的物理性质

石油及油品的物理性质是科学研究和生产实践中评定油品质量和控制加工过程的重要指标，也是设计和计算石油加工过程的必要数据。油品的物理性质与其化学组成及结构密切相关，因此通过物理性质，可以大致判断油品的化学组成。

油品是各种烃类和非烃类的复杂混合物，所以它的物理性质也是组成它的各种烃类和非烃类化合物的综合表现。与纯物质的物理性质不同，油品的物理性质往往是条件性的，离开了测定的方法、仪器和条件，这些性质就没有意义。所以为了便于比较油品的质量，常采用标准的仪器，在特定的条件下测定其物理性质的数据。

一、蒸气压

某一温度下，液体与液面上方蒸气呈平衡状态时，该蒸气所产生的压力称为饱和蒸气压，简称蒸气压。蒸气压表示液体蒸发和汽化的能力，蒸气压愈高，表明液体愈易汽化。

（一）纯烃的蒸气压

纯烃和其他的液体一样，其蒸气压随液体的温度及摩尔汽化潜热的不同而不同。液体的温度越高，摩尔汽化潜热越小，则其蒸气压越高。

纯烃的蒸气压，读者可从有关手册上查到。

（二）石油馏分的蒸气压

石油馏分蒸气压不仅与温度有关，还与油品的组成有关，而油品的组成是随汽化率不同而改变的，因此，石油馏分的蒸气压也因汽化率的不同而不同。在温度一定时，油品的汽化率越高，则液相组成就越重，其蒸气压就越小。

石油馏分蒸气压通常有两种表示方法：一种是工艺计算中常用的真实蒸气压，也称为泡点蒸气压，即汽化率为零时的蒸气压。另一种是油品规格中的雷德蒸气压，它是在38℃，气相体积和液相体积比例等于4时测定的条件蒸气压。通常真实蒸气压比雷德蒸气压高。雷德蒸气压较易测定。

雷德蒸气压常用于油品（主要是汽油和原油）规格中来表示油品的挥发度。如汽油馏分的雷德蒸气压（石油产品蒸气压测定法GB/T 8017）为3.73~55.19kPa。通常可用雷德蒸气压数据由相关的图表（见《石油化工工艺计算图表》图6-2-1）查得不同温度下汽油和原油的真实蒸气压。

（三）不同压力下沸点换算

液体的蒸气压与外压相等时开始沸腾，所以液体的沸点随外压而变化。例如水在101.3kPa下沸点为100℃，但在106.6kPa下沸点为101.5℃。外压越高，沸点也越高。在科研和生产中经常要作不同压力下的沸点换算，常用的最简单的方法是用本章后附图2-1。

二、馏程

对于纯物质，在一定外压下，当加热到某一温度时，其饱和蒸气压等于外界压力，此时在气液界面和液体内部同时出现汽化现象，这一温度即称为沸点。在一定外压下，纯化合物的沸点是一个常数。石油馏分与纯化合物不同，没有恒定的沸点。在一定外压下加热汽化时，其残液的蒸气压随汽化率增加而不断下降，所以其沸点表现为一定宽度的温度范围，称为馏程或沸程。

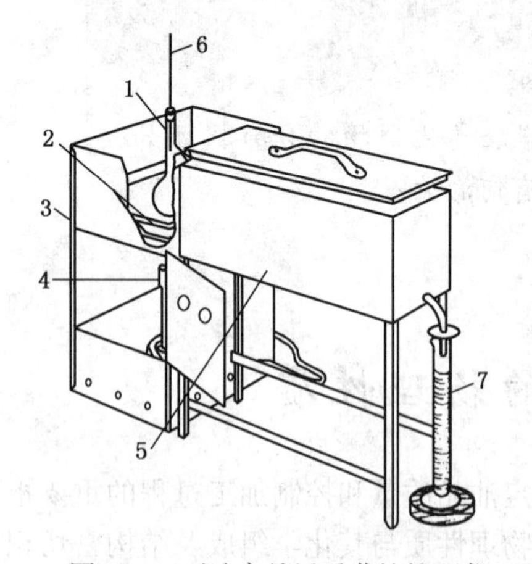

图2-1　石油产品恩氏蒸馏馏程仪

1—蒸馏烧瓶；2—石棉板；3—罩；4—喷灯；5—冷浴；6—温度计；7—量筒

油品的沸程因所用蒸馏设备不同所测得数值也有所差别，在生产控制和工艺计算中使用的是最简便的恩氏蒸馏设备，见图2-1。具体测定方法可按照GB 6536—1997规定方法进行。

当油品在恩氏蒸馏设备中按规定条件加热时，最先汽化蒸馏出来的是一些沸点低的烃类。流出第一滴冷凝液时的气相温度称为初馏点。在蒸馏过程中，烃类分子按其沸点高低依次逐渐蒸出，气相温度也逐渐升高，将馏出体积为10%、20%、30%、…、90%时的汽相温度分别称为10%、20%、30%、…、90%点（t_{10}、t_{20}、t_{30}、…、t_{90}），当蒸馏到最后达到的最高气相温度称为终馏点或干点。油品从初馏点到终馏点这一温度范围称为馏程或沸程。温度范围窄的称为窄馏分，温度范围宽的称为宽馏分。低温度范围的馏分称为轻馏分，高温度范围的馏分称为重馏分。蒸馏温度与馏出量之间的关系称为馏分组成，它是油品质量的重要指标。根据馏分组成数据，以馏出温度为纵座标，馏出体积分数为横座标作图，得到的曲线称为恩氏蒸馏曲线。在工艺计算中常用到恩氏蒸馏曲线的斜率，其表示方法为：

$$斜率=\frac{t_{90}-t_{10}}{90-10}(℃/\%)$$

它表示在馏出10%~90%之间，每馏出1%沸点升高的平均度数。馏分愈宽，其斜率数值愈大。恩氏蒸馏是粗略的蒸馏设备，得到的馏分组成结果是条件性的，它不能代表馏出物的真实沸点范围，所以它只能用于油品的相对比较，或大致判断油品中轻重组分的相对含量。

油品的馏程大致如下：

汽油	40~200℃	煤油	200~300℃
喷气燃料	130~250℃	柴油	250~350℃
润滑油	350~520℃	重质燃料油	>520℃

三、平均沸点

馏程在原油的评价和油品规格上虽然用处很大，但在工艺计算上却不能直接应用，因此工艺计算上为了要表示某一馏分油的特征，需用平均沸点的概念。它在设计计算及其他物理性质的求定上用处很大。平均沸点的表达方法有好几种，意义和用途也不一样，但都是根据恩氏蒸馏体积平均沸点和斜率求得，现介绍如下。

（一）体积平均沸点（t_v）

由恩氏蒸馏测定的10%、30%、50%、70%、90%这五个馏出温度计算得到：

$$t_v=\frac{t_{10}+t_{30}+t_{50}+t_{70}+t_{90}}{5}(℃)$$

（二）质量平均沸点（t_w）

质量平均沸点为各组分质量分数和相应的馏出温度的乘积之和。

$$t_w=\sum_{i=1}^{n}\omega_i t_i(℃)$$

（三）立方平均沸点（t_{cu}）

立方平均沸点为各组分体积分数乘以各组分沸点（K）立方根之和再立方。

$$t_{cu}=\left(\sum_{i=1}^{n}V_i T_i^{\frac{1}{3}}\right)^3(K)$$

（四）实分子平均沸点（t_m）

实分子平均沸点为各组分摩尔分数和相应的沸点乘积之和。

$$t_m=\sum_{i=1}^{n}x_i t_i(℃)$$

（五）中平均沸点（t_{me}）

中平均沸点为立方平均沸点与实分子平均沸点的算术平均值。

$$t_{me}=\frac{t_m+t_{cu}}{2}(℃)$$

上述五种平均沸点，除了体积平均沸点可根据油品的恩氏蒸馏数据直接计算外，其他几种沸点按公式难于计算求得。因此，通常总是先利用恩氏蒸馏数据求得体积平均沸点，然后再根据体积平均沸点利用本章后附图 2-2 求出其他平均沸点。

四、密度和相对密度

油品的密度是单位体积所含油品在真空下的质量，其单位为 g/cm^3 或 kg/m^3。由于油品的体积随温度的升高而膨胀，而密度则随之变小，所以，密度还应标明温度，例如，油品在 t℃的密度用 ρ_t 来表示。我国规定油品在 20℃时的密度为其标准密度，表示为 ρ_{20}。

油品的相对密度是其密度与规定温度下水的密度之比，是无量纲的，通常用 d 表示。常以 4℃水作为基准。将温度为 t℃时油品的密度和 4℃水的密度之比称为油品的相对密度，写成 d_4^t。可以看出，液体油品的相对密度与密度在数值上是相等的，但相对密度无因次，而密度有单位。

我国常用的相对密度是 d_4^{20}，表示 20℃油品和 4℃水的密度之比，国外常用 $d_{15.6}^{15.6}$表示 15.6℃（60℉）油品和 15.6℃（60℉）水的密度之比。d_4^{20} 与 $d_{15.6}^{15.6}$的换算值可由手册中查出。

在欧美各国常以比重指数（*API* 度）来表示油品相对密度。与通常密度的观念相反，*API* 度越大表示密度越小。它与 $d_{15.6}^{15.6}$的关系式如下：

$$API\text{度}=\frac{141.5}{d_{15.6}^{15.6}}-131.5$$

密度是多种油品的质量指标，特别是喷气燃料的重要指标。油品的密度主要取决于它的馏分组成和化学组成。同一原油的不同馏分油，随其沸点升高，密度增大；同样馏程的石油馏分，含芳烃多的馏分密度大于含烷烃多的馏分的密度。

五、特性因数和相关指数

（一）特性因数（K）

特性因数 K 是表征石油馏分烃类组成的一种特性数据。不同的烃族其特性因数不同，一般烷烃的 K 值最大，芳烃的 K 值最小，而环烷烃的 K 值介于二者之间。对于复杂混合物的石油馏分，也可以用特性因数 K 来大致表征其化学组成特性，富含烷烃的馏分 K 值为 12.5～13.0，富含芳烃的馏分 K 值为 10～11。特性因数可用下式表示：

$$K=1.216\times\frac{\sqrt[3]{T}}{d_{15.6}^{15.6}}$$

式中　K——石油馏分的特性因数；

　　T——沸点，绝对温度 K。对于石油馏分来说，采用中平均沸点，对于纯烃，即为沸点。

对于烃类混合物，其特性因数可以按照各馏分的质量可加性计算求得。在工艺计算中，特性因数一般不用公式计算，而是根据油品的相对密度 $d_{15.6}^{15.6}$、中平均沸点、苯胺点和相对分子质量中的任意两个参数由图查出（特性因数 K 的测定见本章后附图 2-3）。

特性因数应用相当普遍。它不仅可以用来判断石油及其馏分的化学组成的特性，而且对于石油的分类及确定原油的加工方案也是相当有用的，同时，还可以用来求定油品的其他理化常数。

（二）相关指数（$BMCI$）

相关指数 $BMCI$（即美国矿务局相关指数，U. S. Bureau of Mines Correlation Index 的缩写）是一个与相对密度及沸点相关联的指标，其定义如下式：

$$BMCI=\frac{48640}{t_v+273}+473.7\times d_{15.6}^{15.6}-456.8$$

对于烃类混合物，式中的 t_v 为体积平均沸点（℃）；对于纯烃，t_v 为其沸点（℃）。

正构烷烃的相关指数最小，基本为零；芳香烃的相关指数最高；环烷烃的相关指数居中。换言之，油品的相关指数越大，表明其芳香性越强；相关指数越小，则表示其石蜡性越强，其关系正好与 K 值是相反的。相关指数这个指标广泛用于表征裂解制乙烯原料的化学组成。

六、平均相对分子质量

石油馏分的相对分子质量是其中石油混合物中各组分相对分子质量的平均值，因而称为平均相对分子质量。平均相对分子质量是石油馏分重要物性之一，常用以求定石油馏分的汽化热、石油蒸气的体积分压以及石油馏分的某些化学性质。各种油品的平均相对分子质量大致如下：汽油 100~120，煤油 180~200，轻柴油 210~240，低黏度润滑油 300~360，高黏度润滑油 370~500。

七、黏度

（一）黏度的表示方法

1. 绝对黏度（η）

绝对黏度又称动力黏度，它是由下列牛顿方程式所定义的：

$$\frac{F}{A}=\eta\frac{\mathrm{d}u}{\mathrm{d}l}$$

式中 F——作相对运动的两流层间的内摩擦力（剪切力），N；

A——两流层间的接触面积，m^2；

$\mathrm{d}u$——两流层间的相对运动速度，m/s；

$\mathrm{d}l$——两流层间的距离，m；

η——液体内摩擦系数，即该液体的绝对黏度，Pa·s。

绝对黏度不随剪切速度梯度 $\mathrm{d}u/\mathrm{d}l$ 的变化而变化的体系称为牛顿体系，其 η 在一定温度下为一定值；如其 η 不是定值而是随 $\mathrm{d}u/\mathrm{d}l$ 的变化而变化时，此体系称为非牛顿体系。一般液体油品均为牛顿体系，在过去的 c. g. s 制中，绝对黏度 η 的单位是泊（P，poise）；其百分之一是厘泊（cp，centipoise）。在现用的 SI 制中，它的单位为 Pa·s。这两者的关系是：

$$1\mathrm{Pa\cdot s}=1000\mathrm{cp}$$

2. 运动黏度（v）

在石油产品的质量标准中常用的黏度为运动黏度，它是绝对黏度 η 与相同温度和压力下该液体密度 ρ 之比，即：

$$v=\frac{\eta}{\rho}$$

在 c. g. s 制中运动黏度是斯(或称沲，stoke)，其百分之一为厘斯(或厘沲，cst，centistoke)，现按 SI 制改以 mm^2/s 为单位，这两者关系为：

$$1cst=1mm^2/s$$

3. 条件黏度

在石油商品规格中，还常见到各种条件黏度指标。它们都是在一定温度下、在一定仪器中，使一定体积的油品流出，以其流出时间(s)或其流出时间与同体积水流出时间之比作为其黏度值。

(二) 黏度与化学组成的关系

黏度既然反映了液体内部的分子摩擦，因此它必然与分子的大小和结构有密切的关系。当油品的比重指数(*API* 度)减小，平均沸点升高时，也就是说当油品中的烃类相对分子质量增大时，黏度增加。

当油品的平均沸点相同时，因原油的性质不同，特性因数有差别，其黏度也不同。随特性因数的减小，黏度增加。也就是说当石油馏分的沸点相同时，含烷烃多的油品其黏度较小，而含环烷烃及芳香烃多的石油馏分其黏度较大。

(三) 黏度与压力的关系

当液体所受的压力增大时，其分子间距离缩小，引力也就增强，导致其黏度增大。对于石油产品而言，只有当压力大到 20MPa 时对黏度有显著影响。

(四) 黏度与温度的关系

温度升高时，所有液体石油馏分的黏度都减小；而温度降低时，黏度则增大。油品黏度随温度变化的性质称为黏温性质。

不同化学组成的油品，其黏度随温度变化的幅度是不同的，变化幅度小表示黏温性质好。在润滑油的使用中，希望油品黏度随温度变化愈小愈好，即要求具有良好的黏温性质。

黏温性质的表示方法有多种，最常用的是黏度比和黏度指数。

1. 黏度比

黏度比通常是指油品在 50℃的运动黏度与其在 100℃的运动黏度之比，即 v_{50}/v_{100}。对于黏度水平相当的油品，此比值越小，表示该油品的黏温性质越好。但当黏度水平相差较大时则不能用黏度比进行比较。

2. 黏度指数(viscosity index，VI)

这是目前世界上通用的表征黏温性质的指标，我国目前也采用此指标。此法是选定两种原油的馏分作为标准，一种是黏温性质良好的宾夕法尼亚原油，把这种原油的所有窄馏分(称为 H 油)的黏度指数人为地规定为 100；另一种是黏温性质不好的得克萨斯海湾沿岸原油，把它的所有窄馏分(称为 L 油)的黏度指数人为地规定为 0。一般油样的黏度指数介于两者之间。石蜡基原油的黏度指数最高，中间基的黏度指数次之，环烷基原油的黏度指数最低。黏度指数越大表明其黏温性质越好。

油品的黏度指数可用下面的公式算得，当黏度指数(*VI*)为 0~100 时，

$$VI=\frac{L-U}{L-H}\times 100$$

当黏度指数(*VI*)等于或大于 100 时：

$$VI=\frac{10^N-1}{0.00715}+100$$

$$N=\frac{\log H-\log U}{\log Y}$$

式中　U——试样在40℃条件下的运动黏度，mm^2/s；

Y——试样在100℃条件下的运动黏度，mm^2/s；

H——与试样在100℃时运动黏度相同，黏度指数为100的H标准油在40℃时的运动黏度，mm^2/s；

L——与试样在100℃时运动黏度相同，黏度指数为0的L标准油在40℃时的运动黏度，mm^2/s。

精确的黏度指数值，可用油品的40℃及100℃的运动黏度(mm^2/s)从石油产品黏度指数表(GB 2541—81)中查得。

对于黏温性质很差的油品，其黏度指数可以是负值。

3. 油品黏度随温度变化的关系式

油品黏度与温度的关系一般可用下列经验式关联：

$$\lg\lg(v+a)=b+m\lg T$$

式中　v——运动黏度，mm^2/s；

T——绝对温度，K；

a，b，m——随油品性质而异的经验常数。

经测定，对于我国的油品，常数 a 以取0.6较为适宜，国外常采用0.8。若已知某油品在两个不同温度下的黏度，即可求得该油品的 b 及 m，这样便能利用上式算出在其他温度下的黏度。

八、热性质

在进行石油加工的工艺计算中，经常要用到油品的热性质，其中最重要的有比热容、蒸发热、热焓等。测定这些热性质的试验方法比较复杂，工程上一般都是通过公式或图表来确定的。

(一)比热容、蒸发热和热焓

1. 比热容

单位质量物质温度升高1℃或1K所需要的热量称为比热容，其单位为kJ/kg·K或kJ/kg·℃。

常用的比热容有三种：①恒压比热容 C_P；②恒容比热容 C_V；③饱和状态比热容。在炼油工艺计算中，主要采用恒压比热容和饱和状态比热容。当温度低于或接近常压沸点时，恒压比热容和饱和状态比热容几乎相等，但在接近临界点时，两者出现较大差别。

油品的比热容是随温度增加而增加的，且随着油品密度的增大和相对分子质量增加，它的比热容减小。当烃类的碳原子数相同时，烷烃比热容最大，环烷烃次之，芳烃最小。因此，同一馏程范围的油品含烷烃越多，其比热容越大；含芳烃越多，其比热容越小。

2. 蒸发热(汽化潜热)

在常压沸点下，单位质量油品由液态转化为同温度下气态油品所需要的热量称为油品的蒸发潜热或汽化潜热，单位为kJ/kg。

当温度、压力升高时，蒸发潜热逐渐减小，到临界点时，蒸发潜热为零。油品沸点越高，蒸发潜热越小。当几个馏分的馏程相同时，含烷烃多的馏分蒸发潜热较小，含环烷烃多的馏分蒸发潜热较大，含芳烃多的馏分蒸发潜热最大。

3. 热焓

在炼油工业设计和工艺计算中，用得最多的是油品的热焓，因为热焓应用简便。

(1) 热焓的定义　单位质量的油品从基准温度加热到某温度和压力时所需的热量称为热焓，单位为 kJ/kg。

油品热焓因其所处状态不同而异。对于液态油品来说，它的热焓是将单位质量的液态油品从基准温度加热到某温度时所需的热量；而对气态油品来说，它的热焓是将单位质量液态油品由基准温度加热到沸点，使之全部汽化，并使蒸气过热至某一温度所需的热量。

因为绝对零度的焓不能确定，不同的热焓图表，其制作的基准温度往往是任意的。在实际计算中，一般都是用焓的变化来确定物理变化的热效应。因此，只要基准相同，焓值数据就能加减，任意的基准条件即被消除。

(2) 热焓的计算　油品的热焓是油品性质、温度和压力的函数。不同性质的油品从基准温度升温至某温度时所需的热量不同，它的焓值也不同。在同一温度下，相对密度小及特性因数大的油品具有较高的焓值。例如，在同一温度下，汽油的焓值高于润滑油，烷烃的焓值高于芳烃。压力对液相油品的焓值影响很小，可以忽略，但是压力对气相油品的焓值却有较大的影响。因此，对于气相油品，在压力较高时必须考虑压力对焓值的影响。

石油馏分的焓值可以从本章后附图 2-4 查得，此图的基准温度是-17. 8℃(0℉)，用K=11. 8 的石油馏分的实验数据制成。当 $K\neq 11.8$ 时，要进行校正。在图中有两组主要曲线，上方是气相油品的焓值，下方是液相油品的焓值，同一种油品在相同温度时查得的两组曲线上的焓差，即为该油品在同一温度下的汽化潜热。两组曲线是根据常压下的数据制得的，对于气体，当压力高于常压时，要进行校正。

(二) 石油及其产品的闪点、燃点和自燃点

石油产品绝大部分都用作燃料，一般是极易着火的物质，因此，测定它们与爆炸、着火、燃烧有关的性质如闪点、燃点及自燃点，对于油品的生产、储存、运输以及使用过程的安全都有重大意义。如炼油厂从设备、法兰、接头等处漏油时所引起的火灾往往与油品的自燃点有密切关系。

1. 闪点和燃点

闪点是指石油产品在规定的条件下，加热到它的蒸气与火焰接触时会发生闪火现象的最低温度。此时燃烧的只是其上方已积存的可燃蒸气与空气的混合气，因在闪点温度下液体油品的蒸发速度还比较慢，不足以维持油品继续燃烧，所以一闪即灭。油品的闪点与其馏分组成、化学组成以及压力有关。油品的沸点范围越低，则其闪点越低；油品的闪点随压力增大而增高。因为压力增大，油品的沸点范围升高，不易蒸发，故油品的闪点也升高。

测定闪点的方法有两种：闭口闪点和开口闪点。它们的区别在于加热蒸发及引火条件的不同，所测得的闪点数值也不一样，适用的油品也不同。开口闪点仪器中，一般用来测定重质油如润滑油、残油等，闭口闪点则对轻、重油品都适用。

燃点是指在规定的条件下，将油品加热到能被所接触的火焰点燃，并连续燃烧 5s 以上的最低温度。一般比闪点(开口)约高 20~60℃。

2. 自燃点

将油品加热到某一温度，令其与空气接触不需引火油品自行燃烧的最低温度称为该油品

的自燃点。油品的沸点越低，则越不易自燃，故自燃点也就越高，反之，自燃点越低。油品的自燃点与化学组成有关。含烷烃多的油品其自燃点较低，含芳烃多的最高，含环烷烃多的介于二者之间。

（三）石油产品的浊点、结晶点、倾点和凝点

石油及石油产品的指标中，与其所含组分熔点有关的有浊点、结晶点、倾点、凝点等。倾点和凝点表明油品在低温下的流动性能，对油品的输送及其使用十分重要。

1. 浊点

指轻质油品在测定条件下的降温过程中，由透明变为浑浊时的温度。产生浑浊的原因是其中的正构烷烃在低温下开始形成微小晶粒，只是这些晶粒不能用肉眼观察到。

2. 结晶点

指轻质油品在测定条件下冷却时，用肉眼观察到其中有结晶晶粒出现时的最高温度。

3. 倾点和凝点

倾点指油品在规定的试管中不断冷却，直到将试管平放5s而试样无流动时的温度再加上3℃所得的温度值。凝点是指将试管倾斜45°经1min后液面无移动的最高温度。由于测定的条件不同，同一油品的倾点和凝点有一定的差别。我国的油品质量标准中原采用凝点，现改为倾点作为质量规格指标。

油品的倾点和凝点与其馏分组成和化学组成有关：油品中含蜡越多，倾点和凝点就越高，所以油品倾点和凝点的高低，可以表示其含蜡的程度。

（四）石油的临界性质

由于石油是复杂的混合物，它在临界状态下的情况是比较复杂的。其临界温度T_c、临界压力P_c可用实验方法求得。汽油的T_c为300℃左右，P_c为3.5MPa；煤油的T_c约为430℃，P_c约为2MPa；减压馏分的T_c大于450℃，P_c约为1MPa。可见，油品越重，其临界温度越高，而其临界压力则越低。

思考题

1. 何谓馏程(沸程)、馏分？常见油品的沸程范围如何？
2. 何谓密度和相对密度？各相对密度间的换算关系如何？
3. 熟悉比重指数(°*API*)、特性因数(*K*)和相关指数(*BMCI*)与密度之间的关系。
4. 何谓黏度？黏度有哪几种表示方法？它们各自有何应用？
5. 熟知黏温指数(*VI*)的表示方法，简述它与化学组成的关系。
6. 何谓比热容、蒸发热和热焓？简述石油馏分热焓在实际中的应用？
7. 名词解释：闪点、燃点、自燃点、浊点、结晶点、倾点和凝点。

第三节　油品的分类及使用

一、油品的分类

石油产品包括气体、液体和固体三种状态的产品。我国石油产品分类多数是参照了ISO

(国际标准化组织)已经公布的一些石油产品的分类标准而制定的。根据国家标准 GB 498 规定，依据石油产品的主要特征，将其分为六大类，如表 2-1。每类产品中有不同的品种，每个品种中又有不同的牌号，故石油商品牌号可有上千种之多。将种类繁多的石油商品合理地进行分类，并分别制定出适合于每种商品的质量规格指标，才能使各炼油厂都能按照统一的产品的分类标准安排生产，以确保产品质量合格。

表 2-1　石油产品的分类

分　类	类别的含义	分　类	类别的含义
F	燃料	W	石油蜡
S	溶剂和化工原料	B	石油沥青
L	润滑剂和有关产品	C	石油焦

(一) 石油燃料

石油燃料是用量最大的油品。按其用途和使用范围可以分为如下五种：

(1) 点燃式发动机燃料：有航空汽油、车用汽油等。

(2) 喷气式发动机燃料(喷气燃料)：有航空煤油。

(3) 压燃式发动机燃料(柴油机燃料)：有高速、中速、低速柴油。

(4) 液化石油气燃料：即液态烃。

(5) 锅炉燃料：有炉用燃料油和船舶用燃料油。

(二) 润滑剂

其中包括润滑油和润滑脂，被用来减少机件之间的摩擦，保护机件以延长它们的使用寿命并节省动力。它们的数量只占全部石油产品的 5%左右，但其品种繁多。

(三) 石油沥青

石油沥青用于道路、建筑及防水等方面，其产量约占石油产品总量的 3%。

(四) 石油蜡

石油蜡属于石油中固体烃类，是轻工、化工和食品等工业部门的原料，其产量约占石油产品总量的 1%。

(五) 石油焦

石油焦可用以制作炼铝及炼钢用电极等，其产量约占石油产品总量的 2%。

(六) 溶剂和化工原料

约占有 10%的石油产品是用作溶剂和石油化工原料，其中包括制取乙烯原料(轻油)，以及石油芳烃和溶剂油。

二、汽油

(一) 汽油机(点燃式发动机)的工作过程及其对燃料的使用要求

汽油机主要用于轻型汽车、摩托车、螺旋桨式飞机及快艇等。汽油在汽油机内的燃烧过程可分为：①进气过程；②压缩过程；③点火燃烧作功过程；④排气过程。

汽油是可用作点燃式发动机燃料的石油轻质馏分，对汽油的使用要求主要有：①良好的蒸发性能；②良好的燃烧性能，不产生爆震现象；③储存安定性好，生成胶质的倾向小；④对发动机没有腐蚀作用；⑤排出的污染物少。

(二) 汽油的蒸发性

蒸发性是汽油的最重要特性之一。汽油进入发动机汽缸之前，先在汽化器中汽化并同空气形成混合物。汽油在汽化器中蒸发得是否完全、同空气混合得是否均匀，是与它的蒸发性有关的。汽油的轻质馏分越多，它的蒸发性就越好，同空气混合得就越均匀，因而进入汽缸内的混合气燃烧得越完全，能保证发动机顺利地工作。若汽油的蒸发性不好，那么混合气中就会含有悬浮状的油滴，破坏混合气的均匀性，使发动机的工作变得不均匀、不稳定，同时，还会增加汽油的消耗量。混合气中含有油滴，有时还会使燃烧过程变坏。由于燃料的不完全燃烧，一部分燃料成气态与废气一道排出，另一部分将沉积在汽缸壁上，稀释了润滑油，造成烧蚀和汽缸磨损。但是汽油的蒸发性也不能过高，否则汽油在未进入汽化器前就会在输油管中蒸发，形成气阻，中断供油，而且使发动机停止工作。

评定汽油蒸发性能的指标是馏程和饱和蒸气压。

(三) 汽油的安定性

当汽油中含有烯烃，尤其是共轭二烯烃、芳香烃和含硫、含氮化合物等不安定组分时，在储存和使用过程中易发生氧化、缩合反应生成胶质，储存后的汽油颜色加深，使用时在机件表面生成黏稠的胶状沉淀物，高温下可进而转化为积炭。

表示汽油安定性的质量指标有实际胶质和诱导期两项，前者是用150℃热氮气流吹扫使汽油全部蒸发之后的残留物，表示汽油中可溶性胶质的含量，此值越低越好；后者是置汽油于100℃、0.7MPa氧气压力下，直到因汽油发生明显氧化反应而导致氧气压力下降所经历的时间。诱导期越长，汽油的抗氧化安定性越好。碘价表示汽油中烯烃含量，也是与安定性有关的指标。

为了改善汽油的安定性，可向汽油中加入抗氧剂和金属钝化剂。

(四) 汽油的抗爆性

汽油在发动机中燃烧不正常时，会出现机身强烈震动的情况，并发出金属敲击声。同时，发动机功率下降，排气管冒黑烟，严重时导致机件的损坏，这种现象便是爆震(detonation)，也叫敲缸或爆燃。究其发生的原因有两个方面：一是与发动机的结构和工作条件有关；二是取决于所用燃料的质量。最初，为了解决这个问题，发现加入烷基铅类化合物可以有效地克服爆震现象，能保证发动机正常工作，这样便出现了含铅汽油。

衡量燃料是否易于发生爆震的性质称为抗爆性。汽油抗爆性是用辛烷值(octane number，简称ON)来表示的。它是在标准的试验用单缸发动机中，将待测试样与标准燃料试样对比试验而测得。所用的标准燃料是异辛烷(2，2，4-三甲基戊烷)、正庚烷及其混合物。人为地规定抗爆性极好的异辛烷的辛烷值为100，抗爆性极差的正庚烷的辛烷值为0。两者的混合物则以其中异辛烷的体积分数值为其辛烷值。例如，80%异辛烷和20%正庚烷的混合物的辛烷值即为80。在测定汽油辛烷值时，是将待测汽油试样与一系列辛烷值不同的标准燃料在标准的试验用单缸发动机上进行比较，与所测汽油抗爆性相等的标准燃料的辛烷值也就是所测汽油的辛烷值。

车用汽油辛烷值的测定方法有两种，即马达法和研究法，测得的辛烷值分别用MON和RON表示。$\frac{MON+RON}{2}$称为抗爆指数，也是衡量车用汽油抗爆性的指标之一。

目前，我国车用汽油国家标准有90、93、97三个牌号，分别对应于汽油的RON值。前二者适用于一般轿车，分别对应于压缩比不高于8.2和压缩比不高于8.5的发动机；后者适用于高级轿车，对应于压缩比不高于9.0的发动机。

(五) 污染物排放

研究表明，汽、柴油中最重要的污染物是硫。原油中天然含硫，经过炼制过程硫残存在产品中，经过汽车发动机的工作过程产生变化并最终影响大气环境。硫影响大气环境主要体现在两个方面：第一油品中硫含量多，汽车尾气中 SO_2 的单位排放量增加，直接增加大气 SO_2 浓度；第二汽车尾气的硫会致使催化剂中毒，从而导致其他几种大气污染物 CO、NO_x 和 VOC 排放量增加。

烯烃中的 1，3-丁二烯是致癌物质，减少汽油中的烯烃含量就可以减少 1，3-丁二烯的排放量。美国职业安全卫生总署（OSHA）自 1997 年 2 月起，就将 1，3-丁二烯的 8h 平均容许标准由 1000μg/g 降为 1μg/g，并对汽油生产和使用实行严格管理。另外汽油中的烯烃易形成胶质和积炭，造成输油管路堵塞，影响发动机的效率，增加 NO_x 等污染物的排放。

芳香烃类物质对人体的毒性较大，尤其是双环和三环为代表的多环芳烃毒性更大。到目前为止人类总计发现了 2000 多种、四大类可疑致癌化学物质，其中第一类就是以多环芳烃（PAH）为主的有机化合物。在各国的有机污染物控制名单中，多环芳香烃类物质均被列为优先控制污染物。汽、柴油中芳烃含量高，会使汽车尾气排放物中的芳烃含量增加，环境危害相应提高。基于以上原因，发达国家纷纷对成品油中的芳烃含量实行越来越严格的限制。

当今清洁燃料成为各国炼油行业的主要发展方向。在清洁汽油方面，以美国为代表的发达国家，主要经历了含铅、无铅和新配方汽油三个阶段。20 世纪 70 年代之前，美国主要依靠添加四乙基铅提高汽油辛烷值。铅的毒性被逐渐认识后，1975 起美国改用芳烃含量高的重整油提高辛烷值，限制和禁用含铅汽油。1990 年后苯和芳烃含量被要求逐步降低，改用毒性更小的含氧化合物提高辛烷值，新配方汽油被大力推广。

为缩小汽车尾气排放标准与国际先进水平的差距，我国注重清洁燃料的发展，不断提高油品质量标准，如在汽油质量控制指标上引入了对汽油中烃组分的要求，见表 2-2。现行的车用汽油标准 GB 17930—2006（见表 2-3）代替了原国家标准 GB 17930—1999。

表 2-2　我国现行的汽油质量标准对烃组分的要求

项　　目	S/%	苯/%	烯烃/%	芳烃/%
GB 17930—1999	0.10	2.5	35	40
GB 17930—2006	0.015	1.0	35	40
2013 年底即将实施的标准	0.005	1.0	27	40

表 2-3　车用汽油规格（GB 17930—2006）

项　　目		90 号	93 号	97 号
抗爆性				
研究法辛烷值	≥	90	93	97
抗爆指数（*RON*+*MON*）/2	≥	85	88	报告
铅含量/（g/L）	≤	0.005	0.005	0.005
馏程				
10%蒸发温度/℃	≤	70	70	70
50%蒸发温度/℃	≤	120	120	120
90%蒸发温度/℃	≤	190	190	190
终馏点/℃	≤	205	205	205
残留量/%（体积）	≤	2	2	2
蒸发压/kPa				
从 11 月 1 日至 4 月 1 日	≤	88	88	88
从 5 月 1 日至 10 月 31 日	≤	72	72	72
实际胶质/（mg/100mL）	≤	5	5	5
诱导期/min	≥	480	480	480

续表

项　目		90号	93号	97号
w(S)/%	≤	0.015	0.015	0.015
硫醇(满足下列条件之一)：				
博士实验		通过	通过	通过
w(硫醇硫)/%	≤	0.001	0.001	0.001
铜片腐蚀(50℃，3h)/级	≤	1	1	1
水溶性酸或碱		无	无	无
机械杂质及水分		无	无	无
苯含量/%(体积)	≤	1.0	1.0	1.0
芳烃含量/%(体积)	≤	40	40	40
烯烃含量/%(体积)	≤	30	30	30

(六) 汽油清洁化

随着汽车保有量的增加，汽车排放污染逐渐成为城市空气污染的主要来源之一。为降低汽车排放，各国均制定了日益严格的汽车排放法规。车用汽油清洁化是必然趋势，主要特点是：高辛烷值、低硫、低烯烃、低苯、低芳烃、低蒸气压，减少对环境的污染。目前，世界各国并没有统一的清洁燃料标准，不同国家和地区根据其自身的经济和技术发展水平、原油资源和炼油装置结构以及不同时期的环保要求，制定了不同的、分阶段的清洁燃料标准。我国已于2010年全面实施国家机动车污染物排放第三阶段标准(国Ⅲ标准)，而北京、上海、广东省九城市已经率先实施与欧盟机动车污染物排放第Ⅳ阶段标准(欧Ⅳ标准)相当的国家机动车污染物排放第四阶段标准(国Ⅳ标准)的车用燃料标准。

国外汽油标准变化的总体趋势主要是降低硫含量和苯含量，维持烯烃含量、芳烃含量和辛烷值基本不变。预计2015年，汽油硫含量一般小于30mg/kg，苯含量一般不大于1%(体积分数)，烯烃含量一般不大于18%(体积分数)，芳烃含量不大于35%(体积分数)，欧洲汽油质量标准变化见表2-4。考虑到低碳燃料或生物质能源的增加，有可能减小或者取消汽油氧含量限制，其研究法辛烷值(*RON*)一般在89~95范围内。

表2-4　欧洲汽油标准变化情况

项　目		1993年	1998年	2000年	2005年	2009年
汽车排放标准		欧Ⅰ	欧Ⅱ	欧Ⅲ	欧Ⅳ	欧Ⅴ
硫含量/(mg/kg)	≤	1000	500	150	50	10
苯含量/%(体积)	≤	5	5	1	1	1
芳烃含量/%(体积)	≤			42	35	35
烯烃含量/%(体积)	≤			18	18	18

无论国家发展水平存在多大差异，汽油清洁化是大势所趋，超低硫汽油将是世界汽油发展的持续目标。随着许多国家汽油质量标准的不断升级，未来世界超低硫汽油的比例将会不断提高。从近10年世界清洁燃料的发展历程可以看出，虽然各国清洁燃料的发展步伐有所不同，标准限值存在差异，但总体趋势是，不论发展中国家还是先进国家的汽油标准都在不断趋严。各国炼油行业都在尽力改造炼油厂结构以适应各个阶段汽油产品的需求，最大限度地减少排放，保护环境。汽油需求增幅最大的地区和国家，未来数年其炼油厂将面临不断改造或新建装置以生产标准日益严格的清洁汽油的挑战，这将给利润不断降低的炼油行业带来很大冲击。

与欧美等地区相比，亚太地区各国间汽油质量标准参差不齐，有居于世界先进水平的日本和韩国，也有目前汽油硫含量仍然在2000μg/g以上的一些国家，整个地区的汽油清洁化路程还很漫长(见表2-5)。中国、印度等国家的汽油清洁化将会对本地区乃至世界炼油行业的发展产生一定影响。

表2-5 亚洲发达国家和地区汽油标准变化情况

项目		日本		韩国		中国台湾		中国香港	
		2006年	2008年	2006年	2010年	2006年	2010年	2006年	2010年
硫含量/(mg/kg)	≤	50	10	50	30	35~75	10	50	10
苯含量/%(体积)	≤	1	1	2		1	1	1	1
芳烃含量/%(体积)	≤	25~35		35			35	35	35
烯烃含量/%(体积)	≤	15~17		23			18	18	18

随着汽车保有量的增加及对环境保护的日益重视，国家对汽油产品质量的要求越来越严格，车用汽油清洁化是必然趋势，主要特点是：高辛烷值、低硫、低烯烃、低苯、低芳烃、低蒸气压，减少对环境的污染。

三、喷气燃料(航空煤油)

(一)喷气发动机对燃料的要求

近几十年来，喷气发动机在航空上得到了越来越广泛的应用。它是借助高温燃气从尾气喷管喷出时所形成的反作用力推动前进的，其优点是可在2万米以上高空以2马赫(Mach，马赫数为速度与音速的比数)的速度飞行。喷气发动机的推力是借助燃料的热能转变为燃气的动能产生的。这个能量的转换过程是在高空飞行条件下实现的，所以对燃料的质量要求非常严格，以求十分安全可靠。

喷气发动机燃料质量的主要要求有：①良好的燃烧性能；②适当的蒸发性；③较高的热值；④良好的安定性；⑤良好的低温性；⑥无腐蚀性；⑦良好的洁净性；⑧较小的起电性；⑨适当的润滑性。

我国现行的喷气燃料有五个牌号：1号(RP-1)、2号(RP-2)、3号(RP-3)、4号(RP-4)和5号(RP-5)。1号和2号均为煤油型燃料，馏程为135~240℃，1号的结晶点为-60℃以下，2号的结晶点为-50℃以下；3号为较重的煤油型燃料，馏程为140~280℃，结晶点不高于-46℃，闪点>38℃；4号为宽馏分型燃料，馏程为60~280℃，结晶点不高于-40℃；5号为高密度、高闪点、低冰点的喷气燃料，专供航载飞机使用。其中采用国际航运协会标准的3号喷气燃料被民航系统广泛使用。

(二)喷气燃料的燃烧性能

1. 燃料的起动性、燃烧稳定性及燃烧完全度

喷气燃料燃烧时，首要是易于起动和燃烧稳定，其次是要求燃烧完全。燃料的起动性取决于燃料的自燃点、着火延滞期、爆炸极限、可燃混合气发火所需的最小点火能量、燃料的蒸发性大小和黏度等性质。燃料燃烧的稳定性除与燃烧室结构和操作条件有关外，还和燃料的烃类组成及馏分轻重有密切关系。研究表明，正构烷烃和环烷烃的爆炸极限较芳香烃的宽，特别是在温度较低的情况下更为明显。所以，从燃烧的稳定性角度看，烷烃和环烷烃为较理想的组分。所以，喷气燃料燃烧一般采用爆炸极限宽、燃烧较稳定的煤油馏分。燃烧完全度指单位燃料燃烧时实际放出的热量占燃料净热值的百分率，它直接影响飞机的动力性能、航程远近和经济性能。燃料燃烧的完全度一方面受进气压力、进气温度和飞行高度等工

作条件的影响，另一方面也受燃料黏度、蒸发性和化学组成的影响。

2. 喷气燃料生成积炭的倾向

喷气燃料在燃烧过程中会产生炭质微粒，炭质微粒积聚在喷嘴火焰筒壁上就形成积炭。喷嘴上积炭会恶化燃料的雾化质量，使燃烧过程变坏；火焰筒积炭会使之受热不均而开裂；另外脱落的炭碎片会进入涡轮而擦伤叶片。喷气燃料在发动机中生成积炭的倾向与燃烧室构造、发动机工作条件及燃料的性质都有关系。就燃料而言，化学组成对积炭影响最大。最易生成积炭的成分是芳香烃，尤其是双环芳烃。因此，在喷气燃料的质量标准中除限制芳香烃含量外，还规定萘系烃含量不大于3%。

在喷气燃料技术标准中，表征其积炭倾向的指标可在萘系含量、烟点和辉光值中任意选择。烟点(无烟火焰高度)是在特制的灯中测定燃料火焰不冒烟时的最大高度。烟点愈高，燃料生成积炭的倾向愈小。油品含芳烃越低，烟点愈高。辉光值是用来表示燃料燃烧时火焰的辐射强度，辉光值高的燃料，其火焰辐射强度小，一般喷气燃料规定辉光值不得低于45。

3. 热值和密度

喷气发动机的推力取决于所用燃料的热值。如使用热值低的燃料，必然导致耗油率的增大。对于喷气燃料，不仅要求有较高的质量热值(kJ/kg)，而且也要求有较高的体积热值(kJ/dm^3)。质量热值越大，发动机推力越大，耗油率越低。由于喷气飞机的油箱体积有限，这就要求燃料有尽可能高的体积热值，也就是说，喷气燃料除有较高的质量热值外，还要有较大的密度。这样，在一定容量的油箱中可装有更多的燃料，储备更多的能量。

喷气燃料的热值和密度与其化学组成和馏分组成有关。以烃类而言，烷烃的质量热值最大，环烷烃次之，芳香烃最低。而密度正好相反，芳香烃最大，环烷烃次之，烷烃最低。兼顾这二个方面，喷气燃料中较理想的组分是环烷烃。

(三) 喷气燃料的安定性

喷气燃料的安定性包括储存安定性和热安定性。

1. 储存安定性

喷气燃料在储存过程中容易变化的质量指标有胶质、酸度、颜色等。胶质和酸度增加的原因是由于其中含有少量不安定的成分，如烯烃、带不饱和侧链的芳烃以及非烃化合物等。

2. 热安定性

当飞行速度超过音速以后，由于与空气摩擦生热，使飞机表面温度上升，油箱内燃料的温度上升，可达100℃以上。在这样高的温度下，燃料中的不安定组分更容易氧化生成胶质和沉淀物。这些胶质沉积在热交换器表面上，导致冷却效率降低；沉积在过滤器和喷嘴上，会使过滤器和喷嘴堵塞，并使喷射的燃料分配不均，引起燃烧不完全等。因此，对喷气燃料要求具有良好的热安定性。

(四) 喷气燃料的低温性能

喷气燃料的低温性能是指在低温下燃料在飞机燃料系统中能否顺利地泵送和过滤的性能，即不能因产生烃类结晶或所含水结冰而堵塞过滤器，影响供油。喷气燃料的低温性能是用结晶点或冰点来表示的。

不同牌号的油正是由于它们的结晶点不同，用于军事或寒区时不能高于-60℃，用于一般民航时不得高于-47℃。不同烃的结晶点相差很大，相对分子质量较大的正构烷烃和某些芳烃的结晶点较高，而环烷烃和烯烃的结晶点较低。在同族烃中，结晶点大多随其相对分子质量的增大而升高。

为了防止在低温下析出冰晶，还要严格限制油品含水，要按规定项目进行水反应检测。不同烃对水的溶解度是不同的，在相同温度下，芳香烃对水的溶解度最高，因而从降低燃料对水的溶解度来看，也需要限制芳香烃的含量。

(五) 喷气燃料的腐蚀性

喷气燃料的腐蚀性可分为液相腐蚀和气相腐蚀。

1. 液相腐蚀

液相腐蚀是指喷气燃料对储运设备和发动机燃料系统产生的腐蚀。对金属材料有腐蚀作用的主要是燃料中的含氧、含硫化合物和水分。

2. 气相腐蚀

喷气燃料在燃烧过程中，对燃烧室内的火焰筒有烧蚀现象，涡轮及尾喷管等也常受到燃烧产物的侵蚀，这种在高温条件下燃气对金属的侵蚀，称为气相腐蚀。

为了防止燃料对油泵精密部件的腐蚀，对油品的总硫量、硫醇性硫、酸度、铜片腐蚀等指标均需要加以控制。由于所用合金材料中含有银，还专门设置了银片腐蚀实验。

(六) 喷气燃料的洁净度

喷气发动机燃料的系统机件的精密度很高，因而，即使较细的颗粒物质也会造成燃料系统的故障。引起燃料脏污的物质主要有水、表面活性物质、固体杂质及微生物。在喷气燃料标准中，要求游离水含量不得超过 3×10^{-5}，固体颗粒每升燃料不应多于 1mg，微粒直径不得超过 5μm。

(七) 喷气燃料的起电性

喷气发动机的耗油量很大，在机场往往采用高速加油，在泵送燃料时，燃料和管壁、阀门、过滤器等高速摩擦，油面就会产生和积累大量的静电荷，其电势可达到数千伏甚至上万伏。这样，到一定程度就会产生火花放电，如遇到可燃混合气，就会引起爆炸失火，酿成重大灾害。影响静电荷积累的因素很多，其中之一是燃料的电导率。航空燃料的电导率很小，一般在 $1\times10^{-13}\sim1\times10^{-10}\Omega^{-1}\cdot m^{-1}$之间。据研究，当燃料电导率大于 $50\times10^{-12}\Omega^{-1}\cdot m^{-1}$时，就足以保证安全。

(八) 喷气燃料的润滑性

在喷气发动机中，燃料泵的润滑依靠的是自身泵送的燃料，当燃料的润滑性能不足时，燃料泵的磨损增大，这不仅降低油泵使用寿命，而且影响油泵的工作，引起发动机运转失常甚至停车等故障，威胁飞行安全。

燃料的润滑性是由它的化学组成决定的。据研究，燃料组分的润滑性能按照以下顺序依次降低：非烃化合物>多环芳烃>单环芳烃>环烷烃>烷烃。

(九) 喷气燃料的洁净度

喷气燃料要清澈透明，不含有固体颗粒物、细菌等有害成分。

四、柴油

(一) 柴油机(压燃式发动机)对燃料的使用要求

柴油机主要用于农用机械、重型车辆、坦克、铁路机车、船舶舰艇等。

柴油机燃料的使用要求有：①良好的自燃性能；②良好的蒸发性能；③适当的黏度和良好的低温流动性；④良好的安定性；⑤对机件无腐蚀性；⑥良好的清洁性能。

（二）柴油的自燃性

柴油的自燃性是指喷入燃烧室内与高温高压空气形成均匀的可燃混合气之后，能在较短的时间之内发火自燃并正常地完全燃烧。

柴油机是压燃式发动机，与汽油机不同的是柴油并不预先和空气混合，而是空气先进入汽缸内单独被压缩（柴油机按空气进入方式分自然吸气式和增压式两类。前者压缩比为15～25，压力可达3.5MPa以上，温度在500～600℃，后者会更高），压缩将结束时，用高压油泵将柴油喷射入热的空气中，柴油立即受热蒸发，与空气形成混合物，因柴油自燃点低，可迅速被氧化而自燃。在燃烧气体膨胀作功推动活塞向下运动的过程中，喷油还在继续进行，按照这样逐步喷油燃烧的方式进行，汽缸内的压力平缓上升，发动机也能平缓地工作。但如果所用柴油的自燃点过高，柴油从喷入汽缸内开始到发生自燃的一段时间（称为滞燃期）就会被拖长，而喷油又在不断地进行着，到油能开始自燃时，汽缸内已经积聚了较多的燃料，一旦同时发生燃烧就会造成汽缸内压力剧增，强大的冲击波撞击活塞使之发出金属敲缸声，引起爆震现象，使发动机功率下降，机件受损。从表面上看，柴油机的爆震与汽油机在现象上相似，但其引发的原因却完全不同，这是因为对燃料的自燃性能要求不同。因柴油机没有点火机构，油品的自燃点要低，喷油后要能迅速自燃；而汽油机油品的自燃点要高，在点火之前不要发生自燃。

1. 评定柴油发火性能的指标——十六烷值

十六烷值（cetane number）是衡量燃料在压燃式发动机中发火性能的指标。十六烷值高，表明该燃料在柴油机中发火性能好，滞燃期短，燃烧均匀且完全，发动机工作平稳；反之，则表明燃料发火困难，滞燃期长，发动机工作状态粗暴。但十六烷值过高，也将会由于局部不完全燃烧而产生少量黑色排烟，造成油耗增大，功率下降。因而各种不同压缩比、不同结构和运行条件的柴油机使用的燃料，各有其适宜的十六烷值范围。

柴油的十六烷值与汽油的辛烷值相似，是在标准试验用单缸柴油机中测定的。所用的标准燃料是正十六烷和α-甲基萘。正十六烷具有很短的发火延迟期，自燃性能很好，因而规定其十六烷值为100。而α-甲基萘的发火延迟期很长，自燃性能很差，规定其十六烷值为0。将这两种化合物按不同比例掺合，可调配成各种十六烷值不同的标准燃料，把所测燃料与标准燃料进行对比，与其发火性能相同的标准燃料的十六烷值即为所测燃料的十六烷值。一般来说，转速大于每分钟1000转的高速柴油机使用十六烷值为45～50的轻柴油为宜；低于1000转的中、低速柴油机可使用十六烷值为35～49的重柴油。

在无条件直接测定燃料十六烷值时，可按下式计算：

$$\text{十六烷值}=442.8-462.9\cdot d_4^{20}$$

式中，d_4^{20} 为柴油的密度。此式平均偏差为±3.5%。

2. 柴油十六烷值与化学组成的关系

柴油十六烷值取决于其化学组成，各族烃类十六烷值的变化规律大致是：各族烃类的十六烷值随分子中碳原子数增加而增高；相同碳数的不同烃类，以烷烃的十六烷值为最高，烯烃、异构烷烃和环烷烃居中，芳香烃特别是稠环芳香烃的十六烷值最小；烃类的异构程度越高，环数越多，其十六烷值越低；环烷和芳烃随所带侧链长度的增加，其十六烷值增高，而随侧链分支的增多，十六烷值减小。

对于催化裂化柴油可以通过脱除芳烃来提高十六烷值，但因过程复杂、经济性差，常用的方法是加入十六烷值改进剂，它是一种硝酸烷基酯类化合物，高温下易于分解形成自由基而促进燃料的氧化，有缩短滞燃期的作用。

（三）柴油的蒸发性

1. 柴油的蒸发性对柴油机工作的影响

柴油在柴油机中先行汽化并与空气形成可燃混合气，才能使柴油机起动和正常工作。因为发火和燃烧都是在气态下进行的，故要求柴油有适宜的蒸发性。柴油机内可燃混合气形成的速度主要由柴油的蒸发速度决定，而柴油蒸发速度的快慢，又由燃烧室内空气温度的高低和柴油馏分的轻重决定。温度越高，轻馏分越多，则蒸发速度越快。柴油机转速越快，则要求柴油的蒸发速度越快，所用的馏分也就应该越轻。柴油馏分过重，则蒸发速度太慢，从而使燃烧不完全，导致功率下降，油耗增大，以及由于润滑油被稀释而磨损加重等。若柴油馏分过轻，则由于蒸发速度太快而使发动机汽缸内压力急剧上升，从而导致柴油机工作不稳定。我国柴油的馏程一般控制在200~380℃范围内。高速柴油机要求轻柴油的300℃馏出量不小于50%。重柴油的要求不高，没有严格规定馏分组成，只限制残留量。

近年来许多国家进行柴油掺水乳化实验，可改善柴油雾化、蒸发和燃烧性能，减少积炭从而提高了功率，降低了耗油量。据介绍，若掺入10%的水和6%的分散剂，可节省10%燃料，并减少3%~5%的废气烟尘。

2. 评定柴油蒸发性的指标

（1）馏程　柴油的馏程按GB 6536规定的方法测定，主要项目是50%和90%馏出温度。我国国家标准中规定轻柴油的50%馏出温度≤300℃，90%馏出温度≤355℃。

（2）闪点　为了控制柴油的蒸发性不致过高，国家标准中还规定了各号柴油的闭口法闪点。从储存和运输来看，馏分过轻的柴油不仅蒸发损失大，而且也不安全。所以柴油的闪点也是保证安全的指标。

（四）柴油的流动性

1. 黏度

黏度是柴油的一项重要指标，它对柴油机中供油量的大小及雾化的好坏有密切关系。燃料黏度过大，使泵的抽油效率降低，因而减少对发动机的供油量，同时喷出的油流不均匀，射程较远，雾化不良，同空气混合不均匀，燃烧不完全，增加燃料单耗和在机件上的积炭。燃料黏度过小，射程太近，全部燃料在喷油嘴喷口附近燃烧，易引起局部过热，而且不能利用燃烧室的全部空气，使燃烧不完全，降低发动机的功率。柴油同时又是输油泵和喷油泵的润滑剂，柴油黏度过大和过小，都会影响泵的可靠润滑，使磨损加剧。对轻柴油，要求20℃运动黏度为$2.5\times10^{-6}\sim8.0\times10^{-6}mm^2/s$。

2. 低温流动性

柴油在低温下的流动性能，不仅关系到柴油机燃料供给系统在低温下能否正常供油，而且与柴油在低温下的储存、运输等作业能否进行有密切关系。柴油的低温流动性与其化学组成有关，其中正构烷烃的含量越高，则低温流动性越差。我国评定柴油低温流动性能的指标为凝点（或倾点）。

长链正构烷烃和带长链的正构烷烃侧链的环烷烃类化合物的凝点高、流动性差，但它们的自燃点低、抗爆性好，所以从柴油的化学组成来看，抗爆性与流动性是有矛盾的。作为解决矛盾的一种方案，可以在柴油中仍然保留这些抗爆性好而流动性差的组成，而采用另外加入流动性改进剂的方法来达到对低温流动性的要求。流动性改进剂的作用，如乙烯-醋酸乙烯酯共聚物，能抑制柴油中蜡的微小晶粒长大，阻止晶体形成网状结构。对加有流动性改进剂的轻柴油，不仅凝点要下降，更希望冷凝点能够下降。

（五）柴油的安定性、腐蚀性与磨损、洁净度以及安全性

1. 柴油的安定性

柴油的安定性一般是用实际胶质和10%蒸余物来评定的。安定性差的柴油在储存中颜色容易变深，实际胶质增加，甚至产生沉淀。实际胶质高的轻柴油易造成喷油嘴和滤清器堵塞等，并导致汽缸中沉积物增加，磨损加剧。10%蒸余物残炭可在一定程度上大致反映柴油在喷嘴和汽缸中形成积炭的倾向。我国轻柴油规格标准中规定实际胶质≤70mg/100mL，10%蒸余物残炭一般≤0.3%。为提高柴油的安定性，常需加入抗氧防胶添加剂。

2. 柴油的腐蚀性与磨损

柴油的含硫量、酸度、水溶性酸碱、灰分、残炭及机械杂质等都是表示产品直接或间接对柴油机腐蚀和磨损的相关指标。我国轻柴油标准中规定了优级柴油的含硫量≤0.2%，一级柴油≤0.5%，合格品≤1.0%；酸度≤5mgKOH/100mL（优级品和一级品）或≤10mg KOH/100mL（合格品）。

3. 柴油的洁净度

影响柴油洁净度的物质主要是水分和机械杂质。柴油中如有较多水分，在燃烧时将降低柴油的发热值，在低温下会结冰，从而使柴油机的燃料供给系统堵塞。而机械杂质的存在除了会引起油路堵塞外，还可加剧喷油泵和喷油器中精密零件的磨损。因此，在轻柴油的质量标准中规定水分含量不大于痕迹量，并不允许有机械杂质。

4. 柴油的安全性

柴油的安定性主要是为了储存运输上的安全。柴油的安定性用闪点来表示。一些国家按不同季节和用途规定不同的闪点，一般为38～55℃，我国目前的规定不分季节和牌号，除-35号及-50号之外，轻柴油闪点一律不低于65℃。

五、柴油清洁化

随着环保要求的提高，车用汽柴油质量标准也越来越高。国家标准委员会确定轻柴油分为普通柴油和车用柴油两类，要求到2011年6月车用柴油要全部达到国Ⅲ标准。我国车用油品质升级六年三个台阶，2000年执行第一套车用油质量标准，2005年7月1日，全国范围内开始执行国Ⅱ排放标准，2009年12月31日全国推行国Ⅲ排放标准。新版《车用柴油》强制性国家标准（GB 19147—2009）（见表2-7）于2010年1月1日实施，该标准规定车用柴油硫含量为不超过0.035%，是参照欧盟标准修订完成的，可以满足我国第Ⅲ阶段排放要求，此种低硫柴油的使用将极大减少空气污染。

国外车用柴油质量标准现状：欧盟出台93/12/EC标准，从1994年10月1日起柴油最大硫含量为0.2%；1996年10月1日开始实施0.05%柴油硫含量标准；1998年标准第一次采用稠环芳烃含量来限制柴油中芳烃含量，并规定当柴油密度最大为845kg/m^{3}时，柴油十六烷值从原来的49增至51。

美国在20世纪60年代至80年代初车用柴油标准没有太大变化，主要增加了快速储存安定性和冷滤点两个指标。美国环保局要求炼油商从2004年初必须将出厂柴油的硫含量降至0.003%，另外要求从2006年6月开始美国车用柴油最大硫含量降低到0.0015%。其中小型炼油厂执行时间则可延长至2010年，在2010年以前仍然允许生产硫含量为0.05%的柴油。

为适应世界柴油低硫化的发展趋势，日本石油联盟早在 1989 年 6 月就提出了柴油低硫化目标：1993 年柴油硫含量降到 0. 2%，1997 年降到 0. 05%，2005 年降到 0. 005%，2008 年降至 0. 001%。韩国、新加坡和香港 2005 年以后汽油和车用柴油硫含量都低于 0. 005%。

表 2-6　欧盟柴油规格主要指标的变化情况

项　　目		EN1993	EN1998	EN2000	EN2004
汽车排放标准		欧Ⅰ	欧Ⅱ	欧Ⅲ	欧Ⅳ
十六烷值	≮	49	49	51	51
十六烷指数	≮	46	46	46	46
w(硫)/(μg/g)	≯	2000	500	350	50/10
密度/(kg/m³)		820~860	820~860	820~845	820~845
w(多环芳烃)/%				≯11	≯11
T_{95}/℃	≯	370	370	360	360
润滑性(HFRR，60℃)			460	460	460
φ(脂肪酸甲酯)/%					≯5

表 2-7　车用柴油技术要求(GB/T 17951—2009)

项目	5 号	0 号	-10 号	-20 号	-35 号	-50 号
氧化安定性(总不溶物)/(mg/100mL)	≤2. 5					
硫含量/%	≤0. 035					
10%蒸余物残炭/%	≤0. 3					
灰分/%	≤0. 01					
铜片腐蚀(50℃，3h)/级	≤1					
水分/%(体积)	痕迹					
机械杂质	无					
润滑性磨痕直径(60℃)/μm	≤460					
多环芳烃含量/%	11					
运动黏度(20℃)/(mm²/s)	3. 0~8. 0		2. 5~8. 0		1. 8~7. 0	
凝点/℃	≤5	≤0	≤-10	≤-20	≤-35	≤-50
冷滤点/℃	≤8	≤4	≤-5	≤-14	≤-29	≤-44
闪点(闭口)/℃	≥55			≥50	≥45	
着火性(需满足下列要求之一)						
十六烷值	≥49			≥46		
十六烷指数	≥46				≥43	
馏程						
50%回收温度/℃	≤300					
90%回收温度/℃	≤355					
95%回收温度/℃	≤365					
密度(20℃)/(kg/m³)	810~850				790~840	

关于车用燃料的“清洁度”，世界公认的分类标准是依据燃料的硫含量划分为四类：硫含量>500μg/g 为非清洁燃料，50μg/g<硫含量≤500μg/g 为清洁燃料，10μg/g<硫含量≤50μg/g 为超清洁燃料，硫含量≤10μg/g 为无硫燃料。欧盟要求从 2005 年 1 月 1 日开始，必须有一部分车用柴油达到硫含量 10μg/g 以下的标准；到 2009 年 1 月 1 日，所有车用柴油的硫含量都必须降到 10μg/g 以下。由于欧洲各国对低硫燃料采取了税收优惠政策，一些国家的车用柴油硫含量已提前达到 10μg/g 的标准。例如，瑞典、芬兰已分别于 1990 年和 1997

年将车用柴油硫含量降低到10μg/g，德国2003年也将车用柴油硫含量降低到10μg/g。2005年日本的车用柴油硫含量已降到50μg/g。美、欧、日车用柴油标准对比见表2-8。

表2-8 美、欧、日车用柴油标准对比

指 标	美国2006年	欧盟2005年	日本2005年	指 标	美国2006年	欧盟2005年	日本2005年
硫含量/(μg/g)	<15	<50	50	多环芳烃/%(体积)	—	<11	—
总芳烃/%(体积)	<35	—	—	十六烷值	>40	>51	>45

世界车用柴油标准发展的总趋势是降低硫、芳烃及多环芳烃含量，十六烷值有所提高。欧Ⅴ标准要求从2009年9月起，所有在欧洲销售的柴油车必须安装颗粒物过滤器，现有的柴油车必须在2011年1月之前改装完毕。按照欧Ⅴ排放标准，柴油轿车的颗粒物排放量将减少80%。欧Ⅵ标准将于2014年起实行，实行欧Ⅵ标准后，柴油轿车的氮氧化物排放量将减少68%。为了继续改善环境质量、防止全球性气候变暖，到2020年前后，欧盟、美国、日本等发达国家要求车用汽油、柴油硫含量均小于10μg/g，汽油苯含量小于0.5%。预计2020年世界柴油硫含量的先进标准是10μg/g，芳烃含量是20%~25%(体积)；多环芳烃含量是5%(体积)，十六烷值目标是51。预计到2019年，世界硫含量小于30μg/g的汽油将占到总需求量的65t左右；到2020年，世界硫含量小于50μg/g的柴油将占总需求量的50%以上。

六、润滑油

润滑剂是一类很重要的石油产品，可以说所有带有运动部件的机器都需要润滑剂，否则就无法正常运行。虽然润滑剂的产量仅占原油加工量的2%左右，因其使用条件千差万别，润滑剂的品种多达数百种，并且对其质量的要求非常严格，其加工工艺较复杂。润滑剂包括润滑油和润滑脂。

(一) 摩擦、磨损与润滑

在机器中，两个互相接触而又发生相对运动的部件叫摩擦件。摩擦件表面如不加润滑剂，那么就会发生干摩擦，这样一方面会损耗有效的能量转化为热能，另一方面会使摩擦件表面发生磨损。这种干摩擦系数因材料及表面光洁度的不同而不同，其范围为0.1~0.9。

当使用润滑油后，能在运动中使摩擦件之间形成一层足够厚的油膜，使机件表面不直接接触，这样就不会产生磨损，同时，以润滑油膜的内摩擦取代了摩擦件间的干摩擦。由于润滑油的内摩擦系数一般仅在0.001~0.005之间，大大低于干摩擦系数，从而提高机械效率，延长机器寿命。这种当运转时摩擦件间的油膜厚度足以使摩擦件完全不接触的润滑，称为液体动压润滑。除了液体动压润滑以外，还有边界润滑和混合润滑两种。当摩擦件之间的相对速度较低且负荷较大时，润滑油膜就会薄到不足以维持液体动压润滑，而处于边界润滑状态。这时，摩擦件之间只存在一层极薄的(<0.1μm)边界膜，边界膜的存在可以避免摩擦件之间的干摩擦，从而显著降低摩擦损耗，减少磨损。边界润滑的摩擦系数大于液体润滑，约为0.05~0.15。当液体润滑和边界润滑兼而有之时，称为混合润滑。图2-2为润滑机理示意图。

(二) 润滑油的分类

由于各种机械的使用条件相差很大，它们对所需润滑油的要求也不一样，因此，润滑油按其使用的场合和条件的不同，分为很多种类。各类润滑油的性质各异，均有其特定的用途，切不可随意使用，否则会影响机器的正常运转，甚至导致机件的烧损。

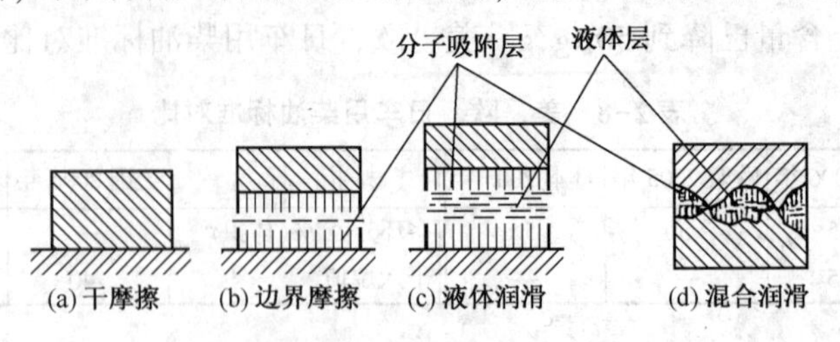

图 2-2　润滑机理示意图

我国参照国际标准制定的润滑油分类标准，将润滑油按应用场合分成十九类，如表 2-9。在每一类中又分为若干个品种，如内燃机油类中就包括了汽油机油、柴油机油、铁路内燃机车用油、船用汽缸油、航空发动机油和二冲程汽油机油等，在每个品种中再细分成许多牌号。

表 2-9　润滑油的分类

类　别	名　称	类　别	名　称
A	全损耗系统用油	P	风动工具用油
B	脱模油	Q	热传导油
C	齿轮油	R	暂时保护防腐蚀用油
D	压缩机油	T	汽轮机油
E	内燃机油	U	热处理用油
F	主轴承、轴承、离合器用油	X	润滑脂
G	导轨油	Y	其他应用场合用油
H	液压系统用油	Z	蒸气汽缸油
M	金属加工用油	S	特殊润滑剂应用场合
N	电器绝缘用油		

润滑油按其使用场合分为下列几类：

1. 内燃机润滑油

包括汽油机油、柴油机油等。这是需要最多的一类润滑油，约占润滑油总量的一半，其质量要求较高。

2. 齿轮油

齿轮传动装置上使用的润滑油，其特点是它在机件之间受的压力可高达 600~4000MPa。

3. 电器用油

这类油在使用中并不起润滑作用，而是起绝缘作用，习惯上也归入润滑油范畴。

4. 液压油

在传动、制动装置及减震器中用来传递能量的液体介质，它同时也起润滑及冷却作用。

5. 机械油

在条件不太苛刻的一般机械上使用的润滑油，其数量仅次于发动机润滑油。

6. 工艺用油

包括各种金属切削液、热处理液及成型液等。除此之外，还有汽轮机油、冷冻机油、汽缸油、压缩机油、仪表油和真空泵油等具有特定用途的润滑油。

润滑油视使用条件苛刻的程度分为轻级、中级和重级，高速和低速，高温和低温等级别。

（三）润滑油的基础油

目前世界各国采取将石油馏分或减压渣油制成一系列符合一定规格的、黏度不同的基础油的方法来生产润滑油。厂商可以根据市场需要将不同牌号的若干种基础油进行调和，并加入适量的添加剂，便可制得符合各种规格的润滑油商品。

我国参照国外的标准已制定出基础油的规格。按其原油类别的不同分为：黏度指数大于95的以大庆石蜡基原油为代表的低硫石蜡基基础油系列；黏度指数大于60的以新疆中间基原油为代表的中间基基础油系列；以环烷基原油生产的环烷基基础油系列。

1. 石蜡基基础油

共有8种，包括馏分油75SN、100SN、150SN、200SN、350SN、500SN及650SN等7个牌号及残渣150BS 1个牌号。

2. 中间基基础油

共有13种，包括馏分油60ZN、75ZN、100ZN、150ZN、200ZN、300ZN、500ZN、600ZN、750ZN和900ZN等10个牌号及残渣油90ZNZ、125/140ZNZ、200/220ZNZ 3个牌号。

3. 环烷基基础油

共有11种，包括馏分油60DN、75DN、100DN、150DN、200DN、300DN、500DN、750DN、900DN和1200DN等10个牌号及残渣油90DNZ 1个牌号。

上述牌号中的数字，对于馏分油是指该基础油在100 ℉时的赛氏通用黏度秒数(SUS)的大约值，而对于残渣油则是指在210 ℉时的赛氏通用黏度秒数的大约值。国外把从减压馏分制取的低黏度及中等黏度的润滑油基础油称为中性油(neutral oil)，把从减压渣油制取的高黏度的润滑油基础油称为光亮油(bright stock)。

目前我国开始实行一种新的分类方法，把润滑油基础油按黏度指数(Ⅵ)分为五类，见表2-10。

矿务油是目前生产各种润滑油的主要原料，矿物油有时还不具备航空、航天和国防等特殊场合所要求的耐低温、耐高温、高真空、抗燃、抗辐射等性能。因此，还需要通过合成的途径制取一些具有特殊性能的合成润滑油。合成润滑油包括聚α-烯烃类、硅油类、聚乙二醇类、双酯类、磷酸酯类、硅酸酯类、全氟烃类、氟氯碳油类、聚醚类等。表2-11列出了美国API 90年代的基础油分类。

表2-10　我国润滑油基础油分类及代号

项　目		超高黏度指数 $VI \geq 140$	甚高黏度指数 $120 \leq VI < 140$	高黏度指数 $90 \leq VI < 120$	中黏度指数 $40 \leq VI < 90$	低黏度指数 $VI < 40$
通用基础油		UHVI	VHVI	HVI	MVI	LVI
专用基础油	低凝	UHVIW	VHVIW	HVIW	MVIW	—
	深度精制	UHVIS	VHVIS	HVIS	MVIS	—

表2-11　美国API基础油分类

类　剂	w(S)/%	w(饱和烃)/%	VI	生产工艺
第一类	≥0.03	<90	80~120	溶剂精制
第二类	≤0.03	≥90	80~120	加氢精制
第三类	≤0.03	≥90	>120	加氢异构化
第四类	聚α-烯烃油			
第五类	除1~4类外			

（四）内燃机润滑油

也称发动机油或曲轴箱油。内燃机润滑油不仅对机器中各个部件起润滑作用，还在发动机内部起冷却、清净、密封等作用。因此，内燃机润滑油的质量，不仅影响发动机的润滑状态，还影响发动机的功率、安全运行、使用寿命以及燃料消耗量等。

1. 内燃机润滑油的质量要求

（1）黏度　润滑油黏度值的选择由其机械工作时的温度、负荷、转速等条件来决定。一般来说，负荷小、工作温度低、机械转速快时应选用黏度较小的润滑油。内燃机润滑油因其负荷较大、工作温度较高，所以选用黏度较大的润滑油，其100℃运动黏度约在6~22mm^2/s之间。

（2）黏温性质　内燃机在正常运转时，有些部位的温度可高达300℃，而在起动时温度又比较低。内燃机油的黏温性质不好，在高温时太稀，不能保持必要厚度的油膜，将使机械的磨损加大；而在低温时太稠，不仅会造成起动困难，同时也会导致磨损。

（3）抗氧化安定性　内燃机润滑油不仅使用的温度高，而且是循环使用，在不断与含氧的气体接触的过程中，易被氧化而变质。因此，需要设法提高润滑油的氧化安定性，以延长其使用寿命。

（4）清净分散性　内燃机润滑油还要具有能把在使用过程中因老化、衰败生成的各种沉积物从金属表面上洗涤下来并分散于润滑油中的功能。

（5）低温流动性　良好的低温流动性是润滑油低温泵送性能的保障。

（6）抗磨性　由于在汽缸壁上油膜很难维持，所以，汽缸壁与活塞之间经常处于边界润滑或混合润滑状态。同时，在主轴承和连杆轴承上的负荷也比较大，这要求内燃机润滑油具有良好的抗磨性能。

上述内燃机润滑油的性能要求中，主要取决于基础油的化学组成结构以及馏分组成，但清净分散性和抗磨性能一般靠加入相应的添加剂来改善。

2. 内燃机润滑油的分类

我国内燃机油的分类采用了国际上通用的SAE J300（Society of Automotive Engineers）发动机黏度分类和SAE J183—1984使用分类。内燃机油按黏度分类的油品规格见表2-12。

表2-12　内燃机润滑油的黏度分类

分　类	低温黏度		泵送极限最高温度/℃	100℃运动黏度/（mm^2/s）	
	温度/℃	黏度/mPa·s		不小于	不大于
0W	-30	3250	-35	3.5	—
5W	-25	3500	-30	3.8	—
10W	-20	3500	-25	4.1	—
15W	-15	3500	-20	5.6	—
20W	-10	4500	-15	5.6	—
25W	-5	6000	-10	9.3	—
20W				5.6	9.3
30				9.3	12.5
40				12.5	16.3
50				16.3	21.9
60				21.9	26.1

（1）按黏度分类

① 单级油：20、30、40、50。

② 多级油：5W/20、5W/30、10W/30、10W/40、15W/40、20W/40。

（2）按性能分类

① 汽油机油：QA、QB、QC、QD、QE、QF（与 SAE J183 使用分类 SA、SB、SC、SD、SE、SF 对应）。

② 柴油机油：CA、CB、CC、CD。

③ 船用柴油机油：ZA、ZB、ZC、ZD。

目前，分类的等级还在提高，如汽油机油又出现了更高级别的 SF 油；柴油机油的 CE、CF 油也已问世。通用油 SF/CD 是能在汽油机和柴油机中同时使用的油。

表中从 0W 号到 60 号共 11 个黏度等级的油称为单级油，其中有 W 者表示冬用油，无 W 者表示夏用油或非寒用油。而多级油（multilevel oil）是指 100℃黏度在某一非 W 黏度等级范围内，而同时其低温黏度和边界泵送温度又能满足某一 W 黏度等级的指标，即所谓冬夏两用油。

七、其他石油产品——蜡、沥青、焦和液化石油气

在炼油厂以原油为原料生产燃料、化工原料和润滑油等液体油品的同时，还能得到一些固体石油产品——石油蜡、石油沥青、石油焦以及液化石油气。它们有的数量虽然不多，但因特殊的性质和用途，产品价值较高，在国民经济的各个领域，甚至国防、尖端科学技术中都有应用。

（一）石蜡和微晶蜡

从原油 350~500℃馏分油中制取的蜡称为石蜡，以正构烷烃为主，呈大的片状结晶；从 >500℃减压渣油中制取的蜡称为微晶蜡，除正构烷烃之外，还含有大量异构烷烃和带长侧链的环烷烃，呈细微的针状结晶。

我国原油 90%以上是含蜡和高蜡原油，如大庆原油、沈北原油、南阳原油等都适合生产石蜡，后两种原油还能生产一定数量的微晶蜡。我国石蜡资源丰富，产品质量优良，不仅能满足国内需要，还能出口到国际市场销售。

1. 石蜡

石蜡的应用非常广泛，在蜡烛、包装、绝缘材料、造纸、文教用品、火柴、轮胎橡胶、制皂、食品、医药、化妆品等行业中都有应用。石蜡按精制深度（含油量）分为全精炼蜡、半精炼蜡、食品用蜡和粗石蜡四种，每种蜡又按蜡熔点的不同构成系列牌号。食品用石蜡规格包括两类：食品石蜡和食品包装石蜡，每类又包括五种：52 号、54 号、56 号、58 号和 60 号。

对石蜡的质量要求，主要包括以下四项：熔点、含油量、安定性和无毒性。全精炼蜡的质量规格见表 2-13。

2. 微晶蜡

微晶蜡曾称为地蜡。它的相对分子质量大、熔点高、硬度小、延伸度大，受力后可发生塑性变形，不像石蜡那样呈脆性、易碎裂，具有良好的密封性、防潮性、柔韧性和绝缘性。微晶蜡常用于电气绝缘材料、密封材料、铸模造型材料和用于制造许多日用品，如软膏、香脂、发蜡、鞋油、地板蜡、食品包装纸、蜡纸等，它也是制造润滑脂和特种蜡的原料。随着应用范围的不断扩大，需求量增加较快，在国外，微晶蜡用量约为石蜡类产品总量的十分之一。

表 2-13　全精炼石蜡规格(GB 446—87)

项目		质量指标									
		52号	54号	56号	58号	60号	62号	64号	66号	68号	70号
熔点/℃	不低于	52	54	56	58	60	62	64	66	68	70
	低于	54	56	58	60	62	64	66	68	70	72
含油量/%	不大于	0.4	0.4	0.4	0.4	0.4	0.4	0.4	0.4	0.4	0.4
色度/号	不小于	+30	+30	+30	+30	+30	+30	+30	+30	+30	+30
光安定性/号	不大于	4	4	4	4	5	5	5	5	5	5
针入度(25℃，100g)/10^{-1}mm	不大于	15	15	15	15	15	15	13	13	13	13
嗅味/号	不大于	0	0	0	0	0	0	0	0	0	0
机械杂质及水分		无	无	无	无	无	无	无	无	无	无
水溶性酸或碱		无	无	无	无	无	无	无	无	无	无

滴点和针入度是微晶蜡的主要质量指标，前者也是划分产品牌号的依据，其他还有含油量、颜色、安定性等指标，用于食品、医药、化妆品时还要通过稠环芳烃检测。

微晶蜡按照一定的标准可分为合格品、一级品和优级品三类，其中合格品包括 70 号、80 号和 85 号三种；一级品包括 70 号、75 号、80 号、85 号和 90 号五种；优级品包括 80 号和 85 号两种。

(二) 石油沥青

常温下石油沥青为黑色固体或半固态黏稠物，它是从残渣油中得到的，产量约占石油产品总量的 3%。石油沥青分为道路沥青、建筑沥青、乳化沥青和专用沥青四种。乳化沥青是用加水、加乳化剂的方法将沥青稀释，便于施工时喷撒。专用沥青包括绝缘沥青、油漆沥青、橡胶沥青和电缆沥青等。

1. 道路沥青

道路沥青用于铺筑路面。我国建设的公路和城市交通路中，沥青路面占大多数，道路沥青性能的优劣对沥青路面质量的影响很大。随着我国高速公路的迅速发展，对高等级道路沥青的需要量日益增大，但受我国原油中高含硫、重质环烷基原油品种缺乏的限制，高质量沥青总是供不应求。近年来发展了改性沥青，如用丁苯胶乳改性的沥青，对其使用性能有较多的改善。

道路沥青分为普通道路沥青和重交通道路沥青两种。主要的使用性能有以下六项：硬稠度、延度、耐热性、感温性、低温抗裂性、耐老化性。

重交通沥青用于交通流量大、承受重负荷的路面，如高速公路，它比普通道路沥青要有更大的延度、更好的高温稳定性、低温抗裂性、抗磨损性和耐老化性。

表 2-14 列出了重交通道路石油沥青技术要求 GB/T 15180—2010。本标准所代替标准的历次发布情况为：GB/T 15180—1994、GB/T 15180—2000。本标准按针入度范围分为 AH-130、AH-110、AH-90、AH-70、AH-50、AH-30 等六个牌号。

2. 建筑沥青

建筑沥青主要用于屋面、地面的防水防潮层以及其他建筑方面的铺盖材料，也用于防腐和防锈涂料等。它是用残渣油经过氧化后制得的。在高温下，油和胶质进一步发生氧化、缩合反应，转化成硬度高的沥青质，因此其硬度比道路沥青高。对建筑沥青主要的质量要求是：黏结性好和抗水防潮性好，针入度小稠度大，软化点高，温度敏感性要小，低温下不脆裂，高温下不流淌。

建筑石油沥青规格包括 10 号和 30 号两种。

表 2-14 重交通道路石油沥青技术要求(GB/T 15180—2010)

项目		质量指标						试验方法
		AH-130	AH-110	AH-90	AH-70	AH-50	AH-30	
针入度(25℃, 100g, 5s)/10^{-1}mm		120~140	100~120	80~100	60~80	40~60	20~40	GB/T 4509
延度(15℃)/cm	不小于	100	100	100	100	80	报告	GB/T 4508
软化点/℃		38~51	40~53	42~55	44~57	45~58	45~58	GB/T 4507
溶解度/%	不小于	99.0	99.0	99.0	99.0	99.0	99.0	GB/T 11148
闪点/℃	不小于	230					260	GB/T 267
密度(25℃)/(kg/m^3)		报告						GB/T 8928
蜡含量/%	不大于	3.0						SH/T 0425
薄膜烘箱试验(163℃, 5h)								GB/T 5304
质量变化/%	不大于	1.3	1.2	1.0	0.8	0.6	0.5	GB/T 5304
针入度比/%	不小于	45	48	50	55	58	60	GB/T 4509
延度(15℃)/cm	不小于	100	50	40	30	报告	报告	GB/T 4508

(三) 石油焦

石油焦来自石油炼制过程中渣油的焦炭化。石油焦是一种无定型炭，灰分很低，可以作为制造碳化硅和碳化钙的原料，用于金属铸造以及高炉冶炼等。如经进一步高温煅烧，降低其挥发分和增加强度，是制作冶金电极的良好原料。

延迟焦化生产的普通石油焦，也称生焦，分为三个等级：1 号石油焦用于炼钢工业的普通功率石墨电极；2 号石油焦用于炼铝和制作一般电极、绝缘材料、碳化硅或作为冶金燃料；3 号石油焦仅适用于作冶金工业燃料。

针状焦也称熟焦，是将延迟焦化的原料，操作条件稍加调整即可生产出细纤维结构的优质针状焦。针状焦主要作为炼钢用高功率和超高功率的石墨电极。所做石墨电极具有低热膨胀系数、低电阻、高结晶度、高纯度、高密度等特性。针状焦的质量要求除含硫量、灰分、挥发分外，对真密度也需加以控制，要保证气孔率小、致密度大，使所制造的电极的机械强度高。热膨胀系数是针状焦的重要质量指标，一般要求在 2.6 以下。

(四) 液化石油气

液化石油气(liquefied petroleum gas，简称 LPG)是指石油当中的轻烃，以碳三、碳四(即丙烷、丁烷和烯烃)为主及少量碳二、碳五等组分的混合物，常温常压下为气态，经稍加压缩后成为液化气，装入钢瓶送往用户。

当前城市为改善汽车尾气对大气的污染，公共汽车及出租汽车等大量改装，以液化石油气替代汽油。供城市居民生活及服务行业替代煤炭作燃料用的液化石油气，主要来自炼油厂炼制过程中产生的炼厂气以及油田的轻烃。

使用液化石油气作为燃料有利于改善城市环境。不过，从石油炼制技术经济角度来看，炼厂气中所含轻烃(特别是丙烯和丁烯)是宝贵的化工原料，经过气体分馏和进一步加工可以生产出高附加值的石油化工产品。因此，液化石油气用作城市燃气应该是一个过渡性的行为，今后随着石化工业的发展，将逐步把液化石油气中大部分组分作为化工原料。同时，一些城市正在逐步以天然气替代液化石油气，北京等一些大城市已经改用了天然气。国内车用液化气标准见表 2-15。本标准参考了欧洲 EN589：1993《车用液化石油气》和美国 ASTM D 1835—1997《液化石油气》等国外标准。该标准代替 SY 7548—1998《汽车用液化石油气》。

表 2-15　车用液化石油气技术要求(GB 19159—2003)

项　目		质量指标			试验方法
		1号	2号	3号	
蒸气压(37.8℃，表压)/kPa		≤1430	890~1430	660~1340	GB/T 6602
组分的质量分数/%	丙烷	>85	>65~85	40~65	SH/T 06140
	丁烷及以上组分	≤2.5	—	—	
	戊烷及以上组分		≤2.0	≤2.0	
	总烯烃	≤10	≤10	≤10	
	丁二烯(1，3-丁二烯)	≤0.5	≤0.5	≤0.5	
残留物	蒸发残留物/(mL/100mL)	≤0.05	≤0.05	≤0.05	SY/T 7509
	油渍观察	通过	通过	通过	
密度(20℃)/(kg/m^3)		实测	实测	实测	SH/T 0221
铜片腐蚀/级		≤1	≤1	≤1	SH/T 0232
总硫含量/(mg/m^3)		<270	<270	<270	SH/T 0222
硫化氢		无	无	无	SH/T 0125
游离水		无	无	无	目测

思考题

1. 石油产品分为哪四个大类?

2. 汽油的蒸发性能和安定性能用何指标评定? 汽油的抗爆性能是用何指标来评定的? 提高汽油抗爆性的方法主要有哪些?

3. 汽油有哪些品种和牌号? 它是根据什么来划分的?

4. 试述内燃机润滑油的分类。

5. 何为石油沥青? 它包括哪几类?

第四节　原油的蒸馏

一、原油的预处理

(一) 预处理的目的

从地底油层中开采出来的石油都伴有水，这些水中都溶解有无机盐，如 NaCl、$MgCl_2$ 和 $CaCl_2$ 等。原油含水、含盐给原油运输、储存、加工和产品质量都会带来危害。在油田，原油经过脱水和稳定，可以把大部分水及水中的盐脱除，但仍有部分水不能脱除，因为这些水是以乳化状态存在于原油中。原油进炼油厂前一般含盐量在 50mg/L 上下，含水量 0.5%~1.0%，在炼制前，必须进一步将其脱除。

原油中的盐类和水的存在对加工过程的危害主要表现在：

(1) 在换热器、加热炉中，随着水的蒸发，盐类沉积在管壁上形成盐垢，不仅降低了传热效率，也会减小管内流通面积而增大流动阻力；水汽化之后体积明显增大，也会造成系统压力上升，这些都会使原油泵的出口压力增大，严重时甚至会堵塞管路导致停工。

（2）造成设备腐蚀。在水中，$CaCl_2$、$MgCl_2$水解生成具有强腐蚀性的HCl：

$$MgCl_2+2H_2O \rightleftharpoons Mg(OH)_2+2HCl$$

如果系统又有硫化物存在，则腐蚀会更严重。

$$Fe+H_2S \rightleftharpoons FeS+H_2$$

$$FeS+2HCl \rightleftharpoons FeCl_2+H_2S$$

（3）影响二次加工原料的质量。原油中所含的盐类在蒸馏之后会集中于减压渣油中，对渣油进一步深加工，无论是催化裂化还是加氢脱硫都要控制原料中Na^+的含量，否则将使催化剂受损。含盐量高的渣油作为延迟焦化的原料时，加热炉管内因盐垢而结焦，产物石油焦也会因灰分含量高而降低等级。根据上述原因，目前对设有重油催化裂化装置的炼油厂提出了深度电脱盐脱水的要求：脱后原油含盐量要小于3mg/L，含水量小于0.2%。对不设有重油催化裂化装置的炼油厂，仅仅为了保护设备不被腐蚀，可以放宽要求，脱后原油含盐量应小于5mg/L，含水量小于0.3%。

（二）基本原理

原油中的盐大部分溶于所含水中，故脱盐脱水是同时进行的。为了脱除悬浮在原油中的盐粒，需要在原油中注入一定量的新鲜水（注入量一般为5%），充分混合，然后在破乳剂和高压电场的作用下，使微小水滴逐步聚集成较大水滴，借重力从油中沉降分离，达到脱盐脱水的目的，通常称为电化学脱盐脱水过程。

原油乳化液通过高压电场时，在分散相水滴上形成感应电荷，带有正、负电荷的水滴在作定向位移时，相互碰撞而合成大水滴，从而加速沉降，见图2-3。

水滴直径愈大，原油和水的相对密度差愈大，温度愈高，原油黏度愈小，沉降速度愈快。在这些因素中，水滴直径和油水相对密度差是关键，当水滴直径小到使其下降速度小于原油上升速度时，水滴就不能下沉，而随油上浮，达不到沉降分离的目的。

（三）工艺过程

我国各炼油厂大都采用两级脱盐脱水流程。如图2-4所示。

原油自油罐抽出后，先与淡水、破乳剂按比例混合，经加热到规定温度，送入一级脱盐罐，一级电脱盐的脱盐率在90%~95%之间。在进入二级脱盐之前，仍需注入淡水，一级注水是为了溶解悬浮的盐粒，二级注水是为了增大原油中的水量，以增大水滴的偶极聚结力。

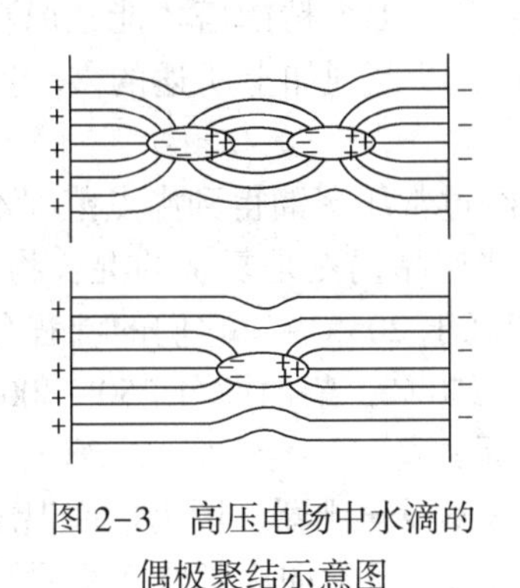

图2-3　高压电场中水滴的偶极聚结示意图

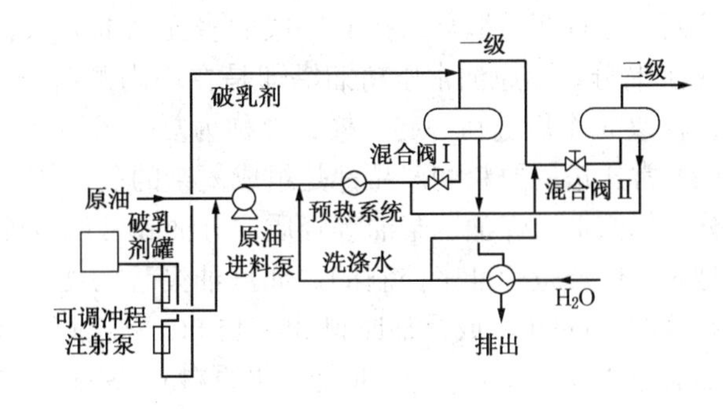

图2-4　两级脱盐脱水流程示意图

（四）工艺操作条件

应针对不同原油的性质、含盐量多少和盐的种类，合理选择不同的电脱盐工艺参数。需要注意的工艺参数有：①电场强度和强电场下的停留时间；②脱盐温度与压力；③注水量和破乳剂加入量；④脱金属剂的应用。在达到对脱后原油含盐量、含水量和排水含油量要求的前提下，要尽量节省电耗和化学药剂。

二、原油的蒸馏

原油常减压蒸馏是石油加工的第一道工序，它担负着将原油进行初步分离的任务。它依次使用常压蒸馏和减压蒸馏的方法，将原油按照沸程范围切割成汽油、煤油、柴油、润滑油原料、裂化原料和渣油。常减压蒸馏是炼油厂和许多石油化工企业的龙头装置，其耗能、收率和分离精确度对全厂和下游加工装置的影响很大。通过常减压蒸馏要尽可能多地从石油中得到馏出油，减少残渣油量，提高原油的总拔出率。这不仅能够获得更多的轻质直馏油品，也能为二次加工和三次加工提供更多的原料油，为原油的深加工打好基础。

原油的一次加工能力即原油蒸馏装置的处理能力，常被视为一个国家炼油工业发展水平的标志。我国现有原油加工能力已居世界第二位，目前我国常减压蒸馏装置单套的平均加工能力多在5Mt/a以上，最大的已在10.0Mt/a以上，国外最大已达12.5Mt/a。

（一）基本原理及特点

1. 蒸馏与精馏

蒸馏是将液体混合物加热后，其中的轻组分汽化，把它导出进行冷凝，达到轻重组分分离的目的。蒸馏依据的原理是混合物中各组分沸点（挥发度）的不同。

蒸馏有多种形式，可归纳为闪蒸（平衡汽化或一次汽化）、简单蒸馏（渐次汽化）和精馏三种。闪蒸过程是将液体混合物进料加热至部分汽化，经过减压阀，在一个容器（闪蒸罐、蒸发塔）的空间内，于一定温度压力下，使气液两相迅速分离，得到相应的气相和液相产物。简单蒸馏常用于实验室或小型装置上，它属于间歇式蒸馏过程，分离程度不高。精馏是在精馏塔内进行的，塔内装有用于气液两相分离的内部构件，可实现液体混合物轻重组分的连续高效分离，是原油分离很有效的手段。

2. 常压蒸馏

原油的常压蒸馏就是原油在常压（或稍高于常压）下进行的蒸馏，所用的蒸馏设备叫做原油常压精馏塔，它具有以下工艺特点：

（1）常压塔是一个复合塔　原油通过常压蒸馏要切割成汽油、煤油、轻柴油、重柴油和重油等四、五种产品馏分。按照一般的多元精馏办法，需要有$N-1$个精馏塔才能把原料分割成N个馏分。而原油常压精馏塔却是在塔的侧部开若干侧线以得到如上所述的多个产品馏分，就像N个塔叠在一起一样，故称为复合塔。

（2）常压塔的原料和产品都是组成复杂的混合物　原油经过常压蒸馏得到沸点范围不同的馏分，如汽油、煤油、柴油等轻质馏分油和常压重油，这些产品仍然是复杂的混合物（其质量是靠一些质量标准来控制的。如汽油馏程的终馏点不能高于205℃）。它们的沸程分别为：石脑油（naphtha）或重整原料35~150℃，煤油馏分130~250℃，柴油馏分250~300℃，重柴油馏分300~350℃（可作催化裂化原料），>350℃是常压重油。

（3）汽提段和汽提塔　对石油精馏塔，提馏段的底部常常不设再沸器，因为塔底温度一般在350℃左右，在这样的高温下，很难找到合适的再沸器热源。通常向底部吹入少量过热水蒸气，以降低塔内的油气分压，使混入塔底重油中的轻组分汽化，这种方法称为汽提。汽提通常用 400~450℃、约为 3MPa 的过热水蒸气。

在复合塔内，汽油、煤油、柴油等产品之间只有精馏段而没有提馏段，分馏出来的侧线产品中会含有相当数量的轻馏分，这样不仅影响该侧线产品的质量，而且降低了较轻馏分的收率。所以，通常在常压塔的旁边设置若干个侧线汽提塔，相互之间是隔开的，侧线产品从常压塔中部抽出，送入该侧线汽提塔的上部，从该塔下部注入水蒸气进行汽提，汽提出的低沸点组分同水蒸气一道从汽提塔顶部引出返回主塔，侧线产品由汽提塔底部抽出送出装置。

（4）塔内气、液相负荷分布规律　因为原油是经过加热，一次汽化后进入蒸馏塔的，入塔时汽化率除了至少要等于塔顶产品与侧线产品的产率之和以外，还要再加上 2%~4%的过汽化率，以便使进料段上方的最后几块塔板上能维持一定的液体回流量，保证最下一个侧线油的质量。对于原油中的一些轻组分来说，入塔时是处于过热气相，而各产物离开蒸馏塔时的温度都低于入塔温度，除塔顶产品为气相之外，各侧线和塔底产品均为液相。由此可见，对蒸馏塔来说，入方热量大于出方热量，大量剩余热除小部分为散热损失之外，绝大部分需要靠回流取走，以维持全塔的热量平衡。

全塔剩余热=入方热量-出方热量

回流取热=全塔剩余热-塔体散热损失

原油是很复杂的具有很宽沸程的混合物，各种组分的性质如沸点、相对分子质量等都具有很大的差别，分子汽化潜热也相差很大。在原油常压蒸馏塔内，塔顶和塔底的温度差可达 250℃之多，塔内不符合恒分子回流，气、液相负荷沿着塔高有很大的变化幅度。如果只使用塔顶冷回流取热时，塔内液体内回流的摩尔数将自下而上逐渐增大，至第一、二块板之间达到最大值，在每个侧线抽出处又有突然的增加。

（5）常压塔常设置中段循环回流　在原油精馏塔中，除了采用塔顶回流手段，通常还设置 1~2 个中段循环回流，即从精馏塔上部的精馏段引出部分液相热油，经与其他冷流换热或冷却后再返回塔中，返回口比抽出口通常高 2~3 层塔板。

中段循环回流的作用是：在保证产品分离效果的前提下，取走精馏塔中多余的热量，这些热量因温位较高，因而是价值很高的可利用热源。所以，适当加大中段循环回流的取热比例，可以提高热回收率。

采用中段循环回流的好处是：在相同的处理量下可缩小塔径，或者在相同的塔径下可提高塔的处理能力。

3. 减压蒸馏

原油在常压蒸馏的条件下，只能够得到各种轻质馏分，常压塔底产物即常压重油，是原油中比较重的部分，沸点一般高于 350℃，而各种高沸点馏分，如裂化原料和润滑油馏分等都存在其中。要想从重油中分出这些馏分，就需要把温度提到 350℃以上，而在这一高温下，原油中的稳定组分和一部分烃类就会发生分解，降低了产品质量和收率。为此，将常压重油在减压条件下蒸馏，降低压力使油品的沸点相应下降，上述高沸点馏分就会在较低的温度下汽化。一般减压塔在压力低于 100kPa 的负压下进行蒸馏操作，蒸馏温度限制在 420℃以下，避免了高沸点馏分的分解。

减压塔的抽真空设备常用的是蒸汽喷射器或机械真空泵。蒸汽喷射器的结构简单，使用可靠而无需动力机械，水蒸气来源充足、安全，因此，得到广泛应用。而机械真空泵只在一些干式减压蒸馏塔和小炼油厂的减压塔中采用。

与一般的精馏塔和原油常压精馏塔相比，减压精馏塔有如下几个特点：

① 原油减压蒸馏也采用多侧线的复合塔，设有 2~3 个中段循环回流，与常压蒸馏不同

的是塔顶不出产品，也就没有冷回流，塔顶回流的是减一线油。

② 根据生产任务不同，减压精馏塔分燃料型与润滑油型两种。润滑油型减压塔以生产润滑油料为主，这些馏分经过进一步加工，制取各种润滑油。燃料型减压塔主要生产二次加工的原料，如催化裂化或加氢裂化原料。

③ 减压精馏塔的塔板数少、压降小、真空度高、塔径大。为了尽量提高拔出深度而又避免分解，要求减压塔在经济合理的条件下尽可能提高汽化段的真空度。因此，一方面要在塔顶配备强有力的抽真空设备，同时要减小塔板的压力降。减压塔内应采用压降较小的塔板，常用的有舌型塔板、网孔塔板等。减压馏分之间的分馏精确度一般比常压蒸馏的要求低，因此通常在减压塔的两个侧线馏分之间只设 3~5 块精馏塔板。在减压下，塔内的油气、水蒸气、不凝气的体积变大，选择的减压塔径要大。

④ 缩短渣油在减压塔内的停留时间　塔底减压渣油是最重的物料，如果在高温下停留时间过长，则其分解、缩合等反应会加剧进行，导致不凝气增加而使塔的真空度下降，塔底部分结焦，影响塔的正常操作。因此，常用缩小减压塔底部直径的办法，以缩短渣油在塔内的停留时间。另外，减压塔顶不出产品，减压塔的上部气相负荷小，通常也采用缩径的办法，使减压塔成为一个中间粗、两头细的精馏塔。

(二) 工艺流程

所谓工艺流程，就是一个生产装置的设备(如塔、反应器、加热炉)、机泵、工艺管线按生产的内在联系而形成的有机组合。

1. 工艺类型

根据原油所经受的平衡汽化的次数不同，可将原油蒸馏的工艺流程分为以下几种类型：

① 一段汽化式：常压；

② 二段汽化式：初馏(闪蒸)—常压；

③ 二段汽化式：常压—减压；

④ 三段汽化式：初馏(闪蒸)—常压—减压；

⑤ 三段汽化式：常压—一级减压—二级减压；

⑥ 四段汽化式：初馏(闪蒸)—常压—一级减压—二级减压。

①和②主要用于生产轻、重燃料或较为单一的化工原料的中、小型炼油厂；③和④用于燃料型、燃料-润滑油型和化工型的大型炼油厂；⑤和⑥用于燃料-润滑油型和较重质原油的分离，以提高拔出深度或制取高黏度润滑油料。

目前炼油厂最常采用的原油蒸馏工艺流程是两段汽化流程和三段汽化流程。

常压蒸馏是否要采用两段汽化流程应根据具体条件对有关因素进行综合分析而定。如果原油所含的轻馏分多，则原油经过一系列热交换后，温度升高，轻馏分汽化，会造成管路巨大的压力降，其结果是原油泵的出口压力升高，换热器的耐压能力也应增加。另外，如果原油脱盐脱水不好，进入换热系统后，尽管原油中轻馏分含量不高，水分的汽化也会造成管路中相当可观的压力降。当加工含硫原油时，在温度超过 160~180℃的条件下，某些含硫化合物会分解而释放出 H_2S，原油中的盐分则可能水解而析出 HCl，造成蒸馏塔顶部、气相馏出管线与冷凝冷却系统等低温位的严重腐蚀。采用两段汽化蒸馏流程时，这些现象都会出现，给操作带来困难，影响产品质量和收率。大型炼油厂的原油蒸馏装置多采用三段汽化流程。三段汽化原油蒸馏工艺流程的特点有：

① 初馏塔顶产品轻汽油一般作催化重整装置进料。由于原油中的含砷有机物质随着原油温度的升高而分解汽化，因而初馏塔顶汽油的砷含量较低，而常压塔顶汽油含砷量很高。

砷是重整催化剂的有害物质，因而一般含砷量高的原油生产重整原料时均采用初馏塔。

② 常压塔可设3~4个侧线，生产溶剂油、煤油(或喷气燃料)、轻柴油、重柴油等馏分。

③ 减压塔侧线出催化裂化或加氢裂化原料，产品较简单，分馏精度要求不高，故只设2~3个侧线，不设汽提塔。

④ 减压蒸馏可以采用干式减压蒸馏工艺。所谓干式减压蒸馏，即不依赖注入水蒸气以降低油气分压的减压蒸馏方式。干式减压蒸馏一般采用填料而不是塔板。与传统湿式减压精馏相比，它的主要特点有：填料压降小，塔内真空度提高，加热炉出口温度降低使不凝气减少，大大降低了塔顶冷凝器的冷却负荷，减少冷却水用量，降低能耗。

采用初馏塔的作用有：

① 将原油在换热过程中已汽化的轻组分及时分离出来，让这部分物料不必再进入常压炉去加热。这样一能减少原油管路阻力，降低原油泵出口压力；二能减少常减炉的热负荷，二者均有利于降低装置能耗。

② 当原油因脱水效果波动而引起含水量高时，水能从初馏塔塔顶分出，使生产产品的主塔——常压塔免受水的影响，保证产品质量合格。

③ 对含砷量高的原油如大庆原油(As>2000ng/g)，为了生产重整原料油，必须设置初馏塔。重整所用的铂催化剂极易被砷中毒而永久失活，重整原料油的砷含量要求小于200ng/g。在原油经过常压炉高温加热时，因局部过热会造成原油中有机砷化物分解而进入轻汽油组分中，故常压塔顶汽油砷含量可达几百甚至上千ng/g。而原油在进初馏塔前只经过较为缓和的换热，温度低且受热均匀，不会造成砷化物的热分解，因此初馏塔顶汽油的含砷量低，能满足重整原料的要求。

④ 在加工含砷量低的原油时，因不存在砷对汽油的污染问题，常压塔顶汽油的含砷量很低，以闪蒸塔代替初馏塔，完全能满足重整原料要求。闪蒸塔保留了初馏塔能降低原油管路系统压降的优点。同时，闪蒸塔是一个不出产品、没有回流的塔，塔顶气相物料直接引入常压塔内，因塔顶不用回流而进一步降低能耗。当然，采用闪蒸塔方案后，在装置的产品灵活性上会比采用初馏塔的差一些，对砷含量低的原油比较适用。

2. 应用实例

根据目的产品不同，实际上原油蒸馏的工艺流程有以下三种类型：

(1) 燃料型　这类加工方案的目的产品基本上都是燃料，工艺流程如图2-5所示。

从罐区来的原油经过换热，温度达到80~120℃左右进电脱盐脱水罐进行脱盐、脱水。经这样预处理后的原油再经换热到210~250℃进入初馏塔，塔顶出轻汽油馏分，塔底为拔头原油，拔头原油经换热进常压加热炉加热至360~370℃，形成的气液混合物进入常压塔，塔顶出汽油馏分，经冷凝冷却至40℃左右，一部分作塔顶回流，一部分作汽油馏分。各侧线馏分油经汽提塔汽提出装置。塔底是沸点高于350℃的常压重油，用热油泵从常压塔底部抽出送到减压炉加热，温度达到390~400℃进入减压精馏塔。减压塔顶一般不出产品，直接与抽真空设备连接。侧线各馏分油经换热冷却后出装置作为二次加工的原料。塔底减压渣油经换热、冷却后出装置作为下道工序如焦化、溶剂脱沥青等的进料。

(2) 燃料-润滑油型　这种类型的原油常减压蒸馏工艺流程图如图2-6所示。

与燃料型蒸馏工艺流程及操作方式的异同有：

① 常压系统在原油和产品要求与燃料型相同时，其流程亦相同。

② 减压系统流程较燃料型复杂，减压塔要出各种润滑油原料组分，故一般设4~5个侧线，而且要有侧线汽提塔以满足对润滑油原料馏分的闪点要求，并改善各馏分的馏程范围。

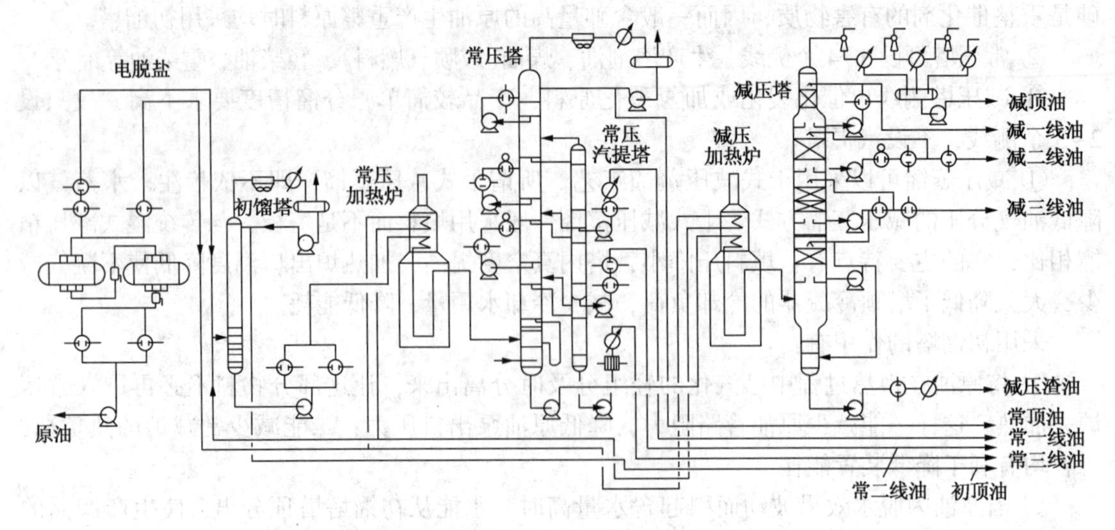

图 2-5　原油常减压蒸馏工艺流程图(燃料型)

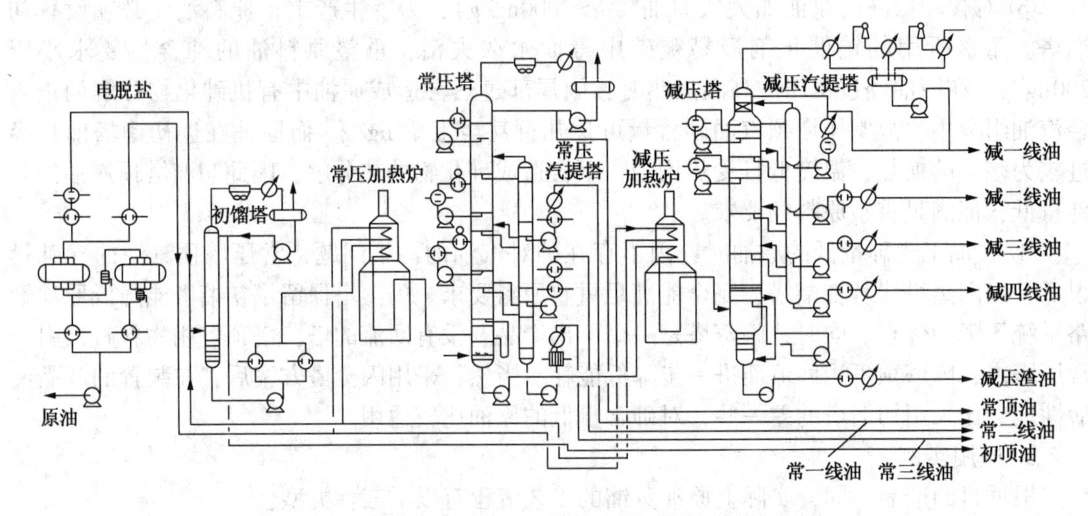

图 2-6　原油常减压蒸馏工艺流程图(燃料-润滑油型)

③ 控制减压炉出口最高油温不大于395℃，以免油料因局部过热而裂解，进而影响润滑油质量。

④ 减压蒸馏系统一般采用在减压炉管和减压塔底注入水蒸气的操作工艺。注入水蒸气的目的在于改善炉管内油的流动情况，避免油料因局部过热裂解，降低减压塔内油气分压，提高减压馏分油的拔出率。

(3) 化工型　化工型原油蒸馏工艺如图 2-7 所示。

它的特点是：

① 化工型流程是三类流程中最简单的。常压蒸馏系统一般不设初馏塔而设闪蒸塔(闪蒸塔与初馏塔的差别在于前者不出塔顶产品，塔顶蒸汽进入常压塔中上部，无冷凝和回流设施)。

② 常压塔设 2~3 个侧线，产品作裂解原料，分离精确度要求低，塔板数可减少，不设汽提塔。

③ 减压蒸馏系统与燃料型的基本相同。

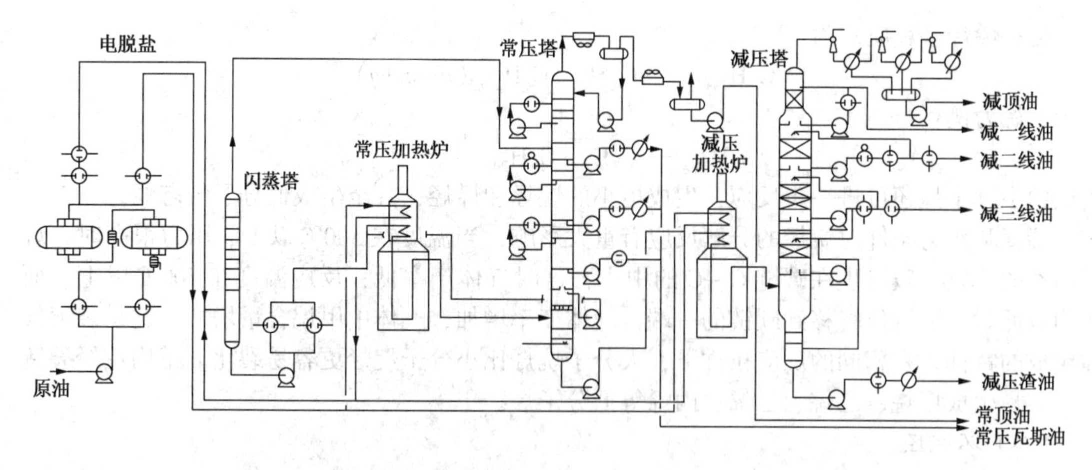

图 2-7　原油常减压蒸馏工艺流程图(化工型)

思考题

1. 原油在常减压蒸馏前为什么要进行脱盐脱水？
2. 试简述原油蒸馏采用初馏塔的原因。
3. 说明为什么原油的蒸馏要采用减压蒸馏？
4. 说明蒸馏和精馏的区别。
5. 简述常减压蒸馏塔各自的特点，与通常化工中精馏塔有何区别？

第五节　原油的热加工过程

在炼油工业中，热加工是指主要靠热的作用，将重质原料油转化成气体、轻质油、燃料油或焦炭的一类工艺过程。热加工过程主要包括：热裂化、减黏裂化和焦化。

热裂化是以石油重馏分或重、残油为原料生产汽油和柴油的过程。减黏裂化作为一种成熟的不生成焦炭的热加工技术，主要目的是改善渣油的倾点和黏度，以达到燃料油的规格要求；或者虽达不到燃料油的规格要求，但可以减少掺合油的用量。焦化是以减压渣油为原料生产汽油、柴油等中间馏分和生产石油焦的过程。

在这些过程中，热裂化过程已逐渐被催化裂化所取代。不过随着重油轻质化工艺的不断发展，热裂化工艺又有了新的发展，国外已经采用高温短接触时间的固体流化床裂化技术，处理高金属、高残炭的劣质渣油原料。

一、热加工过程的基本原理

石油馏分及重油、残油在高温下主要发生两类化学反应：一类是裂解反应，大分子烃类裂解成较小分子的烃类，因此从较重的原料油可以得到汽油馏分和中间馏分以至小分子的烃类气体；另一类是缩合反应，即原料和中间产物中的芳烃、烯烃等缩合成大相对分子质量的产物，从而可以得到比原料油沸程高的残油甚至焦炭。利用这一原理，热加工过程除了可以从重质原料得到一部分轻质油品外，也可以用来改善油品的某些使用性能。

下面从化学反应角度说明热加工过程裂解反应的基本原理。

(一) 烷烃

烷烃在高温下主要发生裂解反应。裂解反应实质是烃分子 C—C 链断裂，产物是小分子的烃类和烯烃，反应式为：

$$C_nH_{2n+2} \longrightarrow C_mH_{2m} + C_qH_{2q+2} (n=m+q)$$

以十六烷为例：

$$C_{16}H_{34} \longrightarrow C_7H_{14} + C_9H_{20}$$

生成的小分子烃还可进一步反应，生成更小的烷烃和烯烃，甚至生成低分子气态烃。

温度和压力条件对烷烃的分解反应有重大影响，当温度在500℃以下、压力很高时，烷烃断裂的位置一般发生在碳链C—C的中央，这时气体产率低；反应温度在500℃以上、而压力较低时，断链位置移到碳链的一端，气体产率增加，气体中甲烷含量增加，这是裂解气体组成的特征。在相同的反应条件下，大分子烷烃比小分子烷烃更容易裂化。正构烷烃裂解时，容易生成甲烷、乙烷、乙烯、丙烯等低分子烃。

（二）环烷烃

环烷烃热稳定性较高，在高温(500~600℃)下可发生下列反应：

（1）单环烷烃断环生成两个烯烃分子，如：

$$\text{(cyclopentane)} \longrightarrow C_2H_4 + C_3H_6 \qquad \text{(cyclohexane)} \longrightarrow C_2H_4 + C_4H_8$$

在700~800℃条件下，环己烷分解生成烯烃和二烯烃

$$\text{(cyclohexane)} \longrightarrow CH_2{=}CH_2 + CH_2{=}CH{-}CH{=}CH_2$$

（2）环烷烃在高温下发生脱氢反应生成芳烃，如：

$$\text{(cyclohexane)} \xrightarrow{-H_2} \text{(cyclohexene)} \xrightarrow{-H_2} \text{(cyclohexadiene)} \xrightarrow{-H_2} \text{(benzene)}$$

双环的环烷烃在高温下脱氢可生成四氢萘。

（3）带长链的环烷烃在裂化条件下，首先侧链断裂，然后开环。侧链越长越容易断裂，如：

$$\text{(cyclohexane)}{-}C_{10}H_{21} \longrightarrow \text{(cyclohexane)}{-}C_5H_{11} + C_5H_{10}$$

（三）芳烃

芳烃是对热非常稳定的组分，在高温条件下受热可生成以氢气为主的气体、高分子缩合物和焦炭。低分子芳烃，例如苯、甲苯对热极为稳定，温度超过550℃时，苯开始发生缩合反应，反应产物为联苯、气体和焦炭；当温度达到800℃以上时，苯裂解生成焦炭为主要反应方向。多环芳烃，如萘、蒽等的热反应和苯相似，它们都是对热非常稳定的物质，主要发生缩合反应，最终导致高度缩合稠环芳烃——焦炭的先驱物的生成。

二、减黏裂化

减黏裂化是一种浅度热裂化过程，其主要目的在于减小原料油的黏度，生产合格的重质燃料油和少量轻质油品，也可为其他工艺过程(如催化裂化等)提供原料。

减黏裂化只是处理渣油的一种方法，特别适用于原油浅度加工和大量需要燃料油的情况。减黏的原料可用减压渣油、常压重油、全馏分重质原油或拔头重质原油。减黏裂化反应在450~490℃、4~5MPa的条件下进行。反应产物除减黏渣油外，还有中间馏分及少量的汽油馏分和裂化气。在减黏反应条件下，原料油中的沥青质基本上没有变化，非沥青质类首先裂化，转变成低沸点的轻质烃。轻质烃能部分地溶解或稀释沥青质，从而达到降低原料黏度的作用。

减黏过程的工艺流程如图2-8所示。

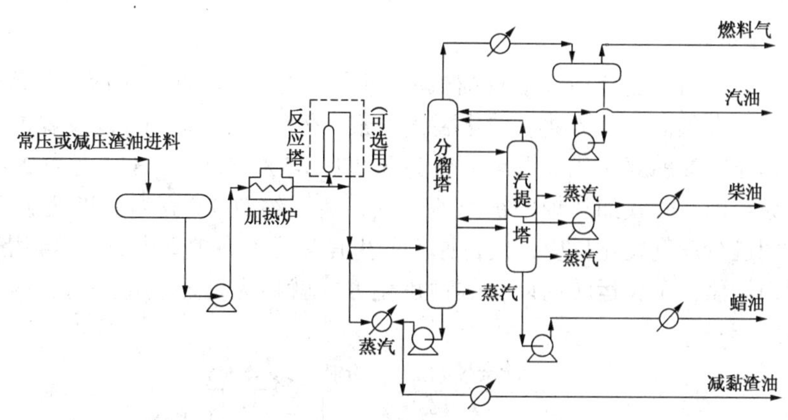

图 2-8　减黏裂化原则流程

这是一个较为灵活的减黏裂化原则流程。该流程可按两种减黏类型操作：加热炉后串联反应塔，则为塔式减黏；不串反应塔，则为炉管式减黏。裂化反应后的混合物送入分馏塔。为尽快终止反应，避免结焦，必须在进分馏塔之前的混合物中和分馏塔底打进急冷油，从分馏塔分出气体、汽油、柴油、蜡油及减黏渣油。

根据热加工过程的原理，减黏裂化是将重质原料裂化为轻质产品，从而降低黏度，但同时又发生缩合反应，生成焦炭，焦炭会沉积在炉管上，影响开工周期，由于所产燃料油安定性差，因此，必须控制一定的转化率。

据统计，世界上有60%的渣油加工能力属于热加工范畴，其中减黏裂化约占热加工能力的50%。主要原因在于热加工装置的投资费用和操作费用比较低，技术比较成熟，不但能生产出所需要的轻质油品，而且还能为不断增长的催化转化工艺提供原料。目前，减黏裂化装置主要集中在西欧，许多大公司都发展了自己的减黏裂化工艺技术。我国目前已有十余套减黏裂化工业装置，多属于常规类型，装置的轻质油产率低，结焦较为严重。我国延迟及缓和减黏裂化等工艺的开发标志着减黏裂化工艺的技术进步。

在常规减黏裂化工艺基础上开发出的临氢、供氢剂和催化减黏裂化等工艺技术，不仅提高了反应的苛刻度，增加了馏分油产率，而且还改善了产品的质量。供氢剂减黏裂化不用氢气，尚须开发出供氢效果好、来源广泛的工业供氢剂，国外开发的水蒸气转化提供活性氢自由基的方法值得借鉴。催化减黏裂化也是今后发展的一个方向。各种减黏裂化新工艺的不断涌现推动了减黏裂化工艺技术的不断发展。

三、焦炭化过程(延迟焦化)

(一) 焦炭化过程(简称焦化)

焦化是提高原油加工深度、促进重质油轻质化的重要热加工手段。它又是唯一能生产石油焦的工艺过程，是任何其他过程所无法代替的。焦化在炼油工业中一直占据着重要地位。焦化是以贫氢重质残油如减压渣油、裂化渣油以及沥青等为原料，在400~500℃的高温下进行的深度热裂化反应。通过裂解反应，使渣油的一部分转化为气体烃和轻质油品，由于缩合反应，使渣油的另一部分转化为焦炭。一方面由于原料重，含相当数量的芳烃，另一方面焦化的反应条件更苛刻，因此缩合反应占很大比重，生成焦炭多。焦化装置是炼油厂提高轻质油收率的手段之一，也是目前炼油厂实现渣油零排放的重要装置之一。

炼油工业中曾经用过的焦化方法主要是釜式焦化、平炉焦化、接触焦化、延迟焦化、流化焦化等。目前我国延迟焦化应用最广，在炼油工业中发挥着重要作用。

（二）延迟焦化

延迟焦化装置目前已能处理包括直馏（减黏、加氢裂化）渣油、裂解焦油和循环油、焦油砂、沥青、脱沥青焦油、澄清油、催化裂化油浆、炼油厂污油（泥）以及煤的衍生物等60余种原料。处理原料油的康氏残炭质量分数为3.8%~45%或以上，*API*度为2~20。延迟焦化的特点是：原料油在管式加热炉中被急速加热，达到约500℃高温后迅速进入焦炭塔内，停留足够的时间进行深度裂化反应，使得原料的生焦过程不在炉管内而延迟到塔内进行，这样可避免炉管内结焦，延长运转周期，这种焦化方式就称为延迟焦化。图2-9是典型的延迟焦化工艺流程。

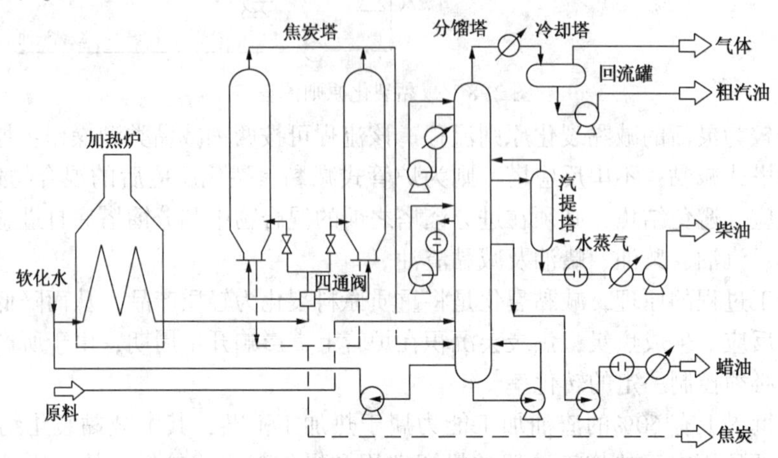

图2-9 延迟焦化工艺流程

原料经预热后，先进入分馏塔下部与焦化塔顶过来的焦化油气在塔内接触换热，一是使原料被加热，二是将过热的焦化油气降温到可进行分馏的温度（一般分馏塔底温度不宜超过400℃），同时把原料中的轻组分蒸发出来。焦化油气中相当于原料油沸程的部分称为循环油，随原料一起从分馏塔底抽出，打入加热炉辐射室，加热到500℃左右，通过四通阀从底部进入焦炭塔，进行焦化反应。为了防止油在管内反应结焦，需向炉管内注水，以加大管内流速（一般为2m/s以上），缩短油在管内的停留时间，注水量约为原料油的2%左右。进入焦炭塔的高温渣油，需在塔内停留足够时间，以便充分进行反应。反应生成的油气从焦炭塔顶引出进分馏塔，分出焦化气体、汽油、柴油和蜡油，塔底循环油与原料一起再进行焦化反应。焦化生成的焦炭留在焦炭塔内，通过水力除焦从塔内排出。

焦炭塔采用间歇式操作，至少要有两个塔切换使用，以保证装置连续操作。每个塔的切换周期，包括生焦、除焦及各辅助操作过程所需的全部时间。对两炉四塔的焦化装置，周期约48h，其中生焦过程约占一半。生焦时间的长短取决于原料性质以及对焦炭质量的要求。近年来，延迟焦化工艺技术进展主要为：大型化、灵活性（原料、产品、产率、质量）、操作性、安全性以及设计改进性。大部分的研究工作着重于延迟焦化装置的操作性和安全性。

1. 简述减黏裂化的目的和工艺方法。
2. 延迟焦化中的“延迟”体现在哪里？
3. 试说明原油热加工的作用和地位。

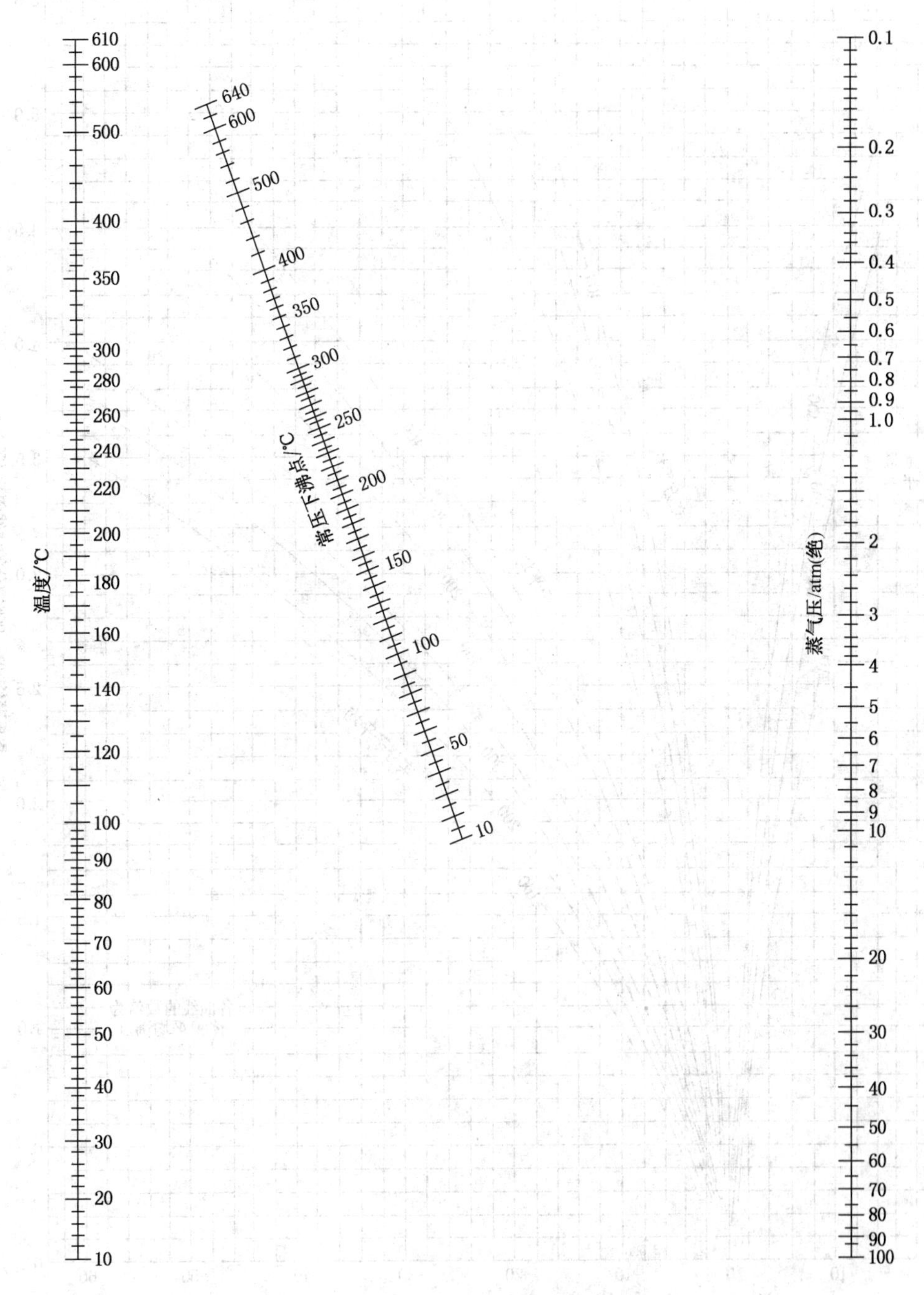

附图 2-1　烃类蒸气压与常压沸点的关系图

（0. 1～100atm，1atm＝1. 013×105Pa）

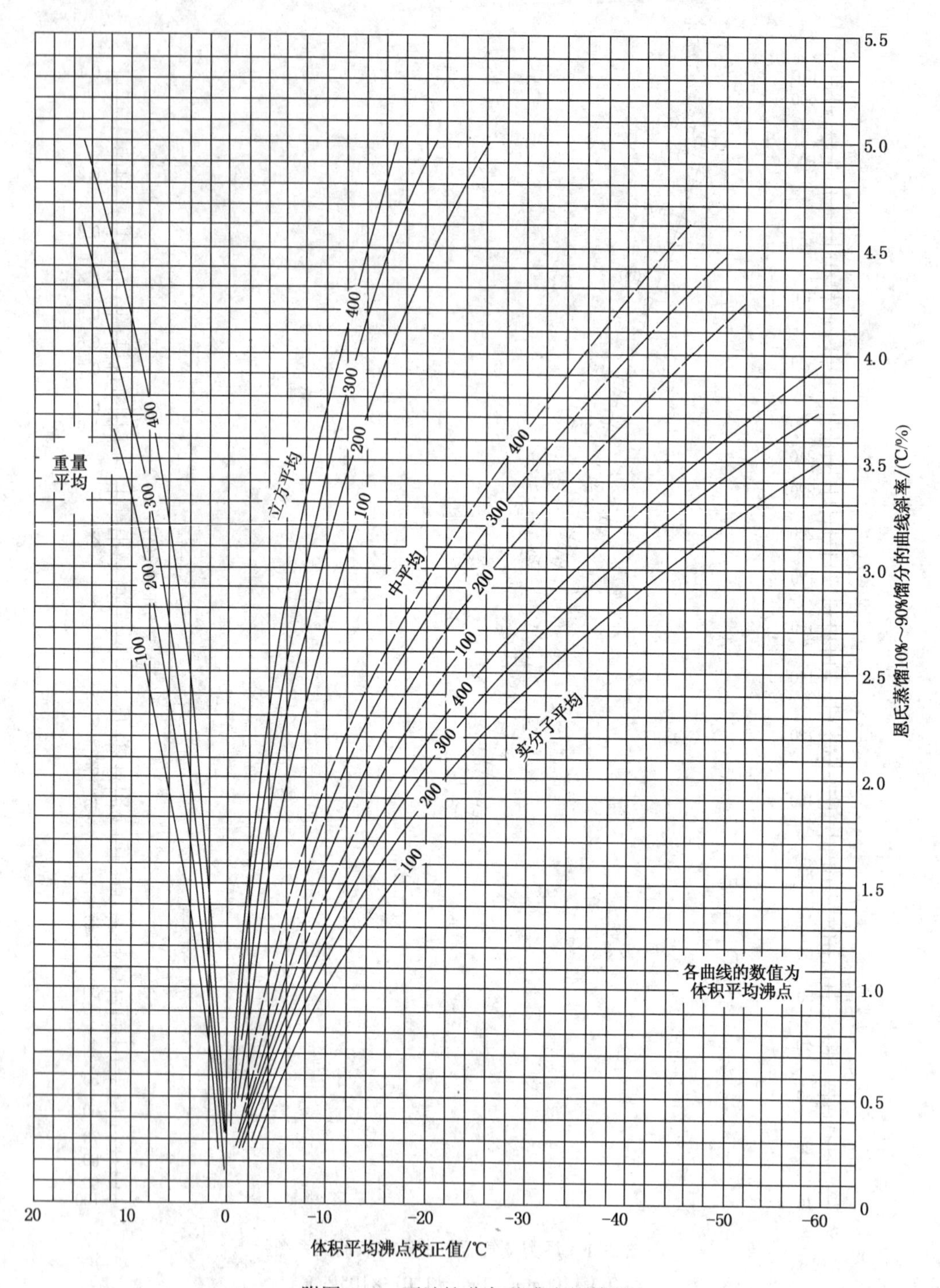

附图 2-2　石油馏分各种沸点换算图

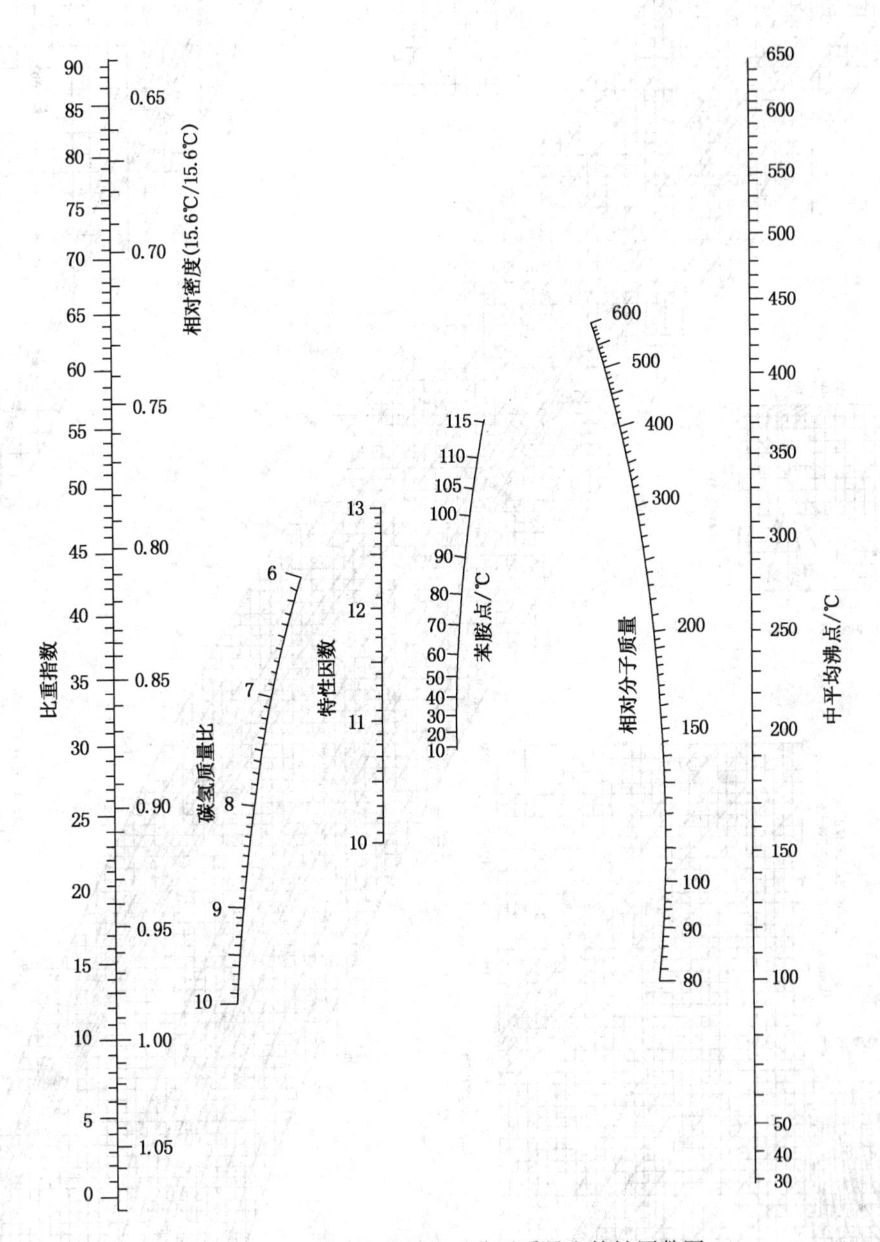

附图 2-3　石油馏分的相对分子质量和特性因数图

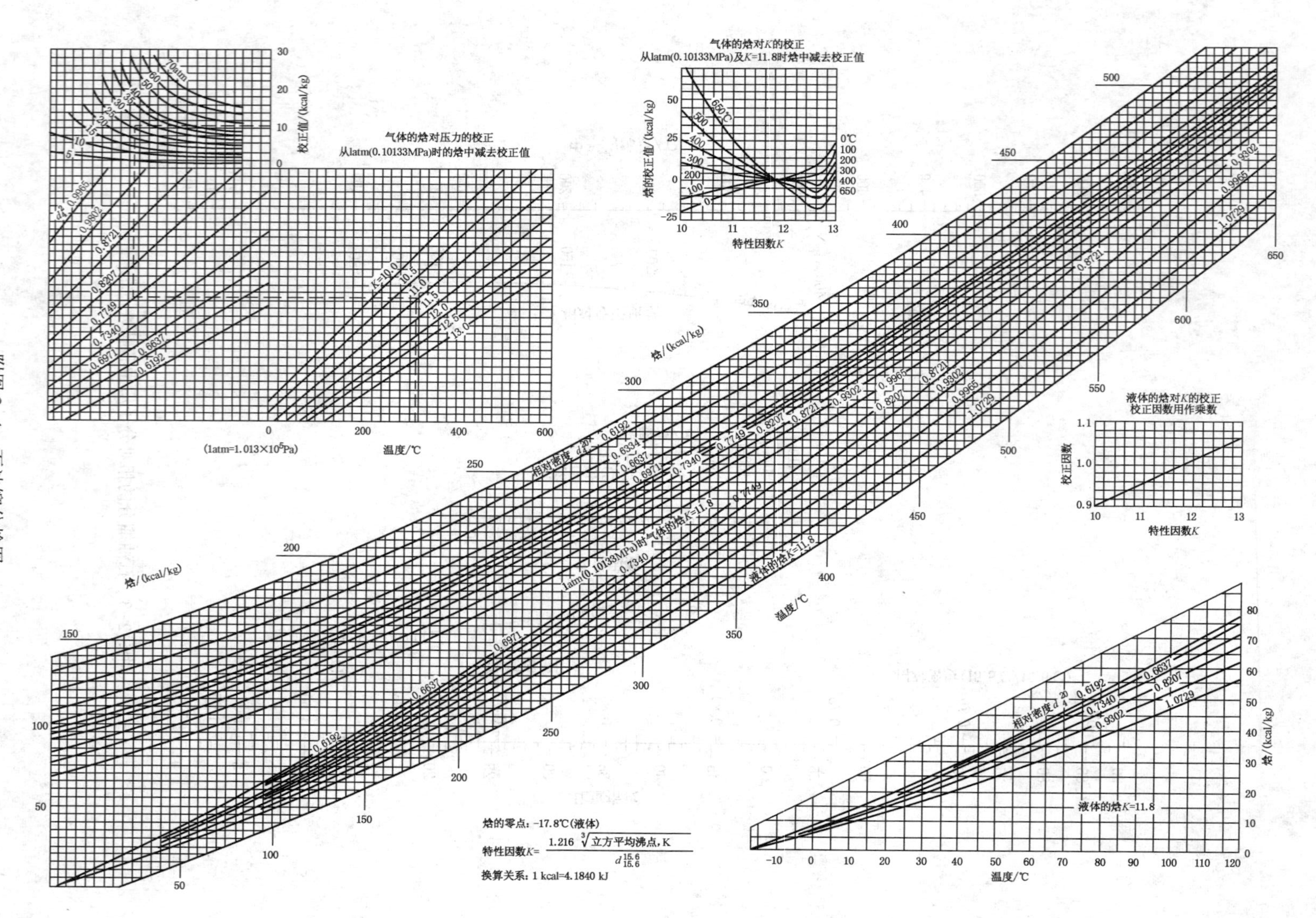

气体的焓对压力的校正
从1atm(0.10133MPa)时的焓中减去校正值
校正值/(kcal/kg)
(1atm=1.013×10⁵Pa)
温度/℃
气体的焓对K的校正
从1atm(0.10133MPa)及K=11.8时焓中减去校正值
焓的校正值/(kcal/kg)
特性因数K
液体的焓对K的校正
校正因数用作乘数
校正因数
特性因数K
焓/(kcal/kg)
相对密度 d_4^{20}
1atm(0.10133MPa)时气体的焓K=11.8
液体的焓K=11.8
温度/℃
焓的零点：-17.8℃(液体)
特性因数K= 1.216 ∛立方平均沸点, K / $d_{15.6}^{15.6}$
换算关系：1 kcal=4.1840 kJ

附图 2-4　石油馏分焓图

参 考 文 献

1. 沈本贤等编著. 石油炼制工艺学. 北京：中国石化出版社，2011.
2. 梁文杰等编著. 石油化学(第二版). 山东：中国石油大学出版社，2009.
3. 廖久明等编著. 石油化学. 北京：中国石化出版社，2009.
4. 徐春明主编. 石油炼制工程(第四版). 北京：石油工业出版社，2008.

第三章　石油化工过程的催化作用

第一节　基本概念

一、石油化工催化技术的发展简介

催化技术是现代化学工业、石油化学工业、石油炼制工业、环境保护工业的核心技术之一。催化技术包括(由催化材料开发出来的)催化剂和催化工艺，其核心是催化剂。可以说，化学工业包括石油化学工业的发展主要依赖于催化工艺的开发。

18世纪中期问世的“铅室法”，是在氮的氧化物存在下，SO_2氧化生成SO_3以制造硫酸，可认为是最早使用催化剂的工业过程。19世纪初期，Berzelius从若干反应过程中，归纳并提出了所谓“催化力”的概念，解释了淀粉糖在酸的作用下转化成糖，过氧化氢在金属上的分解以及分散在酒精中的铂可使乙醇氧化成醋酸等过程。这些被认为是最早出现的“催化作用(catalysis)”的化学概念。两者前后差不多过了近一个世纪。1875年Squire和Mesel用铂作为催化剂，SO_2氧化制得发烟硫酸(oleum)，称之为制造硫酸的“接触法”。1913年德国巴斯夫公司(BASF)开发了代替铂催化剂的负载型钒氧化物催化剂，其寿命可达几年至十年之久。由于催化剂是固体相，反应物为流动相，两者不在同一相中，相应的催化作用称为多相催化。多相过程的催化剂大都是具有一定形状的固体颗粒，气体或液体反应物要和所用的固体催化剂接触，才发生催化作用，人们把多相催化又称为“接触催化”，催化剂也常被称为“触媒”。

20世纪初期，合成氨的工业化被称之为催化历史上的第一次革命。其成功要归因于Ostwald的“固氮”理论、Bosch的工业化学高压技术和Haber的氨催化合成的三大贡献(三人先后因此获得诺贝尔奖)。它是以煤炭为原料转化成水煤气，后者在氧化铁上生成氢($CO+H_2O \longrightarrow H_2+CO_2$)，再利用空气中分离的氮，在铁基催化剂上实现氨的合成。合成氨工业的快速发展为近代化学肥料工业奠定了基础。氧化反应在早期化学工业中，如SO_2氧化制硫酸和氨氧化制硝酸，有十分重要的地位。到1920年，所有的氨氧化工厂都开始采用铂催化组分。上述过程也是构成重无机化学工业中的几个基础催化技术。

1915年贝杰乌斯(Bergius)研究成功将煤和焦炭高压加氢直接转变为液体燃料的过程，1927年由法本工业公司建厂生产。1926年费歇尔(Fisher)于常压下以$Co-Cu-ThO_2$为催化体系使合成气($CO+H_2$)变为液态烃，1934年鲁尔化学公司(Ruhrchemie Aktiengesellschaft)建成合成气制烃的工厂，简称费-托合成过程(Fisher-Tropsch Process)。上述两种工业催化过程是近代合成燃料工业的里程碑。二次大战期间，德国就以煤为原料，用这条路线获得燃料、氮肥(NH_3与CO_2合成尿素)、炸药原料(氨氧化合成硝酸)等。

1897年萨巴梯(Sabatier)发现高分散度镍的有机催化加氢作用，在此基础上于1907年建立了油脂加氢生产硬化油的工厂，开掘了近代有机工业催化之先河。20世纪50年代以前，煤作为主要能源，它既用于直接燃烧和生产电石，又用于制造合成气、氢气和CO，按C_1路线可得到液体燃料、气体燃料、甲醇(在$ZnO-Cr_2O_3$上CO加氢制得)和合成氨原料气，以及一些有机化学品。早期开发的有经乙炔制化学品所需的多种催化剂，如合成橡胶单体2-氯-1，3-丁二烯，就用氯化亚铜催化剂从乙炔生产乙烯基乙炔前体；又如炔、烯、醇的羰基化反应(Reppe法合成丁炔二醇等)所需的催化剂。

在20世纪30年代中期，石油的大量开采和利用，使人们发现石油是比煤炭更好的化工原料。美国新泽西标准油公司(美孚石油公司)采用西．埃力斯(C. Ellis)的研究成果，利用石油化工厂的炼厂气丙烯催化水合制异丙醇。同一时期，又开发成功了以硫酸为液态催化剂从乙烯水合制乙醇的工业过程。20世纪30年代末到40年代初出现的烯烃氢甲酰化合成脂肪醇等工艺，至今仍在采用。这些标志性成果开创了石油化学工业的历史，也揭开了石油化工催化剂发展的新纪元。

第二次世界大战前后，德国大规模采用合成气制烃的费-托合成工艺，后又在南非建厂。1936年E. J. 胡德利在固定床填充用氢氟酸处理的膨润土催化剂，催化裂化生产辛烷值为80的汽油，是现代石油炼制工业的重大成就。几年后，美国格雷斯公司戴维森化学分部就推出了用于流化床的合成硅酸铝微球催化裂化催化剂，生产规模不断扩大，它也成为催化剂生产中产量最大的品种。第二次世界大战期间，石油炼制工业还先后开发成功烃类烷基化技术，制得辛烷值高达100的航空燃料，临氢重整技术生产芳烃原料等重大工艺技术，满足了战争的军工需要，保证了英国空军击败德国空军，起到了所谓“催化剂代表胜利”的关键作用。

为了获得聚合物单体，20世纪40年代化学工业愈来愈多地开始改用石油为原料，先后开发了丁烷脱氢制丁二烯的Cr-Al-O催化剂、乙苯脱氢生产苯乙烯用的氧化铁系催化剂、烯烃羰基合成用的钴系配合物催化剂等。在聚酰胺纤维(尼龙66)的生产过程中，采用了苯加氢制环已烷的固体镍催化剂，环已烷液相氧化制环已酮(醇)的钴系催化剂。还出现丁苯橡胶、丁腈橡胶、丁基橡胶液相合成的锂、铝及过氧化物工业催化剂。1937年Union Carbide建成了第一个乙烯环氧化工厂，使用了沿用至今的Ag催化剂。

20世纪50年代初发明了Ziegler-Natta催化过程，高密度聚乙烯、聚丙烯、聚异丁烯、顺丁橡胶和乙丙橡胶等一大批重要的合成材料相继工业化，形成了高分子材料工业。Wacker法用乙烯配位催化氧化制乙醛，使乙烯化学代替了乙炔化学，促进了石油化学工业的发展。20世纪60年代初，丙烯氨氧化制丙烯腈的成功使丙烯的原料从煤(乙炔)转向石油。

从20世纪60年代到70年代的二十年，是世界石油化工发展的全盛时期。就催化技术的发展来说，多相、均相、酶催化等多种催化过程先后出现，配合物催化剂、沸石分子筛催化剂、多组分负载型催化剂和新型催化材料等层出不穷，石油化工涌现出了一系列新工艺、新产品、新技术。以石油为资源的化学工业体系逐渐完备，形成了包括石油炼制工业、基本有机化工原料工业和有机合成材料工业等门类，统称为石油化学工业。伴随着催化剂工业的大发展，逐渐形成了石油炼制催化剂、石油化工催化剂(包括合成材料、有机合成等生产过程中用的催化剂)和以氨合成为中心的无机化工催化剂等几个重要的产品系列。

现代化工和石油加工过程约90%是催化过程。目前，催化剂的用途可分为三大方面：①矿物燃料(石油、煤和天然气)加工；②化学品制造；③汽车尾气净化和废气治理。在发达国家中，催化技术对国民生产总值的直接或间接贡献大约为20%~30%，因此，催化剂对国民经济和社会发展的重要作用是显而易见的。

从20世纪50年代开始，我国进行了几种急需的石油炼制催化剂的研制和开发，如磷酸硅藻土叠合催化剂、硅铝裂化催化剂、微球裂化催化剂和铂重整催化剂。到了20世纪60年代，这些催化剂大多都可以立足于国内。进入20世纪70年代，我国的石油化工催化剂开始进入迅速发展的新时期，以追赶国际催化剂工业的发展水平。沸石分子筛催化剂、双金属催化剂等品种在国内相继问世。进入20世纪80年代，我国石油化工催化剂的发展开始进入创新阶段。至今，一些石油化工和石油炼制催化剂的水平已接近或超过世界先进水平。如丙烯氨氧化制丙烯腈催化剂、环氧乙烷合成用银催化剂、二甲苯异构化催化剂、甲苯歧化和烷基转移催化剂等；又如催化裂化、催化重整、馏分油加氢精制和加氢裂化、渣油加氢精制工业催化剂基本做到了系列配套，能适应各种原料、工艺条件、不同目的产品的要求。

催化科学技术具有跨接多种学科的特点，例如，催化剂的合成涉及无机化学、胶体与界面化学、固态化学、金属有机化学、各种化工单元操作等；催化剂的表征涉及结构化学、表面科学、波谱学等；催化过程的研究要应用化学热力学、化学动力学、化学反应工程的知识和理论。纳米材料、金属氮化物和碳化物、有机无机复合材料和离子液体等新型催化材料研究与开发，21世纪催化科学将成为环保催化技术研究发展的时期，都说明催化科学技术正在众多领域和多种生长点上蓬勃地发展着。

二、有关催化剂和催化作用的定义、概念

（一）催化作用(catalysis)

催化科学的发展可追溯到公元前，中国很早就利用发酵方法酿酒和制醋，这也是生物催化剂在古代的最早利用。催化作用作为一类特殊的化学现象独成体系，是近代的事。对催化作用和催化剂本质的认识则开始于19世纪。

从热力学的角度来说，催化剂只能加速一个或几个热力学可行的反应，而不能实现热力学不可能的反应。例如，由H_2和N_2合成NH_3，化学反应方程式如下：

$$H_2+N_2 \rightleftharpoons NH_3$$

根据化学平衡计算，在20MPa、600℃的反应条件下，可得8%的NH_3。不加催化剂时，要断开氮分子和氢分子的键需要很大的能量，反应活化能(反应发生所需的最低平均能量)为238.6kJ/mol($E_{非催化}$)，反应极慢，自发生成氨的几率是极小的。在催化剂存在下，氮分子和氢分子在催化剂表面被吸附(即在表面富集)，化学吸附力帮助它们解离，再通过一系列表面反应步骤，生成氨。其过程如下：

$$H_2+2* \rightleftharpoons 2H*$$
$$N_2+2* \rightleftharpoons 2N*$$
$$N*+H* \rightleftharpoons NH*+*$$
$$NH*+H* \rightleftharpoons NH_2*$$
$$NH_2*+H* \rightleftharpoons NH_3*$$
$$NH_3* \rightleftharpoons NH_3+*$$

式中“*”表示化学吸附部位，带“*”的反应物种表示处于吸附状态。由上述反应过程可见，催化剂参与反应，经过几步由基元反应组成的循环过程后，催化剂又恢复到始态，所以有人将催化剂定义为“能增加反应达到平衡的速度，而在过程中不被消耗的物质。”催化剂在微观中发生的这种作用称之为催化作用。

上述合成氨各步骤中速度最慢的是氮吸附，它需要的活化能只有50.23kJ/mol($E_{催化}$)。根据阿伦尼乌斯公式，速率常数k与活化能的关系为：

$$\ln k = -\frac{E}{RT} + C$$

式中，R 为气体常数；T 为绝对温度；C 为常数(指前因子的自然对数，$\ln k_0$)。

根据这一关系式，可以求出，在 500℃时，有催化剂时比没有催化剂时的速率增大 3×10^{13}倍。催化反应和非催化反应活化能对比见表 3-1。

表 3-1 催化反应和非催化反应活化能的对比

反　应	$E_{非催化}$/(kJ/mol)	$E_{催化}$/(kJ/mol)	$E_{非催化}-E_{催化}$/(kJ/mol)	催化剂
$H_2O_2 \longrightarrow H_2+O_2$	75.3	49.0	26.3	胶态 Pt
·	75.3	23.0	52.3	过氧化氢酶
$NH_3 \longrightarrow H_2+N_2$	78.0	39.0	39.0	W
	78.0	38.0~42.0	40.0~36.0	Fe
$CH_4 \longrightarrow 2H_2+C$	80.0	55.0~60.0	25.0~20.0	Pt
$SO_2+O_2 \longrightarrow 2SO_3$	60.0	15.0	45.0	Pt

催化剂可以是正催化剂，也可以是负催化剂，一般不特指都是说正催化剂。催化剂的作用主要体现在两个方面：或是在给定温度下提高反应速率，或是降低达到给定反应速率所需的温度。

(二) 工业催化剂的使用性能要求

1. 活性(activity)

催化剂的活性是指催化剂加快反应速度的一种量度。换句话说，催化剂的活性是指催化反应速度与非催化反应速度之差。一般非催化反应速度很小，可以忽略时，催化剂的活性即相当于催化反应的速度。

工业上，催化剂的活性指催化剂能使原料转化的能力。活性是工业催化剂的一个重要指标。它说明一个催化剂在工业条件下促进原料转化的能力。工业上常用单程转化率来表示催化剂的活性，即反应物通过催化反应器后发生转化的百分比。

转化率=[(发生了反应的反应物量)/(起始的反应物量)]×100%

也有用空时产量来表示活性，即单位时间、单位体积催化剂所生产的目的产物量。如比较两种催化剂的活性，固定反应条件，当反应物达到相同转化率时，使用温度低的催化剂活性高。对于固定床流动体系多相催化反应，增加催化剂的量，同时增加同样倍数的原料气流速(保持空速或接触时间不变)，如反应转化率不变，单位时间内产物的生成量按比例增加，这里提高的反应速度实际上指的是增加了反应装置的生产能力。

2. 选择性(selectivity)

催化剂的作用不仅在于能加速热力学允许进行而速度较慢的反应，最大的特点还在于专门对某一个反应起加速作用。如某反应物在一定条件下可以按照热力学上几个可能的方向进行反应时，使用特定的催化剂就可以使其中的某个反应速率最快，催化剂这种使反应定向发生的作用称之为催化剂的选择性。

如乙烯氧化可能生成三种产物：

$$C_2H_4 + \frac{1}{2}O_2 \xrightarrow{Ag} \underset{\diagdown\;O\;\diagup}{CH_2\text{—}CH_2} \qquad \text{反应 1}$$

$$C_2H_4 + \frac{1}{2}O_2 \xrightarrow[H_2O]{PdCl_2-CuCl_2} CH_3CHO \qquad \text{反应 2}$$

$$C_2H_4+O_2 \longrightarrow 2CO_2+2H_2O \qquad 反应3$$

上述三个反应的平衡常数 K_p 分别为 1.6×10^{6}、6.3×10^{13}、4.0×10^{120}。若用银催化剂，控制好反应时间，主要得到环氧乙烷，其他反应的速度都很慢；若用氯化钯-氯化铜-水催化剂，得到的主要产物是乙醛。选用了合适的催化剂和反应条件，可以使平衡常数很大的乙烯的非选择性氧化(反应3)的速度减到很低，使目的产物量增加。

工业上常用的选择性表示方法如下：

选择性=(转化为目的产物所消耗的某反应物量)/(某反应物转化的总量)

工厂中常用产率(yield)来衡量催化剂的优劣：

产率=转化率×选择性

即　　产率=[(生成的目的产物量)/(某反应物的初始量)]×100%

产率常常按质量计算，所以有时可能超过百分之百。例如烃类的部分氧化，在产物分子中引入氧原子，当反应的选择性很高时，产率就可能超过百分之百。烃类的催化加氢也会出现这种情况。

3. 寿命(lifetime)

催化剂在长期使用的过程中，由于加入或失去某些物质导致其组成的改变，或由于它的结构和表面纹理结构发生变化，造成活性下降；在使用过程中，由于一些化学杂质污染催化剂造成的中毒、炭沉积造成的结焦、催化剂组分的聚集形成的烧结等也造成活性下降。催化剂的寿命是指催化剂从开始使用到它的活性下降到生产中不能再用的程度所经历的时间。使用过程中，常常借提高操作温度来维持催化剂的活性。在这种情况下，把寿命定义为达到催化剂(或反应器)所能承受的最高温度所经历的时间。在经济效益允许的期间内，也可以用生产每单位质量产品所耗费的催化剂质量作为衡量催化剂寿命的指标。

(三) 催化剂的组成

为了达到对催化剂工程性能的要求，大多数工业催化剂是多组分的。在多组分固体催化剂中，大体有三类组分：

1. 主催化剂

主催化剂是对催化剂的活性起着主要作用的活性组分(active components)，没有它，催化反应几乎不发生。

2. 载体(support)

载体有多种功能，最重要的功能是分散活性组分，作活性组分的支撑物；载体还把催化剂组分粘结在一起，构成催化剂的形状。根据反应体系的实际需要，载体常为无定形多孔固体。每个载体各种不同孔径的孔体积分数的分布不同；每克载体的表面面积从几个平方米到近千平方米(如活性炭)不等。

3. 助催化剂(promotors)

助催化剂本身对某一反应没有活性或活性很小，但把它加入催化剂后，能使催化剂具有所期望的活性、选择性和稳定性。

在石油炼制和加工过程中，催化裂化(catalytic cracking)是指石油的重质油馏分(即高沸点馏分)在催化剂存在下裂化为汽油、柴油和裂化气的过程，一般用酸性很强的沸石分子筛催化材料作为高活性组分；用离子交换法引进的稀土元素的作用可以增加酸性和稳定性，是助催化剂；载体常用二氧化硅和氧化铝的混合物。加氢裂化(hydrocracking)是在氢存在的气氛下发生的裂化过程，所用的催化剂就是由加氢-脱氢金属组分，如镍和钨的混合硫化物和发生烃类裂化的酸性组分共同组成的双功能催化剂。铂催化重整(catalytic reforming)是在催化剂存在下，使原油蒸馏得到的轻油馏分转变为富含芳烃的高辛烷值汽油并副产液化石油气和氢气的过程。该过程包括异构化、环化脱氢、脱氢等反应。所用的催化剂就是由加氢-脱氢组分，常用贵金属铂，和发生烃类异构化功能的酸性氧化铝组分共同组成的双功能催化剂。在双金属重整过程中加入金属铼作为助催化剂，以减少氢解副反应和金属在高温含氢环境下聚集烧结。有时催化剂需要两种活性组分共存才有催化活性，如 $MoO_3-Al_2O_3$ 型脱氢催化剂，单独的 MoO_3 和 $\gamma-Al_2O_3$ 活性都很小，但把两者组合起来，催化脱氢活性很高，MoO_3 和 $\gamma-Al_2O_3$ 互称为共催化剂(co-catalysts)。

(四) 工业催化体系的分类

在工业催化过程中，常常有两种情况：催化反应体系物质的相态是均一的或呈几种相态同时存在，因此，按照体系的物相状态区分，有下列两类工业催化过程：

1. 均相催化过程(homogeneous catalysis)

即在反应器中，反应物和催化剂被分散在同一个物相中。例如硫酸合成过程反应物和催化剂都是气相。

$$SO_2+\frac{1}{2}O_2 \xrightarrow{NO_x} SO_3$$

由甲醇经羰基化反应制取乙酸，反应物和催化剂都是液相。

$$CH_3OH+CO \xrightarrow[175℃,\ 2.5MPa]{\text{铑催化剂}} CH_3COOH$$

2. 多相催化过程(heterogeneous catalysis)

催化剂和反应物处在不同的相，它们之间由相界面分开。如馏分油加氢裂化过程，催化剂是固体，反应物包括液相馏分油原料和气体氢，是三相体系。磷酸催化的烯烃聚合，催化剂是液体，反应物是气体，是两相体系。

因为石油化工过程多为多相过程，所以多相催化作用在石油化工工业中占有十分重要的地位。

三、工业催化剂的使用

(一) 催化反应器

催化反应器是一个在其中发生催化化学反应的容器或罐。以反应器内物相的存在状态区分，催化反应器有均相反应器和非均相反应器两类。

对于装有固体催化剂的反应器，视反应器中的催化剂颗粒是否移动，又分为固定床(催化剂颗粒填充并固定在反应器内)、移动床(催化剂床颗粒整体缓慢移动)、流化床(微球催化剂颗粒被向上流动的气体托住形成流态化床)和悬浮床(催化剂颗粒悬浮在液体中)反应器。

对于固定床，可由其大小、直径高度来表征，也可由催化床层密度(单位体积填充催化剂的质量)以及催化床层空隙率表征(指床层内颗粒间的空隙占总反应器填充体积的体积分数)。

工业催化反应场所是内充催化剂和反应底物的反应器床层。多数工业催化剂均为具有孔隙(细孔)构造的颗粒。颗粒除外表面外，孔隙内部孔壁还提供反应可用的巨大的内表面积。可以说，催化剂床由三个层面组成：催化剂的活性表面；包含活性表面的多孔性颗粒构造；

由颗粒构成的形态不同的催化剂床。为了使反应过程顺利地进行，必须在这三个层次上保证合适的构造及构造的稳定性。

（二）工业催化剂的使用性质

表3-2汇总了工业用固体催化剂的物化性质和使用性质。

表3-2　固体催化剂的重要性质

名称	内容		名称	内容	
化学组成	组分 各种成分的含量		使用性质	用途	正常作业条件与使用范围
				催化效能及动力学方程	毒物及其抗毒性
物理形状	形状	尺寸(包括粒度分布)		对体系中反应介质的稳定性	热导与热容
	物相	比表面积		热稳定性	热膨胀及热冲击的抵抗力
	比孔体积	孔径大小及孔径分布		机械强度	活化方法
	真密度	堆积密度		停工方法和再生方法	使用期限

1. 固体催化剂的物化性质

这里介绍与工业催化剂的使用有关的一些重要参数。

(1) 颗粒形貌和大小　催化剂的形状、尺寸及表面粗糙度都会影响催化剂的活性、选择性、强度和气流阻力等性能。最主要是影响它的活性和传热性能以及床层压力降。工业催化剂的形貌与粒度大小，必须与相应的反应工艺和过程装备相适应。

固定床催化剂的形状由早期无定形和球形为主而发展到圆柱形、条形、环形、片形、蜂窝形、内外齿轮形、三叶草形和菊花形等多种形状。另外，催化剂的形貌和大小还会关联到其自身的颗粒密度和反应器的堆积密度，这些都是影响催化生产效益的重要指标。沸腾床等使用小颗粒或微粒催化剂，一般只关心催化剂的粒径和粒径分布问题。

(2) 固体催化剂的密度　这是催化剂的主要使用性能之一，单位为g/mL。由于固体催化剂粒内有孔隙，粒间有空隙，因此其堆积体积$V_{堆}$由三部分组成：颗粒间空隙占据的体积$V_{空}$、颗粒内孔隙占据的体积$V_{孔}$以及颗粒本身骨架所占据的体积$V_{骨}$，即：

$$V_{堆}=V_{空}+V_{孔}+V_{骨}$$

相应地，固体催化剂的密度有三种表示方法：

① 堆积密度：又称填充密度，为单位填充体积催化剂的质量，是催化剂床层填充的重要性质。

② 颗粒密度：又称假密度，它是从$V_{堆}$中扣除颗粒间空隙占据的体积$V_{空}$后求得的密度。

③ 骨架密度：又称真密度，它是单位质量颗粒本身骨架所占据的体积的量度。

(3) 催化剂颗粒的孔结构　表征催化剂颗粒孔结构的主要参数有比表面积、比孔体积和孔径分布。

催化剂的表面可分为内表面与外表面两种。当催化剂是非孔的，它的表面可看成是外表面；当催化剂是多孔性的，它的表面有内、外的区别。内表面是指它的细孔内壁，其余部分为其外表面。比表面积(S_g)是指每克催化剂的总表面积，单位是m^2/g。

催化剂比孔体积(V_g)，或比孔容积，是指每克催化剂颗粒内所有孔的体积总和。

根据IUPAC(国际纯粹和应用化学联合会)的分类，催化剂的细孔可分为三类：微孔(micropore)，指半径小于2nm的孔，活性炭、沸石分子筛等含有此种类型的孔；中等孔(mesopore)，又称为介孔，指半径为2~50nm的孔，多数催化剂的孔属于这一范围；大孔

(macropore)，指半径大于50nm的孔，如Fe_3O_4、硅藻土等含有此类型孔。为方便起见，可把多孔催化剂的内孔大小粗略地分为两类：半径小于10nm的称为细孔，半径大于10nm的称粗孔。孔径愈小、数目愈多时，比表面积愈大。在这种情况下，内表面积很大，一般催化剂的外表面积约占总表面积的1%~2%，总表面积主要由内表面所提供，外表面积可忽略不计。每克催化剂的表面积可以达到几平方米甚至上千平方米。催化剂的活性与其表面积关系很大，因此只要催化剂机械强度和床层压降允许，应尽量提高催化剂的表面利用率。

实验中，人们习惯从测得的S_g和V_g值算出催化剂的平均孔半径($\bar{r}$)值，并把它作为描写孔结构的一个主要指标。$\bar{r}$是从圆柱形孔的简化模型得到的，它与比孔容积成正比，与比表面积成反比。表示为：

$$\bar{r}=\frac{2V_g}{S_g}$$

在讨论同一个催化剂由于孔结构不同而对反应活性、选择性的影响时，常常是比较催化剂的平均孔半径大小。

例如某硅-铝催化剂比表面积$S_g=342m^2/g$，比孔体积$V_g=0.447mL/g$，平均孔半径为：

$$\bar{r}=\frac{2V_g}{S_g}=\frac{2\times0.447}{342\times10^4}=2.61\times10^{-7}=2.61nm$$

孔径分布是一组表示一系列孔径范围内的孔体积占总孔体积分数的数据。例如，在一个比表面积为$242m^2/g$、比孔体积为0.65mL/g的Al_2O_3上的孔径分布如下所示：

孔半径/nm	0~2	2~3	3~4	4~5	5~10	10~20	>20
所占百分数/%	13.75	4.64	8.05	8.20	46.90	11.60	3.25

这些结构参数对孔大小敏感的反应过程是重要的性质。

2. 催化剂的使用

(1) 正常作业条件及使用范围　催化剂的用途是指用于什么样的反应系统、使用什么原料。由于原料不同，生产同一产品所用的催化剂就有差别，甚至完全不同。例如“天然气蒸汽转化催化剂”与“轻油蒸汽转化催化剂”就不完全相同；“精苯加氢催化剂”与“粗苯加氢催化剂”差别很大。

一般催化剂的使用说明都应详细指明催化剂的预处理方法、正常的作业条件及使用范围，如原料的品种、规格、杂质含量等；若使用混合原料，应指明配料比，包括稀释剂或热载气体所含的比例，正常使用的温度、压力、原料空间速度等条件。气态原料的空速，通常以每单位体积催化剂每小时通过的气体体积计(换算成标准状态)，故单位为h^{-1}；液体原料的空速则以液体状态体积计，常以LHSV表示(液态空速，liquid space velocity per hour)。如为混合物料，则应指明配料比，包括稀释剂或载热气体所含的比例。使用说明还应详细指明催化剂的预处理方法、开停工方法等。

与催化效能有关的物化性质，一般还应指明原料的转化率、生成目的产物的选择性、生成的主要副产物的选择性。催化效能与操作条件有关，故应同时指明最佳结果时所用的操作条件。在详细研究中应列出使用条件范围内的动力学方程式，指明有关的动力学常数，以利反应装置设计及操作过程控制。

(2) 催化剂的预处理　市售的催化剂一般是它的前体(precursor)，在使用前要经过进一步的预处理，使其物理和化学性质发生变化，转化成具有催化活性的状态，这个处理过程称为活化。如加氢精制催化剂在使用前用氢气预还原，硫化型加氢脱硫催化剂在使用前用含硫的原料预硫化等。催化剂活化后处在活性状态，不宜暴露在空气中(易造成失活，甚至燃烧)，所以活化过程常在反应器中进行。

一个催化剂在使用过程中的典型表现如图 3-1。

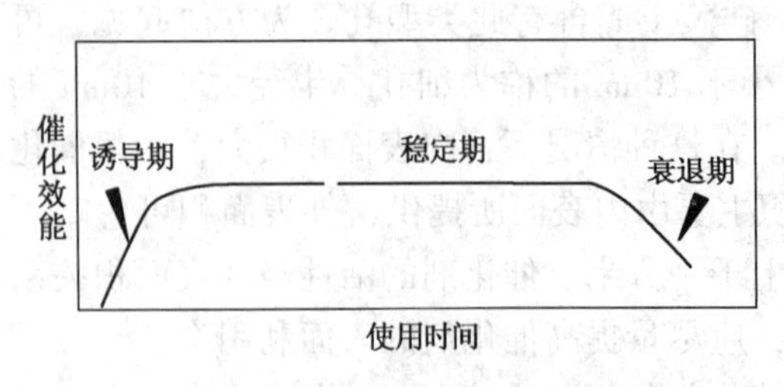

图 3-1　催化剂使用的活性变化

(3) 催化剂的失活　催化剂的效能经过一段稳定期后，就会进入衰退期。引起衰退的原因有：

① 化学组成的变化。反应体系内的各种成分在反应条件下相互影响，催化剂组分的升华、偏析等改变了表面组成或活性物相的组成；另一种常见的情况就是所谓“毒物”强烈地吸附在催化剂的活性中心上；或与构成活性中心的物质发生化学作用，即发生了“中毒现象”，这些作用都将减少活性中心的数目，造成催化剂活性衰退。

② 结构发生变化造成的活性变化。常见的有两种情况，一种是催化剂在高温下长期作用，晶粒长大，比表面积缩小，称之为“烧结”，造成活性表面的损失；另一种情况是在有机催化反应体系中，催化剂表面上的炭沉积覆盖了活性表面，导致催化剂的衰退。炭沉积是由于催化剂表面上的含碳分子经脱氢聚合而形成的难挥发性的高聚物，再进一步脱氢而形成氢含量很低的类焦物质，这种现象又称为“结焦”。由于焦类物质可被燃烧除去，所以工业上常采用连续烧焦的方法使失活的催化剂恢复活性，这种过程叫做催化剂的再生。再生也会在一定程度上恢复催化剂的起始结构性能。

(三) 催化剂的性质对工艺流程的影响

从催化的角度出发，影响一个工艺流程设计和实现的因素主要是催化剂的三大工业指标：活性、选择性和寿命。

活性不高不仅必须增加反应器的体积和催化剂的用量，还会增加未反应物分离的负担，工艺中往往要增加未反应物的循环体系。选择性低首先会造成原料的无谓消耗，副产物多增加了分离的困难，使分离工艺趋于复杂。有时候副产物的生成对工艺过程的影响会产生致命的危害，如选择氧化中生成的 CO_2，由于热效应大，往往会损害反应器和因过热造成催化剂的寿命缩短。至于稳定性，催化剂要有足够的化学、热和机械稳定性，才能达到工业应用的要求。在工业上常见的现象是，每种催化剂都对某种或若干种元素或化合物的毒化作用是敏感的，它们在原料中的量过大，会造成催化剂的使用周期太短，甚至无法工业应用。在工业上常采用原料预处理工艺，选择性地脱除这些有毒成分，例如，含有硫、氮、氧的化合物以及微量的含铝、砷或磷的化合物多少能抑制重整催化剂的性能；水蒸气能激发载体酸性，并增大为减缓铂原子聚集为大晶粒所必须的氯流失。因此重整工段常设有分子筛干燥脱水和加氢精制(除去硫、砷等)过程。又如常压渣油脱硫之前脱除重金属；低分子烯烃聚合之前脱除炔烃；由制氢生产出的氢气要通过甲烷化脱除其中的 CO 等等。从经济上来说，选择性和寿命往往比活性还重要。因为如果寿命短，就要经常停产拆装设备，既费时又费钱。选择性好的催化剂不但可降低原料消耗(这一点对昂贵原料尤为重要)，还可以减少用于产品分离纯化和副产物处理的费用。

当催化剂的老化非常缓慢时(这是常见的)，就只要用一个反应器，用周期性的停工来再生催化剂。催化剂的稳定性差，或焦炭和重质烃在催化剂表面生成速度太快，再生设备就很重要。有时要设计两个反应器，一个在运转，另一个进行再生，如催化裂化工艺。

催化工艺过程设计还要考虑反应器、反应热力学和动力学性质、操作条件选择等诸多因素，最后才能达到整体技术经济最优化的目标。

第二节　吸附和催化

在多相催化中有一个单独的固体催化剂相，反应是在催化剂表面上被吸附的反应物之间进行的，即所谓的接触催化作用，因此多相催化机理是复杂的。一般来说，多相催化反应过程包括以下五个过程(图 3-2)：

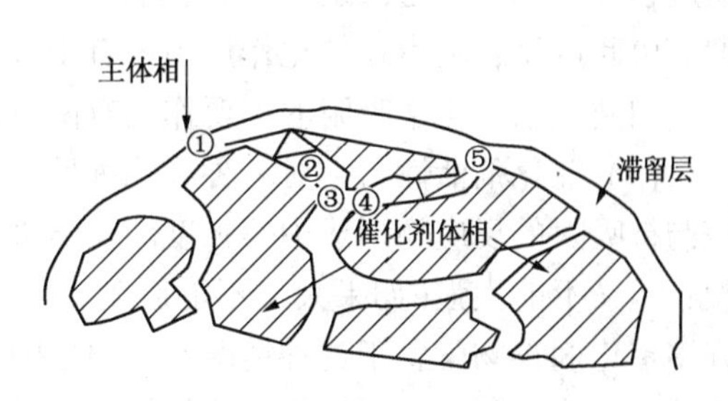

图 3-2　多相催化反应的机理过程

① 反应物向催化剂表面扩散；

② 反应物在催化剂表面上吸附；

③ 反应物在催化剂表面发生反应；

④ 产物由催化剂表面上脱附；

⑤ 产物离开催化剂表面向催化剂周围的主流体相扩散。

步骤①⑤相当于向催化剂颗粒或者在颗粒内部孔中进行传质的物理过程；步骤②③④相当于化学过程，构成整个多相催化化学反应过程。

一、物理吸附和化学吸附

当气体或液体分子运动到固体表面上时，由于它们与固体表面分子之间的相互作用，使它们附着或结合在固体表面上，造成气体或液体在表面的界面层富集(即该处的物质浓度增大)，这种现象称为吸附(adsorption)。

吸附别的物质的固体称为吸附剂(adsorbent)；能被吸附的液体或气体称为吸附物(adsorptive)；处于吸附态的物质称为吸附质(adsorbate)。根据吸附剂与吸附质之间作用力的大小，将吸附分为物理吸附(physisorption)和化学吸附(chemisorption)。

如果被吸附的分子结构与吸附前相比变化不大，此为物理吸附，这种吸附过程类似于蒸汽凝聚成液体，吸附的热效应(称之为物理吸附热)近似等于液化热的范围。如果吸附后分子结构发生了变化，或者说有旧化学键的破坏和新化学键的形成，就好像在表面发生了化学反应，这种吸附称之为化学吸附。相应的化学吸附热可以与化学反应热相比。

凡是多相催化过程，至少有一个反应物在催化剂表面被吸附。因此了解吸附与催化的关系对于工业催化剂的催化本质的理解和使用都是十分重要的。

二、吸附与催化

在反应条件下，固体催化剂是不均匀的。其含义是指催化剂的物理化学性质随表面位置发生变化。即使一个纯金属的表面，特殊位置上的原子，像晶格缺陷、微晶的棱与角与平面上的原子也不同。20 世纪 20 年代至 30 年代，泰勒(H. S. Taylor)指出只有固体表面的化学价处于不饱和状态的部位，才有催化活性，他把固体表面的这些具有催化活性的部位称之为活性中心。反应分子被吸附在活性中心上发生变形(如键被拉长)，形成活化配合物，反应才被加速。这些位置对一种反应是活性的，对另一种会是不活性的；同一催化剂，会有不同性质的活性中心，这些就成为催化剂能定向加速某一反应的能力(就是催化剂具有选择性的原因)。虽然近代人们对催化剂表面活性中心的认识已大大深化，一般来说，对催化剂的活性中心的精确研究是困难的，但泰勒的活性中心概念对催化科学的研究和发展是有重大意义的。

发生在两相界面上的多相催化反应，首先是反应物在催化剂表面的某些活性部位，即活性中心或称活性位上发生化学吸附(一般先物理吸附再转化为化学吸附)，这种吸附作用使反应物分子的某些键减弱，从而活化了反应分子，降低了反应活化能，大大加速了反应速度。由此可见，吸附在催化作用中占有十分重要的地位。

归结起来，化学吸附的主要作用有两点：

(1) 催化剂活性与它对一种或几种反应物的化学吸附力的大小相关。一个好的催化剂应该与被吸附的反应物形成中等强度的化学吸附键，它强到足以使吸附的反应物分子中的键断裂；但又不能太强(如果太强不能脱附，则它会阻碍后续的反应分子的吸附从而终止反应，许多催化剂毒物就属于这种情况)，以使表面反应配合物仅有一个短暂的停留时间，并使产物分子迅速脱附，以使反应能以较快的速度在催化剂的活性中心上循环进行下去。

(2) 化学吸附具有专一性。如氢能被钨或镍吸附，但不能被铝和银化学吸附；氮能被铁吸附，但不能被铜化学吸附。化学吸附随表面的性质及其前处理过程的不同有很大不同。人们就可以通过组分选择和制备方法的改变调变催化剂的选择性。

思考题

1. 催化剂在化工生产中的重要性体现在哪些方面?
2. 工业催化剂的主要使用性能指标是什么？举例简述其理由。
3. 何为吸附、物理吸附、化学吸附？简述吸附和催化的相互关系。
4. 多相催化反应过程包括哪些反应步骤?
5. 名词解释：选择性、堆积密度、平均孔半径、中毒、积炭、活化预处理、催化剂失活。

第三节　各类石油化工催化剂及其工业应用

一、酸碱催化剂

酸碱催化分为均相酸碱催化和多相酸碱催化两类。

(一) 均相酸碱催化作用

液相酸碱催化是均相催化的重要组成部分。许多离子型有机反应，如水解、水合、脱水、缩合、酯化和重排等常用酸碱催化，如乙烯在硫酸催化下水合为乙醇，环氧乙烷经硫酸催化水解为乙二醇，环氧氯丙烷在碱催化下水解为甘油等。

均相酸碱催化的一般特点是：以离子型机理进行，反应速率很快，不需要很长的活化时间。

1. B 酸和 B 碱催化

在 B 酸和 B 碱催化反应中，以质子转移这一步为基本特征。凡是能给出质子(H^+)的物质称为质子酸(或称 B 酸)；凡是能接收质子的物质称为 B 碱。若酸是催化剂，则反应物分子必须含有易于接受质子的原子或基团而形成活化配合物；若碱是催化剂，则反应物分子必须含有易于给出质子的原子或基团而形成活化配合物。

如酯的酸催化水解反应：

$$R'-\overset{\overset{O}{\|}}{C}-OR + H_3O^+ \rightleftharpoons R'-\overset{\overset{O}{\|}}{C}-\overset{+}{O}\langle^{H}_{R} + H_2O \longrightarrow$$

$$R'-\underset{\underset{\underset{H\quad H}{O^+}}{|}}{\overset{\overset{O^-}{|}}{C}}-OR \longrightarrow R'-\overset{\overset{O}{\|}}{C}-\overset{+}{O}H_2 + ROH$$

$$R'-\overset{\overset{O}{\|}}{C}-\overset{+}{O}H_2 + H_2O \longrightarrow R'-\overset{\overset{O}{\|}}{C}-OH + H_3O^+$$

首先是质子转移到酯的烷氧基的氧原子上，然后水分子进攻羧基碳原子生成中间物，中间物解离出醇分子，最后放出质子生成酸。

2. L 酸碱催化

凡是能接收电子对的物质称为非质子酸(或称 L 酸)；凡是能给出电子对的物质称为 L 碱。L 酸有 BF_3、$AlCl_3$、$SnCl_4$、$ZnCl_2$ 等盐类和 Cu^{2+}、Ca^{2+}、Ag^+、Fe^{2+} 等离子。L 酸催化反应机理也是离子机理，如在 $AlCl_3$ 催化剂的催化下，苯与氯代烃进行傅氏反应：

$$C_5H_{11}Cl + AlCl_3 \rightleftharpoons \overset{+}{C}_5H_{11} + [AlCl_4]^-$$

$$C_6H_6 + \overset{+}{C}_5H_{11} \longrightarrow C_6H_5-C_5H_{11} + H^+$$

$$[AlCl_4]^- + H^+ \longrightarrow AlCl_3 + HCl$$

$AlCl_3$ 接收氯原子的电子对，这个烷基化反应也是通过正碳离子机理进行反应的。

(二) 固体酸催化剂

1. 固体酸碱的性质

固体酸碱催化反应的活性中心是其表面酸碱中心。固体酸碱位的种类(kinds)、强度(strength)、表面密度(surface density，酸碱的浓度)等是它们的基本特性。上述关于 B 酸碱和 L 酸碱的定义也适用于固体酸碱，即 B 酸位是质子酸的活性中心；L 酸位是非质子酸的活性中心，余此类推。B 酸的酸强度是指它给出质子的能力；L 酸的酸强度是指它接受电子对或结合负离子的能力。固体酸的浓度即“酸度”指单位表面积(单位质量)的酸量，表示为毫摩尔/单位表面积或酸中心数/单位表面积。

固体酸碱催化与均相酸碱催化有共同的特点：反应速率很快，不需要很长的活化时间；也是以离子型机理进行反应。两者的不同之处在于，均相酸碱催化剂的反应体系是均匀分布的，催化剂以相同的活性催化反应；而在多相酸碱催化剂中，B 酸和 L 酸共存，酸性中心和碱性中心共存，酸度对强度有一定分布，因此多相酸碱催化反应的规律比较复杂。

一般常用 H_0 函数表征酸强度，用 H_0 函数表示的固体酸强弱范围大致如下：

$+6.8 \geq H_0 \geq +0.8$　　弱酸

$-3.0 \geq H_0 \geq -8.2$　　中强酸

$$-8.2 \geq H_0 \geq -11.9 \quad \text{强酸}$$

$$-11.9 \geq H_0 \quad \text{超强酸}$$

因为100%硫酸的酸强度用 Hammett 酸强度函数表示时为 $H_0=-11.9$，故固体酸强度 $H_0<-11.9$ 者谓之固体超强酸或超酸。固体超强碱是指它的碱强度用碱强度函数 H_0 表示高于+26者。固体超强碱多为碱土金属氧化物，或碱土金属与碱金属的复合氧化物。表3-3列出了一些常用固体酸的酸强度。

固体酸催化剂的活性和选择性与酸的性质、固体表面的结构等诸多复杂因素有关。如质子酸有利于烯烃的酸催化活化；而丁烷分解起主要作用的是非质子酸。每一类反应所要求的酸强度是不同的。如有碳骨架断裂和异构的反应要求 $H_0 \leq -8.2$ 的强酸，工业上使用的强酸有 $SiO_2-Al_2O_3$、H-Y、USY(超稳Y-型沸石分子筛)；烯烃水合要求 $-3.0 \geq H_0 \geq -8.2$ 的中强酸，实际上常采用负载型磷酸。对催化反应所要求的酸强度范围称为有效酸强度。

表3-3　一些固体酸的酸强度

固　体　酸	H_0	固　体　酸	H_0
原始高岭土	-3.0～-5.6	氢型高岭土	-5.6～-8.2
原始蒙脱土	+1.5～-3.0	氢型蒙脱土	-5.6～-8.2
$SiO_2-Al_2O_3$	≤-8.2	H-Y	≤-8.2
$Al_2O_3-B_2O_3$	≤-8.2	SiO_2-MgO	+1.5～-3.0
ZnS　300℃焙烧	+6.8～+4.0	ZnS　500℃焙烧	+6.8～+3.3
ZnO　300℃焙烧	+6.8～+3.3	TiO_2　400℃焙烧	+6.8～+1.5
H_3BO_3/SiO_2 1.0mmol/g	+1.5～-3.0	$NiSO_4 \cdot xH_2O$ 350℃焙烧	+6.8～-3.0
H_3PO_3/SiO_2 1.0mmol/g	-5.6～-8.2	$NiSO_4 \cdot xH_2O$ 460℃焙烧	+6.8～+1.5
H_2SO_4/SiO_2 1.0mmol/g	≤-8.2		

2. 固体酸碱的种类

常见的固体酸碱催化剂有下列几类：

① 天然黏土矿物：如高岭土、蒙脱石、天然沸石等。

② 负载酸：实用中获得酸性的一种简单的方法。把所需要的酸(如硫酸、磷酸、盐酸、丙二酸、硼酸、氢氟酸等)负载于氧化硅、石英砂、氧化铝或硅藻土上。这样的催化剂和溶液一样，酸性来源于质子，其反应发生在表面液膜上，基本上与均相反应催化作用原理相同。如 C_3 和 C_4 烯烃叠合和乙烯水合用的固体 H_3PO_4/硅藻土催化剂。

③ 阴、阳离子交换树脂：离子交换树脂是带有可进行离子交换基团的网状高分子聚合物。离子交换树脂的催化活性取决于其酸强度或碱强度，以及孔结构和膨胀性。用于醇醛缩合、环氧化、水合、缩合、硝化、低聚、酯化、皂化、脱水和糖转化等过程。作为固体酸碱催化剂，具有反应条件温和、副反应较少、反应收率高、对设备的腐蚀作用小、对环境的污染小等优点。另外它作为固定床催化材料，能连续再生，重复使用，便于大规模工业化。

④ 氧化物及其混合物：氧化物如 SiO_2、Al_2O_3、TiO_2 等。Al_2O_3 是最常用的载体、脱水催化剂和吸附剂。因制备的原料和工艺条件不同，可得到不同晶型变体的 Al_2O_3。作为催化剂组分最重要的 Al_2O_3 变体是称为活性氧化铝的 $\gamma-Al_2O_3$ 和 $\eta-Al_2O_3$。活性氧化铝的比表面积为150～250m^2/g，比孔体积为0.4～0.7mL/g。很多实验证明，Al_2O_3 表面吸附水而产生的OH基中，B酸很弱，而 Al_2O_3 失水产生的L酸中心甚强，因此 Al_2O_3 表面上主要是L酸，但总的说来，Al_2O_3 的酸强度较硅铝胶弱得多。

二元混合氧化物是使用很广的催化材料，如 $SiO_2-Al_2O_3$、SiO_2-MgO、$Al_2O_3-B_2O_3$、SiO_2-TiO_2、SiO_2-ZrO_2等。因为 $SiO_2-Al_2O_3$中硅酸铝结构是由 SiO_4四面体和 AlO_4四面体通过氧原子(氧桥)连接而成，在 SiO_4四面体中 Si 是四价，在 AlO_4四面体中 Al 是三价，Al 取代硅氧四面体中 Si 的位置后，Al 附近多出一个负电荷，于是就需要一个质子来中和过剩的负电荷，因而在硅酸铝的结构中就形成了 B 酸中心。硅酸铝的酸性质随制备方法和 Al_2O_3的含量不同而不同。一般来说，随着 Al_2O_3含量的增加，总酸度升高。因 AlO_4四面体不能直接相连，故硅酸铝催化剂中 Al/Si 原子比不能大于 1。任意两种氧化物只要金属离子的价数或配位数不同，就可能如同 $SiO_2-Al_2O_3$的情况形成酸中心，如 $B_2O_3-Al_2O_3$、$B_2O_3-TiO_2$、SiO_2-MgO 等，SiO_2-TiO_2的酸强度比 $SiO_2-Al_2O_3$的更强，TiO_2-ZnO 比固体 H_3PO_4催化剂的活性要高。

⑤ 合成沸石分子筛：如 X-型、Y-型、A-型、丝光沸石、ZSM-5 等。沸石分子筛是一种具有结晶结构的硅铝酸盐，它的晶格结构中排列着整齐均匀、孔径大小一定的微孔，只有直径小于孔径的分子才能进入其中，而直径大于孔径的分子则无法进入。由于它能像筛子一样将不同直径的分子分开，因而形象地称为分子筛。

沸石分子筛具有明确的孔腔分布、极高的内表面积($600m^2/s$)、良好的热稳定性(有的可耐 1000℃高温)，在各种不同的酸碱催化过程中，能够提供很高的活性和不寻常的选择性，它也属于固体酸碱类催化剂。沸石分子筛用作催化剂或催化剂载体时，可以把其物理分离功能与化学选择性反应功能结合起来，形成多种沸石分子筛催化材料，并引进了“择形催化”的概念，广泛应用在炼油工业和石油化学工业领域。

⑥ 金属盐：如镍、铁等的硫酸盐、硫化锌、硝酸盐及其他无机盐类，含少量结晶水时，由于金属离子对 H_2O 的极化作用，也会产生 B 酸中心，进一步脱 H_2O 后所得的低配位金属离子也产生 L 酸中心。

酸碱催化剂是石油加工和化学工业中使用量最大、用途最广泛的一类催化剂。在化学工业中，酸碱催化剂不仅用于合成基础化学品，还大量地用于合成专用化学品，如药物、塑料、农药、香精/香料等。在石油加工工业中大部分烃类转化反应都采用酸催化剂。由于液体酸碱催化过程存在较严重的腐蚀和污染问题，以固体酸碱代替液体酸碱催化剂已成为世界范围内无可置疑的发展趋势。据统计，近四十年来已发现了 300 余种固体酸碱材料，采用固体酸碱催化剂的化学过程超过了百余种，包括裂解、烷基化、异构化、脱水和缩合、氨化、醚化、芳构化、水合、齐聚和聚合、酯化等。

(三) 几种典型的石油化工固体酸催化过程

1. 二甲苯异构化(isomerization of xylene)

异构化反应是指一个分子中转化为另一个具有相同分子式、但其结构却不同的分子(即异构体)。石油化工工业重要的异构化过程有：$C_4 \sim C_8$烃类的碳骨架重排和烷基苯异构化，如间二甲苯转化为对二甲苯和邻二甲苯，催化反应在酸性中心上进行，其机理如下：

$$\text{间二甲苯}\ (CH_3,\ CH_3) \underset{-H^+}{\overset{+H^+}{\rightleftharpoons}} [\oplus,\ CH_3,\ H,\ CH_3] \rightleftharpoons [\oplus,\ CH_3,\ H,\ CH_3] \underset{-H^+}{\overset{+H^+}{\rightleftharpoons}} \text{对二甲苯}\ (CH_3,\ CH_3)$$

石油 C_8芳烃通常是指二甲苯的三个异构体(邻、间、对二甲苯)和乙苯的混合物。无论是从甲苯歧化、催化重整、加氢裂解汽油或其他方法得到的C_8芳烃，其中均以间二甲苯的含量最多，常是邻、对二甲苯两者的总和，但它用途不多。通过异构化反应，将间二甲苯转化为有用的对或邻二甲苯。常用的催化剂有两类，一类只是二甲苯进行异构化反应，而乙苯不发生异构化。用于C_8芳烃异构化的催化剂包括黏土基催化剂、ZSM 型沸石分子筛催化剂、卤化物催化剂等，黏土基催化剂是氧化硅、氧化铝型催化剂，在 624~773K 下能使二甲苯发生异构化反应。有机氯化物、氯化氢或水蒸气的存在，更能加强其异构活性。另一类为双功能催化剂，同时具有加氢-脱氢和酸碱功能，不仅能使二甲苯进行异构化反应，同时也能使乙苯异构化。如以 H-丝光沸石(混以η-Al_2O_3)作载体的 Pt 催化剂，具有良好的活性、选择性、稳定性和再生性。这种催化剂不含卤素，在运转中不需要补充卤素来维护酸性。

乙苯的异构化反应：

Pt，H⁺，H⁺，Pt

C_1-C_7

链烷烃+环烷烃

还有近年来开发的 ZSM 型沸石分子筛催化剂，如 ZSM-5 沸石分子筛不需使用铂等贵金属组分，反应温度在 260~350℃范围，具有较好的选择性。乙苯可以进行歧化和烷基化转移反应，生成的副产品易从系统中通过分馏方法除去。

2. 烃类烷基化

重要的烷基化反应有两类，一是芳香烃与烯烃的烷基化，二是烯烃与异丁烷的烷基化。

(1) 芳香烃的烷基化

① 苯与乙烯生成乙苯。乙苯的主要用途是生产苯乙烯，然后苯乙烯聚合生产聚苯乙烯。乙苯是由苯与乙烯烷基化反应制得的。乙苯合成的反应为：

$$C_6H_6+H_2C=CH_2 \longrightarrow C_6H_5-CH_2CH_3$$

实际上烷基化反应过程是很复杂的，聚合、裂解、氢转移等副反应同时发生，最主要的副反应是多烷基产物的生成。当第一个烷基加入芳环后，芳环变得更活泼，以致生成二乙苯、三乙苯等多乙基苯，为提高乙苯的收率，可将多乙基苯送回反应器与苯发生烷基转移反应，生成乙苯。

苯和乙烯烷基化反应所用的催化剂大致可分为$AlCl_3$、BF_3之类的 L 酸，H_2SO_4、H_3PO_4之类的 B 酸和以SiO_2-Al_2O_3等混合氧化物为主体的固体酸。液相法有以氯化铝为催化剂的 Friedel-Crafts 法和使用BF_3-Al_2O_3等固体催化剂的 UOP 公司的 Alkar 法等；气相法有以磷酸-硅藻土为催化剂的 UOP 公司的 SPA 法和使用SiO_2-Al_2O_3为催化剂的 Koppers 法，以及 20 世纪 80 年代开发的以 ZSM-5 沸石分子筛为催化剂的 Mobil-Badger 法。ZSM-5 沸石分子筛是高硅铝比(硅铝比大约为 40)的硅铝酸盐晶体，酸性很强，芳烃烷基化反应活性很高。ZSM-5 沸石的良好热稳定性，有助于选择较高的烷基化温度、促进多乙基苯脱烷基化反应的进行。此外，它具有近似椭圆形的均匀二维孔道，其孔道尺寸可使乙苯自由扩散，而多乙苯却不能，这有利于多乙基苯的烷基转移反应，这即所谓的“择形催化作用”。因此，使用 ZSM-5 择形催化剂进行苯和乙烯的烷基化反应，乙苯选择性较高。用它取代卤化物催化剂，可减少或避免设备、管线的腐蚀问题和环境污染。

② 苯与丙烯生成异丙苯。异丙苯主要用于生产苯酚和丙酮，少量用于生产α-甲基苯乙

烯。目前它主要采用固体磷酸催化剂，由苯和丙烯合成，反应如下：

$$C_6H_6+H_2C=CHCH_3 \longrightarrow C_6H_5-CH(CH_3)_2$$

③ 长链烷基苯的合成。长链烷基苯是合成洗涤剂的重要原料，主要用于生产烷基苯磺酸钠。常用烷基化剂通常是 $C_{12}\sim C_{16}$的直链烷烃。直链烷基苯(LAB)易于被细菌分解，具有生物降解功能，不污染环境。由于正构烷烃没有功能团，不能与苯直接反应，因此，长链烷基苯的生产通常有两种路线：一是链烷烃先催化脱氢，然后和苯直接烷基化；二是链烷烃先经氯化，继而烷基化。

当烯烃与苯烷基化时，通常可用氢氟酸或三氯化铝作催化剂，无论 B 酸和 L 酸，烷基化反应都按正碳离子机理进行，目前已开发出固体多相催化剂。UOP 公司的 Detal 洗涤剂烷基化新工艺使用固定床、酸性固体催化剂，代替现在系统中所用的液体 HF 酸，因此，不使用浓的 HF 和不需要处理氟化的中和产物。

(2) 烯烃与异丁烷的烷基化　烯烃和异丁烷的烷基化产物抗爆、抗震性能好，辛烷值高，主要用作高辛烷值车用汽油的调和剂。通常由异丁烷与 $C_3\sim C_5$烯烃烷基化制得。烷基化过程所用的催化剂有无水氯化铝、硫酸、氢氟酸、磷酸、硅酸铝、氟化硼、沸石分子筛等。各种丁烯与异丁烷烷基化反应的主要反应产物都是 2，2，4-三甲基戊烷，即异辛烷。这是因为在酸性催化剂作用下，丁烯能发生异构化反应，各种丁烯异构体能相互转化，且转化速度很快。

(3) 甲醇制汽油过程(MTG 过程)　Mobil 公司开发的甲醇制汽油(MTG)新工艺成功的关键是采用具有择形性的 ZSM 型沸石分子筛催化剂。甲醇在 ZSM-5 沸石分子筛上的转化按下列总反应途径进行：

$$2CH_3OH \xrightleftharpoons{-H_2O} CH_3OCH_3 \xrightarrow{-H_2O} C'_2\sim C'_5 \longrightarrow \begin{cases} \text{烷烃} \\ \text{芳烃} \\ \text{环烷烃} \\ C_6^+\ \text{烯烃} \end{cases}$$

甲醇在 ZSM-5、ZSM-11 等沸石分子筛的催化作用下，经二甲醚中间体脱水形成 C—C 键，再经氢转移生成各种烃。从甲醇合成高辛烷值汽油具有良好的选择性。在典型过程条件下，甲醇能完全转化，生成大于 60%的汽油。甲醇制汽油工业化的主要工程问题是解决反应器传递问题。为此，Mobil 公司曾先后开发了 MTG 固定床、流化床和多管式反应器等三种工艺方法。甲醇可由天然气与水煤气合成，再由它合成烃，为解决能源总量开辟了重要途径。

3. 催化裂化(catalytic cracking)(见第四节)

二、过渡金属催化剂

过渡金属(transition metal)能对大量的化学反应起催化作用。如前所说，催化剂通过一种或一种以上的反应物的化学吸附而起催化作用，好的催化活性要求催化剂对被催化的物质有中等强度的化学吸附。过渡金属的化学反应性则能满足这一要求。过渡金属，特别是Ⅷ族金属成为具有良好活性的催化剂组分，其原因就在于此。金属催化剂主要用于加氢和脱氢的反应，也有一部分贵金属如 Pt、Pd、Ag 等由于对氧的吸附不太强而本身又不易被氧化，所以常用于选择性催化氧化反应。见表 3-4。

表 3-4　工业上重要的金属催化剂及其催化的反应

反应类型	具有催化活性的金属	具有高活性的金属
链烯烃的加氢	大多数过渡金属、Cu	Rh、Ru、Pd、Pt、Ni
炔烃的加氢	大多数Ⅷ族金属、Cu	Pd
芳烃的加氢	大多数Ⅷ族金属、Cu、W、Ag	Pd
C—C 键的氢解	大多数过渡金属	Os、Ru、Ni
CO 加氢	大多数Ⅷ族金属、Cu、Ag	Fe、Co、Ru、Ni
氮加氢(合成氨)	Fe、Ru、Os、Re、Pt、Rh	Pt
烃的脱氢、环化	大多数Ⅷ族金属	Pt
烃的骨架异构	Pt、Ir、Au	Pt
烃的芳构化	CrO_3、Pt	Pt
乙烯的选择氧化	Ag、铂族金属	Ag
氨的氧化	铂族金属	Pt
SO_2 的氧化	铂族金属、Au	Pt
醇氧化为醛	铂族金属、Ag、Au	Ag、Pt

(一) 合成氨

在加压下由氮气和氢气催化合成氨，是应用化学领域中一个经典的例子。此方法于1910年左右为德国BASF公司所采用，是继SO_2氧化和氨氧化数年之后，首先大规模应用催化剂的例子之一。该方法在工业规模上的应用成功，第一次说明了热力学和动力学原理应用于化学反应上的价值。

氨合成反应是放热的，$\Delta H_{500}=-108.8kJ/mol$，在恒压下体积随之减小：

$$N_2+3H_2 \rightleftharpoons 2NH_3$$

所以，在高压和低温下操作对生成高浓度的氨是有利的。催化剂的特性决定了过程的操作温度。在过去50多年的实践中已经表明，最经济的操作压力范围是15~35MPa。

工业上合成氨催化剂以Fe_3O_4为主催化剂，Al_2O_3、K_2O、CaO、MgO等为助催化剂。它通常用天然磁铁矿和少量助剂在电熔炉里熔融，在室温下冷却制备。

(二) 苯加氢(hydrogenation of benzene)

世界上大约95%的环已烷用于生产已二酸和己内酰胺，作为生产尼龙66和尼龙6的中间体，而环已烷则主要是由苯加氢生产的。

$$C_6H_6 + 3H_2 \longrightarrow C_6H_{12} \qquad \Delta H=-214kJ/mol$$

该反应是强放热过程。以催化剂的形态来区分，常用的苯加氢催化剂有骨架镍催化剂、镍和贵金属(Pt、Pd)负载型催化剂、金属氧化物、金属硫化物以及金属配合物催化剂。骨架镍催化剂是将具有催化活性的金属镍和铝或硅制成合金，合金中镍占40%~50%，用氢氧化钠溶液浸渍合金，把铝或硅溶去，形成多孔的活性金属镍的骨架。骨架镍又称雷尼镍，活性很高，可应用于各种类型的加氢反应。有足够的机械强度，在空气中能自燃。

镍和贵金属(Pt、Pd)负载于氧化铝、硅胶和硅藻土等载体上制成负载型催化剂。催化剂活性高，低温下即可进行加氢反应，几乎可以用于各类官能团的加氢反应。但其缺点是容易中毒，对原料中的杂质要求很严，S、N、As、P、Cl等元素都能使其中毒。在苯加氢的过程中，要求苯中硫含量必须小于1μg/g。另外，原料中混有不饱和键的化合物，如炔烃、一氧化碳等也可使催化剂中毒。新近开发的超微镍基负载型催化剂是一种新型的苯加氢催化剂，催化活性非常高，在催化苯加氢生成环已烷的反应中很有应用前景。镍/载体作为催化剂，采用 150~200℃和 1~3MPa 的反应条件。

目前工业上出现了许多高性能苯加氢催化剂的应用。如 Sinclair 公司用 $Pt-Al_2O_3$催化剂获得纯度相当高的环己烷；Esso 公司用 Co、Fe、Ni、Pt 和 Mo 等的盐类和 $AlEt_3$制成的固体催化剂，能使苯在低温、低压(295K，0.3MPa)下有效地加氢。也有用 Ni、Co、Cu 等和碱金属或碱金属的氟化物制成的负载于 SiO_2或 Al_2O_3上的催化剂；在 Al_2O_3或酰胺存在下，用水展开的骨架镍催化剂是非发火性的，其活性、耐硫和寿命都是比较好的；三菱油化公司研究的 Ni-Re 是苯加氢的耐硫催化剂。

苯加氢制环己烷是一个可逆反应。在压力大致相同情况下，正、逆反应都能发生。反应温度是控制反应方向的关键因素，因此反应中温度的控制显得特别重要。工业上，利用一定循环量的环己烷、进料苯和氢气可以吸收反应放出的热来控制反应器内物料温度。如多级串联的绝热式固定反应器系统，两级反应器之间通过环己烷的汽化，携带部分热量，以维持所需温度。IFP 采用淤浆床反应工艺，它能保证良好的三相接触，容易排除反应热。采用改良催化剂，以延缓催化剂的硫中毒。缺点是转化率低，补救办法是后面增加一个补充加氢。环己烷产品的纯度与进料苯纯度、氢纯度有关。如果氢气原料中含有至少 75%的氢气，则可望得到 99%以上的环己烷产品。通过反应条件和催化剂的选择，可以抑制环己烷发生异构化副反应：

$$\rightleftharpoons \quad -CH_3$$

环己烯是苯逐步加氢过程的中间产物，作为深加工原料可生产一系列的产品。因此，苯加氢的部分加氢过程的研究工作也十分活跃。

(三) 乙炔的选择加氢(selective hydrogenation of acetylene)

烃类气相裂解生产乙烯，副产物包括其他烯烃和少量炔烃。乙炔是聚合催化剂的毒物。在裂解法制得的乙烯中约含有 1%左右的乙炔，工业上常用选择性加氢除去其中痕量的炔烃和二烯，得到合格的聚乙烯原料。其反应机理如下：

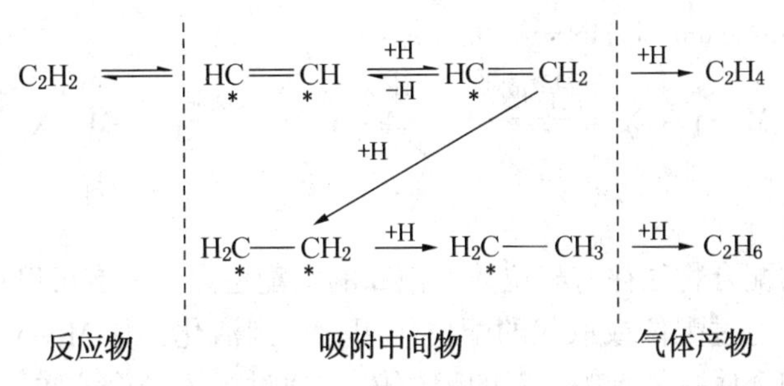

此过程对催化剂的要求是十分苛刻的。这是因为：一是工业上要将乙炔含量降到≤10μg/g；二是要尽量避免乙烯同时发生加氢而生成无用的乙烷。工业上使用最广的催化剂金属是镍，其次是钯。采用它们的重要因素是它们的选择性高。由于乙炔和二烯比单烯烃更强地吸附在催化剂活性金属上，就有可能选择性除去它们，而最小程度地造成单烯的加氢。表 3-5 为在各种 Al_2O_3附载的金属催化剂上丁二烯加氢的选择性数据。

表 3-5 金属催化剂的丁二烯加氢的选择性数据(Al_2O_3载体，丁二烯加氢生成丁烯)

金　属	Fe	Ru	Os	Rh	Ir	Ni	Pd	Pt	Co	Cu
选择性	0.98	0.84	0.58	0.84	0.35	1.00	1.00	0.63	1.00	1.00
反应温度/K	470	320	320	320	320	350	320	320	350	370

造成选择性不同的重要因素是单烯烃的脱附速度不同。如烯烃在金属铂上吸附过强，使选择性变坏。钯独特地表现出完全的选择性和很高的活性。大部分工业装置采用钯催化剂，含钯量在0.05%左右可以获得很高的选择性(加氢是放热反应)，此种催化剂对不同的烃类，其活性由大到小如下排列：

乙炔>共轭双烯>单烯。

工业生产使用ICI的38-1催化剂的钯含量为0.04%，用低比表面积的α-Al_2O_3为载体，见表3-6。反应器采用双床层绝热式，并采用内冷，以尽量减少催化剂床层的温度上升。在60~70℃和1.0MPa氢分压下，进行烯烃选择性加氢除炔烃，乙炔浓度可以从5000μg/g降至5μg/g以下，乙烯被加氢的量不到1%。

表3-6 ICI-38-1催化剂的物理性质

项 目	数 据	项 目	数 据
钯含量/%	0.04	比孔容积/(mL/g)	0.304
比表面积/(m^2/g)	18	平均孔径/nm	16.9
真密度/(g/mL)	1.53	堆积密度/(g/mL)	1.05

注：催化剂载体：α-Al_2O_3

三、过渡金属配合物催化剂

过渡金属配位催化具有活性高、选择性好、操作条件温和的优点。自从20世纪40年代第一套羰基合成工业装置的运行、50年代Ziegler催化剂在烯烃聚合生产中的大规模应用以及60年代Wacker工艺合成乙醛以来，配位催化在烯烃聚合、羰基合成、烯烃氧化、加氢、异构化、歧化、碳-碳耦联等方面得到广泛应用。催化剂对反应物有配位作用并因而使反应容易进行的过程称为配位催化。催化剂一般是过渡金属的配合物或过渡金属的有机配合物。这些催化剂具有高效、多功能和反应条件比较缓和，可用一步过程得到目的产品的特点，所以在石油化工中得到大量应用。

配位催化(complex catalysis)的一般机理是：

$$-\underset{\square}{M}-Y + X \xrightleftharpoons{\text{配位化学}} -\underset{X}{M}-Y \xrightleftharpoons{\text{插入反应}} -\underset{\square}{M}-X-Y$$

空配位点

具有催化功能的配合物往往有配位数不饱和的空配位点，或有可以被反应物分子取代的配位体。反应物分子通过配位或取代的配位作用，得到活化，如M—Y。M—Y键有金属—碳键、金属—氢键和金属—氧键等，新的配位体X通过插入结合成单一的配位体—XY，同时留下空配位点。羰基化、齐聚、加氢、氧化和定向聚合等反应的特征就在于反应物配位体对于这些不稳定的配位键的插入反应。插入留下的空配位点又可使其他反应物分子活化。配合物催化剂的这种“空配位点”和固体催化剂的“表面活性中心”是两个相似的概念，在解释催化活性机理和中毒效应时都使用这些概念。

(一) 乙烯氧化(oxidation of ethylene)制乙醛

目前工业上主要以乙烯为原料，液相直接氧化生产乙醛，

$$CH_2=CH_2+\frac{1}{2}O_2\xrightarrow[H_2O]{PdCl_2-CuCl_2}CH_3CHO$$

具体做法是把H_3O^+、$[PdCl_4]^=$、Cu^{2+}和Cl^-的稀溶液放入反应器中，通入的乙烯反应

物被液相吸收而进行反应，副产物包括乙酸和氯化产物。乙醛产物收率为95%。

$PdCl_2$在盐酸溶液中实际上是以配位阴离子[$PdCl_4$]$^=$的形式存在。反应的起始步骤是乙烯和它配位生成[$PdCl_3$(C_2H_4阴离子)]$^-$型σπ-配合物(见图3-3)，它水解后转化为[$PdCl_2$(OH)(C_2H_4)]$^-$，配位的乙烯插入金属氧键中，转化为σ-配合物，此中间体很不稳定，迅速发生重排而得到产物乙醛，并分解出金属钯。金属钯经氯化铜重新氧化后再参与下一个催化反应循环。

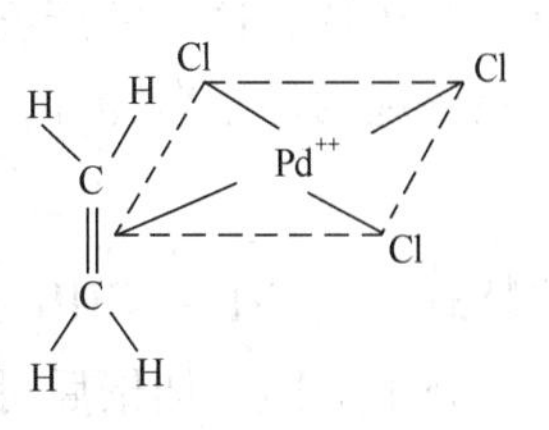

图3-3 σπ-配合物

(二) 烯烃的聚合过程

1. 乙烯齐聚(oligomerization of ethylene)制α-烯烃

α-烯烃是具有多种用途的化学中间体，在许多工业和日常消费产品的生产中有着非常广泛的应用，如表3-7。

表3-7 α-烯烃的市场情况

用　　途	市场情况/%	α-烯烃馏分	用　　途	市场情况/%	α-烯烃馏分
洗涤剂	38	C_{10}~C_{18}	润滑油添加剂	4	C_{12}~C_{18}
LLDPE	30	C_4~C_8	脂肪酸	2	C_{12}~C_{16}
增塑剂	8	C_6~C_{10}	叔胺	2	C_{12}~C_{16}
HDPE	7	C_4~C_8	聚丁烯	1	C_4
聚α-烯烃	7	C_{10}			

注：LLDPE线型低密度聚乙烯；HDPE高密度聚乙烯。

α-烯烃最主要的用途是作为表面活性剂(洗涤剂)的原料，或作为聚乙烯生产中的共聚用单体。含有α-烯烃共聚单体的线型低密度聚乙烯(LLDPE)塑料薄膜的韧性更强。

乙烯齐聚的机理可简述如下：乙烯插入金属—氢键，生成金属—烷基键。接着，乙烯进一步插入金属—烷基键生成链增长产物。最后发生排代反应生成聚α-烯烃：

$$M—(CH_2CH_2)_nR+CH_2═CH_2 \longrightarrow M—CH_2CH_3+CH_2═CH(CH_2CH_2)_{n-1}R$$

乙烯齐聚催化剂主要有三大类：一类是三烷基铝类Ziegler型催化剂；一类是烷基铝结合钛、锆和镍等过渡金属化合物的Ziegler-Natta型催化剂。在Ti的衍生物中，最经常使用的是与烷基铝(如三乙基铝，Et_3Al)相结合的$TiCl_3$。还有一类是金属(常用金属镍)配位化合物的单组分催化剂。如果催化剂只对乙烯有选择性，则可能生成直链α-烯烃；与二烯或低聚形成的产物烯烃的共齐聚作用，可能导致生成支链产物。据报道，Et_3AlCl_2和$Zr(OR)_4$相结合的Ziegler-Natta型催化剂，具有很强的乙烯齐聚活性，所得产物是高纯直链α-烯烃混合物。

2. α-烯烃的定向聚合

利用过渡金属配合物催化剂把α-烯烃定向聚合为等规高聚物是催化科学实践史上的一项光辉成就。Ziegler首先发现了催化剂，而Natta研究了聚合物的立体规整性。工业上最常使用的催化剂是由α-$TiCl_3$和烷基金属化合物如$Al(C_2H_5)_2Cl$制备的Ziegler-Natta型催化剂。

最初，把乙烯置于$2×10^5$kPa压力下聚合，得到的产物是低密度聚乙烯，它是高分支链的，因而结晶度很低。聚合机理是自由基聚合。在Ziegler-Natta催化剂的作用下聚合时得到高密度聚乙烯，它是低分支链高结晶度，其熔点也比前者高20℃。丙烯或高相对分子质量

的 α-烯烃在 Ziegler-Natta 催化剂存在时的聚合将得到具有异常高熔点、高结晶度、高立体规整性的产物，这样的产物称为等规聚合物。

除等规丙烯聚合物外，尚有无规与间规聚丙烯。从下面的分析可以看出这几种聚丙烯的结构特点。像 $CH_2=\overset{*}{C}HR$ 或 $CH_2=\overset{R}{\overset{|}{C^*}}-R'$ 一类的单体，其中的 C^* 在双键打开之后成为手征性碳原子，因此加聚后可以得到两种构型的对映体。手征性碳原子按这两种构型加聚有三种情况：

（1）以任意的方式加聚，得到的是无规高聚物：

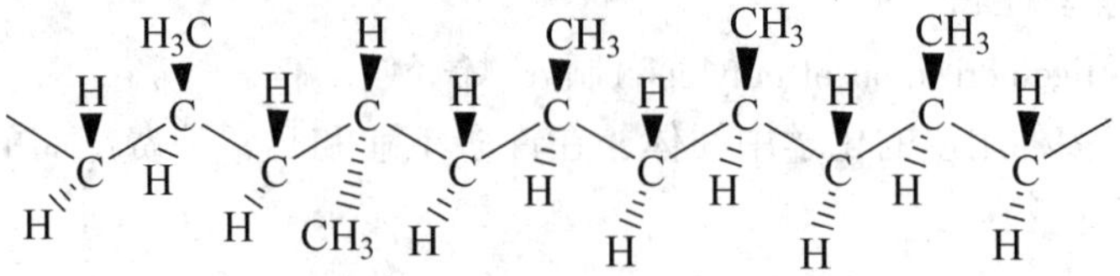

（2）全按任一种方式往下加聚，得到的是等规高聚物：

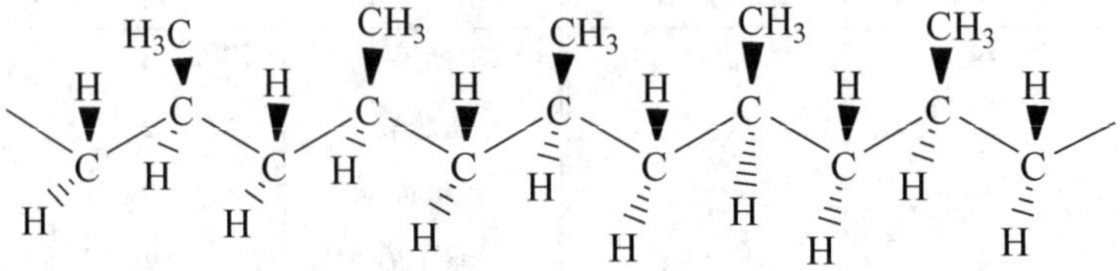

（3）按两种方式交替往下加聚，得到的是间规高聚物：

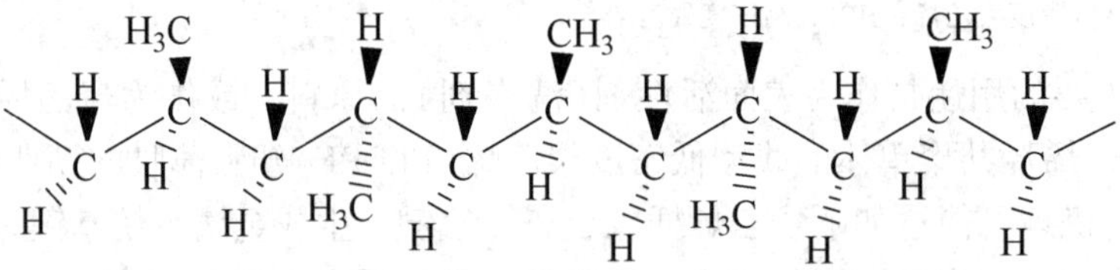

丙烯聚合是强放热反应，反应式为：

$$nC_3H_6 \longrightarrow (C_3H_6)_n \qquad \Delta H^0 = -104.2 kJ/mol$$

工业上常用气液固三相搅拌式反应器，固体悬浮在液体单体或单体和溶剂中，聚合温度为 75~125℃，压力约为 1MPa。

（三）α-烯烃的氢甲酰化(hydroformylation of α-lefine，OXO 过程)

α-烯烃与 CO 和氢反应生成醛，称为氢甲酰化反应：

$$RCH=CH_2+CO+H_2 \longrightarrow RCH_2CH_2CHO+R\overset{CHO}{\overset{|}{C}}HCH_3$$

烯烃加氢甲酰化是一个具有很大工业意义的反应。它以烯烃为原料，羰基钴 $Co_2(CO)_8$ 为催化剂[在反应条件下则以 $HCo(CO)_4$ 形式存在]，羰化反应在温度 110~180℃，总压力 20~35MPa 的条件下，于液相内进行，产物为醛。得到的醛可以还原成醇，氧化为酸。醇可用作溶剂，合成增塑剂。C_{12}~C_{15} 直链醇经磺化后可作洗涤剂。近代采用的高效催化剂是铑配合物催化剂，$Rh(CO)Cl(PPh_3)_2$。$-PPh_3$ 称为三苯膦基。在 0.1~2.5MPa 和 333~393K 的缓和反应条件下，94%选择性地生成线型产物。

目前商业上通过氢甲酰化反应开发的应用产品有了很大的发展，原料除简单烯烃外，还有多种烯烃衍生物，包括不饱和油脂、脂肪、不饱和环状化合物，如萜烯类、碳水化合物等。将来，这种氢甲酰化反应在精细化学品的生产和开发方面，将会有相当大的应用。

（四）甲醇羰基化(carbonylation)合成乙酸

1971 年，Monsanto 公司实现了低压羰基化合成乙酸工艺：

$$CH_3OH+CO \xrightarrow{\text{催化剂}} CH_3COOH$$

它是用碘促进的铑催化剂，操作压力为 0.3MPa，温度为 423K，产物乙酸的选择性很高，对甲醇为 99%，对 CO 为 90%。其反应机理与氢甲酰化相似。

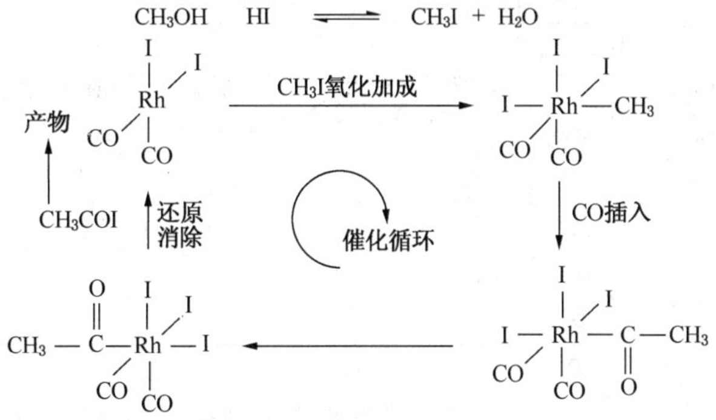

$CH_3OH \quad HI \rightleftharpoons CH_3I + H_2O$

$RhI_2(CO)_2$ —— CH_3I氧化加成 ——→ $CH_3RhI_3(CO)_2$ —— CO插入 ——→ $CH_3C(=O)RhI_3(CO)_2$ ——→ $CH_3C(=O)RhI_3(CO)_2$ —— 还原消除 ——→ $RhI_2(CO)_2$ + CH_3COI ——→ 产物

催化循环

四、氧化物和硫化物催化剂

过渡金属氧化物(transition metal oxide)如 ZnO、NiO、Cr_2O_3、MnO_2、MoO_3、V_2O_5、V_2O_5-MoO_3、MoO_3-Bi_2O_3等，以及硫化物(metal sulfide) NiS、ZnS、MoS_2、WS_2等往往是一些非化学计量的，其原因是在化合物内部存在杂质或离子缺陷，使它们具有半导体的特性，称为半导体催化剂。和金属催化剂一样，它们能加速有电子转移的氧化、加氢、脱氢等反应。见表 3-8。

表 3-8　半导体催化剂在生产上应用实例

反应类型	反　应　式	催　化　剂
氧　化	$SO_2+\frac{1}{2}O_2 \longrightarrow SO_3$ $2NH_3+\frac{5}{2}O_2 \longrightarrow 2NO+3H_2O$	V_2O_5—K_2O/硅藻土 V_2O_5—K_2O/硅藻土
氨氧化	$CH_2=CHCH_3+NH_3+\frac{1}{2}O_2 \longrightarrow CH_2=CHCN+H_2O$	MoO_3—BiO_3—P_2O_5/SiO_2
氧化脱氢	C_4H_8(丁烯)$+\frac{1}{2}O_2 \longrightarrow CH_2=CHCH=CH_2+H_2O$	MoO_3—Bi_2O_3—P_2O_5/SiO_2
脱　氢	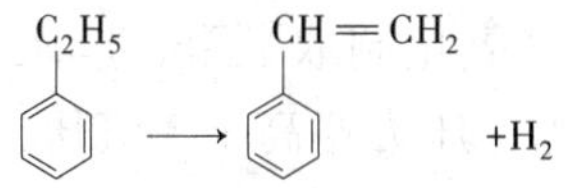 $C_6H_5C_2H_5 \longrightarrow C_6H_5CH=CH_2+H_2$	Fe_2O_3—K_2O—Cr_2O_3—CuO
加　氢	$CO+2H_2 \longrightarrow CH_3OH$	ZnO—Cr_2O_3—CuO
中温变换反应	$CO+H_2O \longrightarrow CO_2+H_2$	Fe_2O_3—Cr_2O_3—MgO—K_2O
加氢脱硫	$RSH+H_2 \longrightarrow RH+H_2S$  $C_4H_4S+4H_2 \longrightarrow C_4H_{10}+H_2S$	CoO—MoO_3—Al_2O_3 NiO—MoO_3—Al_2O_3
歧　化	$2C_3H_6 \longrightarrow C_4H_8+C_2H_4$	Co—Mo—Al/氧化物

（一）V_2O_5

以五氧化二钒（V_2O_5）为主催化剂的氧化物催化剂几乎对所有的氧化反应都有效。从无机化合物SO_2和NH_3的氧化，到有机物如烃类、芳香族化合物和醛类等的氧化，工业上都使用钒催化剂，见表3-9。

表3-9　以V_2O_5为主催化剂的催化氧化反应

催化反应	助催化剂	载　体	活化方法
$SO_2+\frac{1}{2}O_2 \longrightarrow SO_3$	K_2SO_4	硅藻土、沸石分子筛、硅胶	通过含SO_2的空气300~700℃焙烧
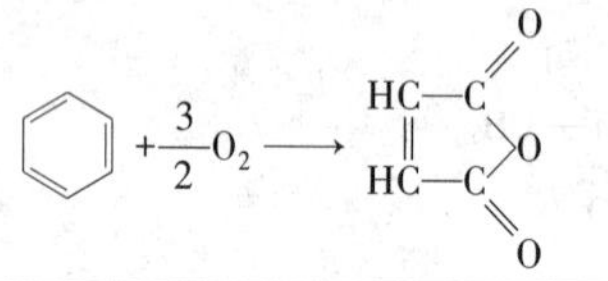 （苯）$+\frac{3}{2}O_2 \longrightarrow$ HC—C(=O)、HC—C(=O)、O	Ag、Sn、Ni、Co、P、Mo、W、碱金属氧化物	硅藻土、TiO_2、SiC、α-Al_2O_3、浮石	通过空气，200~600℃焙烧活化5~10h
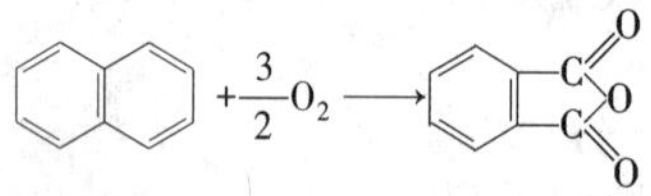 （萘）$+\frac{3}{2}O_2 \longrightarrow$ （苯环）C(=O)、O、C(=O)	P、Ti、Zr、Fe、Cr、Ag、Tl氧化物、K_2SO_4、K_2SnO_3	硅胶、SiC、玻璃、浮石	空气中350~400℃焙烧
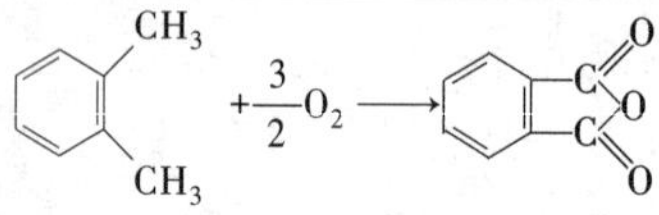 （邻二甲苯，CH_3、CH_3）$+\frac{3}{2}O_2 \longrightarrow$ （苯环）C(=O)、O、C(=O)	P、Ti、Zr、Fe、Cr、Ag、Tl氧化物、K_2SO_4	硅藻土、硅胶、钛胶	空气中400~500℃焙烧
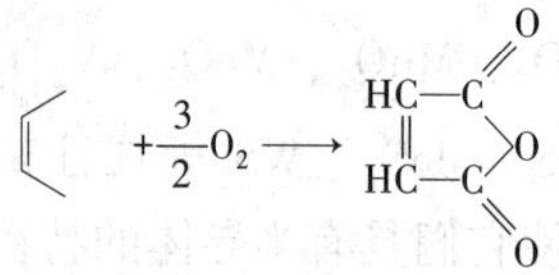 （丁烯）$+\frac{3}{2}O_2 \longrightarrow$ HC—C(=O)、HC—C(=O)、O	P、Co、Zn、Fe、Cr、碱金属	α-Al_2O_3、TiO_2、硅胶、硅铝胶	空气中，400~500℃焙烧3~6h
$CH_2{=}CHCHO+\frac{1}{2}O_2 \longrightarrow CH_2{=}CH_2COOH$	W、Mo、Sc、Mn、P、As、Al	硅藻土、硅胶	400~500℃

由通常制法所得的V_2O_5是以氧原子不足的V_2O_5形式存在，这种脱掉氧的阴离子缺位附近的V^{5+}便变成V^{4+}，是n型半导体。V_2O_5的晶胞组成为$V_{12}O_{30}$，其中有12个O_1。作为氧化催化剂时，它本身以氧化还原的状态存在，有4个氧被夺走，即：

$$V_{12}O_{30} \longrightarrow V_{12}O_{26}（或V_2O_{4.33}）+4O_1$$

生成的蓝黑色$V_2O_{4.33}$，属于单斜晶系，与V_2O_5的结构相似。由于O_1的相互转移，使这两种结构容易互相转化，这就是V_2O_5能作为氧化反应优良催化剂的原因。在V_2O_5中添加各种助催化剂，有电子型的，有结构型的，还有调变表面酸碱性的。它们引起催化活性的变化是复杂的，解释也是多样的。

众所周知，氧化反应是强放热反应，如苯空气氧化制取顺酐（丁烯二酸酐），使用物质的量比为2的V_2O_5和MO_3催化剂，载体是α-Al_2O_3，压力略高于大气压，反应器入口温度为350℃，一般转化率为97%~98%，选择性最初为74%。为了提高选择性，消除内扩散影响，大都采用低表面积（约$1m^2/g$）、热稳定性高的载体，有时制成涂渍型催化剂。为方便导出过量的反应热，工业上采用由一束细管组成的列管式固定床反应器。

（二）钼铋系复氧化物

钼铋系复氧化物的发现是20世纪70年代石油化工发展的重要标志。用于丙烯选择氧化合成丙烯腈、丙烯醛和丙烯酸，以及丁烯氧化脱氢合成丁二烯。

丙烯氨氧化催化剂历经三个发展阶段。即第一代磷钼酸铋催化剂（$BiPMo_{12}O_{52}$，载体为SiO_2），第二代是$UO_3-Sb_2O_5$催化剂，第三代是50%的（$Ni_{2.5}Co_{4.5}Fe_3BiP_{0.5}K_{0.1}Mo_{12}O_{50.3}$）和50%（质量）的$SiO_2$。反应器内压力约为0.2MPa，反应物在近似计量组成的情况下发生反应：

$$NH_3+C_3H_6+\frac{3}{2}O_2 \longrightarrow CH_2{=}CH{-}CN+3H_2O \qquad \Delta H=-514.6kJ/mol$$

反应温度400~500℃，丙烯转化率在98%以上，选择性大于70%。

钼铋系复氧化物是双活性组分的催化剂。单用Mo^{6+}对丙烯的吸附性能好，Mo^{6+}是受电子组分，产生的Mo^{5+}和Mo^{4+}难以给出电子，失去的氧不易补充，易失活。Bi^{3+}对氧的吸附性能好，是给电子组分，但易造成深度氧化，选择性差。采用钼铋复合物既保证了催化剂对丙烯有好的反应活性，又便于低价钼容易被氧化再生，从而解决了上述矛盾。P_2O_5是结构性助剂，可防止Mo和Bi的晶粒长大。工业催化剂还加入其他组分如铁、镍、钴和钾等电子性助剂。可以说，这也是多组分工业催化剂的一个成功范例。

（三）铁系尖晶石型复合氧化物催化剂及其催化过程

含铁的尖晶石型复合氧化物其结构通式为AB_2O_4，广泛应用于烃类脱氢（如丁烯氧化脱氢制丁二烯、乙苯脱氢制苯乙烯）、$CO+H_2O$中温变换、甲醇合成等重要催化过程。这类催化剂发现较早，研究较晚，微观作用机理尚未搞清。

尖晶石属立方晶系，它是由O^{2-}组成正四面体（A）和正八面体（B）密堆积而成，每个晶胞中含有8个正四面体和16个正八面体，正四面体中心（T）和正八面体中心（O）分别为M^{2+}和M^{3+}金属阳离子占据，八面体相互之间和八面体和四面体之间分别通过共边或共角连接而成。尖晶石结构图示如图3-4。

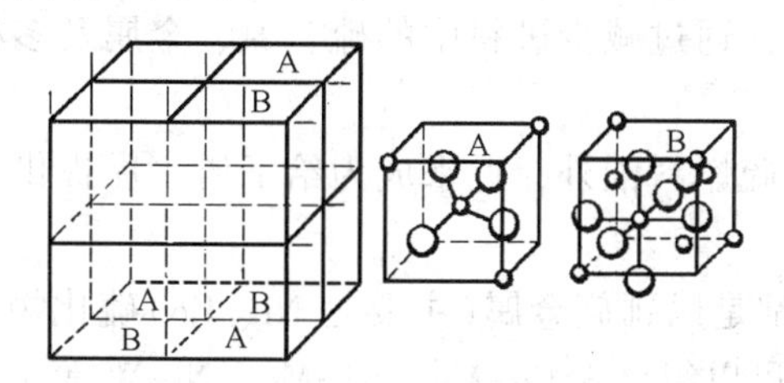

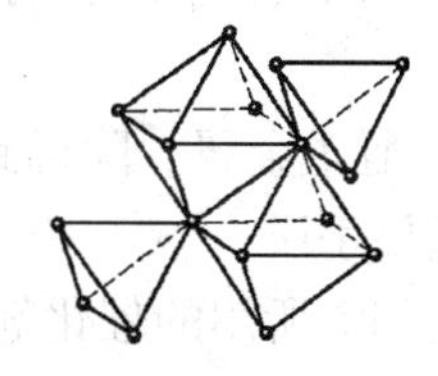

(a) 尖晶石的结构晶胞　　(b) 八面体和四面体之间连接方式

图3-4　尖晶石结构

丁烯氧化脱氢反应为：

$$CH_3{-}CH{=}CH{-}CH_3+\frac{1}{2}O_2 \longrightarrow CH_2{=}CH{-}CH{=}CH_2+H_2O \qquad \Delta H=-121kJ/mol$$

氧化脱氢与直接脱氢不同，前者不受热力学平衡限制。典型的工业过程是在略高于常压的情况下，C_4H_8适当过量，水蒸气/丁烯比约为12，将丁烯、空气、水蒸气三者的混合物通过以$MnFe_2O_4$（锰铁尖晶石）为催化剂的绝热式固定床反应器，入口温度为345~360℃，出口温度为575~595℃，一次通过约有65%的丁烯转化为丁二烯，选择性为95%。

（四）过渡金属硫化物催化剂

随着石油炼制工业的发展，过渡金属硫化物催化剂的应用得到了重视。首先是为净化原料，包括气体与液体，以除去杂质原子硫、氮、氧和金属等，这样既提高了产品质量，也便于中间产品的进一步加工处理，特别是在催化过程中防止了催化剂的中毒、失活。现在硫化物的应用已扩展到很多方面，除已应用多年的重质油加氢精制、馏分油加氢脱硫、脱氮、脱金属之外，已广泛用于耐硫的催化过程，如水煤气变换、合成烃类等。随着重质油的深度加工和以煤为原料的煤化工的发展，过渡金属硫化物催化剂必将不断进步。

石油炼制工业中，催化加氢处理(hydrotreating)是在临氢条件下，把石油馏分油原料催化转化，为下游工序准备原料或改进产品性质。

(1) 加氢处理可分为以下几类：

① 加氢裂化：50%或更多原料裂化成较小分子的过程；

② 加氢精制：以脱除非理想组分为主要目的，少量(直到10%)原料裂解成较小分子的过程；

③ 油品加氢处理：基本上不发生裂解的过程；

④ 加氢脱硫：HDS；

⑤ 加氢脱氮：HDN；

⑥ 加氢脱金属：HDM。

(2) 加氢处理的主要应用包括：

① 粗汽油(催化重整的原料)精制。除去硫、氮及其金属，使后加工过程所用的贵金属催化剂避免中毒。

② 煤油、喷气燃料、柴油、加热用油改质。除去硫及使烯烃和芳烃分子饱和，从而改进烟点、十六烷值、柴油指数和储存安定性。

③ 润滑油精制。改进黏度指数、色泽及色泽安定性、储存安定性，减少胶质生成及中和值。

④ 重馏分油(流化催化裂化原料)精制处理。改进FCC(fluidized catalytic cracking)产率，减少FCC催化剂使用及烟气带出的损失，通过减少进料中的硫、氮、金属及多核芳烃而减少腐蚀。

⑤ 渣油脱硫、脱重金属。除得到低硫燃料油外，近来成为给下游工序提供原料的催化转化和预处理的重要手段。

石油馏分催化加氢所用的催化剂大都是以Ⅷ族金属(主要是Ni、Co)硫化物为助催化剂的ⅥB族金属(Mo、W)的硫化物。它们可以组合为Co-Mo、Ni-Mo、Ni-W等不同形式，负载在孔结构不同的载体上，形成一大类十分重要的催化剂。后面还会叙述。

加氢处理催化剂的载体选择也是十分复杂的课题。随着原油深度加工的发展，催化剂开发和研究的成果不断出现，这里就不详述了。

五、双功能催化剂

有的催化剂有两种活性组分，具有两类活性部位：一类活性部位催化反应的某些步骤；另一类活性部位则催化反应的另一些步骤，这种催化剂称为双功能催化剂。这类催化剂还有一个明显的特征，被催化的反应各个步骤按照功能划分，在各自的活性中心上独立完成。如正庚烷异构生成异庚烷，只用酸性组分$SiO_2-Al_2O_3$反应不显活性，用负载金属铂的$SiO_2-Al_2O_3$催化剂才有较好的活性。其原因是正庚烷在$SiO_2-Al_2O_3$上不直接异构成异庚烷，而是先在金属铂上脱氢成烯，烯烃在$SiO_2-Al_2O_3$上异构成异烯烃，再在金属铂上加氢生成异庚烷。双功能催化剂在石油化工催化领域中的例子很多，最典型的有催化重整、加氢裂化等过程(见第五节和第六节)。

另一类双功能催化剂是酸-碱型双功能催化剂。如用乙醇制备十二烯的过程，它通过脱氢、醇醛缩合、脱氧等步骤，使用85%MgO和15%SiO_2的复合氧化物催化剂，脱氢反应在碱性活性中心上进行，正碳离子反应在酸性活性中心上进行。催化剂的MgO过量保证表面有酸-碱两类催化功能存在。又如Cr_2O_3掺杂的ZrO_2具有弱酸中心和弱碱中心；高硅沸石分子筛在一定程度上也具有弱酸中心和弱碱中心，都可以归属于酸-碱型双功能催化剂。在弱酸中心和弱碱中心上较少生成副产物，不会由于积炭导致失活，因而这些含有弱酸中心和弱碱中心的酸-碱型双功能催化剂在工业上具有较广阔的应用前景。

六、环保催化剂及其应用

事实证明，在治理环境污染时，环保催化剂及催化剂技术有着举足轻重的地位。如经催化转化器净化的汽车尾气已能达到CO、HC、NO_x的超低值排放甚至零排放，有机废气实行催化燃烧能减低NO_x的生成率达98%以上，其中的有机物几乎能达到100%的净化率。难以降解的含有高浓度有机物的废水，通过湿式氧化催化剂的作用，再配合生物处理法，可使废水达标排放。

（一）挥发性有机化合物处理催化剂及应用

挥发性有机物(volatile organic compounds)简称VOC，它是机械行业、表面防腐、防锈处理、石油化工、制药工业、印刷工业、食品工业、油漆装饰业、制鞋等行业排放废气中的主要污染物。该类有机物大多具有毒性，并伴有恶臭，有些还是致癌物质，如氯乙烯、苯、多环芳烃、甲醛等。多数挥发性有机物易燃、易爆，对生产企业也带来诸多的不安全因素；有些还对环境有严重的破坏作用，如氯氟碳化物和氯氟烃对臭氧层有严重的破坏作用。此类挥发性有机物质种类繁杂，含有挥发性有机物的废气常称为有机废气。常见有机废气主要由表3-10所列的8大类物质所组成。

表3-10　常见的有机废气组成物

类　别	常见有机物
脂肪类碳氢化合物	丁烷、正己烷
芳香族碳氢化合物	苯、甲苯、二甲苯、苯乙烯
氯化碳氢化合物	二氯甲烷、三氯甲烷、三氯乙烷、三氯乙烯、二氯乙烯、四氯乙烯、四氯化碳
酮、醛、醇、多元醇类	丙酮、丁酮、环己酮、甲基异丁基酮、甲醛、乙醛、甲醇、异丙醇、异丁醇
醚、酚、环氧类化合物	乙醚、甲酚、苯酚、环氧乙烷、环氧丙烷
酯、酸类化合物	乙酸乙酯、乙酸丁酯、乙酸
胺、腈类化合物	二甲基甲酰胺、丙烯腈
其他	氯氟碳化物、氯氟烃、甲基溴

对于有机废气的治理，有水洗法、吸附法、直接燃烧法和催化燃烧氧化法。

在催化剂存在下，挥发性有机物发生催化燃烧氧化，发生的主要反应为：

$$C_mH_n(VOC)+O_2 \longrightarrow CO_2+H_2O+Q$$

式中，m、n为整数，Q为放出的热量。

在上述反应中，由于废气中的有机物与氧反应，生成了无害的水和二氧化碳，从而达到了治理有机废气的目的。

直接燃烧法和催化燃烧氧化法两种方法工艺的比较列于表3-11。

有机废气的催化燃烧氧化法是一种新型的环境友好治理法，使用效果好，实用性强。可使挥发性有机物在315℃下进行的焚烧脱除率>95%。因氧化温度低，生成的氮氧化物和硫氧化物很少，几乎没有二次污染，而且起动能耗低并能回收部分热能。对挥发性有机物燃烧用催化剂的要求是：在一定燃料/空气比下应具有尽可能低的起燃温度，以及在最低预热温度与最大传质条件下仍能保持完全燃烧。因有些挥发性有机物与氧等组分在一起会发生爆炸，故此工艺要求废气中挥发性有机物组分的浓度必须低于该组分的爆炸范围下限的1/4。

表3-11　直接燃烧与催化燃烧工艺的比较

项　目	直接燃烧法	催化燃烧法
处理温度/℃	600~800	400
燃烧状态	在高温火焰中停留一定时间	与催化剂接触无火焰
空速/h^{-1}	7500~12000	15000~25000
停留时间/s	0.5~0.3	0.25~0.15
工艺特点	适应范围广、工艺操作简单、温度高、气体扩散快、可以不脱粉尘，燃料耗费大、设备投资大、会生成NO_x、SO_x，粉尘含水量大时应先除水汽	比直接燃烧法节约运费25%~40%，净化度高达99%~100%。适应范围广，很少产生NO_x、SO_x，不受水汽含量影响，操作安全性好

催化燃烧氧化法处理有机废气的催化剂主要有贵金属系和非贵金属系催化剂两大类：一类是以$\gamma-Al_2O_3$为载体负载贵金属Pt和Pd及其他铂族金属的催化剂，贵金属催化剂具有低温高活性和起燃温度低的特点，一旦超过某一温度会使转化率直线上升，只生成CO_2与H_2O，不存在中间产物。实际使用的贵金属只有Pt与Pd，Pt与Pd对不同反应物所呈现的活性有差异；对CO、CH_4及烯烃的氧化能力Pd优于Pt；而对芳烃的氧化能力，两者则相当；对C_3以上的直链烷烃氧化Pt则优于Pd。另一类是负载Cu、Co、Mn、Ni、V等非贵金属的氧化物催化剂。常用作完全氧化的催化剂是呈钙钛矿ABO_3型结构和尖晶石AB_2O_4型结构的复合氧化物。主要体系是Cu-Cr-O、Cu-Mn-O、Mn-Co-O及Cr-Co-O等，即以Cu、Cr、Mn、Co为主要活性组分。复合氧化物催化剂对烃类完全氧化活性不及贵金属，但对酮、醛、醇、酯等含氧有机物，对胺或酰胺等含氮有机物则活性相近，甚至超过贵金属催化剂。如Cu-Mn氧化物负载在分子筛上的催化剂对丙酮完全氧化的下限温度为200℃，而沸石分子筛载铂催化剂在280℃的活性不及金属复合氧化物催化剂。如在$Pd/\gamma-Al_2O_3$催化剂中添加Sm_2O_3金属氧化物的复合催化剂可降低CO氧化的反应温度，使50%和90%的转化率的温度分别下降50℃和80℃，并提高了催化剂的热稳定性。贵金属与过渡金属氧化物或稀土氧化物配合使用是这一类催化剂的发展新动向。

通常贵金属系列催化剂的催化燃烧的活性明显要高于那些非贵金属催化剂的活性，因而其使用空速往往高于后者。催化剂的形状有球形、条形、环形、网状形和蜂窝状形等，其蜂窝状的基质有陶瓷和金属两种。

(二) 废水湿式氧化处理催化剂及其应用

污水治理的方法有多种，湿式氧化法是其中的一种。该法由美国的Zimmerman在20世纪50年代发明并取得工业应用。此法是一种处理高浓度、难降解废水的好方法。湿式氧化技术是在150~350℃、0.5~20MPa的条件下，以空气或纯氧为氧化剂，将有机污染物氧化成无机物或小分子有机物的化学工艺。湿式氧化过程使有机物经历了烃→醇(醛)→酸→CO_2+H_2O的过程。其中酸，尤其是乙酸进一步氧化成CO_2和H_2O是很难的，它对整个湿式氧化过程是一个控制步骤。20世纪70年代以来，国外发展了催化湿式氧化处理技术。由于催化剂反应能在更为温和的条件下进行，污水处理的停留时间更短，氧化效率大大提高，并降低了对设备的腐蚀，减少了投资和生产成本。氧化剂有空气、氧气、臭氧、H_2O_2、NaClO 等。

用于湿式氧化处理的催化剂可分为均相氧化催化剂和非均相氧化催化剂两种。

均相湿式氧化催化剂主要为可溶性的过渡金属盐类，以溶解离子的形式混合在废水中使用。最常用的和效果较为理想的是铜盐和 Fenton 试剂（即 Fe^{2+} 和 H_2O_2）。如中国台湾中油公司用 Fenton 试剂法，处理 COD（化学耗氧量）质量分数高达 $1.35\times10^{-2}\sim13.6\times10^{-2}$ 的炼油厂含硫废碱液，H_2S 脱除率在 99.9%，COD 脱除率在 93%以上，经处理后的 COD 质量分数仅在 $1.5\times10^{-4}\sim4.0\times10^{-4}$。均相湿式催化氧化法的缺点是：催化剂易于流失，存在二次污染问题，需再次处理回收水中的催化剂，由此增加了工艺的复杂程度，提高了运行成本。

非均相湿式氧化催化剂又有有载体和无载体之分，它是湿式催化氧化法研究的重点。活性炭是常用的载体。用木材、果壳和煤等含碳物质为原料经过炭化、活化得到的活性炭有非常发达的孔隙结构、高的比表面积（有的超过 $1000m^2/g$），还有在表面形成的化学集团，从而具有催化很多反应的功能。因此，活性炭除作载体外，还兼具吸收和富集污物的作用，可促进 Fe^{2+}等的氧化和降解。湿式催化氧化法处理废水使用最广泛的催化剂是铜系催化剂。采用活性炭负载 $Cu(NO_3)_2$的吸附催化体系用于处理石油污水中 COD，此法集过滤、吸附富集和催化氧化处理于一体，用 $1m^3$吸附催化体系填料可处理 $45m^3$污水。国外普遍采用活性炭和臭氧联用进行污水脱色、去铁、去锰、去藻类臭味等。CeO_2是良好的载体，在湿式催化氧化条件下非常稳定，与 Cu、Mn 等活性组分有良好的协同作用，并能减少它们的溶出。载体通常有球形、圆柱形和蜂窝状形，蜂窝状载体可用于悬浮物较多的废水。非均相湿式催化氧化法的优点是：催化剂容易和水分离，能有效控制催化剂组分的流失及二次污染问题；工艺简单，可降低成本。

锐钛型 TiO_2经氯铂酸浸渍后，再用水合肼还原可制成 Pt/TiO_2催化剂。研究表明，Pt、Pd 等金属的存在可加速半导体二氧化钛在表面或界面上电荷的转移，增强它和反应物种间的电荷交换能力。在氢气氛下，500℃还原的含 0.3% Pt/TiO_2催化剂处理污水中苯酚的光降解活性最好。

（三）脱除烟气中二氧化硫的催化剂及其应用

二氧化硫是污染大气的主要有害物质，它是产生酸雨污染物的主要物质。二氧化硫的污染源主要有三个方面：硫酸厂尾气、有色金属冶炼烟气和燃煤排放烟气。烟道气脱硫的方法有多种，而催化脱硫法是其中较为廉价的一种。一般有催化二氧化硫氧化脱硫法和催化硫化氢、二氧化硫还原脱硫法两大类，通常又有干法和湿法之分。

催化氧化脱硫法基本原理是烟道气和各种工业过程排放气中硫化氢等硫化合物的燃烧和二氧化硫的氧化，转化成 SO_3，再被水吸收生成硫酸脱硫。其中包括：①钒催化剂脱除烟道气中的 SO_2；②活性炭催化氧化法烟气脱硫；③烟气脱硫用 MgAlFe 复合氧化物催化剂；④液相催化氧化烟气脱硫用催化剂。使用最多的液相氧化催化剂是 Fe^{2+}和 Mn^{2+}。SO_2在液相中被催化氧化，可制取稀硫酸、石膏、N-P 复合肥料和聚合硫酸铁等多种副产品，同时还能脱除烟气中的 NO。由于此法避免了复杂的吸附脱附步骤，回收工艺简单。但此法副产品的硫酸浓度较低，仅 15%~20%。存在的问题主要是催化剂的中毒问题。

工业上比较广泛应用的还有催化还原脱硫法。将二氧化硫在还原剂的作用下直接催化还原成固态硫，比直接将二氧化硫催化氧化成三氧化硫再吸收制取稀硫酸的工艺要简单得多，固态硫产物不仅运输方便而且可再利用，因此是处理二氧化硫的好方法。

以 H_2为还原剂在 Co-Mo/Al_2O_3上选择性还原二氧化硫为单质硫的反应为：

$$SO_2+2H_2 \longrightarrow S+2H_2O$$

$$S+H_2 \longrightarrow H_2S$$

$$2H_2S+SO_2 \longrightarrow 3S+2H_2O$$

反应历程为 Co-Mo/Al_2O_3催化剂表面的金属硫化物先把 SO_2加氢还原成 H_2S，然后Al_2O_3载体催化 H_2S 和 SO_2之间发生克劳斯(Claus)反应生成单质硫。工业采用的还原剂还有 CH_4、CO、NH_4等。

(四) 废气中 NO_x净化催化剂及其应用

氮的氧化物主要以 NO 或 NO_2的状态存在，此外还有少量的 N_2O、N_2O_4和 N_2O_3等。N_2O为温室效应气体，NO_2的毒性最强。在阳光的作用下 NO_2与烃类作用还可能发生光化学反应，生成醛类和过氧化酰基硝酸酯(PAN)等有害物质，甚至产生光化学烟雾，形成酸雨。氮氧化物的来源主要是汽车尾气、燃料烟道气和硝酸尾气的排放。一般石油燃料平均含氮量为 0.65%，而大多数煤的含氮量为 1%~2%。当这些燃料燃烧时，其中所含的固定氮大多转化为氮氧化物。另外燃料在高温燃烧时，空气中所含有的 N_2、O_2会生成氮氧化物，这是化学平衡所不可避免的。此外在石化生产过程中，如己二酸、对苯二甲酸的生产过程中皆有氮氧化物排出。在催化剂生产厂焙烧含硝酸盐的催化剂过程中，尾气排放时往往含有大量的氮氧化物。多数国家规定硝酸尾气中氮氧化物$<200mL/m^3$。

国外现已开发了多种控制氮氧化物排放的技术，最常用的方法有两大类型，其一是改进燃料的燃烧工艺以减少氮氧化物的生成；其二是脱除燃烧过程中形成的氮氧化物。

在脱除燃烧过程中形成的氮氧化物方法之中，用氨在钒-钛催化剂上进行氮氧化物的选择催化还原(SCR)工艺，是迄今为止最重要的工业方法。在选择性催化还原(SCR)工艺中，烟道气中的氮氧化物用氨或尿素在催化剂上选择性地还原，形成无害的氮和水蒸气，并不产生任何其他污染物。该工艺的化学反应式如下：

$$4NO+4NH_3+O_2 \longrightarrow 4N_2+6H_2O$$

$$6NO_2+8NH_3 \longrightarrow 7N_2+12H_2O$$

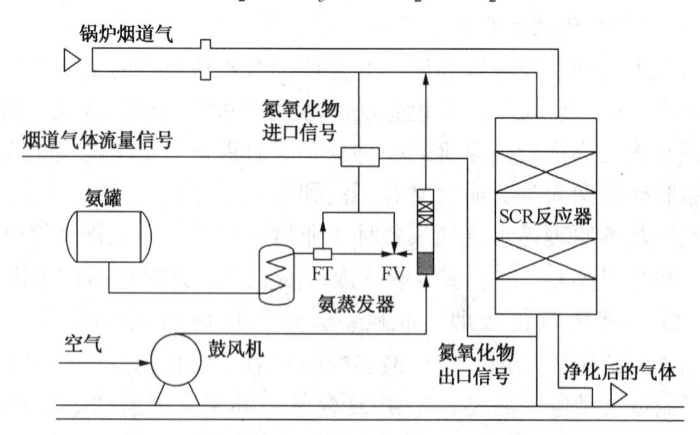

图 3-5　选择性催化还原脱除氮氧化物工艺的示意图

图 3-5 为选择性催化还原脱除氮氧化物工艺的示意图。该工艺可应用于烟道气、工厂废气和其他排放气中氮氧化物的脱除。氨既可以是带压的液态无水氨，也可以是常压下的氨

水溶液。尿素溶液也可用作还原剂。催化剂的正常操作温度为300~425℃。

氨在电加热、蒸汽加热或热水加热的蒸发器内蒸发，随后用空气稀释，再将混合气体注入到工艺气体管道中，为使氨和工艺气体混合均匀，保证氮氧化物的有效脱除，一般采用一组喷嘴来喷射氨和空气，也可在气体管道上安装一静态混合器以进一步改善混合效果。

选择性还原氮氧化物所用的催化剂早期以贵金属为主，Pt优于Pd，一般用0.2%~1.0%Pt负载于Al_2O_3上，制成片状、球状或蜂窝状。铂催化剂使用温度为180~290℃。近年来均用非贵金属氧化物如TiO_2、V_2O_5、MoO_3或WO_3等组分，负载于富铝红柱石($3Al_2O_3 \cdot 2SiO_2$)的蜂窝状载体上。为了减少烟道气中灰尘的影响，所用蜂窝状载体的孔径一般为4~10mm，比汽车用蜂窝状催化剂载体的孔径大。这些非贵金属氧化物催化剂的使用温度在230~425℃，若需在360~600℃或更高的温度下操作，则可使用沸石分子筛催化剂。

用煤或重油为燃料，其燃烧烟气中常同时含有NO_x与SO_x，应同时脱除这两种有害物质。用CO为还原剂，于流化床吸附器中，在$CuO-Al_2O_3$催化剂上，500℃和10^4h^{-1}空速条件下，通过下列反应可同时脱除NO_x和SO_x：

$$2CO+O_2 \longrightarrow 2CO_2$$

$$2CO+SO_2 \longrightarrow S+2CO_2$$

$$CO+NO_2 \longrightarrow NO+CO_2$$

(五) 二噁英的催化治理

二噁英类化合物(dioxins)是指燃烧化学物质化学反应过程中产生的有毒化合物的总称。从化学结构上分有三大类：由二个氧原子连接二个被氯取代的苯环的多氯二苯二醚化合物(PCDD)，总共有73种；由一个氧原子连接二个被氯取代的苯环的多氯代二苯并呋喃(PCDF)，共有136种；多氯联苯(PCB)类共有209种。这些毒物中毒性最大的是2，3，7，8-四氯二苯并二噁英T_4CDD，其毒性是氰化钾的1000倍，故二噁英有化学艾滋病毒之称。许多发达国家将二噁英毒性当量的排放指标控制在0.1g/m^3以下。

二噁英的来源多样，城市生活垃圾的焚烧是形成二噁英的主要来源，约占大气中二噁英总数的42%。此外，在制备有些化学品时会副产少量的二噁英，如以氯代酚为原料制杀菌剂、枯叶剂时，氯代酚通过三聚往往得到PCDD。制造多氯联苯时副产PCDF，用氯气杀菌或漂白时生成PCDD或PCDF。

二噁英类物质是非极性亲脂性有机化合物，极难溶于水，热稳定性好，热分解温度在700℃以上，半衰期为5~10年。它们很容易存在于土壤之中，或者富集于颗粒物质的表面，随食物进入人体和动物体内。

二噁英分解催化剂可在200~300℃，将二噁英分解成CO_2、H_2O和HCl。其载体是孔径为3~6mm的蜂窝，采用蓬莱石(80%~90%SiO_2，5%~9%Al_2O_3)为材质。已见报道使用的有TiO_2光催化分解焚烧炉烟道气中二噁英的系统，当400~500℃的烟道气以50L/h的流速通过系统时，二噁英可以从78ng/m^3降到1.1ng/m^3，去除率达99%。二噁英的有效分解可采用生物催化法，例如木材腐朽菌就能有效进行二噁英的分解。另外还可采用超声波分解法。

七、石油化工中应用的催化材料

下面简要介绍一些已在石油化工工业中大量应用并正在大力开发的催化材料。

(一) 沸石分子筛

沸石分子筛是一种具有结晶结构的硅铝酸盐，它的晶格结构中排列着整齐均匀，孔径大小一定的微孔，只有直径小于孔径的分子才能进入其中，而直径大于孔径的分子则无法进入。由于它能像筛子一样将不同直径的分子分开，因而形象地称为分子筛。沸石分子筛用作催化剂或催化剂载体广泛应用在炼油工业和石油化学工业领域。

20世纪60年代，稀土X型沸石分子筛(REX)作为第一代的沸石分子筛代替无定形硅铝成为催化裂化催化剂，大幅度增产汽油和提高装置处理能力。20世纪70年代，高硅ZSM-5第二代沸石分子筛的发现，开发成功了M-重整、柴油临氢降凝、润滑油催化脱蜡、二甲苯选择性异构化、乙烯与苯烷基化等一系列炼油和石油化工新工艺。20世纪80年代，联合碳化物公司合成的非硅-铝骨架的磷酸铝系列称为第三代沸石分子筛，为沸石分子筛的合成开辟了更加广阔的天地。沸石分子筛技术的进展与石油化工技术的进步密切相关。20世纪末期介孔分子筛MCM-41的问世，更加提升了这类材料的科学和工业应用价值。

沸石分子筛具有以下几个重要特点：

1. 沸石分子筛的硅铝比

沸石分子筛的化学组成可表示为：

$$M_{2/n} \cdot Al_2O_3 \cdot mSiO_2 \cdot xH_2O$$

式中，M为金属阳离子或有机阳离子；n为金属阳离子价数；m为SiO_2的摩尔数，数值上等于SiO_2和Al_2O_3的摩尔比，简称硅铝比；x为H_2O的摩尔数。

沸石分子筛中硅铝比不同，表面酸性也不同。另外，当沸石分子筛中硅铝比不同时，它的耐酸性、热稳定性等各不相同。例如，要将Na^+型分子筛转化为H^+型分子筛，中、高硅铝比的丝光沸石与ZSM-5分子筛(它的硅铝比可大于300)可以直接与盐酸交换，而低硅铝比的X、Y、A型分子筛则不能。另外，低硅铝比的13X分子筛在500℃水蒸气中处理24h，晶体结构可能会破坏，而丝光沸石就不会出现此问题。

2. 沸石分子筛的孔结构

其特征是可以把其物理分离功能与化学选择性反应功能结合起来，形成多种沸石分子筛催化材料。如ZSM-5沸石分子筛具有三维孔道结构。有由十元氧环构成的2个交叉孔道，一个呈直线型，孔径为0.51nm×0.55nm，另一个呈之字形，孔径为0.53nm×0.56nm。它具有独特的结构特征和酸性，是优良的“择形催化”催化剂，表现在：①由筛分效应产生的反应物选择性或产物选择性，ZSM-5沸石分子筛把分割点延伸到与多支链脂肪烃、多烷基芳烃和多环芳烃相关的反应；②通过孔结构尺寸接近于分子大小的构型扩散，提高了芳烃烷基化、甲苯歧化制取对二甲苯的反应选择性；③反应中间过渡状态选择性起到了烷烃选择裂化作用。

根据孔径大小不同，IUPAC规则对沸石分子筛的定义示在表3-12。具有八面沸石结构的X和Y型分子筛以及ZSM-5都属于小孔沸石。MCM-41则是中孔沸石的代表，又称为介孔分子筛。它具有一维线形孔道，孔径大小在1.5~10nm之间。MCM-41的物理性质见表3-13。

表3-12　沸石分子筛孔径的分类

名　　称	孔径大小/nm	代表物
小孔沸石	<2	ZSM-5、八面沸石
中孔沸石	2~50	MCM-41
大孔沸石	>50	尚无报道

表 3-13　MCM-41 的物理性质

孔径大小/nm	BET 比表面积/(m^2/g)	微孔体积/(mL/g)	苯吸附量/%	水吸附量/%
3.8	1016	0.97	65.0	71.0

MCM-41 以弱酸和中强酸为主，几乎无强酸中心。它可以直接作为固体酸催化材料，应用于酸碱催化。MCM-41 也可以作为载体材料，把金属、金属氧化物、金属配合物、金属簇合物、杂多酸以及纳米离子担载或锚定在这类介孔分子筛上，作为酰基化、烷基化、酯化、缩合和氧化等反应，以及大分子催化和重油裂解加工中的催化剂。甚至把生物酶担载在上面，制成生物酶多相催化剂。

3. 铝硅酸盐的同晶取代

同晶取代杂原子沸石分子筛的合成大大丰富了这一材料领域。TS 分子筛可以看作 Ti 对纯硅沸石同晶取代的结果(TS-1 指具有 ZSM-5 型结构)，它具有微孔(<2nm)和中孔(2~20nm)的规整孔道结构。主要包括 Ti-ZSM-5、Ti-ZSM-11、Ti-β、Ti-MCM-41、Ti-MCM-48、Ti-HMS 和 Ti-MSU 等分子筛。钛硅分子筛由于把具有变价特征的过渡金属钛原子引入到沸石分子筛骨架中，呈明显的疏水性，具有很高的热稳定性。最早报道的 Ti-ZSM-5 分子筛(简称 TS-1)是水热法合成的。它具有强 L 酸中心，表面呈“缺酸性质”，在氧化反应中不会引发酸催化副反应，在形成还原-氧化(redox)催化作用的同时又能赋予择形功能，因而具有很好的定向催化氧化性能。TS 分子筛对以低浓度的双氧水参与的各种有机氧化反应，如烯烃环氧化、环己酮氨氧化、醇类氧化、饱和烃氧化以及芳烃羟基化等反应表现出很好的催化性能。钛硅沸石分子筛的发现导致了“原子经济”的苯酚氧化制对苯二酚、环己酮氨氧化制环己酮肟等废物“零排放”工艺的出现。钛硅沸石分子筛在氧化反应上具有节能、环境保护和经济等方面的优势，它们的成功开发和应用是 20 世纪 80 年代沸石分子筛催化材料领域的里程碑。

磷酸铝分子筛是非硅铝骨架分子筛。包括大孔的 AlPO-5(0.1~0.8nm)，中孔的 AlPO-11(0.6nm)和小孔的 AlPO-34(0.4nm)等结构，以及 MAPO-n 系列和 AlPO 经 Si 化学改性成的 SAPO 系列等。$AlPO_4$-n 是电中性的，因此没有离子交换能力(参见表 3-14)。

表 3-14　$AlPO_4$-n 系列分子筛的结构

结构型号	孔径大小/nm	氧环大小(原子数)	比孔体积/(mL/g) O_2	比孔体积/(mL/g) H_2O	结构型号	孔径大小/nm	氧环大小(原子数)	比孔体积/(mL/g) O_2	比孔体积/(mL/g) H_2O
$AlPO_4$-5	0.8	12	0.18	0.3	$AlPO_4$-17	0.4	8	0.27	0.35
$AlPO_4$-11	0.61	10	0.11	0.16	$AlPO_4$-20	0.3	6	0	0.24
$AlPO_4$-14	0.41	8	0.19	0.28	$AlPO_4$-31	0.8	12	0.09	0.17
$AlPO_4$-16	0.3	6	0	0.3	$AlPO_4$-33	0.4	8	0.23	0.23

磷酸铝分子筛通过改变反应条件和调变组分等手段，可以得到中强酸到强酸性的催化材料，在烃类转化反应如裂化、异构化、烷基化、重整、二甲苯异构、聚合和水合等领域中应用。它也可作为吸附剂和载体。

作为新型沸石分子筛材料，值得一提的还有：

① 纳米 ZSM-5 沸石分子筛。近年来，纳米 ZSM-5 沸石的合成、表征及其催化性能的研究得到了广泛重视。特别是用于对位二烷基苯的合成，在保持高选择性的同时，还能有相当好的转化率和活性稳定性，被认为是新一代沸石分子筛催化剂，将推动择形催化的工业

应用。

② β 沸石。β 沸石是美国 Mobil 公司于 1967 年首次使用铝酸钠、硅胶、四乙基氢氧化铵（TEAOH）和水混合晶化而成的硅铝化合物。它是一种大孔、三维结构的高硅沸石，具有十二元环孔骨架结构，骨架硅铝比为 20~300。1988 年，国外采用构造模型模拟粉末衍射确定了 β 沸石的堆垛层错结构，β 沸石中平行于（001）晶面的线形孔道孔径为 0. 57nm×0. 75nm，与（100）晶面平行的非线形孔道孔径为 0. 56nm×0. 65nm，比表面积为 550~650m^2/g，比孔体积为 0. 3mL/g。作为一类新型催化材料，β 沸石以其独特的酸性和孔结构在芳烃烷基化、醚化和酯化等反应中表现出很好的催化性能。为使 β 沸石得以广泛应用，人们采用多种办法合成，以期降低生产成本，缩短晶化时间。

（二）茂金属

20 世纪 80 年代以来开始进行茂金属及聚合物的研究与开发，90 年代得到了工业应用。高活性的茂金属催化剂具有单活性中心，生成的聚合物相对分子质量分布窄，相对分子质量高，组成分布均匀立体规整性高，能得到几乎是“分子纯”的聚合物，如透明聚烯烃，高强度、高耐热性的聚烯烃。目前主要应用在聚烯烃领域，用于要求立体规整性的反应，尤其是药物和精细化学品的手性合成上。

茂金属催化剂一般由过渡金属的茂基、茚基、芴基等环状不饱和结构的配合物与甲基铝氧烷组成。常用的过渡金属有 Ti、Zr、Hf、V 等。茂金属催化剂通常有三种结构：①普通结构具有两个环戊二烯基夹持过渡金属的烷基化合物或氯化物，其中环戊二烯基可用双茚基或双芴基取代；②桥链结构：茂金属催化剂在普通结构的基础上，用烷基连接两个环结构，防止环结构旋转；③限制几何结构：茂金属催化剂的配体采用一个环戊二烯，用胺基取代另一个环戊二烯，然后用烷基或硅烷基作桥。三种结构如下所示：

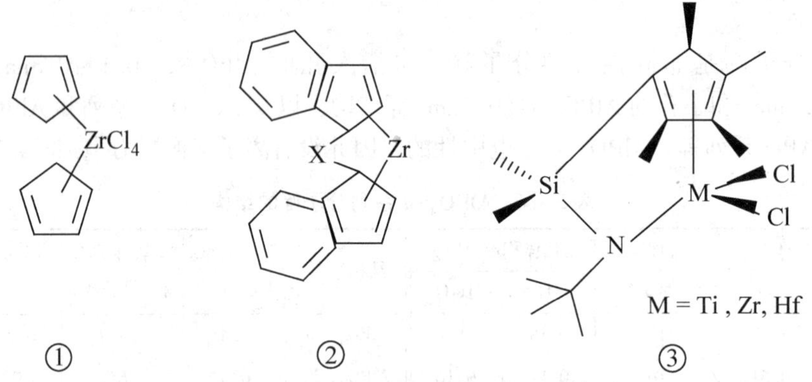

茂金属催化剂生产成本较高，在大规模聚烯烃工艺中的适应性、聚合产物的易加工性等问题也有待于进一步解决。后过渡金属催化剂如铁、钴、镍催化剂，是近年来受到关注的又一新型烯烃聚合催化剂。它具有易于制备、价格便宜、高活性、性能稳定、产物相对分子质量分布可控、对官能团容忍性好等优点，有人称其为继茂金属之后聚烯烃技术的又一次革命，这类催化剂尚处于早期探索阶段。

（三）杂多酸

杂多酸是由两种以上不同无机含氧酸缩合而成的多元酸的总称。如由磷酸根离子和钼酸根离子在酸性条件下缩合即生成典型的磷钼杂多酸：

$$PO_4^{3-}+12MoO_4^{2-}+27H^+ \longrightarrow H_3PMo_{12}O_{40}+12H_2O$$

20世纪70年代初，杂多酸及其盐类作为催化材料，是在催化丙烯水合制异丙醇获得工业应用成功之后，才开始引起研究者们的关注。20世纪70年代中后期，日本和前苏联学者对杂多酸的催化性能进行了大量的研究，杂多酸组成简单、表面层和体相结构差别小、表面状态和结构易确定。它具有和分子筛一样的笼形结构。固体杂多酸是很强的B酸，许多杂多酸又是很强的氧化剂，这两种化学性质可以通过改变阴离子组成或加入不同的抗衡离子加以调变。它具有酸催化、氧化催化、“假液相”等多功能的催化性能。20世纪80年代，以杂多酸为催化剂的甲基丙烯醛的氧化、异丁烯和丁烯的水合、四氢呋喃的聚合等过程先后成功工业化，目前杂多酸催化已成为催化研究中最为活跃的领域之一。杂多酸既可作为均相催化剂又可作为非均相催化剂，广泛应用于炼油、化工以及精细化工等领域中的各种催化反应。

(四) 生物催化剂

生物技术的研究始于20世纪50~60年代，但直到20世纪90年代，基因重组工程和生物筛选技术的改进和新的稳定技术的开发成功，生物催化剂才开始应用于多种工业化生产过程。目前生物技术在大宗化学品的合成领域中已有突破。由于生物催化剂的高效性和高选择性，可以完成传统化学过程所不能胜任的化学专一性和立体专一性催化，易得到相对较纯的产品。由于副反应少，可减少废物排放。另外生物催化反应条件温和、设备简单，因此是绿色生产技术。

生物催化剂是由生物合成的具有催化作用的物质。现阶段工业上应用的生物催化剂包括生物体(微生物)和酶类。

工业生物催化过程可分为两类，见表3-15。

表3-15　工业生物催化过程分类及特征

项目	生长耦联型	非生长耦联型
反应过程	多步反应，底物通过多个反应得到产物	单步反应，底物通过简单反应得到产物
能量	需要生物体供能，如一些氧化还原酶系的反应，需要体内提供NADH2等供体	催化时不需要生物体供给能量
细胞生长	需要细胞生长	无需细胞生长
酶的类别	多为有氧化还原酶参加的多个酶	多为水解酶、异构酶类、裂解等
反应区域	酶需在菌体中实现催化作用	酶可分离，在菌体外仍然有催化活性
典型产品	1，3-丙二醇、长链二元酸、青霉素、聚羟基丁酸酯(PHB)、VC、天然香料等	丙烯酰胺、果葡糖浆、手性药物、DL-氨基酸的拆分、油脂改性、水解糖苷等

1. 催化过程与菌体生长耦联型

菌体生长提供催化所需的催化剂，催化剂的制备和催化反应同时进行。其特点是，菌体只有在具有生命活力的时候，才能起到催化作用。催化的反应一般是由菌体内多种酶耦合起来催化的串联反应。

2. 催化过程与菌体生长非耦联型

这类催化过程的特点是：生物催化剂的制备与酶催化过程是在不同的体系中进行的，菌体在生长时通过各种措施在菌体内积累高活力的酶，然后在反应器内进行单独催化，不需要细胞再生长，该过程催化底物比较单一，催化反应也常为一步催化。

工业生物催化将在21世纪迅速发展，预期工业生物催化研究将有望实现以下突破：

① 在与生物生长代谢相关的有机化学品生产上，取代化学法成为主流生产工艺；开发

出利用生物法生产的安全、环保、节能新产品，引导消费取向和潮流；

② 降低化学工业的原料消耗、水资源消耗、能量消耗 30%，减少污染物的排放和污染扩散 30%；

③ 研制出可以比现在应用的化学催化剂更好、更快、价格更低廉的生物催化剂体系；

④ 提高生物催化剂的稳定性、活性和对溶剂的兼容能力；提高酶以及固定化细胞的机械强度；对于转换时间比较长的酶，提高其转化的速度，使之可以和化学催化剂相比。

工业生物催化已经崭露头角。一方面，一些工业生物催化的典型产品和工艺已经得到推广应用；另一方面，世界知名化工公司 DuPont、BASF、DSM、Lonza 等，都已经致力于工业生物催化的研究，并在一些脂类化合物、医药中间体、DL-氨基酸等方面实现了工业规模生产。美国能源生物系统公司研究开发成功柴油生物脱硫新工艺，与加氢脱硫工艺相比，投资费用可节约 50%，操作费用节约 20%。催化裂化轻柴油中二苯并噻吩化合物难以加氢脱除，而生物催化法脱硫不仅容易将这类化合物脱除，而且不消耗氢气。采用加氢脱硫与生物脱硫相结合，可生产含硫低于 50μg/g 的柴油。该公司 250kt/a 的柴油生物脱硫工业装置 2002 年建成投产。汽油生物脱硫技术也在实现工业化，以生产硫含量低于 10μg/g 的汽油。这些都是生物催化在石油化工领域的成功应用。

尽管生物催化技术的前景非常广阔，但它的发展还受到现有生物技术发展水平和研究水平的制约。目前已经定性的酶有 3000 多种，其中商品酶有 200 种左右，而工业上应用的酶仅有 50 多种，大量工业生产的酶只有 10 多种，这说明酶工程仍然是一门年轻的学科。

国内用生物技术生产的石油化学品，如生物催化丙烯腈制丙烯酰胺已建成几套千吨级装置；以厌氧活性污泥为原料的有机废水发酵法制氢技术，实现了在中试规模中用非固定菌长期连续操作生物制氢；以玉米淀粉制得的糖类化合物为原料，采用生物发酵法制造甘油，已建成示范装置。

（五）非晶态合金

非晶态合金作为催化材料的研究始于 20 世纪 80 年代。非晶态合金多是过渡金属和类金属（如 B、P、Si 等）组成的体系，类似于普通玻璃结构，俗称金属玻璃。它具有以下特点：①非晶态合金可以在很宽的范围内制成各种组成的样品，从而在较大范围内调变它们的电子性质，以此来制备合适的活性中心，另外，催化活性中心可以单一的形式均匀地分布在化学均匀的环境中；②具有表面能高的不饱和中心，且不饱和中心的配位数具有一定范围，使其具有非常高的活性和选择性；③非晶态合金表面的短程有序、长程无序结构，具有各向同性的结构特性，可形成数目较多的催化中心；④非晶态合金具有比晶态合金更好的机械强度。基于上述特点，非晶态合金作为催化材料主要用于电催化反应、加氢反应和异构化反应。有工业潜力的是作为加氢催化材料替代骨架镍催化剂。不饱和键的加氢反应主要包括碳—碳双键、碳—碳三键、苯环、羰基、硝基和氰基的加氢反应。

超细粒子非晶态催化剂由于热稳定性差、催化剂生产成本高且难与产物分离等原因，工业化应用难度很大。为此，1988 年国内研制成功负载型非晶态合金催化剂，不仅降低了催化剂的生产成本，而且大大提高了催化剂的热稳定性，为非晶态合金催化剂的工业化提供了一条有效途径。

（六）水溶性过渡金属配合物

以水溶性过渡配合物为催化剂的两相（有机相-水相）催化体系的研究，从 20 世纪 70 年代中期到现在的 20 多年中，取得了令人瞩目的进展。1984 年，Ruhrchemie/Rhone-Poulenc

公司将水溶性铑-膦络合物 $HRh(CO)(TPPTS)_3$[TPPTS：间-三苯基磺酸钠膦，$P(m-C_6H_4SO_3Na)_3$]用于两相催化体系中丙烯氢甲酰化合成丁醛的工业过程(简称为 RCH/RP 过程)。该过程与已有的均相催化过程相比，显示出良好的环境效益和经济效益，极大地促进了有关两相催化体系的研究。至今有多个以水溶性过渡金属-膦配合物为催化剂的两相催化体系推向工业应用，使其研究内容迅速扩展到均相催化的众多领域，如烯烃加氢、烯烃氢甲酰化、调聚反应、加氢二聚和氢氰化，以及卤代烃的羰化、生物膜的改进和 VitaminA 和 E 的合成等。水溶性过渡金属配位催化已成为均相催化中一个独立的、也是最具活力和希望的研究领域之一。

思考题

1. 催化剂在化工生产中的重要性体现在哪些方面？

2. 试叙述酸碱催化的概念，固体酸碱催化和均相酸碱催化的共同特点是什么？

3. 解释“SiO_2和 Al_2O_3单独存在时酸性很弱，相互结合后却表现出很强的酸性，而且酸中心数目与活性大小均与 Al 含量有关”的说法。

4. 简述沸石分子筛的吸附特性及反应特征。

5. 举例说明为什么过渡金属是优良的各种催化剂活性组分？

6. 简述配位催化(complex catalysis)循环的基本过程。

7. 下述反应选择何种催化剂？为什么？

(1) $CH{\equiv}CH + 2H_2 \longrightarrow CH_3-CH_3$

(2) $CO+2H_2 \longrightarrow CH_3OH$

(3) $CH_2{=}CH-CH_2-CH_3 \longrightarrow CH_3-CH{=}CH-CH_3$

(4) $C_6H_6 + CH_2{=}CH_2 \longrightarrow C_6H_5C_2H_5$

8. 何为双功能催化剂？举例说明之。

第四节　催化裂化

催化裂化是炼油工业中最重要的一种二次加工工艺，在炼油工业生产中占有重要的地位。

石油炼制工艺的目的可概括为：①提高原油加工深度，得到更多数量的轻质油产品；②增加品种，提高产品质量。然而，原油经过一次加工(如常减压蒸馏)只能从中得到10%~40%的汽油、煤油和柴油等轻质油品，其余是只能作为润滑油原料的重馏分和残渣油。但是，社会对轻质油品的需求量却占石油产品的90%左右。同时直馏汽油辛烷值很低，约为40~60，而一般汽车要求汽油辛烷值大于90。所以只靠常减压蒸馏一次加工无法满足市场对轻质油品在数量和质量上的要求。瓦斯油、重油受热经 C—C 键断裂，烃类大分子转化为汽油，是石油加工中的常见工艺。引入催化剂后，把单纯的热裂化过程转为催化裂化过程，可获得更多的高辛烷值汽油。

重油催化裂化把更多的重油，特别是渣油进行深度加工，催化裂化也是重油轻质化和改质的主要手段之一。目前，重油催化裂化生产能力已占全世界 FCC 生产能力的 25%以上。据统计，国内现在约有 130 套催化裂化装置，其中 90%以上加工渣油。

一、催化裂化(catalytic cracking)的工艺特点

催化裂化过程是以减压馏分油、焦化柴油和蜡油等重质馏分油或渣油为原料，在常压和 450~510℃条件下，在催化剂的存在下，发生一系列化学反应，转化生成气体、汽油、柴油等轻质产品和焦炭的过程。

催化裂化过程具有以下几个特点：

① 轻质油收率高，可达 70%~80%；

② 催化裂化汽油的辛烷值高，马达法辛烷值可达 78，汽油的安定性也较好；

③ 催化裂化柴油十六烷值较低，常与直馏柴油调和使用或经加氢精制提高十六烷值，以满足规格要求；

④ 催化裂化气体中，C_3和 C_4气体占 80%，其中 C_3丙烯又占 70%，C_4中各种丁烯可占 55%，是优良的石油化工原料和生产高辛烷值组分的原料。

根据所用原料、催化剂和操作条件不同，催化裂化各产品的产率和组成略有不同。大体上，气体产率为 10%~20%，汽油产率为 30%~50%，柴油产率不超过 40%，焦炭产率 5%~7%左右。由以上产品的产率和质量情况可以看出，催化裂化过程的主要目的是生产汽油。我国的公共交通运输事业和发展农业都需要大量柴油，所以催化裂化在大量生产汽油的同时，提高柴油的产率，这是我国催化裂化技术的特点。

二、催化裂化的化学原理

(一) 催化裂化催化剂

1. 裂化催化剂组分

1936 年工业上首先使用经酸处理的蒙脱石催化剂。因为这种催化剂在高温下热稳定性不高，再生性能不好，后来被合成的无定形硅酸铝所取代。20 世纪 60 年代又出现了沸石分子筛催化剂。沸石分子筛裂化催化剂是由沸石分子筛均匀分散在基质(载体)中制成。目前工业上常用 Y 型沸石分子筛，基质是高岭土与铝溶胶、硅溶胶等形成的半合成基质。Y 型沸石分子筛在硅酸铝基体中的加入量可达 15%。采用沸石分子筛催化剂后汽油的选择性大大提高，汽油的辛烷值也较高，同时气体和焦炭产率降低。

在许多情况下，将稀土元素引入 Y 型沸石分子筛中，制成稀土 Y(REY)和稀土 HY(RE-HY)裂化催化剂。它们的裂化活性远高于硅酸铝裂化催化剂。在馏分油裂化中，具有汽油收率高、生炭量和气体量低、汽油中烯烃含量少、芳烃含量少等特点，有较高的抗金属能力，在渣油催化裂化中这一特点尤为重要。

工业上应用所谓超稳 Y 型沸石分子筛(USY，ultra-stable zeolite)，是一种将深度离子交换的 NH_4Y 进行高温水热处理脱铝，并稳定化的高硅铝比 HY 沸石分子筛。它在高达 1200K 时晶体结构保持不变。由于氢转移能力降低，汽油中烯烃含量增高，辛烷值上升；生炭量降低，提高了焦炭选择性；裂化性能降低，汽油收率降低，相应柴油收率上升，总液体收率增加。

现在选用的沸石分子筛具有自己特定的孔径大小，常常对原料和产物都表现出不同的选择特性。如在 HZSM-5 沸石分子筛上烷烃和支链烷烃的裂化速度依下列次序递降：

正构烷烃>-甲基烷烃>二甲基烷烃

沸石分子筛这种对原料分子大小表现出的选择性，和对产物分布的影响称为它们的择形性。ZSM-5 用作脱蜡过程的催化剂，就是利用了沸石的择形催化裂化功能。

基质在裂化催化剂中起到分散沸石分子筛的作用；它又能给催化剂赋形，如流化催化裂化过程中用的微球状催化剂，基质在微观上可提供合适的孔结构(如渣油催化裂化常用大孔基质)，宏观上有合理的粒度大小和分布，以保证它在使用过程中有好的传质、传热和机械性能等。基质在调变催化剂的表面酸性中心的强度和分布、金属捕集能力以及焦炭选择性等方面也有十分重要的作用。

2. 裂化催化剂助剂

在催化裂化过程中，常见的助剂有金属钝化剂、一氧化碳的助燃剂、硫转移剂和辛烷值助剂等。

为了抑制重金属的污染，使用金属钝化剂是一种有效和便利的方法。它和原料中的钒、镍形成稳定的金属盐，由于形态改变了，它们对催化剂的毒害就会被抑制。常用的有钝镍剂、钝钒剂和兼有这两种功能的复合钝化剂。

一氧化碳的助燃剂常用微量 Pt 载于微球 Al_2O_3或硅铝制成，也有用贵金属 Pd 的。其特点是减少了再生烟道气中的 CO 排放。

硫转移催化剂由一种合适的金属氧化物组成，并随着裂化催化剂一起循环。在再生器的氧化环境中，金属氧化物与二氧化硫或三氧化硫反应，形成固体化合物。在反应器中，固体化合物还原放出 H_2S，使金属氧化物再生。最后的效果是再生器烟气中的 SO_x减少了约70%。工作原理如下：

再生器 $MgO+SO_3 \longrightarrow MgSO_4$

反应器 $MgSO_4+4H_2 \longrightarrow MgS+4H_2O$

$MgS+4H_2O \longrightarrow MgO+H_2S+3H_2O$

汽提器 $MgS+H_2O \longrightarrow MgO+H_2S$

H_2S 可用于回收硫黄。这些金属化合物有 $Ca(OH)_2$、$CaCO_3$、CaO、$MgCO_3$、MgO、$Mg(OH)_2$等。自从 1972 年美国雪佛隆(Chevron)公司有关硫转移催化剂的第一篇专利发表后两年，阿莫科石油公司也申请了一篇专利：直接将ⅡA 族金属盐溶液浸渍裂化催化剂，这样裂化催化剂上就含有了能使硫转移的金属氧化物。目前已开发的硫转移催化剂的组分还有氧化铝、含磷氧化铝、氧化镧/氧化铝、尖晶石、稀土/尖晶石等，还有含有机铝的液体催化剂。

(二) 催化裂化的化学原理

催化裂化实质上是正碳离子的化学。正碳离子经过氢负离子转移步骤生成：

$$R^+ + H—\overset{|}{\underset{|}{C}}— \longrightarrow RH^+ \quad {}^+\overset{|}{\underset{|}{C}}—$$

由于高温，正碳离子可分解为较小的正碳离子和一个烯烃分子。

$$—\overset{+}{C}H—CH_2—\overset{|}{\underset{|}{C}}— \longrightarrow —CH{=}CH_2 + {}^+\overset{|}{\underset{|}{C}}—$$

生成的烯烃比初始的烷烃原料易于变为正碳离子，裂化速度也较快。

$$—C{=}C— + H^+ \longrightarrow —CH—\overset{+}{C}—$$

由于C—C键断裂一般发生在正碳离子的β位置，所以催化裂化可生成大量的C_3、C_4烃类气体，只有少量的甲烷和乙烷生成。新正碳离子或裂化，或夺得一个氢负离子而生成烷烃分子，或发生异构化、芳构化等反应。

在催化裂化条件下，各族烃类的主要反应如下：

（1）烷烃裂化为较小分子的烯烃和烷烃，如：

$$C_{16}H_{34} \longrightarrow C_8H_{16} + C_8H_{18}$$

（2）烯烃裂化为较小分子的烯烃。

（3）烯烃异构化，如：

正构烷烃⟶异构烷烃

烯烃⟶异构烯烃

（4）饱和烃、烯烃、环烯烃、氢化芳烃等氢转移，如：

环烷烃+烯烃⟶芳烃+烷烃

（5）烯烃环化，进一步芳构化，如：

$$C—C—C—C—C{=}C—C \longrightarrow \text{(甲基环己烷)} \longrightarrow \text{(甲苯)} + 3H_2$$

（6）环烷烃裂化为烯烃。

（7）烯烃烷基化、烷基芳烃脱烷基等反应，如：

烷基芳烃⟶芳烃+烯烃

（8）单环芳烃缩合成稠环芳烃，最后缩合成焦炭，并放出氢气，使烯烃饱和。

由以上反应可见，在烃类的催化裂化反应过程中，裂化反应的进行使大分子分解为小分子的烃类，这是催化裂化工艺成为重质油轻质化重要手段的根本依据。而氢转移反应使催化汽油饱和度提高、安定性好。异构化、芳构化反应是提高催化汽油辛烷值的重要原因。

催化裂化得到的石油馏分仍然是许多种烃类组成的复杂混合物。催化裂化并不是各族烃类单独反应的综合结果，在反应条件下，任何一种烃类的反应都将受到同时存在的其他烃类的影响，并且还需要考虑催化剂的存在对过程的影响。

石油馏分的催化裂化反应是属于气-固非均相催化反应。反应物首先是从油气流扩散到催化剂孔隙内，并且被吸附在催化剂的表面上，在催化剂的作用下进行反应，生成的产物再从催化剂表面上脱附，然后扩散到油气流中，导出反应器。因此烃类进行催化裂化反应的先决条件是在催化剂表面上的吸附。实验证明，碳原子相同的各种烃类吸附能力的大小顺序是：

稠环芳烃>稠环、多环环烷烃>烯烃>烷基芳烃>单环环烷烃>烷烃

而按烃类的化学反应速度顺序排列，大致情况如下：

烯烃>大分子单烷侧链的单环芳烃>异构烷烃和环烷烃>小分子单烷侧链的单环芳烃>正构烷烃>稠环芳烃

综合上述两个排列顺序可知，石油馏分中芳烃虽然吸附性能强，但反应能力弱，吸附在催化剂表面上占据了大部分表面积，阻碍了其他烃类的吸附和反应，使整个石油馏分的反应速度变慢。烷烃虽然反应速度快，但吸附能力弱，对原料反应的总效应不利。而环烷烃既有一定的吸附能力又具适宜的反应速度。因此认为，富含环烷烃的石油馏分应是催化裂化的理

想原料。但实际生产中，这类原料并不多见。

石油馏分催化裂化的另一特点就是该过程是一个复杂反应过程。反应可同时向几个方向进行，中间产物又可继续反应，这种反应属于平行-顺序反应。

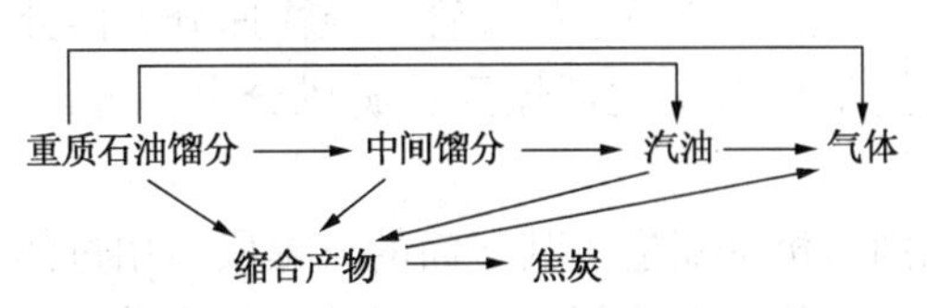

平行-顺序反应的一个重要特点是反应深度对产品产率分配有重大影响。如图 3-6 所示，随着反应时间的增长，转化率提高，气体和焦炭产率一直增加。汽油产率开始时增加，经过一最高点后又下降。这是因为到一定反应深度后，汽油分解成气体的反应速度超过汽油的生成速度，即二次反应速度超过了一次反应速度。因此要根据原料的特点选择合适的转化率，这一转化率应选择在汽油产率最高点附近。

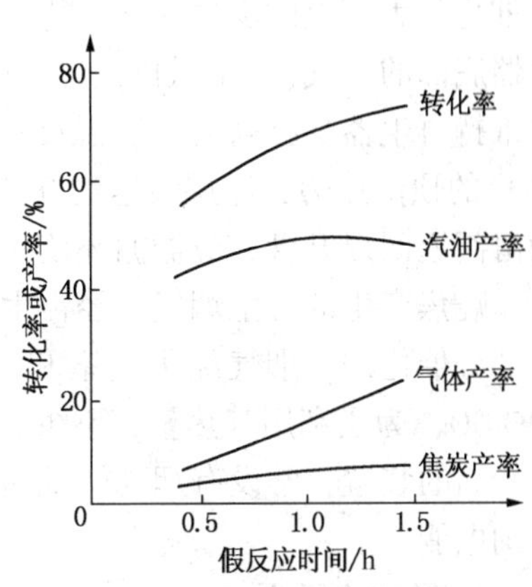

图 3-6　某馏分催化裂化的结果

三、催化裂化装置的工艺流程

催化裂化技术的发展密切依赖于催化剂的发展。有了微球催化剂，才出现了流化床催化裂化装置；沸石分子筛催化剂的出现，才发展了提升管催化裂化。选用适宜的催化剂对于催化裂化过程的产品产率、产品质量以及经济效益具有重大影响。

催化裂化装置通常由三大部分组成，即反应-再生系统、分馏系统和吸收稳定系统，其中反应-再生系统是全装置的核心。现以高低并列式提升管催化裂化为例，对几大系统分述如下。

(一) 反应-再生系统

图 3-7 是高低并列式提升管催化裂化装置反应-再生及分馏系统的工艺流程。

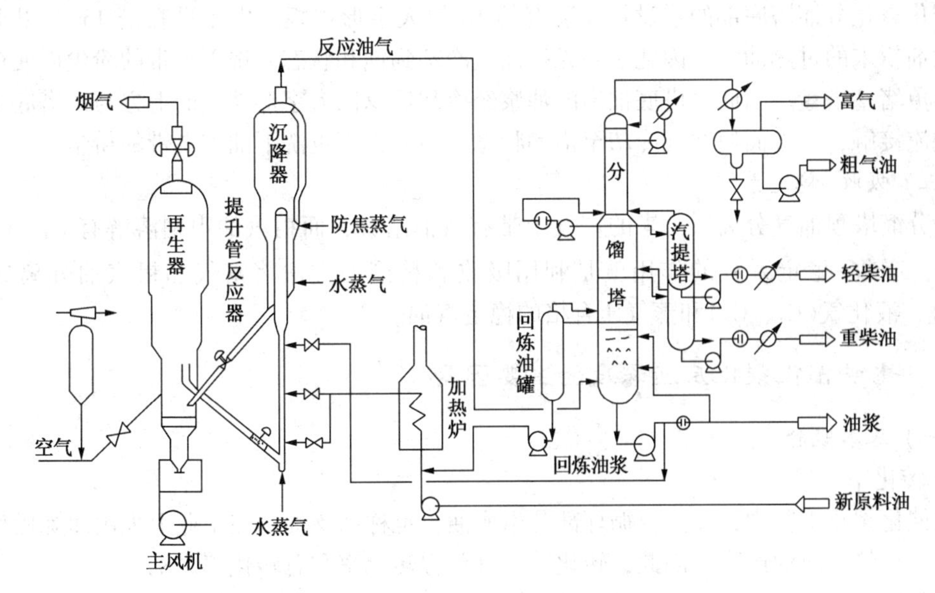

图 3-7　反应-再生及分馏系统工艺流程

新鲜原料(减压馏分油)经过一系列换热后与回炼油混合，进入加热炉预热到370℃左右，由原料油喷嘴以雾化状态喷入提升管反应器下部，油浆不经加热直接进入提升管，与来自再生器的高温(约650~700℃)催化剂接触并立即汽化，油气与雾化蒸汽及预提升蒸汽一起携带着催化剂以7~8m/s的高线速通过提升管，经快速分离器分离后，大部分催化剂被分出落入沉降器下部，油气携带少量催化剂经两级旋风分离器分出夹带的催化剂后进入分馏系统。

积有焦炭的待生催化剂由沉降器进入其下面的汽提段，用过热蒸汽进行汽提以脱除吸附在催化剂表面上的少量油气。待生催化剂经待生斜管、待生单动滑阀进入再生器，与来自再生器底部的空气(由主风机提供)接触形成流化床层，进行再生反应，同时放出大量燃烧热，以维持再生器足够高的床层温度(密相段温度约650~680℃)。再生器维持0.15~0.25MPa(表)的顶部压力，床层线速约0.7~1.0m/s。再生后的催化剂经淹流管，再生斜管及再生单动滑阀返回提升管反应器循环使用。

烧焦产生的再生烟气，经再生器稀相段进入旋风分离器，经两级旋风分离器分出携带的大部分催化剂，烟气经集气室和双动滑阀排入烟囱。再生烟气温度很高而且含有约5%~10%CO，为了利用其热量，不少装置设有CO锅炉，利用再生烟气产生水蒸气。对于操作压力较高的装置，常设有烟气能量回收系统，利用再生烟气的热能和压力作功，驱动主风机以节约电能。

(二) 分馏系统

分馏系统的作用是将反应-再生系统的产物进行分离，得到部分产品和半成品。

由反应-再生系统来的高温油气进入催化分馏塔下部，经装有挡板的脱过热段脱热后进入分馏段，经分馏后得到富气、粗汽油、轻柴油、重柴油、回炼油和油浆。富气和粗汽油去吸收稳定系统；轻柴油、重柴油经汽提、换热或冷却后出装置，回炼油返回反应-再生系统进行回炼。油浆的一部分送反应-再生系统回炼，另一部分经换热后循环回分馏塔。为了取走分馏塔的过剩热量以使塔内气、液相负荷分布均匀，在塔的不同位置分别设有4个循环回流：顶循环回流、一中段回流、二中段回流和油浆循环回流。

催化裂化分馏塔底部的脱过热段装有约10块人字形挡板。由于进料是460℃以上的带有催化剂粉末的过热油气，因此必须先把油气冷却到饱和状态并洗下夹带的粉尘以便进行分馏和避免堵塞塔盘。因此由塔底抽出的油浆经冷却后返回人字形挡板的上方与由塔底上来的油气逆流接触，一方面使油气冷却至饱和状态，另一方面也洗下油气夹带的粉尘。

(三) 吸收-稳定系统

从分馏塔顶油气分离器出来的富气中带有汽油组分，而粗汽油中则溶解有C_3、C_4甚至C_2组分。吸收-稳定系统的作用就是利用吸收和精馏的方法将富气和粗汽油分离成干气($\leqslant C_2$)、液化气(C_3、C_4)和蒸气压合格的稳定汽油。

四、影响催化裂化反应深度的主要因素

(一) 基本概念

1. 转化率

在催化裂化工艺中，往往要循环部分生成油，也称回炼油。在工业上采用回炼操作是为了获得较高的轻质油产率。因此，转化率又有单程转化率和总转化率之别。

单程转化率是指总进料一次通过反应器的转化率：

$$单程转化率=\frac{气体+汽油+焦炭}{总进料}\times100\%(质)$$

式中，总进料=新鲜原料+回炼油+回炼油浆

$$总转化率=\frac{气体+汽油+焦炭}{新鲜原料}\times100\%(质)$$

2. 空速和反应时间

每小时进入反应器的原料量(t)与反应器内催化剂藏量(t)之比称为质量空速。

$$质量空速=\frac{原料进入量}{催化剂藏量}(h^{-1})$$

质量空速的单位为h^{-1}。空速越高，表明催化剂与油接触时间越短，装置处理能力越大。

在考察催化裂化反应时，人们常用空速的倒数来相对地表示反应时间的长短，得到的数值称为：假反应时间：

$$假反应时间=\frac{1}{空速}$$

3. 剂油比

催化剂循环量与总进料量之比称为剂油比，用C/O表示：

$$C/O=\frac{催化剂循环量}{总进料量}$$

在同一条件下，剂油比大，表明原料油能与更多的催化剂接触。

(二) 影响催化裂化反应深度的主要因素

一般工业条件下，催化裂化主要表现为化学反应控制。影响催化裂化反应转化率和产品发布的主要因素如下。

1. 催化剂的活性和类型

催化剂类型不同，除反映在裂化活性上以外，还表现在一些特殊性能上，如氢转移、异构化、抗金属及水热性能上，会得到不同的产品分布和产品性质。催化剂活性的影响见表3-16。

表 3-16　催化剂活性的影响

催化剂	无定形硅铝	低活性沸石	中等活性沸石	高活性沸石
原料转化率/%(体)	63.0	67.9	76.5	78.9
汽油产率/%(体)	45.1	51.6	55.4	57.6
研究法辛烷值	93.3	92.6	92.3	92.1

注：原料油为直馏馏分油，$K=11.84$，操作条件相同。

在装置操作中，平衡催化剂的活性对转化率、汽油产率产品分布有重要影响。平衡催化剂的活性主要与新鲜催化剂活性、减活速率与新鲜催化剂的补充和再生状况有关。

2. 原料油的性质

原料油性质主要是其化学组成。原料油组成中，以环烷烃含量多的原料裂化反应速度较快，气体、汽油产率较高，焦炭产率较低，选择性较好。对富含芳烃的原料，则裂化反应进行缓慢，选择性较差。另外，原料油的残炭值和重金属含量高，会使焦炭和气体产率增加。原料油愈重，所含硫、氮和重金属杂质也随着增加，也要采取适当措施，才能保证装置正常运行。

3. 反应温度

反应温度对反应速度、产品分布和产品质量都有很大影响。在生产中温度是调节反应速度和转化率的主要因素，不同产品方案选择不同的反应温度来实现：对多产柴油方案，采用较低的反应温度(450~470℃)，在低转化率、高回炼比下操作；对多产汽油方案，反应温度较高(500~530℃)，采用高转化率、低回炼比操作。在提升管反应器中则用提升管出口温度来表示。

4. 反应压力

提高反应压力的实质就是提高油气反应物的浓度，或确切地说，油气的分压提高，有利于加快反应速度。提高反应压力有利于缩合反应，焦炭产率明显增高，气体中烯烃相对产率下降，汽油产率略有下降，但安定性提高。

提升管催化裂化反应器压力控制在0.3~0.37MPa。

5. 空速和反应时间

在提升管反应器中反应时间就是油气在提升管中的停留时间。图3-8表示提升管催化裂化的反应时间与转化率的关系。由图可见，反应开始阶段，反应速度最快，1s后转化率的增加逐渐趋于缓和。反应时间延长，会引起汽油的二次分解，同时因为沸石分子筛催化剂具有较高的氢转移活性，而使丙烯、丁烯产率降低。提升管反应器内进料的反应时间要根据原料油的性质、产品的要求来定，一般约为1~4s。

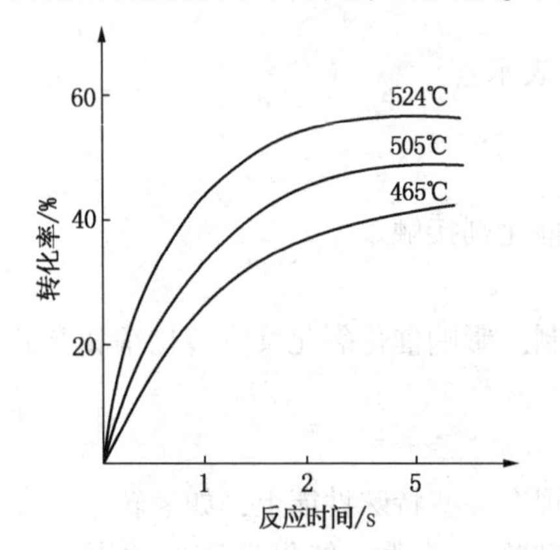

图3-8　提升管催化裂化反应时间和转化率的关系

6. 再生催化剂碳含量

裂化反应主要发生在沸石分子筛上，催化反应生成的焦炭主要沉积在上面活性中心上，再生催化剂的焦炭含量增加后，等于减少了沸石分子筛含量，使其性能向硅铝催化剂接近。为了充分发挥沸石分子筛催化剂的性能，其再生催化剂的碳含量应保持在0.2%以下，最好在0.1%以下。

五、重油催化裂化

重油催化裂化(residue fluidized catalytic cracking，即RFCC)工艺的产品是市场极需的高辛烷值汽油馏分、轻柴油馏分和石油化学工业需要的气体原料。由于该工艺采用了沸石分子筛催化剂、提升管反应器和钝化剂等，使产品分布接近一般流化催化裂化工艺。但是重油原料中一般有30%~50%的廉价减压渣油，因此，重油流化催化裂化工艺的经济性明显优于一般流化催化工艺，是近年来得到迅速发展的重油加工技术。

（一）重油催化裂化的原料

所谓重油是指常压渣油、减压渣油的脱沥青油以及减压渣油、加氢脱金属或脱硫渣油所组成的混合油。典型的重油是馏程大于350℃的常压渣油或加氢脱硫常压渣油。与减压馏分相比，重油催化裂化原料油存在如下特点：①黏度大，沸点高；②多环芳香性物质含量高；③重金属含量高；④含硫、氮化合物较多。因此，用重油为原料进行催化裂化时会出现焦炭产率高，催化剂重金属污染严重以及产物硫、氮含量较高等问题。

（二）重油催化裂化的操作条件

为了尽量降低焦炭产率，重油催化裂化在操作条件上采取如下措施：

1. 改善原料油的雾化和汽化

由于渣油在催化裂化过程中呈气液相混合状态，当液相渣油与热催化剂接触时，被催化剂吸附并进入颗粒内部的微孔，进而裂化成焦炭，会使生焦量上升、催化活性下降。因此可见，为了减少催化剂上的生焦量，必须尽可能地减少液相部分的比例，所以要强化催化裂化前期过程中的雾化和蒸发过程，提高汽化率，减少液固反应。

2. 采用较高的反应温度和较短的反应时间

当反应温度提高时，原料的裂化反应加快较多，而生焦反应则加快较少。与此同时，当温度提高时，会促使热裂化反应的加剧，从而使重油催化裂化气体中 C_1、C_2增加，C_3、C_4减少。所以宜采用较高反应温度和较短的反应时间。

（三）重油催化裂化催化剂

重油催化裂化要求其催化剂具有较高的热稳定性和水热稳定性，并且有较强的抗重金属污染的能力。所以，目前裂化催化剂组分主要采用稀土 Y 型沸石分子筛和超稳 Y 型沸石分子筛催化剂。

（四）重油催化裂化工艺

1. 重油催化裂化工艺与一般催化裂化工艺的异同点

两工艺既有相同的部分，亦有不同之处，完全是由于原料不同造成的。不同之处主要表现在：重油催化裂化在进料方式、再生系统形式、催化剂选用和 SO_x 排放量的控制方面均不同于一般的催化裂化工艺；在取走过剩热量的设施，产品处理、污水处理和金属钝化等方面，则是一般催化裂化工艺所没有的。但在催化剂的流化、输送和回收方面及在两器压力平衡的计算方面，两者完全相同。在分馏系统的流程和设备方面，在反应机理、再生机理、热平衡的计算方法和反应-再生系统的设备上两者基本相同。

2. 重油催化裂化工艺

重油催化裂化工艺主要有 HOC（heavy oil cracking）工艺、RCC（reduced crude oil conversion，常压渣油转化）工艺、Stone & Webster 工艺和 ART（asphalt resid treating 沥青渣油处理）工艺等，其中最典型的工艺为 Stone & Webster 流化催化裂化工艺。

Stone & Webster 流化催化裂化的反应-再生系统流程如图 3-9。从加热炉或换热器出来的原料经大量的蒸汽和喷嘴雾化后，进入输送管，与从再生器来的热再生催化剂混合，然后一道进入提升管反应器的催化剂床层进行反应，由此生成的气相产物经旋风分离器脱除其中的催化剂后进入分馏系统，分成干气（$C_1 \sim C_2$）、液化气（$C_3 \sim C_4$）、汽油、轻柴油（国外称轻瓦斯油）、重柴油（国外称重瓦斯油）和澄清油等。所生成的多碳黏稠产物附于催化剂上，随催化剂向下经汽提段，逐渐变成焦炭；附有焦炭的催化剂离开汽提段后，进入再生器再生。再生采用两个互相独立的再生器进行两段再生。前一再生器控制在高的 CO/CO_2 比下操作，焦

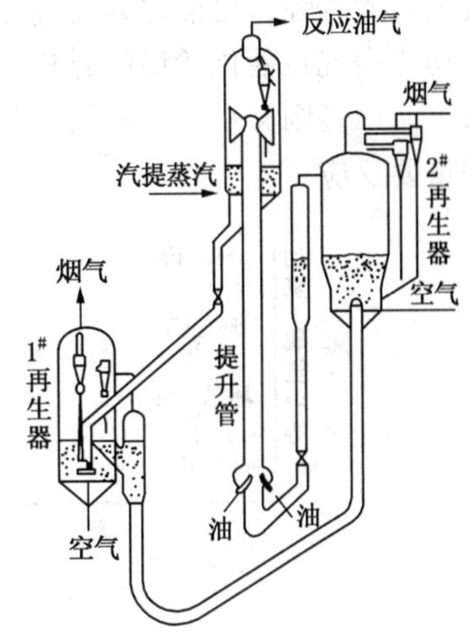

图 3-9 Ardmore 式 Stone & Webster 流化催化装置反应-再生系统流程

炭中的绝大部分氢和一部分碳在此被烧掉，从而为后一再生器在无水存在的情况和高温下操作而不致使催化剂严重减活创造条件。后一再生器可在有利于完全再生的强化条件(温度达750℃)下操作。两个再生器的烟气分别通过各自的旋风分离器排出。该工艺是热平衡式的，所以，不需要像其他工艺那样有取热设施。

1. 为什么催化裂化过程能居于石油二次加工的首位，是目前我国炼油厂中提高轻质油收率和汽油辛烷值的主要手段？

2. 催化裂化原油的来源、产物的种类及特点如何？

3. 烃类的催化裂化包括哪些类型的反应？石油馏分的催化裂化反应特点是什么？

第五节　催化重整

催化重整(catalytic reformation)是石油加工过程中重要的二次加工方法，其目的是用以生产高辛烷值汽油或化工原料——芳香烃，同时副产大量氢气，可作为加氢工艺的氢气来源。采用铂催化剂的重整过程称为铂重整，采用铂铼催化剂的称为铂铼重整，而采用多金属催化剂的重整过程称为多金属重整。

一、催化重整催化剂

催化重整是最重要的炼油过程之一。“重整”是指烃类分子重新排列成新的分子结构，而不改变分子大小的加工过程。重整过程是在催化剂存在之下进行的。重整催化剂通常含有千分之几的铂，它或者单独的或者与其他金属(Re、Ir 或 Sn)共同负载在多孔的氧化铝上，是一种双功能催化剂。初期用 $\eta-Al_2O_3$，现在常用稳定性更好的 $\gamma-Al_2O_3$。加入卤素元素，如 F 或 Cl，可以调变氧化铝的酸性。金属具有加氢脱氢功能，催化烷烃脱氢为烯烃，环烷烃脱氢为芳香烃，也催化异构烯烃的加氢，对于加氢异构化和异构化反应也有贡献。酸性载体的功能表现在催化烯烃的异构化、环化和加氢裂化。双功能之间相互作用通过烯烃而显现出来，而烯烃则又是反应网络中的关键中间物。图 3-10 示出了双功能概念用于催化重整的各种重要反应。

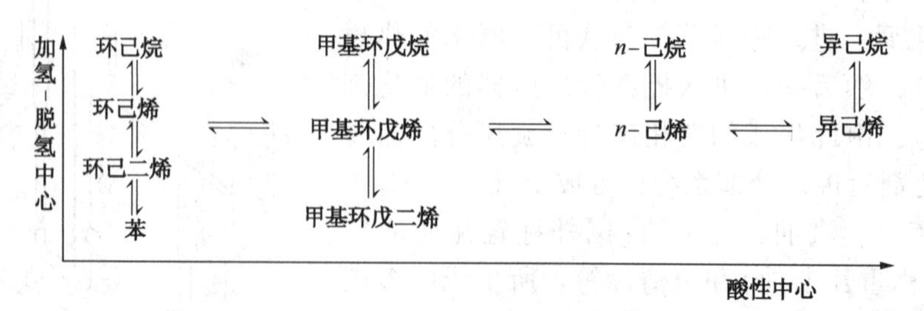

图 3-10　C_6烃的催化重整反应路线

重整催化剂上金属中心和酸性中心的调配，是保证催化剂性能的重要环节。金属性能过强，会导致过多的氢解反应，使液收下降，影响选择性；也会加大积炭的生成量，加速催化剂失活。酸性功能过强，裂解反应增加，低相对分子质量烃类生成量加大，液收下降；强酸性中心也会使积炭的前驱物容易在上面结焦，催化剂稳定性下降。

工厂提供的催化剂在使用前要经过氢气还原预处理，还原一般在装置内进行，处理后的活性催化剂不能与外界接触。还原氢气中的有害物质有水(水易造成金属晶粒聚集而活性下降，一般要求小于 10μg/g)、CO 及 CO_2(它们可能与铂生成羰基化合物等，损伤活性，其含量要严格控制在 10μg/g 以下)、还有低相对分子质量烃类(在还原后的活性表面上，烃类物质易发生加氢裂化，其反应热可引起局部超温，造成金属烧结或表面结焦)，所以还原常用纯度高的电解氢。

对铂铼或铂铱双金属催化剂在进油前还要进行预硫化，以降低过高的初活性，防止进油后发生强烈的氢解反应。

二、催化重整工艺简介

(一) 原料油

催化重整通常以直馏汽油馏分为原料，根据生产目的不同，对原料油的馏程有一定的要求。为了维持催化剂的活性，对原料油杂质含量有严格的限制。

1. 原料油的沸点范围

重整原料的沸点范围根据生产目的来确定(表 3-17)。当生产高辛烷值汽油时，一般采用 80~180℃馏分。$<C_6$的馏分(80℃以下馏分)本身辛烷值比较高，所以馏分的初馏点应选在 80℃以上。馏分的终馏点超过 200℃，会使催化剂表面上的积炭迅速增加，从而使催化剂活性下降，因此适宜的馏程是 80~180℃。

表 3-17　生产各种芳烃时的适宜馏程

目的产物	适宜馏程/℃	目的产物	适宜馏程/℃
苯	60~85	二甲苯	110~145
甲苯	85~110	苯-甲苯-二甲苯	60~145

生产芳烃时，应根据目的芳烃产品选择适宜沸点范围的原料馏分。如 C_6烷烃及环烷烃的沸点在 60. 27~80. 74℃之间；C_7烷烃和环烷烃的沸点在 90. 05~103. 4℃之间；而 C_8烷烃和环烷烃的沸点在 99. 24~131. 78℃之间。沸点小于 60℃的烃类分子中的碳原子数小于 6，故原料中含小于 60℃馏分反应时不能增加芳烃产率，反而能降低装置本身的处理能力。选用 60~145℃馏分作重整原料时，其中的 130~145℃属于喷气燃料馏分的沸点范围。在同时生产喷气燃料的炼油厂，多选用 60~130℃馏分。

重整原料油的优劣可用芳烃潜含量表示：

三苯(苯、甲苯、C_8芳烃)= C_6环烷%×78/84+C_7环烷%×92/98+C_8环烷%×106/112+芳烃(苯、甲苯和 C8 芳烃)%

在一定的反应条件下，芳烃潜含量不同，生成油的芳烃含量、辛烷值和液收有很大差别。也有用芳烃收率指数($N+2A$)表示的，其中 N 代表环烷烃含量，A 代表芳烃含量。($N+2A$)大生成的芳烃就多。

2. 重整原料油的杂质含量

重整原料对各种杂质含量有极严格的要求，这是从保护催化剂的活性所考虑的。原料中少量重金属(砷、铅、铜等)都会引起催化剂永久中毒，尤其是砷与铂可形成合金，使催化剂丧失活性。原料油中的含硫、含氮化合物和水分在重整条件下，分别生成硫化氢和氨，它们含量过高，会降低催化剂的性能。表 3-18 列出了重整原料油杂质含量的限制。

表 3-18　对重整原料中杂质含量的限制

杂质名称	含量限制/(ng/g)	杂质名称	含量限制/(μg/g)
砷	<1	硫、氮	<0.5
铅	<20	氯	<1
铜	<10	水	<5

（二）工艺流程

催化重整生产工艺主要有固定床半再生式、循环再生式以及移动床连续再生式三种类型。1939 年在美国建成第一套催化重整工业装置。1949 年美国 UOP 公司第一套铂重整工业化，随后相继出现了各种工艺过程，如 Engelhard 公司和 ARCO 公司联合开发的麦格纳重整、雪弗龙公司开发的铼重整、空气产品和化学品公司的胡德利重整等都是固定床半再生式。固定床循环再生式重整过程有 Exxon 公司的强化重整、Indiana Mobil 公司的超重整等。移动床连续再生式重整是上述重整的进一步发展，有 UOP 公司和法国 IFP 公司的连续重整等。重整催化剂技术的发展主要表现在载体的不断改性，贵金属铂含量的逐步降低、铂-铼、铂-依、铂-锡等系列催化剂的开发等，使催化剂在较低的操作压力和较高的空速下，具有更好的使用性能和寿命。

一套完整的重整工业装置大都包括原料油预处理、重整反应、产品后加氢和稳定处理几个部分。生产芳烃为目的的重整装置还包括芳烃抽提和芳烃分离部分。

1. 重整原料油的预处理

包括原料的预分馏、预脱砷和预加氢几个部分。

（1）预分馏　预分馏的目的是根据目的产品要求对原料进行精馏切取适宜的馏分。例如，生产芳烃时，切除小于 60℃ 的馏分；生产高辛烷值汽油时，切除小于 80℃ 的馏分。原料油的终馏点一般由上游装置控制，也有的通过预分馏切除过重的组分。预分馏过程中也同时脱除原料油中的部分水分。

（2）预脱砷　砷能使重整催化剂中毒失活，因此要求进入重整反应器的原料油中砷含量不得高于 1ng/g。常用预脱砷方法有：吸附预脱砷、加氢预脱砷、化学氧化预脱砷等。若原料油含砷量较低，例如小于 100ng/g，则可不经预脱砷，只需经过预加氢就可达到要求。

（3）预加氢　预加氢的目的是脱除原料油中的杂质。其原理是在催化剂和氢的作用下，使原料油中的硫、氮和氧等杂质分解，分别生成 H_2S、NH_3 和 H_2O 被除去；烯烃加氢饱和；砷、铅等重金属化合物在预加氢条件下进行分解，并被催化剂吸附除去。预加氢所用催化剂是钼酸镍。

（4）重整原料的脱水及脱硫　加氢过程得到的生成油中尚溶解有 H_2S、NH_3 和 H_2O 等，为了保护重整催化剂，必须除去这些杂质。脱除的方法有汽提法和蒸馏脱水法。以蒸馏脱水法较为常用。

原料预处理的典型工艺流程如图 3-11 所示。

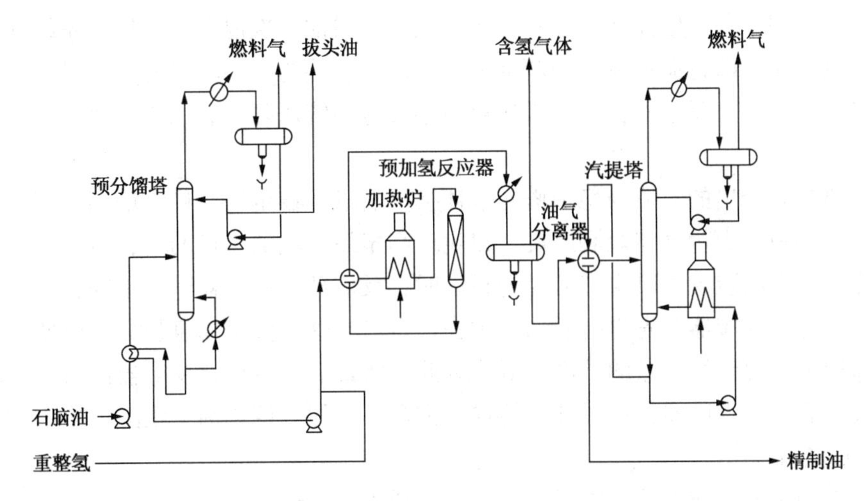

图 3-11　原料油预处理工艺流程

2. 重整反应工艺及主要操作参数

（1）催化重整反应部分工艺流程　参见图 3-12。

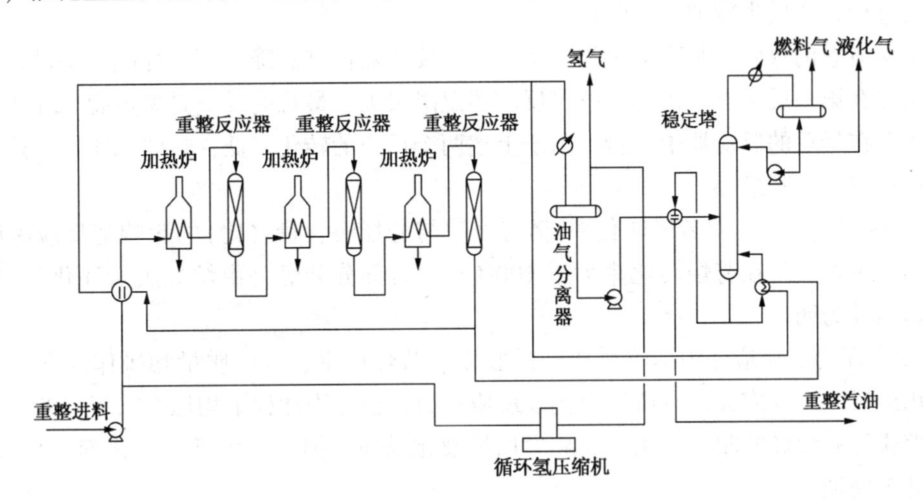

图 3-12　重整反应部分工艺流程

典型的重整过程采用固定床系列(通常是三个)反应器：第一反应器的主要反应是环烷脱氢，第二反应器发生 C_5环烷异构化生成环己烷的同系物和脱氢环化，第三反应器发生轻微的加氢裂化和脱氢环化。典型的工艺条件为：770～820K 和 3000kPa，n(氢)：n(烃)为10：1～3：1。

经预处理后的精制油，由泵抽出与循环氢混合，然后进入换热器与反应产物换热，再经加热炉加热后进入反应器。由于重整反应是吸热反应以及反应器又近似于绝热操作，物料经过反应以后温度降低，为了维持足够高的温度条件(通常是 500℃左右)，重整反应部分一般设置 3～4 个反应器串联操作，每个反应器之前都设有加热炉，给反应系统补充热量，从而避免温降过大。最后一个反应器出来的物料，部分与原料换热，部分作为稳定塔底重沸器的热源，然后再经冷却后进入油气分离器。

从油气分离器顶分出的气体含有大量氢气[φ(氢)= 85%～95%]，经循环氢压缩机升压后，大部分作为循环氢与重整原料混合后重新进入反应器，其余部分去预加氢部分。

上述流程采用一段混氢操作，即全部循环氢与原料油一次混合进入反应系统，有的装置采用两段混氢操作，即将循环氢分为两部分，一部分直接与重整进料混合，另一部分从第二反应器出口加入进第三反应器，这种操作可减小反应系统压降，有利于重整反应，并可降低动力消耗。

油气分离器底分出的液体与稳定塔底液体换热后进入稳定塔。稳定塔的作用是从塔顶脱除溶于重整产物中的少量气体烃和戊烷。以生产高辛烷值汽油为目的时，重整汽油从稳定塔底抽出经冷却后送出装置。以生产芳烃为目的时，反应部分的流程稍有不同，即在稳定塔之前增加一个后加氢反应器，先进行后加氢再去稳定塔。这是由于加氢裂化反应使重整产物中含有少量烯烃，会使芳烃产品的纯度降低。因此，将最后一台重整反应器出口的生成油和氢气经换热进入后加氢反应器，通过加氢使烯烃饱和。后加氢催化剂为钼酸钴或钼酸镍，反应温度为330℃左右。

(2) 反应的主要操作参数　除了催化剂和原料以外，还有：

① 反应温度。反应温度是控制产品质量和芳烃产率的重要参数，工业上普遍采用反应器进口温度或床层加权平均温度来表示。高温有利于芳烃的生成和辛烷值的提高，但会加速副反应的进行，造成生成油收率降低。

重整反应总的热效应是吸热过程，所以每个反应器都有温降。环烷烃脱氢是最易发生的反应，主要在第一反应器中进行，故该反应器温降最大；最难的反应是烷烃脱氢环化和加氢裂化，主要在最后的反应器中进行，由于上述两个反应的转化率低，热效应相反，热量相互抵消，该反应器温降最小。

② 进料空速。空速对芳烃转化率(芳烃产率与芳烃潜含量之比)的影响随反应深度的增加而增加。主要表现在芳烃转化率大于100%时，有部分芳烃是由烷烃脱氢环化反应而得，空速的影响较为明显。

③ 反应压力。反应压力影响生成油的收率、芳烃产率、汽油质量和操作周期。工业上普遍采用最后一个反应器的进口压力代表反应压力，也有用加权平均压力来表示的。低压有利于环烷脱氢和烷烃的脱氢环化，并减少加氢裂化反应。但压力太低，催化剂上积炭加快，会缩短开工周期。

④ 氢油比。氢油比大，氢分压高，能降低催化剂的失活速率，提高催化剂的稳定性，延长催化剂的寿命，但对生成油的影响不大。加大氢油比，会带入反应器更多的热量，提高床层的加权平均温度。低氢油比有利于烷烃的脱氢环化和环烷脱氢，但会加快积炭，缩短开工周期。

思考题

1. 重整原料中引起催化剂中毒的组分有哪些？

2. 以生产高辛烷值汽油为目的的宽馏分重整，在确定原料油沸程的初馏点和终馏点时应考虑哪些因素？

3. 重整反应器为什么要采用多个串联、中间加热的形式？各反应器的催化剂装填量如何安排？重整循环氢的作用是什么？

第六节　催化加氢

一、加氢精制

加氢精制主要用于油品精制，其目的是除掉油品中的硫、氮、氧杂原子及金属杂质，改善油品的使用性能。另外加氢精制还有选择性使烯烃、芳烃饱和，脱除重油中的沥青质等诸多功能。这一工艺具有处理原料范围宽、液体收率高、产品质量好等优点。由于重整工艺的发展，可提供大量的副产氢气，为发展加氢精制工艺创造了有利条件，因此加氢精制已成为炼油厂中广泛采用的加工过程，也正在取代其他类型的油品精制方法。

（一）加氢精制的主要反应

1. 加氢脱硫（HDS）反应

加氢脱硫反应是将有机硫化物，如硫醇、噻吩、硫芴（二苯并噻吩）等进行氢解，使其中的C—S键断裂，同时生成H_2S和相应的烃类。如：

$$RSH + H_2 \longrightarrow RH + H_2S$$

$$\text{R-(噻吩)} + 4H_2 \longrightarrow RC_4H_9 + H_2S$$

$$\text{(二苯并噻吩)} + 2H_2 \longrightarrow \text{(联苯)} + H_2S$$

2. 加氢脱氮（HDN）反应

加氢脱氮反应是将有机氮化物，如胺类、吲哚、吡咯、吡啶、喹啉等进行氢解，使其中的碳—氮键断裂，生成NH_3和相应的烃类。如：

$$R-CH_2-NH_2 + H_2 \longrightarrow RCH_3 + NH_3$$

$$\text{(吲哚)} + 6H_2 \longrightarrow \text{(环己基)}-C_2H_5 + NH_3$$

在加氢精制中，加氢脱硫比加氢脱氮反应容易进行，在几种杂原子化合物中含氮化合物的加氢反应最难进行。例如，焦化柴油加氢精制时，当脱硫率达到90%的条件下，脱氮率仅为40%。

3. 加氢脱氧反应

石油和石油馏分中含氧化合物很少，可以遇到的含氧化合物主要是环烷酸和酚类。如：

$$\text{(双环烷)}-COOH + 6H_2 \longrightarrow \text{(双环烷)}-CH_3 + 2H_2O$$

4. 重质油加氢脱金属反应

金属有机化合物大部分存在于重质石油馏分中，特别是渣油中。有相当数量的Ni、V存在于卟啉结构中，在氢解时含金属的卟啉结构解体，这是个多步的复杂过程，卟啉先加氢形成二氢卟啉中间物，再加氢使金属—氢键断裂，最后金属被硫化脱除，该过程可简示如下：

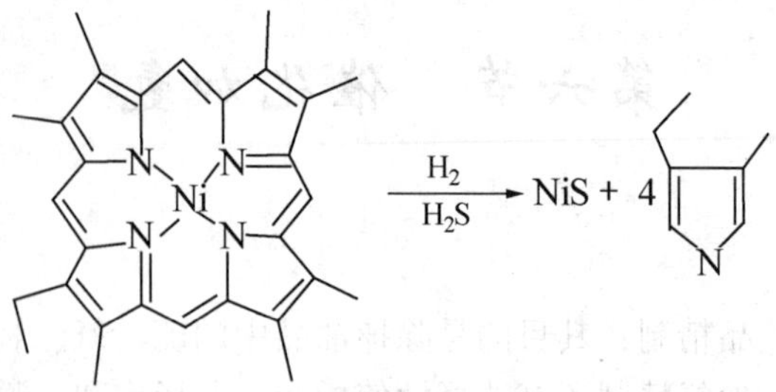

$$\xrightarrow[H_2S]{H_2} NiS + 4$$

渣油中还会有相当数量的铁以环烷酸盐的形式存在于沥青质中，脱除后生成硫化铁，会沉积在催化剂表面，引起失活。

5. 氢解和加氢反应

例如，C—C 键断裂，C ═C 双键加氢：

$$RCH_2—CH_2R'+H_2 \longrightarrow RCH_3+R'CH_3$$

$$RCH═CHR'+H_2 \longrightarrow RCH_2\ CH_2R'$$

在各类烃中，环烷烃和烷烃很少发生反应，而大部分的烯烃与氢反应生成烷烃。

（二）加氢精制催化剂

1. 加氢精制催化剂的选择

良好的 HDS 催化剂应只加氢断裂 C—S 键生成 H_2S 及相应烃，而不加氢断裂 C—C 键。C—S 较弱，催化剂的氧化还原功能及酸功能均不必过强。HDN 与 HDS 的反应历程不完全一样。在含硫化合物如硫芴中是 C—S 单键，易于断裂。而含氮化合物如喹啉、氮蒽中含 C ═N 键，键能较大，且与苯环相连，更增加了它的稳定性。要使其断裂必须先使苯环加氢，再使 C ═N 加氢成为 C—N，然后再断裂。因此 HDN 中要求催化剂的加氢活性高。加氢精制常用的催化组分有 Pt、Pd、Ni 等金属组分和 Co-Mo、Ni-Mo、Ni-W、Co-W 等混合硫化物，它们对各类反应的活性顺序如表 3-19 所示。

表 3-19　加氢精制硫化物催化剂各种组分组合的活性顺序

加氢目标	组 合 方 式
芳烃和烯烃的加氢	最佳组合　Ni-W>Ni-Mo>Co-Mo>Co-W
加氢脱硫	最佳组合　Co-Mo>Ni-Mo>Ni-W>Co-W
加氢脱氮	最佳组合　Ni-Mo>Ni-W>Co-Mo>Co-W

工业上使用 HDS 的 Co-Mo/γ-Al_2O_3催化剂组成为：2%～3%Co，8%～12%Mo。在 H_2 和 H_2S 气氛的操作条件下，Mo 以 MoS_2形态存在，Co 是以 Co_9O_8形态存在。Mo 是主剂，Co 是助剂。为了保持这类硫化物催化剂的活性，反应体系中要有一个最低的 p_{H_2S}/p_{H_2} 比值。

工业上常用的 HDN 催化剂有 Ni-Mo(或 Ni-W)/γ-Al_2O_3，它们比 Co-Mo/γ-Al_2O_3加氢能力强。WS_2的活性本身就比 MoS_2高，而 Ni 又是很强的加氢催化剂。

催化剂的失活主要是金属的沉积及结焦，特别是在孔口附近堵塞通道，其原因是催化剂酸性较强。同时金属有机化合物中的 M—C 键较弱，加氢条件下极易断裂。为此常在 HDS 装置前另设一保护装置，其中填充废旧 HDS 催化剂，使金属首先在其中沉积。

加氢精制催化剂所处理的原料极为宽广，从气态烃到渣油，几乎包括了原油的各个馏分，也就是从小分子烃类到很大很复杂的烃类。因此，选择具有合适孔结构和物化特性的载体就成为催化剂制备的关键。如$\gamma-Al_2O_3$具有大孔、大表面积，有利于重油大分子进出和提供更多的活性表面。

重质油中含有较多的金属成分，其中主要是V、Ni的卟啉化合物，还有些胶质和沥青质化合物。脱金属过程先生成金属沉淀物，它会强吸附于催化剂表面，在孔口附近沉积，导致孔口堵塞而失活。在加氢精制过程中，催化剂要周期性地进行更换。为此，也要求加氢脱金属催化剂活性不要太高。曾对具有不同电负性元素的HDM催化性能作了研究，发现电负性小的元素加氢活性好，大的则氢解活性好。很多金属盐类包括氧化物都有HDM活性，以硫化物催化剂效果最好。

改善HDM催化剂的重点在于改变催化剂的孔结构上，如孔径大小和孔径分布。增加大孔，减少大分子的扩散阻力，使其能深入到孔内，使金属沉积在内孔壁上，以提高金属容量。孔径集中在中孔和大孔区两个区域的双重孔径分布的γ-氧化铝特别适合渣油加氢精制。另外，将原来常用的条状或球状催化剂改成轮幅状，以增大外表面，缩短反应物分子的扩散距离。还有，调整催化剂活性组分分布，使孔口附近少，孔内多，以免催化剂很快失活，延长使用寿命。若能将脱除下来的金属保留在溶液中，则催化剂的寿命将更加延长。

2. 加氢催化剂的预硫化和再生

加氢精制和加氢裂化使用的Co-Mo、Ni-Mo、Ni-W或Co-W等混合物，使用前都是以氧化态的形式负载在载体上，要经过预硫化使其转化为硫化物，才成为活性态。一般工业上大都采用器内硫化的办法。硫化是在氢气循环的过程中注入一定量的硫化剂，在控制升温过程中，金属催化剂在器内同时硫化和还原，最终都转化为硫化态，以获得最佳活性。常用的硫化剂是H_2S和CS_2。H_2S的活性较CS_2高，可直接与氧化物中的氧进行硫氧交换，其过程如下所示：

$$9CoO+8H_2S+H_2 \longrightarrow Co_9S_8+9H_2O$$

$$MoO_3+2H_2S+H_2 \longrightarrow MoS_2+3H_2O$$

如用CS_2为硫化剂，则必须同时含有H_2或H_2O才能生成H_2S，起到硫化剂的作用。其反应为

$$CS_2+4H_2 \longrightarrow CH_4+2H_2S$$

$$CS_2+2H_2O \longrightarrow CO_2+2H_2S$$

由上述反应生成的H_2S是新生态，其活性比事先制备好的高，可以得到高硫含量或高硫化度的催化剂，这也是工业上采用CS_2为硫化剂的原因之一。

预硫化的形式有两类：

(1) 气相预硫化又称干法预硫化。所用的硫化剂如CS_2，一般含沸石分子筛的加氢裂化催化剂采用此法。

(2) 液相预硫化又称湿法预硫化。所用的硫化剂为低含氮煤油或轻柴油携带的硫化物，也称硫化油。一般硅铝载体的加氢催化剂采用这一方法。

如用硫化油，对含沸石分子筛的催化剂，在硫化过程中油类分子会发生裂解，造成反应器内温升难以控制，还容易在催化剂表面形成积炭，降低催化剂活性。

催化加氢过程中，表面积炭是催化剂失活的主要因素，这属于覆盖性中毒。如Ni-Mo/$SiO_2-Al_2O_3$催化剂，当积炭量达11.9%时，比表面积从$240m^2/g$降至$150m^2/g$，比孔体积从0.44mL/g下降到0.27mL/g，可以用烧焦再生。再生一般是在清除了催化剂表面的烃油类物质后，通入含氧的再生介质，点火烧焦，最终除去表面的积炭，以尽量恢复催化剂的活性。

工业上用的再生介质有氮气-空气和水蒸气-空气等，前者因不会引起金属聚集等副作用，常推荐使用。再生开始时，再生气中含氧量在0.2%~0.4%，点火温度在300~340℃；主要的燃烧过程再生气中含氧量在0.3%~0.6%，反应温度在330~360℃，控制温度不超过425~440℃；后期再生气中含氧量可提高到3%，温度约为440℃，直至尾气中氧含量没有变化，反应器内无温升，再生过程完成。

（三）加氢精制工艺

1. 操作参数的影响

如前所述，加氢精制的反应类型较多，操作参数如压力、温度、氢油比、空速等的影响也比较复杂。

（1）压力　轻质油气相加氢，总压力增加，催化剂表面的反应物和氢浓度增加，反应速度增加；对于重质油加氢，总压力增加会造成反应混合物中液相比例加大，相应地增加表面液膜对反应物的扩散阻力，过高的压力会使反应速率下降；芳烃的加氢饱和是分子数减少的反应，增加压力有利于提高反应速度。氢分压增大，有利于抑制积炭的生成，可延长催化剂的寿命。对于Ni-W和Ni-Co催化剂，对脱硫而言，直馏石脑油的加氢精制氢分压一般在1.5~2.5MPa；直流柴油馏分2.5~3.5MPa，二次加工汽油馏分2.5~3.5MPa；二次加工柴油馏分3.5~6.5MPa；减压馏分油6.5~8.0MPa。

（2）温度　硫、氮化物的氢解是不可逆反应，一般不受热力学平衡的影响，反应速度随温度增加而增加。对于硫、氮杂环化合物，则受环加氢平衡的限制，超过一定的限值，反应速度会下降。如噻吩在4~8MPa压力下加氢脱硫的极限温度一般为430℃。对于重质馏分油加氢，温度增加会提高气、液、固三相中轻组分的比例，液相组分相对减少，结果扩散速度增加，有利于提高反应速度。芳烃的加氢饱和是可逆反应，反应受平衡的限制，超过一定限值，转化率会因脱氢反应速度提高而下降。如甲基萘在Ni-Mo/γ-Al_2O_3上的中压加氢，超过360℃后再提高温度，转化率因脱氢反应加速而下降。超过430℃，裂化反应加快，也造成积炭速度增加，影响催化剂寿命。一般来讲，在空速$3h^{-1}$、压力6.895MPa条件下，直馏石脑油的预加氢反应温度250~350℃，柴油加氢精制300~400℃，减压馏分油340~420℃。

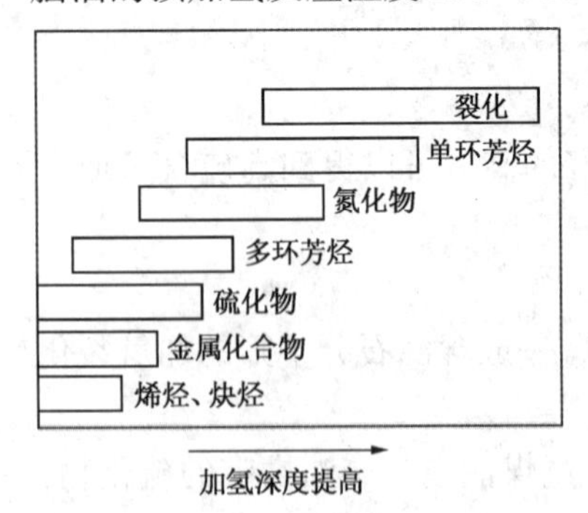

图3-13　加氢深度对各组分和反应的影响

（3）空速　它和精制深度有关。对轻质油来说，可以用较高的空速提高加工能力。一般直馏石脑油空速可以达2.0~8.0h^{-1}；对于柴油馏分，加氢精制压力提至4~8MPa，一般空速可以在1.0~3.0h^{-1}之间。在重质油加氢处理过程中，反应由快到慢的顺序是脱硫、脱金属>多环芳烃加氢形成单环芳烃>脱氮>单环芳烃，见图3-13，考虑脱氮深度的要求，重质高含氮馏分油在高压下，一般空速只能控制在1.0h^{-1}左右。

（4）氢油比　在压力、空速一定时，氢油比影响反应物和生成物的汽化率、氢分压，以及反应物和催化剂的实际接触时间，其中每一项都对转化率有影响。增加氢油比会加大循环氢的量，加大了氢耗和能耗。因此对体系综合分析，选择合适的氢油比是很重要的。一般石脑油加氢精制氢油体积比在60~250，柴油馏分在150~500，减压馏分油在200~800。

2. 加氢精制工艺装置

加氢精制的工艺流程因原料而异，但基本原理是相同的，如图 3-14 所示。它包括反应系统、生成油换热、冷却、分离系统和循环氢系统三部分。

(1) 反应系统　原料油与新氢、循环氢混合，并与反应产物换热后，以气液混相状态进入加热炉，加热至反应温度进入反应器。反应器进料可以是气相(精制汽油时)，也可以是气液混相(精制柴油时)。反应器内的催化剂一般是分层填装，以利于注冷氢来控制反应温度(加氢精制是放热反应)。循环氢与油料混合物通过每段催化剂床层进行加氢反应。

加氢反应器可以是一个，也可以是两个。前者叫一段加氢法，后者叫两段加氢法。两段加氢法适用于某些直馏煤油的精制，以生成高密度喷气燃料。此时第一段主要是加氢精制，第二段是芳烃加氢饱和。

(2) 生成油换热、冷却、分离系统　反应产物从反应器的底部出来，经过换热、冷却后进入高压分离器。在冷却器前要向产物中注入高压洗涤水，以溶解反应生成的氨和部分硫化氢。反应产物在高压分离器中进行油气分离，分出的气体是循环氢，其中除了主要成分氢外，还有少量的气态烃(不凝气)和未溶于水的硫化氢。分出的液体产物是加氢生成油，其中也溶解有少量的气态烃和硫化氢，生成油经过减压再进入低压分离器进一步分离出气态烃等组分，产品去分馏系统分离成合格产品。

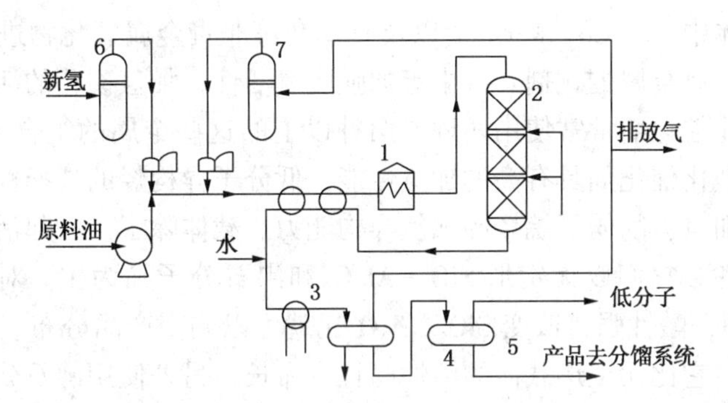

图 3-14　加氢精制典型工艺流程

1—加热炉；2—反应器；3—冷却器；4—高压分离器；5—低压分离器；6—新氢储罐；7—循环氧储罐

(3) 循环氢系统　从高压分离器分出的循环氢经储罐及循环氢压缩机后，小部分(约30%)直接进入反应器作冷氢，其余大部分送去与原料油混合，在装置中循环使用。为了保证循环氢的纯度[不小于 65%(体)]，避免硫化氢在系统中积累，常用硫化氢回收系统，解吸出来的硫化氢送到制硫装置回收硫黄，净化后的氢气循环使用。

为了保证循环氢中氢的浓度，用新氢压缩机不断往系统内补充新鲜氢气。

石油馏分加氢精制的操作条件因原料不同而异。一般地讲，直馏馏分油加氢精制条件比较缓和，重馏分油和二次加工油品则要求比较苛刻的操作条件。

二、加氢裂化

用重质原料油生产轻质燃料油最基本的工艺原理就是改变重质原料油的相对分子质量和碳氢比，而改变相对分子质量和碳氢比往往是同时进行的。改变碳氢比有两个途径：一是脱碳，二是加氢。热加工过程，如热裂化、焦化以及催化裂化工艺属于脱碳，它们的共同特点是要加大一部分油料的碳氢比，因此，不可避免地要产生一部分气体烃和碳氢比较高的缩合产物——焦炭和渣油，所以脱碳过程的轻质油收率不可能很高。加氢裂化属于加氢，在催化剂存在下从外界补入氢气以降低原料油的碳氢比。加氢裂化是重质原料在催化剂和氢气存在下进行的催化加工，实质上是加氢和催化裂化这两种反应的有机结合。因此，它不仅可以防止如催化裂化过程中大量积炭的生成，而且还可以将原油中的氮、氧、硫杂原子有机化合物杂质通过加氢从原料中除去，同时又可以使反应过程中生成的不饱和烃饱和，所以，加氢裂化可以将低质量的原料油转化成优质的轻质油。

加氢裂化技术是1959年美国Chevron公司首次在里奇蒙炼油厂建成第一套装置开始的，近二三十年来这项技术有了明显的进展。其主要原因是加氢裂化作为有效技术手段可以用于：①重质馏分油轻质化；②从重瓦斯油生产优质中间馏分油(喷气燃料、轻柴油)，包括直接生产清洁燃料(即清洁汽油和清洁柴油)等产品；③制取高质量的润滑油基础油。加氢裂化尾油可以作为裂解制烯烃的优质原料。

(一) 加氢裂化催化剂

加氢裂化过程既要把大分子变成小分子，又要用氢饱和，这要求催化剂既有能使烃分子发生裂解功能的强酸性，又要有加氢脱氢功能，即所谓的双功能催化剂。

加氢裂化催化剂由酸性组分和加氢脱氢组分匹配成功。常见的匹配模式有非贵金属(以Mo、W、Ni和Co为主)或贵金属(以Pt、Pd为主)/无定形硅-铝载体、非贵金属或贵金属/无定形硅-铝载体加少量沸石分子筛、非贵金属或贵金属/沸石分子筛载体等。在使用时要把制备得到的前驱体中Ni、Co、Mo、W以及Cr、V等非贵金属氧化物进行硫化，转变成活性状态。硫化态的过渡金属催化剂具有中等加强脱氢活性，加氢裂化的活性高，低分子异构烃的选择性高。工业催化剂常常使用两种或两种以上的这些金属的组合，如Ni-W、Ni-Mo组合。贵金属加氢裂化催化剂具有高的加氢性能，低分子异构烃的选择性要低一些，这是因为烯烃产物的迅速加氢，削弱了烷烃的加氢异构能力。载体除了一般起活性金属的担载作用外，主要是提供酸性。它们以无定形 $SiO_2-Al_2O_3$ 和沸石分子筛为主。对于无定形 $SiO_2-Al_2O_3$，SiO_2/Al_2O_3 比高，酸性强，改变 SiO_2/Al_2O_3 比就可以调变产品分布。沸石分子筛由于其酸性和结构的特点，它比无定形载体的活性高且寿命长。另外使用沸石分子筛组分的反应温度要比无定形载体的低得多，可以大大提高操作的灵活性。目前有众多可供选择的各具特征的沸石分子筛酸性组分，可以说，沸石分子筛是调节加氢裂化催化剂酸性性能的关键组分。在以中间馏分油为主要产品的单段法加氢裂化催化剂中，普遍采用Ni-Mo、Co-Mo组合，以及酸性适中的无定形硅铝，它以氧化铝为主要成分，其中 SiO_2 含量在20%～50%。选用Y型或ZSM型沸石分子筛作为酸性组分，或将它们与无定形硅铝复配。通过沸石分子筛改性以及两者比例变化的调配，可制成活性高于无定形硅铝的酸性载体，制成多产汽油或多产中间馏分油的专用催化剂。除了上述组分之外，催化剂中还加入一些助剂、黏结剂等。

(二) 加氢裂化过程的化学反应

石油烃类在高温、高压及加氢裂化催化剂存在下，通过一系列化学反应，使重质油品转化为轻质油品，其主要反应包括：裂化、加氢、异构化、环化及脱硫、脱氮和脱金属等。

1. 烷烃

烷烃加氢裂化反应包括两个步骤，即原料分子在C—C键上的断裂，和生成的不饱和碎片的加氢饱和，例如：

$$C_{16}H_{34} \xrightarrow{H_2} C_8H_{18} + C_8H_{16} \xrightarrow{H_2} C_8H_{18}$$

反应中生成的烯烃先进行异构化随即被加氢成异构烷烃。烷烃加氢反应速度随着烷烃相对分子质量增大而加快，异构化的速度也随着相对分子质量增大而加快。

2. 烯烃

烷烃分解和带侧链环状烃断链都会生成烯烃。在加氢裂化条件下，烯烃加氢变为饱和烃，反应速度最快。除此之外，还进行聚合、环化反应。

$$R—CH_2CH=CH_2+H_2 \longrightarrow R—CH_2CH_2CH_3$$

3. 环烷烃

单环环烷烃在过程中发生异构化、断环、脱烷基以及不明显的脱氢反应：

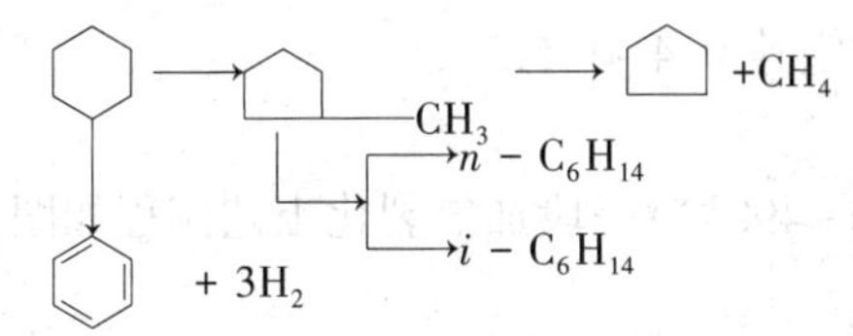

双环环烷烃和多环环烷烃首先异构化生成五元环的衍生物然后再断链。反应产物主要由环戊烷、环已烷和烷烃组成。

4. 芳烃

单环芳烃的加氢裂化不同于单环环烷烃，若侧链上有三个碳原子以上时，首先不是异构化而是断侧链，生成相应的烷烃和芳烃。除此之外，少部分芳烃还可能进行加氢饱和和生成环烷烃，然后再按环烷烃的反应规律继续反应。

双环、多环和稠环芳烃加氢裂化是分步进行的，通常一个芳香环首先加氢变为环烷烃，然后环烷环断开变成单烷基芳烃，再按单环芳烃规律进行反应。在氢气存在下，稠环芳烃的缩合反应被抑制，因此不易生成焦炭产物。

5. 非烃类化合物

原料油中的含硫、含氮、含氧化合物，在加氢裂化条件下进行加氢反应，生成硫化氢、氨和水被除去。因此，加氢产品无需另行精制。

上述加氢裂化反应中，加氢反应是强放热反应，而裂化反应则是吸热反应，二者部分抵销，最终结果仍为放热反应过程。

根据以上各类化学反应决定了加氢裂化工艺具有以下特点：

(1) 生产灵活性　加氢裂化对原料的适应性强，可处理的原料范围很广，包括直馏柴油、焦化蜡油、催化循环油、脱沥青油、常压重油和减压渣油等。

加氢裂化产品方案可根据需要进行调整。即能以生产汽油为主，也能以生产低冰点、高烟点的喷气燃料为主，也可以生产低凝点柴油为主等，总之，根据需要，改变催化剂和调整操作条件，即可按不同的生产方案操作，得到所需的产品。

(2) 产品质量好、收率高　加氢裂化产品的主要特点是不饱和烃少，非烃杂质含量少，所以油品的安定性好，无腐蚀，含环烷烃多，还可作为重整原料。

(三) 加氢裂化工艺装置

加氢裂化工艺根据反应物裂化深度的不同，即转化率的高低，分为缓和加氢裂化和苛刻加氢裂化；根据反应压力的不同分为中压加氢裂化和高压加氢裂化。缓和加氢裂化的转化率约在 30%~40%，反应压力较低。中压加氢裂化的转化率高于缓和加氢裂化。操作灵活性较大的、产品种类多的应属于高压加氢裂化。

高压加氢裂化工艺是加氢裂化的主导技术工艺。常见的工艺有两段法和单段法。两段法的第一段是原料的预处理，它类似加氢精制工艺，加氢脱除硫、氮、氧等杂质，使不饱和烃和芳烃发生一些加氢反应。预处理后的原料经分离后进入第二段进行加氢裂化。改进的单段流程可以用两个反应器串联起来，中间不要分离器。分别装入加氢精制和加氢裂化催化剂。第一反应器的流出物不经分离进入第二反应器，由于采用高活性的沸石分子筛催化剂，虽然NH_3对裂化催化剂的活性有影响，但仍高于$SiO_2-Al_2O_3$为载体的催化剂。由于造价低，单段串联流程采用较多。实际上，高活性的沸石分子筛的发展才实现了单段串联流程。单段法也可把加氢精制和加氢裂化合并在一个反应器内进行。单段法对催化剂的要求高，生产的灵活性比两段法差。典型的高压加氢裂化工艺条件为：320~440℃，10~20MPa，n(氢)：n(烃) = 650：1~1400：1，液体时空速 0.4~1.5h^{-1}。

1. 一段加氢裂化流程

大庆直馏柴油馏分(330~490℃)一段加氢裂化工艺流程如图 3-15 所示。

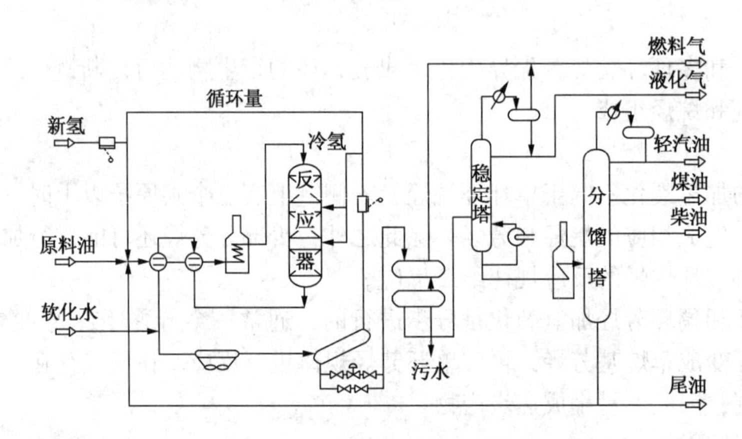

图 3-15　一段加氢裂化工艺流程

原料油经泵升压至 16.0MPa 后与新氢及循环氢混合后，再与 420℃左右的加氢生成油换热至 320~360℃进入加热炉，反应器进料温度为 370~450℃。原料在反应器内的反应条件维持在温度 380~440℃，液时空速 1.0h^{-1}，v(氢)：v(油) = 2500：1。为了控制反应温度，向反应器分层注入冷氢。反应产物经与原料换热降至 200℃，再经冷却，温度降到 30~40℃之后进入高压分离器。反应产物进入空冷器之前注入软化水以溶解其中的 NH_3、H_2S 等，以防止水合物析出而堵塞管道。自高压分离器顶部分出循环氢，经循环氢压缩机升压至反应器入口压力后，返回系统循环使用，自高压分离器底部分出加氢生成油，经减压系统减压至 0.5MPa，进入低压分离器，在低压分离器内将水脱出，并释放出溶解气体，作为富气送出装置，可以作燃料气用。生成油经加热送入稳定塔，在 1.0~2.0MPa 下蒸出液化气，塔底液体经加热炉加热送至分馏塔，最后分离出轻汽油、喷气燃料、低凝柴油和塔底尾油。尾油可一部分或全部作循环油用，与原料混合后返回反应系统，或送出装置作为燃料油。

2. 两段加氢裂化流程

如图 3-16 所示。原料油经高压泵升压并与循环氢和新氢混合后首先与生成油换热，再在加热炉中加热至反应温度，进入第一段加氢精制反应器。在加氢活性高的催化剂上进行脱硫、脱氮反应，此时原料油中的重金属也被脱掉。反应生成物经换热，冷却后进入高压分离器，分出循环氢。生成油进入脱氨(硫)塔，脱去 NH_3 和 H_2S 后，作为第二段加氢裂化的进料。第二段进料与循环氢混合后，进入第二加热炉，加热至反应温度，在装有高酸性催化剂的第二段加氢裂化反应器内进行裂化反应，反应生成物经换热、冷却、分离，分出溶解气和循环氢后送至稳定系统。

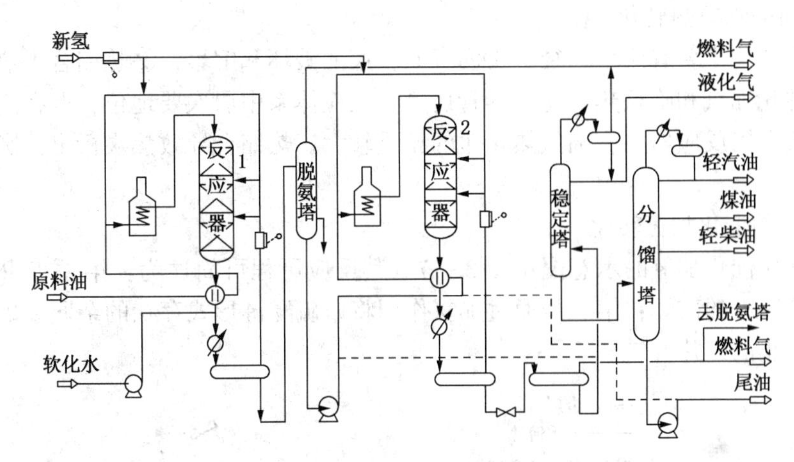

图 3-16　两段加氢裂化工艺流程图

两段加氢裂化工艺的特点是：对原料适应性强，改变第一段催化剂可以处理多种原料，如高氮、高芳烃的重质原料油。第二段可以采用不同的操作条件来改变生成油的产品分布。

根据国外经验，两段流程灵活性最大，而且可以处理一段流程难以处理的原料，并能生产优质喷气燃料和柴油。目前用两段加氢裂化流程处理重质原料来生产重整原料油，用以扩大芳烃的来源，这种方案已受到许多国家的重视。

3. 加氢裂化技术的灵活应用

通过催化剂、工艺流程、操作条件和操作方式的选择，可以实现不同原料制取不同产品的目的。

(1) 缓和加氢裂化　它以减压瓦斯油为原料，在较低的压力(6.0~10MPa)下，采用一次通过流程，转化率控制在30%~40%左右，其未转化部分为蒸汽裂解制乙烯的优质原料或催化裂化原料。

(2) 中压加氢裂化　与缓和加氢裂化相比，有更高的转化率，轻石脑油、重石脑油、柴油和尾油都是目的产品。可以轻减压瓦斯油和较重的减压瓦斯油为原料。

(3) 提高催化柴油十六烷值技术(*MCI*)催化裂化掺炼渣油和重油的比例加大后，产生了大量的硫、氮和芳烃含量高、十六烷值低的催化柴油。以催化柴油为原料，采用单段流程，在加氢精制的条件下，使柴油发生脱硫、脱氮、芳烃饱和以及开环反应，从而改进柴油质量，大幅度提高十六烷值(可提高十个单位以上)，柴油收率在95%以上。

三、渣油加氢

早期渣油加氢的主要目的是高硫渣油脱硫，以减少环境污染和对设备的腐蚀，这样可得到低硫燃料油。随着原油的重质化和劣质化，渣油加氢成为脱除渣油中的硫、氮、金属杂质，降低残炭值，为下游重油催化裂化和焦化提供优质的重要手段，备受人们关注。渣油加氢裂化也可生产轻质馏分油。

(一) 渣油加氢的反应

渣油加氢处理比馏分油加氢的反应复杂，其原因是渣油中除了含有重质烃和非烃化合物之外，还有相当数量的相对分子质量大的沥青质和胶质以及含有金属(主要是Ni、V)的有机化合物。在催化加氢条件下，重质烃和非烃化合物如脱硫、脱氮及脱金属的反应机理前面已经作了叙述，下面补充介绍沥青质、胶质的反应机理。

1. 沥青质的临氢热转化

沥青质的转化主要有两个途径：①沥青质胶束的破坏和解聚；②热缩合生焦。渣油固定床加氢存在催化加氢和临氢热转化，尽管后者在反应体系中居次要地位，但在渣油进料的第一个保护或脱金属反应器中，临氢热转化的比重较大。热缩合导致焦炭析出，影响催化剂的运转周期。

2. 沥青质的催化加氢转化

一般沥青质催化加氢的示意图见图 3-17。其反应历程可简述为：第一步由于金属的脱除导致沥青质胶束的破坏；第二步通过加氢作用将以硫醚键形式存在的杂原子硫脱除，使沥青质解体为更小的碎片。

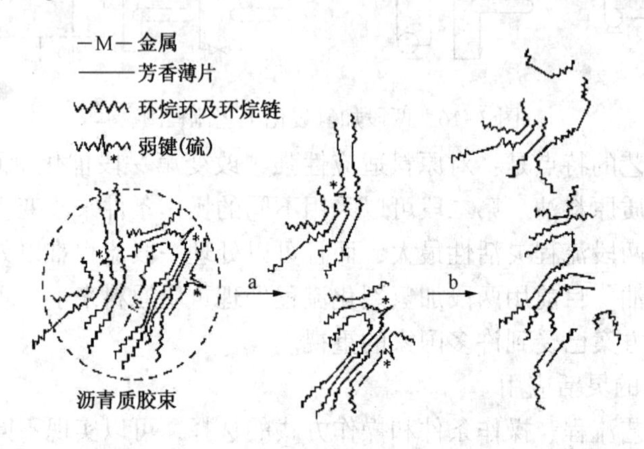

图 3-17　沥青质催化加氢示意图解

3. 渣油加氢的反应特性

综上所述，渣油加氢在完成各个反应过程时，要解决两个问题：①金属在催化剂上均匀和大容量沉积；②更好地抑制焦炭的形成，并做到合理的容纳和分散。这是保证装置平稳和长期运行的两大关键技术。除了工艺条件之外，渣油加氢过程中用作保护、脱金属、脱硫、脱氮的各种催化剂的物理化学性质不同，再由它们构成反应器进行工艺和操作条件的适当匹配，组成完整的反应体系，这是它和馏分油加氢的主要差别。

（二）工艺流程简介

目前国内渣油加氢多采用固定床反应装置，图 3-18 示出了一个五反应器串联的工艺流程示意图。每个反应器都是单床层，分别起到保护、脱金属、脱硫、脱氮的功能。为了保证连续长周期运转，反应部分是两个相同的反应系列Ⅰ/Ⅱ并联组成的。

原料经过滤后分两路进入两个反应系统。一路原料在与循环氢混合后进入加热炉预热，在达到预定温度后，进入第一反应器，流出物再依次通过后面的四个反应器，各反应器的温度通过反应器间的冷氢线调节，最后一个反应器的流出物通过后面的分离系统进行气、油、水三相分离。生成油和另一系列的生成油合并进入分馏系统处理，以获得产品。

四、润滑油加氢处理

采用临氢技术制取润滑油基础油有以下两个过程：润滑油加氢处理和临氢降凝。

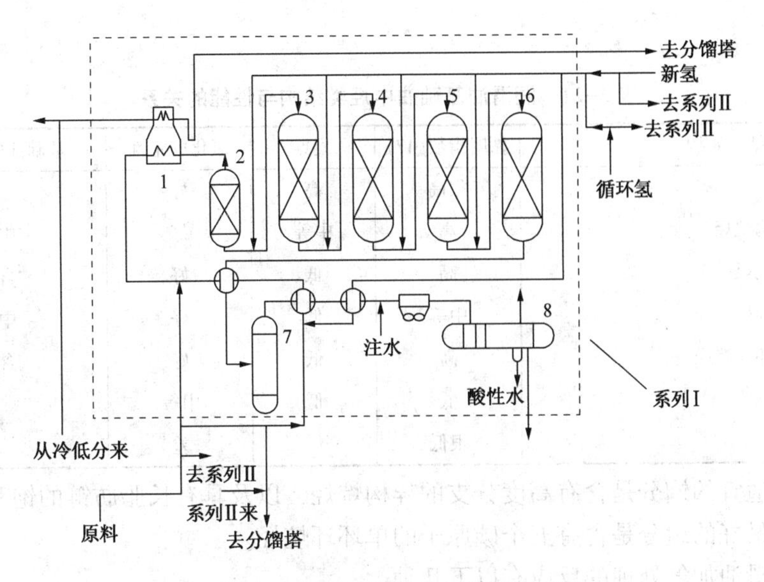

图 3-18　渣油加氢装置反应部分原则流程

1—加热炉；2，3，4，5，6—反应器；7—热高压分离器；8—冷高压分离器

(一) 润滑油加氢处理(hydro treating of lube oil)

20 世纪 70 年代发展起来的润滑油加氢处理工艺，是以扩大润滑油原料来源为目的，生产黏度指数高、氧化安定性好、对各种添加剂感受性好的基础润滑油。由于受到润滑油基础油原料来源和产品质量提高的影响，发达国家的润滑油基础油生产已经由传统的溶剂法向加氢法发展，目前近 80%的基础油是加氢法生产的。

国外已工业化普遍应用的基础油加氢技术有雪佛龙公司的加氢裂化-异构脱蜡(1DW)技术，埃克森美孚公司的加氢处理-加氢异构化和加氢裂化-选择性脱蜡(MSDW)技术以及英荷壳牌公司的加氢裂化-加氢异构化生产超高黏度指数(XHVI)基础油技术。我国润滑油加氢处理技术的应用始于 20 世纪 90 年代初，有代表性的装置有：兰州石化公司生产很高黏度指数(VHVI)基础油的加氢处理装置；大庆炼化公司生产高黏度指数基础油的加氢异构脱蜡装置；克拉玛依炼油厂全氢型高压加氢生产低芳烃环烷基润滑油工业装置。

美国 API(American Petroleum Institute)提出把润滑油基础油分为五类，见表 3-20。APIⅡ类主要为加氢处理基础油，其中硫含量和芳烃含量很低。APIⅢ类主要为加氢异构裂化基础油，不仅硫含量和芳烃含量很低，而且黏度指数很高。

表 3-20　美国 API 润滑油基础油分类

API 分类	生产工艺基础油性质	黏度指数(*VI*)	硫含量/%	饱和烃含量/%
APIⅠ类	溶剂精制，传统矿物油	80~120	≥0.03	<90
APIⅡ类	加氢处理或加氢异构裂化	80~120	≤0.03	≥90
APIⅢ类	加氢处理或加氢异构裂化	>120	≤0.03	≥90
APIⅣ类	聚 α-烯烃合成油			
APIⅤ类	APIⅠ~APIⅣ类外			

1. 润滑油基础油和加氢处理反应类型

从结构上说，适宜作为润滑油基础油的是含有 20~40 碳原子的烃类。而且，它们应在黏度、黏度指数和凝点之间有较好的搭配。表 3-21 定性地阐明了哪些结构作为润滑油基础油最有意义。

表 3-21　润滑油基础油中烃类结构与性能的关系

结　构	黏度指数(*VI*)	凝点	氧化安定性	基础油中期望的情况
线形烷烃	很高	高	好	没有
带线形支链的异构烷烃	高	中等	好	中等含量
带异构链的异构烷烃	高	低	好	含量要高
带许多取代基的异构烷烃	中等	低	好	中等含量
带长脂肪链的单环环烷烃	高	低	好	含量要高
稠环环烷烃	低	低	中等	没有
稠环芳烃	很低	低	差	没有

可见，最适宜的馏分是含有高度分支的异构烷烃，以及具有长脂肪链的饱和或不饱和的单环环烷烃。最好的组分是含有五个碳原子的单环环烷烃。

希望的润滑油加氢处理的反应有以下几种：

（1）稠环芳烃加氢饱和生成多环环烷烃的反应

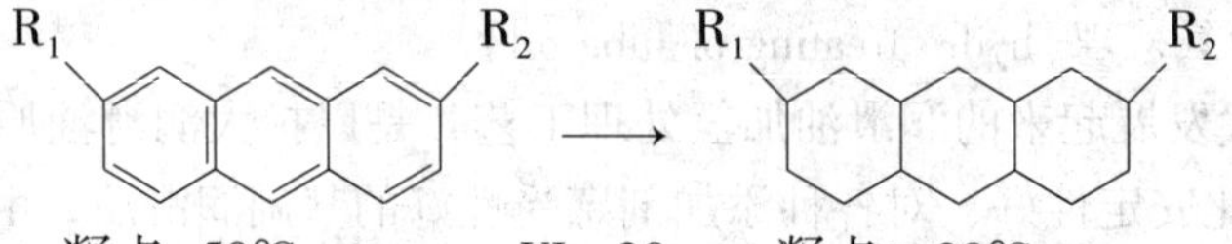

R_1　R_2 ⟶ R_1　R_2

VI≈−60　凝点>50℃　*VI*≈20　凝点≥20℃

（2）多环环烷烃部分加氢开环的反应

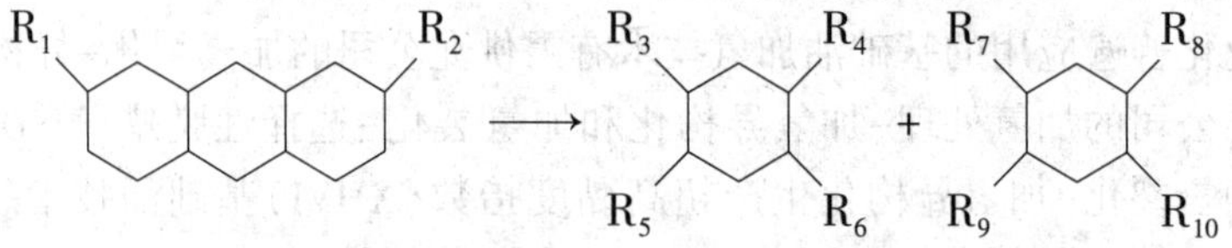

R_1　R_2 ⟶ R_3　R_4　R_5　R_6 + R_7　R_8　R_9　R_{10}

VI≈20　凝点≥20℃　*VI*=110~140　凝点≤0℃

（3）正构烷烃或分支程度低的异构烷烃加氢异构化成为分支程度高的异构烷烃

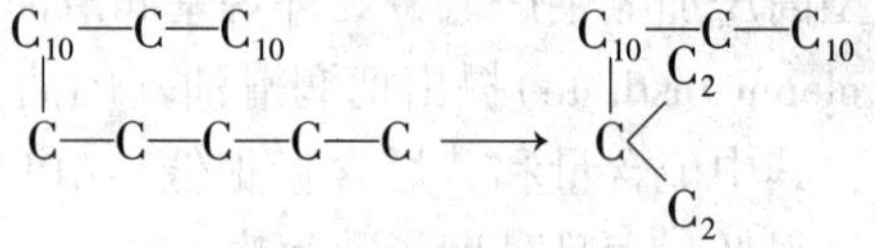

C_{10}—C—C_{10}
C—C—C—C—C ⟶ C_{10}—C—C_{10}　C_2　C　C_2

VI=125　凝点=19℃　*VI*=114　凝点=−40℃

应当避免的反应是加氢裂化。正构烷烃和异构烷烃的加氢裂化、烷基芳烃和烷基环烷烃的加氢脱烷基会导致基础润滑油的黏度下降，收率降低，氢耗增加。应尽可能地限制稠环芳烃的缩合反应，因它会引起结焦反应，加快催化剂的失活。

2. 润滑油加氢处理催化剂的特性

润滑油加氢处理催化剂应具有下述活性：

① 芳烃加氢饱和的活性；

② 环烷烃加氢开环以及烷烃和环烷烃的加氢异构化活性，以增加黏温性能好的组分含量；

③ 加氢脱硫、加氢脱氮和加氢脱氧等功能，后两者与油品的颜色和颜色安定性有关。硫化物可以改善氧化安定性及颜色安定性。

润滑油加氢处理除应具备多核芳烃的加氢性能之外，为了增加黏温性能好的组分含量，还应具备加氢异构和环烷烃加氢开环的性能，催化剂也是双功能催化剂。因为不希望有太多的轻组分生成，相对来说，润滑油加氢处理催化剂要求高加氢活性和中等强度的裂解活性，使加氢功能要大于酸性功能。一般采用 Ni-W 组合，载体为低硅氧化铝或含氟氧化铝等酸性载体，可在含硫气氛中使用。

(二) 临氢降凝

又称临氢催化脱蜡，也称临氢择形裂化，属于加氢裂化的一类过程。临氢降凝的产品主要有汽油、中间馏分(柴油和喷气燃料)和润滑油馏分。其技术要点是利用沸石分子筛独特的孔道结构，即对烷烃的择形裂解选择性。因凝点较高的烷烃裂解为小分子烃类，从油品中分离出去，从而降低了油品的凝点。如用汽油为原料，主要目的是除去正构烷烃，这可以提高汽油原料的辛烷值(RON)10 个单位左右，改善汽油的抗爆性。中间馏分经临氢降凝后，使大分子、凝点较高的直链烷烃裂解，从而使它的凝点降低 40~60℃。如使用润滑油馏分，其凝点可降低 60℃以上。润滑油分子历经临氢异构，可提高黏度指数。

Chevron 公司指出，临氢异构脱蜡催化剂应具备如下条件：①中孔沸石分子筛；②晶粒大小低于 0.5μm；③直径在 0.48~0.71nm 的椭圆形孔；④对活性和异构化选择性有足够高的酸性；⑤Ⅷ族过渡金属作为加氢组分。异构脱蜡(IDW)催化剂功能主要包括酸性载体(中孔 SAPO-11 和 ZSM-5 组成的分子筛)提供异构化和裂化的酸性位，金属位(贵金属)提供加氢和脱氢功能。工艺过程主要包括反应部分和产品分馏两大部分。反应部分包括原料油加氢预处理(HDT)、异构脱蜡(IDW)、加氢后精制(HDF)三个单元。该工艺的主要特点是：原料适用范围广(如蜡膏都可以生产高黏度指数的润滑油基础油)；目的产品的黏度指数高；润滑油基础油产品收率高，可达到减压瓦斯油(VGO)原料的 50%以上。

思考题

1. 加氢精制的目的是什么？加氢精制所用催化剂是什么？浅谈操作参数对反应深度的影响。
2. 简述加氢催化剂的预硫化和再生的原理和过程。
3. 加氢裂化所用原料及产品特点是什么？加氢裂化使用什么催化剂？
4. 润滑油加氢处理的基本原理是什么？

第四章　石油化工原料和产品

第一节　石油气和合成气

一、石油气

（一）概述

所谓的石油气体，一般指天然气、油田气和炼厂气。

天然气是从有气无油的气井中开采出来的。油田气又称油田伴生气，是伴随石油从油井中开采出来的。天然气和油田气是气体烃的巨大来源。天然气和油田气主要由低分子烷烃所组成，还有微量的环烷烃。某些天然气还会含有极微量的芳香烃。除此之外，天然气中还含有氢气、硫化氢、硫醇、二氧化碳和氮、氦、氖等惰性气体。典型的天然气组成见表4-1。

表4-1　天然气及油田气的组成　%（摩）

组成 / 来源	H_2及其他惰性气体	CH_4	C_2H_6	C_3H_8	n-C_4H_{10}	i-C_4H_{10}	C_5^+	总计
天然气	1.35	97.8	0.5	0.2	0.1		0.05	100.0
油田气	9.6	41.9	20.0	17.3	5.7	2.2	3.3	100.0

炼厂气是指在炼油厂的生产，特别是二次加工时所产生的气体。炼厂气的产率一般占炼厂所加工原油的5%～10%。炼厂气除含有甲烷、乙烷等低分子烷烃外，还含有乙烯、丙烯等不饱和烃。炼厂气的典型组成见表4-2。

表4-2　炼厂气的组成　%

组成	乙烷丙烷热解	催化裂化①	铂重整	延迟焦化②	流化焦化③
H_2	18.7	11.6	95.0	5.4	16.0
CO				0.8	
CO_2				0.3	
H_2S				4.1	
N_2及惰性气体				0.3	
CH_4	25.5	20.5	0.6	47.8	41.0
C_2H_4	32.9	4.2		1.8	10.0
C_2H_6	16.0	3.8	0.6	13.6	16.0
C_3H_6	4.2	11.2		4.0	10.0
C_3H_8	1.4	12.4	1.9	8.3	7.0
C_4H_8	1.3	11.3		3.7	
n-C_4H_{10}	1.3	6.1	0.5	3.6	
i-C_4H_{10}	1.3	18.9	0.7	0.8	
C_5以上	1.3		0.7	5.5	
总计	100.0	100.0	100.0	100.0	100.0

注：①未包括C_5；②焦化富气；③未包括C_4。

石油气体是非常宝贵的气体资源，合理利用这些气体是石油化工生产中的重要课题，对发展国民经济具有很大的意义。石油气体的利用途径主要有以下三个方面：

（1）直接作为燃料　例如，天然气可用来代替城市煤气或发电；天然气及油田气中的 C_5 以上馏分可以用油吸收法或吸附法等回收得到气体汽油，作为内燃机燃料；C_3 和 C_4 馏分经加压液化，生产液化石油气作为燃料使用。

（2）制造高辛烷值汽油组分　炼厂气主要用来制造叠合汽油、烷基化汽油、工业异辛烷、异戊烷等高辛烷值的车用汽油或航空汽油。

（3）作为石油化工生产的原料　以石油气中含有的各类烃及其衍生物为原料可以制得许多重要的石油产品，例如合成橡胶、塑料、化肥、化纤、酒精、洗涤剂、溶剂、人造皮革、油漆、颜料、合成润滑油及高能燃料等。

石油气在使用和加工前须经过预处理，即根据加工过程的特点和要求，进行不同程度的脱硫和干燥。石油气经过预处理后，还要根据对气体原料纯度的要求进行分离，得单体烃或各种气体馏分。例如，在以炼厂气为原料生产高辛烷值汽油组分时，须将炼厂气分离为丙烷-丙烯馏分、丁烷-丁烯馏分等，这通常是通过气体分馏装置来完成的。在以炼厂气作为石油化工生产的原料时，有些合成过程对气体纯度要求很高，需要高效率的气体分离过程，如超吸附、超精馏、抽提蒸馏、化学吸附、分子筛和膜分离等过程将气体原料分离为单体烃。

（二）石油气脱硫

在二次加工含硫原油时，原油中的硫化物的大部分转化成硫化氢，存在于炼厂气中。很多天然气中也含有硫化氢。以这样的含硫气体作为石油化工生产的原料或燃料时，会引起设备和管线的腐蚀，使催化剂中毒，危害人体健康，污染大气等。同时，气体中的硫化氢也是制造硫黄和硫酸的原料，因而需将石油气脱硫化氢后，再作为石油化工生产的原料或燃料。

气体脱硫过程很多，这些过程可以分为两个基本类别：一类是干法脱硫，它是将气体通过固体吸附剂的床层脱去硫化氢。干法脱硫所使用的固体吸附剂有氧化铁、活性炭、泡沸石和分子筛等。这类方法适用于处理含微量硫化氢的气体，基本上能脱除硫化氢，脱硫气体的硫化氢含量可以降低到 1×10^{-6} 以下。另一类是湿法脱硫，它是用液体吸收剂洗涤气体，以除去气体中的硫化氢。湿法脱硫按照吸收剂吸收硫化氢的特点又可分为化学吸收法、物理吸收法、直接氧化法等。这两个基本类别可以归纳如图 4-1。

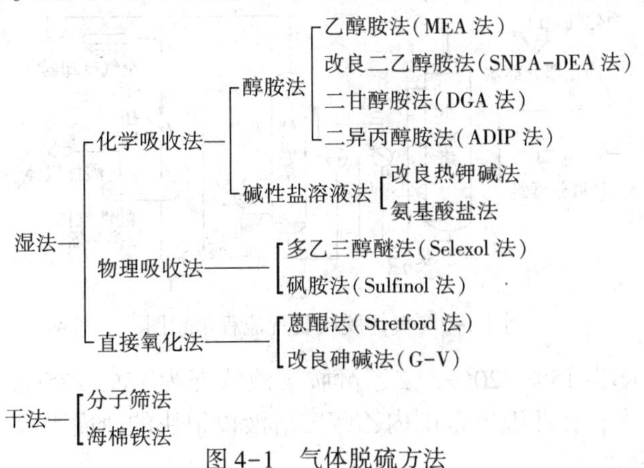

图 4-1　气体脱硫方法

湿式脱硫的精制效果虽不如干法脱硫，但它是连续操作，设备紧凑，处理量大，投资和操作费用较低，因而是石油工业中应用最广的气体脱硫方法。目前在我国炼厂中气体脱硫装置所用的吸收剂大多是乙醇胺类。

乙醇胺溶液具有使用范围广、反应能力强、稳定性好，而且容易从沾污的溶液中回收等优点。由于一乙醇胺 $HOCH_2CH_2NH_2$能与羰基硫(COS)反应而不能再生，所以乙醇胺一般只用于天然气和其他不含 COS、CS_2的气体脱硫。在炼厂气中通常含有 COS，所以常选用二乙醇胺$(HOCH_2CH_2)NH$ 溶液作为吸收剂来脱除硫化氢。

乙醇胺是一种弱的有机碱，它的碱性随温度的升高而减弱。乙醇胺能吸收气体中的硫化氢生成硫化物和酸式硫化物，吸收CO_2生成碳酸盐和酸式碳酸盐。脱除H_2S、CO_2的化学过程为：

$$2HOCH_2CH_2NH_2+H_2S \rightleftharpoons (HOCH_2CH_2NH_3)_2S$$

$$(HOCH_2CH_2NH_3)_2S+H_2S \rightleftharpoons 2(HOCH_2CH_2NH_3)HS$$

$$2HOC_2H_4NH_2+CO_2 \xrightleftharpoons{+H_2O} (HOC_2H_4NH_3)_2CO_3+CO_2$$

$$(HOC_2H_4NH_3)_2+CO_2 \xrightleftharpoons{+2H_2O} 2HOC_2H_4NH_3HCO_3$$

$$2HOC_2H_4NH_2+CO_2 \rightleftharpoons HOC_2H_4NHCOONH_3C_2H_4OH$$

乙醇胺法气体脱硫过程的流程如图 4-2 所示。

含硫气体经冷却至 40℃，并在气液分离器内分离除去水和杂质后，进入吸收塔的下部，与自塔上部引入的温度为 45℃左右的乙醇胺溶液(贫液)逆向接触。乙醇胺溶液吸收气体中的 H_2S 和 CO_2，气体得到精制。净化后的气体自塔顶引出，进入净化气分离器，分出携带的胺液后出装置。吸收塔底的乙醇胺溶液(富液)借助吸收塔的压力从塔底流出，经调压阀减压、过滤和换热后进入解吸塔上部。在解吸塔内与下部上来的蒸汽(由重沸器产生的二次蒸汽)直接接触，升温到 120℃左右，乙醇胺溶液中吸收的 H_2S 和 CO_2以及存在于气体中的少量烃类大部分分解出来，从塔顶排出。塔底溶液引出，进入重沸器的壳程，被管程的水蒸气加热后返回解吸塔。再生后的乙醇胺溶液从解吸塔底排出，与吸收后的乙醇胺溶液(富液)换热，再经冷却冷至 40℃左右，由循环泵打入吸收塔上部循环使用。解吸塔顶部出来的酸性气体(H_2S、CO_2、水汽和烃类的混合气体)经空气冷却器和后冷却器冷至 40℃以下，进入酸性气体分离器。在分离器内分离出液体，液体送回解吸塔顶作为回流。分离出的气体干燥后送往硫黄回收装置。

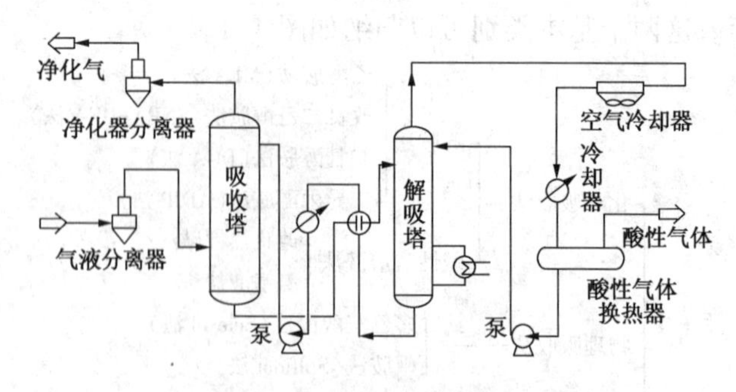

图 4-2 气体脱硫装置流程示意图

一乙醇胺溶液浓度为 15%~20%，二乙醇胺溶液浓度为 15%~25%。贫液进入吸收塔的温度在 25~40℃范围内，在此温度范围内乙醇胺溶液以很快的速度吸收 H_2S。

(三) 石油气的分离

石油气经脱硫和脱硫醇精制后，然后进行分离，分离得到的产品有下列几种：

(1) 丙烯　纯度达到99%以上，可供合成聚丙烯的原料。

(2) 丙烷　纯度96%，可作丙烷脱沥青的溶剂。

(3) 轻碳四　纯度99.88%，作烷基化原料。

(4) 重碳四　纯度99.91%。

(5) 戊烷馏分　是碳五的烷烃与烯烃的混合物，纯度为95%左右，可作深冷裂解原料或调和汽油组分。

石油气分离常用多个气体分馏塔组成的工艺过程。其工艺原则流程见图4-3。

经气体脱硫工艺处理后的液化气加热到75℃进入脱丙烷塔，在此塔内将C_3、C_4馏分进行分离。塔顶流出的含有C_2的C_3馏分进入脱乙烷塔。在脱乙烷塔内，C_2馏分被分离出来从塔顶流出。从塔底出来的C_3馏分到达脱丙烯塔进行分离。因为脱丙烯塔主要是将丙烯从丙烷中分离，为满足分离要求，脱丙烯塔都很高(塔板数很多)，由脱丙烯塔底出来的C_3馏分经分离，从底部出来的是丙烷馏分，从顶部出来的是丙烯，作为产品。

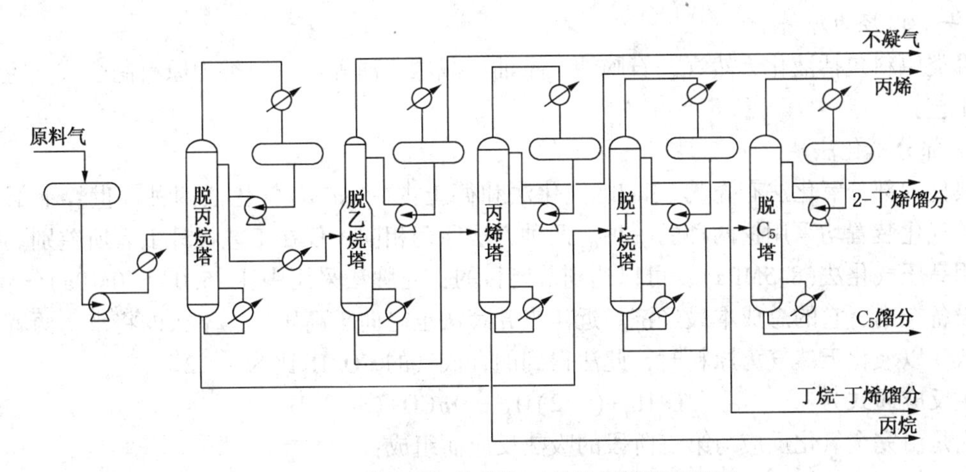

图4-3　五塔流程气体分馏工艺过程原则流程图

脱丙烷塔底部出来的混合C_4，进入脱丁烷塔分离。顶部分出来的是轻C_4馏分。塔底馏分进入脱戊烷塔，从顶部流出来的是重C_4馏分。脱戊烷塔底部出来的为C_5馏分。表4-3汇总了这些馏分的典型组成。

表4-3　气体分馏装置得到的各气体馏分组成　%

项　目	$C°_2$	$C_3^=$	$C°_3$	i-$C°_4$	$C_4^=$	n-$C°_4$	反$C_4^{2=}$	顺$C_4^{2=}$	C_5
乙烷馏分	35.61	58.94	5.45						
丙烯馏分	0.02	99.59	0.39	1.60	0.36				
丙烷馏分		1.71	96.33						
轻C_4馏分		0.04	0.08	50.07	38.26	3.87	5.98	1.70	
重C_4馏分				0.15	2.06	27.03	36.13	34.54	0.09
C_5馏分						1.14	1.46	2.08	95.32

分馏塔的操作参数为压力、温度、流量、液面。压力和温度是影响产品质量的主要因素。由于液化气具有沸点低、蒸气压大的特点，当塔内压力稍微下降时，液化气则以很大的速度挥发并产生携带现象，降低了分馏效果。所以，要严格控制压力，其波动范围不能超过±0.05MPa。

某厂各塔操作条件及结构见表4-4。

表 4-4 各塔操作条件及结构

设备名称	介质	操作温度/℃			操作压力/MPa		塔板型式	塔径/mm	塔高/mm
		塔顶	塔底	进料口	塔顶	塔底			
脱丙烷塔	C_3、C_4	46	105	75	1.9	1.95	浮阀	2000	46000
脱乙烷塔	C_2、C_3	47	70	40	3.0	3.05	浮阀	1200	36000
脱丙烯塔，上段	C_3°、$C_3^{=}$	47.4	58.3		2.0	2.1	浮阀	3000	56500
脱丙烯塔，下段	C_3°、$C_3^{=}$	60.5	69.3		2.2	2.3	浮阀	3000	68600
脱异丁烷塔	C_4、C_5	53	72.5	103	0.7	0.8	浮阀	2400	56000
脱戊烷塔	C_4、C_5	57	99	70	0.6	0.65	浮阀	1000	32000

二、合成气

煤炭和天然气利用的另一主要途径是先转化为合成气、水煤气等(它们的主要组分是 $CO+H_2$)，再以它们为原料转化为目标产物。合成气的制造途径有以下两类：

(一) 以烃为原料

烃类原料包括液化天然气、石脑油、重油、减压渣油等。以烃类为原料制合成气主要有两种工艺：

1. 部分氧化法

典型的部分氧化法有壳牌(Shell)气化法和德士古(Texaco)气化法两种。世界上部分氧化法的气化装置均采用这两种的一种。两种方法原理相同，仅在工艺设计上有所差别。德士古采用高压气化法(8.5MPa)，可以达到节能目的；壳牌法采用中压(5.0~6.0MPa)气化法，包括设备在内，它的总成本最经济。近年来壳牌法也趋向于高压法，不久的将来，两者会趋于一致。以液化天然气为原料时，此法得到的合成气的 CO/H_2 比为 1：2。

主反应通式为：　$C_nH_m+(n/2)O_2 \longrightarrow nCO+(m/2)H_2$

它是由完全氧化反应与第二阶段的吸热反应而组成：

$$C_nH_m+(n+m/4)O_2 \rightleftharpoons nCO_2+(m/2)H_2O\text{(强放热)}$$

$$C_nH_m+nH_2O \rightleftharpoons nCO+(m/2+n)H_2$$

$$C_nH_m+nCO_2 \rightleftharpoons 2nCO+(m/2)H_2$$

部分氧化法工艺流程如图 4-4 所示。

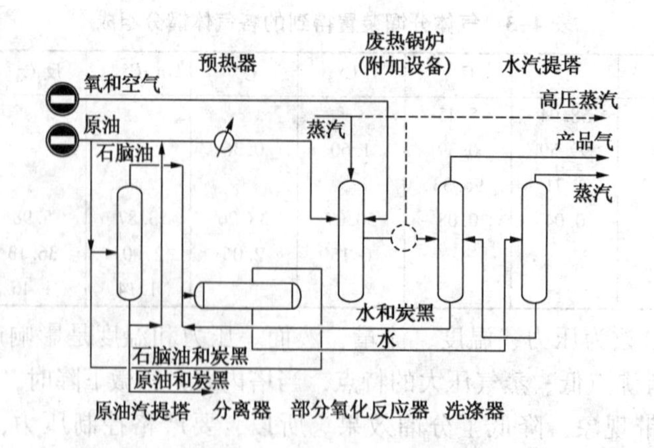

图 4-4 德士古公司开发的合成气生产工艺过程

烃类化合物和氧经加热后进入气化反应器，在1000~1500℃下进行气化反应。生成的热量经废热锅炉产生蒸汽而利用，一般可得4.5~10MPa的蒸汽。这部分蒸汽大部分进入反应器以调节反应温度，剩余部分进入高压蒸汽管网。从废热锅炉出来的合成气经去碳进一步冷却分离得到成品合成气。

2. 蒸汽转化法

蒸汽转化法是在加压和800℃左右的条件下，原料烃与水蒸气在镍催化剂上进行反应。若采用液化天然气为原料，蒸汽转化法的 $n(CO):n(H_2)=1:3$。主要反应为：

$$C_nH_m+nH_2O \rightleftharpoons nCO+(n+m/2)H_2 \quad (1)$$

$$C_nH_m+2nH_2O \rightleftharpoons nCO+(2n+m/2)H_2 \quad (2)$$

其他反应：

$$CO+H_2O \rightleftharpoons CO_2+H_2 \quad (3)$$

$$CO+3H_2 \rightleftharpoons CH_4+H_2O \quad (4)$$

由式(1)、式(2)反应来看，高蒸汽比、高温低压可使 $CO+H_2$ 的生成量加大，但对于实际装置，从装置的投资费用、操作费用与其他装置的关系等方面考虑，设计蒸汽与碳之比为3、温度为800℃左右、压力在2.0MPa以上为宜。

（二）以煤为原料

由于煤的储藏量远远大于石油及天然气，不久的将来，煤作为主要化工原料将重新受到重视。煤的化学加工途径如下。

1. 煤的焦化

煤在隔绝空气的情况下，加热到1000~1200℃，经一定时间生成焦炭。焦化过程所得气体产物称为出炉煤气，经冷却、吸收、分离等方法处理后，可以得到煤焦油、粗苯（苯、甲苯、二甲苯）和焦炉气等（图4-5）。

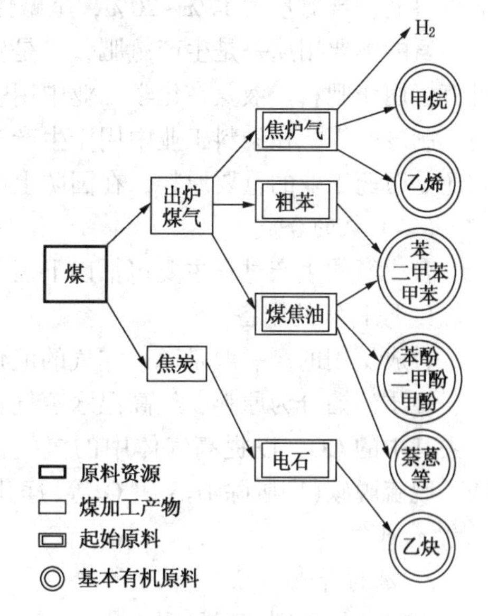

图4-5　由煤焦化制取基本有机化工原料示意图

2. 煤的气化和液化

在催化剂的作用下，煤与氢在高温高压下进行反应，液化生成人造石油，它经进一步加工，可获得基本有机化工原料。

在水蒸气存在下，煤经高温气化，转化成CO和 H_2 的合成气。主要化学反应为：

$$C+H_2O \rightleftharpoons CO+H_2 \quad (1)$$

$$C+2H_2O \rightleftharpoons CO_2+2H_2 \quad (2)$$

$$CO_2+C \rightleftharpoons 2CO \quad (3)$$

上述反应均属强吸热反应。从化学平衡的分析可知，以上三式均在高温低压下对反应有利。在1100~1200℃内，主要进行(1)、(3)式的反应，平衡组成只有CO和 H_2，高于此温度时组成也不变。因此，从反应角度看气化反应不必超过1200℃。1000℃以下反应(2)会同时进行，有 CO_2 生成。900℃以下反应(3)不可能进行。煤气化反应的最主要设备是气化炉。为使气化炉内的气化反应进行，必须交替地向炉内供水蒸气和氧气（或空气），通过氧气和碳的燃烧放出大量的热来保证气化所需的热量。

目前使用的或正在开发的气化炉按反应类型分为固定床、沸腾床、气流床和熔融床气化炉4种，其中最适合碳一化学用的是气流床气化炉。从气化炉生成的粗煤气中除含有焦油、灰分外，还有由煤中的硫、氮导致生成的各种有害物质，如 H_2S、COS、CS_2、RSH、NH_3、HCN 和胺类等。因此在送往下游装置如用于合成甲醇等化学产品之前，必须先进行粗煤气的净化。

在冷却除尘工序中用热交换器回收粗煤气中的显热，然后再用旋风分离器等除尘。洗净工序是把粗煤气用水洗涤，以除去微尘与水溶性氨等。根据合成工业的不同需要，应调整 $n(CO):n(H_2)$ 的比率。这个操作是向从气化炉出来的粗煤气中添加水蒸气，在 Fe_2O_3-Cr_2O_3 催化剂存在下，在400℃左右温度下，经 $CO+H_2O \longrightarrow CO_2+H_2$ 变换反应调整到给定的比例之后，再除去 CO_2 来完成的。脱除 H_2S、CO_2 等酸性气体一般采用吸收分离法(参见石油气的酸性气体处理法)。

三、合成氨和尿素

(一) 氨的性质和用途

分子式 NH_3，相对分子质量为17.03。无色气体，有强烈的刺激臭味。熔点-77.7℃，沸点-33.5℃。易溶于水，溶于醇和乙醚。氨在不太高的压力下可变成液氨，一种无色液体，它的氮含量为82.3%。液氨在-79℃的相对密度是0.817。在水存在下对铜有强烈的腐蚀作用。当空气中含有16%~25%的氨时，会发生爆炸。用水吸收气态氨可得28%~29%氨的水溶液，含氮量为17%~20%，呈碱性，有极强的刺激臭味，通常称为“氨水”。

氨的主要用途一是生产氮肥，二是生产化工原料。氮肥的品种很多，液氨或氨水本身就可直接用作肥料。液氨在化学工业中用于生产尿素、氯化铵、硫酸铵、硝酸铵、硝酸、丙烯腈、制冷剂等，在染料工业中用于生产二氨基蒽醌，塑料工业中用于制造尼龙和氨基塑料。它还是医药工业的重要原料，在国防上用作火箭、导弹的推进剂和氧化剂。

(二) 氨的合成

合成氨的生产过程主要包括以下三个步骤：原料气的制备、净化、氨的催化合成。

1. 原料气的制备

合成氨用的氮一般是通过空气的液化分离得到的。原料氢的获得就是前述的以煤、天然气、轻质油馏分为原料，经高温水蒸气转化得到的合成气 $CO+H_2$，再用CO吸收和变换反应除去其中的CO，以提高气体中的氢气比例，即所谓的“造气”过程。粗气须经过除尘、水洗、脱硫脱碳(即脱除 H_2S、CO_2 等)净化工序，最终制得只含氢和氮，$n(H_2):n(N_2)=3:1$ 的“合成气”。

2. 氨的合成

合成氨的原则流程见图4-6。

(1) 反应　氨的合成反应如下：

$$N_2+3H_2 \rightleftharpoons 2NH_3$$

是一个可逆过程，也是一个强放热反应，在30.4MPa、400℃下的热效应 $\Delta H=-56.8kJ/mol$。工业上，氨合成的反应温度在400℃以上，反应压力为8~20MPa。一般控制新鲜气体的 $n(H_2):n(N_2)=3:1$，循环气体氢氮比略低于3:1。通过将一部分循环气体放空来控制惰性气体含量以保证合成速度。

(2) 合成塔　氨合成塔是在高温、高压下，使氢氮气体在催化剂上发生反应，以生成氨的一种结构比较复杂的设备，是合成氨厂的心脏。氨合成塔一般为长筒形，由外筒和内构件

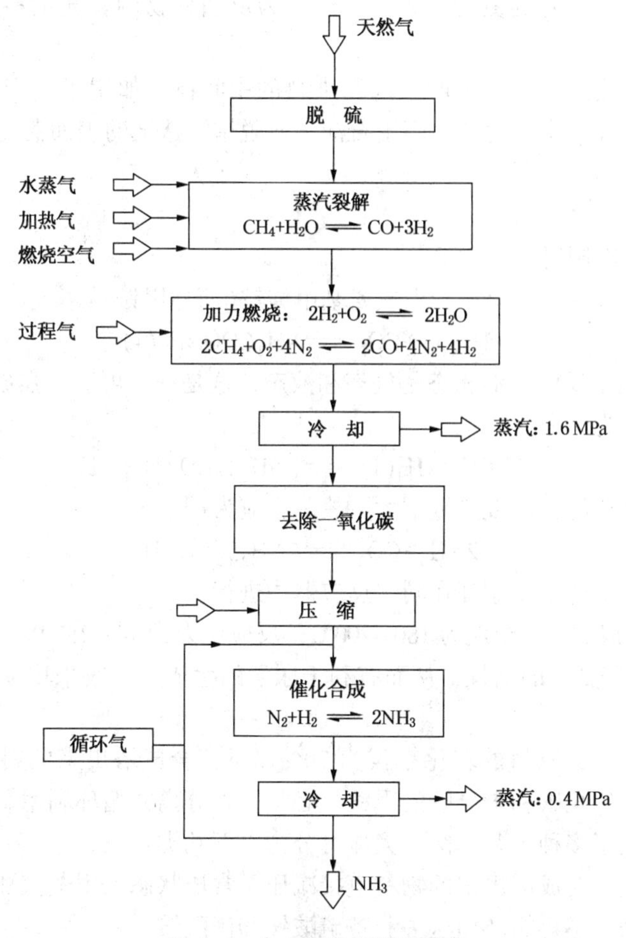

图 4-6 合成氨的原则流程图

两部分构成。外筒的作用是承受压力，使反应得以在高压下进行。内构件又分为两部分：一是催化剂筐，二是换热器。催化剂筐中装催化剂，为使反应热及时移出并调节温度，筐中设冷却套管。因套管的型式和气流的方式不同，合成塔有单冷管、双套管、三套管和并流、逆流等种类。换热器的作用是使从催化剂筐出来的高温（>400℃）气体与进塔的原料气（<140℃）进行热交换，使进料气体达到反应温度，而使出塔气体的温度降低，以节约能量。

（3）氨的分离和氢氮循环　合成反应后的气体中含有约 10%的氨，须加以冷却，使氨冷凝液化，成为液氨产品。一般先用水冷却，再用氨作制冷剂冷却。因为制冷所消耗的能量较大，须在增产和降耗之间作出权衡，合理确定冷却脱氨后尾气中剩余氨浓度。氨合成的单程转化率不高，必须将分离氨以后的未反应的氢氮混合气循环使用，如图 4-6 所示。

（三）尿素

1. 尿素的性质

分子式为 $CO(NH_2)_2$，相对分子质量为 60.06。无色结晶状固体，无臭，有咸味。熔点 135℃，相对密度 1.3230（20℃）。加热到 160℃左右会分解产生氨气同时变为氰酸。溶于水、醇，不溶于乙醚、氯仿。尿素水溶液加热会慢慢分解为氨及碳酸气。

尿素以其含氮量高（46%，仅次于液氨）、肥效好（分解出酰胺态氮，易为植物吸收，同时分解出二氧化碳，能促进作物的光合作用）、便于储运、长期使用不会使土壤恶化以及成本低等优点，成为最受欢迎的氮肥品种。它还作为反刍动物的补充饲料，代替部分蛋白质饲料。

尿素也是重要的化工原料，生产医药和染料的中间体，如用于生产三聚氰胺、脲醛树脂、水合肼和咖啡因等。作为助剂，用于石油工业脱蜡、造纸的表面覆盖剂、纺织工业的防皱剂。

2. 尿素的合成

尿素是以氨为原料制得的。

尿素的合成反应分二步，第一步生成氨基甲酸铵(简称甲铵)：

$$2NH_3(g)+CO_2 \rightleftharpoons NH_2COONH_4(l)$$

式中(g)、(l)分别表示反应物的相态是气态和液态，这是一个可逆、强放热反应。

第二步甲铵分解为尿素：

$$NH_2COONH_4(l) \rightleftharpoons (NH_2)_2CO+H_2O(l)$$

反应是可逆、吸热的，但吸热量不大，故总反应为：

$$2NH_3+CO_2 \rightleftharpoons (NH_2)_2CO+H_2O$$

仍是强放热的。实际上两步反应都在同一反应器中进行。

工业上，尿素合成的反应温度为180~200℃，反应压力为14~25MPa。一般采用氨过量的措施，使氨与水结合降低水的活性，从而有利于尿素的生成。一般采用$n(NH_3):n(CO_2)=3:1\sim4:1$。

在尿素合成反应中，原料的转化率仅为70%以下，合成塔出来的料液中除尿素外，还含有未反应的氨、二氧化碳和未分解的甲铵，必须加以分离并循环利用。围绕着如何分离和循环这些物料，开发了多种工艺方法。大体可分为以下几类：

(1) 不循环工艺　合成塔出来的物料直接减压至常压状态，用蒸汽加热，将未反应的氨和二氧化碳分离出来，不再循环而送去制备硫酸铵和硝酸铵。

(2) 部分循环工艺　是将甲铵分解器中分解出来的部分氨和二氧化碳，以甲铵水溶液的形式循环回合成塔。

上述不循环和部分循环工艺的优点是流程较简单，投资较省，操作费用也较低，缺点是要附设庞大的铵盐加工装置，经济上不合理。

(3) 全循环工艺　把未转化的氨和二氧化碳全部循环返回尿素合成系统，又按分解、循环方法之不同，而分为水溶液循环法和气提法。我国过去较多采用水溶液循环法，但气提法技术经济指标比较先进，已有后来居上之势。

所谓气提法全循环工艺，是由尿素合成塔出来的溶液靠重力流入气提塔，气提塔由列管构成，溶液从塔顶沿管内壁流向塔底，在管壁上形成薄层液膜，故称降膜塔。在合成压力和温度下，下降的薄层液体与逆流向上吹过的气体接触，发生气提(解吸)作用使甲铵分解，并使未反应的氨和二氧化碳从溶液中分离出来。解吸用的气体可以用氨，也可以用二氧化碳，因二氧化碳在尿素溶液中的溶解度较小，故比较有利。气提是吸热的，热量由管壳间的蒸汽加热；以二氧化碳为气提剂时，从气提塔顶出来的气体(含有氨、二氧化碳和甲铵)经高压甲铵冷凝器再返回合成塔，形成循环，以进一步反应生成尿素，流程如图4-7。

3. 尿素造粒

气提塔底出来的尿素溶液经过两段加热蒸浓，第一段在30kPa、130℃下蒸发，第二段

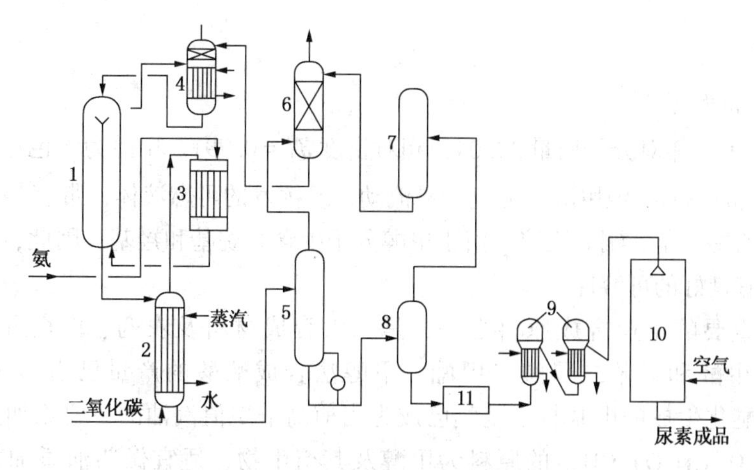

图4-7　二氧化碳气提法工艺流程

1—尿素合成塔；2—汽提塔；3—高压甲铵冷凝器；4—洗涤器；5—精馏塔；6—吸收塔；7—冷凝塔；8—闪蒸塔；9—蒸发器；10—造粒塔；11—储槽

压强降至3.3kPa，在140℃下蒸发。分两段的目的是在较低温度下蒸去水分，以减少缩二脲的生成，最后得到浓度在99.5%的尿素溶液。浓尿素溶液送去造粒制成最终产品。有三种造粒方法可供选择：

(1) 结晶法　通过冷却、结晶、分离、干燥等步骤得到产品。但成品易吸湿、结块，只适于作工业用尿素。

(2) 塔式喷淋法　将99.5%尿素溶液从50m高的造粒塔顶，通过旋转喷头喷成液滴下落，在下落过程中与塔底通入的空气逆流接触，凝结并冷却生成颗粒产品。此法消耗的动力少，缺点是产品的机械强度不高，塔顶排出的空气中含有尿素，造成空气污染。

(3) 颗粒成型法　利用料盘或转鼓，使浓尿素溶液逐层凝结在晶种粒子表面上而形成颗粒，此种尿素颗粒机械强度大，不易结块，便于储存和运输。

思考题

1. 石油气的主要来源有哪些？
2. 石油气主要有哪些方面的用途？
3. 气体分馏装置的原料及产品是什么？
4. 画出气体分馏装置的原则流程图。
5. 气体脱硫的目的是什么？气体脱硫有几种方法？
6. 何谓合成气？合成气的主要原料及生产方法有哪些？
7. 简述合成氨工艺过程的特点，并画出其原则流程图。

第二节　碳一化学品

凡含一个碳原子的化合物，如甲烷、CO、CO_2、HCN、甲醇等参与的化学反应，都可定义为C_1化学。以天然气或合成气为原料，沿着C_1化学路线可生产燃料或石油化工原料，其中甲醇转化的C_1化学在化学工业中占据着重要地位。

一、甲醇

（一）性质和用途

分子式 CH_4O，相对分子质量 32.04，相对密度 $d_4^{20}=0.791$。甲醇为无色透明液体。熔点 -97.6℃，沸点 64.8℃。纯甲醇是无色、易流动、易挥发的可燃液体，带有与乙醇相似的气味。可与水、乙醚、苯、酮等互溶。由于甲醇分子中含有烷基和羟基，因此，氮、氦、氧等气体在甲醇中有良好的可溶性。

甲醇是最重要的工业合成原料之一，是三大合成材料及农药、医药和染料的原料，大量用于生产甲醛和对苯二甲酸二甲酯。甲醇法合成醋酸的产量已占整个醋酸产量的 50%。甲醇经醚化生成的甲基叔丁基醚已成为当前高辛烷值汽油的主要添加剂。合成聚甲醛二甲醚[$CH_3O(CH_2O)_nCH_3$]的原料为甲醇及其衍生物，适宜做柴油添加剂，具有较高的十六烷值(>76)和高的含氧量(45%~51%)，且与柴油的互溶性好，可直接添加到柴油中而不需对发动机的内部进行改造，可以改善柴油在发动机中的燃烧状况，提高热效率，降低污染物排放，并能显著增加柴油的润滑性，被认为是一种极具应用前景的新型环保柴油添加组分。目前用甲醇为原料制汽油、低碳烯烃、芳烃，以及甲醇与甲苯反应制对二甲苯等过程，已先后工业化。用甲醇还可以合成人造蛋白即 SCP，以代替粮食作为禽畜的饲料。

（二）甲醇的合成

1. 合成反应

甲醇合成的反应过程如下：

主反应：

$$CO+2H_2 \rightleftharpoons CH_3OH\ (g) \qquad \Delta H=-90.8kJ/mol$$

当反应物中有 CO_2 存在时，还能发生如下反应：

$$CO_2+3H_2 \rightleftharpoons CH_3OH\ (g)+H_2O\ (g)$$

主要副反应：

$$2CO+4H_2 \rightleftharpoons (CH_3)_2O+H_2$$

$$CO+3H_2 \rightleftharpoons CH_4+H_2O$$

$$4CO+8H_2 \rightleftharpoons C_4H_9OH+3H_2O$$

$$CO_2+H_2 \rightleftharpoons CO+H_2O$$

此外还能生成少量的乙醇和微量醛、酮、酯等副产物。

早期用的催化剂是 $ZnO-Cr_2O_3$混合物，该催化剂活性较低，反应需在 380~400℃条件下进行。为提高平衡转化率，所需反应压力约为 34MPa，故称为高压法。20 世纪 60 年代中期以后，开发了铜系催化剂 $CuO-ZnO-Al_2O_3$，出现了分别以英国帝国化学工业公司(ICI)和德国鲁奇(Lurgi)公司为代表的两种工艺，两者均为低压法。低压法反应条件缓和，并且由于体系中一氧化碳分压低，不会形成羰基铁，所以可用碳钢作结构材料，装置投资少。低压法的操作费用低，甲醇纯度高。其工艺关键是铜系催化剂对硫和氯特别敏感，因此要求原料气中基本不含硫和氯。

由于催化剂的母体 CuO 组分没有催化活性，必须还原为金属铜才有活性。活化分为氮气流升温和还原两步过程：采用 0.4MPa、99%的纯氮气经加热炉升温后，将氮气导入合成反应器的催化剂床层，进行缓慢升温，速度为 20℃/h，当床层达到 160~170℃时，升温结束，通入还原性气体(一般可采用 H_2)进行催化剂的还原操作。

2. 工艺流程(低压法)

低压法合成甲醇工艺流程如图 4-8 所示。

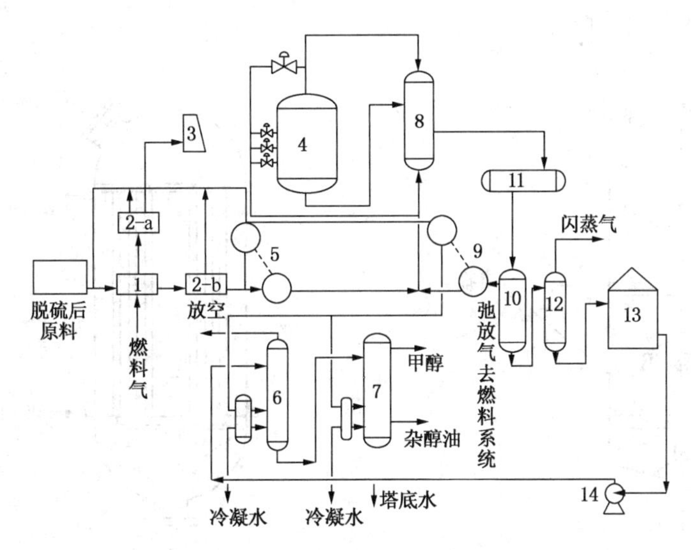

图 4-8 帝国化学公司低压法合成甲醇生产工艺流程

1—加压蒸汽转化炉；2—热交换器；3—烟囱；4—合成塔；5—合成气压缩机；6—第一蒸馏塔；7—第二蒸馏塔；8—热交换器；9—循环机；10—分离器；11—水冷凝器；12—闪蒸塔；13—粗甲醇罐；14—泵

合成甲醇工艺包括合成气的压缩、合成、精制等工序。

天然气经加氢脱除硫化物后与蒸汽混合，预热进入加压蒸汽转化炉。在 800~850℃进行烃类蒸汽转化反应，产生合成气。合成气经换热、冷却和压缩，压力升至 5.07MPa 与压缩后的循环气混合。混合气分为两股，主流经热交换器预热至 245℃进入合成塔，进行合成反应；支流作为冷激气以控制合成塔内催化剂床层的温度。从反应器出来的气体中含 6%~8%的甲醇，经换热器换热后进入水冷器，使产物甲醇冷凝，然后将液态的甲醇在气液分离器中分离，得到粗甲醇。排出气体中含有大量未反应的 H_2和 CO，部分排出系统作燃料，大部分经循环气压缩机压缩后与新鲜合成气混合再进入反应器。

粗甲醇入闪蒸罐闪蒸出溶解的气体后还含有两类杂质：一类是溶于其中的气体和易挥发的轻组分醚、醛、酮、酯等；另一类是重组分如乙醇、高级醇、水等。可用两个塔精制：第一塔为脱轻组分塔，加压操作，从塔顶脱去轻组分；第二塔为精制塔，从塔顶进一步除去轻组分，水从塔釜分出，距塔顶 3~5 块板处侧线采出产品甲醇，杂醇油在塔的加料板下 6~14 块板处，侧线气相采出。采用双塔精制流程是为了得到纯度为 99.5%的精甲醇。若生产燃料甲醇，以除去水为目的时只需一个脱水塔即可。

采用 $CuO-ZnO-Al_2O_3$催化剂时最适宜的反应温度为 230~270℃，相应压力可降至 5~10MPa；空速控制在 10000h^{-1}左右。原料气组成 $n(H_2):n(CO)=2.2:1\sim3.0:1$；原料气 CO_2为 5%左右较为有利。若原料气中有 N_2及 CH_4等惰性介质存在时，使 H_2及 CO 的分压降低，导致反应转化率下降。为避免惰性气体的积累，必须将部分循环气从反应系统排出，一般生产控制循环气量是新鲜原料量的 3.5~6 倍。

3. 合成反应器的结构及材质

由于合成甲醇是强放热反应，铜系催化剂的热稳定性差，反应热必须及时移走，否则会增加副反应或者使催化剂发生熔结而活性下降。因此严格控制反应温度，及时有效地移走反应热是低压合成甲醇反应器设计和操作的关键。根据反应热导出方式的不同，可分为以ICI法为代表的冷激式直接绝热反应器和以鲁奇为代表的列管式间接等温反应器。两种反应器结构形式如图4-9和图4-10所示。

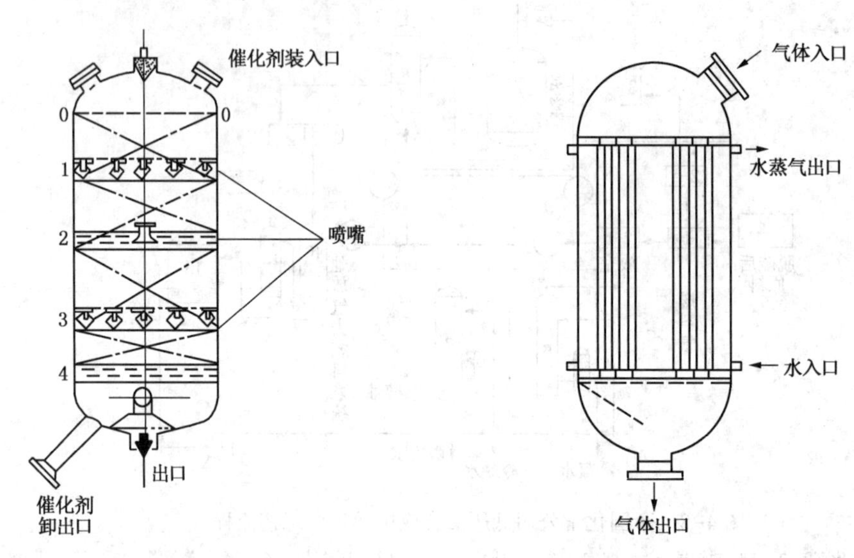

图4-9 冷激式反应器　　图4-10 低压法合成甲醇水冷管式反应器

（1）冷激式反应器　该反应器与气相烷基化反应器相似。催化剂床层分几段，冷却原料气从段间喷进，冷热流体混合温度正好是该床层反应温度的下限，反应后释放出的热量使床层温度上升，在还没有超过上限时，遇到下一段冷激原料气而冷却，热流体继续降温进入下一段催化剂床层，其温度分布如波浪形。此反应器的关键是反应气和冷激气的混合和分布必须均匀。

（2）列管式等温反应器　此类反应器结构类似列管式换热器。催化剂置于列管内，壳程走锅炉给水，反应热由管间锅炉给水带走，同时发生高压蒸汽。通过对蒸汽压力的调节，可以简便地控制反应器的温度。

（3）反应器材质　合成气中含H_2和CO，因此反应器材质要求抗氢蚀和抗一氧化碳腐蚀。当CO分压超过3.0MPa时，可用铬钢，或用1Cr18Ni9Ti不锈钢。

二、甲醛

（一）性质与用途

甲醛分子式CH_2O，相对分子质量30.016，相对密度$d_4^{20}=0.815$。室温下，甲醛是无色气体。熔点91.5℃，沸点-23.4℃。能与空气形成爆炸性混合物，其爆炸极限为7.0%~73%。甲醛中常含有微量杂质，很容易聚合。这种单体在工业上一般有3种形态：①35%~55%的水溶液，其中99%以上的甲醛作为水合物或多聚甲醛的混合物；②甲醛经酸催化反应可聚合生成环状三聚物，即三聚甲醛；③甲醛的聚合物，也称为聚甲醛，用甲醛水溶液蒸发制得。在热或酸作用下，可逆向分解为甲醛单体。

除了直接使用甲醛溶液福尔马林作消毒剂、防腐剂以及作纺织、皮革、毛皮、造纸和木材工业的助剂外，甲醛大部分用于制造酚醛、脲醛和三聚氰胺-甲醛树脂。无水纯甲醛或其三聚物可用来生产高分子热塑性塑料聚甲醛。此外，甲醛水合羰化可合成乙醇酸，经酯化加氢后生产乙二醇。

（二）甲醇制甲醛的过程

目前，工业生产上甲醛是以甲醇为原料，通过氧化脱氢来制取的。另外还有甲烷氧化及高级烃氧化的制法，由于副反应多，还没有得到工业推广。

甲醇与空气的混合气体的爆炸范围甲醇浓度为6%~37%，因此，合成反应必须在甲醇的爆炸范围以外进行。根据甲醇与空气混合比不同，有甲醇过量法和空气过量法两种不同的反应方式。通常装置的生产能力为10~40kt/a。

1. 甲醇过量法

该法在爆炸范围之外，即甲醇浓度大于37%，混合以少于理论所需量的空气，使混合气通过银催化剂，在600~650℃温度下反应。也称为银催化剂法。主反应如下：

$$CH_3OH+1/2O_2 \longrightarrow HCHO+H_2O \qquad \Delta H=-159kJ$$

$$CH_3OH \longrightarrow HCHO+H_2 \qquad \Delta H=+83.68kJ$$

反应为放热反应。

银催化剂可以是结晶状或网状，大部分反应器内的催化剂层仅几厘米厚，也有将银载于金刚砂载体上的。反应过程中可加入少量水蒸气，一方面能增加甲醇的转化率；另一方面可减少银的再结晶，降低银表面的沉积，延长催化剂的寿命。为了控制甲醛热分解为CO和H_2的速度，工业上采用短停留时间、薄催化剂床层及将反应气体迅速冷却到150℃以内等措施。由于Ag催化剂对其他微量金属以及卤素、硫很敏感，故原料气中应尽量不含这些杂质，可用碱性物质洗涤原料进行预精制。

工艺流程如图4-11所示。

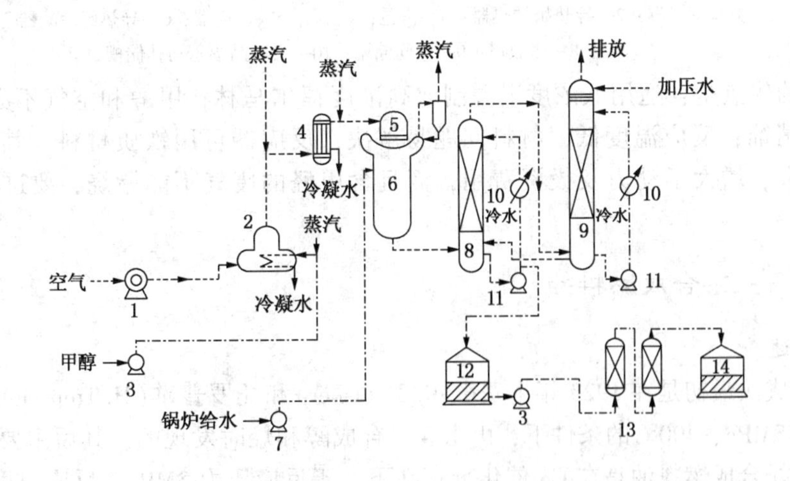

图4-11 甲醛生产工艺(甲醇过量法)

1—鼓风机；2—汽化器；3—泵；4—预热器；5—反应器；6—废热锅炉；7—锅炉给水泵；8—第一吸收塔
9—第二吸收塔；10—冷却器；11—循环泵；12—中间储罐；13—精制装置；14—成品福尔马林储槽

将甲醇汽化并过热，与用苛性碱洗涤过的空气混合，通过预热器后进入反应器，反应压力为0.03~0.05MPa。随反应条件的变化，甲醇单程转化率范围为60%~85%，甲醛选择性为91%~93%，甲醛分解率为7%~8%，副产CO_2、CO、H_2及CH_4等。在吸收工艺中，反应气体中易于被水吸收的甲醛生成福尔马林，其中一部分作粗品福尔马林使用。当向市场出售时，采用离子交换树脂的精制工艺除去蚁酸等杂质，再调节甲醛、甲醇浓度得成品。该法投资费用低，被广泛使用。

2. 空气过量法

工艺流程如图4-12所示。该法采用Fe_2O_3-MoO_3为基础的金属氧化物作催化剂，在350~450℃温度下反应，为控制甲醇浓度为6%以下，与大大过量的空气混合，接触时间为0.1~0.5s，此法亦称铁钼催化剂法。该反应为甲醇直接氧化反应。由于是强放热反应，因而如何移除反应热便成为反应器设备制造中的问题。催化剂中MoO_3对热敏感，受热后易挥发，为维持催化剂活性，过程中要加入过量的MoO_3。

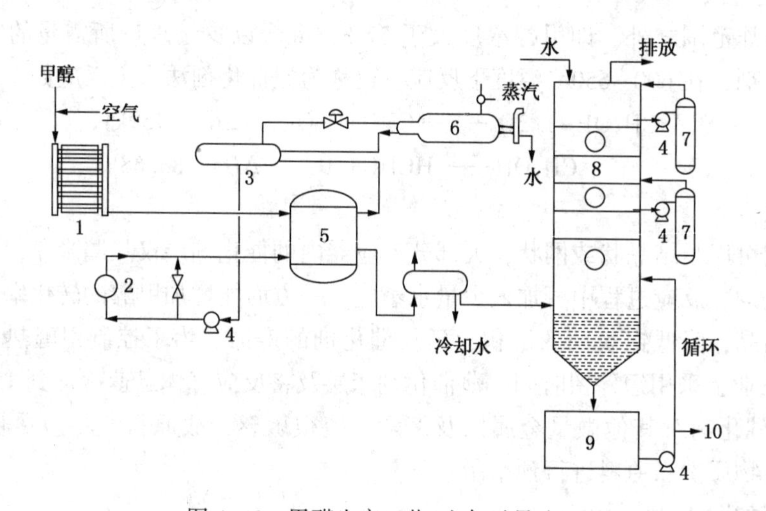

图4-12　甲醛生产工艺(空气过量法)

1—夹套蒸发器；2—导热姆加热器；3—汽包；4—泵；5—反应器；6—导热姆冷凝器

7—冷却器；8—吸收塔；9—中间储罐；10—去成品福尔马林储槽

该方法的优点是：适用低浓度甲醇制取高浓度福尔马林，甲醇和空气不必严格精制，甲醛不需再精馏；反应温度低，材料问题易解决，反应器可用铁质材料。其缺点是：过程空气流量大，增大了动力及投资费用，而且含甲醛的废气不能燃烧，要进行专门脱甲醛处理。

三、费-托法合成燃料油

(一) 概述

费-托合成法最初是在1923年由费歇尔(F. Fisher)和托罗普歇(H. Tropsch)采用含碱的铁催化剂在15MPa、400℃的条件下，由水煤气合成醇和烃时发现的，其后主要由德国进行了开发。费-托合成燃料油是在Co催化剂存在下，于反应压力3MPa、反应温度200℃左右进行的由CO+H_2反应生成汽油、柴油等燃料的过程。化学反应方程式如下：

$$CO+2H_2 \longrightarrow —CH_2—+H_2O$$

费-托合成反应生成物的碳数分布从CO的碳一化合物开始直至碳数为1~10000的烃的聚合物，如果考虑汽油燃料油时则为C_4~C_{12}，作轻灯油时则为C_{10}~C_{20}，一般来说，费-托合成反应包括反应引发、链增长反应、链终止反应、二次反应等单元反应。

（二）催化剂

第 VIII 族金属和钼、钨等，处于金属状态时对 CO 加氢都具有活性，其活性受载体和助催化剂的影响很大，而 Ru、Ni、Co、Fe、Rh 等活性高，Pd、Pt、Ir 等活性低，然而在这些金属上，反应的主要产物多数情况下是甲烷。在费-托反应中，能产生液体或固体烃的金属活性组分仅有 Ru、Co、Fe、Ni 以及在特殊情况下的 ThO_2，从发展历史看，铁是最早发现的，而实用化则钴最早。

1. 钴催化剂

钴催化剂在金属状态下是有活性的，通常是将硝酸盐水溶液用碳酸钠或碳酸钾使之沉淀，然后在 200～300℃下进行加氢还原而活化。单独用钴时，活性、选择性和寿命不十分好，加入 $ThO_2$10%～20%、硅藻土 100%～200%则性能明显改善。在第二次世界大战中，德国和日本工业化的费-托法催化剂几乎都是这个系统。

2. 铁催化剂

比 Co 催化剂发现得早，而正规的研究则比 Co 催化剂要迟。第二次世界大战后，德、美、英等国进行了大规模的研究开发。现在工业中唯一实施的费-托法的 ARGE 和 SYNTHOL 法全都采用铁催化剂。

铁催化剂比钴催化剂活性高，与钴催化剂在 200℃可以发挥其性能来比较，铁具有150～370℃的有效温度范围。当然，单一的催化剂在这个温度范围内是不大有效的，改变制备方法加入助催化剂则有助于提高活性。工业上实际的压力范围在 0.1～10MPa 之间，常用 0.5～3MPa。

3. 钌催化剂

是合成气生成烃的有效催化剂。钌催化剂不大受载体的影响而受反应条件的影响很大。例如，在 $n(H_2):n(CO)=4:1$ 时，生成物大多是气体，而 $n(H_2):n(CO)=1:1$ 时，气体的生成很少，大部分为液体生成物和蜡。另外，反应压力影响也大，即在常压合成时虽也生成液体烃，但提高反应压力时生成物平均相对分子质量提高。

用钌催化剂合成液态烃时，生成物中醇等含氧化合物少，由于烃分支少的直链烷烃多，如果能调节沸点范围的话，可得到喷气发动机燃料、柴油或作为灯油、轻油的优质合成油。

（三）生产工艺

使用该工艺最早的是 SASOL 公司，该公司 1950 年设立在煤产丰富而不产石油的南非共和国，从 1955 年起开始了费-托法的燃料油生产。在 1973 年及 1979 年两次石油危机后，该公司相继建成 SASOL-2 和 SASOL-3，由煤大规模生产燃料油及发展石油化学工业。费-托合成工艺流程示意图如图 4-13 所示。反应器为德国鲁尔化学公司开发的 ARGE 反应器，壳径约 3m，内部安装有 2 英寸管约 2000 根，管内充填颗粒状的沉淀铁催化剂，催化剂层高约 13m，壳内通热水，调节水蒸气压力可以调节热水的温度，也可以控制反应温度。条件为反应压力约 2.5MPa，平均温度 232℃。

本工艺合成气的转化率为 65%，生成烃的分布中 C_1～C_4气体较少，约 18%；汽油、柴油和蜡类为主要生成物，特别是蜡生成量大。由于燃料油生成少，因而未必是很好的燃料油制造工艺。另外，由于 ARGE 反应器放大困难、操作繁杂、生产率低等原因，在后续的 SASOL 工艺不再采用。产品生成烃的后处理过程等参见图 4-13。

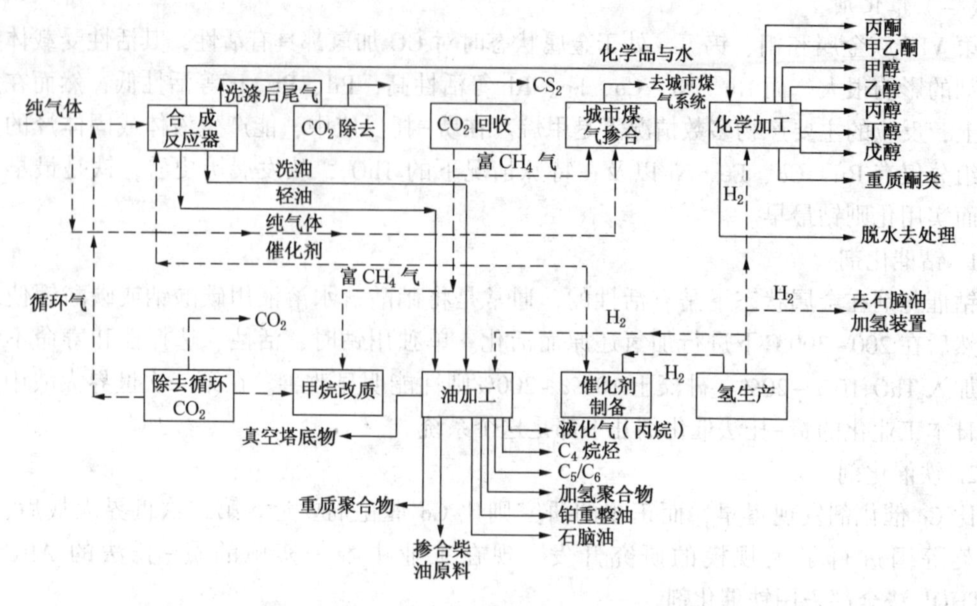

图4-13 费-托合成工艺流程图

思考题

1. 简述CO和H_2合成甲醇的工艺过程及其原理。

2. 对合成甲醇反应器的材质有何要求？当前有代表性的有哪几类反应器？

3. 试叙述甲醇过量法制甲醛的工艺流程。

4. 费-托合成过程的含义指什么？主要用哪些催化剂？

第三节 石油烃裂解制烯烃

石油烃裂解装置以生产乙烯为主，同时联产丙烯和碳四馏分，经二甲基甲酰胺（DMF）或乙腈法抽提可得到丁二烯。裂解副产的裂解汽油，切除碳五和碳九，剩下的碳六至碳八馏分经两段加氢可得到加氢裂解汽油。它含芳烃多，一般高达60%以上，经芳烃抽提可得到苯、甲苯、二甲苯。

一、工艺原理

（一）生产乙烯的原料

生产乙烯所用的原料范围较宽，从最轻的乙烷一直到最重的减压柴油（有的要加氢饱和），包括天然气凝析油（NGL）、液化石油气（LPG）、石脑油（NAP）和常压柴油（AGO），甚至加氢的重柴油（VGO）等。随原料来源的变化，乙烯收率或三烯、三苯总收率各不相同。一般的规律是原料轻，乙烯收率高。通常认为从NGL得到的乙烷原料最佳，因为乙烯最终收率可达80%左右。评价一种裂解原料的优劣，可用原料的烃组成[一般用PONA值表示原料的烃组成，P、O、N、A分别代表烷烃（paraffin）、烯烃（olefin）、环烷烃（naphthene）、芳烃(aromatics)，PONA 是由这些烃类英文名的第一个字母组成]、氢含量、相对密度及重质油中的芳烃特征(BCMI 值)等来衡量(见表 4-5)。

表 4-5　裂解产物与原料烃相对分子质量和氢含量的关系

裂解原料	乙　烷	丙　烷	石脑油	粗柴油	原　油
相对分子质量	30	44	97	200	310
原料的氢含量%	20.0	18.2	15.5	13.6	13.2
产物得率/%					
乙烯	77.0	43.0	31.4	21.0	22.0
废气(CH_4、H_2、CO)	14.8	30.0	20.4	12.6	13.6
C_3馏分	2.9	16.0	12.4	12.5	14.8
C_4馏分	2.6	3.0	5.7	10.2	6.2
C_5^+	2.7	8.0	30.1	43.7	43.4
除乙烯以外的副产物	23.0	57.0	68.6	79.0	78.0

(二) 烃类裂解的化学反应原理

烃类裂解是石油系原料中的较大分子的烃类在高温下发生断链反应和脱氢反应生成较小分子的乙烯和丙烯的过程。烃类裂解反应是吸热过程，属自由基链反应。它包括脱氢、断链、异构化、脱氢环化、芳构化、脱烷基化、聚合、缩合和焦化等诸多反应，十分复杂，所以裂解是许多化学反应的综合过程。而作为裂解原料的石油馏分，又是各种烃类的混合物，使烃类裂解过程更加复杂。因此，采用简单的模式或过程描述这一反应是不可能的，这里只是将这个平行-顺序反应过程按物料变化过程的先后顺序划分为一次反应和二次反应进行简要介绍。

1. 烃类裂解过程的一次反应

一次反应指原料烃经过高温裂解生成乙烯、丙烯的反应。

(1) 烷烃裂解的一次反应　烷烃的裂解反应主要有以下两种：

① 断链反应。C—C 键断裂，反应后生成碳原子数减少、相对分子质量较小的烷烃和烯烃。

$$C_{m+n}H_{2(m+n)+2} \longrightarrow C_nH_{2n} + C_mH_{2m+2}$$

例如：

$$C_3H_8 \longrightarrow C_2H_4 + CH_4$$

$$C_4H_{10} \longrightarrow C_3H_6 + CH_4$$

$$C_4H_{10} \longrightarrow C_2H_4 + C_2H_6$$

② 脱氢反应。C—H 键断裂，生成的产物是碳原子数与原料烷烃相同的烯烃和氢气。

$$C_nH_{2n+2} \rightleftharpoons C_nH_{2n} + H_2$$

例如：

$$C_2H_6 \rightleftharpoons C_2H_4 + H_2$$

$$C_3H_8 \rightleftharpoons C_3H_6 + H_2$$

$$C_4H_{10} \rightleftharpoons C_4H_8 + H_2$$

在相同裂解温度下，脱氢反应所需的热量比断链反应所需的热量要大。如在 700℃温度下裂解，断链反应比脱氢反应来得容易，若要加快脱氢反应，必须采用更高的温度。从断链反应看，一般说来 C—C 键在碳链两端断裂比在其中间断裂占优势。断链所得的较小分子是烷烃，主要是甲烷，较大分子是烯烃。随着烷烃相对分子质量的增加，C—C 键在两端断裂的优势逐渐减弱，而在中间断裂的可能性相应地增大。在同级烷烃中，带有支链的烷烃较易发生裂解反应。高碳烷烃(C_4以上)的裂解首先是断链。

（2）烯烃裂解的一次反应　由烷烃断链可得到烯烃。烯烃可进一步断链成为较小分子的烯烃。

例如：

$$C_{m+n}H_{2(m+n)} \longrightarrow C_nH_{2n}+C_mH_{2m}$$

$$C_5H_{10} \longrightarrow C_3H_6+C_2H_4$$

生成的小分子烯烃，也可能发生如下反应：

$$2C_3H_6 \longrightarrow C_2H_4+C_4H_8$$

$$2C_3H_6 \longrightarrow C_2H_6+C_4H_6$$

乙烯在1000℃以上可脱氢生成乙炔：

$$C_2H_4 \rightleftharpoons C_2H_2+H_2$$

（3）环烷烃裂解的一次反应　原料中的环烷烃开环裂解，生成乙烯、丁烯、丁二烯和芳烃等。例如环已烷裂解、断链反应：

$$C_6H_{12} \longrightarrow \begin{cases} C_2H_4+C_4H_8 \\ C_2H_4+C_4H_6+H_2 \\ C_4H_6+C_2H_6 \\ 3/2C_4H_6+3/2H_2 \end{cases}$$

脱氢反应：

$$C_6H_{12} \xrightleftharpoons{-H_2} C_6H_{10} \xrightleftharpoons{-H_2} C_6H_8 \xrightleftharpoons{-H_2} C_6H_6$$

带支链的环烷烃裂解时，首先进行脱烷基反应，对长支链的环烷烃反应一般在支链的中部开始发生，一直进行到侧链变成甲基或乙基，然后进一步裂解。侧链断裂的产物可以是烷烃，也可以是烯烃。

（4）芳烃裂解的一次反应　芳烃的热稳定性很高，在一般的裂解过程中，芳香环不易发生断裂。所以，由苯生成乙烯的可能性很小。但烷基芳香烃可以断侧链及脱甲基，生成苯、甲苯、二甲苯等。苯的一次反应是脱氢缩合为联苯，多环芳烃则脱氢缩合为稠环芳烃。

从以上分析也可以看到，以烷烃为原料裂解最有利于生成乙烯、丙烯。

2. 烃类裂解过程的二次反应

二次反应指乙烯、丙烯继续反应生成炔烃、二烯烃、芳烃和焦炭反应。主要反应有：

（1）一次反应生成的烯烃进一步裂解　如：

$$C_5H_{10} \longrightarrow \begin{cases} C_2H_4 + C_3H_6 \\ C_4H_6 + CH_4 \end{cases}$$

（2）烯烃的加氢和脱氢反应　如烯烃加氢反应生成烷烃和脱氢反应生成二烯烃和炔烃：

$$C_2H_4+H_2 \rightleftharpoons C_2H_6$$

$$C_2H_4 \longrightarrow C_2H_2+H_2$$

（3）烯烃的聚合、环化、缩合等反应　这类反应主要生成二烯烃和芳香烃等：

$$2C_2H_4 \longrightarrow C_4H_6+H_2$$

$$C_2H_4+C_4H_6 \longrightarrow ⌬ +H_2$$

$$C_3H_6+C_4H_{10} \longrightarrow 芳香烃+H_2$$

(4) 烃的生碳和生焦反应　在较高温度下，低分子烷烃和烯烃可能分解为碳和氢，这一过程是随着温度升高而分步进行的。如乙烯脱氢先生成乙炔，再由乙炔脱氢生成碳和氢：

$$CH_2 = CH_2 \xrightarrow{-H_2} CH \equiv CH \xrightarrow{-H_2} 2C+H_2$$

又如非芳烃裂解时，先生成环烷烃，而后脱氢生成苯，再由苯缩合生成芳香烃液体，进一步脱氢缩合而结焦：

2 ⌬ ⟶ ⌬–⌬ ⟶ ⌬–⌬–⌬– ···⟶高分子稠环芳烃⟶焦

多环芳烃，如芘、菲等，双苯更易缩合而结焦。

综上所述，生碳和生焦都是典型的连串反应。乙炔是生炭反应的中间生成物，因为生成炔烃需要较高的反应温度，所以生炭在900~1000℃才能明显发生。而生焦反应的中间生成物是芳烃以及连续生成的稠环芳烃，而生成稠环芳烃不需要高温，所以生焦反应在500~600℃以上就可以进行。

石油系由各种烃类组成的极其复杂的混合物，其裂解反应比单个烃裂解反应复杂得多。不仅原料中各单个烃在高温下进行裂解，单个烃之间、单个烃与裂解产物之间以及裂解产物之间也会发生相互反应。尤其是随着裂解时间的延长，最后必然会生成缩合物(沥青状物质)，直到最终生成焦。

(三) 烯烃产率与工艺参数的关系

工业上的烃类裂解都在高温下进行。烃类裂解伴生的副反应，使乙烯、丙烯继续反应生成炔烃、二烯烃、芳烃和焦炭等。产物的二次反应不但能降低乙烯、丙烯的产率，增加原料的消耗，而且焦炭的生成也会造成反应器和锅炉等设备内的管道阻力增大，传热效果下降，受热温度上升，甚至造成通道堵塞，影响生产周期，降低设备处理能力。在对裂解过程的反应热力学和动力学分析的基础上，通过乙烯生产长期的工业实践、工艺的不断改进，目的产物烯烃的收率也逐步提高。归结起来，有以下几点：

1. 最佳操作温度

烃类裂解制乙烯的最适宜温度一般在750~900℃之间。适当提高温度，有利于提高一次反应对二次反应的相对速度，可以提高乙烯产率。当温度低于750℃时，乙烯的产率较低；当反应温度超过900℃，甚至达到1100℃时，对生焦成炭反应极为有利，这样原料的转化率虽有增加，产品的产率却大大下降。

2. 适宜的停留时间

如果裂解原料在反应区停留时间太短，大部分原料还来不及反应就离开了反应区，使原料的转化率降低；延长停留时间，虽然原料的转化率很高，但会造成乙烯产率的下降，生焦和成炭的机会增多。

裂解温度与停留时间是相互关联的，缩短接触时间，可以允许提高温度。为此烃类裂解必须创造一个高温、快速、急冷的反应条件，保证在操作中很快地使裂解原料上升到反应温度，经短时间(适宜停留时间)的高温反应后，迅速离开反应区，又很快地使裂解气急冷降温，以终止反应，这就是烃类裂解的基本特点。

近几十年来，世界各主要工业国家的裂解技术都相继向提高裂解温度、缩短停留时间的操作条件演变，积极进行工程开发，以增加乙烯的产量。这可以由下列数据看出。

年　代	最高反应温度/℃	停留时间/s
20 世纪 50 年代	750	1.5
20 世纪 60 年代	800	1.2
20 世纪 70 年代	815	0.65
20 世纪 80 年代	850	0.35
毫秒裂解炉	900~930	0.03~0.1

实际工业上究竟采用多短的接触时间和多高的温度呢？除了提高乙烯产率这一重要因素外，还应考虑一系列其他问题，如裂解原料组成、操作条件和副产品的回收利用，以及裂解炉的操作性能等。对于石脑油、粗柴油为原料时，提高温度、缩短接触时间有利于提高乙烯产率，但丙烯产率和汽油产率有所下降。

3. 降低体系内原料烃的分压

烃类裂解的一次反应，不论是断链反应还是脱氢反应，都是反应分子数增多、气体体积增大的反应。例如：$C_2H_6 \rightleftharpoons C_2H_4+H_2$，体积增大一倍。对于反应后气体体积增大的可逆反应，降低压力有利于反应向正方向进行，即有利于提高乙烯的平衡产率。聚合、缩合、生焦等二次反应，都是体积缩小的反应，降低压力可以抑制这些反应的进行。概括起来说，降低压力对烃的裂解是有利的。裂解过程的压力一般约在 150~300kPa 范围之内。

那么，在高温下如何降低裂解反应系统的压力呢？高温系统是不易密封的，如要用减压操作，就可能有空气渗入裂解系统(包括急冷至压缩前的系统)，与裂解气形成爆炸混合物。此外，减压下操作对以后分离工段的压缩带来不利，要增加能量的消耗。所以，烃类裂解一般不采用直接减压法，而采用在裂解气中添加惰性稀释剂的办法。当裂解原料中加入稀释剂后，它在系统内的分压增高，相应的原料烃的分压必然下降，从而达到减压操作的目的。工业上常用水蒸气作为稀释剂，亦称稀释蒸汽。

水蒸气的加入量随裂解原料而异。一般来说，裂解原料越易结焦，加入的水蒸气量越大。表 4-6 为管式炉裂解各种原料的水蒸气稀释度的一般范围。

表 4-6　裂解各种原料的水蒸气稀释度

原　料	氢含量%	易结焦程度	m(水蒸气)：m(烃)
乙烷	20	较不易	0.25：1~0.4：1
丙烷	18.5	较不易	0.3：1~0.5：1
石脑油	14.16	较易	0.5：1~0.8：1
粗柴油	~13.6	很易	0.75：1~1.0：1
原油	~13.0	极易	3.5：1~5.0：1

二、裂解设备与工艺

为实现上述反应条件设置了裂解炉、急冷器和与之相配合的其他设备。其中裂解炉是裂解系统的核心，它供给裂解反应所需的热量，并使反应在确定的高温下进行。依据供热方式的不同，可将裂解炉分成许多不同的类型，例如管式炉、蓄热炉、砂子炉、原油高温水蒸气裂解炉、原油部分燃烧裂解炉等，但管式炉裂解技术最为成熟。目前，世界产量的 99%左右是由管式炉裂解法生产的。近年来我国新建的乙烯生产装置均采用管式炉裂解技术。

其主要设备工艺要求是：

① 管材要有较高的耐温性。现在已有在1070℃下长期工作的管材，最近已制成能耐1200~1300℃的新钢种。

② 裂解炉能在短时间内给烃类物流提供大量的热。现在可达$3.35\times10^5 \sim 4.52\times10^5 kJ/m^2 \cdot h$。

③ 降温快。保证短接触时间的工艺是急冷，使高温反应物离开反应区后能迅速冷却下来。

工业上采用管式裂解炉裂解法种类很多，应用较广泛的有鲁姆斯法、斯通-韦拍斯特法、三菱油化法。由于原料不同，裂解条件和工艺条件也有较大的差异，但基本工艺都是由裂解反应、产物急冷和裂解气预处理及分离三部分组成。在此就鲁姆斯法进行简介。

美国鲁姆斯公司自1940年进行裂解工艺开发，最早采用水平式炉。1958年后开始了以减少停留时间、提高裂解温度、减少结焦、延长操作周期为目的的新型裂解炉SRT-Ⅰ的研究，其停留时间大约为0.7s。随后又陆续研制出SRT-ⅡHS型高深度裂解炉和SRT-ⅡHC型高容量裂解炉。1973年又出现了SRT-Ⅲ型炉和改进型，炉膛温度高达1320℃，停留时间更短。裂解原料选用减压柴油，其裂解选择性更好。鲁姆斯工艺流程见图4-14所示。

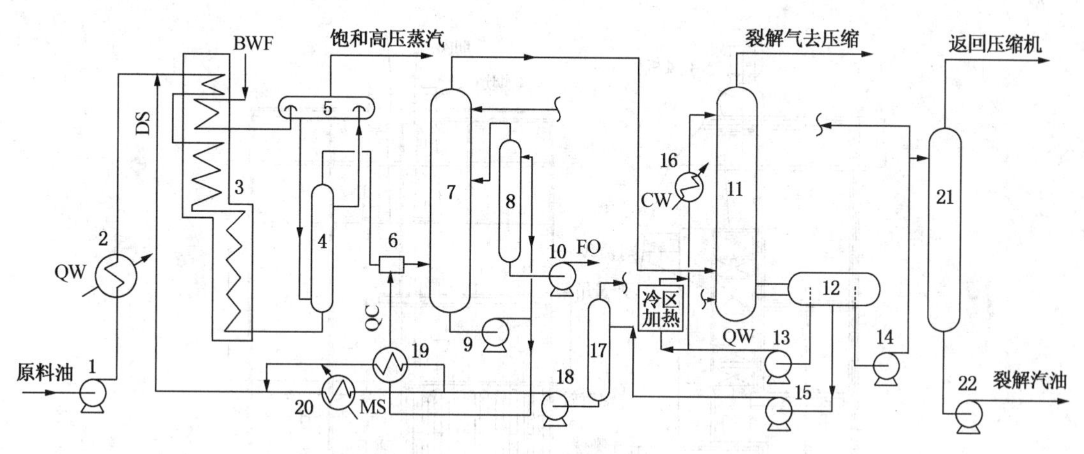

图4-14 鲁姆斯裂解工艺流程

BWF—锅炉给水；QW—急冷水；QO—急冷油；FO—燃料油；CW—冷却水；MS—中压蒸汽；DS—低压蒸汽
1—原料油泵；2—原料预热器；3—裂解炉；4—急冷锅炉；5—汽包；6—急冷器；7—汽油分馏塔；
8—燃料油汽提塔；9—急冷油泵；10—燃料油泵；11—水洗塔；12—油水分离器；13—急冷水泵；
14—裂解汽油回流泵；15—工艺水泵；16—急冷水冷却器；17—工艺水汽提塔；18—工艺水泵；
19、20—稀释蒸汽发生器；21—汽油汽提塔；22—裂解汽油泵

液态烃类原料预热到120℃，进入对流段并通入稀释蒸汽，稀释质量比为0.3~0.7，预热至580℃进入立式排列的辐射管，温度达到800~850℃，发生裂解反应，停留时间约为0.3~0.7s。裂解炉出口的裂解气通过急冷锅炉(双套管式急冷热交换器)急冷，以终止二次反应，急冷锅炉温度控制在370~500℃范围，副产12MPa蒸汽。急冷后的裂解气再在急冷塔中用急冷油进一步冷却，并进入汽油分馏塔进行分离。由塔釜分馏出裂解气中的燃料油和急冷器中加入的急冷油，而汽油馏分及更轻的馏分则进入水洗塔再次进行冷却和分离，裂解气中的大部分水分和部分汽油馏分从塔釜馏出，并在油水分离器中将水和汽油进行沉降分离。水洗塔塔顶的裂解气则进入压缩和分离系统进行分离和精制。

汽油分馏塔塔釜的燃料油馏分部分经汽提后送出作为副产物，而其余大部分作为急冷油循环使用。油水分离器上层分离出的裂解汽油，部分送入汽油汽提塔汽提后作为产品送出装置，而大部分裂解汽油则作为汽油分馏塔回流。下层含油污水，一部分冷却后作水洗塔回流，另一部分经汽提后循环作稀释蒸汽使用。

管式裂解炉是一种间壁加热装置。裂解原料及稀释蒸汽经对流段预热后，进入高温辐射段进行裂解，辐射段由燃料燃烧加热辐射盘管。高温烟气经对流段回收热量后从烟囱排除。管式炉的裂解反应温度和烃分压都是沿盘管变化的。早期的管式裂解炉大都为水平箱式炉，其盘管受热不均匀，炉内构件耐热程度有限，约束了裂解操作条件的进一步改善。发展到20世纪70年代，工业上开始采用垂直悬吊的立管式裂解炉。

SRT型炉是一种有代表性的炉型。它为单排双辐射立式管式炉。每台裂解炉由四组炉管或八组炉管组成。SRT-Ⅰ的每组炉管由8根10m左右的炉管组成，其管径为76~127mm。炉管通过上部回弯头的支耳，由弹簧支架吊在炉顶。当炉管受热后，可通过炉底导向装置向下膨胀。烧嘴在炉墙两侧和炉底，即双面辐射，一般炉墙每侧有4~6排烧嘴，每排8~11个；炉底烧嘴沿两侧炉墙排列，每侧有8个烧嘴。侧壁烧嘴只烧气体燃料，炉底烧嘴既可烧油也可烧气，底部燃料量约占总燃料量的20%~35%。SRT-Ⅱ采用多支变管径炉管，以增大表面积与体积之比。图4-15是SRT-Ⅱ型炉结构示意图。

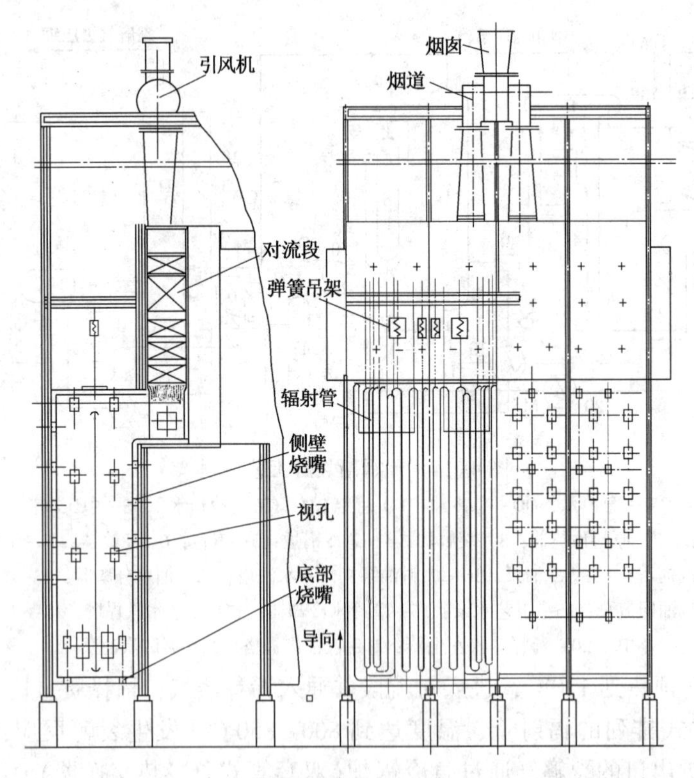

图4-15　SRT-Ⅱ型管式裂解炉示意图

由于辐射管内不可避免地要结焦，即反应生成的焦或炭黏附在炉管内壁上，造成盘管内阻力增大，管壁温度上升。当管壁温度超过规定极限或压力降增加大于规定值以后，就要对裂解炉进行烧焦除炭的操作，即所谓清焦。从开始运转到清焦为止的连续运转周期称为清焦周期。它随原料和裂解深度的不同而不同，目前这个周期一般可达2~3个月。

除上述工艺外，还有斯通-韦伯斯特1966年发展的超选择性裂解炉(简称USC法)，是以产品中乙烷等副产品少而乙烯产率高而闻名；KTI(荷兰动力技术国际公司)开发了目前大家公认的最先进的裂解炉机理模型——SPYRO，并在此基础上开发了多种裂解炉管构型；Kellogg公司自1972年推出并不断改进的毫秒炉是裂解选择性最高的工业裂解炉。

三、裂解产物的急冷操作

自裂解炉中出来的高温裂解气进入急冷分馏系统，简称急冷系统。此工段的操作目标是：

① 使高温裂解气得以迅速降温。750~900℃的高温裂解气在极短的时间内降至350~600℃(因原料而异)，以避免反应时间过长而损失烯烃；

② 使裂解产物初步分离；

③ 回收废热，以降低能耗和成本，提高经济效益。

(一) 急冷方式

急冷的方式有两类：一种方式是间接急冷，另一种是直接急冷。

1. 间接急冷

间接急冷是在热交换器中以高压水间接与裂解气接触进行间壁冷却，使裂解气迅速冷却，同时回收热量。其急冷速度已达到百万分之一秒下降1℃。用裂解气热量发生蒸汽的换热器称为急冷锅炉，也称为输送管线换热器。急冷换热器与汽包所构成的发生蒸汽系统称为急冷锅炉系统。使用急冷锅炉的目的，一是急冷终止裂解反应，二是回收热量。

2. 直接急冷

是利用冷却介质(如水或油等冷剂)直接与高温裂解气接触，冷剂被加热汽化或部分汽化，从而吸收裂解气的热量，使高温裂解气得以迅速降温。一般在百分之一秒内，物料温度下降100℃。

直接急冷的冷却效果好、流程简单，但其最大缺点是不能很好地回收高温裂解气的热量，回收的热量只能产生中压蒸汽，经济性差。因此，除了当重质馏分油裂解时，由于急冷锅炉结焦严重，副产蒸汽量少，可采用直接急冷的方式外，一般不采用直接急冷技术。

(二) 急冷锅炉的特点及结构

急冷锅炉是裂解装置除裂解炉外的重要设备。常使用的类型有管式、壳式、套管式、双套管式和列管式等。

一般急冷锅炉管内走高温裂解气，其压力为0.1MPa(表压)左右，管外走高压热水，其压力为7.85~11.77MPa(表压)，通过管壁将热量传给高压热水使之成为高压蒸汽。

急冷锅炉与一般换热器的不同点在于热强度高，操作条件严格，管内外必须同时承受较高温度差和压力差。急冷锅炉应具备以下性能：

① 结焦少，操作周期长，清焦方便；

② 在极短时间内(约为0.015~0.1s)迅速将750~900℃高温裂解气温度降至600℃以下，并利用其热量产生高压蒸汽，热回收率高；

③ 造价低，机械、设备运行可靠安全，体积小，结构简单，便于维修；

④ 原料适应性强。

图4-16是日本尾崎急冷锅炉的示意图，它是一种油急冷再发生高压蒸汽，并进一步冷

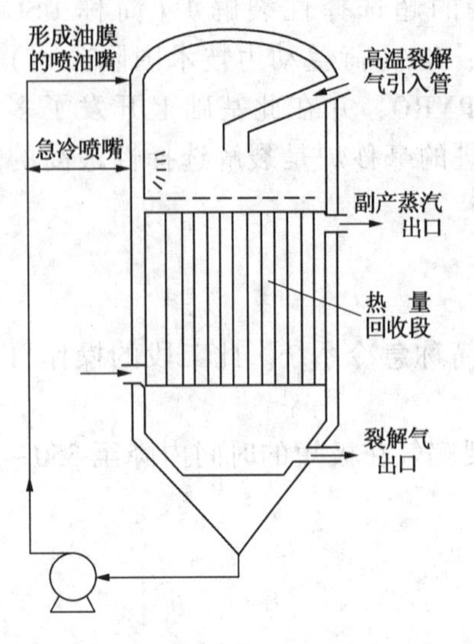

图 4-16 尾崎急冷锅炉结构示意图

却裂解气的急冷锅炉。急冷油自顶部进入，部分急冷油沿管流下形成油膜，防止结焦和杂物黏附。高温裂解气自上部进入，与另一股急冷油直接接触混合降温到360℃左右。再进入中段管式急冷锅炉与水换热，产生高压蒸汽，下部气液分离后，急冷油循环使用。

四、裂解气分离

无论裂解原料是单一烃还是混合烃，通过各种方法所得到的裂解气都是一个复杂的混合物。裂解气的组成大致含有氢气、甲烷、一氧化碳、二氧化碳、水、硫化氢、乙烷、乙烯、乙炔、丙烷、丙烯、丁烯、丁二烯、C_5~C_{10}及C_{10}等组分。经过急冷粗分的裂解气，虽除去了裂解焦油(裂解燃料油、汽油组分)，但仍然是一个复杂的混合物(见表 4-7)。

表 4-7 粗裂解气的组成

裂解原料	组成(摩尔分数)/%																
	H_2	N_2	CO	CO_2	H_2S	CH_4	C_2H_2	C_2H_4	C_2H_6	C_3H_4	丙炔	C_3H_6	C_3H_8	C_4H_6	C_4H_8	C_4H_{10}	C_5	总计
轻汽油	9.9	—	—	—	—	27.6	0.1	20.3	7.7	—	—	13.1	1.7	1.6	5.6	0.2	1.22	100.0
粗柴油	15.6	—	—	—	—	29.6	0.2	32.4	2.9	—	—	11.3	0.6	3.8	3.4	0.2	—	100.0

在有机化工生产中，有些产品的生产对烯烃纯度要求很高，如乙烯直接氧化生产环氧乙烷，原料乙烯纯度要求在99%以上，杂质含量小于5×10^{-6}~1×10^{-5}。聚合工序对原料的要求更高，乙烯纯度达99.9%。除此之外，裂解气中还含有硫化物、CO、CO_2、水分、乙炔、丙炔、丙二烯等有害物质。为获取高质量的乙烯和丙烯，并使裂解气中的其他烃类得到合理的综合利用，必须对裂解气进行精制和分离。

裂解气的分离过程是在低温下进行的，在有水时，会凝结成冰，或与轻烃形成固体结晶水合物$CH_4 \cdot 6H_2O$、$C_2H_6 \cdot 7H_2O$、$C_3H_8 \cdot 7H_2O$、$C_4H_{10} \cdot 7H_2O$等。冰和固体结晶水合物附在管壁上影响传热，增加流体阻力，重者会堵塞管道和阀件。硫化物主要指H_2S，它能腐蚀设备、管道和阀件，引起后面的加氢脱炔催化剂中毒。CO_2在低温下会形成干冰，同水一样，也可影响传热及堵塞管道等。这些杂质在乙烯、丙烯加工利用时也是有害物质。

裂解气的分离过程有深冷分离法和油吸收分离法两类。

在有机化工中，把温度≤-100℃冷冻过程称为深度冷冻，简称深冷。深冷分离法的基本原理是在低温条件下，将除甲烷和氢以外的组分全部冷凝下来，利用裂解气中各组分(烃类)的相对挥发度不同，在精馏塔内将各组分分离，然后再进行二元精馏，最后得到合格的高纯度乙烯、丙烯。深冷分离的实质是冷凝精馏过程。深冷法适宜大规模生产，技术经济指标先进，产品收率高，分离效果好，可以生产聚合级乙烯。但投资大，流程复杂，动力设备多，需要大量低温合金钢。

油吸收分离法则是利用裂解气中各种组分对吸收油的溶解度不同，用吸收蒸出法将除CH_4和氢以外的其他烃类逐一加以分离。通常用C_3或C_4馏分作吸收剂。此法流程较简单，动力设备少，仅需少量合金钢，投资少。但经济技术指标和产品纯度不及深冷分离法。至于分子筛吸附分离等方法，操作费用低，投资少，但技术尚欠成熟，还未达到完全工业化阶段。

这里简要介绍深冷分离法。深冷分离过程主要由三大系统组成。

(1) 压缩和制冷系统　主要任务是将裂解气加压以及通过压缩烃蒸气制取分离所需的冷剂，为深冷分离创造条件。

(2) 气体净化系统　通过物理和化学的方法，去除那些含量不大但对后续操作和产品纯度有影响的杂质，如硫化物、CO、水分、炔烃、二烯等。

(3) 精馏分离系统　由一系列的精馏塔组成，是深冷分离的主体。通过精馏塔把裂解气中各有用组分进行分离，并生产高质量的乙烯和丙烯。

因裂解气组成不同分离流程也不同，但基本上可分为下面几部分：

(一) 裂解气压缩和脱除重组分

深冷分离将裂解气增压到3~4MPa，重组分 C_{5+} 通常在压缩机各段冷却时被冷凝，而后再分离被除去以回收轻组分。不同压力下裂解气某些组分的冷凝温度见表4-8。

表4-8　不同压力下裂解气某些组分的冷凝温度　K

压力/10^5Pa	1.013	10.13	15.2	20.26	25.33	30.39
氢　气	10	29	34	35	36	38
甲　烷	111	144	159	166	172	178
乙　烯	169	218	234	244	253	260
乙　烷	185	240	255	266	276	284
丙　烯	225.3	282	302	235.9	316.8	320

(二) 裂解气脱酸性气体

酸性气体主要指 CO_2、H_2S 和其他气相硫化物。这些杂质有来自原料的，但多数是裂解过程产生的，如原料(特别是粗柴油等较重原料)中的有机硫化物与氢发生反应生成气相硫化物。上述酸性气体的脱除在工业上有物理吸收法和化学吸收法两种。作为吸收剂，应具有下列性能：对 H_2S 和 CO_2 吸收能力和化学反应能力强，对乙烯、丙烯溶解度小；操作条件下稳定性好，损耗小，腐蚀性小，黏度小。以下介绍几种脱酸性气体工艺。

1. 碱洗法

其原理是 NaOH 与 CO_2 和 H_2S 发生反应生成 Na_2CO_3、Na_2S 和 RSNa，并溶于废碱液中自裂解气中脱去。碱洗法对于裂解气中 CO_2 和 H_2S 含量不高时(例如管式炉裂解石脑油)是简单经济的；但若杂质含量高时，碱的消耗太大，此时采用乙醇胺法较有利。

2. 醇胺法

这是一种化学反应与吸收结合的方法，具体可参阅本章第一节石油气中酸性气体的脱除。

3. 醇胺法与碱洗法结合

先用醇胺法除去裂解气中较多数的酸性杂质，使含量降到约 3×10^{-5}，而后用碱洗法脱除其剩余量。醇胺法在前可免去碱的大量消耗，碱洗法在后可保证裂解气中酸性杂质降到最低程度，此方案比较适用于裂解气中含酸性杂质较多、又要求脱除得较干净的净化工艺过程中。

（三）裂解气深度干燥

裂解气由于经过急冷时的水洗、脱酸性气相杂质时与碱液、吸收剂水溶液接触和随后的水洗，或多或少地掺入一些水分（约 $4\times10^{-4}\sim7\times10^{-4}$），须对裂解气进行脱水（深度干燥），一般要求干燥后的气体露点低于-60℃以下。

工业上脱水（深度干燥）的方法很多，有冷冻法、吸收法和吸附法。现在广泛采用、效果较好的方法是用分子筛作为吸附剂的脱水法。使用前将分子筛升温活化，脱去水后的分子筛晶体骨架结构几乎不发生变化，最后留下大小一致的孔穴，形成由毛细孔联通的孔穴的几何网络。比孔径小的分子可以通过孔口进入内部的空穴，吸附在空穴内，而后在一定条件下脱附出来；而比孔径大的分子则不能进入，这样就可以把分子大小不同的混合物加以分开。

分子筛作为吸附剂有以下特点：

（1）分子筛有极强的吸附选择性　就是说能吸附某些气体分子，而不吸附另一些气体分子。例如，4A 分子筛可吸附水、乙烷分子；3A 分子筛只吸附水分子而不吸附乙烷分子。此外，分子筛是一种离子型极性吸附剂，它对极性分子特别是水分子有极大的亲和力，而 H_2、CH_4、C_2H_6是非极性分子，所以虽能通过孔口进入空穴也不易吸附，这样，含水分的裂解气通过 3A 分子筛床时，可选择性地将水分子吸附下来。

（2）分子筛对低浓度的气体组分（低分压下）具有较大的吸附能力　这是因为分子筛的比表面积大约为 $800m^2/g$，大于一般吸附剂。由于吸附主要是在孔穴中发生的，一个孔穴可以吸附很多的分子，而且在孔穴壁四周叠加的力场作用下，吸附能力是很高的。所以即使是裂解气中含水量很低时，也能进一步起深度干燥作用，所以它特别适用于深度干燥。

（3）分子筛吸附水汽的容量随温度的变化很敏感　温度低时水平衡吸附容量高，温度高时吸附容量低。因此，脱水操作后，用加热的办法使分子筛吸附的水脱附出来，再进行吸附脱水。为了促进脱附，可以用氮气或脱甲烷塔顶的甲烷尾气加热后作为分子筛的再生载气，N_2、H_2、CH_4等分子直径小，可进入分子筛孔穴；又因其是非极性分子，不会被分子筛吸附，反可降低水汽在分子筛表面上的分压，起携带剂的作用，以致使水分子不断从孔穴向外扩散，这样，再生温度在 80℃左右就有较好的再生效果。

（四）脱炔和脱一氧化碳

裂解气中乙炔含量为 $2\times10^{-3}\sim5\times10^{-3}$。CO 来自稀释蒸汽与积炭发生的水煤气反应，$H_2O+C\longrightarrow CO+H_2$。聚合级乙烯或丙烯中要求炔烃含量 $\leqslant1\times10^{-5}$。常用的精制方法有溶剂吸收法和催化加氢法。

溶剂吸收法采用一般吸收-解吸装置，适用于裂解气中乙炔含量较高、而回收乙炔量不大的装置。因其溶剂消耗量大，又需消耗冷量，吸收剂中杂质也会污染产品，故生产规模较大，乙炔含量较低的装置不常用此法，多选用催化加氢法。

催化加氢法是在催化剂作用下使裂解气中乙炔选择加氢为乙烯。这要求加氢催化剂对乙炔有选择吸附能力，并要求对已被吸附的乙炔发生加氢反应，生成乙烯，并顺利脱附。在催化加氢脱乙炔时需加入一定的富氢（含氢气 90%以上），发生甲烷化反应脱 CO：

$$3H_2+CO\longrightarrow CH_4+H_2O$$

工业上脱除丙炔和丙二烯也采用催化加氢法和溶剂吸收法，还可以采用精馏分离法。催化加氢法与加氢脱乙炔反应相似。

（五）深冷分离系统

深冷分离的核心是将裂解气中各种低级烃分离。裂解气经压缩、净化和制冷过程后达到了高压低温的要求，分离过程根据裂解气中各组分在精馏塔中的相对挥发度不同，而将其逐一分开。深冷分离法又分为高压分离法和低压分离法两种。高压分离法以乙烯为制冷剂，脱甲烷-氢操作条件为 2.8～4.2MPa 和 -70～-100℃；而低压分离法在 0.18～0.25MPa 和 -100～-140℃下进行。低压法操作温度低，需要昂贵的耐低温合金钢和冷冻机。我国多采用高压法。工业上最普遍采用的分离流程是顺序分离流程。图 4-17 示出的顺序分离流程先后分出甲烷-氢、C_2和 C_3馏分，这种顺序分离流程俗称“123”方案。还有“213”、“312”方案流程。三种方案所用的各设备的位置可以不同，但各方案流程包含的基本内容大致相同。再经脱乙烷将 C_2中的乙烷与乙烯分开，得纯乙烯；脱丙烷把 C_3馏分中的丙烷与丙烯分开，得纯丙烯；最后是脱丁烷将 C_5分离出来。

顺序分离流程技术成熟，运行平稳可靠，产品质量较好，对各种原料裂解气分离适应性较强。但流程较长，塔较多。裂解气全部进入脱甲烷塔冷量消耗大，消耗定额偏高。

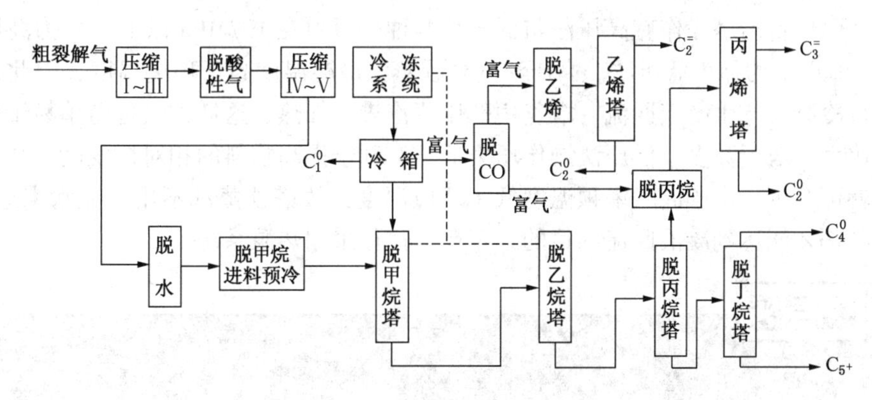

图 4-17　顺序分离流程示意图

1. 脱甲烷过程

脱甲烷塔的任务是将裂解气中甲烷-氢组分与乙烯和比乙烯更重的组分分离。因为脱甲烷塔温度低、工艺复杂，原料预冷和脱甲烷塔系统冷量消耗占整个分离过程总冷量消耗的1/2 左右。脱甲烷操作的效果也影响乙烯产品质量的收率。因此，脱甲烷过程是深冷分离流程的关键。深冷过程的工艺流程、设备选型和材料的应用都以此为中心。

脱甲烷塔操作包括乙烯回收和富氢提取，它通常在冷箱中进行。冷箱是在-100～-140℃工作的低温设备（由于温度极低易散冷，通常用绝热材料把高效换热器和气液分离器都包在一个箱子里，就成为冷箱），靠其低温回收乙烯和提浓氢气。脱甲烷塔的主要工艺因素是原料气中甲烷与氢气的摩尔比，以及脱甲烷塔的温度和压力等。在一定条件下，原料气中甲烷对氢的摩尔比越大、操作压力越高、塔顶温度越低，尾气中乙烯的含量越小，乙烯损失也越小。

2. 乙烯和丙烯精馏

（1）乙烯精馏　C_2馏分经加氢脱炔后，主要含有乙烷和乙烯。乙烷-乙烯馏分在乙烯塔中进行精馏，塔顶得到聚合级乙烯，塔釜液为乙烷，乙烷可返回裂解炉进行裂解。乙烯精馏塔是出成品的塔，它消耗冷量较大，约为总制冷量的 38%～44%。因此，它的操作好坏，对产品的质量、产量和成本影响较大。乙烯精馏塔也是深冷分离装置中的一个关键塔。各厂可根据选用的塔径、进料组成等来确定，其操作条件各有不同。如表 4-9 表示。

表 4-9　乙烯塔的操作条件

厂别	塔径/mm	实际塔板数/块			塔压/MPa	温度/K		回流比(R)
		精馏段	提馏段	总板数		顶　温	釜　温	
A	1300	41	29	70	0.58	203	233	2.4
B	3400	90	29	119	1.93	241	265	4.5
C	2300	79	30	109	2.03	244	268	4.7
D	1800	84	32	116	1.93	243	266	4.65

（2）丙烯精馏　丙烯精馏塔就是分离丙烯-丙烷的塔，塔顶得到丙烯，塔底得到丙烷。由于丙烯-丙烷的相对挥发度很小，彼此不易分离，要达到分离目的，就需增加塔板数、加大回流比。所以，丙烯塔是塔板数最多、回流比最大的一个塔，也是运转费和投资费较多的一个塔。

目前，丙烯精馏塔操作有高压法与低压法两种。压力在 1.7MPa 以上的称为高压法；压力在 1.2MPa 以下的称为低压法。高压法的塔顶蒸汽冷凝温度高于环境温度，因此，可以用工业水进行冷凝，产生凝液回流，塔釜用低压蒸汽进行加热，这样，设备简单易于操作。缺点是回流比大，塔板数多。低压法操作压力低，有利于提高物料的相对挥发度，从而塔板数和回流比就可减少。由于此时塔顶温度低于环境温度，故塔顶蒸汽不用工业水来进行冷凝，必须采用冷剂才能达到凝液回流的目的，工业上往往采用热泵系统。

1. 何谓石油烃裂解？其产品是什么？

2. 举例说明裂解过程的一次反应和二次反应，影响裂解过程的主要因素有哪些？

3. 何谓温度-停留时间效应？为什么裂解过程中要加入稀释蒸汽？其作用是什么？

4. 石油烃裂解反应装置应满足哪些要求？

5. 管式裂解炉分为哪几部分？各部分作用是什么？它是如何进行加热的？

6. 裂解产物为什么要急冷？急冷和冷却有什么方法？

7. 裂解气净化的目的是什么？净化过程包括哪些过程？

8. 裂解气都有哪些组分？其分离的目的是什么？

9. 为什么要脱除裂解气中酸性组分？采用什么方法？

10. 裂解气为什么要进行深度干燥？分子筛干燥基本原理是什么？

11. 为什么要进行压缩？确定压力的依据是什么？

12. 简述深冷分离的工艺步骤和过程(脱甲烷塔的任务以及在深冷分离中占有何种地位；说明乙烯精馏塔和丙烯精馏塔的作用，各有那些特点)。

第四节 乙烯及其衍生物

一、乙烯

乙烯在常温常压下为无色可燃性气体，具有烃类特有的臭味。微溶于水，其物理化学性质如表 4-10。

表 4-10 乙烯的物理化学性质

项目	数据	项目	数据
分子式	C_2H_4	低热值(气体，0.098MPa，15.6℃)/	
结构式	$CH_2=CH_2$	(kJ/m^3标态气体)	55852
相对分子质量	28.052	临界温度/℃	9.9
常压下沸点/℃	-103.71	临界压力/MPa	4.95
熔点/℃	-169.15	临界密度/(kg/L)	0.227
相对密度		折射率(n^{-100}℃$_D$，-100℃)	1.3622
气体(空气=1)	0.9852	辛烷值(马达法)	75.6
液体($d_4^{-103.8}$)	0.5699	爆炸范围，在空气中/%(体)	
闪点/℃	<-66.9	上限	3.05
气体黏度(20℃)/Pa·s	9.3	下限	28.6
自燃点/℃	540	蒸气压	lgP=
蒸发潜热(沸点时)/(J/g)	482.7	-646.275/T+1.880742·lgT-0.00224072	
生成热(25℃)/(J/mol)	52327	式中 P—压力，atm；T—温度，K	

乙烯最初由乙醇脱水制得。自从石油烃裂解制乙烯技术工业化后，石油化工得到迅速发展，从而使乙烯生产成为石油化学工业的基础。炼油厂催化裂化或热裂化装置的裂化气中含有大量乙烯，是乙烯的一个重要来源。含 C_2馏分的干气中含有 8%~12%的乙烯，可回收乙烯。焦炉气中大约含 3%的乙烯，由焦炉气进行深冷分离可得乙烯。

乙烯最主要的用途是生产聚乙烯，其耗量约占总量的 1/2。乙烯及其联产的其他产品归纳在图 4-18。

乙烯是烯烃中最简单也是最重要的化合物之一，它具有活泼的双键结构，容易起各种加成聚合等反应。随着我国大型乙烯装置的不断增建，乙烯系列产品的开发利用领域更加开阔。本节将重点叙述由乙烯衍生的 C_2系列产品的生产原理、工艺过程。对于 C_2产品中吨位最大的聚乙烯的生产则在三大合成材料加以介绍，乙苯、苯乙烯的生产安排在芳烃化合物中叙述。

二、环氧乙烷、乙二醇

环氧乙烷是最简单的乙烯部分氧化产物，与乙醛互为同分异构体。其化学活性强，是乙烯系主要中间体。

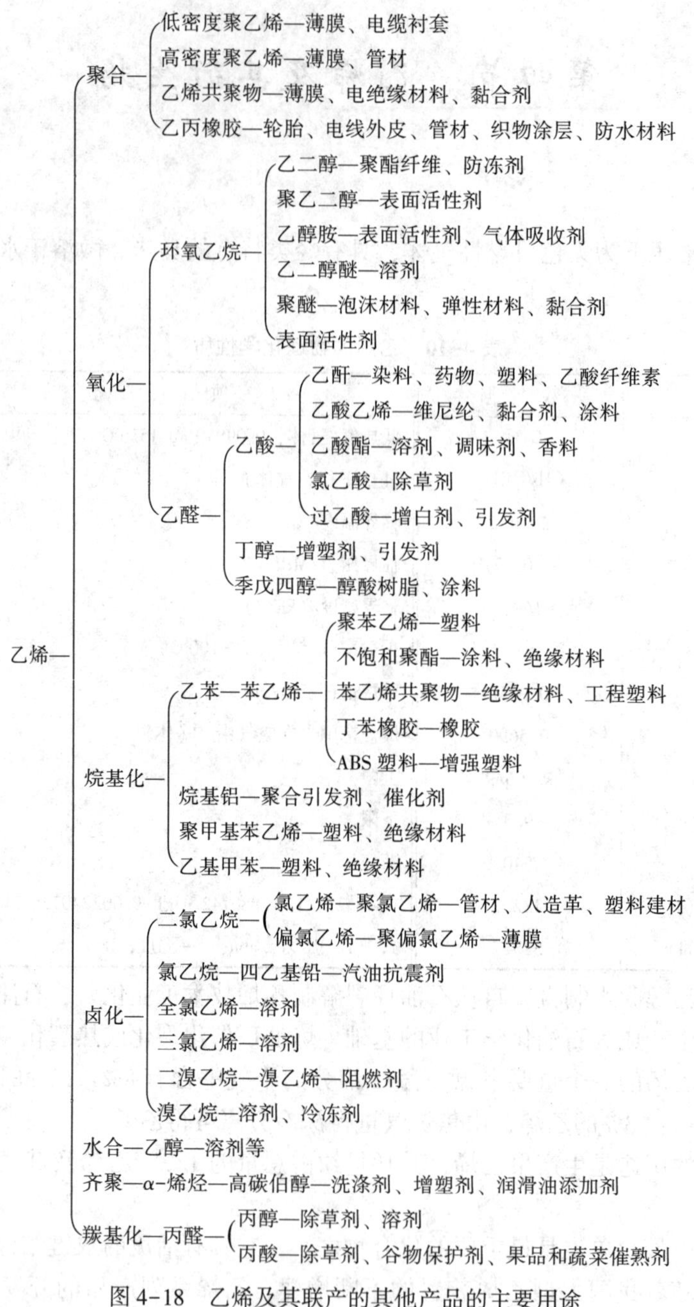

图 4-18 乙烯及其联产的其他产品的主要用途

（一）性质和用途

1. 环氧乙烷的性质和用途

环氧乙烷也称氧化乙烯，是易挥发的具有醚的刺激味的液体。分子式 C_2H_4O，相对分子质量 44.052，相对密度 $d_{20}^{20}=0.8711$。凝固点-112.5℃，沸点 10.5℃。无色，能与水和大多数有机溶剂相混合。环氧乙烷易燃，与空气能形成爆炸性混合物，其爆炸极限为 3%~80%。环氧乙烷有毒，在空气中的允许浓度为 5×10^{-5}。它对昆虫的毒性更大，可作杀虫剂。环氧乙烷的直接应用量很少，由于它具有易开环的三元环结构，化学性质十分活泼，工业上主要用于制乙二醇。另外还可用于生产非离子型表面活性剂、医药、油品添加剂、抗氧剂、农药乳剂、杀虫剂等。

2. 乙二醇的性质及用途

乙二醇是环氧乙烷最重要的二次产品，也是最简单的二元醇。分子式 $C_2H_6O_2$，相对分子质量 62.068，相对密度 $d_{20}^{20}=1.1155$。沸点 197.4℃，凝点-12.6℃。乙二醇是无色带有甜味的黏稠液体。它对黏膜有刺激性，在 $1m^3$ 空气中乙二醇达 300mg 时对人体有害。与水互溶能大大降低水的冰点，因此它是一种良好的抗冻剂，常用于汽车冷却系统中的抗冻液。乙二醇是合成纤维涤纶的主要原料，另外，它也是工业溶剂、增塑剂、润滑剂、树脂、炸药等的重要原料。

（二）工业生产方法

环氧乙烷的工业生产方法主要有氯醇法和乙烯直接氧化法。前者因氯消耗高、盐的生成量大、腐蚀严重、副产物多，已基本被淘汰。但仍有部分中小型厂家还沿用此工艺。乙二醇的生产主要用环氧乙烷水解法。

1. 氯醇法生产环氧乙烷

乙烯次氯酸化生成氯乙醇，然后再加碱水解，环化得到环氧乙烷。其反应式如下：

$$C_2H_4+H_2O+Cl_2 \longrightarrow ClCH_2CH_2OH+HCl$$

$$2ClCH_2CHOH+Ca(OH)_2 \longrightarrow 2C_2H_4O+CaCl_2+H_2O$$

主要副产物是二氯乙烷和二氯二乙醚。该方法对原料乙烯的纯度要求不高，可以直接使用石油裂解气进行混合次氯酸化来生产环氧乙烷、环氧丙烷等有机原料，这样就省去了裂解气的分离步骤。所以，此法比较适合于中小型石化厂的生产，而大规模生产则主要采用乙烯直接氧化法。

2. 乙烯直接氧化制环氧乙烷

该法与氯醇法相比具有原料单纯、工艺过程简单、无腐蚀性、无大量废水排放处理、废热可综合利用等优点，故得到迅猛发展。

（1）乙烯的环氧化反应　在银催化剂上乙烯用空气或纯氧氧化，除得到产物环氧乙烷外，主要副产物是二氧化碳和水，并有少量甲醛、乙醛生成。其反应的动力学图式如下：

$$CH_2{=}CH_2+O_2 \xrightarrow{Ag} \underset{O}{H_2C{-}CH_2} \xrightarrow{+O_2} CO_2+H_2O$$

$$CH_2{=}CH_2+O_2 \longrightarrow CO_2+H_2O$$

$$CH_2{=}CH_2+O_2 \longrightarrow HCHO \xrightarrow{+O_2} CO_2+H_2O$$

用示踪原子研究表明，完全氧化反应主要由乙烯直接氧化而成，环氧乙烷氧化为 CO_2 和 H_2O 的连串副反应也有发生，但是次要的。从热力学角度来讲，乙烯的完全氧化是强放热反应，其反应热效应比乙烯环氧化反应大十几倍。

$$CH_2{=}CH_2+1/2O_2 \longrightarrow C_2H_4O(g) \qquad \Delta H_{298}^0=-103.4kJ/mol$$

$$CH_2{=}CH_2+3O_2 \longrightarrow 2CO_2+2H_2O(g) \qquad \Delta H_{298}^0=-1324.6kJ/mol$$

故完全氧化副反应的发生，不仅使生成环氧乙烷的选择性下降，对反应热效应也有很大影响。当选择性下降时，热效应明显增加，移热速率若不相应加快，反应温度就会迅速提高，甚至发生飞温。

（2）催化剂　工业上所用催化剂是由活性组分银、载体和助催化剂组成。银含量一般为15%。载体一般采用碳化硅、α-氧化铝或含少量 SiO_2 和 α-氧化铝的惰性物质。助催化剂一般用碱金属盐类、碱土金属盐类，如钡盐、铯盐，但其添加量要适宜。在银催化剂中加少量硒、碲、氯、溴等组分能抑制CO_2的生成，提高环氧乙烷的选择性。

（3）工艺路线　乙烯直接氧化法有以美国联合碳化合物公司为代表的空气氧化法和以英国壳牌化学公司为代表的氧气氧化法两种。前者的主要缺点是空气中氮气干扰气体循环，并随着氮气的排放损失相当量的乙烯。目前普遍采用的方法是氧气氧化法。即使将空气分离装置的投资费用、操作费用计算在内，其总费用仍低于空气法。氧气法的优点是排出废气很少，约为空气法的2%，随废气损失的乙烯量也就显著减少。从安全角度考虑，氧气氧化法的缺点在于闭合循环中需用一定量的惰性气体，如甲烷，因为甲烷不仅导热性能好，而且在甲烷存在下，氧的爆炸极限浓度提高，对安全生产有利。

（4）工艺操作条件

① 反应温度。在乙烯环氧化过程中伴有完全氧化副反应的剧烈竞争，而影响竞争的主要外界因素是反应温度。当反应温度在100℃左右时，产物几乎全部是环氧乙烷，但反应速度甚慢，转化率很小，没有现实意义。反应温度过高，会引起催化剂活性衰退。一般反应温度控制在220~260℃。

② 反应压力。加压对氧化反应选择性无显著影响，但可提高反应器的生产能力，且有利于环氧乙烷的回收。工业上大多采用加压氧化法。但压力高，所需设备材质耐压程度高，投资费用增加，催化剂也易损坏。一般采用的操作压力为2MPa左右。

③ 原料纯度及配比。原料中若含有炔、硫化物会使催化剂永久性中毒；含铁离子会引起选择性下降；含H_2、C_3以上烃类将发生完全氧化反应使反应热效应增加；氩和H_2都会引起氧的爆炸极限浓度降低，因此必须严格控制上述有害杂质的浓度。

氧气氧化法气相反应混合物中氧气浓度控制在6%~8%，乙烯为20%~30%，乙烯转化率约为8%~10%，环氧乙烷选择性可达65%~70%。

（5）工艺流程

① 反应部分工艺流程如图4-19所示。

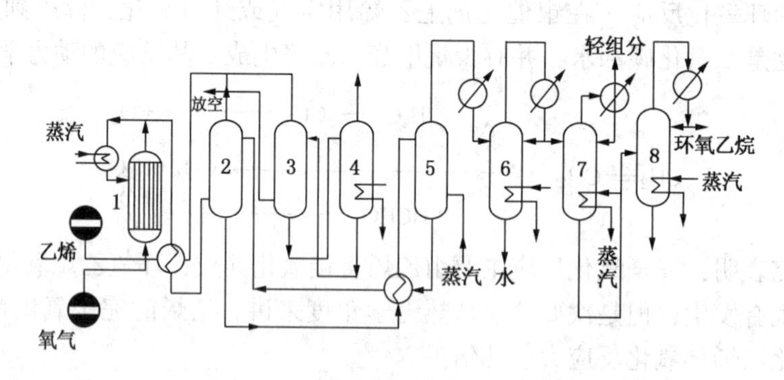

图4-19　乙烯氧气氧化法工艺流程图

1—反应器；2—吸收塔；3—二氧化碳吸收塔；4—二氧化碳解吸塔；
5—环氧乙烷吸收塔；6—净化塔；7—轻组分塔；8—精馏塔

工业上采用的是列管式固定床反应器，管内放催化剂，管间走冷却介质，新鲜原料氧气和乙烯与循环气混合后，经热交换器预热至一定温度从反应器上部进入催化剂床层，从反应器底部流出的反应气环氧乙烷含量仅为1%~2%，经热交换器利用其热量并冷却后进入环氧乙烷吸收塔。由于环氧乙烷能以任何比例与水混合，故采用水作吸收剂以吸收反应气中的环氧乙烷。从吸收塔顶排出的气体，含有未转化的乙烯、氧、二氧化碳和惰性气体。为防止系

统中 CO_2积累，一般 90%气体循环回反应器，10%送 CO_2吸收装置排出系统。

氧气氧化法安全生产是关键，这里混合器的设计尤为重要。由于是纯氧加入到循环气和乙烯的混合气中去，必须使氧和循环气迅速混合达到安全组成。工业上是借多孔喷射器对着混合气流的下游将氧高速喷射入循环气和乙烯的混合气中，使它们迅速均匀混合。为确保安全，采用自动分析仪监视，并配制自动报警联锁系统，热交换器安装需有防爆设施。

② 环氧乙烷回收和精制。此部分由解吸、再吸收、脱气、精馏等几部分组成，由脱气塔得到的环氧乙烷直接去乙二醇工段，从精馏塔上部馏出的纯度为 99.99%的环氧乙烷进入成品储槽(见图 4-19)。

环氧乙烷易自聚，尤其在铁、酸、碱、醛等杂质存在和高温条件下更易自聚。自聚时有热量放出，引起温度上升，压力增高，甚至引起爆炸。因此存放环氧乙烷的储槽必须清洁，并保持在 0℃以下。

3. 环氧乙烷水合法制乙二醇

其反应式如下：

$$\underset{\diagdown\ O\ \diagup}{H_2C\text{——}CH_2} + H_2O \longrightarrow \underset{OH}{\underset{|}{CH_2}}\text{—}\underset{OH}{\underset{|}{CH_2}} \qquad \Delta H = +80.4\text{kJ/mol}$$

主要副反应为乙二醇继续与环氧乙烷反应生成一缩、二缩和多缩乙二醇。

在工业生产过程中，环氧乙烷与约 10 倍(分子)过量的水反应。使用酸催化剂时，反应在常压、50~70℃液相中进行；也可不用催化剂，在 140~230℃、2~3MPa 条件下进行。环氧乙烷加压水合制乙二醇工艺流程如图 4-20 所示。

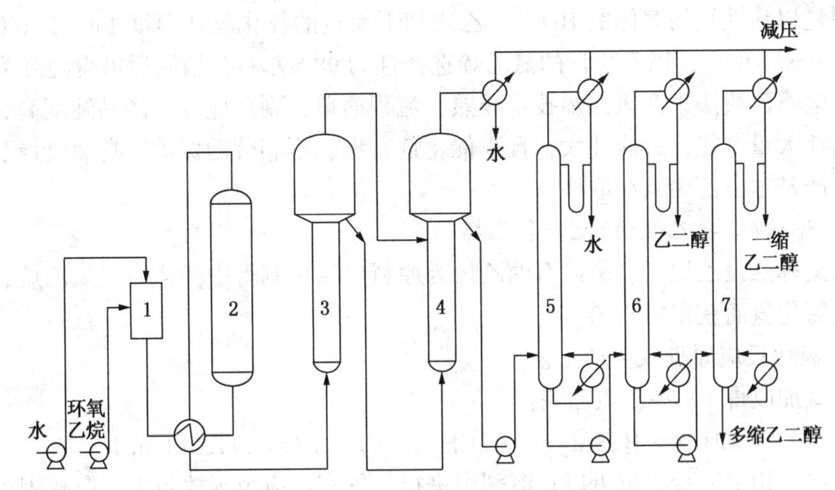

图 4-20 环氧乙烷加压水合制乙二醇工艺流程

1—混合器；2—水合反应器；3—一效反应器；4—二效反应器；5—脱水塔；
6—乙二醇精馏塔；7—一缩二乙二醇精馏塔

从上述脱气塔出来的含 85%~90%环氧乙烷的液体不需精馏，直接与脱离子循环水在混合器中混合，经水合产物预热后送至水合反应器，停留 30~40min，反应达到稳定。由于反应放出热量被进料液所吸收，因而整个工艺过程热量可以自给。反应生成的乙二醇溶液先经一效、二效蒸发器进行减压浓缩，蒸发出来的水分循环到水合反应器，乙二醇浓缩液再送去减压蒸馏，对各种反应产物进行分离。

乙二醇各种制造方法路线可归纳如下：

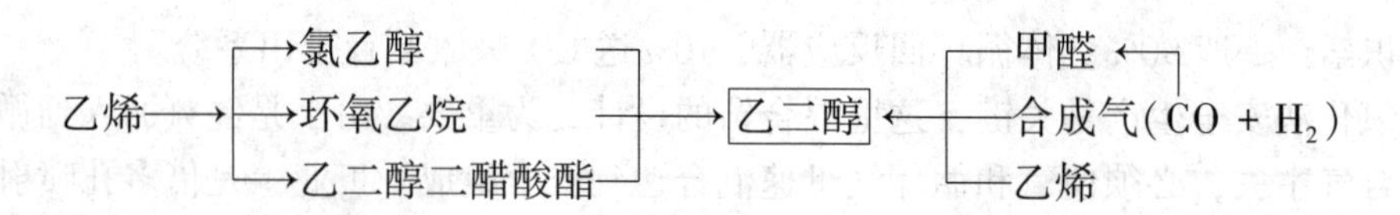

三、氯乙烯

(一) 性质和用途

分子式 C_2H_3Cl，相对分子质量为62.5，相对密度(-14.5℃)为0.974。氯乙烯在常温常压下是一种无色有乙醚香味的气体。熔点-159.7℃，沸点-13.9℃，临界温度为142℃，临界压力为52.5MPa。尽管它的沸点在-13.9℃，但稍加压就可以得到液体氯乙烯。氯乙烯易燃，闪点<-17.8℃，在空气中爆炸极限为4%~21.7%。对人体有毒，在空气中允许的最高浓度为500μg/g。易溶于丙酮、乙醇和烃类中，微溶于水。

氯乙烯具有活泼的双键和氯原子，但由于氯原子连接在双键上，所以氯乙烯的化学反应主要是发生在双键上的加成和聚合反应。在光作用下就可发生聚合反应。所以氯乙烯在储存或运输时，应当加阻聚剂。

氯乙烯是聚氯乙烯塑料的单体，是目前塑料产量最大的品种之一。在工农业、交通运输、日常生活各方面，聚氯乙烯制品的使用十分广泛。

(二) 乙炔法生产氯乙烯

氯乙烯单体的传统制法是由乙炔与氯化氢加成，反应式为：

$$HC \equiv CH + HCl \xrightarrow{HgCl_2} H_2C = CHCl \qquad \Delta H = -99kJ/mol$$

催化剂是以活性炭为载体的 $HgCl_2$。乙炔和干燥过的氯化氢在温度140~200℃反应，乙炔转化率为96%~97%，以乙炔计的氯乙烯选择性为98%左右。精制后可得纯度为99.9%成品氯乙烯。电石乙炔法生产氯乙烯技术成熟、流程简单、副反应少、产品纯度高，但由于生产电石要消耗大量电能，故能耗大，且汞催化剂有毒，不利劳动保护。自20世纪60年代以来大型化生产基本由乙烯路线取代。

(三) 乙烯法(二氯乙烷法)生产氯乙烯

乙烯法又称二氯乙烷法。是以石油乙烯为原料经氯化制得中间产物二氯乙烷，然后二氯乙烷裂解脱氯化氢而获得氯乙烯。

1. 乙烯氯化反应原理及生产工艺

乙烯与氯加成得1，2-二氯乙烷：

$$CH_2 = CH_2 + Cl_2 \longrightarrow ClCH_2CH_2Cl \quad \Delta H = -171.5kJ/mol$$

该反应可以在气相中进行，也可以在溶剂中进行。气相反应由于放热大、散热困难，不易控制，工业上常用二氯乙烷作溶剂，液相催化加氯。此反应属离子型反应，采用盐类作催化剂。工业上用 $FeCl_3$ 为催化剂，它能促进 Cl^+ 的生成。反应机理为：

$$FeCl_3 + Cl_2 \longrightarrow FeCl_4^- + Cl^+$$

$$Cl^+ + CH_2 = CH_2 \longrightarrow CH_2Cl^-CH_2^+$$

$$CH_2Cl^-CH_2^+ + FeCl_4^- \longrightarrow CH_2ClCH_2Cl + FeCl_3$$

主要副反应是生成多氯化物。

乙烯液相氯化反应在接近二氯乙烷沸点的条件下进行(称为高温氯化法)。生成的气液混合物进入分离器，二氯乙烷蒸气自分离器进入精馏塔，在此分出轻组分和重组分，并获得纯二氯乙烷。一般原料利用率接近99%，二氯乙烷纯度可达99.99%。精二氯乙烷产物送去裂解工段。

2. 二氯乙烷裂解制取氯乙烯

（1）反应原理　二氯乙烷加热到高温即发生下列反应：

$$H_2CCl—CH_2Cl \overset{\triangle}{\rightleftharpoons} H_2C═CH_2Cl+HCl \qquad \Delta H=-79.5kJ/mol$$

这是一个可逆吸热反应，同时还发生若干平行和连串副反应。

$$ClCH_2CH_2Cl \longrightarrow H_2+2HCl+2C$$

$$CH_2═CHCl \longrightarrow CH≡CH+HCl$$

$$CH_2═CHCl+HCl \longrightarrow CH_3CHCl_2$$

……

二氯乙烷热裂解的反应机理属于自由基型链锁反应。

链的引发　$CH_2ClCH_2Cl \xrightarrow{\triangle} \dot{C}H_2CH_2Cl+\dot{C}l$

链的传递　$CH_2ClCH_2Cl+\dot{C}l \longrightarrow \dot{C}HClCH_2Cl+HCl$

$\dot{C}HClCH_2Cl \longrightarrow CH_2═CHCl+\dot{C}l$

链的终止　$\dot{C}l+\dot{C}HClCH_2Cl \longrightarrow CHCl_2CH_2Cl$

（2）工艺条件　二氯乙烷裂解反应是吸热反应，故升高温度对反应平衡向右移动和提高反应速度有利。温度低于450℃时，转化率很低；当温度升至500℃时，裂解反应显著加快。反应温度过高，则深度裂解、聚合等副反应速度加快。从二氯乙烷转化率和氯乙烯选择性两方面考虑，一般反应温度控制在500~550℃。二氯乙烷裂解反应是分子数增大的反应，因此提高压力对反应平衡不利。但为保证物流畅通，维持适宜空速，抑制分解生炭的副反应，实际生产中常采用加压操作，大致范围为0.6~1.5MPa。原料中若含有抑制剂就会大大减慢裂解反应速度和促进生焦。在二氯乙烷中能起较强抑制作用的是1，2-二氯丙烷，一般控制其含量在0.3%以下。铁离子会加速深度裂解副反应，应控制在1×10^{-4}以下。水对裂解炉管有腐蚀性，控制水分在5×10^{-6}以下。

精二氯乙烷送入裂解炉裂解成氯乙烯和氯化氢。应控制物料在炉中的停留时间。停留时间长，能提高转化率，但连串副反应、生焦副反应增加，氯乙烯选择性下降，且炉管清焦周期缩短。所以生产多采用短停留时间，以获得高选择性。通常停留时间为10s左右，转化率为50%~60%，氯乙烯选择性为97%左右。

（四）平衡氧氯化法生产氯乙烯

工业上乙烯、氯化氢和氧在催化剂存在下，经氧氯化反应一步生成二氯乙烷。反应式如下：

$$CH_2═CH_2+2HCl+1/2O_2 \longrightarrow CH_2Cl—CH_2Cl+H_2O \qquad \Delta H=-251kJ/mol$$

所用催化剂为$CuCl_2/Al_2O_3$，铜含量5%左右。反应温度一般控制在220~230℃，压力<10MPa。

目前先进的生产氯乙烯的方法是将乙烯与氯加成得到的1，2-二氯乙烷热裂解及乙烯氧氯化两种方法经济合理地综合在一起，以充分利用氯。此方法生产氯乙烯的原料只需乙烯、氯、空气（或氧）。首先通过乙烯与氯的加成将氯引入，并将1，2-二氯乙烷热裂解生成的氯化氢用于乙烯氧氯化。关键是要计算好乙烯与氯加成和乙烯氧氯化所需的HCl量，这样才能使 HCl 在整个生产过程中始终保持平衡。

平衡氧氯化法生产氯乙烯，包括三步反应，即：

$$CH_2{=}CH_2 + Cl_2 \longrightarrow ClCH_2CH_2Cl$$

$$2ClCH_2CH_2Cl \longrightarrow 2CH_2{=}CHCl + 2HCl$$

$$CH_2{=}CH_2 \longrightarrow ClCHCH_2 + H_2O$$

总反应式： $2CH_2{=}CH_2 + Cl_2 + 1/2O_2 \longrightarrow 2CH_2{=}CHCl + H_2O$

平衡氧氯化法制氯乙烯工艺过程多数采用如图 4-21 的组合形式。

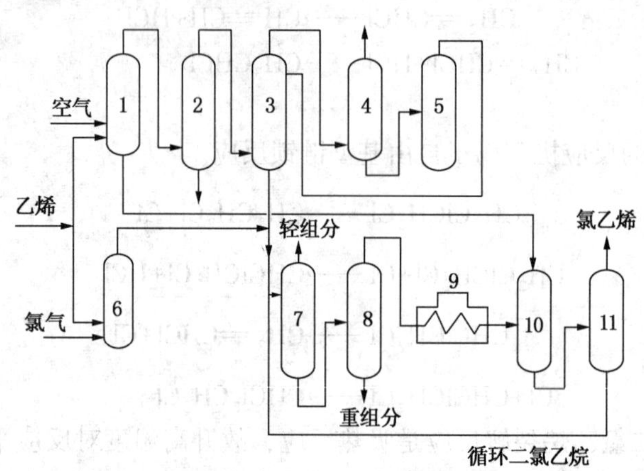

图 4-21　平衡氧氯化法制氯乙烯的组合工艺过程

1—氧氯化反应器；2—第一骤冷塔；3—第二骤冷塔；4—吸收塔；5—解吸塔；
6—氯化反应器；7—脱轻组分塔；8—脱重组分塔；9—裂解炉；10—脱氯化氢塔；11—氯乙烯塔

四、乙醛

(一) 性质和用途

分子式 C_2H_4O，相对分子质量 44.06，相对密度 $d_4^{18}=0.783$。乙醛是一种无色透明液体，具有特殊刺激性的气味。溶点-123.5℃，沸点 20.8℃，闪点-27～-38℃，自燃点 140℃，溶于水。易燃，与空气能形成爆炸混合物，爆炸极限为乙醛 4%～57%。乙醛对眼、皮肤有刺激作用，在厂房中最大允许浓度为 0.1mg/L。浓度很大时会引起气喘、咳嗽、头痛。

乙醛的沸点较低，极易挥发，因此在运输过程中，先使乙醛聚合为沸点较高的三聚乙醛，到目的地后再解聚为乙醛。乙醛和甲醛一样是极宝贵的有机合成中间体。乙醛氧化可制醋酸、醋酐和过醋酸；乙醛与氢氰酸反应得氰醇，由它转化得乳酸、丙烯腈、丙烯酸酯等。利用醇醛缩合反应可制季戊四醇、1，3-丁二醇、丁烯醛、正丁醇、2-乙基已醇、三氯乙醛、三羟甲基丙烷等。与氨缩合可生产吡啶同系物和各种乙烯基吡啶(聚合物单体)。

(二) 工业生产方法简介

传统的工业生产乙醛的方法有三种：

1. 乙炔水合法

以电石为原料生成乙炔，在汞盐催化作用下液相水合生成乙醛，在 1916 年实现工业化。反应式为：

$$C_2H_2+H_2O \xrightarrow{HgSO_4} CH_3CHO \qquad \Delta H=+141.4kJ/mol$$

该法技术成熟，产品纯度高，但由于汞盐有毒，且电石路线能耗大，所以逐步被淘汰。

由于石油和天然气制乙炔技术的发展，非汞催化剂的研究开发，目前采用磷酸镉钙等催化剂，实现了乙炔气相水合工艺，所以乙炔水合法仍是一种有前途的工艺路线。

2. 乙醇制乙醛

有两种路线：

(1) 吸热脱氢　采用金属铜为催化剂，反应式为：

$$C_2H_5OH \xrightarrow{Cu} CH_3CHO + H_2 \qquad \Delta H = +84kJ/mol$$

此法操作温度为260~290℃，不造成深度氧化，并副产高纯氢气，具有优越性。

(2) 放热氧化脱氢　用金属银为催化剂，在空气或氧气存在下进行脱氢，此时脱出的氢被氧化成水，同时提供脱氢反应所需的热量。反应式为：

$$C_2H_5OH \xrightarrow{Ag} CH_3CHO + H_2O \qquad \Delta H = -180kJ/mol$$

此法在550℃左右的温度下进行，过程中易发生一些深度氧化，使乙醇消耗量增大。

工业上也有将上述吸热和放热两种方法组合起来的工艺，以解决热平衡问题。用乙醇作原料生产乙醛，应考虑乙醇原料的来源：如乙醇由粮食发酵而得，显得不合理；若是从乙烯水合而得，则乙醇法也是生产乙醛的重要方法。

3. C_3/C_4烷烃氧化制乙醛

该法以丙烷/丁烷混合物气相氧化得到乙醛混合物，1943年在美国实现工业化。反应机理是非催化自由基反应，在425~426℃、1.0MPa条件下进行。由于产物是沸点较为相近的混合物，分离很困难，一般采用不多。

4. 乙烯直接氧化法

又称瓦克法，是赫斯公司在1957~1959年间开发的。具有原料便宜、成本低、乙醛收率高、副反应少等优点。目前，世界上有70%的乙醛是用此法生产的。下面进行重点介绍。

(三) 乙烯液相氧化法(瓦克法)生产乙醛

1. 反应原理

以乙烯、氧气(空气)为原料，在催化剂氯化钯、氯化铜的盐酸水溶液中进行气液相反应生产乙醛。总化学反应式为：

$$H_2C=CH_2 + 1/2O_2 \longrightarrow CH_3CHO \qquad \Delta H = -234kJ/mol$$

乙烯液相氧化法的副反应主要是乙烯深度氧化及加成反应。实际过程分为如下三步：

快速的乙烯氧化反应；

$$H_2C=CH_2 + PdCl_2 + H_2O \longrightarrow CH_3CHO + Pd + 2HCl \qquad (\mathrm{I})$$

控制总反应速度的再生反应：

$$Pd + 2CuCl_2 \longrightarrow PdCl_2 + 2CuCl \qquad (\mathrm{II})$$

$$2CuCl + 1/2O_2 + 2HCl \longrightarrow 2CuCl_2 + H_2O \qquad (\mathrm{III})$$

当乙烯氧化生成乙醛时，氯化钯被还原成金属钯(Ⅰ)，从催化剂溶液中析出而失去催化活性。虽然许多种氧化剂可将零价钯氧化成二价钯，但是含铜的氧化还原体系是合适的(Ⅱ)，因为一价铜易于被氧氧化为二价铜(Ⅲ)。可以说，在这样的体系中，氯化铜是乙烯氧化成乙醛的氧化剂，而氯化钯则是催化剂。该反应机理是通过乙烯与钯盐形成一种钯-烯烃中间络合物而进行的。

在反应过程中，由于生成一些含氯副产物消耗氯离子，因此，必须补加适量的盐酸溶液。氯化钯浓度必须控制在一定范围内，浓度过高将有金属钯析出。为了节约贵金属钯，在溶液中加入大量氯化铜，一般控制铜盐与钯盐之比在100以上。氯化铜是氧化剂，一般常用二价铜离子与总铜离子(一价与二价铜离子总和)的比例，即 $Cu^{2+}/Cu^{+}+Cu^{2+}$ 的比值来表示催化剂溶液的氧化度。氧化度太高，会使氧化副产物增多；氧化度太低，会使金属钯析出。

2. 工艺过程

乙烯液相氧化法有一步法和二步法两种生产工艺。

(1) 一步法工艺　所谓一步法是指上述的三步基本反应在同一反应器中进行，用氧气作氧化剂，又称为氧气法。用一步法生产乙醛时，要求羰基化速度与氧化速度相同，而这两个反应都与催化剂溶液的氧化度有关，因此，一步法工艺特点是催化剂溶液具有恒定的氧化度。

工业上采用具有循环管的鼓泡床塔式反应器，催化剂的装量约为反应器体积的1/2～1/3，反应部分工艺过程如图4-22所示。

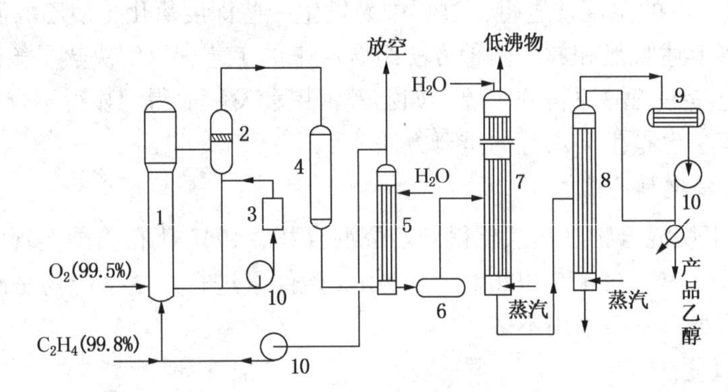

图4-22　一步法反应部分工艺过程

1—反应器；2—除沫分离器；3—催化剂再生器；4—冷凝器；5—洗涤塔；6—粗乙醛储槽；7—脱低沸物塔；8—精馏塔；9—冷凝器；10—泵

原料乙烯和循环乙烯混合后从反应器底部进入，氧气从反应器下部侧线进入，氧化反应在125℃、0.3MPa左右的条件下进行。为了有效地进行传质，气体的空塔线速很高。反应生成热由乙醛和部分水汽化带出。

因此，反应器上部由密度较低的气液混合物充满，这种混合物经过反应器上部的导管流入除沫器，在此，气体流速减小，使气体从除沫器顶部脱去，催化剂溶液沉淀在除沫器中，由于脱去了气体，催化剂溶液密度大于气液混合物密度，借此密度差，大部分催化剂溶液经循环自行返回反应器。这样，催化剂溶液在反应器和除沫器之间不断进行着快速循环，使催化剂溶液在器内各部分的性能均匀一致，温度分布也较均匀。

① 粗乙醛精馏工艺流程。工业上一般采取两步将粗乙醛精馏。第一步是脱轻组分：将沸点比乙醛低的二氧化碳、氯甲烷、氯乙烷等从轻馏分塔顶脱去；第二步是脱除废水和高沸物，并从乙醛精馏塔中部侧线引出副产的丁烯醛。

由于乙醛沸点较低，要将其冷却下来必须在分馏塔顶使用大量冷冻盐水，故轻馏分塔和乙醛精馏塔均在加压条件下操作，这样可节省冷量。

② 催化剂溶液再生。催化剂溶液再生是从除沫器中抽出少量催化剂溶液，往其中加入少量氧气、盐酸。减压后进入分离器，使少量乙醛脱除，然后进入再生器，使氯化亚铜氧化为氯化铜，再返回反应器继续使用。

由于催化剂溶液具有强腐蚀性，且需在一定温度条件下操作，故反应器材料必须具有耐酸耐温性能，一般壳体用碳钢，内衬耐酸橡胶，再加瓷砖，若管径较小，不能衬橡胶或瓷砖，则必须用钛钢。对后面精制部分，介质也有一定酸性，可用含钼合金钢。

（2）二步法工艺　二步法是乙烯的羰基化反应和氯化亚铜的氧化反应分别在两个串联的管式反应器中进行。因为用空气作氧化剂，又称空气法。反应在 1.0～1.2MPa、105～110℃条件下操作，乙烯转化率达 99%，且原料乙烯纯度达 60%以上即可用空气代替氧气。由于乙烯和空气不在同一反应器中接触，可避免爆炸危险。

二步法工艺的特点是催化剂溶液的氧化度呈周期性变化，在羰基化反应器中，入口高，出口低。另外，二步法采用管式反应器，需要用钛管，同时流程长，钛材消耗比一步法高。但二步法用空气作氧化剂，避免了空气分离制氧过程，减少了投资和操作费用。二步法反应部分工艺流程如图 4-23 所示。粗乙醛精制与一步法相似，不再赘述。

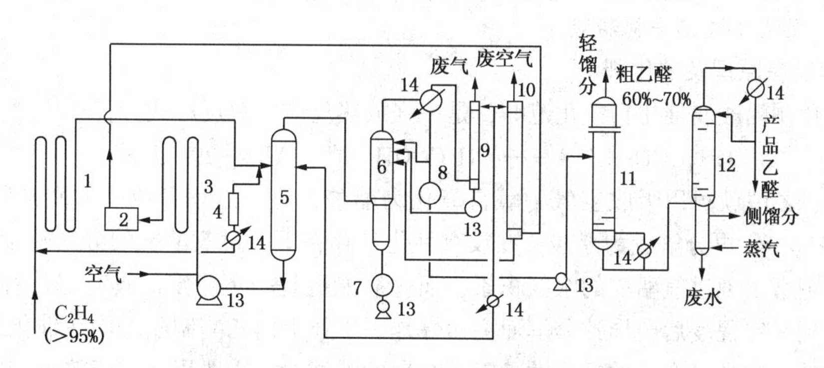

图 4-23　二步法反应部分工艺过程

1—反应器；2—废空气分离器；3—氧化器；4—再生器；5—闪蒸塔；6—粗馏塔；7—反应用水储槽；8—粗乙醛储槽；9—废氧洗涤塔；10—废空气洗涤塔；11—脱轻馏分塔；12—精馏塔；13—泵；14—换热器

五、醋酸

（一）性质和用途

醋酸化学名为乙酸，分子式 $C_2H_4O_2$，相对分子质量 60.05，相对密度 $d_4^{20}=1.092$。沸点 118℃，熔点 16.6℃，闪点 38℃，自燃点 426℃。它是具有特殊刺激性气味的无色液体。纯醋酸(无水醋酸)在 16.58℃时就凝结成冰状固体，故称冰醋酸。醋酸能与水以任何比例互溶，醋酸溶于水后，冰点降低。醋酸也能与醇、苯及许多有机液体相混合。醋酸不燃烧，但其蒸气是易燃的，醋酸蒸气在空气中爆炸极限是 4%。醋酸蒸气对黏膜特别对眼睛的黏膜有刺激作用，浓醋酸能引起灼伤。

醋酸是最重要的中间体之一，它与乙烯作用生成的醋酸乙烯酯是制造合成纤维维尼纶的主要原料。由醋酸制得的醋酐进而制成醋酸纤维素是合成人造纤维、塑料和电影胶片片基的原料。另外，醋酸还广泛应用于医药、染料、农药、工业等方面。

（二）工业生产方法简介

目前工业上合成醋酸的方法主要有三种：乙醛氧化法、丁烷和轻油氧化法和甲醇羰化法，合成路线如图 4-24 所示。

丁烷或轻馏分油氧化法用正丁烷作原料时，醋酸得率最高。该方法用氧气或空气作氧化剂，用含钴、锰等金属的醋酸盐或环烷酸盐作催化剂，在 4～8MPa、15～225℃条件下，进行液相氧化反应，生成含醋酸的混合有机氧化物(甲酸、乙酸、丙酸、丁酸、醛、酮、酯、

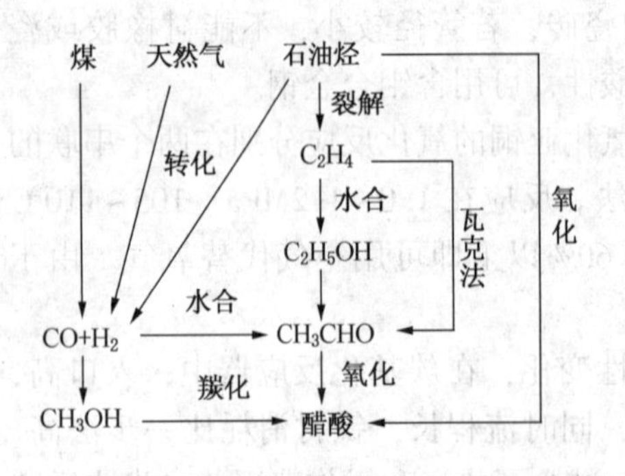

图 4-24　醋酸的工业合成方法工艺路线图

醚等)，经过分离提纯得到醋酸及一系列有用的副产物。随着石油化工的发展，该方法的原料来源不断增长，特别是 C_4~C_8 馏分，所以在世界范围内仍具有一定的发展前景。另外，据资料报道，乙烯直接氧化制醋酸的方法 1997 年在日本大分所属的 100kt/a 装置上工业化。该方法是以钯为催化剂的气相反应。此法与甲醇羰化法或由乙烯经乙醛生产醋酸的方法相比，工艺流程简单，操作易于控制，装置投资费用大量减少，投资费用约为甲醇法的一半，为乙醛法的 70%。

（三）乙醛液相氧化法制醋酸

1. 化学反应原理及催化剂

乙醛氧化制醋酸属催化自氧化范畴，是一强放热反应。总反应式为：

$$CH_3CHO+1/2O_2 \longrightarrow CH_3COOH \qquad \Delta H=-294kJ/mol$$

常温下，乙醛就可以吸收空气中氧自氧化为醋酸，这一过程形成了中间产物过氧醋酸[CH_3COOOH]，它再分解成为醋酸。在没有催化剂存在下，过氧醋酸的分解速度甚为缓慢，因此，系统中会出现过氧醋酸的浓度积累，而过氧醋酸是一不稳定的具有爆炸性的化合物，其浓度积累到一定程度后会导致分解而突然爆炸。工业上由乙醛制醋酸均在催化剂存在下进行，常用的催化剂是可变价的锰、钴、镍等金属的醋酸盐，一般用醋酸锰效果较好。醋酸锰在反应液中的含量为 0.05%~0.1%，主要副产物是甲烷、二氧化碳、甲酸、醋酸甲酯等。反应温度高，以及采用醋酸钴为催化剂时，这些副产物会增多。

2. 工艺流程说明

(1) 反应部分　氧化反应是一个强放热反应，为控制一定的反应温度，反应器的结构必须能不断地除去反应热。同时还应保证氧气与氧化液的均匀接触和安全防腐。工业上常用的氧化反应器有两种型式：

一种是内冷却式分段鼓泡反应器，如图 4-25 所示。该反应器是具有多孔分布板的鼓泡塔。氧分数段通入，每段设有冷却盘管。原料液体从底部进入，氧化液从上部溢出来。这种型式的反应器可分段控制冷却水量和通氧量，但传热面积太小，生产能力受到限制。

另一种是大规模生产中采用的具有外循环冷却器的鼓泡床反应器，如图 4-26 所示。反应液与设在反应器外部的冷却器进行强制循环以除去反应热，循环量的大小决定于反应器温度的控制和反应放热量的大小。由于循环量较大，塔内氧化液浓度基本均匀。这种形式的反应器结构简单，检修方便，但动力消耗大。

该工艺以氧气作氧化剂，反应器是具有外循环冷却器的鼓泡床塔式反应器。乙醛和催化剂溶液自反应塔中上部加入，氧气分两段或三段鼓泡通入反应液中，氧化产物自反应塔的上部溢流出来，反应液在塔内的停留时间约为 3h。通过反应器的氧气量约大于理论值 10%。乙醛转化率可达 97%，氧气的吸收率为 98%，醋酸选择性 98%左右。

未吸收的氧气夹带着乙醛和醋酸蒸气自塔顶排出，塔顶通入一定量的氮气以稀释未反应的氧气，使排出的尾气中氧气含量低于爆炸极限。反应器的安全装置一般采用防爆膜或安全阀，反应器材质需用 Mo2Ti 钢。

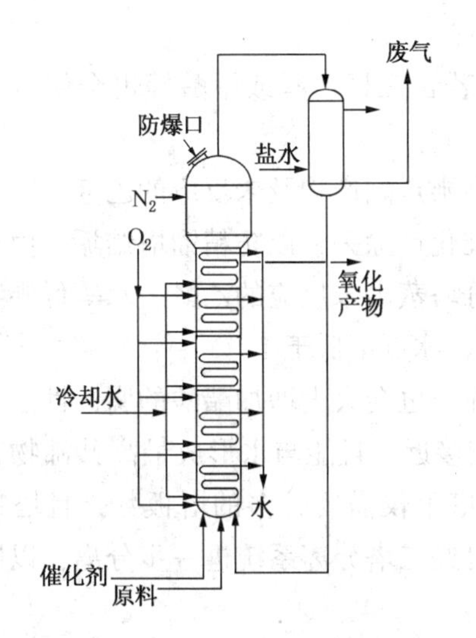

图 4-25 内冷却式分段鼓泡反应器

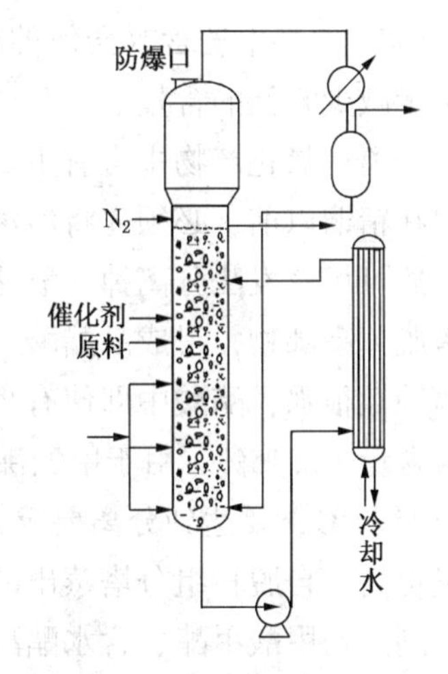

图 4-26 具有外循环冷却器的鼓泡床反应器

乙醛氧化制醋酸工艺流程图如图 4-27 所示。

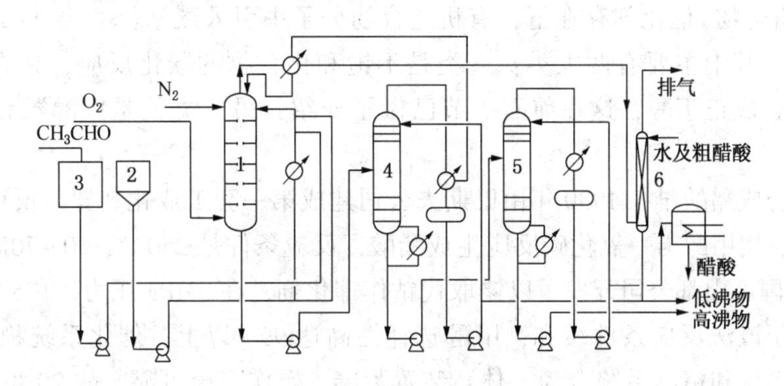

图 4-27 乙醛氧化制醋酸工艺流程图

1—氧化反应器；2—催化剂储槽；3—乙醛储槽；4—低沸点物；5—高沸点物；6—洗涤塔

重要的工艺参数如下：

① 氧化剂。工业上乙醛液相氧化生成醋酸用空气或氧气作氧化剂。选用空气作氧化剂，比用氧气原料费用低，并且气相中氧浓度低比较安全。但由于氧气与反应液接触机会减少，乙醛转化率降低，同时必须洗涤排放气，以除去惰性气体夹带的乙醛和醋酸。选用氧气作氧化剂，需用空气分离装置，原料费用高，且易与乙醛形成爆炸性混合物。一般在反应器空间充入惰性气体以防止爆炸。氧气作氧化剂的优点是氧气能被反应充分吸收，且乙醛的夹带量减少。目前多数装置采用氧气为氧化剂。

② 氧气的扩散和吸收。为加快氧气的扩散和吸收速度，并使之均匀地分散成适当大小的气泡，一般将氧气在反应器中分上、中、下几段通入，并设置氧气分布器。

③ 反应温度。升高温度对过氧醋酸的形成和分解都有利，但氧气的溶解度随着温度升高而降低，使气相中氧气浓度增大，形成爆炸危险；温度低于 40℃以下，过氧醋酸分解缓慢，造成过氧醋酸积累，亦具有危险性。一般用氧气作氧化剂时，温度控制在 55~85℃。

④ 反应压力。增加压力有利于氧气的被吸收，并能减少乙醛的挥发损失，但增加压力也增加了爆炸危险和动力费用。因此，只须稍加压力使乙醛在反应温度下保持液态。当用氧

气作氧化剂时，反应器顶部压力控制在 0.15MPa 左右。

⑤ 原料纯度。原料中若含水会使催化剂失活，若含三聚乙醛或甲酸等也会使氧气吸收率降低，应尽量减少它们的含量。

(2) 产品分离　氧化产物中含有少量低沸点、高沸点副产物及未反应的乙醛，可用精馏方法分离。但在精馏以前，必须先将溶液中醋酸锰催化剂除去，以防精馏塔结垢。由于醋酸锰不易挥发，故可用蒸发法分离掉。氧化产物经组分塔蒸出未反应的乙醛、水等低沸物，再经脱重组分塔脱掉高沸物，得成品醋酸，纯度>99%，冰点不低于 14℃。

甲酸的腐蚀性很强，醋酸中即使有少量甲酸存在，也会大大增加醋酸的腐蚀性。一般控制醋酸中甲酸含量≯0.15%。由于甲酸沸点与醋酸较接近，且能与水形成最高共沸物，沸点与醋酸沸点只差 11℃，要达到分离要求，脱轻组分塔不仅需要较多的塔板数，且塔顶馏出物中醋酸含量也高。自脱轻组分塔蒸出的轻组分，可经三塔分离系统进一步分离，以回收未反应的乙醛、副产物甲酸甲酯、含水醋酸等。

(四) 甲醇羰化合成醋酸

随着碳一化学的发展，有 CO 参与的反应类型逐渐增多，一般把在过渡金属络合物(主要是羰基络合物)催化剂存在下，有机化合物分子中引入羰基(>C═O)的反应都归入羰化反应范畴。其中主要有两大类：一类是不饱和化合物的羰化反应，具有代表性的是丙烯氢甲酰化合成正丁醇，这在前面一节已做了介绍；另一类就是甲醇羰化反应合成醋酸的过程。

甲醇羰化合成醋酸早在 1930 年由巴斯夫公司建成第一套工业化装置。反应是在碘化钴催化剂存在下，用甲醇与一氧化碳反应生成醋酸，反应条件是 250℃、60~70MPa。20 世纪 60 年代中期美国孟山都公司开发了以铑取代钴作催化剂，在 3MPa 压力、175℃下合成醋酸的新工艺。由于该法反应条件缓和，甲醇选择性高达 99%以上；催化系统稳定，用量少，寿命长；反应系统和精制系统合为一体，装置紧凑，操作安全可靠，故 20 世纪 70 年代以后，成为生产醋酸最具竞争力的工艺之一。

甲醇低压羰化法制醋酸在技术经济上的优越性很大。如可利用煤、天然气、重质油等为原料，原料路线多样化，可不受原油供应和价格波动的影响。用计算机控制反应系统，使操作条件一直保持最佳化状态，副产物很少，三废排放物也少，生产环境清洁。

其主要缺点仍然是催化剂铑的资源有限。另外，虽然醋酸和催化剂中的碘化物对设备腐蚀很严重，但已找到了性能优良的耐腐蚀材料——哈氏合金 C(HastelloyAlloyC，是一种 Ni-Mo 合金)，解决了设备的材料问题。但设备用的耐腐蚀材料价格昂贵。

六、醋酸乙烯

(一) 性质和用途

醋酸乙烯又称醋酸乙烯酯。分子式 $C_4H_6O_2$，相对分子质量 86.05，相对密度 d_4^{20} = 0.9312。熔点-100.2℃，沸点 72.5℃，闪点-5℃，自燃点 427℃。它是一种无色透明的液体，在空气中的爆炸极限为 2.56%~38%。醋酸乙烯酯是酯中最简单也是最重要的代表物，它具有加成聚合反应的能力。

醋酸乙烯的主要用途是合成维尼纶，其过程为醋酸乙烯在过氧化物引发下先聚合为聚醋酸乙烯，后者在 NaOH-CH_3OH 溶液中醇解得到聚乙烯醇，然后聚乙烯醇抽丝在甲醛溶液中进行缩醛化处理即可得维尼纶。另外，醋酸乙烯可与各种烯基化合物进行共聚，得到性能优良的高分子材料，广泛用于国民经济各部门。

在 20 世纪 60 年代以前，工业上生产醋酸乙烯的方法采用乙炔法，即由乙炔、醋酸在硫酸汞或醋酸锌催化剂存在下进行反应。20 世纪 60 年代后期开发了乙烯法合成醋酸乙烯新工艺，对液相合成法与气相合成法的比较认为，乙烯气相法生产醋酸乙烯具有产品质量高、副产物少、成本低、对设备管道的腐蚀性小等优点，目前已成为生产醋酸乙烯的主要工艺。

（二）乙烯气相催化氧化生产醋酸乙烯

1. 化学反应

乙烯气相法采用载于氧化铝或硅胶上的金属钯或钯合金为催化剂，乙烯、氧和醋酸呈气相在催化剂表面接触反应，主反应式如下：

$$CH_2=CH_2+CH_3COOH+1/2O_2 \longrightarrow CH_3COOCH=CH_2+H_2O \qquad \Delta H=-146.4\text{kJ/mol}$$

生成二氧化碳是主要副反应。

2. 工艺过程

乙烯气相合成醋酸乙烯的工艺流程由醋酸乙烯合成、醋酸乙烯精制及循环气的精制三部分组成，流程如图 4-28 所示。

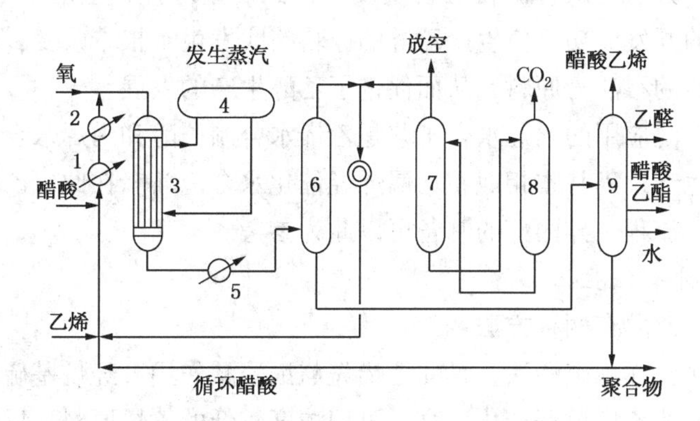

图 4-28　气相法生产醋酸乙烯工艺流程

1—蒸发器；2—预热器；3—反应器；4—蒸汽发生器；5—冷凝器；6—吸收塔；7—洗涤塔；8—解吸塔；9—精馏塔

循环气压缩后与新鲜乙烯混合进入醋酸蒸发器的下部，与自上而下的醋酸逆流接触，而被醋酸蒸气所饱和，在这里乙烯和醋酸的配比可由蒸发器的温度调节得到控制。从蒸发器出来的原料气在氧气混合器与氧气接触混合，达到规定的含氧浓度后进入列管式反应器，并在途中与助剂醋酸钾相混合，反应热由管间的热水吸收并产生中压蒸气。反应产物从反应器底部引出后经冷凝冷却，醋酸、水、醋酸乙烯被冷凝下来，不凝气体大部分去循环压缩机增压后参加反应，小部分去循环气精制部分进行净化。

工业生产上大部分采用列管式固定床反应器，钯-金催化剂均匀地填放在列管之中，原料气从催化剂层顶部进入，产物从底部引出，管间通入软化热水，水的汽化带走反应热。反应温度一般为 150~200℃，压力为 0.6~1.0MPa，单程转化率按乙烯计为 10%~15%，按醋酸计为 15%~30%，按氧计是 60%~90%。

循环气净化的主要目的是脱除大部分二氧化碳。被冷凝下来的液体反应产物通过一系列的蒸馏可得到成品醋酸乙烯，并回收未反应的醋酸，使副产物乙醛浓缩到有效利用浓度，其他低沸物、高沸物待处理。

纯醋酸乙烯的聚合能力很强，常温下就能缓慢聚合，生成聚合物易堵塞管道、破坏塔的正常操作，因此在高浓度醋酸乙烯和加热情况下，必须加阻聚剂。常用阻聚剂有对苯醌、对苯二酚、二苯胺、乙酸胺等。

七、乙醇

(一) 乙醇的性质和用途

通常被称为酒精。分子式为 C_2H_6O，相对分子质量 46.07，相对密度 $d_4^{20}=0.789$。熔点-117.1℃，沸点 78.5℃。乙醇为无色透明易挥发、易燃液体，其蒸气能与空气形成爆炸性混合物，爆炸极限为 3.3%~19.0%。在低级醇中乙醇的产量次于甲醇和异丙醇，居第三位。其主要用途是作为溶剂，用于医药、农药、化工等领域。另一重要用途是合成醋酸乙酯，也可用于合成单细胞蛋白质。在有些国家和地区乙醇仍然是生产乙醛的重要原料。近年来作为汽油组分的用量在不断增加。

(二) 工业生产方法

乙醇最早的生产方法是由含淀粉的物质发酵得到。据统计，生产 1t 酒精，约需消耗 3t 粮食。乙烯水合法的开发成功，使生产乙醇的原料路线发生了根本改变，由单纯要消耗粮食转变为采用资源丰富的石油为原料，从而促进了乙醇生产的发展。

在工业上得到广泛应用的烯烃水合工艺是乙烯水合制乙醇和丙烯水合制异丙醇。这两种产品的反应原理、生产过程基本相似，均属烯烃催化水合范畴。在此以乙醇的制备为例介绍催化水合原理、生产流程，异丙醇的制备可以此为参考。

(三) 乙烯直接水合法生产乙醇

乙烯水合法生产乙醇有两种方法：

一是间接水合法，亦称硫酸法，是使乙烯先与浓硫酸作用，经烷基硫酸酯中间物，然后再水解得到醇。该方法乙烯单程转化率高，可用浓度较低的乙烯原料，反应条件较缓和。但要用大量硫酸，对设备有强烈的腐蚀作用，用过的稀酸再提浓蒸汽消耗大，且浓缩后仅有部分可返回使用，仍有大量的废酸需处理。

另一方法是在固体酸催化剂存在下，使乙烯和水气相一步水合为醇，称为直接水合法。该方法避免了液体酸的直接参与，原料仅需乙烯和水，流程简单，现各国新建的乙醇和异丙醇装置，几乎都采用直接水合法。

$$CH_2=CH_2+H_2O \rightleftharpoons C_2H_5OH(g) \qquad \Delta H=-44.16kJ/mol$$

1. 乙烯直接水合制乙醇的反应过程及催化剂

主反应是乙烯气相水合，是一可逆放热反应。在乙烯水合制乙醇的同时不可避免地有生成醚、醛的副反应发生。

$$C_2H_2=CH_2+C_2H_5OH \longrightarrow C_2H_5-O-C_2H_5$$

或

$$2C_2H_5-OH \longrightarrow C_2H_5-O-C_2H_5+H_2O$$

$$C_2H_5-OH \longrightarrow CH_3-CHO+H_2$$

另外还有乙烯齐聚物及脱氢缩合成丝等反应。

在工业生产上常用将副产物醚循环回反应器的方法，使反应系统中醚的浓度保持平衡，以抑制醚的生成。为抑制副反应还必须控制乙烯的转化率，一般乙烯气相水合制醇的转化率仅为4%~5%。由于成醚、醛的副反应在热力学上比水合反应有利，要使过程向主反应及正反应方向进行，必须选择合适的催化剂。

在各种催化剂中，已证实H_3PO_4/SiO_2催化剂最有效，催化水合反应发生在SiO_2载体孔隙的磷酸液膜中，酸膜中磷酸维持在75%~85%为佳。乙烯在H_3PO_4/SiO_2催化剂上水合反应机理属正碳离子型机理。

2. 工艺流程说明

乙烯气相水合制乙醇的流程主要由两大部分组成：合成部分和粗乙醇的精制部分。工艺流程如图4-29所示。

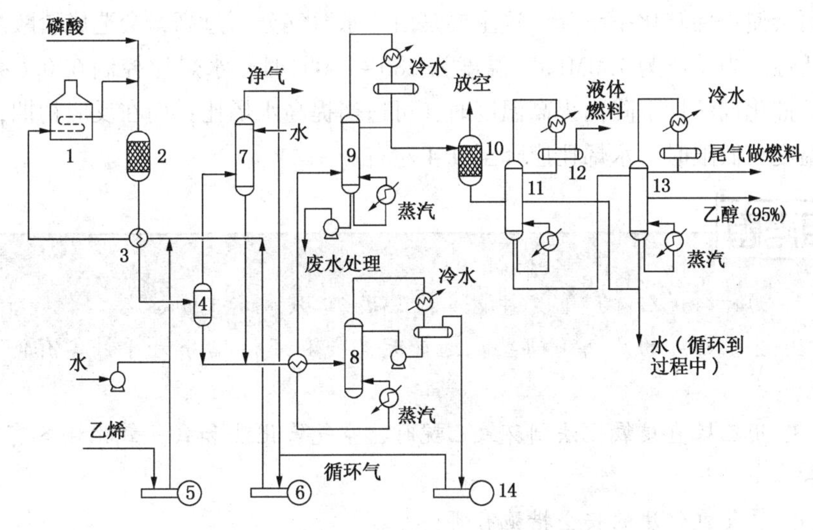

图4-29　乙烯直接水合制乙醇的工艺流程图

1—进料预热器；2—反应器；3—换热器；4—高压分离器；5—乙烯压缩机；6—循环气压缩机；7—醇洗涤塔
8—醚解吸塔；9—预精馏塔；10—处理塔；11—萃取精馏塔；12—沉降器；13—精馏塔；14—空气压缩机

合成部分主要包括原料气的配制、乙烯水合、反应物流的热量利用、除酸、粗乙醇的导出和循环气的净化等过程。

原料气的配制工业上广泛采用水汽化法，即将乙烯和工艺水以一定比例混合后加热汽化。水合反应一般在固定床绝热式反应器中进行，反应热由反应物流带出。由于反应物流中夹带少量磷酸，为防止设备的腐蚀，常在反应物流中注入碱水中和，此步骤一般在反应热得到充分利用后进行。所用换热器采用衬紫铜保护层，经一系列换热后，产物乙醇及副产物乙醛、乙醚等得以冷凝，形成粗乙醇溶液去精制。不凝气部分经洗涤回收产物后，小部分放空以保持惰性气体含量恒定，大部分循环回反应器。

粗乙醇水溶液精制包括轻组分乙醚和乙醛的脱除及乙醇的提浓和精制。轻组分的脱除一般采用水萃取法，此法可增大乙醚、乙醛对乙醇的相对挥发度，使90%的轻组分分离掉，在馏出物中几乎不含有乙醇，分离出的乙醚循环回反应器以抑制生醚反应。脱轻组分后的乙醇溶液仍含有少量乙醛，一般加NaOH溶液催化乙醛发生缩合反应形成高沸物，在乙醇精馏塔釜除去，从精馏上部侧线采出成品乙醇。

3. 工艺参数

(1) 反应温度　乙烯气相水合是可逆放热反应，温度低对平衡有利，即有利于正反应，但反应速度慢；温度高速度快，但对平衡不利，故对任一催化剂都有一最适宜的温度。对于 H_3PO_4/SiO_2，催化剂温度在295℃左右最适宜。

(2) 反应压力　乙烯水合反应是分子数减少的反应，升高压力能提高平衡转化率和反应速度。但压力太高会使气相中的水蒸气溶于磷酸中，使催化剂表面磷酸浓度稀释，更严重的是会造成反应系统中出现凝聚相，磷酸逐渐被液相物流带出反应器，导致催化剂活性下降。另外，压力增高也有利于副反应的发生。综合以上几方面的因素，乙烯气相水合过程一般采用7.0MPa左右。

(3) 原料配比　水烯比对水合过程也有重要影响，增加水烯比会提高乙烯转化率，但水烯比过高反而会使乙烯转化率下降。这主要是由于水蒸气分压过高，会造成磷酸浓度下降而影响催化剂活性。当总压为7.0MPa、温度为280~290℃时，水烯比控制在0.6~0.7为宜。在反应后期，催化剂活性下降而提高温度时，可适当提高水烯比；而在反应初期，催化剂活性高，反应温度在低限时，水烯比应降至0.4左右。

思考题

1. 为什么说乙烯产量是衡量国家石油化工发展水平的标志？
2. 生产乙烯的原料有哪些？选择天然气和石油馏分为原料各有何优越性？
3. 用乙烯直接氧化法制环氧乙烷时，空气氧化法和氧气氧化法各有何利弊？
4. 氧气氧化法的安全措施有哪些？
5. 试叙述环氧乙烷加压制乙二醇的生产流程。
6. 试写出二氯乙烷裂解制氯乙烯的反应机理式。
7. 讨论二氯乙烷裂解制氯乙烯的影响条件。
8. 论述平衡氧氯化法生产氯乙烯的原理、生产过程。
9. 论述乙烯液相氧化生产乙醛的化学过程所用催化剂及反应部分对设备类型和材质的要求。
10. 试比较醋酸生产各种工艺路线，并指出最有前途的路线。

第五节　丙烯及其衍生物

一、丙烯

目前丙烯的生产主要由乙烯装置联产。

丙烯在常温、常压下为无色、可燃性气体，具有烃类特有的臭味。在高浓度下对人有麻醉性，严重时可导致窒息。其物理化学性质见表4-11。

表 4-11　丙烯的物理化学性质

性　　质	数　　据	性　　质	数据
分子式	C_3H_6	低热值(气体，0.098MPa，15.6℃)/(kJ/m^3标态气体)	81308
结构式	$CH_3—CH=CH_2$	临界温度/℃	91.89
相对分子质量	42.078	临界压力/MPa	4.45
常压下沸点/℃	-47.7	临界密度/(kg/L)	0.232
相对密度		折射率(n_D-100℃，-100℃)	1.3825
气体(空气=1)	1.476	爆炸范围(在空气中)/%(体)	
液体(d_4^{-47})	0.6095	上限	2.0
d_4^{20}	0.5139	下限	11.10
闪点/℃	<66.7	蒸气压(绝压)/MPa	
气体黏度(20℃)/Pa·s	7.8	-73.3℃	0.021
自燃点/℃	455	-17.7℃	0.33
蒸发潜热(沸点时)/(J/g)	437.5	21℃	1.04
生成热(25℃)/(J/mol)	20427.4		

丙烯及其联产的其他产品归纳在图 4-30 中。与乙烯类似，丙烯的最大宗产品是聚丙烯。

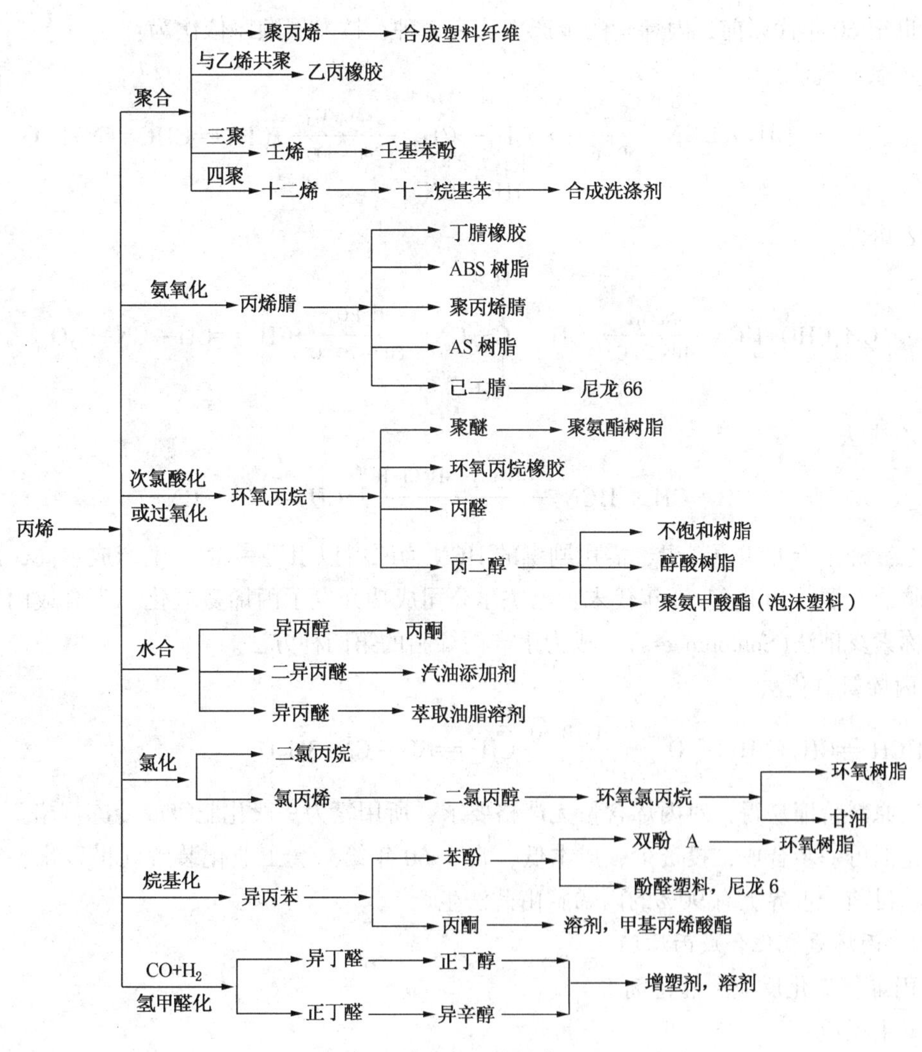

图 4-30　丙烯及其联产的其他产品的主要用途

本节主要介绍以丙烯为原料合成的重要有机化工产品如丙烯腈、环氧丙烷、异丙醇、异丙苯、丙酮和苯酚的生产方法及工艺特点。在三大合成材料中叙述聚丙烯的生产方法及工艺。

二、丙烯腈

（一）性质与用途

分子式 C_3H_3N，相对分子质量53.6，相对密度 $d_4^{20}=0.8060$。沸点77.3℃，凝固点－83.6℃，闪点0℃，自燃点481℃。丙烯腈在室温和常压下，是具有刺激性臭味的无色液体，有毒。在空气中的爆炸极限为3.05%～17.0%。能溶于许多有机溶剂中。与水能部分互溶，丙烯腈在水中溶解度为3.3%，水在丙烯腈中溶解度3.1%。与水形成低共沸物，沸点71℃。丙烯腈分子中存在有双键和氰基，性质活泼，易聚合，也易与其他不饱和化合物共聚，是三大合成材料的重要单体。

（二）工业生产方法

20世纪60年代以前，丙烯腈的生产方法有3种，按发展顺序依次为：

1. 环氧乙烷法

$$H_2C\underset{O}{\diagdown\!\!\diagup}CH_2 + HCN \xrightarrow[50\sim60^\circ C]{Na_2CO_3} \underset{OH}{\underset{|}{CH_2}}-\underset{CN}{\underset{|}{CH_2}} \xrightarrow[200\sim300^\circ C]{MgCO_3} CH_2=CHC\equiv N+H_2O$$

2. 乙醛法

$$CH_3CHO+HCN \xrightarrow[10\sim20^\circ C]{NaOH} CH_3-\overset{H}{\overset{|}{\underset{OH}{\underset{|}{C}}}}-CN \xrightarrow[600\sim700^\circ C]{H_3PO_4} CH_2=CH-CN+H_2O$$

3. 乙炔法

$$CH\equiv CH + HCN \xrightarrow[80\sim90^\circ C]{CH_2Cl_2-NH_4Cl-HCl} CH_2=CH-CN$$

以上三种生产方法原料贵，需用剧毒的HCN为原料以引进—CN，生产成本高，故限制了丙烯腈的发展。20世纪50年代末，巴杰尔公司成功开发了丙烯氨氧化一步合成丙烯腈的工艺，称索亥俄法(Sohioprocess)，成为生产丙烯腈的第四种方法。

4. 丙烯氨氧化法

$$CH_3CH=CH_2+NH_3+\frac{3}{2}O_2 \xrightarrow[470^\circ C]{P-Mo-Bi-O} CH_2=CH-CN+3H_2O$$

此法原料价廉易得，对丙烯含量无严格要求，所用氨为一般化肥级或冷冻规格氨，用空气作氧化剂可一步合成，投资少，成本低，自1960年第一套工业化装置问世以来，得到迅速发展。目前，世界上有90%的丙烯腈由此法生产。

（三）丙烯氨氧化合成丙烯腈

1. 丙烯氨氧化反应和催化剂

（1）主反应

$$CH_3-CH=CH_2+NH_3+1/2O_2 \longrightarrow CH_2=CH-CN(g)+H_2O(g) \qquad \Delta H=514.8kJ/mol$$

（2）主要副反应

反应	ΔH_{298}^0	ΔG_{298}^0
$C_3H_6+NH_3+1/2O_2 \longrightarrow CH_3CN(g)+3H_2O(g)$	-514.8kJ/mol	-569.67 kJ/mol
$C_3H_6+3NH_3+3O_2 \longrightarrow 3HCN(g)+6H_2O(g)$	-942.0kJ/mol	-1144.78kJ/mol
$C_3H_6+O_2 \longrightarrow CH_2{=}CHCHO(g)+H_2O(g)$	-353.3kJ/mol	-338.73kJ/mol
$C_3H_6+9/2O_2 \longrightarrow 3CO_2+3H_2O(g)$	-1920.9kJ/mol	-1491.71kJ/mol

此外还可能生成少量丙腈、乙醛、丙酮等。由上列诸反应可见，虽然主反应是一个放热反应，但主要副反应热效应较大，且ΔG_{298}^0具有更大的负值，在热力学上比主反应更占优势。因此，要获得高选择性的丙烯腈，主反应必须在动力学上占优势，其关键在于催化剂。

（3）催化剂　丙烯氨氧化反应采用的催化剂主要有两类。

① Mo-Bi-O 系催化剂。工业上最早采用的是 P-Mo-Bi-O 三组分催化剂（代号 C-A），逐步发展成 P-Mo-Bi-Fe-Co-O 五组分催化剂，在此基础上又开发成功 P-Mo-Bi-Fe-Co-Ni-K-O 七组分催化剂（代号 C-41）；20 世纪 70 年代末又开发成功代号为C-49的催化剂。这一系列改进都是围绕降低丙烯单耗、降低反应温度、提高催化剂活性、提高丙烯腈收率而进行的。上海石油化工研究院在 20 世纪 80 年代开始，先后开发了 Mo-Bi-Fe 多元系列催化剂，代号为 MB-82、MB-86、MB-96，用于工业生产，性能良好。

② Sb-O 系催化剂。工业上早先采用过 Sb-U-O 系，由于具有放射性，废剂处理困难，已不采用。目前采用 Sb-Sn-O 系或 Sb-Fe-O 系。

各类催化剂所用载体与所用反应器型式有关，使用流化床时对催化剂强度及耐磨性能要求甚高，一般用粗孔微球形硅胶载体；采用固定床时，载体的导热性能显得很重要，一般采用低比表面积没有微孔结构的惰性物质作载体，如刚玉、碳化硅等。

2. 反应条件

（1）原料配比

① 丙烯与氨配比。氨是丙烯腈分子中氮的来源。由于丙烯既可以氧化生产丙烯醛，也可以氨氧化成丙烯腈，两者都属于烯丙基氧化反应。故丙烯/氨比的控制对这两个产物的生成有直接影响。实际上，氨的用量至少等于理论比，否则就有较多的丙烯醛生成，但用量过多，一是会增加氨的消耗定额，二是增加中和所用硫酸的消耗定额。根据催化剂的性能不同，一般控制 v(丙烯)∶v(氨)=1∶1.0~1∶1.1，氨略为过量，约5%~10%。

② 丙烯与空气配比　丙烯氨氧化是以空气作氧化剂，理论用量是丙烯∶空气=1∶7.3。实际生产过程中要求空气适当过量：一是因为副反应要消耗氧，二是由于尾气中要有过量氧存在以防止催化剂被还原失去活性。但空气太多也会带来如下问题：丙烯浓度下降，降低了反应器的生产能力；反应产物离开床层后继续深度氧化，选择性下降；增加动力消耗；产物浓度下降，增加回收困难，故空气用量也有一适宜值。另外，空气用量也与催化剂性能有关，一般控制在 v(丙烯)∶v(空气)=1∶9.5~1∶12。

③ 原料纯度。因丁烯或更高级的烯比丙烯易氧化，故必须控制它们的含量。另外，硫化物的存在会使催化剂中毒，应予脱除。

（2）反应温度　反应温度是丙烯氨氧化合成丙烯腈的重要工艺条件，一般在 350℃以下几乎不生成丙烯腈，要获得高收率丙烯腈，必须控制较高的反应温度。C-A 系催化剂上丙烯腈的适宜合成温度在 450℃，一般控制在 470℃。而 C-41 活性较高，适宜温度为 440℃左右。

（3）反应压力　丙烯氨氧化生成丙烯腈为一不可逆反应，并不需加压。在工业生产中，反应系统的压力只是为了克服后续设备和管道的系统阻力。

（4）接触时间　丙烯腈收率随接触时间增长而增加，所以控制足够的接触时间，可获得较高的丙烯腈收率，一般为 5~10s。副产物乙腈、氢氰酸的生成量到一定温度后不再增加，丙烯腈深度氧化的副反应又很少，故适当延长接触时间，会提高丙烯转化率。

3. 丙烯氨氧化反应器

丙烯氨氧化反应是一个气固相强放热反应过程，故丙烯氨氧化反应器一般采用导热性能好、易保证过程等温性的流化床反应器。流化床反应器所用的是颗粒很小的微球型催化剂。催化剂盛在一个圆筒体内，当气体通过分布板进入催化剂层时，在一定线速范围内，这种很小的催化剂颗粒可以获得像液体一样的流动性能，好像一锅烧开的粥一样，在反应器内翻滚运动，所以它又称为沸腾床反应器。

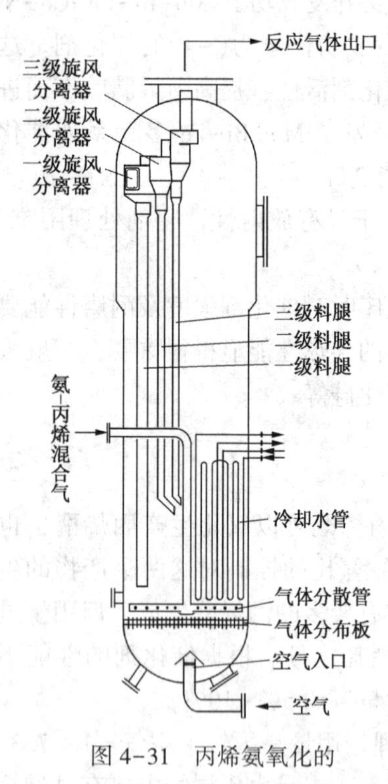

图 4-31　丙烯氨氧化的流化床反应器结构图

反应器结构如图 4-31 所示。流化床反应器按其外形与作用分为床底部、反应段、扩大段三部分。

床底部为反应器最下段，由气体进料管、催化剂放净管、防爆孔和气体分布板组成。分布板主要起原料气体预分配作用，还起支承、堆积催化剂的作用。从安全角度考虑，空气和丙烯-氨分别进料。如图所示，分布板有两种形式，即采用空气分布板和丙烯-氨混合气分散管进行气体的预分配和混合。空气经分布板自床的底部进入催化剂床层流化催化剂，丙烯-氨的混合气经过分配管，在离空气分布板一定距离处进入床层，在床层中与空气会合发生氨氧化反应。

流化床中部的反应段是发生化学反应的关键部分。为使催化剂始终保持较高的活性和选择性，必须严格控制反应温度，及时排出反应生成热。一般在反应段中下部的密相段配置一定数量的垂直 U 形管，管中通入高压热水，借水的汽化带出反应热。同时为了使催化剂与原料气有良好的接触，防止产生沟流、腾涌和大气泡等不正常流化状态，在这一段中常设置一定块数的水平多孔挡板，其孔径能允许催化剂及反应气体自由通过。另外，U 形冷却管如安置合理，不装挡板也能起到破除气泡的作用，但一般采用细粒度催化剂和较低线速操作。

反应器上部为扩大段。由于床径大、气体流速减慢，有利于催化剂的回收。一般在其间设二至三级旋风分离器，捕捉反应气体所夹带的催化剂，通过料腿返回反应段。

4. 工艺流程

丙烯氨氧化合成丙烯腈工艺由反应部分、吸收、精制等三部分组成，见图 4-32。

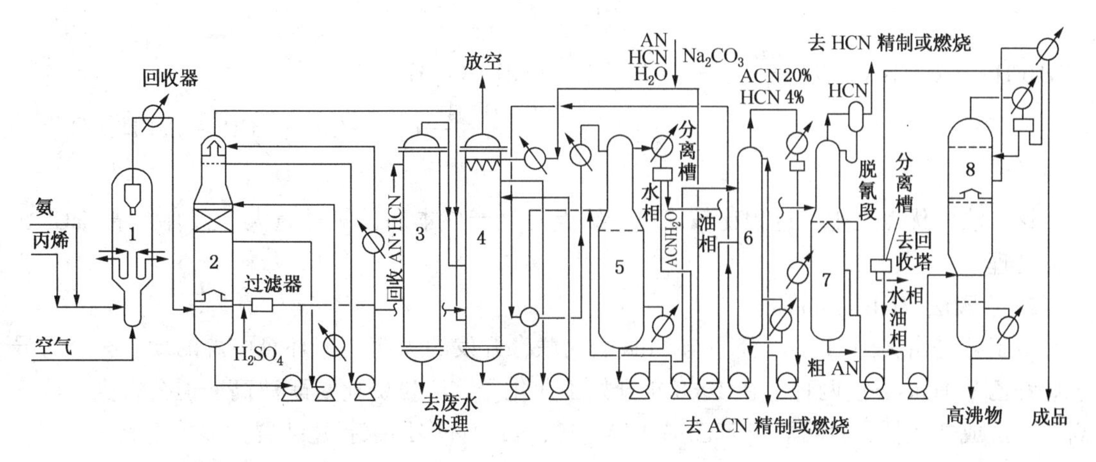

图 4-32　丙烯氨氧化合成丙烯腈工艺流程图

1—反应器；2—急冷塔；3—废水塔；4—吸收塔；5—回收塔；6—放散塔；7—脱氰塔；8—成品塔

如图所示，空气和丙烯-氨分别进入流化床反应器。反应器中温度约为 400～510℃，压力为 64kPa(表)。藉助冷却管导出反应热。气体反应产物冷却后进入急冷塔，在此用硫酸中和未反应的氨，并除去大部分高沸物及吹出的催化剂。塔底液送至废水塔回收其中的丙烯腈、乙腈和氢氰酸。塔上段料液送至吸收塔，在此吸收除丙烯和甲烷以外的全部有机物，水溶液去蒸馏。吸收液在回收塔把粗丙烯腈与乙腈分离，塔顶流出物在分离槽分层，含丙烯腈 85%的油层送到脱腈塔，水层与塔釜液送到放散塔回收乙腈。粗丙烯腈在脱除氢氰酸和脱除重组分之后，得到成品丙烯腈。

此法生产特点：单程转化率高，不需要未反应原料的分离和循环。催化剂采用第三代改进剂 C-41。丙烯腈收率高于 85%，生产 1t 丙烯腈可回收 0.1t 以上的 HCN 副产物。

5. 三废治理

废气主要是吸收塔顶含氰废气的排出，目前可采用催化燃烧法将废气中有毒部分转化为 CO_2、H_2O、N_2等无毒物质排放。含氰废水主要来自急冷塔和乙腈解吸塔。目前广泛采用生物转盘法处理，含量为 50～60mg/L 的丙烯腈污水处理后，—CN 的脱除率可达 99%，且不会造成二次污染。

三、环氧丙烷

（一）性质与用途

环氧丙烷的分子式为 C_3H_6O，相对分子质量 58.05，相对密度 d_4^{20}。沸点 34.2℃，闪点-37.2℃，自燃点 465℃。环氧丙烷是无色、易燃、易挥发的液体，有毒。在空气中爆炸极限为 3.1%～27.5%，与水部分互溶。长期以来环氧丙烷主要用于生产丙二醇，近年来主要用于生产聚氨酯泡沫塑料，也用于生产非离子型表面活性剂、破乳剂。环氧丙烷制甘油的工艺路线是环氧丙烷→烯丙醇→甘油。由于聚氨酯泡沫的迅速发展，环氧丙烷的生产也得到迅速发展，产量在丙烯系列产品中仅次于聚丙烯和丙烯腈，占第三位。

（二）工业生产方法

1. 氯醇法

该法在 1927 年建立了第一个环氧丙烷的工业生产装置。我国环氧丙烷的生产大部分采用此工艺(此生产原理和工艺过程与环氧乙烷的类似)。

$$CH_3CH=CH_2+H_2O+Cl_2 \xrightarrow{100℃左右} CH_2\underset{\displaystyle|}{\overset{OH}{\overset{|}{C}}}H—CH_2Cl + HCl \xrightarrow{Ca(OH)_2} CH_3—\underset{\backslash\;O\;/}{CH—CH_2} + CaCl_2 + H_2O$$

该方法的优点是生产过程比较简单。缺点是生产成本高，氯耗量大，且有大量 $CaCl_2$污水需处理。

2. 哈康法(Halconprocess)

该工艺是由美国 Halcon 公司与 Arco 公司联合开发的无氯生产环氧丙烷的新工艺，有异丁烷和乙苯 Halcon 法两种，在 1968 年开始工业化。该法投资比氯醇法高，但公害少，收率高，生产成本较低，且可联产苯乙烯或异丁烯，目前许多国家新建装置大多采用此法。

3. 分子氧氧化法

丙烯在醋酸溶液中用分子氧氧化，这是前苏联制环氧丙烷的方法。它分两步进行：第一步是丙烯乙酰氧基化，反应在 65℃、0. 5MPa 下进行，$PdCl_2/LiNO_3$作催化剂，丙烯转化率72%，选择性 74%；第二步将生成的丙二单醋酸酯分解，反应在 400℃下高温分解，催化剂是载于刚玉上的醋酸钾，单程转化率为 31%，环氧丙烷收率为 77%。

4. 电化学法

该法是对氯醇法的改进，其实质是在一个设备中进行食盐电解，丙烯次氯酸化，并用电解槽阴极区得到的 NaOH 溶液将氯丙醇皂化得产物。此工艺优点是副产物减少及不排废水。但分离目的产物相当复杂，现仍处于实验室阶段。

（三）哈康法生产环氧丙烷

1. 化学过程及催化剂

该工艺属烯烃液相环氧化范畴，以 ROOH 为环氧化剂。过程分为过氧化、环氧化、脱水三步。现以过氧化氢乙苯将丙烯环氧化生产环氧丙烷及苯乙烯的过程为例进行介绍。

（1）化学过程

① 乙苯氧化制过氧化氢乙苯：

$$C_6H_5—CH_2CH_3 \xrightarrow{+O_2} C_6H_5—\underset{\displaystyle OOH}{\underset{|}{C}}HCH_3$$

② 过氧化氢乙苯使丙烯环氧化生成环氧丙烷和 α-苯乙醇：

$$C_6H_5—\underset{\displaystyle OOH}{\underset{|}{C}}HCH_3 + CH_2=CHCH_3 \longrightarrow H_2\underset{\backslash\;O\;/}{C—CHCH_3} + C_6H_5—\underset{\displaystyle OH}{\underset{|}{C}}HCH_2$$

③ α-苯乙醇脱水得苯乙烯：

$$C_6H_5—\underset{\displaystyle OH}{\underset{|}{C}}HCH_3 \xrightarrow{-H_2O} C_6H_5—CH=CH_2$$

（2）催化剂　一般以过渡金属盐作催化剂。要使反应主要向环氧化方向进行，所用催化剂的金属离子必须具有低的氧化还原电位。一般采用如下过渡金属化合物为催化剂，其活性次序是 $Mo_{(Ⅵ)}>W_{(Ⅵ)}>V_{(Ⅴ)}>Ti_{(Ⅳ)}$。最常用的是环烷酸钼。

2. 环氧化法生产环氧丙烷联产苯乙烯方法简介

示意流程如图 4-33 所示。

哈康法生产环氧丙烷和苯乙烯所用原料为丙烯和乙苯，首先乙苯与空气中氧进行液相自氧化反应制备过氧化氢乙苯。过程反应温度为140~150℃，压力0.25MPa，反应时间6~8h，转化率在15%左右。为提高选择性加入少量焦磷酸钠为稳定剂。接下来是丙烯与过氧化氢乙苯进行液相环氧化反应生产环丙烷及α-苯乙醇，这是强放热反应，为工艺的关键步骤。由于丙烯的临界温度为92℃，而反应温度往往控制在100℃以上，故需在溶剂存在下进行。过氧化氢乙苯中含大量乙苯，可作为溶剂。环氧化的反应条件为：温度100~130℃，压力1.7~5.5MPa，n(丙烯)：n(过氧化氢乙苯)=2：1~6：1，停留时间1~3h；所用催化剂为环烷酸钼或其他可溶性钼盐，催化剂浓度为0.001~0.006mol钼盐/mol过氧化氢乙苯。过氧化氢乙苯转化率达99%，丙烯转化率10%~20%，丙烯转化为环氧丙烷的选择性为95%。α-苯乙醇转化为苯乙烯这一步工艺较成熟，脱水反应采用TiO_2/Al_2O_3为催化剂，反应温度为200~250℃，选择性达92%~94%，副产物苯乙酮可加氢转化为α-苯乙醇。

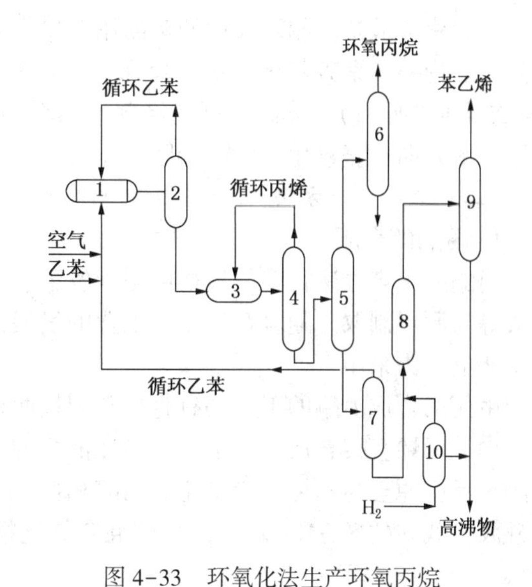

图4-33 环氧化法生产环氧丙烷联产苯乙烯示意流程

1—乙苯过氧化反应器；2—提浓塔；3—环氧化反应器；4—气液分离器；5—环氧丙烷反应器；6—环氧丙烷精馏塔；7—乙苯回收塔；8—脱水反应器；9—苯乙烯精馏塔；10—苯乙酮加氢反应器

本工艺的技术经济指标为：生成1t环氧丙烷联产2.6t苯乙烯，消耗0.8t丙烯和3.2t乙苯。哈康法的应用过去受到联产物市场的限制，随着石油化工和工程塑料的大力发展，此法将具有更加广阔的前景。

四、丙酮、苯酚

(一) 性质与用途

1. 丙酮

分子式C_3H_6O，相对分子质量58.079，相对密度$d_4^{20}=0.7898$。凝固点-94.6℃，沸点56.5℃，闪点(闭口)-20℃。它是无色、透明、易挥发的液体。易燃，其蒸气与空气形成的爆炸极限是2.55%~12.80%。能与丙酮和水以及大部分有机溶剂如醚、醇、酯完全混合，是油脂、树脂、纤维素醚的良好溶剂，它能溶解25倍体积的乙炔。其化学性质很活泼，能发生取代、加成、缩合、热解等反应。丙酮是酮类最简单也是最重要的物质。主要用作有机溶剂，并且是合成其他有机溶剂、去垢剂、表面活性剂、药物、有机玻璃、环氧树脂和双酚A的重要原料。

2. 苯酚

俗名石炭酸，分子式C_6H_6O，相对分子质量94，相对密度$d_4^{20}=1.0722$。熔点41.2℃，沸点182℃。为无色针状或白色块状有芳香味的晶体。可溶解于乙醇、乙醚、氯仿、甘油等有机溶剂中，室温时稍溶于水；当温度在65.3℃以上时，可和水互溶。有毒。苯酚是酚类中最重要的品种，也是最重要的石油化工产品之一。约60%~65%用于生产酚醛树脂、聚环氧化物和聚碳酸酯。相当大量的苯酚用于生产双酚A，它是生产环氧树脂的原料，也是生产耐热聚合物——聚芳基化合物、聚砜等的原料。另外，苯酚还用于生产己二酸和己内酰胺(合成纤维的原料)、非离子型洗涤剂、燃料和油品添加剂、除锈剂及某些医药品等。苯酚应用的新方向是氨氧化法生产苯胺。

(二) 工业生产方法

1. 丙酮的合成

丙酮的生产方法很多，最初由粮食发酵、木材干馏而得，也可由乙炔水合，或由乙醇、醋酸等为原料制取。随着石油化学工业的发展，由丙烯合成丙酮较其他方法更具有优越性，在工业上广为采用。

由丙烯合成丙酮的工业法有直接和间接两种：

(1) 丙烯直接合成丙酮法　一是在液相的 $PdCl_2-CuCl_2$催化剂存在下丙烯用空气氧化得丙酮，反应原理与乙烯直接氧化制乙醛相似。二是丙烯在气相下催化氧化制丙酮，催化剂是以硅胶为载体的Sn-Mo-P-Mg-O的混合氧化物。丙烯直接氧化合成丙酮时，丙酮收率都比较低。

(2) 丙烯间接合成丙酮　目前采用的也有二种工艺：一是由丙烯水合得到异丙醇，再由异丙醇在金属铜或氧化锌催化剂上于350~400℃，催化脱氢制取丙酮。二是由丙烯和苯合成异丙苯，异丙苯由空气氧化得过氧化氢异丙苯，它在酸性条件下分解生成丙酮和苯酚，此法称之为异丙苯法。

2. 苯酚的生产

苯酚的生产主要有氧化、氯化和磺化三种。

(1) 氧化法

① 异丙苯氧化同时生产苯酚和丙酮(异丙苯法)。

② 甲苯氧化法(液相法和气相法)。

③ 环已烷氧化法和其他氧化法。

(2) 氯化和磺化法

① 苯氯化并将氯苯水解。

② 苯氧氯化并随后水解(拉西法)。

③ 苯磺化并加碱液法。

异丙苯法在合成丙酮的同时可得等分子数的苯酚，两者均是十分重要的化工原料，且此法还具有原料易得、条件简单、便于连续化和自动化等优点。因此，自1949年前苏联第一套工业化装置问世以来，得到广泛采用，并逐步淘汰了丙酮与苯酚的其他工业制法。

(三) 异丙苯法制丙酮与苯酚

本方法由下列各步组成：异丙苯氧化生成过氧化氢异丙苯，过氧化氢异丙苯加酸分解和分解产物的精馏。苯和丙烯合成异丙苯部分内容详见芳烃转化的有关章节。

1. 过氧化氢异丙苯的制备

主反应为：

$$C_6H_5-\underset{CH_3}{\overset{CH_3}{\underset{|}{\overset{|}{C}}}}-H + O_2 \longrightarrow C_6H_5-\underset{CH_3}{\overset{CH_3}{\underset{|}{\overset{|}{C}}}}-O-O-H \qquad \Delta H = -116kJ/mol$$

异丙苯的氧化是一个液相自氧化过程，该氧化反应与一般烃类液相氧化反应相似，是按自由基链锁反应历程进行，其中包括链的引发、传递和中断三个过程。一般采用产物本身作引发剂。由于过氧化氢异丙苯的热稳定性差，受热后能自行分解，因此会发生许多分解副反应。主要副反应有：

生成α-甲基苯乙醇：

$$C_6H_5-C(CH_3)_2-O-O-H \longrightarrow C_6H_5-C(CH_3)_2-OH + \frac{1}{2}O_2$$

生成α-甲基苯乙烯

$$C_6H_5-C(CH_3)_2-O-O-H \longrightarrow C_6H_5-C(CH_3){=}CH_2 + \frac{1}{2}O_2 + H_2O$$

生成苯乙酮和甲醇、甲酸。

$$C_6H_5-C(CH_3)_2-O-O-H \longrightarrow C_6H_5-\overset{O}{\overset{\|}{C}}-CH_3 + CH_3OH, \quad CH_3OH \xrightarrow{O_2} CH_3OOH$$

主、副反应的选择性主要决定于链传递反应速度和分解反应速度的竞争。异丙苯的自氧化反应，链传递反应速度较快，而生成的—OOH 基团与叔碳原子相连且又受到相邻苯环的影响，相对于其他过氧化物来说比较稳定，如果反应条件控制适宜，是可以获得高选择性的。

2. 工艺流程概述

由异丙苯自氧化制备过氧化氢异丙苯，工业上大规模生产采用的是多台塔式反应器串联的流程。反应温度采用梯降式控制方式。每台反应器用筛板分隔成数段，并设有外循环冷却器以移走反应热。新鲜异丙苯与循环异丙苯及助剂碳酸钠自第一台反应器加入，然后依次通过诸反应器，空气分别从每台反应器底部鼓泡通入，自顶部排出，汇总后经冷却器以回收可能带出的异丙苯，然后放空。每台反应器控制一定转化率，反应温度逐台降低，例如第一台控制温度为 115℃，到第四台降至 90℃。自第一台到第四台氧化液中过氧化氢异丙苯浓度的控制分别为 9%~12%、15%~20%、24%~29%和 32%~39%，总停留时间为 6h。

从上述过滤器中出来的氧化液，含有 25%左右的过氧化氢异丙苯、少量副反应杂质及未反应的异丙苯。如果直接送到下游装置去分解，大量异丙苯在氧化液分解之后回收，此异丙苯含相当多的苯酚，需要经过复杂的处理后，才能成为氧化原料。过程中还产生较多的含酚废水。若把氧化液中过氧化氢异丙苯提浓至 80%~85%后再进行分解，则大量回收的异丙苯一般含有过氧化氢异丙苯、有机酸和少量苯乙酮与α-甲基苯乙烯，经过简单的稀碱洗涤即可循环使用。由于温度高会促使过氧化氢异丙苯的分解，故需真空浓缩，可采用膜式蒸发器提浓。加热温度不超过 95℃，以防高浓过氧化氢物猛烈分解导致爆炸。

在酸催化下，过氧化氢异丙苯分解制丙酮与苯酚：

$$C_6H_5-C(CH_3)_2-O-O-H \xrightarrow{H+} CH_3-\underset{O}{\underset{\|}{C}}-CH_3 + C_6H_5-OH \qquad \Delta H = -253\text{kJ/mol}$$

工业上采用的酸性催化剂主要有两类：一类是无机酸，主要是硫酸；另一类是强酸性离子交换树脂，是非均相催化剂。工业上应用较广的是硫酸催化剂，其优点是均相反应的温度易控制，催化剂用量少，反应速度快。一般硫酸用量为0.1%左右，反应温度在50～60℃，但所生成的硫酸盐容易堵塞管道设备，且腐蚀性强。

由于分解反应是强放热反应，为防止反应过于剧烈甚至发生爆炸危险，必须及时移走反应热，分解设备应设置冷却器，并且采用分解液循环措施，即以1：4的比例在氧化液中配入分解液稀释过氧化物。

异丙苯法生产苯酚、丙酮的主要过程如图4-34所示。

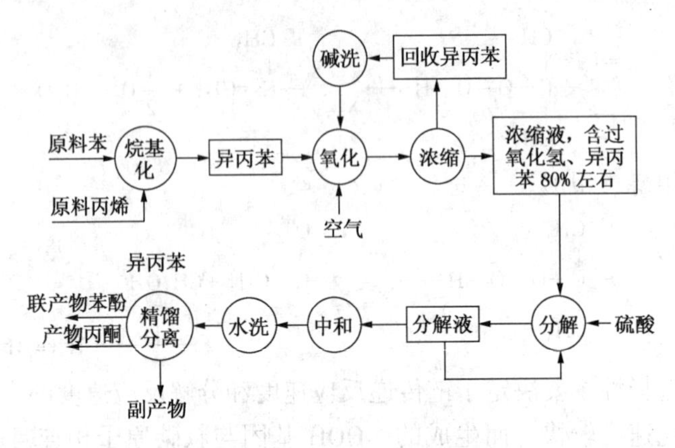

图4-34　异丙苯法生产苯酚、丙酮的主要过程

五、正丁醇

（一）性质和用途

正丁醇分子式$C_4H_{10}O$，相对分子质量74.12，相对密度$d_4^{15}=0.81337$。正丁醇是一种无色透明液体，有微臭。凝固点－90.2℃，沸点117.7℃，闪点35～35.5℃，自燃点340～420℃。在空气中的爆炸极限为1.45%～11.25%。30℃时，正丁醇在水中的溶解度为7.08%，而水在正丁醇中的溶解度为20.62%。正丁醇与水能组成二元共沸物，组成含正丁醇62%、含水38%，共沸点92.6℃。

丁醇是一种重要的化工产品，广泛作为溶剂和制造增塑剂、涂料、香料助剂的原料。此外还可作选矿用的消泡剂、洗涤剂、脱水剂的制备原料。其中以正丁醇用途最多而居于重要地位。

（二）工业生产方法

丁醇可用乙炔、乙烯、丙烯和粮食为原料进行生产。以乙烯为原料的乙醛缩合法步骤很多，生产成本很高，且有严重污染，现只有少数国家采用此法。以丙烯为原料的氢甲酰化法原料价格便宜，合成路线短，是目前的主要生产方法。

由烯烃、一氧化碳和氢气在催化剂存在下于一定的温度、压力条件下进行反应，可在烯烃双键两端碳原子上分别加上一个氢原子和一个甲酰基（—CHO），故称为氢甲酰化反应。这种反应最终都是生成比原料烯烃多一个碳原子的醛。醛加氢得到相应的醇。这个方法也是目前生产高碳醇的重要工业过程。

丙烯氢甲酰化法合成正丁醇有两条工艺路线：一条是以羰基钴为催化剂的高压法；另一条是用膦羰基铑为催化剂的低压法。由于低压法有一系列优点，故为各国所欢迎。下面阐述此法。

1. 合成反应

丙烯氢甲酰化合成正丁醇先是合成正丁醛，然后由正丁醛加氢精制而得丁醇。

$$CH_3—CH=CH_2+CO+H_2 \longrightarrow CH_3CH_2CH_2CHO \qquad \Delta H=-123.8kJ/mol \quad (1)$$

$$CH_3—CH=CH_2+CO+H_2 \longrightarrow (CH_3)_2CHCHO \qquad \Delta H=-130kJ/mol \quad (2)$$

$$CHCH=CH_2+H_2 \longrightarrow C_3H_8 \qquad \Delta H=-124.5kJ/mol \quad (3)$$

$$CH_3CH_2CH_2CHO+H_2 \longrightarrow CH_3CH_2CH_2CH_2OH \qquad \Delta H=-61.6kJ/mol \quad (4)$$

在工业上生成的丁醛和异丁醛混合气在铜基催化剂上于 115℃、0.5MPa 压力下加氢得到丁醇混合物，然后经精馏可得纯正丁醇和异丁醇。

工业上氢甲酰化反应常用的催化剂有羰基钴和羰基铑两种。羰基钴 $HCo(CO)_4$催化剂的主要缺点是热稳定性差，容易分解析出钴而失去活性。为了防止其分解，一般需在 10~20MPa 下操作，即所谓高压法。高压法得到的产品中正/异丁醛比例较低。为克服这些缺点，进行了许多研究改进工作。主要对配位基和中心原子进行筛选改进，以铑代替中心原子钴，以有机膦(三苯基膦)配位基取代部分羰基，形成 $HRh(CO)(PPh_3)_3$催化剂。该催化剂性能稳定，合成产物的正/异丁醛比率达 15：1，能在 1~2MPa 低压下操作，即低压法。两类催化剂性能对比如表 4-12。

表 4-12　钴和铑催化剂性能的对比

催 化 剂	$HCo(CO)_4$	$HRh(CO)(PPh_3)_3$
温度/℃	140~180	90~110
压力/MPa	20~30	1~2
催化剂浓度/%	0.1~1.0	0.01~0.1
产物	醛/醇	醛
正/异丁醛比	3：1~4：1	12：1~15：1

2. 合成正丁醇的工艺流程

以羰基三苯基膦铑络合物[$HRh(CO)_x(PPh_3)_y$，$x+y=4$]为催化剂生成正丁醛的流程见图 4-35。

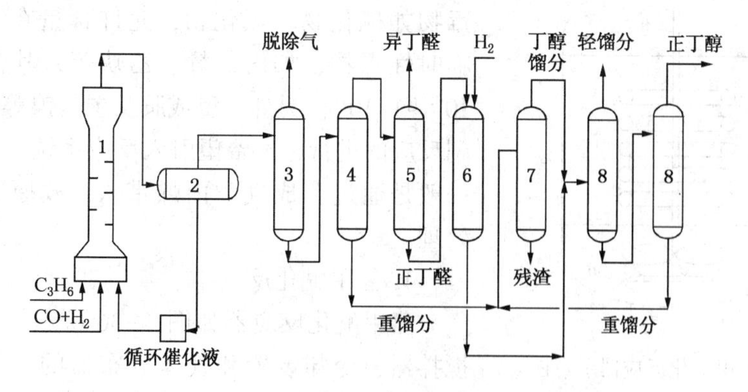

图 4-35　由丙烯制正丁醇的工艺流程示意图

1—羰基化合成塔；2—催化剂分离槽；3—脱气塔；4—重馏分分离塔；
5—丁醛分离塔；6—氢化塔；7—粗丁醇分离塔；8—丁醇精馏塔

该工艺分为四部分：

（1）合成气净化　原料气经水洗除去胺，然后在氧存在下用活性炭脱除羰基铁等，接下来用 PtS、ZnO 除氧、硫，调节到所需温度进入反应器。

（2）丙烯净化　分别用浸渍铜的活性炭、钯催化剂除去硫化物、氯化物、氧、二烯烃等杂质，与合成气混合进入反应器。

（3）正丁醛合成 净化的新鲜原料气与来自压缩机的循环气流相混合，从反应器底部经气相分布装置进入反应器中，在搅拌器作用下与溶于反应液中的三苯基膦铑催化剂充分混合，造成有利的传质条件而进行反应。反应在 100～110℃和压力<3MPa 下进行。反应放出的热量，一部分由设于反应器内的冷却盘管移出；另一部分由气相物流、循环气和产品以显热形式带出。反应器上部安装雾沫分离器，以捕集气相物料带出的极小液滴，气相产物经冷凝后得粗丁醛，收集于产品储槽中，待处理。不凝气体一部分放空，其余进入压缩机压缩到 2～3MPa 返回反应系统。

（4）粗丁醛精制　粗丁醛中溶解的丙烯、丙烷在稳定塔顶蒸出，经增压后进入氢甲酰气体循环回路中。稳定塔釜排出的粗产物送丁醛塔分馏，从塔底去除重质物，塔顶得到混合正/异丁醛去加氢工段制正丁醇。

3. 反应条件

（1）温度　一般控制在 100～110℃。温度高丁醛生成速度加快，但副产物生成速度和催化剂失活速度也以指数规律增加；温度太低，催化剂用量增加，对反应不利。

（2）原料配比　恰当控制氢、一氧化碳和丙烯的比例，对提高丁醛的收率有很大影响。若氢和丙烯分压增加，生成丙烷量也增加，使丙烯消耗定额增加；丙烯分压增加，配位体有机磷与丙烯发生副反应，其产物能阻碍丁醛的生成。

（3）总压　要求控制在 1.8MPa。压力太高，丙烯和丙烷溶解度增大，会增加稳定塔负荷。

（4）催化剂中铑和三苯基膦浓度　三苯基膦量增加，正/异丁醛比例提高，但反应速度减慢，合理选用两者浓度可提高设备的生产能力。

（5）毒物的允许浓度　反应中铑的浓度为 10^{-6} 级，少量毒物就会对反应产生很大影响；对永久性毒物如硫化物、氯化物，允许含量在 10^{-5} 以下；对临时性毒物，如丙二烯、乙炔等，其含量允许达 $5\times10^{-5}\sim1\times10^{-4}$。另外，氨或胺及羰基镍等能促进氢甲酰副反应的进行，不希望引入反应系统。上述各类杂质一般是通过合成气和丙烯带入，故原料气必须净化处理。

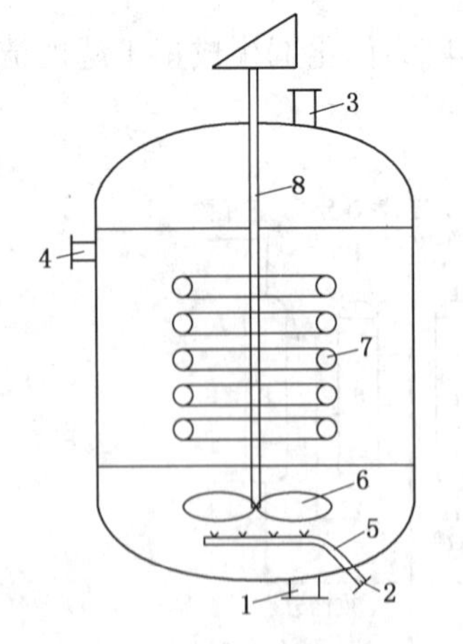

图 4-36　氢甲酰化反应器示意图
1—催化剂进出口；2—原料进口；3—反应器出口；4—雾沫回流管；5—喷射管；6—叶轮；7—冷却盘管；8—搅拌器

4. 氢甲酰化反应器

氢甲酰化反应器如图 4-36 所示。它是一个带有搅拌器、冷却装置和气体分布器的不锈钢釜式反应器。搅拌的目的主要为了保证冷却盘管有足够的传热系数，使反应釜内溶液上下均匀分布，并能进一步改善气流分布。

5. 低压法氢甲酰化法的优缺点

用铑络合物为催化剂的低压氢甲酰化法生产丁醇技术的工业化，是引人注目的重要技术革新，并对合成气化工的发展有极大推动作用。该工艺主要优点如下：

① 反应条件缓和，操作易控制。不需特殊高压设备和特殊材质，费用比高压法低约10%~20%。

② 副反应少，正/异丁醛比例高，产品收率高，原料消耗少，每生产1000kg正丁醛消耗丙烯675kg，比其他方法少35%左右。

③ 催化剂易分离，利用率高，损失少。

④ 污染排放非常少，接近无公害工艺。

由于上述优点，近年来低压法以显著的优势迅速发展，有取代高压法的趋势。

低压法的不足之处是铑资源稀少，南非的铑金属资源最为丰富，出口量占全球供应量的60%，目前，全世界每年铑金属产量只有7~8t，价格十分昂贵。因此，催化剂用量必须尽量少，寿命必须足够长，生产过程的消耗要足够小，每1kg铑至少能生产106 ~107kt醛。即使1kg产品损失1μg/g铑，成本也会显著上升。此外，配位体三苯膦有毒，对人体有害，使用时应注意安全。

为克服铑催化剂制备和回收复杂的缺点，简化产品分离步骤，进一步减少其消耗量，进行了均相催化剂固相化的研究。另一方面，由于铑资源十分稀少，国外除对铑催化剂的回收和利用作进一步研究外，对非铑催化剂的开发也非常重视，其中铂系催化剂非常有发展前景，有关这方面的研究工作还在积极进行。

思考题

1. 简述丙烯氨氧化合成丙烯腈的化学过程和催化剂的作用。
2. 简述反应条件对丙烯氨氧化合成丙烯腈的影响及工艺流程。
3. 试叙述哈康法生产环氧丙烷联产苯乙烯的生产过程。
4. 试叙述异丙苯法生产苯酚联产丙酮的生产过程。
5. 何谓甲酰化反应？
6. 简述丙烯用甲酰化法合成正丁醇的主副反应、热力学分析。简述氢甲酰化的反应器结构。

第六节　碳四烯烃及其应用

一、C_4资源及工业应用

炼油厂和石油化工厂联产大量工业C_4烃(馏分)。工业C_4烃中包含丁二烯、丁烯、丁烷等共7个主要组分。C_4烃经化学加工可制成高辛烷值汽油和化工产品，因此综合利用C_4烃馏分对于提高企业的经济效益有明显的作用。

(一) C_4烃资源

工业C_4烃来源有四个方面：

(1) 炼油厂C_4烃(简称炼厂C_4)　炼油厂催化加工和热加工所产的C_4烃，其中催化裂化装置所产的C_4(包含于液态烃中)是炼厂C_4的最重要的组成部分。我国炼厂C_4加以回收利用的常限于催化裂化C_4，故炼厂C_4往往又指催化裂化C_4。

(2) 裂解C_4烃(简称裂解C_4)　石油化工厂裂解制乙烯的联产C_4烃。

(3) 油田(天然)气回收的C_4烷烃(简称油田气C_4)。

(4) 其他来源　乙烯制α-烯烃的联产物(丁烯-1)、乙醇合成的丁二烯等。

其中最重要的来源是(1)、(2)两项。就产量而言，炼厂C_4高居首位；而且裂解C_4的烯烃含量高，含硫量低(一般小于10^{-5})，化工利用价值高。

石油炼制和石油化工发达的国家多拥有相当量的C_4烃资源，美国炼油工业中可提供的C_4烃高达原油加工量的5%。美国炼厂加工深度深，催化裂化装置在炼厂又占重要地位，所以C_4烃产量较高。德国和日本炼厂C_4分别占原油加工量的0.7%及1%，但西欧和日本裂解C_4产量较美国为多。因美国裂解原料以气体(乙烷、丙烷)为主，西欧和日本以油品(石脑油、柴油)为主，前一种原料与后一种相比，C_4产率明显降低。

(二) C_4烃的综合利用

各国C_4烃来源及需求不同，C_4烃利用途径也不尽相同，总的说来，不外乎燃料和化工利用两大方面。

在燃料利用方面，美国催化裂化C_4几乎全用于生产烷基化汽油；日本炼厂C_4基本上作气体燃料烧掉；西欧的催化裂化C_4不到一半用于制烷基化汽油，其余作气体燃料使用。

化工利用途径多而广，各种C_4重要衍生物有20余种之多，是基本有机化学工业的重要原料，尤其以丁二烯、正丁烯和异丁烯最为重要，其次是正丁烷。C_4烃制得的基本有机化工主要产品见图4-37。

C_4烃及其工业衍生物应用范围广泛、用途多样，目前已成为石油化工产品的重要基础原料，其生产能力和产量随乙烯生产能力的增加而同步增长。

当前，C_4烃主要有烷基化汽油、甲基叔丁基醚、丁基橡胶、聚丁烯、二异丁烯、烷基酚、甲乙酮、丁二烯、1-丁烯等较大吨位的衍生物，在国外已普遍生产，国内也有相当的需求。此外，有些C_4烃衍生物虽然也属较大吨位的产品，但是它也可以从非C_4烃中取得或合成。

国外C_4烃的化工利用集中于裂解C_4烃的应用，丁二烯通常尽量回收利用，我国C_4烃化工利用率明显低于主要工业国家。随着裂解C_4烃的增长，C_4烃的化工利用率将明显增加。

二、丁二烯

丁二烯(系统命名为1，3-丁二烯)是上述C_4和C_5两类烯烃中最重要的一种。

(一) 性质和用途

丁二烯有1，2-丁二烯和1，3-丁二烯两种，其中1，3-丁二烯是合成橡胶的主要原料。本书所述均指1，3丁二烯。

丁二烯在室温和常压下为无色略带大蒜味的气体。分子式C_4H_6，相对分子质量54.088，相对密度$d_{15.6}^{15.6}=0.6274$。凝固点-108.9℃，沸点-4.41℃，闪点<17.8℃，有毒。在空气中的爆炸极限为2.0%~11.5%。能溶于苯、乙醚、氯仿、汽油、丙酮、糠醛、

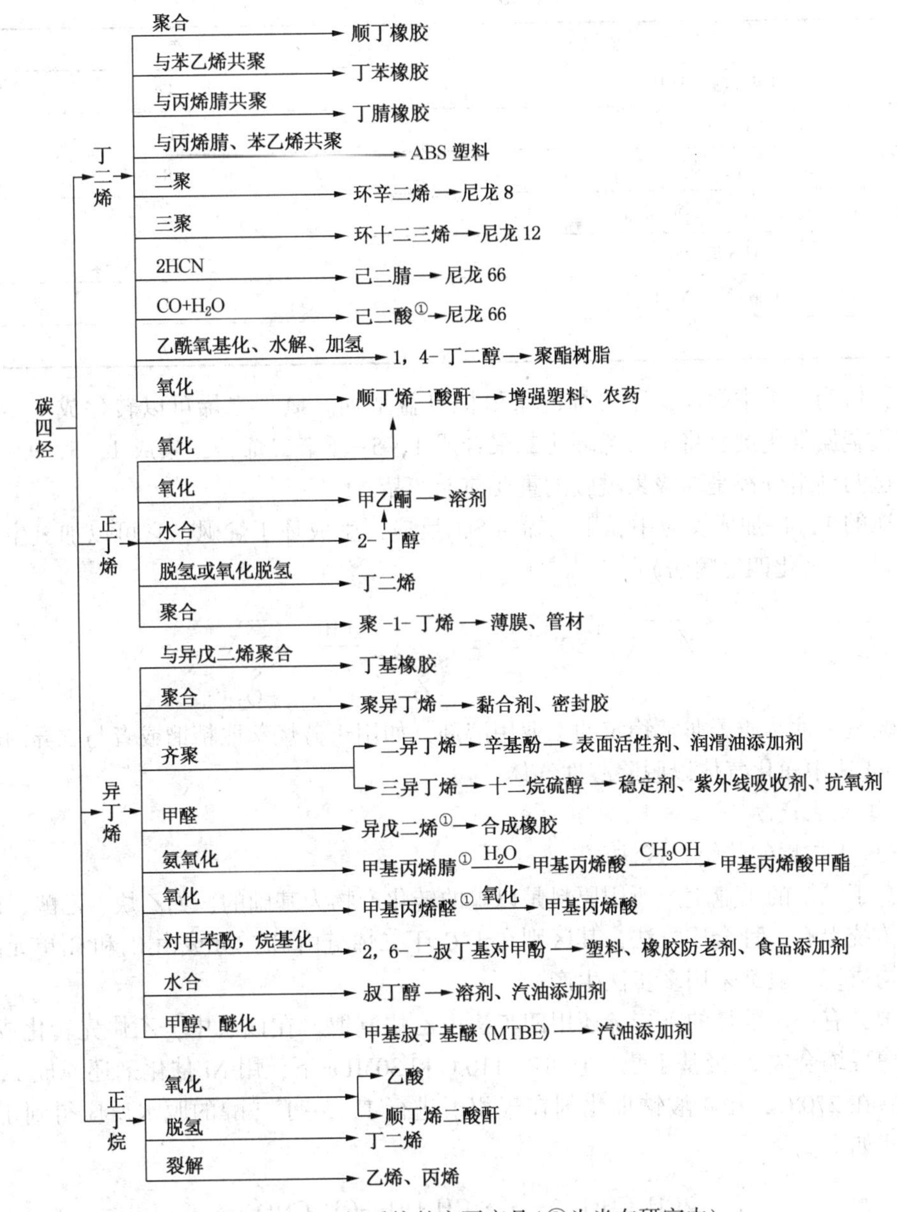

图 4-37　C_4 烃系统的主要产品（①为尚在研究中）

无水乙腈、二甲基乙酰胺、二甲基甲酰胺和 *N*-甲基吡咯烷酮等许多有机溶剂中，微溶于水和醇。

由于丁二烯具有多个反应中心，它可以进行很多反应，特别是加成反应和成环反应，这样可以合成许多重要的中间体。工业上应用丁二烯是由于它易于均聚成顺丁橡胶并能与许多不饱和单体进行共聚。丁二烯主要与苯乙烯和丙烯腈等共聚单体进行聚合，聚合产物包括一系列弹性体，即合成橡胶。根据聚合物的结构可得到许多不同性能的橡胶，如不同的弹性、耐磨性、耐久性、耐寒、耐热以及抗氧化、抗老化和溶剂的性能。

表 4-13 是丁二烯按用途进行的分类。

表 4-13　丁二烯的用途

产品	比例/ %
丁苯橡胶(SBR)	47
顺丁橡胶(BR)	17
己二腈	8
氯丁二烯	8
ABS 聚合物	6
丁腈橡胶(NBR)	3
其他	11

近来，作为一个中间体，丁二烯的重要性日益增加。氯丁二烯可以转化成 1，4-丁二醇。用有机金属催化剂可将丁二烯环化二聚合成 1，5-环辛二烯，三聚成 1，5，9 -环十二碳三烯，这两种组分都是高级聚酰胺的重要前期产品。

在可逆的 1，4-加成反应中，丁二烯与 SO_2 反应，生成环丁烯砜，它可以加氢生成耐高温的环丁砜(二氧化四氢噻吩)：

$$\text{丁二烯} + SO_2 \rightleftharpoons \text{环丁烯砜}(S, O_2) \xrightarrow{+H_2} \text{环丁砜}(S, O_2)$$

环丁砜是一种对质子非常稳定的工业用溶剂，如用于芳烃萃取精馏或者与二异丙醇胺一起在 Sulfinol 法中净化气体以脱除酸性气体。

(二) 工业生产方法

1. 1，3-丁二烯的传统合成法

最初，丁二烯的工业生产所用原料是以煤的转化产物为基础的，如乙炔、乙醛、乙醇和甲醛等。传统上有三种合成方法，其区别在于 C_4 丁二烯链由 C_2 单元或由 C_2 和 C_1 单元的不同形式组合构成。一般都采用多步法生产。

在德国，有一定数量的丁二烯还用四步法由乙炔制取。在该法中，乙炔先转化成乙醛，再进一步醇醛缩合成 2-羟基丁醛，它可在 110℃和 30MPa 下，用 Ni 催化剂还原成 1，3-丁二醇，最后在 270℃，用磷酸钠催化剂在气相下进行 1，3-丁二醇的脱水反应得到丁二烯，反应方程式如下。

$$2CH_3CHO \xrightarrow{[OH^-]} CH_3CH(OH)—CH_2CHO$$

$$\xrightarrow{+H_2} CH_3CH(OH)—CH_2CHOH \xrightarrow{-2H_2O} H_2C{=}CH—CH{=}CH_2$$

制得丁二烯的选择性可达约 70%(以 CH_3CHO 计)。

丁二烯生产的另一个方法是列别捷夫法，它以乙醇为原料，用 $MgO-SiO_2$ 催化剂，在 400℃一步将乙醇脱氢和脱水。

$$2CH_3CH_2OH \longrightarrow H_2C{=}CH—CH{=}CH_2 + 2H_2O + H_2$$

丁二烯的选择性约达 40%。今天，这个方法只对那些没有石油化工基础、但能够用发酵法酒精取得廉价乙醇的国家才有价值。

第三个传统方法是雷珀(Reppe)法。乙炔和甲醛先转化成丁炔二醇，再制取1，4-丁二醇，最后脱水得到丁二烯。实际上这是一个直接两次脱水的过程，今天，雷珀法是完全不经济的。

目前，制取丁二烯的现代化工业方法都毫无例外地以石油化学为基础，C_4裂解馏分或来自天然气或炼厂气的丁烷和丁烯的混合物都是很经济的原料。

2. 从C_4裂解馏分制取1，3-丁二烯

在一些用粗汽油或重石油馏分进行蒸汽裂解制取乙烯的国家里，都含有可以经济地分离出丁二烯的C_4馏分。在一般高深度裂解的产物中，C_4馏分约达9%。在C_4馏分中，丁二烯为45%~50%。

烃类蒸汽裂解得到C_4馏分的绝对数量和含量在很大程度上受原料种类和裂解深度的影响：

（1）由于炼厂馏分的终沸点不断提高，从轻粗汽油到重粗汽油再升到柴油，总C_4的含量会降低，丁二烯数量在上升。表4-14说明了使用不同原料的乙烯装置能得到的丁二烯数量。

表4-14　不同裂解原料副产丁二烯量　　kg/100kg乙烯

原料	丁二烯含量	原料	丁二烯含量
乙烷	1~2	粗汽油	12~15
丙烷	4~7	轻柴油	18~24
正丁烷	7~11		

（2）裂解深度增加，使整个C_4馏分的数量相应减少，但由于丁二烯稳定性好，因此，相对的丁二烯含量是增加的(见表4-15)。

表4-15　C_4馏分的组成与裂解条件的关系%

裂解产物	低深度裂解	高深度裂解
1，3-丁二烯	26	47
异丁烯	32	22
1-丁烯	20	14
反式-2-丁烯	7	6
顺式-2-丁烯	7	5
正丁烷	4	3
乙烯基乙炔	0.2	2
其他：异丁烷、丁炔和1，2-丁二烯	3.8	1

由于C_4馏分中各组分的沸点非常接近，1-丁烯、异丁烯和丁二烯的相对挥发度相差极小，而且有些还形成共沸物，简单蒸馏不能将其经济地分离，因此只能采用更有效、选择性更好的物理和化学分离工序。C_4馏分加工时，首先要分离丁二烯。

目前C_4馏分可行的分离方法有：

① 分子筛吸附分离法。现处于中试阶段。

② 化学反应法。这是一个较早应用的老方法。该法利用丁二烯和氨合醋酸铜[$Cu(NH_3)_2$]($OOCCH_3$)可逆地生成络合物的方法，其工业应用价值不大。

③ 萃取精馏法。如加入选择性有机溶剂，混合物中某组分的挥发度就会降低(这里指的

是丁二烯)，该组分与溶剂一起留在精馏塔底，而其他原来用精馏不能分离的杂质从塔顶蒸出。丙酮、糠醛、乙腈、二甲基乙酰胺、二甲基甲酰胺和 *N*-甲基吡咯烷酮是萃取精馏的重要溶剂。这是目前工业上较普遍采用的方法。

萃取精馏法较适用于含有较多的炔烃、甲基、乙基和乙烯基乙炔以及甲基丙二烯(1，2-丁二烯)的富丁二烯 C_4裂解馏分。被萃取馏分中乙炔含量不能过多，否则会形成泡沫，影响萃取过程，必要时应加入消泡剂。C_4馏分中所含的炔烃的分离是工艺操作中的关键，必要时用选择加氢脱除。

从 C_4裂解馏分中用溶剂萃取丁二烯的基本流程如下：将 C_4馏分全部蒸发后通入萃取塔下部，溶剂(如甲基甲酰胺或 *N*-甲基吡咯烷酮)与气体混合物逆向流动，在溶剂向下流动时带走了容易溶解的丁二烯和少量的丁烯，然后从萃取塔下部送出，进入丁烯汽提塔以分离丁烯。粗丁二烯在另一个脱气塔里将丁二烯从溶剂中蒸出，再进行精馏精制，最后得到高纯丁二烯。

巴斯夫公司的 *N*-甲基吡咯烷酮(NMP)丁二烯抽提法首先在石油化学公司道玛根的工业装置中运行成功，吸收率为 96%，得到的丁二烯纯度约 99.8%，成为极具竞争力的工业路线。

3. 从 C_4烷烃和烯烃制取 1，3-丁二烯

天然气和炼厂气中的丁烷和丁烯混合物是脱氢或氧气存在下氧化脱氢制取 1，3-丁二烯的原料。一些工业方法几乎全部由美国开发并首先应用。

正丁烷和正丁烯脱氢是吸热过程，需要输入大量能量：

$$\text{正丁烷} \xrightleftharpoons{-H_2} \text{1-丁烯} + \text{2-丁烯} \qquad \Delta H = +126\text{kJ/mol}$$

$$\text{1-丁烯} + \text{2-丁烯} \xrightleftharpoons{-H_2} \text{1,3-丁二烯} \qquad \Delta H = +109\text{kJ/mol}$$

除了用 C_4烃类脱氢制丁二烯外，氧气存在下的脱氢方法最近变得日益重要。所谓氧化脱氢法是用加氧的方法来移动丁二烯之间的脱氢平衡，以生成更多的丁二烯。氧气的作用不仅是后来与氢燃烧，它还能引发从烯丙基脱氢的反应。在工业生产中要加入足够量的氧(用空气)，因为生成水放出的热量能补偿吸热的脱氢反应所需要的热量，这样丁烯转化率、丁二烯的选择性及催化剂的寿命都很好。

从正丁烯制丁二烯的菲利普氧化脱氢法(O-X-D)是工业生产中脱氢过程的一个例子。正丁烯蒸气和空气在 480~600℃，用固定床催化剂进行反应。丁烯转化率为 75%~80%，丁二烯选择性达到 88%~92%。丁烯氧化脱氢的催化剂多为磷、钼、铋、钨、锡、锑及钛等元素的二元或三元的混合氧化物，加入少量的卤素(溴或碘)作为助剂可以改进选择性。

三、丁烯

大量的丁烯来自炼油厂的副产物和丁烷、粗汽油或柴油等各种裂解过程。现在，直接来自丁醇或者乙炔的老生产方法已经没有价值。自从由 C_4馏分大规模地分离出纯组分以后，丁烯的化学加工也得到很大改进。

(一) 性质和用途

丁烯有四种异构体：

$CH_3—CH_2—CH═CH_2$　1-丁烯

$$\begin{matrix} CH_3 & & CH_3 \\ & C{=}C & \\ H & & H \end{matrix}$$
顺-2-丁烯

$$\begin{matrix} CH_3 & & H \\ & C{=}C & \\ H & & CH_3 \end{matrix}$$
反-2-丁烯

$$\begin{matrix} & CH_3 & \\ & | & \\ CH_3— & C{=} & CH_2 \end{matrix}$$
异丁烯

丁烯可燃，与空气可形成爆炸性的混合物。丁烯的物理性质见表4-16。

表4-16　丁烯的物理性质

性　质	1-丁烯	顺-2-丁烯	反-2-丁烯	异丁烯
相对分子质量	56.104	56.104	56.104	56.104
熔点/℃	-185.35	-183.91	-105.55	-140.35
沸点/℃	-6.26	3.72	0.88	-6.8
相对密度 $d_{15.6}^{15.6}$	0.6011	0.6272	0.6100	0.6002
临界温度/℃	146.6	155.0	155.0	144.7
临界压力(绝)/MPa	4.1	4.2	4.2	4.0
蒸气压(37.8℃)/MPa	0.44	0.32.	0.35	0.45
燃点/℃	384	324	324	465
闪点/℃	-112			
爆炸极限/%(体)				
上限	9.3	9.7	9.7	8.8
下限	1.6	1.8	1.8	1.8

丁烯最重要的二次反应是生产化学中间体：水合成醇(正丁烯→仲丁醇，异丁烯→叔丁醇)，氢甲酰化生成C_5醛和醇，通过正丁烯氧化生成顺丁烯二酸酐，甲醇加异丁烯可生成甲基叔丁基醚，正丁烯氧化降解成醋酸，异丁烯氨氧化成甲基丙烯腈；较次要的是异丁烯氧化为甲基丙烯酸等。

(二) 丁烯的生产与分离方法

在将丁二烯的主要部分萃取得到的C_4抽余液，采用"拜耳冷加氢工艺"进行选择加氢除去残留丁二烯后，得到主要含有异丁烯、正丁烯和丁烷的混合物。各丁烯异构体的沸点十分接近，难于用普通的方法有效地分离。C_4抽余液的典型组成如表4-17所示。

表4-17　C_4抽余物的典型组成

组分	组成/%(体)
异丁烯	44~49
1-丁烯	24~28
2-丁烯(顺式和反式)	19~21
正丁烷	6~8
异丁烷	2~3

C_4抽余液的分离目的是得到具有支链和反应性高的异丁烯[$(CH_3)_2C=CH_2$]。

1. 分子筛分离法

异丁烯分子因具有甲基支链，体积较大，故不能被非常均匀的分子筛小孔(0.3~1nm)所吸附，只有丁烯和丁烷才能被吸附，然后用高沸点烃将其脱附，这样可以从C_4抽余液中分离出99%纯度的异丁烯。

2. 化学法

异丁烯是C_4抽余液中反应性最高的化合物，工业生产上利用这一特性可采用化学法从C_4抽余液中分离异丁烯。

(1) 直接水合法　在稀的矿物酸中，异丁烯水合成叔丁醇，接着再逆向分解成异丁烯和水。

欧美一些公司的异丁烯大规模水合法采用50%~60%的硫酸，在10~20℃逆流操作将异丁烯从C_4抽余液中萃取出来，并生成叔丁醇，用水稀释后，叔丁醇从酸性液中减压精馏，并且再分解为异丁烯。日本石油公司采用在金属盐催化下，用盐酸溶液将异丁烯水合。在C_4抽余液等萃取过程中形成叔丁醇和叔丁基氯，二者都可以分解生成异丁烯。

(2) 异丁烯齐聚法　在酸性催化剂作用下，异丁烯齐聚生成二异丁烯。

拜耳开发的液相法是用酸性离子交换树脂作催化剂，在100℃和2MPa左右压力下进行齐聚。异丁烯的二聚和三聚是剧烈的放热反应，有99%转化，并且二聚物与三聚物之比是3∶1。

(3) 硫酸吸收法　该法较老，因污染和设备腐蚀问题，现已被水合法和甲醇醚化法所取代。

(4) 异丁烷脱氢法　由正丁烷原料生产异丁烯一般采用两步法，即先异构化为异丁烷，然后异丁烷再脱氢生成异丁烯(异构化脱氢)，该工艺已经工业化，国外已有40多套装置投产。

(5) 甲醇醚化法　参见MTBE的合成一节。

四、氯丁二烯

作为共轭烯烃，氯丁二烯在工业上的重要性仅次于丁二烯和异戊二烯，位于第三位。

(一) 氯丁二烯的性质和用途

分子式C_4H_5Cl，相对分子质量88.5，相对密度$d_4^{20}=0.9583$。熔点-130℃±2℃，沸点59.4℃，着火点-20℃。它是无色透明、挥发性很强的液体，极易燃。在空气中能迅速地氧化为有恶臭气味的二聚物和易爆的过氧化物以及高聚物。其爆炸极限为2.5%~12%。它溶于大部分有机溶剂，微溶于水。其化学性质很活泼，在氯仿溶液中能与溴发生加成反应，能使高锰酸钾溶液退色。

氯丁二烯主要用来制造氯丁橡胶。这种合成橡胶非常耐油、耐热溶剂和耐老化。由于它的分子中含有氯原子，所以又有抗燃烧能力。氯丁橡胶还有相当好的弹性和气密性。

氯丁二烯生产中的中间产物1，4-二氯-2-丁烯可作为己二腈、1，4-丁二醇和四氢呋喃的原料。

(二) 生产氯丁二烯的方法

氯丁二烯早期的生产方法是乙炔法，现改用丁二烯为原料，称为丁二烯法丁二烯法大致由三个主要步骤组成：

1. 气相氯化

丁二烯先在常压、高温(260~300℃)下按自由基机理进行氯化：

$$ CH_2=CH-CH=CH_2 + Cl_2 \longrightarrow CH_2=CH-CHCl-CH_2Cl + ClH_2C-CH=CH-CH_2Cl\ (反式) + ClH_2C-CH=CH-CH_2Cl\ (顺式) $$

若温度高于330℃，则脱氯化氢反应会大大增加；若低于200℃，则有反应速度降低和多氯化物增加的趋势。为了提高收率，丁二烯应过量一些。

2. 异构化

氯化得到的反应产物是3，4-二氯-1-丁二烯及顺式和反式1，4-二氯-2-丁二烯的混合物，其摩尔比为38：17：45。后两种1，4-二氯-2-丁二烯不适用于制造氯丁二烯，可以用Cu盐或Fe盐为催化剂液相异构为1，2-加成物。

$$ ClCH_2CH=CHCH_2Cl \xrightarrow{CuCl,\ 130\sim150℃} CH_2=CHCHClCH_2Cl $$

由于3，4-二氯-1-丁二烯的沸点(123℃)低于顺式和反式1，4-二氯-2-丁二烯的沸点(分别为154℃和157℃)，它可通过不断蒸发从反应体系中被除去，使平衡往指定方向移动。

3. 脱氯化氢

二氯丁二烯用稀碱液脱氯化氢即生成氯丁二烯

$$ CH_2=CHCHClCH_2Cl \xrightarrow{NaOH,\ 80°C} CH_2=CHCCl=CH_2 $$

粗产物精制后可得供生产氯丁橡胶用的聚合级氯丁二烯。

五、甲基叔丁醚

(一) 性质

甲基叔丁基醚(简称MTBE)，又称2-甲基-2甲氧基丙烷。分子式$CH_3OC_4H_9$，相对分子质量88.15，相对密度$d_4^{20}=0.7406$。沸点55.2℃，熔点-108.6℃。微溶于水，储存安定，不易生成过氧化物。马达法辛烷值117，研究法辛烷值101。

1607年，比利时化学家A. Reychler首先发现叔烯烃和醇合成叔烷基醚的反应。20世纪30年代，美国的壳牌和标准石油公司公布了合成甲基叔丁基醚的首批专利。一直到1973年意大利ANIC公司的工业装置投产以后，MTBE才成为工业产品。近年来各国相继出台的环境保护法规对含铅汽油使用的限制是甲基叔丁基醚获得迅速发展的基本原因。汽油中掺加MTBE，提高了汽油辛烷值，从而减少或避免使用含铅汽油。另外，生产MTBE的原料易得，生产工艺简单灵活，投资额低，大量未获充分利用的工业C_4馏分中的异丁烯因此可转化为汽油；再加上MTBE使用性能良好，这些都是MTBE生产迅速扩大的重要原因。

但由于MTBE稳定的化学和生物特性，对土壤和饮用水造成的污染，使MTBE作为汽油添加剂的霸主地位开始动摇。2000年3月，美国环境保护局(EPA)就已经发布了建议规定的通告(ANPR)，减少或停用汽油添加剂MTBE，2008年已经全面禁用MTBE，美国MTBE用量已从2004年高峰期的稍高于12.88Mt/a减少到2009年的1.20M/ta。由于亚洲应用MTBE时间较晚，各国没有限制或禁作的法令出台，加之处于发展中的亚洲和中东各国对汽油的需求快速增长，并对汽油中的苯、芳烃、硫和烯烃有严格限制，东北亚和中东将成为世界 MTBE 需求最大的地区，其中中国和印度是最有发展潜力的国家。MTBE 将来命运如何，目前还很难判断，但产量、产能的下降不可避免。

（二）用途

MTBE 作为优良的高辛烷值汽油添加剂，已日益被人们所重视，其他方面的重要应用是作为溶剂和试剂以及作为制备高纯度异丁烯的原料等。

1. 作为汽油添加剂

MTBE 作为优良的高辛烷值的添加剂，对汽油的物理化学性质和抗爆性质等方面均有改善，使炼厂新增了获取高辛烷值汽油组分的有效手段。生产 MTBE 装置和炼厂中其他制取高辛烷值汽油的工艺过程如烷基化、催化裂化、催化重整、异构化等起着相辅相成的作用。

MTBE 调和汽油的规格，根据 MTBE 的性质和调和辛烷值，将 MTBE 与各种具有抗爆性能的无铅汽油混合，其最大用量不超过 20%。MTBE 实际掺合辛烷值范围，研究法为 110～135，马达法为 95～110。通常随着汽油中 MTBE 浓度增加，基础油中烯烃含量的减少，基础油辛烷值降低，MTBE 的掺合效果增高。

2. 制取异丁烯

异丁烯是重要的有机化工原料。由于化工产品的种类不同，对原料异丁烯的纯度要求也不同。例如，生产丁基橡胶、聚异丁烯、叔丁基苯、叔丁胺等所需的异丁烯原料，要求异丁烯纯度大于 99%。若从 C_4 中得到高纯度异丁烯，需通过繁杂的分离流程才能实现。近年来国内开发了用 MTBE 作原料，催化裂解得到高纯度异丁烯的方法。此项工艺简单，MTBE 的合成和裂解的选择性高，副反应少，产品纯度高达 99.0% 以上。该技术采用燕山石油化工公司化工研究院科研成果，投产后工艺平稳，产品质量可靠，催化剂活性高，具有无污染、无腐蚀等优点。反应温度不超过 200℃，经济效益好。

3. 作为反应溶剂和试剂

MTBE 化学性质稳定，难于氧化，作为反应溶剂、萃取剂和色谱液等方面也具有多种用途。

（三）工业生产方法

制造甲基叔丁基醚的工艺流程简单，一般包括催化合成、MTBE 回收、提纯和剩余 C_4 中甲醇回收三个部分。工业化装置所用的技术不下十六七家，其中以意大利 Snam/Anic 公司和德国的 Huls 公司的技术应用较为普遍。

诸家技术的基本过程相仿，取决于不同产品规格、异丁烯转化率、MTBE 纯度、剩余 C_4 组成等要求。各家采用的反应器型式和段数有所不同，流程设计也各具特色。

MTBE 工业装置流程的复杂程度主要取决于异丁烯的转化率的要求，即转化后剩余的 C_4 中允许的异丁烯含量的要求，后者又和剩余 C_4 的进一步利用有关。Snam/Anic 公司曾提出三种基本工艺流程类型：标准回收型（SR）、高度回收型（HR）、超高度回收型（UHR）。三种类型的剩余 C_4 中异丁烯含量分别为 2.5%、<1%、<0.1%。

醚化一般采用磺酸型二乙烯苯交联的聚苯乙烯结构的大网孔强酸性离子交换树脂为催化剂，常用树脂的工业牌号有 Amberlyst 15、Dowex 50、Nalcite HCR 等。

醚化反应条件缓和，温度约 40～100℃。从热力学的角度，温度增高不利于醚的生成。加压通常维持液相操作为原则，一般操作压力为 0.7～1.4MPa。n（甲醇）：n（异丁烯）约等于 1.1：1，原料中甲醇稍过量有利于异丁烯转化率的提高，抑制二异丁烯副产物的生成。回收系统用一个蒸馏塔脱除甲醇(利用甲醇与丁烯形成共聚物)，这样塔釜容易取得成品 MTBE。

醚化反应的特征是异丁烯反应的高选择性，用适宜活性的催化剂，在缓和温度条件下，正丁烯和丁二烯实际上不起反应。异丁烯浓度不低于 10%的原料，反应转化率基本相同，因此，低浓度异丁烯的 C_4烃(如催化裂化 C_4馏分含异丁烯 10%~20%)可用作原料。以裂解 C_4馏分萃取掉丁二烯后的混合 C_4馏分(含异丁烯约 35%~50%)作为原料，操作费用与设备费用都较低，故也为大多数工业装置所采用。个别装置直接以裂解 C_4馏分(丁二烯未经萃取)为原料，也有用纯异丁烯为原料的报道。以裂解 C_4为原料通常采用外循环的填充床反应器或列管式反应器，采用后者异丁烯的转化率稍高。

以下叙述的是几家典型公司的工艺过程。

1. SNAM 法

Snam/Anic 公司的 MTBE 生产流程是典型的工业流程(图 4-38)。

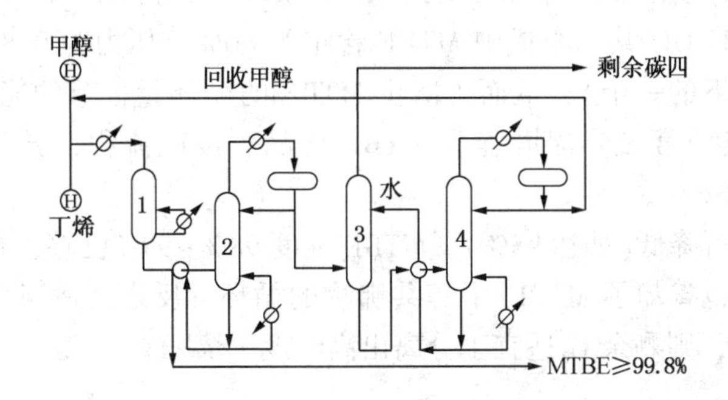

图 4-38 MTBE 合成工艺流程简图

1—反应器；2—MTBE 提纯塔；3—水洗塔；4—甲醇回收塔

甲醇和含异丁烯的 C_4馏分经预热送至反应部分。反应器为列管式反应器(管内径 20mm，管长 6m)，管外用水冷却。反应温度 50~60℃。反应产物中含有 MTBE、未反应异丁烯、甲醇、不起反应的正丁烯、丁烷，还有极少量副产物(二异丁烯、叔丁醇)。提纯塔系一简单蒸馏塔，塔操作压力约 0.6MPa，塔顶蒸出剩余 C_4，并携带共沸组分甲醇(甲醇含量 2%左右)。塔釜是 MTBE 成品，经与进料换热后送出生产界区。塔顶剩余 C_4(液相)送入水洗塔萃取回收甲醇，水洗塔釜甲醇水溶液进入甲醇回收塔，回收塔塔顶蒸出的甲醇循环回反应器。回收塔釜的水返回至水洗塔顶部作洗涤水，水作闭路循环。水洗后的 C_4尾气中甲醇含量可降至 10μg/g 以下。

上述流程，使用单个反应器，以含 50%异丁烯的 C_4馏分为原料，异丁烯转化率约为 94%~98%，剩余 C_4中异丁烯含量<6%，成品 MTBE 纯度大于 99%。

如果要将异丁烯转化率提高至 99%以上，需要第二段反应器。两段反应间分离出 MTBE 粗品，以提高第二段反应异丁烯的转化率。

2. Huls 法

其工艺流程见图 4-39。

此法特点是采用两台串联反应器，第一段采用水为介质的外冷却列管式反应器，大部分异丁烯被转化；第二段采用备有冷却水盘管的层式反应器，反应温度较低(40~70℃)，以达到高平衡转化的需要。流程中包括两个蒸馏塔，第一塔塔顶为剩余 C_4及与甲

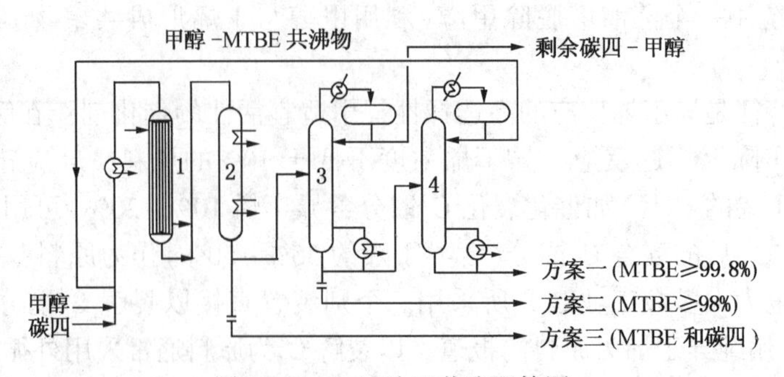

图 4-39　Huls 法工艺流程简图

1—第一反应器；2—第二反应器；3—第一分馏塔；4—第二分馏塔

醇形成的共沸物(随塔操作压力的不同，甲醇含量为2%～4%)，塔釜产物送至第二塔。第二塔塔顶馏出的MTBE与甲醇的共沸物循环返回第一反应器。Huls法工艺利用共沸组成随压力变化的特点，采用加压蒸馏的方法，使MTBE/甲醇的共沸组成中MTBE含量降低(常压下MTBE/ CH_3OH共沸组成中MTBE含量为86%，压力为0.8 MPa时共沸组成中MTBE含量仅为常压下的一半)，从而可减少MTBE的循环量，节约能耗，这也是Huls法工艺的另一重要特点。第二分馏塔釜为MTBE成品。按此流程，异丁烯转化率约98%，MTBE纯度可达99.7%。

若异丁烯转化率可降低(如达95%)，MTBE纯度98%~99%已够，则可省去第二反应器和第二分馏塔，当然也省却了MTBE/甲醇共沸物的循环。反之，适当增加设备，异丁烯转化率可提高至99.8%，则剩余C_4适宜于分离出高纯度丁烯-1。

3. 催化-蒸馏法

这是美国Chemical Research & Licensing和Neochem公司共同开发成功的方法。特点是催化固定床反应器与蒸馏塔合于同一设备内，反应的释热用于MTBE的蒸馏提纯，使过程的能耗降低。催化蒸馏法中生成物MTBE能连续从反应区域中分馏移除，使平衡反应有利于醚的生成。甲醇的进料点设计在塔内异丁烯浓度最低点，有助于生成醚的反应进行完全。甲醇与C_4形成的共沸物从塔顶蒸出，塔釜是MTBE成品。塔内的回流比保证C_4与MTBE分离，当催化剂层足够高，回流比大于0.5时，异丁烯转化率可达95%以上。塔内反应区压力高于塔顶，使反应区有较多量的共沸甲醇量，塔顶控制较低压力以减少带出的甲醇。

此法关键在于催化剂的装载方法。为使催化剂层不致对气相流动产生过大的阻力，将细粒离子交换树脂用玻璃包捆，外扎以不锈钢丝以起加强作用(钢丝又起蒸馏塔填料的作用)，将捆扎的催化剂堆积起来构成反应区域的催化剂层。无疑，这种装载方法是复杂且费时的。由于催化剂装载方法复杂，催化剂务必具备长时间寿命。几百ng/g的阳离子杂质足以使催化剂的活性期丧失10%，故工艺流程中设置了原料C_4水洗器，水洗器后再设置一保护反应器，目的在于脱除进料中易使催化剂毒化的杂质。

此外还有IFP法。该工艺的主要特点是采用膨胀式反应器，其结构较列管反应器的简单，装卸催化剂容易；膨胀床催化剂颗粒运动，故传热系数增高；床层温度平稳，催化剂不易遭受过热。以单一反应器，裂解C_4为原料，异丁烯转化率可达96%，催化裂化C_4为原料异丁烯转化率达93%，MTBE纯度大于98%。

思考题

1. 简述C_4馏分的主要组分及其用途。

2. 从C_4中分离丁二烯可用哪几种方法？各有什么特点？

3. 现代工业生产上是如何分离丁烯与丁烷的？简述C_4烯烃在石油化工中的应用。

4. 简述氯丁二烯在合成橡胶工业中的重要性。

5. 甲基叔丁基醚生产过程的原料是什么？它的主要用途有哪些？

6. 醚化过程的化学反应有哪些？采用何种催化剂？醚化过程共分为几部分？请画出原则流程图。

第七节 芳烃的生产

一、芳烃的性质和用途

芳烃是十分重要的化工原料，特别是苯、甲苯、二甲苯等尤为重要。在总数约八百万种的已知有机化合物中，芳烃化合物占了约30%，其中BTX芳烃(B—苯、T—甲苯、X—二甲苯)被称为一级基本有机原料。随着合成树脂、合成纤维、合成橡胶工业的发展，芳烃的生产在石油化工领域占有越来越重要的位置。

(一) 性质

1. 苯

苯在常温下是无色透明液体，易挥发，具有强烈芳香气味；有毒、易燃，微溶于水，易溶于乙醇、乙醚等有机溶剂。其理化性质列在表4-18中。

表4-18 苯的物理化学性质

性质	数据	性质	数据
分子式	C_6H_6	熔化热(25℃)/(J/g)	127.49
结构式	(苯环)	低热值(25℃)/(J/g)	40605.3
		比热容(25℃)/[J/(g·℃)]	1.0163
相对分子质量	78.11	导热系数(30℃)/[J/(cm·s·℃)]	141.93×10^{-5}
常压下沸点/℃	80.099	临界温度/℃	289.5
熔点/℃	5.533	临界压力/MPa	4.94
液体相对密度($d_4^{15.51}$)	0.8847	临界密度/(kg/L)	0.304
闪点(近似值)/℃	-13.3~-12.2	折射率(20℃，101325Pa)	1.50112
自燃点(近似值)/℃	630	表面张力(20℃)/(N/cm)	28.9×10^{-5}
黏度(20℃)/Pa·s	0.000654	蒸气压(26.075℃)/Pa	13332.2
汽化热(80.10℃)/(J/g)	394.14	爆炸范围(在空气中)/%(体)上限/下限	1.33/7.9

2. 甲苯

甲苯在常温下为无色透明的液体，有类似于苯的芳香味；微溶于水，可溶于乙醇、醚、甲醛、氯仿、丙酮、冰乙酸和二硫化碳等有机溶剂中。其理化性质见表4-19。

表 4-19　甲苯的物理化学性质

性质	数据	性质	数据
分子式	C_7H_8	生成热(25℃)/(kJ/mol)	12.02
结构式	C_6H_5—CH_3	导热系数(20℃)/[J/(cm·s·℃)]	142.8×10^{-5}
相对分子质量	92.14	临界温度/℃	320.8
常压下沸点/℃	110.615	临界压力/MPa	4.26
熔点/℃	-94.991	临界密度/(kg/L)	0.290
液体相对密度($d_4^{15.51}$)	0.8719	折射率(20℃)	1.49693
闪点(开口)/℃	7	表面张力(20℃)/(N/cm)	28.53×10^{-5}
自燃点/℃	633	蒸气压 $\lg P=6.95464-[1344.80/(t+219.482)]$ 式中 P——压力，mmHg；t——温度,℃ 爆炸范围(在空气中)/%(体)上限/下限	8 /1.3
黏度(20℃)/Pa·s	0.00058		
汽化热(25℃)/(kJ/mol)	38.016		
熔化热(25℃)/(kJ/mol)	6.397		

3. 二甲苯

分子式 C_8H_{10}，相对分子质量为 106.2，常说的工业二甲苯系指结构分别为邻二甲苯、间二甲苯、对二甲苯和乙苯四种同分异构体的混合物：

邻二甲苯　　间二甲苯　　对二甲苯　　乙苯

二甲苯具有芳烃特有的气味，常温下为无色透明的油状物；有毒、易燃，几乎不溶于水，易溶于醇、醚、酮和二硫化碳。其理化性质列在表 4-20 中。

表 4-20　二甲苯的物理化学性质

性　质	邻二甲苯	间二甲苯	对二甲苯	乙　苯
常压沸点/℃	144.41	139.10	138.35	136.19
熔点/℃	-25.17	-47.40	13.26	-94.98
相对密度 (d_4^{20})	0.880	0.864	0.861	0.867
汽化热(30℃)/kJ/mol	43.150	42.760	42.263	41.927
黏度(30℃)/Pa·s	0.0008762	0.000547	0.000548	0.000589
导热系数(20℃)/[J/(cm·s·℃)]	134.4×10^{-5}	134.4×10^{-5}	134.0×10^{-5}	131.9×10^{-5}
表面张力(20℃)/(N/cm)	29.25×10^{-5}	28.02×10^{-5}	27.03×10^{-5}	28.22×10^{-5}
蒸气压(40℃)/Pa	2045.959	2522.919	2646.175	2864.557
临界温度/℃	357.07	343.82	343.0	343.94
临界压力/MPa	3.733	3.541	3.501	3.609
临界密度/(kg/L)	0.288	0.282	0.280	0.284
爆炸范围(空气中)/%(体) 上限/下限	6.4 / 1.1	6.4 / 1.1	6.6 / 1.1	6.7 / 0.99

(二）芳烃的用途

芳烃产品的生产和利用已有一百余年的历史，它是从煤焦油芳烃的利用开始的，而BTX 芳烃在石油化学工业中大量生产和应用是第二次世界大战以后的事。由于科学技术的飞速进步以及人们对生活和文化的需求日益提高，促进了以芳烃为基础原料的化学纤维、塑料、橡胶等合成材料以及品种繁多的有机溶剂、农药、医药、染料、香料、涂料、化妆品、添加剂和有机合成中间体等生产的迅猛发展。苯的最大用途是生产苯乙烯、环己烷和苯酚，三者占苯消费总量的80%~90%，其次是硝基苯、顺酐、氯苯、直链烷基苯等。甲苯大部分用作汽油组分，其次是用作脱烷基制苯和歧化制苯和二甲苯的原料。甲苯也是优良溶剂，它的化工利用主要是生产硝基甲苯、苯甲酸、异氰酸酯等。二甲苯中用量最大的是对二甲苯，是生产聚酯纤维和薄膜的主要原料。邻二甲苯是制造增塑剂、醇酸树脂和不饱和聚酯树脂的原料。大部分间二甲苯异构化制成对二甲苯，也可氧化为间苯二甲酸，以及用于农药、染料、医药的二甲基苯胺的生产。图4-40列出了工业上的重要芳烃的用途。

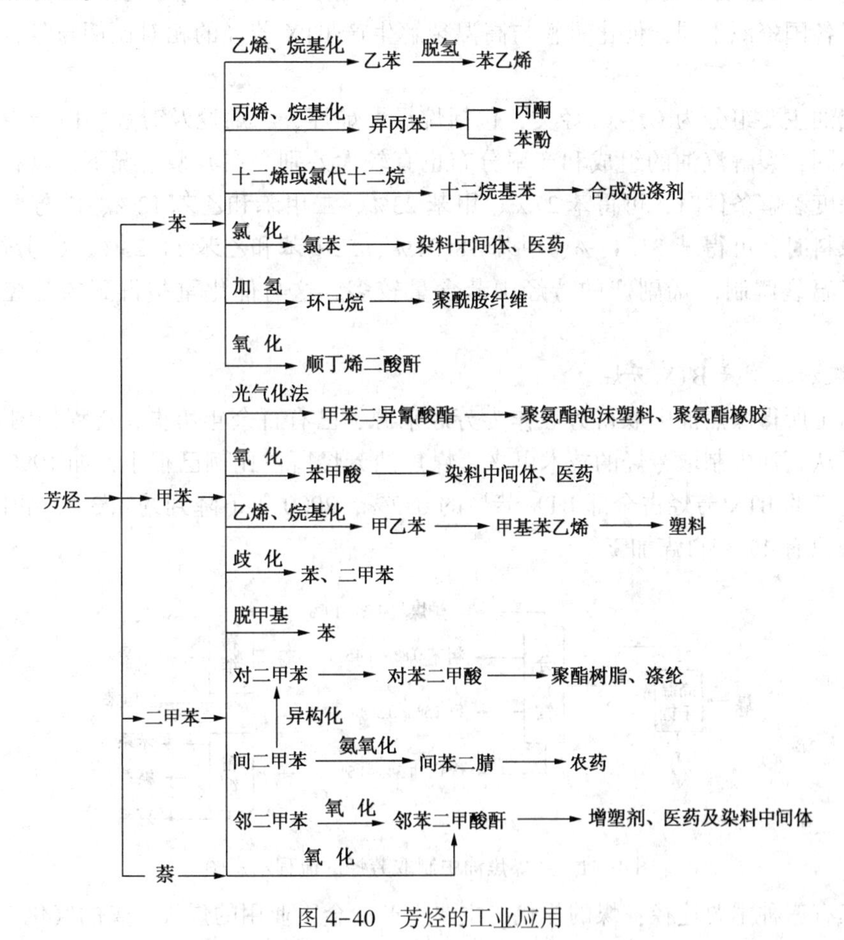

图4-40 芳烃的工业应用

二、芳烃的主要来源

芳烃主要来自石油馏分催化重整生成油和裂解汽油，少部分来自煤焦油。近年来通过轻质烃类芳构化及重芳烃轻质化来生产BTX芳烃的技术得到较快发展。

（一）催化重整生产 BTX 芳烃

催化重整可用以生产 BTX 芳烃，也可用以生产高辛烷值汽油。两种方案主要区别在于选取不同原料和操作条件，控制芳构化反应的热力学平衡。从催化重整油的芳烃及裂解汽油的芳烃这两大来源所产生的 BTX 芳烃约占全部芳烃来源的 80%。

催化重整生产的 BTX 芳烃的特点是含甲苯及二甲苯多，含苯较少。催化重整 BTX 芳烃的产率分布与原料组成和工艺类型有密切关系。半再生式重整典型芳烃收率为：总芳烃 60.95%，其中苯 6.44%、甲苯 21.21%、二甲苯 20.11%、C_9^+ 芳烃 13.19%；连续再生式重整典型芳烃收率为：总芳烃 71.50%，其中苯 7.39%、甲苯 22.73%、二甲苯 21.51%、C_9^+ 芳烃 19.87%。

（二）高温裂解制乙烯副产 BTX 芳烃

据统计，2009 年美国 BTX 芳烃 10%来自裂解汽油，西欧占 48%，亚洲的 BTX 芳烃来自裂解汽油的约占 30%（其中，日本 BTX 芳烃 20%来自裂解汽油；我国的 BTX 芳烃 30%来自裂解汽油）。从高温裂解制乙烯所得到的裂解汽油中副产的 BTX 芳烃是 BTX 芳烃的第二大来源。由于各国资源不同，催化重整与高温裂解生产 BTX 芳烃的相对比例与各自产量也有所差别。

裂解汽油主要组分为 $C_5 \sim C_9$ 烃类，包括烷烃、烯烃、二烯烃及芳烃。由于裂解原料的操作条件不同，裂解汽油的组成和产率分布也有较大差别。在典型情况下，以石脑油为原料，采用深度裂解条件时，可得苯 27%、甲苯 23%、二甲苯和乙苯 12%、C_9 芳烃 15%。以轻柴油为原料时，可得苯 31.17%、甲苯 18.31%、二甲苯和乙苯 11.23%、C_9 芳烃 1.05%。可以看出高温裂解制乙烯副产的芳烃中苯含量较多，这与催化重整得到的芳烃组成不尽相同。

（三）煤加工副产 BTX 芳烃

从煤加工所得煤焦油中取得芳烃作为芳烃来源，已有百余年历史，流程如图 4-41。但自从开发了从石油中制取芳烃的技术以来，煤焦油芳烃所占比例已很小，如 1990 年全世界从煤焦化副产的 BTX 芳烃占全部 BTX 芳烃的 6.2%，2000 年下降到约 4.3%，我国 2009 年 BTX 芳烃中只有 4%来自煤加工。

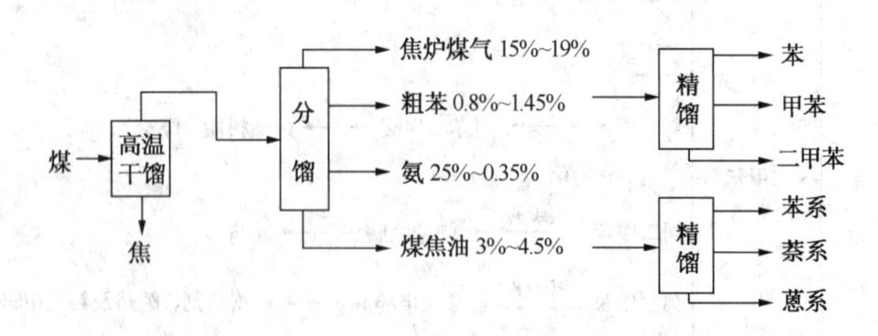

图 4-41　从煤焦油中制取芳烃的流程示意图

煤加工有三种主要途径：煤的焦化，主要生产冶金工业用的焦炭；煤的气化，主要生产城市用煤气；煤的液化，转化成油品，以弥补石油的不足。从这些过程所得到的液体产品中都可得到 BTX 芳烃。例如高温炼焦生产冶金焦时，每吨煤可得煤焦油 12～16L，其典型组成为：苯 60%～75%、甲苯 12%～25%、二甲苯 5%～10%、乙苯 1%～2%、多烷基苯 2%～3%。

（四）轻质烃芳构化生产 BTX 芳烃

低碳烃类或液化石油气可选择性地转化成 BTX 芳烃。轻质烃的芳构化是一个正在开发中的技术，发展较快。主要的工艺过程有如下几种。

1. Alpha 工艺过程

是由日本 Asahi 化学工业公司与其子公司 Sanyo 化学工业公司联合开发的。已于 1993 年 7 月建成第一套工业装置，加工能力 40kt/a，原料是 C_3 ~ C_8烯烃，BTX 收率 62.2%。

2. AROMAX 过程

由美国雪弗龙公司开发，加工环烷基石脑油，BTX 芳烃收率 74%以上。已于 1993 年在美国 Pascagouia 炼油厂建成一套 500kt/a 的工业装置。之后，又在日本、沙特等国建设了多套工业装置。

3. Cyclar 工艺过程

是由英国 BP 公司和美国 UOP 公司联合开发的，使用了 BP 公司的催化剂和 UOP 公司的移动床连续再生技术。以 C_3 ~ C_4烷烃（即液化石油气）为原料，芳烃收率 62% ~ 66%。有一套工业装置已于 1997 年开工。

4. 其他

Z-Forming 工艺过程（日本三菱公司和千代田公司联合开发，加工液化石油气）、Aroformer 工艺过程（法国 IFP 和澳大利亚 Salutec 公司联合开发，加工轻质石脑油、抽余油及戊烷）、Mobil 工艺过程（Mobil 公司开发，以 C_3 ~ C_4烃为原料）和 Pyroform 工艺过程（KTI 公司开发，以 C_2 ~ C_3烷烃为原料）等。

三、芳烃的转化

不同来源的各种芳烃馏分的组成是不相同的，得到的各种芳烃的产量也不相同。如果仅以这些来源来获得各种芳烃的话，必然会发生供需不平衡的矛盾，有的却因用途较少有所过剩。又如聚酯纤维的发展，需要大量对二甲苯，而以上来源中对二甲苯的供给有限，难于满足需要。芳烃转化工艺的开发，能依据市场的供求，调节各种芳烃的产量。这些转化工艺包括：脱烷基、歧化、烷基转移、甲基化和异构化等。同时，发展了重芳烃轻质化技术，把重芳烃也加入到转化工艺的原料中，以提高 BTX 收率。芳烃转化工艺的工业应用见图 4-42。

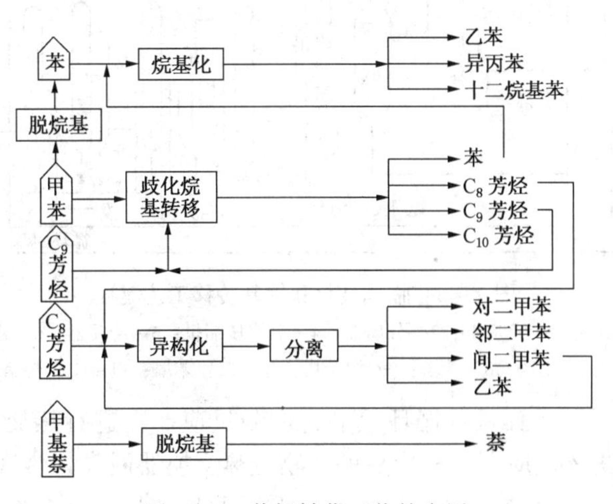

图 4-42　芳烃转化工艺的应用

（一）芳烃歧化及烷基转移

工业上应用最广的是通过甲苯歧化反应，将用途较少并过剩的甲苯转化为苯和二甲苯两种重要的芳烃。芳烃歧化一般是指两个相同芳烃分子在酸性催化剂作用下，一个芳烃分子上的侧链基转移到另一个芳烃分子上去的反应。如：

$$C_6H_5R + C_6H_5R \rightleftharpoons C_6H_6 + R-C_6H_4-R$$

歧化反应是一个可逆反应，逆过程实际上是烷基转移反应。工业上可在原料甲苯中加入一定量 C_9芳烃，使之与甲苯发生烷基转移反应，用来增产二甲苯。

$$C_6H_5CH_3 + CH_3C_6H_3(CH_3)_2 \rightleftharpoons 2\,CH_3C_6H_4CH_3$$

该反应的平衡常数与温度关系不大，在400～1000K 范围内其平衡转化率为35%～50%。甲苯歧化是一个微量吸热的反应，热效应为0.84kJ/mol 甲苯(800K)。

常见的酸性催化剂如 $AlCl_3 \cdot HCl$ 类 L 酸、加氟的 $SiO_2-Al_2O_3$的 B 酸都是甲苯歧化的工业催化剂，但目前采用最广的是丝光沸石或ZSM-5 沸石分子筛催化剂。

甲苯歧化的工业过程是一个复杂过程，歧化时除了可同时发生烷基转移反应之外，还有可能发生酸催化的其他类型反应，如产物二甲苯的异构化和歧化、甲苯脱烷基、芳烃脱氢缩合成稠环芳烃和焦等过程。焦炭的生成会使催化剂表面迅速结焦而活性下降。为抑制焦的生成和延长催化剂寿命，工业生产上采用临氢歧化法。

甲苯歧化和烷基转移制苯和二甲苯主要有加压临氢催化歧化法、常压气相歧化法和低温歧化法三种。加压临氢催化歧化法使用ZSM-5 催化剂，反应温度为400～500℃，压力3.6～4.2MPa，$n(H_2)$ ：n(烃)= 2 : 1。其流程示在图4-43 中。

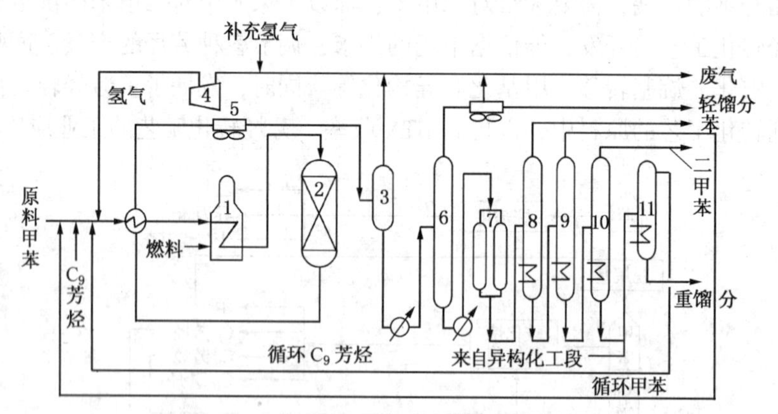

图4-43　临氢歧化和烷基转移工艺流程

1—加热炉；2—反应器；3—分离器；4—氢气压缩机；5—冷凝器；6—稳定塔；7—白土塔；8—苯塔；9—甲苯塔；10—二甲苯塔；11—C_9芳烃塔

原料甲苯、C_9芳烃和新鲜氢及循环氢混合后与反应产物进行热交换，再经加热炉加热到反应所需温度后，进入反应器。反应后的产物经热交换器回收其热量后，经冷却器冷却后进入气液分离器，气相含氢80%以上，大部分循环回反应器。其余作燃料。液体产物经稳定塔脱去轻组分，再经活性白土塔处理除去烯烃后，依次经苯塔、甲苯塔、二甲苯塔和 C_9 芳烃塔，用精馏方法分出产物，未转化的甲苯和 C_9 芳烃循环使用。

（二）C_8 芳烃的异构化

以任何方法生产得到的 C_8 芳烃都含有四种异构体，即邻、间、对二甲苯和乙苯。异构化的目的是使非平衡的邻、间、对二甲苯混合物转化成平衡的组成，然后再利用分离手段，分离出需要的对二甲苯等产品，剩下的非平衡组成的 C_8 芳烃再返回异构化。作为生产聚酯树脂和聚酯纤维单体的对二甲苯用量最大，而间二甲苯需求量最小。因此，工业上采用分离和异构化相结合的工艺，将不含或少含对二甲苯的 C_8 芳烃为原料，在催化剂作用下，转化成接近平衡浓度的 C_8 芳烃，从而达到增大对二甲苯的目的。反应图式目前公认如下：

$$\text{邻二甲苯} \rightleftharpoons \text{间二甲苯} \rightleftharpoons \text{对二甲苯}$$

研究表明，二甲苯异构化过程中，甲基绕苯环的移动只能移至相邻一个碳原子上。

C_8 芳烃异构化在工业上有临氢和非临氢两类，临氢法的副反应少，对二甲苯收率高，催化剂使用周期长，但有较大的动力消耗。临氢异构化反应的催化剂分为贵金属和非贵金属两类，为双功能催化剂(既有异构化所需的酸性中心，能使二甲苯达到平衡组成，又有加氢脱氢活性中心，能将乙苯转化为二甲苯)。临氢异构化对原料的适应性强，对二甲苯的含量无限制，是增产二甲苯的有效手段，在世界上被广泛采用。如用 Pt/Al_2O_3+HF 催化剂，在 400~450℃，1.1~2.3MPa 氢压下，C_8 芳烃馏分中的异构化率达 18%~20%，对二甲苯从不到 2%增加到约 17%，芳烃收率大于 96%。

图 4-44 为临氢气相异构化流程的示意图。它由三部分组成：

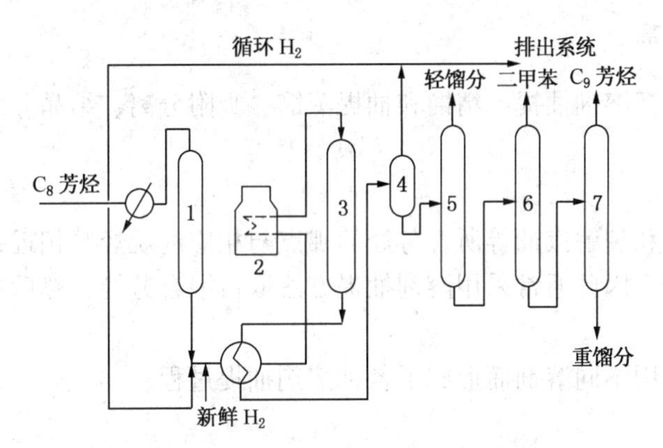

图 4-44　C_8 芳烃异构化工艺流程

1—脱水塔；2—加热炉；3—反应器；4—分离器；5—稳定塔；
6—脱二甲苯塔；7—脱 C_9 塔

(1)原料脱水　使其含水量降到 1×10^{-5} 以下。

(2)反应部分　干燥的 C_8 芳烃与新鲜循环的 H_2 混合后经加热到所需温度进入反应器。

(3)产品分离部分　产物经换热器后进入气液分离器。气相小部分排出系统，大部分循环回反应器。液相进入稳定塔脱去低沸物，釜液经循环白土处理后进入脱二甲苯塔。塔顶得到含对二甲苯浓度接近平衡浓度的 C_8 芳烃。送至分离工段分离对二甲苯，塔釜液进入脱 C_9 塔。

（三）芳烃脱烷基化

烷基芳烃分子中与苯环直接相连的烷基，在一定条件下可以被脱去，此类反应称为芳烃的脱烷基化。工业上主要应用于甲苯脱甲基制苯、甲基萘脱甲基制萘。脱烷基又分为催化脱烷基和热脱烷基两大类。

甲苯催化脱烷基生产苯代表性的工艺过程有：美国 UOP 公司开发的 Hydeal 过程、美国 Houdry 公司开发的 Detol 过程(以甲苯为原料)、Pyrotol 过程(以加氢裂解汽油为原料)和 Litol 过程(以焦化粗苯为原料)。它们都是在催化剂存在下的加氢脱烷基过程，苯对甲苯的收率为 98%左右。Detol 过程的原料中加入 C_9^+芳烃可提高苯的产量。

甲苯热脱烷基生产苯的工艺有：由美国 ARCO 公司开发的 HDA 过程，由 Gulf 公司开发的 THD 过程和由日本三菱油化公司开发的 MHC 过程等。苯的收率为 95%以上。HDA 过程的原料甲苯中加入重芳烃，可提高苯的产量。美国 HRI 公司和 ARCO 公司共同开发了重芳烃加氢脱烷基(HDA)过程，以 C_7~C_{11}芳烃或萘和联苯为原料，采用活塞流式反应器，生产高纯度苯，苯产率可达 95%左右。过程不需催化剂，但氢耗量比轻质进料高。

热法脱烷基的工艺过程简单，可长时间连续运转，但操作温度比催化脱烷基法高 100~200℃，带来了反应器腐蚀问题，操作控制也较困难。催化脱烷基法产品收率稍高，但催化剂使用半年左右需进行再生，操作成本较高。

（四）芳烃烷基化

芳烃的烷基化是指苯环上一个或几个氢被烷基所取代而生成烷基芳烃的反应。在工业上主要用于生产乙苯、异丙苯和十二烷基苯等。乙苯主要用于脱氢制三大合成材料的重要单体苯乙烯；异丙苯用于生产苯酚和丙酮；十二烷基苯主要用于生产合成洗涤剂，在芳烃的烷基化反应中以苯的烷基化最为重要。

四、芳烃的分离

芳烃分离技术包括溶剂抽提、精馏和抽提蒸馏、吸附分离、结晶分离、络合分离、膜分离等工艺。

（一）溶剂抽提

由于催化重整油和裂解汽油等所含芳烃的沸点与相应的烷烃等相近并形成共沸物，不易用分馏方法得到芳烃，因此通常采用溶剂抽提方法取得混合芳烃，然后再用其他分离方法取得单体芳烃。

芳烃抽提由于采用不同溶剂而形成了各种溶剂抽提过程。

1. Udex 过程

使用甘醇类溶剂的 Udex 过程，是由 Dow 化学公司开发，后又被 UOP 公司发展。甘醇类溶剂有二甘醇(DEG)、三甘醇(TEG)和四甘醇(TTEG)多种。近年来美国多数 Udex 装置改用 TTEG 溶剂，相应装置在全世界已有 100 余套。此外使用甘醇类溶剂的还有 Union Carbide 公司开发的 Tetra 过程和 Carom 过程，可进一步降低能耗，提高处理能力。目前已有 30 多套 Udex 装置改造成这种过程。

2. Sulfolane 过程

使用环丁砜为溶剂的 Sulfolane 过程是由 Royal Dutch/Shell 公司开发、UOP 公司继续开发的。在全世界也有 100 余套装置。此外使用环丁砜溶剂的还有美国 HRI 和 Arco 公司联合开发的 Arco 过程。其萃取分离工艺流程如图 4-45。

经加氢处理的裂解汽油，由塔中部进入，溶剂环丁砜由塔上部加入[m(剂)：m(油)=2：1)]。由于原料油的密度较溶剂小，故在萃取塔内原料油上浮、溶剂下沉，形成逆向流

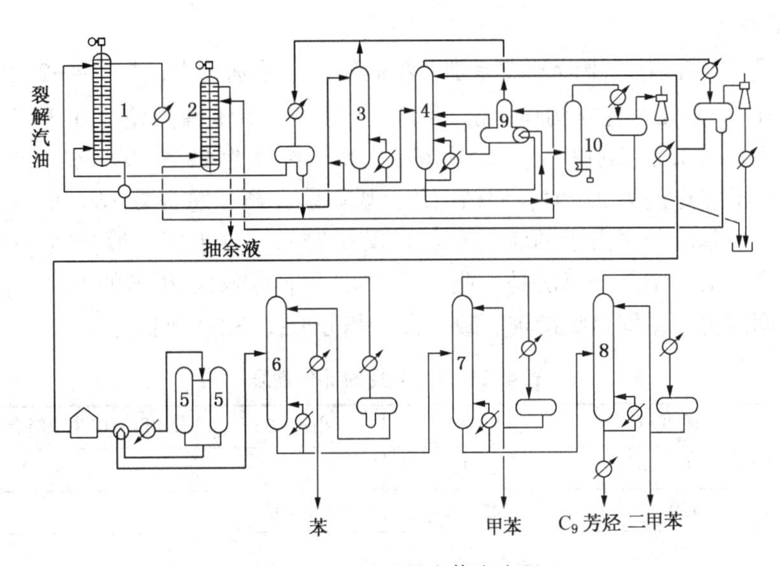

图 4-45　环丁砜法萃取流程

1—抽提塔；2—抽余液水洗塔；3—第一汽提塔；4—第二汽提塔；5—白土塔；
6—苯塔；7—甲苯塔；8—二甲苯塔；9—蒸水塔；10—溶剂再生塔

动接触，上浮的抽余油即非芳烃从塔顶流出。萃取了芳烃的溶剂和抽提油至塔釜引入汽提塔，塔顶蒸出轻质非芳烃(含少量芳烃)，冷凝后流入萃取塔下部，釜液送溶剂回收塔，使溶剂和芳烃分离。塔顶蒸出芳烃，经冷凝分去水后，再用白土处理，以除去其中痕量烯烃。然后按沸点顺序进行精馏分离，获得高纯苯、甲苯、二甲苯。自回收塔底出来的脱去芳烃的贫溶剂送往萃取塔再用。萃取塔顶出来的抽余油，用水洗去溶在油中的环丁砜后作其他用途。

（二）精馏和抽提蒸馏

用溶剂抽提技术取得的混合芳烃，可以通过一般的精馏方法分馏成为苯、甲苯、间二甲苯、对二甲苯、邻二甲苯、乙苯和重芳烃等几个馏分。但是进一步分离间、对二甲苯，或把芳烃和某些烷烃、环烷烃等分开是困难的，这是由于它们沸点很相近，有的还存在共沸物。

为了解决上述分离问题，开发了抽提蒸馏技术。某些极性溶剂(如 *N*-甲酰吗啉)与烃类混合后，在降低烃类蒸气压的同时，拉大了各种烃类的沸点差，这样就能使原来不能用蒸馏方法分离的芳烃可用抽提蒸馏分开。

1. Morphlane 过程

该过程是德国 Krupp Koppers 公司开发的抽提蒸馏过程。采用 *N*-甲酰吗啉溶剂，可回收单一芳烃，苯回收率达 99.7%，苯纯度可达 99.95%。已有 10 余套工业化装置。

2. Morphlex 过程

该过程是抽提和抽提蒸馏相结合的过程。过程先进行液-液抽提，分离掉沸点较高的非芳烃(因为它溶解度小)，然后再用抽提蒸馏原理有效地除去沸点较低的非芳烃。意大利 Snam Progetti 公司也开发了类似技术，称为 Formex 过程。

3. Octener 过程

该过程是 Morphylane 过程的进一步发展。与溶剂抽提相比能耗降低 30%，投资费用减少 50%~60%。据报道，抽提蒸馏溶剂也有用苯酚的。

（三）结晶分离

C_8 芳烃中邻、间、对二甲苯沸点差别较小而凝固点差别较大，如表4-21所示。由表可知，邻二甲苯在 C_8 芳烃四种异构体中沸点最高，与间二甲苯沸点差为5.3℃。用精馏法两塔串联分离，塔板数150~200块，产品从塔釜引出，纯度为98%~99.6%。乙苯沸点最低，与沸点相近组分的沸点差为2.2℃，用精馏法三塔串联分离，总板数360块，纯度为98.6%以上。对、间二甲苯的分离由于两者间沸点差仅0.75℃，难于用一般精馏法分离，在分子筛吸附方法出现之前，结晶分离法是工业上惟一实用的分离对二甲苯的方法。各种结晶分离的专利技术之间的主要差别是致冷剂、致冷方式和分离设备的不同。

表4-21　C_8 芳烃的部分性质

名　称	沸点/℃	熔点/℃	相对碱度	与 BF_3-HF 生成络合物的相对稳定性
邻二甲苯	144.41	-25.173	2	2
间二甲苯	139.104	-47.872	3-100	20
对二甲苯	138.351	13.263	1	1
乙　苯	136.186	-94.971	0.1	—

工业生产中的结晶工艺过程尽管相互有较大不同，但大体为二段的结晶工艺。

混合 C_8 芳烃经脱除乙苯和/或邻二甲苯后进入结晶单元，在该单元先用贫对二甲苯母液预冷却。预冷却的原料然后与循环物流混合并流入一段结晶槽，被冷却到第一共晶点(一般-50℃左右)的几度之内，冷冻过程中，约有60%~70%的对二甲苯变成晶体。

从结晶槽出来的液-固混合物流入相分离装置，通常采用连续离心机或转鼓式过滤机。由该装置分出的液相与结晶槽的原料进行热交换然后分出，一般去进行异构化。固相排至加热槽使晶体熔化。然而该熔体是不纯的对二甲苯，原因有二：第一，在结晶槽中局部温度比共晶点偏低，使一些间二甲苯也结晶出来；第二，滤饼含有相当数量的中间液体，其组成与贫二甲苯母液相同，从而污染了熔化的晶体。基于这一原因，一般要求有第二步结晶以获得工业纯的对二甲苯。

熔化的粗对二甲苯进入第二段结晶槽，然后进入第二段相分离装置，像第一段一样在冷却型式上可能有各种变化。从第二段分出的液体含有相当多对二甲苯，所以将其循环至第一段作原料以进行回收。从第二段分出的固相熔化后泵送出来作为对二甲苯产品。

（四）模拟移动床吸附分离

吸附分离技术中目前工业应用最多的是Parex过程。Parex过程是美国UOP公司开发的Sorbex“家族”工艺之一，采用模拟移动床技术，用24通道旋转阀集中控制物料进出。吸附剂为X型或Y型沸石，含有IA或ⅡA族金属离子。解吸剂为二乙基甲苯，或四氢化萘，或间位、邻位二氟化苯。产品对二甲苯回收率90%~95%(而结晶分离法为40%~70%)，对二甲苯纯度达99.9%。模拟移动床吸附分离法的设备投资比结晶分离法的低15%~20%，操作费用也低4%~8%。自1972年该技术被开发以来，1998年已有Parex装置69套，目前对二甲苯分离装置90%以上采用此工艺，成为生产对二甲苯的领先技术。

（五）其他分离技术

其他芳烃分离技术还有络合分离及膜分离等。

MGCC过程是日本三菱(Mitsubishi)瓦斯化学公司开发的络合分离方法。当 C_8 芳烃用 HF-BF_3 处理时形成两相。间二甲苯选择性地溶于 HF-BF_3 相，生成了二甲苯-BHF_4(1∶1)的络合物，其中间二甲苯络合物最稳定，升温到100℃会发生异构化反应，达到二甲苯平衡值，然后回收溶剂。在日本、美国、西班牙等地采用该工艺建立的生产装置，由于HF腐蚀等原因，未得到更大发展。利用膜分离芳烃与非芳烃技术已形成许多专利，但尚未见工业化报道。

五、芳烃联合加工流程

在工业化的芳烃生产中，实际上是把许多前述的单独生产工艺过程组合在一起，组成一套芳烃联合加工流程，用以在限定的条件下，达到优化的产品结构，提高产品收率和降低加工能耗，最终达到最高的经济效益。

由于原料性质和产品方案不同，联合加工流程可以有多种不同方案，主要可分为两大类型。

(一) 炼油厂型芳烃加工流程

把催化重整装置的生成油经过溶剂抽提和分馏，分离成苯、甲苯、混合二甲苯等产品，直接出厂使用或送到其他石油化工厂进一步深加工。这种加工流程较简单，加工深度浅，没有芳烃之间的转化过程，苯和对二甲苯等产品收率较低。

(二) 石油化工厂型芳烃加工流程

又称为芳烃联合装置。以催化重整油和裂解汽油为原料的芳烃联合装置典型流程图如图4-46。

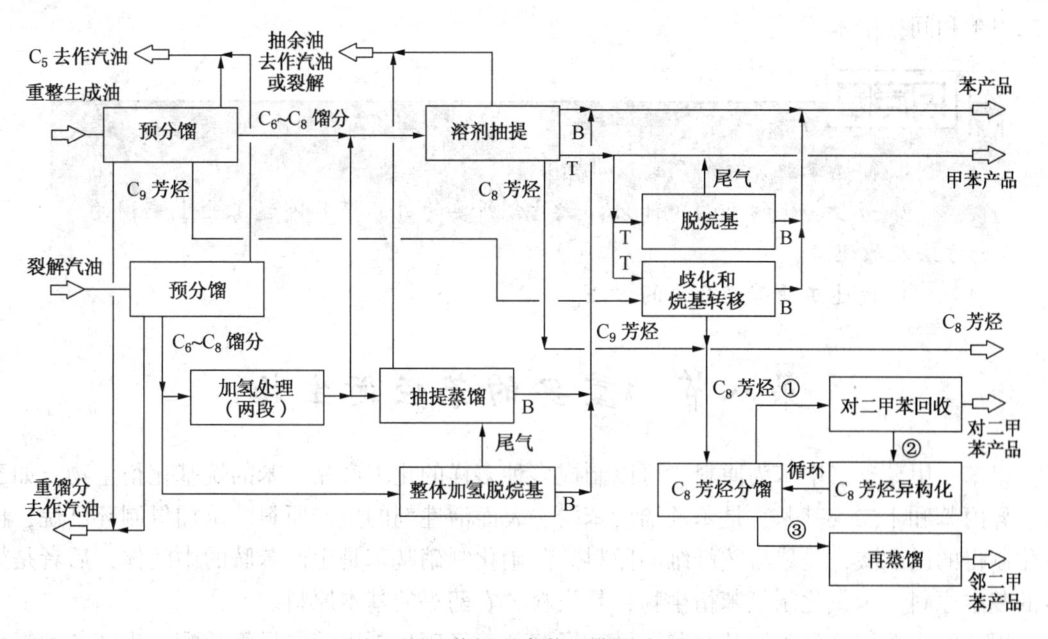

图4-46 芳烃联合装置典型流程图

B—苯；T—甲苯；①—间对二甲苯+乙苯；②—间二甲苯+乙苯；③—邻二甲苯

催化重整生成油经预分馏得到C_6~C_8馏分，然后送去抽提分离。裂解汽油经预分馏后，还要经过两段加氢处理除去双烯烃和烯烃，然后才能抽提加工。

第一段低温液相加氢常用Pd/Al_2O_3为催化剂，在80~130℃温度，5.5MPa压力的反应条件下，将二烯烃转化为单烯烃，苯乙烯转化为乙苯。

第二段高温气相加氢将单烯饱和，同时除去所含的硫化物和氮化物，催化剂为Co-Mo-

S/Al_2O_3，操作温度285~395℃，操作压力4.05MPa。

抽提过程可采用溶剂抽提或抽提蒸馏，目前溶剂抽提应用较普遍，抽提蒸馏较适用于加工裂解汽油或煤焦油等含芳烃高的原料。若需分出一个单一芳烃产品，而且产品纯度需求不严格时，用以苯酚为溶剂的抽提蒸馏可以节省费用；若需分离几个产品，而且产品纯度要求很高时，最好采用溶剂抽提。得到的苯、甲苯和C_8芳烃可直接作为产品出厂。

甲苯可通过加氢脱烷基制苯。整体加氢脱烷基是甲苯脱烷基过程的扩展，常用于加工从裂解汽油等得到的芳烃馏分，把甲苯和C_8芳烃都一起加氢脱烷基制成苯，可以不需要预加氢和抽提分离等过程。甲苯进行催化歧化可生产苯和C_8芳烃，可用此过程生产乙苯含量低的高纯二甲苯。若歧化过程的原料中加入从重整装置来的C_9芳烃，把歧化和烷基转移放在一起进行，则可生产更多的C_8芳烃，同时也生产苯和副产少量重芳烃。

二甲苯的两个需求量大的异构物是对二甲苯和邻二甲苯。在典型异构化温度454℃下，二甲苯三个异构物的平衡组成是：对二甲苯23.5%，间二甲苯52.5%，邻二甲苯24.0%。为了把间二甲苯及乙苯转化成对二甲苯和邻二甲苯，采用了把间二甲苯及乙苯循环转化的办法，即在二甲苯分馏塔中将混合二甲苯先分离出沸点较高的邻二甲苯，又把分馏塔顶产物通过吸附分离或结晶分离回收对二甲苯，把剩余的含间二甲苯和乙苯的物料进行C_8芳烃异构化，达到平衡组成，再循环回二甲苯分馏塔。

此外联合装置中还可采用轻质烃芳构化装置和重质芳烃转化装置，生产更多的BTX芳烃。实际上大多数芳烃联合装置除生产苯和对二甲苯外，还要生产其他芳烃如甲苯、乙苯、邻二甲苯和间二甲苯等。

思考题

1. 简述工业芳烃的用途及其来源。
2. 芳烃转化的目的是什么，试结合所要的目的产品阐述工业上采用的方法及原理。
3. 简述工业芳烃分离的方法。

第八节　重要的芳烃衍生物

以苯、甲苯、二甲苯为原料，可以制成多种多样的化工产品。苯的烷基化衍生物，如乙苯、异丙苯和十二烷基苯，是苯乙烯、苯酚、表面活性剂的生产原料。苯加氢制环己烷，再氧化制得的己二酸，是聚酰胺纤维的原料。苯硝化制硝基苯是生产苯胺的中间体，后者是染料的基本原料。苯氯化制氯苯衍生物，是染料、农药等的基本原料。

甲苯的主要用途是脱烷基制苯、做芳烃溶剂、经硝化制甲苯二异氰酸酯，生产各种氧化产物苯甲酸、苯甲醛和苯甲醇等。各种甲苯的氯化产物和硝基衍生物以及甲苯磺酸等，均广泛用于农药、染料和表面活性剂的生产。

二甲苯的三个异构体可分别制得各种化工产品，邻二甲苯主要用于生产邻苯二甲酸酐，大量用作增塑剂、不饱和聚酯和醇酸树脂，其余用于生产染料、药品和农药等。对二甲苯主要用于合成对苯二甲酸或对苯二甲酸二甲酯，它们用于生产聚酯纤维和薄膜，以及其他专门制瓶用的包装树脂。间二甲苯在二甲苯平衡组成中是含量最大的二甲苯异构体，但总是把它尽量异构成对二甲苯和邻二甲苯。间二甲苯虽然用途有限，但经分离和净化后，纯净的间二甲苯主要用于生产间苯二甲酸，制作聚酯和醇酸树脂；间二甲苯转化为间苯二腈，进一步加氢得间苯二甲胺，可用来作环氧树脂固化剂和某些专用聚酰胺的单体；它还用来生产间甲苯二胺、二甲苯-甲醛树脂、1，3-二甲苯酚、2，4-二甲基苯胺和间甲苯甲酸等，它们都是染料、颜料、农药等原料或中间体。芳烃工业应用见图 4-40，本节介绍一些重要的芳烃衍生物。

一、苯乙烯

（一）物理性质与用途

苯乙烯的物理化学性质见表 4-22。苯乙烯最主要的用途是作为生产合成材料产品尤其是苯乙烯系合成树脂的原料。

表 4-22　苯乙烯物理化学性质

性　质	指　标
常压沸点/℃	145.15
熔点/℃	-30.35
相对密度（d_4^{20}）	0.9019
蒸发热(25℃)/(kJ/kg)	429.78
黏度(25℃)/MPa·s	0.730
临界温度/℃	373.85
临界压力/ MPa	3.992
临界密度/(kg/L)	0.30
爆炸范围(空气中)/%(体)	
上限 / 下限	6.1 / 1.1

（二）苯乙烯的工业制法

由乙苯生产苯乙烯早期方法有：乙苯氯化后再脱氯化氢生产苯乙烯；乙苯氧化成苯乙酮，再加氢脱水生产苯乙烯(UCC 法)。这两种方法已先后被淘汰，目前，世界上苯乙烯的工业制法有乙苯催化脱氢法和乙苯-丙烯共氧化法两种。以下介绍乙苯催化脱氢法，乙苯-丙烯共氧化法见本章第五节。

乙苯催化脱氢制苯乙烯于 1937 年由美国 DOW 化学公司和德国 BASF 公司实现工业化生产，以后诸多公司都推出了自己的方法，各家公司在催化剂、反应器、流程和节能等方面都有某些特点，但基本原理都是一致的。

1. 催化脱氢反应基本原理

乙苯脱氢制苯乙烯是在高温和催化剂存在下进行的，其反应方程式如下：

$$C_6H_5CH_2CH_3 \longrightarrow C_6H_5CH{=\!=}CH_2 + H_2 \qquad \Delta_r H^\theta = 1176kJ/g \cdot mol$$

由于脱氢反应是在 600℃以上的高温下进行，除上述主反应外，还有热裂解、加氢裂解等副反应。乙苯热裂解副反应所生成炭沉积在催化剂表面上，会降低催化剂的活性，应尽可能避免。

乙苯脱氢反应是一个体积增加的反应，为使反应更好地向生成苯乙烯的方向进行，应降低反应系统的压力。除将脱氢反应系统设计在减压下操作以外，将惰性气体作为稀释剂加入反应系统中，以降低反应物的分压来达到减压也是行之有效的。用水蒸气作为稀释剂加入反应系统，要比通常作为稀释剂的二氧化碳和氮气好得多，因为水蒸气经冷凝后变为水，易与目的产物苯乙烯分离，且来源易得、价格便宜，因而是比较理想的稀释剂。使用过热蒸汽作为供给反应热的热载体，可避免将乙苯直接加热到更高温度，以抑制副反应的发生；同时，水蒸气可与催化剂上所生成的炭发生反应，生成 CO_2 除去沉积在催化剂表面上的炭，起到防止结焦和除焦的再生作用；此外，过量水蒸气的存在，可防止催化剂的活性组分被还原为金属而失去反应活性。然而，考虑到能源费用及反应系统压力等因素，水蒸气与进料乙苯的比值需控制在合理范围内，通常控制 m(水蒸气)：m(乙苯)= 1.5：1 以内。

2. 乙苯脱氢催化剂

乙苯脱氢催化剂的主要组分为氧化铁和氧化钾，最典型的 C-l05 催化剂的主要组分的质量分数为：Fe_2O_3 8.0%、Cr_2O_3 2.5%、K_2O 9.5%(干基)。

1974 年，第一个不含铬的催化剂 G-64C 投放市场，用钼、铈或锡代替铬。铈添加于氧化铁、碳酸钾中，使苯乙烯的生成率提高；钼的加入可减少苯和甲苯的产生，因而提高反应的选择性。催化剂的发展趋势主要包括提高选择性和降低蒸汽/烃比值。近年来脱氢催化剂的选择性由原先的 87%~88%提高到 96%~97%，高选择性催化剂如 G-84C 和 C-25HA 的最小蒸汽比约 1.2~1.5。

3. 乙苯催化脱氢生产过程

乙苯催化脱氢制苯乙烯生产过程，就脱氢反应器的类型不同可分为等温床脱氢工艺和绝热床脱氢工艺。等温床脱氢工艺有代表性的是 BASF 公司的烟道气加热等温床工艺和 Lurgi 公司熔盐加热等温床工艺。绝热床脱氢工艺有代表性的是 Lummus/Monsanto 工艺和 Fina/Badger 工艺。

Lummus/Monsanto 绝热脱氢工艺已有 40 多年的历史。该工艺采用带三级换热器的二段脱氢反应器的组合式脱氢系列(包括蒸汽过热炉、二级脱氢反应器和废热锅炉)，反应器的中间换热器在第二段脱氢反应器内，该组合反应器的主要特点是系统压力降低，转化率较高。其 m(水蒸气)：m(乙苯)= 1：3，苯乙烯的单程转化率在 63%左右，选择性在 94%~95%之间，采用脱氢催化剂为 G-84C，寿命一般为 2 年，脱氢反应温度 628~640℃左右，脱氢压力 0.04~0.05MPa。分离流程为四塔流程，先进行乙苯与苯乙烯分离，苯乙烯精制，再将苯、甲苯与乙苯分离，最后进行苯、甲苯分离。分离过程中在塔釜加热两次。

Lummus/Monsanto 绝热床脱氢制苯乙烯工艺流程见图 4-47。

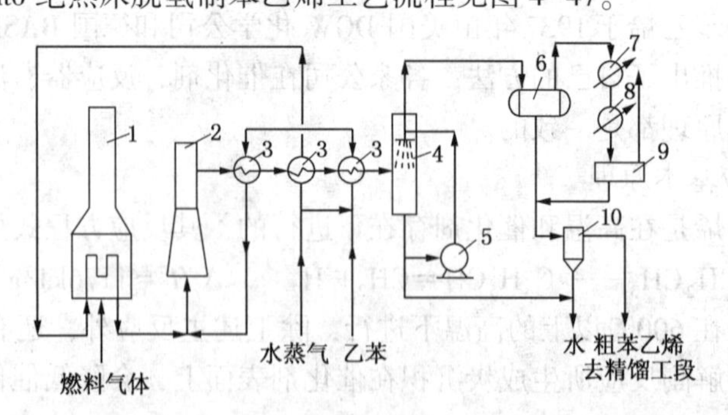

图 4-47　绝热床工艺脱氢工艺流程示意图

1—蒸汽过热炉；2—反应器；3—换热器；4—急冷装置；
5—循环泵；6—冷凝器；7—水冷器；8—冷冻盐水冷凝器；
9—回收装置；10—油水分离器

新鲜乙苯与循环乙苯一起在乙苯汽化器中被汽化，然后进入第一级脱氢反应器。主蒸汽在蒸汽过热炉中被过热，然后送至第一级脱氢反应器内部换热器，使反应物料达到第二级脱氢反应器的进口温度，冷却后的过热蒸汽又被送至蒸汽过热炉加热，加热后与乙苯/水蒸气混合，进入第一级脱氢反应器。通过蒸汽过热炉、组合式二级径向反应器及换热器系列来完成脱氢反应。

脱氢反应液经一系列换热、降温、冷却后进入分离罐，将粗产品与水分离，粗产品去精馏单元，水相去汽提塔，将水中微量有机物料回收，水可用作降温或尾气压缩机注入水。脱氢尾气作燃料或经变压吸附提取纯氢气供相关的用户。

二、环己烷

（一）性质与用途

环己烷是无色易流动液体，具有刺激性气味。不溶于水，溶于乙醇、乙醚、丙酮、苯、四氯化碳。易挥发、易燃，无腐蚀性。其物理性质如表 4-23 所示。

表 4-23　环己烷的主要物理性质

项　目	数　据	项　目	数　据
相对分子质量	84.16	汽化热/(kJ/mol)	29.96
沸点/℃	80.75	临界温度/℃	280.24
熔点/℃	6.54	临界压力/MPa	4.073
密度/(g/cm^3)	0.779	蒸气密度(空气为 1)	2.91
闪点(闭口)/℃	-18	折射率(20℃)	1.42623
自燃点/℃	260		

环己烷和一切饱和烃一样，不容易和其他化合物反应，只能在 150℃以上的温度下与非常活泼的化合物反应，或者在较低的温度下，与那些已通过某种方法(如光的作用)活化了的化合物起反应。

环己烷大部分用于制造己二酸、己内酰胺及己二胺，小部分用于制造环己胺及其他，如用作纤维素醚类、脂肪类、油类、蜡、沥青、树脂、生胶的溶剂；以及香精油萃取剂、有机合成和结晶介质、涂料和清漆的去除剂等。

目前世界上几乎有 90%的环己烷是用来生产聚酰胺-66(尼龙-66)和聚酰胺-6(尼龙-6)，其他的应用总量不超过 10%。

（二）环己烷的生产工艺

目前，工业上生产环己烷的方法主要有两种：一是蒸馏法，从石油馏分中蒸馏分离出环己烷。环己烷在原油中一般含有 0.5%~1.0%，但是从石油中制取环己烷相当麻烦，不易得到高纯度产品，而且产量也有限。目前只有美国 PhilliPs 石油公司还在采用此法生产环己烷。二是苯加氢法，目前极大部分环己烷都是通过纯苯加氢制得。苯加氢制环己烷的生产工艺过程简单、成本低廉，而且得到的产品纯度极高，适用于合成纤维的生产。

苯加氢制环己烷方法很多，其区别只在于催化剂性质、操作条件、反应器型式、移出反应热方式等的不同，通常分为液相法和气相法两大类。常用的催化剂有 Pt、Pd 和 Ni 等。苯液相加氢法有 IFP、Arosat 和 BP 法；气相加氢法有 Bexcane、ARCO、UOP、Houdry 和 Hytoray 法。

目前广泛采用的流程为悬浮液相加氢法(IFP 法)，IFP 法是法国石油研究院开发的，在镍催化剂的存在下，生产高纯度的环己烷，其工艺流程如图 4-48 所示。

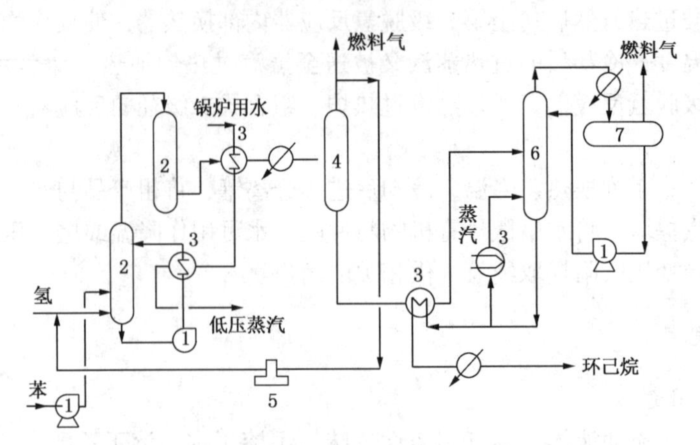

图 4-48　IFP 液相苯加氢工艺流程示意

1—泵；2—反应器；3—换热器；4—分离塔；
5—压缩机；6—稳定塔；7—气液分离器

苯与氢在 2.5~3.0MPa 操作压力下不经预热直接进入到有 220℃催化剂悬浮液的反应器中进行反应，生成环己烷。反应过程放出的热由催化剂悬浮液与水之间在加压下进行热交换而排除。为了实现这种换热，催化剂悬浮液用一台循环泵打循环，经过外部换热器后返回反应器，并副产低压蒸汽。

生成的环己烷呈气态与惰性气体和稍微过量的氢气一同从反应器中排出，然后混合气体进入装有催化剂的固定床反应器，使其中未反应的苯完成最后的加氢作用。由于加氢过程是在严格控制的恒温下进行的，副反应甚少发生，因此得到的环己烷产物几乎不含苯。

从第二个反应器出来的反应气体，经与冷却水换热并冷凝后进入分离塔，分出的溶解气体由氢气及少量惰性气体组成，一部分放空，其余部分经压缩后返回反应系统循环使用。

分离塔底部出来的液体产物经换热后进入稳定塔，在此分出的气体送至气液分离器，液体返回稳定塔作回流，气体作燃料用。稳定塔中的釜液，一部分循环回到稳定塔，其余部分与分离塔釜液换热后，引出塔外作为环己烷产品。

三、芳烃氧化产品

通过芳烃氧化反应可产生一系列重要的含氧化合物，如苯氧化可得到顺酐、二甲苯氧化可得苯酐或对苯二甲酸。

（一）顺酐

1. 性质和用途

顺酐即顺丁烯二酸酐，又称失水苹果酸酐。系无色结晶粉末，分子式 $C_4H_2O_3$，相对分子质量 98.06，沸点 199.7℃，熔点 52.8℃，闪点 110℃，自燃温度 477℃，易升华，爆炸极限为 1.4%~ 7.1 %(体)。低毒，有强烈的刺激气味，刺激眼睛和皮肤。溶于乙醇、乙醚和丙酮，难溶于石油醚。可溶于水并与之化合，溶于热水且缓慢水解生成马来酸。

顺酐是重要的有机化工原料。主要用途是生产不饱和聚酯树脂，如热固性塑料，特别是用玻璃纤维增强的热固性塑料，这种用途大约占了顺酐产量的一半。另外大约有 20%~25%的顺酐转化成顺丁烯二酸的反式异构物，即反丁烯二酸及其二次产物羟基丁二酸(苹果酸)。

顺丁烯二酸异构成反丁烯二酸的反应几乎是定量的，反应在不使用催化剂的水溶液中于150℃长时间加热的条件下进行，或在100℃采用 H_2O_2、硫脲、过硫酸铵等催化剂下进行。反丁烯二酸在水中的溶解度非常低，反应过程中几乎完全从水溶液中沉淀出来。

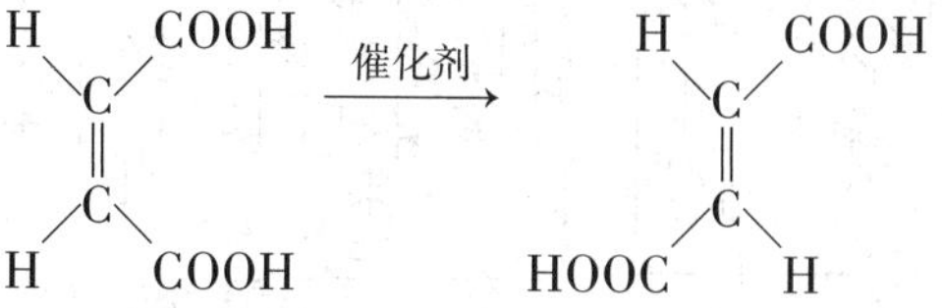

H　　COOH　　　　　　　H　　COOH
　C　　　　　催化剂　　　　　C
　‖　　　　——→　　　　　‖
　C　　　　　　　　　　　　C
H　　COOH　　　　　HOOC　　H

40%以上的反丁烯二酸产量是用来生产聚酯。10%～20%经质子酸催化水合生成外消旋2-羟基丁二酸(苹果酸)：

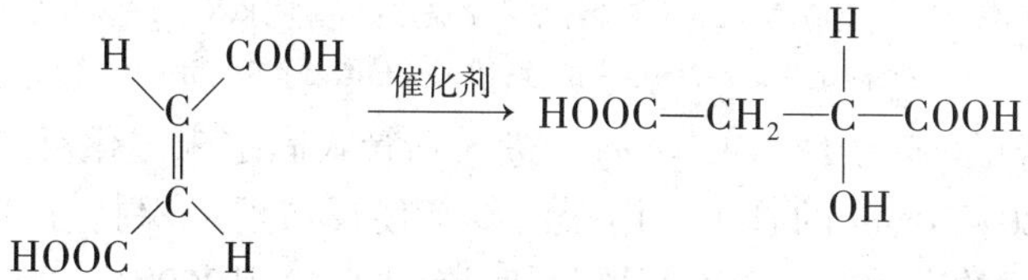

H　　COOH　　　　　　　　　　　　　H
　C　　　　　催化剂　　　　　　　　　|
　‖　　　　——→　HOOC—CH_2—C—COOH
　C　　　　　　　　　　　　　　　　　|
HOOC　　H　　　　　　　　　　　　　OH

根据各国不同情况，在食品工业中苹果酸可以从外消旋酒石酸盐的形式或以天然生成的D-型苹果酸形式作为酸化剂来调节酸味。苹果酸的来源经济，又具有很高的调味效果，所以越来越多地和其他酸化剂(如酒石酸、乳酸，特别是柠檬酸)一起使用。

另一些有工业意义的顺酐二次产物是使用 Ni-Re 催化剂，将顺酐分段加氢生成的，如 γ-丁内酯、1，4-丁二醇和四氢呋喃等。即人们熟知的，经过乙炔和甲醛为原料的雷珀反应得到的典型产品。

外消旋酒石酸的生产是顺酐的又一重要用途。在含有钼或钨催化剂的存在下，顺酐与 H_2O_2 反应生成外消旋酒石酸，选择性为97%。进行转化时，要经过环氧酒石酸中间体阶段，然后水解得到：

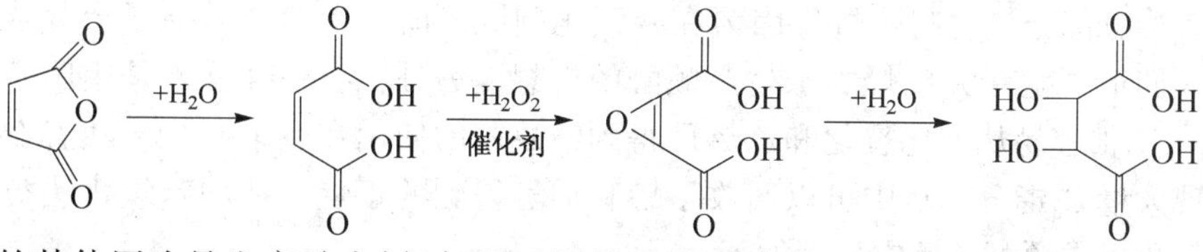

顺酐 $\xrightarrow{+H_2O}$ 顺丁烯二酸 $\xrightarrow[\text{催化剂}]{+H_2O_2}$ 环氧酒石酸 $\xrightarrow{+H_2O}$ 酒石酸（HO—CH(COOH)—CH(COOH)—OH）

顺酐的其他用途是生产杀虫剂(如稻田用的马拉硫磷)、活性增塑剂(如顺丁烯二酸二丁酯)和润滑油添加剂。

2. 工业生产方法

直到20世纪60年代初，还只有苯是生产顺酐的唯一原料。由于用于聚酯树脂和油漆的原料，以及作为中间体(例如用于生产 γ-丁内酯、1，4-丁二醇和四氢呋喃)的需要量日益增长，后来开发了以 C_4 烃为原料的较经济的生产方法。不过至今仍有70%～80%的顺酐是用苯来生产的。

(1) 苯氧化制顺酐　典型的工艺流程如图4-49，反应过程如下：

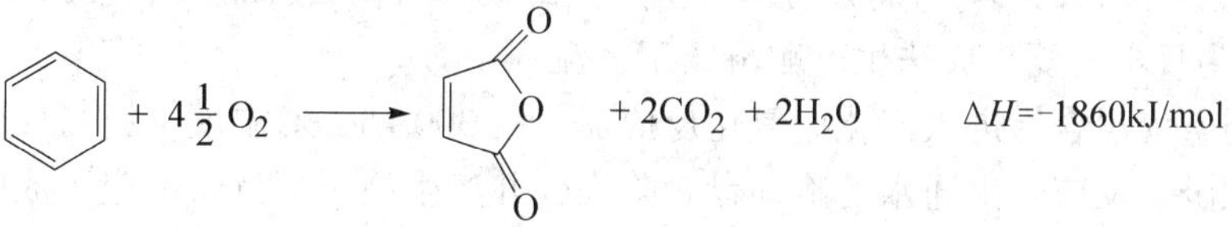

$$C_6H_6 + 4\frac{1}{2}O_2 \longrightarrow \text{顺酐} + 2CO_2 + 2H_2O \qquad \Delta H=-1860\text{kJ/mol}$$

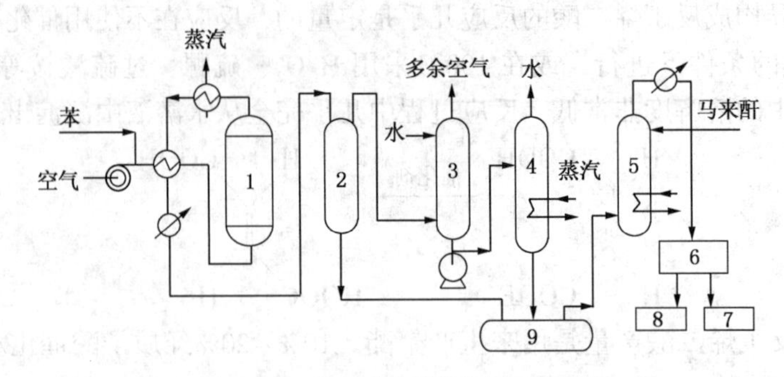

图 4-49　苯氧化制顺酐工艺流过程

1—列管式催化反应器；2—分离器；3—洗涤器；4—脱水器；5—蒸馏塔；6—异构化装置；7—苹果酸罐；8—富马酸罐；9—粗顺酐罐

将苯蒸气与空气混合后(苯为1%~1.4 %)，进入列管式固定床催化反应器。反应器内垂直布有2万根直径为20~50mm的管子，用盐浴冷却使反应温度保持在350~400℃，压力为0.1~0.2MPa。反应后的产物经三台冷凝器冷却，首先急冷到200℃以下，而后在冷凝器中进一步冷却到接近露点(55~65℃)。冷凝后的顺酐在分离后用水吸收。尾气中含有未反应的苯，可吸附回收。脱水后的粗顺丁烯二酸酐用邻二甲苯为共沸剂进行蒸馏精制。在脱水塔的操作中，为阻止顺丁烯二酸异构成反丁烯二酸，塔内温度不可超过130℃。

除了冷凝以外，氧化产品还可以固体形式捕集，这时要将它冷却到40℃。在此过程中，顺丁烯二酸酐以针状结晶形式，在冷却器表面上固化(至少需两台这样的捕集器切换使用)，然后将整个捕集器加热到60~80℃，熔融的顺丁烯二酸酐流入受槽，而后蒸馏精制。

通常用 V_2O_5 作为催化剂，用钼或钨的氧化物来改进其收率，催化剂使用寿命为1~3年。顺丁烯二酸酐收率约为70 %(摩尔)或90%(质量)。副产品包括少量酚类、醛类和羧酸。约有20%的苯完全氧化转变为 CO_2。

(2) C_4 馏分部分氧化制顺酐　因为在苯氧化制顺酐时，有两个碳原子会变成 CO_2 损失掉，所以人们很早就有从 C_4 烃类来生产顺酐的设想。另外，有一部分苯是用甲苯脱烷基生产的，而 C_4 则很容易从催化裂化和乙烯厂得到，故苯的使用在逐渐减少。随着石油化工的发展，出现大量 C_4 馏分，从中可以回收丁烯和加氢得到的丁烷，在和苯氧化法类似的反应条件下，氧化生成顺酐，反应过程如下：

$$CH_3-CH_2-CH_2-CH_3+3\frac{1}{2}O_2 \longrightarrow \text{(顺丁烯二酸酐)} + 4H_2O$$

$$CH_3-CH{=}CH-CH_3+3O_2 \longrightarrow \text{(顺丁烯二酸酐)} + 3H_2O$$

工业上用不经分离的 C_4 馏分或分离异丁烯和丁二烯后的 C_4 馏分为原料生产顺酐，原料成本低，催化剂寿命长，以 C_4 馏分为原料生产顺酐较苯氧化法产品成本低20%~40%。

图4-50为日本三菱化成法生产顺酐的工艺流程。

C_4 馏分与空气混合后进入流化床氧化反应器，在300~500℃温度下，与反应器中的催化剂接触生成顺酐。反应热由通水的冷却盘管除去，并产生高压蒸汽。反应生成的气体物料中的顺酐经吸收塔得马来酸酐溶液，而后进行浓缩脱水，最后经简单蒸馏得产品。

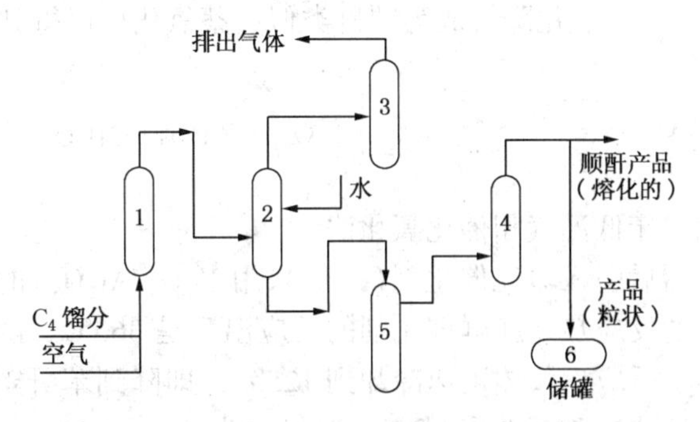

图 4-50　日本三菱化成法生产顺酐工艺流程图

1—氧化反应器；2—吸收塔；3—废水处理塔；4—精制塔；

5—脱水塔；6—产品储罐

与苯氧化法相比，首先，顺酐的选择性低是 C_4 氧化方法的一个最大缺点。由于反应产品中顺丁烯二酸酐的浓度较低，反应速率也比苯的氧化反应速率低，故需要较高投资的较大的反应器(大 1.2 倍)。同时，后加工处理的工作量也很大。再加上 C_4 馏分中剩余的异丁烯全部燃烧，因此要放出相当大的热量，这不仅需要使用较大的换热器，而且由于增大了空气需要量还需使用许多大功率鼓风机，致使投资费用额外增多。

目前还有将另一种石油化工原料 C_5 馏分氧化成顺酐的路线。反应温度在 450～550℃，催化剂是 V_2O_5-MoO_3。C_5 馏分中含有环戊烯、1，3-戊二烯、1-戊烯和 2-甲基-1，3-丁二烯。使用纯 1，3-戊二烯作原料时顺酐的选择性约为 30%，使用环戊烯为原料时选择性约为 40%。

（二）苯酐

1. 性质和用途

邻苯二甲酸酐简称苯酐，系白色针状结晶，分子式 $C_8H_4O_3$，相对分子质量 148.11，沸点 295℃，熔点 131.16℃，闪点 151 ℃，自燃温度 584 ℃，在沸点以下可升华，溶于乙醇，微溶于乙醚和热水。中等毒性，有刺激皮肤的作用。

苯酐是一种重要中间体，主要用途是生产邻苯二甲酸酯。在西欧和日本，这一用途占 60%，在美国占 55%。邻苯二甲酸酯是最重要的工业增塑剂。实际上几乎所有工业上可提供的脂肪醇和二元醇都可以用来生产邻苯二甲酸酯。除了邻苯二甲酸酯外，苯酐主要用于不饱和聚酯以及与辛三醇反应生成的醇酸树脂中，这些聚合物主要用作生产涂料的原料。邻苯二甲酸酐较次要的用途是生产颜料、染料和邻苯二酰亚胺，后者是生产邻氨基苯甲酸、农药的原料。

苯酐还是重要的精细化工原料，如它与二甲基喹啉反应得到染料中间体喹诺酞酮，与苯酚反应得到酚酞，与尿反应可合成酞菁类颜料。邻苯二甲酰胺现为重要的精细化工中间体，它是苯酐与氨的反应产物。

2. 工业生产方法

1960 年前，苯酐几乎全部用萘生产。由于萘的短缺和涨价，又考虑到苯酐的需要量不断增加，因此开始使用邻二甲苯为原料。邻二甲苯是一种便宜而来源又广泛的原料，而且从化学计量上考虑也是一种很经济的原料。目前，苯酐总产量约有 75%～85%是用邻二甲苯生产的。但以煤为原料得到的萘，在苯酐生产上将不会完全丧失重要性。工业上也有用苊作为原料，经氧化生成苯酐的。还可将苊气相氧化生成萘二甲酸酐(1，8-二萘羧酸的酸酐)。

(1)萘氧化制苯酐　与苯氧化降解成为顺酐类似，萘氧化可以得到苯酐：

$$\text{萘} + 4\frac{1}{2}O_2 \xrightarrow{\text{催化剂}} \text{苯酐} + 2CO_2 + 2H_2O \qquad \Delta H=-1792\ kJ/mol$$

工业上大多采用固定床低温气相催化氧化法。

萘和空气通过汽化器后引入填充催化剂(一般采用 V_2O_5/Al_2O_3)的列管式反应器，反应器管外以熔盐移走大量的反应热。新鲜催化剂的反应温度是360℃，随着催化剂活性的降低应缓慢地提高反应温度。反应后气体迅速冷却到125℃，即降到苯酐露点以下。在熔融槽内针状结晶的粗产物完全脱水，然后进行精馏，选择性为86%~91%。副产物有1，4-萘醌、顺酐以及高相对分子质量的缩合产物。

采用粗萘作原料的高温法，催化剂也是负载型 V_2O_5。尽管反应温度较高(400~550℃)，催化剂并不很快丧失活性，但选择性却是明显地降低(60%~74%)。副产6%~10%的顺酐及其他化合物。

工业上也有采用流化床工艺的，其原料费用增高，大约占总生产费用的70%，而用固定床反应器以邻二甲苯和煤焦油萘为原料的氧化工艺的成本可以更低一些。

(2) 邻二甲苯氧化制苯酐　一些新的苯酐生产厂主要采用邻二甲苯为原料。

$$\text{邻二甲苯} + 3O_2 \xrightarrow{\text{催化剂}} \text{苯酐} + 3H_2O \qquad \Delta H=-1110\ kJ/mol$$

采用邻二甲苯作原料，产品中的碳原子数和原料中的碳原子数一样，没有变化，也就是说与萘作原料相比消除了氧化降解。这样，由于氧气需要量减少也就减少了反应放热量。尽管如此，工厂都建成能够灵活使用不同原料，即邻二甲苯或萘的工艺装置。

目前所采用的邻二甲苯氧化法主要是用 V_2O_5 催化剂的气相氧化法。大多采用固定床催化剂装在几个列管式反应器中(共有1万多根管子)，在375~410℃、于 V_2O_5 催化剂上以过量的空气将纯度在95%以上的邻二甲苯氧化。进料空气中邻二甲苯(或萘)的浓度为60~70 g/m^3(邻二甲苯在空气中的爆炸极限为44~335 g/m^3)。为了提高能量利用率，应尽可能加大负荷。一种催化剂是由 V_2O_5 和 TiO_2 构成的混合物，用Al和Zr的磷酸盐类作助催化剂，分布在陶瓷、石英或碳化硅小球上。小球表面光滑，大部分情况下无孔。为了避免爆炸，出口气体中氧含量应尽量低，因而必须控制反应深度，使出口气体中剩余氧含量为2%。苯酐选择性为78%(以邻二甲苯计)。经两段精馏后产品纯度最低可达到99.8%。副产物有邻甲基苯甲酸、苯酞、苯甲酸和顺酐，以及完全氧化得到的 CO_2。

也有采用流化床的，反应选择性和固定床的几乎一样。但由于流化床的爆炸危险较小，所以可采用稍过量的空气。其结果是一部分苯酐可在熔点以上，即作为液体分离出来。这种分离方法与结晶法相比，在技术上具有明显的优越性。

邻二甲苯也可在液相中用空气氧化。总体来说，气相氧化法优于液相氧化法，目前世界上万吨级以上装置中，气相法占绝大多数。

(三) 对苯二甲酸及其二甲酯

1. 性质和用途

(1) 对苯二甲酸　为白色结晶或粉末状固体。分子式 $C_8H_6O_4$，相对分子质量166.13，相对密度为1.51。在300℃以上升华，自燃温度680℃。不溶于水、氯仿、乙醚、醋酸，微溶于乙醇，能溶于碱溶液、热浓硫酸、吡啶、二甲基甲酰胺、二甲亚砜。低毒，易燃。

（2）对苯二甲酸二甲酯（DMT）为白色针状结晶。分子式 $C_{10}H_{10}O_4$，相对分子质量 194.19，相对密度 $d_4^{15}=1.066$。沸点 288℃，熔点 140.6℃，闪点 146~147℃，着火温度 570 ℃，在 300℃以上升华。不溶于水，溶于热乙醇、氯仿、乙醚。

对苯二甲酸及其酯主要用于生产聚酯树脂，进而加工成纤维和薄膜。聚酯纤维与聚酰胺和丙烯腈纤维均为主要的合成纤维品种。对苯二甲酸和它的酯也是涂料、染料、添加剂工业的有机中间体。

2. 工业生产方法

直到二次世界大战末期，对苯二甲酸及其酯还没有大的工业价值。1939 年 John Rex Whinfield 和 Tennant Diekson 在英国棉花协会上公布了发现聚酯纤维之后，帝国化学公司（1949 年）和杜邦公司（1953 年）进行了聚酯纤维的开发和工业应用研究，这大大增加了对对二甲苯转化工艺的兴趣。与邻位和间位二甲苯相同，对二甲苯工业上的重要性在于生产二羧酸，即对苯二甲酸。最初，以对苯二甲酸为基础的纤维的开发遇到了极大的困难。对苯二甲酸是白色粉末，实际上几乎不溶于所有溶剂，不能熔融，也无法精馏。这些性质使得粗对苯二甲酸的精制十分复杂。由于生产合成纤维必须使用高纯度的原料单体，因而开发了经过二甲酯生产聚酯单体的路线。对苯二甲酸二甲酯（DMT）是可结晶的物质，也可精馏，因此较容易得到纯品。

对苯二甲酸的最大生产厂家是美国的阿莫科公司，其次是英帝国化学公司，对苯二甲酸二甲酯的最大生产厂家是美国杜邦公司和西欧的代那迈特-诺贝尔公司。生产方法如下：

（1）对二甲苯液相空气氧化法　该法以醋酸为溶剂，在催化剂（如醋酸钴、NaBr、CBr_4）作用下，对二甲苯经液相空气氧化一步生成对苯二甲酸。

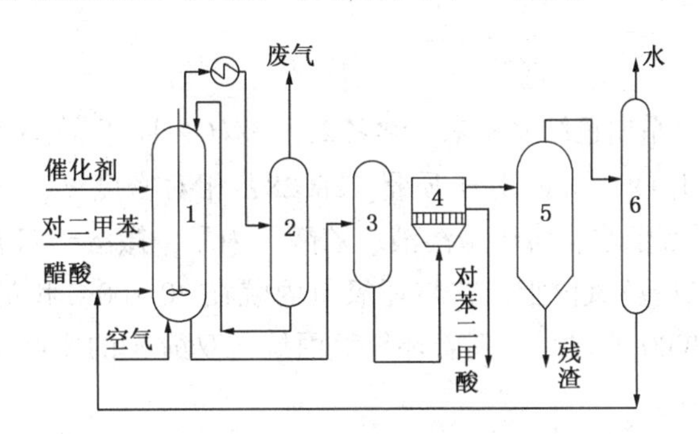

图 4-51　阿莫科公司液相空气氧化法制备对苯二甲酸的流程

1—反应器；2—气液分离器；3—结晶器；4—固液分离器；
5—蒸发器；6—醋酸回收塔

图 4-51 给出了阿莫科公司液相空气氧化法的流程。我国的扬子、仪征、燕山、金山等石化企业都引进了该公司的技术。对二甲苯、反应物、溶剂和催化剂连续加入反应器，氧化温度为 175~230℃，压力为 1.5~3.5 MPa。为了减少副产物生成，空气加入量要超出化学计量。反应热通过醋酸的蒸发移走，冷凝后的醋酸再返回反应器。反应器中停留时间依工艺条件不同在 30min~3h 之间。转化率大于 95%，对苯二甲酸收率约为 90%。反应混合物进入一个降压容器，用结晶法回收对苯二甲酸，用精馏法精制母液。

当用溴化物作为催化剂时，由于溴化物具有强腐蚀性，只能采用昂贵的反应器材质如耐盐酸的镍合金（Hastelloy）。

粗对苯二甲酸(CTA)含多种副产物，其中仅有一个官能团的化合物如苯甲酸和甲基苯甲酸会阻滞聚合过程，并降低聚合度。另一些化合物，如4-羧基苯甲醛会引起粗对苯二甲酸变色。精制对苯二甲酸的关键步骤是催化加氢。粗对苯二甲酸用水调成浆液，加热到约250℃后，用泵送入加氢反应器，反应器内装有附载于炭上的贵金属(如钯)催化剂，液相加氢除去引起变色的杂质，4-羧基苯甲醛变成对甲基苯甲酸，而后经结晶将产品提纯。聚合级对苯二甲酸中的4-羧基苯甲醛含量应低于25μg/g，酸值为(675±2)mgKOH/g酸。

由于对苯二甲酸是大吨位二元酸中的重要品种，人们在多方寻求对二甲苯氧化新方法。Lummus开发了一种氨氧化法，用氨在钒催化剂上将对二甲苯转化成对苯二甲酸二腈，再水解成对苯二甲酸。对苯二甲酸生产的另一种方法是由三菱瓦斯公司开发的，该方法是由甲苯与CO在HF/BF_3催化下反应成对甲基苯甲醛，而后再氧化成对苯二甲酸。但至今尚无一种方法可取代对二甲苯氧化法。

(2) 对二甲苯分段氧化酯化制造对苯二甲酸二甲酯过程如下：

$$CH_3-C_6H_4-CH_3 \xrightarrow[-H_2O]{+\frac{3}{2}O_2} HOOC-C_6H_4-CH_3 \xrightarrow[-H_2O]{+CH_3OH} CH_3OOC-C_6H_4-CH_3 \xrightarrow[-H_2O]{+\frac{3}{2}O_2} CH_3OOC-C_6H_4-COOH \xrightarrow[-H_2O]{+CH_3OH} CH_3OOC-C_6H_4-COOCH_3$$

将二甲苯先氧化成对甲基苯甲酸，而后用甲醇将羧基酯化。这样处理后第二个甲基的氧化较容易进行，生成的对苯二甲酸单甲酯再进一步加入甲醇，将其转化为二酯。

四、双酚A

(一) 性质和用途

双酚A (biphenol A)系白色结晶粉末。学名2，2-双(4-羟基苯基)丙烷，或称4，4′-异丙撑二苯酚。分子式$C_{15}H_{16}O_2$，相对分子质量228.28，相对密度$d_{25}^{25}=1.195$。沸点360.5℃，熔点150~155℃。它不溶于水，溶于碱溶液、乙醇、丙酮，微溶于四氯化碳。

双酚A主要用来制造环氧树脂，它与环氧氯丙烷在40~60℃和苛性碱存在下反应得到相对分子质量为450~4000的树脂。随着环氧氯丙烷与双酚A的比例减小，树脂的相对分子质量增加。

$$n\,HO-C_6H_4-C(CH_3)_2-C_6H_4-OH + n\,\underset{\diagdown O \diagup}{CH_2-CH}-CH_2Cl \xrightarrow[-2nNaCl,\ -2nH_2O]{+nNaOH} \left[-O-C_6H_4-C(CH_3)_2-C_6H_4-O-CH_2-\underset{OH}{CH}-CH_2-\right]_n$$

双酚A迅速增长的另一种用途是与光气反应生产聚碳酸酯。聚碳酸酯广泛用作热塑性结构材料。

$$nHO-C_6H_4-C(CH_3)_2-C_6H_4-OH + nCOCl_2 \xrightarrow[-2nNaCl,\ -2nH_2O]{+nNaOH} \left[-O-C_6H_4-C(CH_3)_2-C_6H_4-O-\underset{\underset{O}{\|}}{C}-\right]_n$$

在耐高温聚砜塑料 UDEL 生产中也使用双酚 A，它由双酚 A 的钾盐和 4，4-二氯二苯砜反应制得。

$$nKO-C_6H_4-C(CH_3)_2-C_6H_4-OK + nCl-C_6H_4-SO_2-C_6H_4-Cl \xrightarrow{-2nKCl}$$

$$\left[-O-C_6H_4-C(CH_3)_2-C_6H_4-O-C_6H_4-SO_2-C_6H_4-\right]_n$$

（二）生产方法

双酚 A 是重要的苯酚衍生物。1891 年首先由达安宁（Dianin）用苯酚和丙酮，在酸催化剂下进行缩合反应而制得。双酚 A 的主要应用是作为树脂和聚合物的原料，而它的工业发展是与塑料工业发展紧密联系的。随着聚碳酸酯的出现，1958 年发展了制造高纯度双酚 A 的生产方法。制备聚碳酸酯和其他线型聚合物要求双酚 A 中有机杂质含量低于 0.5%，并应具有良好的色度和优良的热稳定性。

在所有生产双酚 A 的工业路线中，都采用苯酚和丙酮在酸催化作用下进行缩合反应，采用气相 HCl 催化剂或以填充床形式装填的磺化交联的聚苯乙烯作为催化剂。所有生产双酚 A 的工厂其生产过程各有差异，不同之处主要在于产品的回收和精制的方法。适用于制造环氧树脂的普通纯度的双酚 A 通常可以由粗的反应物馏分中得到。用于生产聚碳酸酯的高纯度的双酚 A 是将粗产品用蒸馏或结晶法精制得到的。典型的双酚 A 生产工艺流程见图 4-52。

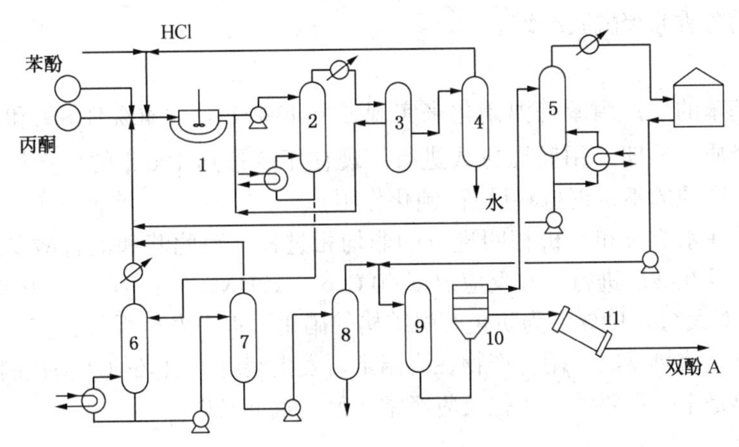

图 4-52　双酚 A 生产工艺流程

1—反应器；2—氯化氢蒸馏塔；3—滗析器；4—氯化氢回收塔；5—溶剂回收塔；6—苯酚塔；7—异构体塔；8—双酚 A 塔；9—结晶塔；10—离心分离器；11—干燥器

丙酮与过量的苯酚混合，用HCl气体作催化剂在常压下进行反应，反应于50~90℃温度下进行8~9h。苯酚进料摩尔数过量15倍。反应后，粗产品氯化氢及水经汽提分离。塔顶物倾析为有机相，其中主要含有苯酚可再循环使用。用蒸馏和中和法分离HCl时，双酚A以苯酚加合物形式结晶出来。加合物用蒸馏热分解，分出的过量苯酚循环至反应器。粗双酚A用双蒸馏塔分离，第一塔分离低沸点副产物和异构体使之再循环；第二塔分离焦油。塔顶物用芳烃或庚烷-芳烃混合物重结晶提纯双酚A，收率为80%~95%。从苯酚混合物中用熔融结晶可回收高纯度双酚A。从苯酚中结晶双酚A得到1:1的加合物，经蒸馏提纯得到含量达99.9%的双酚A。

五、硝基苯和苯胺

（一）硝基苯

1. 性质和用途

硝基苯是绿黄色结晶，或无色至淡黄色液体。分子式 $C_6H_5NO_2$，相对分子质量123.11，相对密度 $d_4^{15}=1.205$。沸点210.85℃，熔点5.70℃，闪点88℃，自燃温度482℃，爆炸极限>1.8%(体)。微溶于水(一份硝基苯大约溶于500份水中)，易溶于醇、苯、醚和油类。具有杏仁油味，有毒。

硝基苯主要用于生产苯胺，少量硝基苯还用来生产间硝基氯苯和间硝基苯磺酸以及对氨基苯酚。

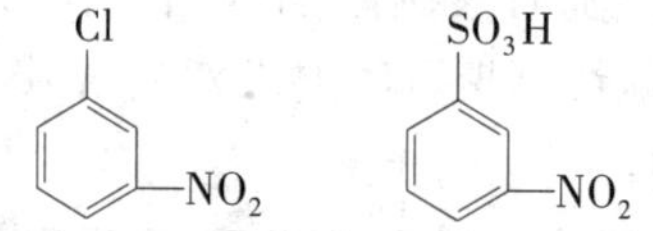

Cl　　SO_3H

$-NO_2$　　$-NO_2$

间硝基氯苯　　间硝基苯磺酸

间硝基氯苯只能在低收率的氯苯硝化中制取。更好的制备方法是在路易斯酸(例如 $FeCl_3$)存在下用硝基苯进行氯化制取。粗反应产物用蒸馏提纯。间硝基氯苯主要用在间氯苯胺的生产上，后者是植物保护剂和医药，如4，7-二氯奎啉的原料。

间硝基苯磺酸由硝基苯磺化制取，过程的选择性很高。碱熔主要用于生产间氨基苯酚。间氨基苯酚可用于植物保护剂、医药、染料以及3，4-二氨基二苯醚的生产上，后者又可用来生产高价值的芳香族聚酰胺纤维。

2. 生产方法

工业上硝基苯的生产用苯等温硝化来实现。由40% HNO_3、40% H_2SO_4 和20%水组成的混酸作为硝化介质。早期采用间歇方式进行，现在年产量达100kt的生产厂主要是连续操作。过程采用抗腐蚀的不锈钢材料设备(钝化作用)。

因为硝化是在水溶液和有机相间进行的非均相过程，因此苯和混合酸要强烈地混合搅拌。硝化反应主要在酸层进行，在反应温度60℃下，$n(HNO_3):n(苯)=0.94:1\sim0.98:1$，以 HNO_3 计的收率大约为98%。为防止有酚结构的硝化过程中发生爆炸，安全检测是非常重要的。由于硝化是放热反应，硝化产物在高温下可发生裂解，故必须严格控制温度，完全混合和移除反应热是十分重要的。硝化反应经常在氮气氛下操作。

（二）苯胺

1. 性质和用途

纯苯胺是无色油状液体，在空气和阳光下颜色迅速变深并呈棕色。分子式 C_6H_7N，相对分子质量93.13，相对密度$d_{20}^{20}=1.022$。沸点184.4℃，凝固点-6.2℃，闪点70℃。爆炸极限>1.3%(体)。稍溶于水(1g苯胺大约溶于28.6mL水中)，可与醇、苯、醚和大多数有机溶剂混溶，是具有挥发性的有毒物质。

当前苯胺最主要的用途是生产4，4′-二苯甲烷二异氰酸酯(MDI)和用于橡胶化学加工过程，特别是作为橡胶硫化促进剂和抗氧剂。作为生产聚氨酯泡沫塑料的原料，近来成为它的又一主要用途。

苯胺的应用范围很广，以前主要用作医药、炸药、染料、植物保护剂和纤维生产原料。由苯胺和甲醛反应可得到最重要的工业中间体4，4′-和2，2′-二氨基二苯基甲烷混合物。*N*，*N*′-二烷基苯胺一般用于染料生产，而苯肼是植物保护剂、医药和染料生产的中间体。其他重要的苯胺产物是对氨基苯磺酸和*N*-乙酰苯胺。

2. 工业生产方法

苯胺是从硝基苯得到的最重要的产物。它最早通过靛蓝蒸馏以结晶硫酸盐的形式首次获得。

(1) 硝基苯铁粉还原法　现在大规模生产中仍采用这种方法，该法同时生成的铁的氧化物可作为颜料使用。还原反应以间歇方式进行，得到的粗苯胺用蒸馏加以提纯，以硝基苯计算的苯胺收率约为95%。

$$4\,C_6H_5NO_2 + 9Fe + 4H_2O \xrightarrow{HCl} 4\,C_6H_5NH_2 + 3Fe_3O_4$$

(2) 硝基苯催化加氢法　由于铁粉还原法污染比较大，苯胺生产方法可以采用流化床或固定床进行硝基苯连续气相加氢反应。

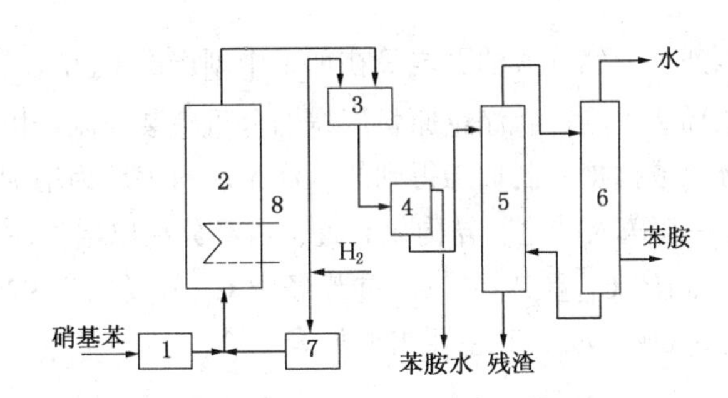

图4-53　美国氰胺(Cyaiamid)公司的流化床生产工艺流程

1—汽化器；2—反应器；3—冷凝器；4—分离器；5、6—精馏塔；7—压缩机；8—冷却槽

图4-53为美国氰胺公司(Cyaiamid)开发的流化床生产工艺流程。反应温度为270℃，压力为0.18MPa，用铜改性硅胶为催化剂，过程收率为99%左右。

典型的固定床气相加氢过程由朗莎-阿卢苏伊塞公司(Lonza- Alusuisse)开发。此过程硝基苯在压力为0.2~1.5 MPa、配比为1.5~1.6的氢气中雾化，然后反应混合物与加热到150~300℃的循环气体混合，催化剂是载于浮石上的铜。

由于异丙苯氧化生产苯酚相当便宜，因此可以经济地采用苯酚气相氨化法来生产苯胺。

$$C_6H_5OH + NH_3 \longrightarrow C_6H_5NH_2 + H_2O \qquad \Delta H=-10kJ/mol$$

思考题

1. 工业上生产顺酐主要有哪些方法？哪一种方法较优？为什么？顺酐是如何精制的？

2. 苯酐的主要用途有哪些？

3. 比较 C_4 氧化制顺酐与邻二甲苯氧化制苯酐的共同点与差异。

4. 氧化反应为强放热反应，苯酐生产过程中是如何保证及时移走反应热的？

5. 有机物与空气的混合物在一定的条件下能爆炸，在气相氧化制苯酐过程中是如何防止爆炸的？防止爆炸有无其他途径？

6. 对苯二甲酸是通过什么方法精制的？

7. 双酚 A 的主要用途是什么？

8. 试述苯胺的主要生产方法。

第九节　重要副产物的综合利用

一、重芳烃

（一）资源

石油重芳烃是指原油、天然气或油页岩等在加工中副产的 C_9 和 C_{10} 芳烃。主要从炼油厂催化重整装置副产、乙烯装置副产、涤纶原料厂宽馏分重整装置副产以及从含重芳烃的油品或炼焦副产煤焦油中分离或抽提精制加工得到的。涤纶原料工厂为增加涤纶原料产量，通常均将副产 C_9 与 C_{10} 芳烃一起送入歧化、异构化装置，再经分离以增产对二甲苯，因此涤纶原料厂的催化重整装置仅副产 C_{10} 重芳烃，C_{10} 重芳烃中 C_{10} 芳烃约占 92%，其中四甲基苯约 30%，均四甲苯含量约 5.6%~9%，其主要组成见表 4-24。

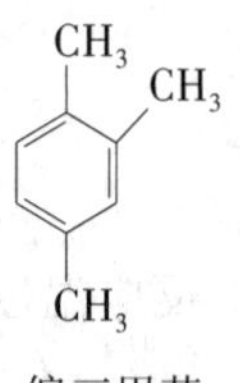

偏三甲苯 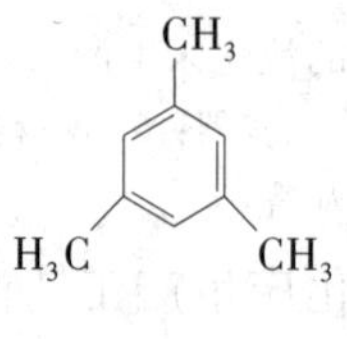　　均三甲苯 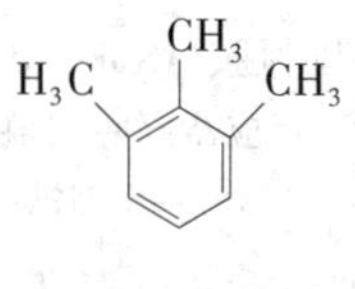　　连三甲苯 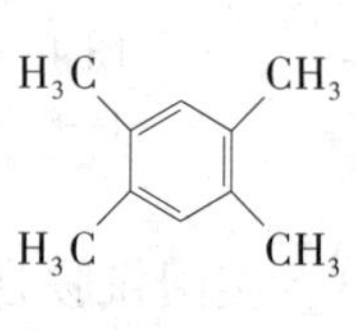　　均四甲苯

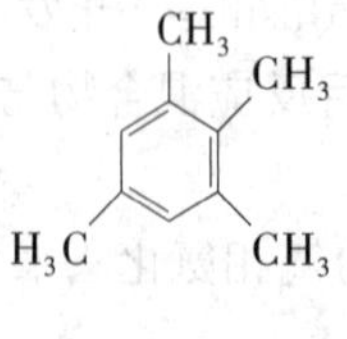

偏四甲苯 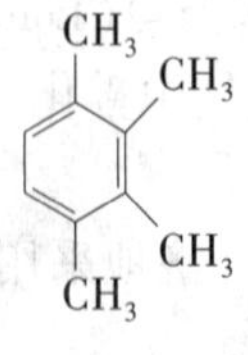　　连四甲苯 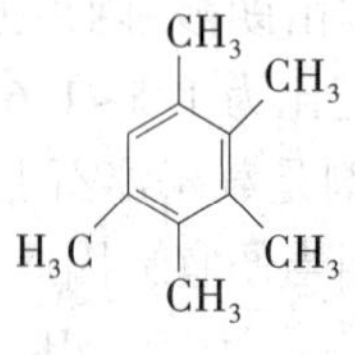　　五甲苯 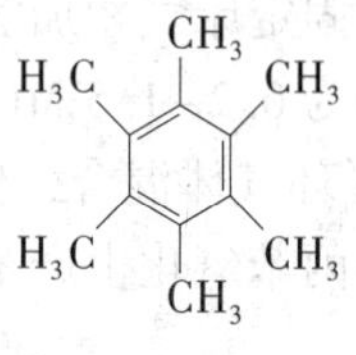　　六甲苯

重芳烃的组成复杂，可检出的组分达 150 余种，其组成因原料和加工装置条件的不同而不同，利用途径也因重芳烃的来源而异。

表 4-24　涤纶原料厂宽馏分重整装置 C_{10} 芳烃的主要组成

芳烃名称	组成/%	沸点/℃	熔点/℃	芳烃名称	组成/%	沸点/℃	熔点/℃
异丁苯	0.5	172.8	-51.7	1，4-二甲基-2-乙苯	4.7	186.8	-53.9
间甲基异丙苯	0.2	175.4	-63.9	1，3-二甲基-4-乙苯	6.0	188.3	-62.8
对甲基异丙苯	0.7	177.2	-67.8	1，2-二甲基-4-乙苯	9.6	190.0	-67.2
1，3-二乙苯	1.6	181.2	-83.9	1，3-二甲基-2-乙苯	1.0	190.0	-16.1
1-甲基-3-正丙苯	3.0	182.2	—	1，2-二甲基-3-乙苯	4.1	193.9	—
1-甲基-4-正丙苯	2.8	183.3	-62.8	均四甲苯	8.0	196.1	73.4
正丁苯	3.6	183.3	-87.8	偏四甲苯	12.7	197.8	-23.9
1，2-二乙苯	2.5	183.4	-31.7	5-甲基茚	2.9	201.7	—
1，3-二甲基-5-乙苯	4.0	183.9	—	4-甲基茚	13.4	201.7	—
1，4-二乙苯	0.8	183.9	-43.3	连四甲苯	5.3	205.0	-6.1
1-甲基-2-正丙苯	1.8	183.9	—	萘	5.8	217.8	—
2-甲基茚	3.5	186.1	—	β-甲基萘	1.4	241.1	34.6
1-甲基茚	1.3	187.2	—	α-甲基萘	0.7	244.4	-30.5

（二）炼油厂催化重整副产重芳烃的分离与利用

随着炼油装置生产能力的增长，其中催化裂化装置的循环油和油浆澄清油、热裂化装置渣油、尤其是催化重整装置邻二甲苯塔底油副产重芳烃的量很大。重整装置副产重芳烃的量约占重整进料量的3.5%~4%。

表4-25给出了由热裂解汽油和催化重整得到的 C_9 芳烃馏分的组成。炼油厂重整装置副产重芳烃的组成和收率随原油种类、重整料的馏分范围、催化剂和工艺条件而异，但是一般分布比较集中，尤其是偏三甲苯的含量一般在40%左右，均三甲苯约含7%，连三甲苯含8%，对、邻和间-甲乙苯约含34%。

表 4-25　热裂解汽油和催化重整的 C_9 芳烃的组成　　%

C_9 芳烃	裂解汽油	催化重整	C_9 芳烃	裂解汽油	催化重整
异丙苯	4.2	0.6	均三甲苯	5.6	7.4
正丙苯	12.3	5.2	偏三甲苯	14.6	41.3
邻甲乙苯	11.8	9.1	连三甲苯	3.3	8.2
间甲乙苯	24.0	17.4	茚　满	12.7	2.0
对甲乙苯	11.5	8.6			

1. 炼油厂重整重芳烃的分离

从 C_9 重芳烃中可分离出纯度>98%~99%的偏三甲苯，以及纯度较高的连三甲苯，还有均三甲苯、间、对、和邻、甲乙苯的混合物等。分离工艺可采用塔盘数很高的多塔超精馏系统，并辅以高效填料。美国埃索研究工程公司以邻苯二甲酸二甲酯作萃取剂，用萃取蒸馏法再分离精馏得到的间、对、邻、甲乙苯和均三甲苯的混合物，可以分出纯邻甲乙苯和均三甲苯，其示意流程见图4-54。

多甲苯中偏三甲苯、均三甲苯和均四甲苯在工业上地位较为重要。

2. 偏三甲苯

从超精馏系统分离得到的高纯度偏三甲苯主要用于经液相空气氧化制造偏苯三酸酐（TMA），并进而生产许多精细化学品。TMA的生产方法有二：

（1）Amoco公司的Mid Century法　偏三甲苯的醋酸溶液在钴和锰盐催化剂存在下和

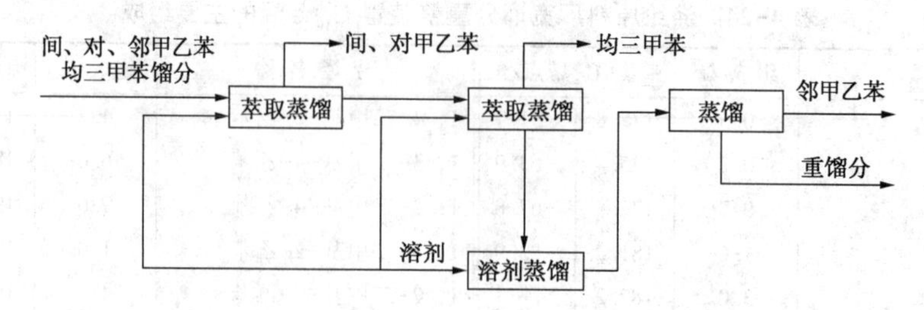

图4-54 萃取蒸馏分离间和对甲乙苯、均三甲苯和邻甲乙苯流程示意图

2.5MPa、200℃条件下进行液相空气氧化制成偏苯三酸，再经脱水得偏苯三酸酐(TMA)。Amoco公司又采用一体化工艺改进了TMA的生产技术，无论是产品质量或产率均已进一步提高，建成后大幅度增加世界TMA生产能力，并进一步确立Amoco公司的垄断地位。

(2) 日本三菱瓦斯化学公司以间二甲苯为原料的合成法 TMA主要用于生产耐热PVC电缆用偏苯三酸三辛酯(TOTM)等数种增塑剂、聚酰胺-聚酰亚胺高功能超耐热性工程塑料(用于F.H级电绝缘材料如漆包线漆、硅钢片漆和薄膜，它用偏苯三酸酰氯与芳香烃二胺，如4，4′-二氨基二苯甲烷反应制得)、耐热粉末涂料、环氧树脂固化剂、胶黏剂及纤维处理剂等。

偏三甲苯经硝化并还原，得到2，3，5-三甲苯苯胺，是生产维生素E的原料。

3. 均三甲苯

均三甲苯在重整重芳烃中含量约6%~10%，与相邻的邻甲乙苯的沸点相差仅0.435℃，难以用精馏方法分离，但可用上述萃取蒸馏法分离。此外可以用偏三甲苯异构化的方法生产。工业上可用沸程122~144℃重芳烃制取偏三甲苯，再将偏三甲苯用硅铝酸盐催化剂异构化成均三甲苯并副产均四甲苯、甲苯和五甲苯，它们都是石油化工有用的原料，该工艺被称为“无废物技术”。

在多塔蒸馏流程中分离出的富集均三甲苯的馏分还可以用K或Ba交换的X型或Y型分子筛选择性吸附提纯，如含均三甲苯60.5%的C_9重芳烃用含水率4.77%的Ba-X分子筛吸附，均三甲苯含量可提高至94.52%，回收率90.6%。

均三甲苯经硝化、加氢还原制成均三甲苯胺，是生产染料的中间体。它与1，4-二羟基蒽醌缩合，磺化生产得弱酸性普拉艳蓝RAW。均三甲苯以磺化、硝化、还原制成2，4-二氨基-均三甲苯-6-磺酸，再与溴氨酸缩合成蓝色基，然后与乙氧基二氯均三嗪反应制造活性艳蓝K-3R，用于印花和轧染。均三甲苯胺与α-氯代丙酸甲酯缩合可制成麦田除草剂，实际使用的是它的20%的溶液。

均三甲苯与4-羟基-3，5-二叔丁基苯甲醇或4-羟基-3，5-二叔丁基苯甲醇乙酸酯反应制造抗氧剂330[学名：1，3，5-三甲基-2，4，6-三(3，5-二叔丁基-4-羟基苄基)苯]；国外商品名有：Irganox1330(Ciba-Geigy公司)、Ethanox330(Ethyl公司)和Ionox330(Shell化学公司)，系大相对分子质量的高效不变色抗氧剂，相对分子质量775.2，熔点244℃，可溶于甲醇、苯、二氯甲烷、己烷等有机溶剂，不溶于水。其挥发性低，耐热老化性能强，不染制品，可用于接触食品的塑料制品中，适用于作聚乙烯、聚丙烯、聚苯乙烯、聚酰胺、聚甲醛和合成橡胶的助剂。

均三甲苯与甲醛，或者与苯酚、烷基酚、不饱和二羧酸酐，在催化剂存在下反应，可合成各种不同性能和用途的合成树脂。

4. 连三甲苯

由催化重整得到的 C_9重芳烃经精密蒸馏可获得纯度达 95%的连三甲苯。

连三甲苯目前主要用于合成西藏麝香，用于日用化妆品工业。连三甲苯和苯甲酰氯或苯乙酰氯反应，可制取消炎止痛剂、血小板防凝剂和血栓抑制剂等药品。

5. 均四甲苯的制造和利用

在重整邻二甲苯塔底油中均四甲苯含量约 0.4%。欲提取均四甲苯，分离工艺复杂，能耗高，不经济。涤纶原料厂的催化重整装置副产 C_{10}重芳烃可提取均四甲苯。为扩大产量，工业上一般采用自天然气液化、由 $C_1 \sim C_3$醇或合成气制造的富均四甲苯合成汽油，经蒸馏出高沸点重质油，再用冷却结晶离心分离法制造；或采用(偏)三甲苯异构化、歧化生产。

均四甲苯主要用于气相氧化制造均苯四酸二酐(PMDA)，日本触媒化工公司用该法得 PMDA 的质量收率为 119.3%。PMDA 与 4，4′-二氨基二苯醚(DDE)缩聚生产耐热高功能的聚酰亚胺树脂、薄膜和涂料，杜邦公司的耐高温塑料 Kapton 就是用这种方法制得的。

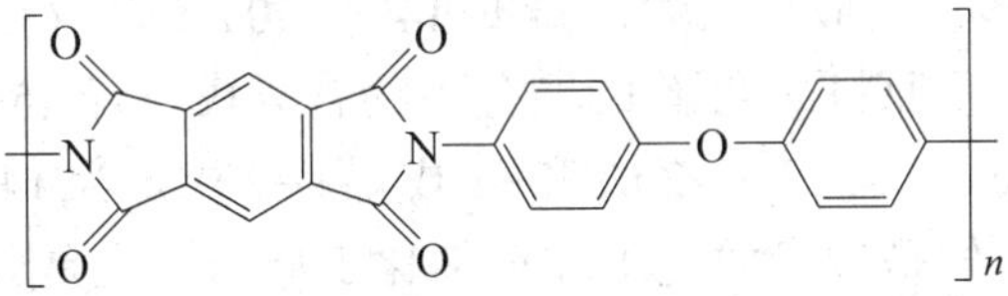

Kapton

PMDA 与 2-乙基己醇、异壬醇和异癸醇进行酯化制造均苯四酸四辛酯、四异壬酯和四异癸酯等为耐热增塑剂。PMDA 还用于生产环氧树脂固化剂和鞣革助剂等。

二、乙烯装置副产重芳烃的利用

乙烯装置副产裂解汽油在进入一段和二段加氢装置前需先分出 C_5馏分和 C_9以上重芳烃，潜在的 C_9或 C_{10}重芳烃量约占乙烯装置生产能力的 7%～8%；此外乙烯装置还副产含重芳烃>70%的乙烯焦油。

乙烯副产重芳烃的主要组分的典型组成由高到低依次为：双环戊二烯 13.3%、乙烯基甲苯 8.1%、茚类 6.7%、茚满类 6.7%、苯乙烯 6.7%、对和间甲乙苯 3.9%、邻二甲苯 3.3%、偏三甲苯 3.3%、连三甲苯 2.3%等，因此组成复杂、组分含量不集中，不宜分离利用。

(一) 芳香族石油树脂

通常乙烯副产 C_9重芳烃因含烯烃较多而用于生产不同型号和用途的 C_9石油树脂和 C_5和 C_9共聚型石油树脂；C_9石油树脂可制成许多产品品级，其用途广泛，几乎能覆盖 C_5石油树脂的用途，但颜色较 C_5石油树脂暗、溴值较低。

用二步聚合法生产的 C_5和 C_9共聚型石油树脂则颜色较浅，特别适用于交通路标漆和黏合剂。C_9树脂多用于制造印刷油墨、橡胶配合剂、涂料、堵漏密封剂和胶泥、防水剂，混凝土固化剂、也用于胶黏剂和路标漆等。聚合剩余物蒸馏可联产高沸点溶剂油。

(二) 萘

萘的分子式 $C_{10}H_8$，相对分子质量 128.16。19 世纪初从煤高温炼焦副产重芳烃-煤焦油中发现了萘。19 世纪中期萘已发展成为重要的化工原料，但是仅依赖煤焦油加工获得。

1961 年美国开发从催化重整的精馏塔塔底残液和从裂解汽油的重芳烃馏分生产萘成功，并工业化。1981 年前苏联从乙烯装置的副产物——乙烯焦油生产精萘，乙烯焦油中萘含量为 6%~13%。目前还有用催化重整残油、催化脱烷基中的烷基萘转化为石油萘的工业方法。

萘主要用于生产苯酐，消耗萘量约占萘总消耗量的 70%左右。其次用于生产农药、染料的中间体，以及橡胶助剂和杀虫剂、表面活性剂等。

三、C_5馏分的资源和利用

（一）资源

C_5馏分主要指来源于石油烃高温裂解制乙烯过程的副产 C_5烃和炼油厂催化裂化汽油中所含 C_5烃，两种不同来源的 C_5馏分其组成和用途大不相同。

1. 裂解 C_5馏分

乙烯装置副产 C_5馏分(简称裂解 C_5馏分)的组成和含量通常随原料的轻重、裂解深度和脱戊烷塔的工艺和操作条件的变化而不同。我国生产乙烯主要用轻柴油和石脑油等较重的裂解料，副产 C_5的量也较多，一般是乙烯产量的 14%~20%(若用 C_2~C_4气态烃作原料，为 2%~6%)。在轻柴油等较重原料的裂解 C_5馏分中约含异戊二烯 15%~20%；环戊二烯和双环戊二烯 15%~17%、间戊二烯 10%~20%和-1 戊烯+-2 戊烯为 14%~20%。化学活泼的双烯烃总含量约为 50%，它们是宝贵的化工和精细化工原料，也是分离利用的重点，其次是戊烯。

2. 炼油厂副产 C_5馏分

炼油厂 C_5馏分大多来源于催化裂化装置，主要含异戊烷和异戊烯，基本不含 C_5二烯烃。一般炼油厂催化裂化装置得到的 C_5馏分量约为装置进料量的 8%~12%。

（二）分离和利用

1. 分离

裂解 C_5馏分组分多，各组分间沸点较近，相互间还能生成共沸物，难于用蒸馏方法进行分离。工业上常采用先加热二聚的方法分离出环戊二烯，然后采用溶剂萃取蒸馏分离异戊二烯和间戊二烯。

加热二聚法利用环戊二烯受热易聚合的特点，先将环戊二烯(CPD)热聚成二聚体——双环戊二烯(DCPD)，由于双环戊二烯的沸点(166.6℃)明显高于其他戊二烯的沸点 30~45℃，通过蒸馏即可从 C_5馏分中分离出双环戊二烯。

溶剂萃取蒸馏法(GPI 法)的基本原理是利用溶剂对不同组分的溶解度不同，加入溶剂后，选择性地改变了 C_5馏分组分间的相对挥发度，再通过蒸馏达到分离目的。已成功的分离技术有：

(1) 用二甲基甲酰胺(DMF)作溶剂的萃取蒸馏法(GPI 法)　过程分两步：第一步用 DMF 从 C_5馏分中抽提二烯烃，第二步从二烯烃中抽提乙炔和丙二烯。所得异戊二烯经二级精馏和除环戊二烯外，可得纯度达 99.8%以上的产品。本方法除生产聚合级异戊二烯外，还联产纯度 94%~96%的 DCPD 和>62%间戊二烯。在工艺流程中采用了萃取蒸馏和普通蒸馏联合除炔，省去了昂贵的预加氢工序。

(2) 用乙腈作溶剂的萃取蒸馏法(ACN 法)　异戊二烯回收率 85%~90%。

(3) 以 *N*-甲基吡咯烷酮作溶剂的萃取蒸馏法　这是 BASF 公司开发的方法。其特点是：

溶剂无毒性，排污问题易处理，抽提收率高，可达 95%，产品质量也高。萃取蒸馏法中又以端翁公司的 GPI 法较优，其异戊二烯纯度和回收率高，联产 DCPD 和间戊二烯，可综合利用。生产成本低，DMF 对碳钢不腐蚀、不产生废水。

国内用 DMF 作溶剂的萃取蒸馏法的 25kt/a C_5馏分分离工业装置，已于 1992 年 6 月在上海石化总厂投产，其回收产品纯度和回收率见表 4-26。

表 4-26　国内 DMF 萃取蒸馏法

产品名称	原料含量/%	产量/t	产品纯度/%	回收率/%
异戊二烯	15.10	3221	99.3	84.7
(双)环戊二烯	16.56	2679	80.0	51.8
间戊二烯	14.15	4009	70.0	61.8

炼油厂副产 C_5馏分主要是分离其中的异戊烯，用于脱氢制取异戊二烯。20 世纪 60 年代用硫酸萃取法从催化裂化装置得到的 C_5馏分中分离异戊烯，纯度可达 92%~94%。近年来，开发了醚化法，将 C_5馏分中的异戊烯与甲醇反应，制得甲基叔戊基醚(TAME)，再分解得高纯度异戊烯，这一方法目前已开始取代硫酸萃取法。

2. 利用

目前主要分离利用工业价值高的异戊二烯、(双)环戊二烯和间戊二烯。C_5馏分的综合利用方法除分离后利用以外，还有直接利用法。

直接利用法以生产混合 C_5烯烃-二烯烃石油树脂或进而生产加氢石油树脂为主，该法先将混合 C_5馏分加热，使其中的环戊二烯(CPD)二聚成双环戊二烯(DCPD)，含量降至<1%，然后经阳离子催化聚合、催化剂脱活、水洗和汽提等工序生产固体 C_5石油树脂并副产高沸点溶剂油，或进而加氢生产氢化 C_5石油树脂。混合 C_5石油树脂的色泽和性能均较低，但因原料价廉、成本低仍有应用市场，可用于热熔和压敏胶黏剂、热熔性涂料和路标漆、印刷油墨、橡胶配合剂、聚烯烃和工程塑料的改性、防水处理剂和纺织品上浆助剂等。

目前国内 C_5馏分主要用作燃料，也有用作裂解原料的。

C_5馏分经一段或二段选择加氢用作车用汽油高辛烷值调和组分。含异戊烯的炼油厂 C_5馏分与甲醇醚化得 TAME；或催化异构化生产汽油调和组分，是提高汽油辛烷值经济而有效的方法之一。

(三) 异戊二烯

1. 性质和用途

分子式 C_5H_8，相对分子质量 68.12，沸点 34.07℃，凝固点-145.95℃，闪点-48℃，自燃温度 220 ℃。爆炸极限>1.5 %(体)。异戊二烯是无色挥发性的液体。毒性不大，有轻微的刺激气味，刺激眼睛和皮肤。溶于普通烃类、醇、醚等有机溶剂中。

异戊二烯主要用于生产异戊橡胶，少量用作丁基橡胶的第二单体。异戊二烯长期以来仅作为异丁烯的共聚单体生产丁基橡胶，因为共聚物中异戊二烯含量低(2%~5%)，所以需求量小。随着具有优良的热稳定性和耐久性的 1，4-顺式聚异戊二烯橡胶用作轮胎的外胎面，异戊二烯单体在橡胶领域的重要性大大增加。其他应用约占 3%。

在精细化工领域首先建成的是经甲基庚烯酮生产芳樟醇的装置，供应香料行业生产多种香料；在医药工业作中间体生产维生素 A、E 和 K，供日化工业合成角鲨烯作为化妆品基质等。此外用异戊二烯生产二氯菊酸乙酯、溴氰菊酯、丙烯菊酯和卡呋菊酯等拟除虫菊酯农药。由异戊二烯制造的(共)聚异戊二烯树脂、胶乳类，可在发动机油添加剂、黏合剂领域中应用。

2. 合成方法简介

由于异戊二烯在橡胶生产中占有重要地位，单从副产 C_5馏分中分离的量不能满足需求，工业上有多种生产方法，如异戊烯脱氢法、异戊烷脱氢法、烯醛法、丙烯双聚法、炔酮法等。这些方法因原料价格随地区的不同，资源情况及成本有所波动，再视工艺的特点各国有不同选择。相比之下，烯醛法由于原料异丁烯资源丰富，受到较广泛的重视。

工业上烯醛法分两步进行：

$$\underset{\text{(异丁烯)}}{(CH_3)_2C{=}CH_2} + 2HCHO \longrightarrow \underset{\text{(4，4'-二甲基二氧六环)}}{(CH_3)_2C\begin{matrix}CH_2-CH_2\\O-CH_2\end{matrix}O}$$

$$\underset{\text{(4，4'-二甲基二氧六环)}}{(CH_3)_2C\begin{matrix}CH_2-CH_2\\O-CH_2\end{matrix}O} \longrightarrow \underset{\text{(异戊二烯)}}{CH_2{=}C(CH_3){-}CH{=}CH_2} + HCHO + H_2O$$

图 4-55 是 IFP 烯醛法合成异戊二烯的工艺流程。

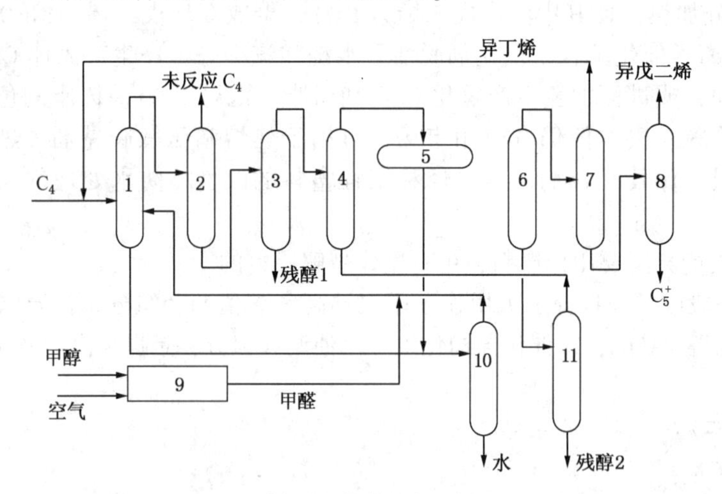

图 4-55 IFP 烯醛法合成异戊二烯的工艺流程

1—缩合反应塔；2—脱丁烷塔；3—脱残醇塔；4—裂解反应器；5—倾析器；6—脱重组分塔；7—脱异丁烯塔；8—成品塔；9—甲醛装置；10—甲醛回收塔；11—4，4'-二甲基二氧六环回收塔

甲醛水溶液与 C_4组分(异丁烯含量为 30%～50%)在缩合反应塔中生成 4，4'-二甲基二氧六环。以硫酸为催化剂，反应温度 65～75℃，反应压力 1.00～1.12 MPa。缩合反应产物脱除 C_4和残醇后，进入裂解反应器。裂解温度梯度 250～300℃，常压，4，4'二甲基二氧六环与稀释蒸汽的分子比为 1∶0.5，催化剂为磷酸钙型。反应产物经冷却沉

降，油相经分馏后，在成品塔得纯异戊二烯。未反应的异丁烯循环使用，4，4′-二甲基二氧六环脱残醇-2后也循环回裂解反应器。倾析器的水相入甲醛回收塔蒸出甲醛后循环使用。

3. 异丁烯和异戊二烯为原料合成香料

以异丁烯和异戊二烯为原料合成香料的技术在20世纪70年代已经开发成功，并已实现了工业化。无论以异丁烯为原料或以异戊二烯为原料，合成工艺的关键仍然是中间体甲基庚烯酮的合成。由甲基庚烯酮和去氢芳樟醇及芳樟醇可衍生出橙花醇、香叶醇、柠檬醛、香叶醛和紫罗兰酮等萜烯类香料。异戊二烯如作头尾联接，其骨架实际上就是萜烯类化合物的骨架。异戊二烯直接二聚、三聚或四聚，则可得到单萜烯、倍半萜烯和双萜烯化合物，例如异戊二烯二聚，由此即可直接衍生出芳樟醇、橙花醇等产品。

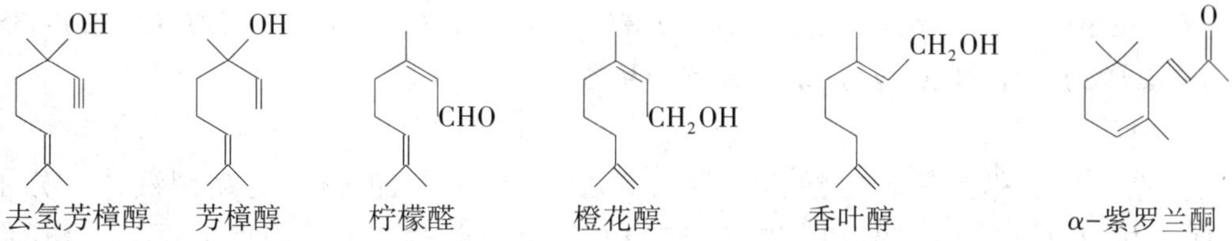

OH　OH　CHO　CH_2OH　CH_2OH　O

去氢芳樟醇　芳樟醇　柠檬醛　橙花醇　香叶醇　α-紫罗兰酮

（四）1，3-间戊二烯

1，3-间戊二烯主要用于制造石油树脂，此外也用于制造环氧树脂固化剂、涂料、油墨和黏合剂等。制造工艺通常是间戊二烯先经预处理脱除阻聚剂后，在甲苯溶剂中用$AlCl_3$作催化剂进行阳离子催化聚合，经中和后滤去催化剂，脱除溶剂再经汽提、冷却成型制成颜色较浅的间戊二烯石油树脂（软化点>90，收率约80%），改变原料组成、催化剂和操作条件可生产不同性能和型号的间戊二烯石油树脂。产品广泛用于橡胶黏合剂、热熔型黏合剂，配合SIS热塑橡胶制造压敏黏合剂，添加热塑性树脂可改善其印刷性和黏着性，用作热熔型路标漆等。

间戊二烯的液体低聚物可用于环氧树脂和热硬化丙烯酸粉末涂料、酚醛树脂、胶黏剂、环氧树脂、油墨、堵缝材料、水性涂料、路标漆原料、润滑脂及合成油。戊二烯与苯乙烯和丙烯腈的三元共聚物与SBR混用可制造多孔性合成皮革。间戊二烯在水冷下与蒲勒酮（Pulegone）反应制成3，7，11，11-甲基-螺［5，5′］十一烷-8-烯-1-酮，可用作改良香味的香料。

（五）环戊二烯

1. 性质

环戊二烯分子式C_5H_6，相对分子质量66.16，相对密度$d_4^{15}=0.8021$。沸点41.5℃，凝固点-85℃，闪点110℃，自燃温度640℃。它系无色具有似萜烯气味的液体。不溶于水，与醇、醚、苯和四氯化碳互溶，能溶于二硫化碳、苯胺和石油中。在室温下，容易自动二聚为双环戊二烯。

环戊二烯可用于合成橡胶、树脂、农药、油墨、涂料、橡胶黏接剂等。

2. 生产方法

副产C_5馏分中分出的是双环戊二烯，它作为商品出售，双环戊二烯于150～300℃裂解即可得环戊二烯。

四、二甘醇和三甘醇的综合利用

二甘醇和三甘醇都是由环氧乙烷水合生产乙二醇的同时作为副产物获得。一缩乙二醇的生成量大约占乙二醇生成量的 8% ~10 %，二缩乙二醇的量约占 0.5%。国外由于三甘醇的价格较高，副产三甘醇不能满足市场需求，而用二甘醇生产三甘醇。一个制法例子是二甘醇(500kg/h)和乙二醇(50kg/h)加入反应器中，在 3.5MPa 和 270℃条件下，无催化缩合得三甘醇，转化率 99%，选择性 91%。

(一) 性质

1. 二甘醇

二甘醇的学名称为二乙二醇，又称一缩乙二醇，是无色透明的黏稠液体。分子式 $C_4H_{10}O_3$，相对分子质量 106.12。沸点 245℃，凝固点-7.8℃，闪点 143℃，自燃温度 228 ℃。黏度 35.7×10^{-3} Pa·s(20℃)。有毒性，可与水以任意比例互溶。

2. 三甘醇

三甘醇的学名称为三乙二醇，又称二缩乙二醇，是无色透明的黏稠液体。分子式 $C_6H_{14}O_4$，相对分子质量 150.18。沸点 287.4℃，凝固点-4.3℃，闪点 166℃，自燃温度 174℃。黏度 49×10^{-3} Pa·s(20℃)。有毒性，其毒性近似二甘醇。可与水以任意比例互溶。

(二) 二甘醇和三甘醇的综合利用

二甘醇和三甘醇的综合利用途径有直接利用和作原料进一步化学加工利用两类。

1. 二甘醇和三甘醇的直接利用

这类利用包括用作天然气和增强采油脱水剂(尤其是三甘醇，用过的二、三甘醇可再生回收)、萃取溶剂、油墨和涂料用湿润剂、防冻剂、高分子功能膜用膨胀剂，配制金属清洁剂、胶黏剂和密封剂，PVC 稳定剂、化妆品稳定剂、环氧树脂固化剂，以及其他直接用途。

2. 二甘醇、三甘醇的化学加工利用

二甘醇、三甘醇的化学加工利用重要的是生产二甘醇单(双)烷基醚等高沸点溶剂，产品包括二甘醇单甲(乙或丁基)醚、二甘醇双甲(乙或丁基)醚、三甘醇单(或双)乙基醚等；还有与羧酸制成二、三甘醇醋酸酯和丙烯酸酯类产品，如二甘醇单甲(乙或丁)醚醋酸酯、二甘醇乙氧基丙烯酸酯和三甘醇二甲基丙烯酸酯等。主要用作纤维素溶剂、刹车液、增塑剂原料、印染用油水混溶剂、抗冻剂、偶合剂和一些其他专门用途。

O NH

吗啉

二甘醇作为生产吗啉的原料是其又一重要用途。在 n(二甘醇)∶$n(NH_3)$∶$n(H_2)$= 1∶10∶5，2.0 MPa、220~240℃和液体时空速 0.1 ~0.2 h^{-1}条件下，催化合成吗啉，转化率 98%~100%，吗啉选择性平均 76.8%。吗啉在橡胶助剂厂用作次磺酰胺类迟效性快速硫化橡胶促进剂、硫化剂、防焦剂等的中间体；并用于生产 N-烷基吗啉和吗啉脂肪酸盐。

二甘醇可代替乙二醇、丙二醇和新戊二醇等多元醇，生产聚酯多元醇、聚合物多元醇，进而生产聚氨酯和不饱和聚酯树脂母料，再去生产聚氨酯泡沫塑料、冷固化高回弹泡沫以及聚氨酯橡胶、涂料、胶黏剂和密封胶等。

思考题

1. 石油化工C_9和C_{10}重芳烃副产资源主要有哪些来源？

2. 炼油厂催化重整副产的C_9重芳烃中重要的有哪几种？请写出其结构式。

3. 偏三甲苯和均三甲苯有哪些主要用途？

4. 说明石油化工副产的C_5馏分的主要来源，并指出其中的重要成分。

5. 乙烯装置副产C_5馏分是如何分离的？在工业上有重要应用价值的是哪几种成分？说明其主要用途。

6. 炼油厂催化裂化装置副产C_5馏分中的异戊烯是如何分离的？其基本原理是什么？

7. 二甘醇和三甘醇是哪些装置的副产？写出其分子式，举例说明它的主要用途。

第五章 精细石油化工产品

第一节 概 述

一、精细石油化工产品

精细化学品(fine chemicals)的定义说法不一，一般把具有专门功能、研究开发、制造及应用技术密集度高、配方技术左右产品性能、附加价值收益大、小批量、多品种的化学品称为精细化学品。

其一般特征是：①产品品种和商标牌号多、产量少；②产品以满足用户对各种实用功能的需求为主，价格常依其特定功效而定；③产品的技术密集，常需比较高的制造技术和特殊使用技术(如复配技术)，其独到的技术需借助专利保护；④其研究和开发、情报、市场销售服务的知识劳动集约性大，杰出的研究人才是企业的重要资源；⑤生产周期短、价格较高、以全国或世界规模经营的商品性强的产品较多；⑥由于市场规模有限，为了回收当初庞大的研究开发投资，以保持较高的售价和保密性强，独立开发和独占技术常是精细化工企业的重要策略。据调查，世界化工产品产量中85%是有机化学品，而有机化学品的3/4是由石油衍生的石化产品。因此，国外的化学工业经常是石化工业的同义字。所以，这里介绍的精细化学品重点为与石油化工有关的精细化工产品。

二、精细石油化工的经济特性

通常精细石油化工产品的投资为传统的石油化学品投资的1/3~1/2，能耗是传统石化产品的1/2，而其附加价值则比传统石化产品高2倍以上。据美国商务部发表的资料计算，1美元原料可以加工成100美元以上的精细化工产品。当前，世界石化工业发展的基本动向是发展精细化工，使产品结构精细化，尤其是发达国家已经或正在实现向精细石油化工的战略转移。

如用下式表示精细化率：

$$\text{精细化率} = (\text{精细化工产品的总值} / \text{化工产品的总值}) \times 100\%$$

则发达国家的精细化率示在表5-1。

表5-1 1975~2010年欧美日化工产品的精细化率

国　别	1975年	1985年	2000年	2010年
美　国	36.9%	55%	>60%	>60%
日　本	50%	58%	>60%	>65%
德　国	44%	53%	>60%	>70%
法　国		63%		>70%

据统计，1985年我国化学工业的精细化率为30%，其中精细石油化学品不超过10%。2000年，我国化工产品精细化率约40%，2010年我国化工精细化率达到45%左右。尽管我

国目前精细化工产品种类与质量都与发达国家存在一些差距，甚至许多重要品种仍然依赖进口，但是近二十年来，我国精细化工取得了巨大进步，已形成较为完善的工业体系，国际市场对我国精细化学品依赖性越来越强，我国已成为世界精细化工产品的生产、消费和贸易大国。

2003 年我国精细化工产品生产情况见表 5-2。

表 5-2　2003 年我国精细化工产品概况

名称	产量/(10kt/a)
染料①	54.2
涂料	241.5
农药	86.3
饲料添加剂	170
食品添加剂	220
胶黏剂	335
表面活性剂	95
水处理剂	35
造纸化学品	60
塑料助剂	115

①不含有机颜料

2010 年我国精细化工产品生产与消费情况及发展方向：调整和优化产业结构是我国 21 世纪前 10 年经济发展的重大战略问题。在这一调整进程中，国民经济各领域都将不断优化升级向现代化发展，同时将形成一些新兴产业。如新兴的环保产业、新能源、新材料等等，所有这些高科技领域的发展都需要精细化学品。纺织品、服装和皮革制品的出口、造纸工业、电子信息产业、原油开采、机械制造业、建筑和汽车等产业也需要在精细化学品的配合下进行优化升级。石油和化学工业本身也需要由粗放型向精细化方向发展，实现化学工业自身结构的调整。2010 年我国主要精细和专用化学品需求情况及发展方向如下：

饲料添加剂：2010 年全国配合饲料的产量达到 100Mt 以上，饲料添加剂的需求快速增长。鉴于现有饲料添加剂的供应能力现状，今后发展重点是目前国内供应能力有限或无供应能力的产品，如蛋氨酸、苏氨酸等，同时发展新型添加剂产品，如酶制剂、生物多糖，以替代目前仍在使用而发达国家已停止使用的产品，如喹乙醇、杆菌肽锌和一些抗生素等，以提高畜产品的卫生安全，促进畜产品的出口。

食品添加剂：食品工业具有极大的发展潜力，2010 年的产值达到 20000 亿元左右。今后重点是改进膳食结构，提高蛋白质等营养物质的摄入量，提高人民的身体健康水平。重点发展的产品是安全、高效、复配型的抗氧、防霉保鲜剂，面粉改良剂、乳化剂及增稠剂，主要产品有单甘酯、卵磷脂、异维生素 C、丙酸盐、黄原胶等。

胶黏剂：随着国内建筑业、木材加工业、包装业、制鞋业等的继续发展，合成胶黏剂在今后仍将会保持较高的增长速度，2010 年我国合成胶黏剂的需求量达到 4.8~5.0Mt。

随着一系列新的环保及安全法规的实施，应继续大力发展低甲醛释放量的脲醛胶，保证人体的健康安全；发展高档次的聚氨酯类胶黏剂，淘汰污染严重的鞋用氯丁胶；根据电子工业、汽车工业和建筑工业的需要，发展高性能的环氧胶、PVC 热熔胶以及有机硅和聚氨酯建筑密封胶。

电子化学品：我国已成为全球最大的家用电器生产国和消费国。此外，我国的个人计算机、移动电话和固定电话等电子产品的生产和消费也快速发展。电子化学品是电子工业的配套材料之一，电子产品的不断更新换代离不开电子化学品的支撑。目前，全国电子化学品的市场规模已超过150亿元。为满足我国电子工业发展的需要，电子化学品的发展重点是印刷线路板(PCB)用环氧树脂、干膜抗蚀剂、新型电子封装材料、液态感光成像阻焊剂。

造纸化学品：我国是全球第三大的纸生产国和第二大消费国。2010年纸和纸板的年需求量达到70Mt。今后造纸化学品的发展重点为：增强剂、增白剂、施胶剂、废纸脱墨剂、乳液松香及近中性乳液松香胶。

塑料助剂：随着塑料应用领域的扩大和普及，我国2010年塑料助剂的用量达到2.0Mt以上，其中PVC加工用助剂约为1.7Mt。

皮革化学品：皮革加工已成为我国轻工行业最大出口创汇行业。与皮革加工业相比，我国的皮革化学品生产是比较落后的，产品的数量和质量都不能满足需求，造成我国皮革制品档次较低。因此，发展皮革化学品是促进我国皮革加工业发展所必需的工作。同时，随着环保法规的严格，环保型皮革化学品将是今后发展的重点。

其他：近20年来，我国水处理剂的生产在水处理量不断扩大的拉动下有较大的进步，目前水处理剂的产量已达三十余万吨，无机絮凝剂占50%以上，对于提高水的利用率作出了一定的贡献。随着经济的进一步发展和水资源的日益减少，国内水处理剂的市场潜力将会扩大，特别是新型环保型产品。

另外，生物化工产品，特别是以可再生资源为原料的生物化工产品成为发达国家关注的重点，生物化工产品已越来越多地应用于医药、农药、食品添加剂、饲料添加剂和可降解的材料中。我国的生物化工已具有一定的规模和国际竞争力，农业生产的发展为发展生物化工创造了良好的原料条件，生物化工的发展又可促进农产品的工业化利用，转而促进农业发展。

综上所述，中国精细化工产品市场具有良好的发展前景，特别是电子、造纸化学品、食品、饲料添加剂和塑料助剂等专用化学品的市场发展潜力较大。

三、精细石油化学品的范畴

精细石油化工产品门类很多，与精细化学品分类有类比性。根据我国的暂行规定，分为11类：①农药；②染料；③涂料(包括油漆和油墨)；④颜料；⑤溶剂和高纯物；⑥信息用化学品(指能接受电磁波的化学品)；⑦食品和饲料添加剂；⑧黏合剂；⑨催化剂和各种助剂；⑩化工系统生产的化学药品和日用化学品；⑪高分子聚合物中的功能高分子材料。

除了催化剂已单独成章节以外，本章主要讨论与石油化工有关的，如石油添加剂、水质稳定剂、合成材料助剂、胶黏剂、生物工程制品等类别的精细化学品。

第二节　石油添加剂

石油和油品的生产不仅要用到大宗的通用化学品，还需要多种多样的功能化学品。这些功能化学品部分用于原油生产、提高采油率，便利输送；部分对改进油品性能、节能和减少环境污染起着重要作用，它们都可归属于精细化学品的添加剂类，被泛称为石油添加剂。

因为石油添加剂涉及面很广，各方面所用添加剂的名称不同，基本品种也多近似。例如油田所用添加剂有泥浆失水添加剂、分散剂、增黏剂和缓蚀剂；炼油厂加工用缓蚀剂、抗静电剂、稳定剂、破乳剂和流动改进剂，以及种类繁多的油品添加剂。与采油、输油和油品生产应用有关的添加剂，在一定程度上有其共性，限于篇幅，本章只重点介绍油品添加剂和原油添加剂。

一、油品添加剂

石油产品应用几乎遍及国民经济各个领域，如交通运输、机械动力设备、金属加工、建筑行业、兵器工业、航天工业、水利电力工业直至家用电器等。石油产品的种类和品名视使用对象及其所要求的性能各异，但从行业在国民经济中起的作用来看，燃料和润滑油两大类型中各种产品的总产量占比重最大。另外，随着发动机和机械工业的发展，对燃料和润滑油的使用要求愈来愈高，那种只靠选择原油类型、改进加工工艺方法的途径，已无法得到使用性能满足实际要求的成品。经过数十年的开发研究与应用实践证明，在制造润滑油的基础油中调和加入添加剂已成为必不可少的油品生产的技术措施。习惯上，油品添加剂按应用场合分为两部分：调入燃料的添加剂称为燃料添加剂；用于润滑油生产的添加剂称为润滑油添加剂。两者总产量中的分配比例大约为1∶(9~10)。

后来，随着添加剂技术的发展，出现了把多种添加剂复合在一起，更好地改善一种油品的各种性能，即所谓复合配方技术。在市场上出现了预先把多种添加剂混合在一起的商品，称为复合添加剂。复合添加剂多半是用于调和具有优异性能的润滑油。

（一）润滑油添加剂

工业上使用的润滑油添加剂一般具有某一主要作用，突出改善或赋予润滑油某种使用性能，润滑油添加剂的分类就可以按照添加剂的这种功能进行，这也是我国习惯上按照当代世界早已流行的一种分类概念。表5-3简要地概括了润滑油添加剂的组别、典型化合物的名称及其主要作用机理。

表5-3 润滑油添加剂分组及其作用

添加剂组别	代表性化合物	主要作用
清净剂	磺酸盐、烷基酚盐、水杨酸盐、硫膦酸盐等	防止内燃机内形成烟灰和漆状物沉积、中和酸性物质，减少腐蚀磨损
无灰分散剂	丁二酰亚胺，丁二酸酯，酚醛胺缩合物	与清净剂复合，有协同作用，特别在防止低温油泥方面效果突出
抗氧抗腐蚀剂	二烷基二硫代磷酸锌盐	具有抗氧化抗腐蚀及极压抗磨作用，主要用于内燃机油及液压油、齿轮油
极压抗磨剂	硫化异丁烯、氯化石蜡、烷基磷酸酯胺盐、磷酸酯和有机硼化物	改善油品在高温高载荷下抗擦伤、抗磨损的性能
摩擦改进剂（油性剂）	脂肪酸及其皂类、动植物油或硫化动植物油，磷酸酯或油酸酯类	提高油品润滑性，降低摩擦及磨损
抗氧剂和金属减活剂	屏蔽酚类、2，6-二叔丁基对甲酚、芳胺、β-萘胺等，苯并三唑衍生物、噻二唑衍生物等	抗氧剂能延缓油品氧化延长油品使用期，金属减活剂防止金属氧化的催化作用，二者复合后效果更显著，此类剂多用于工业润滑油
黏度指数改进剂	乙丙共聚物、聚甲基丙烯酸酯、聚异丁烯，苯乙烯异戊二烯共聚物	能显著改善油品黏温性能，主要用于多级内燃机油
防锈剂	磺酸盐、烯基丁二酸及其酯类、羧酸盐、有机胺类	提高油品阻止水分与氧分子对金属的锈蚀作用，保护金属表面，延缓锈蚀
降凝剂	聚甲基丙烯酸酯，烷基萘、聚α-烯烃	使油品中的蜡晶细化，降低油品凝点，改善低温流动性
抗泡沫剂	甲基硅油，丙烯酸酯与烷醚共聚物	降低油品泡膜的表面张力，阻止泡膜形成
乳化剂与抗乳化剂	烷基磺酸盐，脂肪醇聚氧乙烯醚类，烷基酚聚氧乙烯醚类，山梨醇单月桂酸酯等	是一类不同结构的表面活性剂，改变结构用于不同场合时，分别具有乳化及抗乳化性能，视情况通过试验选用

现行国内石油添加剂产品品种的统一符号由三部分组成：第一部分用汉语拼音字母“T”表示石油添加剂；第二部分：从“T”后阿拉伯数字尾数计算，以百位或千位数字表示组别；第三部分：以个位或十位数字表示牌号。例如：

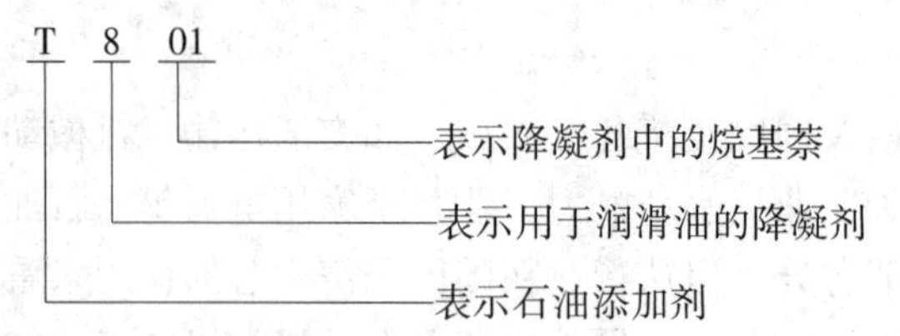

所有石油添加剂的品种都可从有关的手册中查到。

内燃机油在润滑油中占的比例较大，使用的添加剂数量大、品种多。据粗略统计，内燃机油中使用的添加剂量占添加剂总量的75%~80%以上。下面重点介绍内燃机油所用的添加剂。其中用量最高的前四种添加剂依次是清净分散剂、黏度指数改进剂、抗氧抗腐剂和降凝剂。

1. 清净分散剂(tergents/dispersants)

清净分散剂是现代润滑油添加剂用量最大的一类，于20世纪30年代就出现了。由于柴油机向高负荷、大功率发展，工况条件更为苛刻，即润滑油由于氧化生成胶质和烟灰，在工作条件下，于活塞表面产生漆膜及积炭等高温沉积物。使用的内燃机油经常出现活塞环槽沉积物过多和粘环等问题，为了解决这些问题，清净分散剂在不同程度上具有以下几方面的作用：

(1) 增溶作用(solubilization)　借少量表面活性剂的作用使原来由于氧化及燃料不完全燃烧所生成的非油溶性胶质增溶于油内，从而抑制它们在活塞表面形成漆膜、积炭和油泥等沉积物的倾向。

(2) 分散作用(dispersion)　分散作用又可称为悬浮或胶溶作用。使生成的积炭、烟灰、油泥保持细小颗粒分散状态，减少它们形成沉积物的倾向。

(3) 酸中和作用(neutralization)　通过中和作用，使氧化或不完全燃烧生成的酸性氧化产物或酸性胶质(即沉积物母体)变为油溶性，难以再缩聚成为漆膜沉积物。对含硫燃料，通过对生成的含硫酸性产物的中和，可抑制其对烃类氧化生成沉积物的促进作用。另外，中和作用也抑制了酸性产物对机器的腐蚀磨损作用。因此，伴随着高功率柴油机和含硫燃料的日益广泛应用，促进了碱式盐清净分散剂的发展。从20世纪50年代末到20世纪60年代初开始应用的高碱度清净分散剂，目前在使用中占据了很大的份额。

最初使用皂类表面活性剂，起清净分散作用，取得了良好效果，这就是清净分散剂名称的由来。以后在第二次世界大战期间先后研制筛选出现代仍在使用的磺酸盐、酚盐、膦酸盐、水杨酸盐、环烷酸盐等品种。常用润滑油清净分散剂的品牌、分子结构式见表5-4。

表5-4　主要清净分散剂的典型化学结构

化学名称	有　机　酸	典型分子结构
磺酸盐	$—SO_3H$ 磺酸基	$(CaCO_3)_n$ R-苯环-$SO_3 \cdot Ca \cdot SO_3$-苯环-R

续表

化学名称	有　机　酸	典型分子结构
酚盐	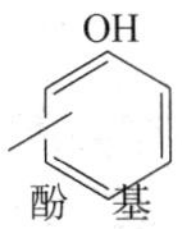 OH 酚基	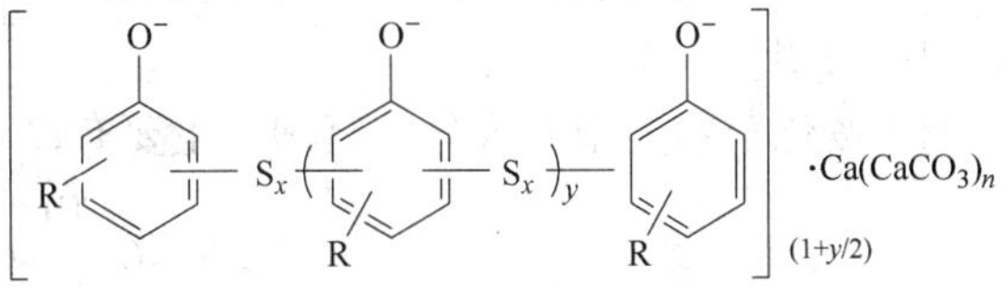 $[O^-, O^-, O^-;\ R, S_x, (\ S_x\ )_y, R, R]_{(1+y/2)}$ $\cdot Ca(CaCO_3)_n$
水杨酸盐	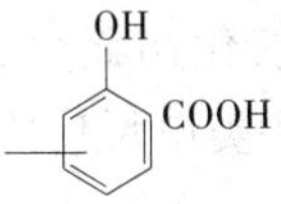 OH COOH 水杨酸基	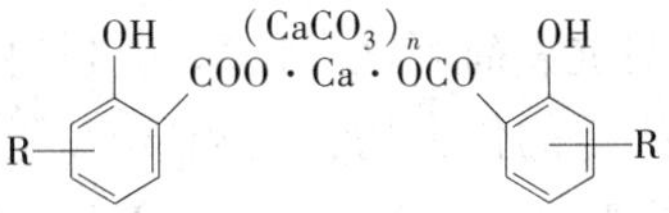 OH $(CaCO_3)_n$ OH; $COO \cdot Ca \cdot OCO$; R, R
硫膦酸盐	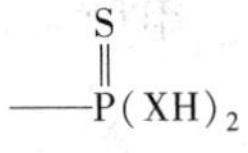 S ‖ —P(XH)$_2$ (X=S, O) 硫膦酸基	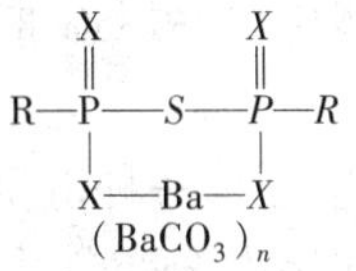 X, X; R—P—S—P—R (X = S, O); X—Ba—X; $(BaCO_3)_n$
丁二酰亚胺	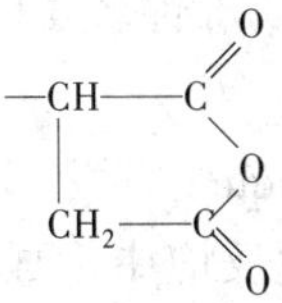 —CH—C(=O), O, CH_2—C(=O) 丁二酸酐基	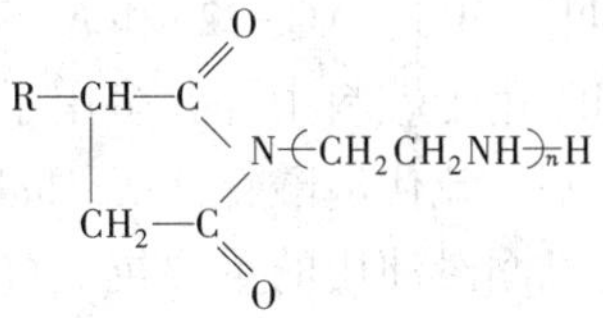 R—CH—C(=O), N$(CH_2CH_2NH)_n$H, CH_2—C(=O)

与一般表面活性剂的结构相似，清净分散剂都是两性化合物(amphibious compounds)，分子中兼含亲水的极性基团和亲油的非极性基团。在极性基团中，又可分为各种有机酸官能团及碱性组分，后者包括各种金属和有机碱(如胺类等)；如清净剂内金属含量超过中和其有机酸根所需要的量，在其中形成过碱度组分。非极性基团基本上是具有不同结构的烃基。上述各种组分组成了一个油溶性的复杂体系，一般清净分散剂就是它们的浓缩油溶液(浓度多为40%~60%)。

清净分散剂
- 极性基团
  - 碱性组分：金属或有机碱+过碱度组分
  - 有机酸官能团 } 基质
- 非极性基团，烃基…… } 基质
- 油溶剂

例如，磺酸盐 $(R\text{-}C_6H_4 \cdot SO_3)_2 \cdot M \cdot (CaCO_3)_n$

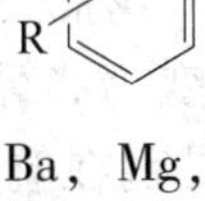

式中，M=Ca，Ba，Mg，Na；R=$C_{18\sim25}$烷基。其中极性基团是磺酸基(—SO_3H)，金属离子为亲水基团，非极性基团为烷基芳基。

2. 抗氧抗腐剂

抗氧化剂(antioxidants)是应用范围极广泛的一类添加剂。用于绝大多数润滑油以及各种石油燃料。在内燃机油(也包括齿轮油、液压传动油等工业润滑油)中使用的抗氧化剂，在较高温度下使用兼有抗腐蚀和抗磨损作用，这类多功能的抗氧化剂常被称为抗氧抗腐剂。

各类润滑油在使用过程中，与空气中的氧或发动机中的燃烧气体接触，并受高温、光照和/或金属等催化作用的影响，不可避免地会发生氧化。对于内燃机油来说，燃料燃烧的副产物在含硫氧化物的催化氧化下，产生了酸、油泥和沉淀。酸使金属部件产生腐蚀、磨损；油泥和沉淀使油变稠，引起活塞环的黏结以及油路的堵塞。总之，氧化是使油品变质的主要原因。油品中加入抗氧抗腐剂可有效地延缓油品氧化，降低对金属部件的腐蚀及磨损，延长油品的使用期。

如果按化合物类型来区分抗氧剂，主要有以下几种：

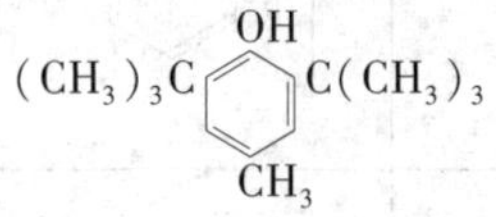

OH
$(CH_3)_3C \qquad C(CH_3)_3$
CH_3

(1) 酚型抗氧剂　这类抗氧剂可提供一个活泼的氢原子给氧化初期生成的活泼自由基，从而生成较稳定的化合物，使链反应终止。所以这类抗氧剂是一类链反应终止剂。常用的是2，6-二叔丁基-4-甲酚（牌号 T501），其结构式如下：

它除用于燃料外，多用于变压器油、透平油和液压油中，用量在 0.1%～1.0%，使用温度在 100℃以下。

(2) 胺型抗氧剂　这也是一种链反应终止剂。胺型抗氧剂较酚型抗氧剂的分解温度高，但成本较贵、毒性大，使用中会变色并生成沉淀。代表性的化合物是 *N*，*N′*-二仲丁基对苯二胺(商品名叫 UOP5、AO-22)和 *N*-苯基 *N′*-仲丁基对苯二胺(毒性较 UOP5 小)等芳胺型化合物。它们除用于燃料中外，多用于合成油中。

(3) 二烃基二硫代磷酸锌[zine diaixgl(or diargl) dithiophosphqte，简称 ZDDP] 抗氧抗腐剂　它是发动机润滑油用的重要抗氧抗腐剂。ZDDP 能破坏氧化反应中生成的过氧化物，使链反应不能继续发展，因此是一种过氧化物分解剂。但也可以作为链反应终止剂起作用，它还兼具抗磨作用。ZDDP 的结构式为：

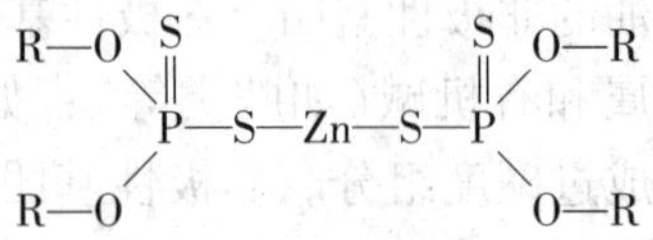

R—O　S　　　　　S　O—R
P—S—Zn—S—P
R—O　　　　　　　O—R

式中，R 为 C_4～C_8的烷基，用于内燃机油中。

3. 黏度指数改进剂 (viscosity index improver，简称 VII)

又称增黏剂，是一种油溶性的高分子化合物，在室温下一般呈橡胶状或固体。在黏度较低的基础油中添加 1%～10%的增黏剂，不仅可以提高黏度，而且可以改善润滑油的黏温性能。一般配制发动机油除使用清净分散剂和抗氧抗腐剂外，再添加少量增黏剂，就得到稠化的发动机油，其低温启动性好，在高温下又能保持适当的黏度。按照 SAE 发动机油黏度分类，这种油可同时满足多种黏度级别的要求，又被称为多级油。具有优良的黏温性能的稠化机油可南北通用，四季使用，换油期长，再加上将轻质润滑油变为高黏度重质润滑油等优点，显著提高了经济效益，这是增黏剂的主要用途。此外，增黏剂在航空液压油、齿轮油、自动变速机油和减震油等方面也获得了广泛的应用。

润滑油的黏温性能一般用黏度指数(VI)表示，VI 值愈大，表示油品的黏温性能愈好，如溶剂精制得到的石蜡基润滑油，黏度指数在 100 左右；加氢精制的润滑油在 110～120；而含有增黏剂的多级油可以达到 150～200，其黏温性能最好。因此增黏剂又被称为黏度指数改进剂或黏度改进剂。表 5-5 列出了常见的黏度指数改进剂。

增黏剂的作用机理　在高温下其高分子的链完全膨胀，使油的黏度增大；随着温度下降，其分子链卷缩成团，对油的增黏性能减少，使其接近于基础油的黏度。使用增黏剂应注意加入量不能过大，因为它们是高分子聚合物，在高温下易解聚而生成沉淀物。

表 5-5　黏度指数改进剂的种类

类　型		化学结构	分子量	牌　号
聚甲基丙烯酸酯	非分散型	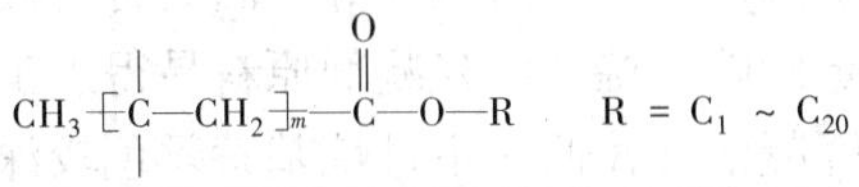 $CH_3-[C-CH_2]_m-C(=O)-O-R$　　$R = C_1 \sim C_{20}$	$2\times10^4 \sim 15\times10^4$	T602
	分散型	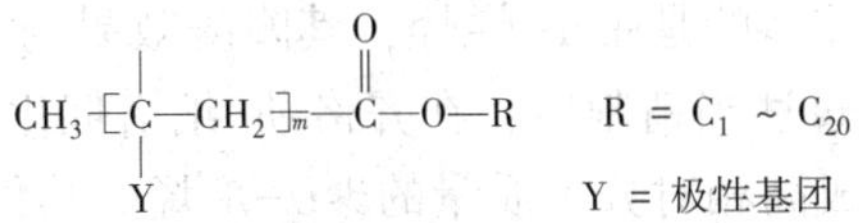 $CH_3-[C(Y)-CH_2]_m-C(=O)-O-R$　　$R = C_1 \sim C_{20}$　　Y = 极性基团		
聚异丁烯		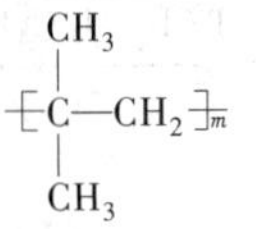 $-[C(CH_3)_2-CH_2]_m-$	$3\times10^4 \sim 10^5$	T603
乙烯丙烯共聚物	非分散型	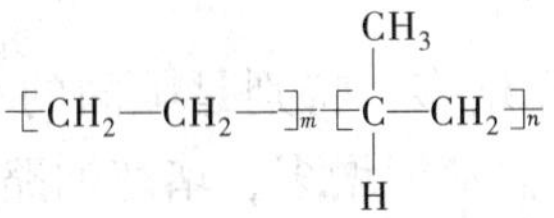 $-[CH_2-CH_2]_m-[CH(CH_3)-CH_2]_n-$	$3\times10^4 \sim 10^5$	T611
	分散型	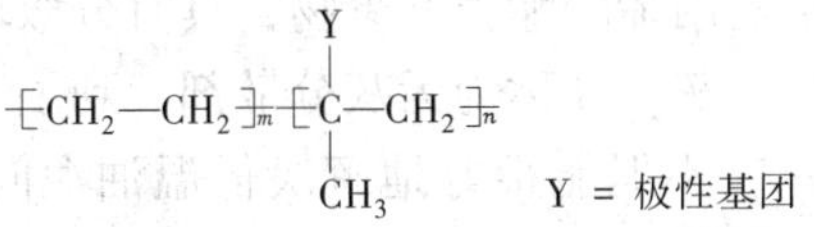 $-[CH_2-CH_2]_m-[C(Y)(CH_3)-CH_2]_n-$　　Y = 极性基团		T612 T613 T614
氢化苯乙烯双烯共聚物		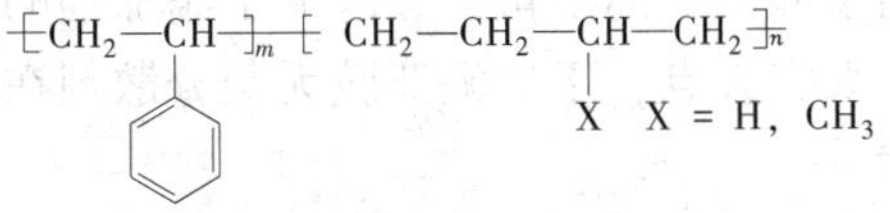 $-[CH_2-CH(C_6H_5)]_m-[CH_2-CH_2-CH(X)-CH_2]_n-$　　X = H，CH_3	$6\times10^4 \sim 10^5$	
苯乙烯聚酯		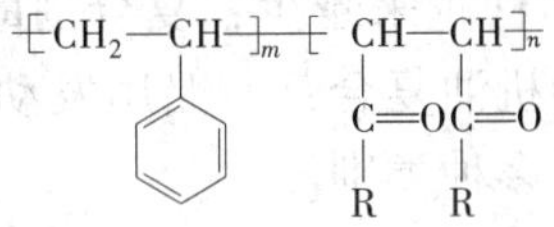 $-[CH_2-CH(C_6H_5)]_m-[CH(C(=O)OR)-CH(C(=O)OR)]_n-$	2×10^5	
聚乙烯基正丁基醚		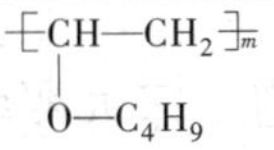 $-[CH(O-C_4H_9)-CH_2]_m-$	$9\times10^3 \sim 12\times10^3$	T601

4. 降凝剂

从石蜡基原油制取低凝点的润滑油，可采用不同深度的冷冻脱蜡处理，但油品的收率明显降低；另一方面，石蜡烃是润滑油的良好组分，将其脱除，有损油品质量。解决这一问题的合理而有效的途径是适当降低脱蜡深度，再通过向油中添加降凝剂，以保证油品的低凝点和较高的收率。我国原油多属低硫、高含蜡的石蜡基原油，合成和正确地使用降凝剂，显得尤为重要。

降凝剂是一种化学合成的聚合或缩合产品。在其分子中一般含有极性基团(或芳香核)和石蜡烃结构相同的烷基链。降凝剂不能阻止石蜡烃在低温下结晶析出(即降低浊点)，而是通过吸附或共晶作用，防止石蜡烃形成三维网络状结晶的形成，而失去流动性．。因此，降凝剂只有在含蜡的油品中才能起降凝作用，但含蜡太多也无降凝效果。降凝剂的最佳用量，随油品轻重和含蜡量的不同，一般为 0.1%~1%。

自 1931 年 Davis 采用氯化石蜡和萘进行缩合制得烷基萘，成为偶然发现的第一个降凝剂，迄今发表的有关降凝剂的专利已有数百篇，合成的降凝剂也有数十种之多，但作为商品出售的不过十余种。主要的降凝剂和流动改进剂有烷基萘(paraflow)和聚甲基丙烯酸酯(PMA)、醋酸乙烯酯与反丁烯二酸酯的共聚物、聚烯烃以及聚丙烯酸酯等。而使用最广的润滑油降凝剂只有烷基萘、聚烯烃和聚甲基丙烯酸酯(PMA)。其中，聚甲基丙烯酸酯可用于各类润滑油品，与其他添加剂复合，配伍性良好；因其含有极性较强的基团，对变压器油类油品的电气绝缘性能有一定影响。烷基萘降凝剂原料易得、工艺简单，一般用于浅度脱蜡的润滑油品，对深度脱蜡油降凝活性较低。不过烷基萘颜色较深，影响油品色度。

在中高档润滑油中使用较多的是聚α-烯烃，其降凝效果与聚甲基丙烯酸甲酯相当。可由蜡裂解生成的α-烯烃，经过适当精制后，在齐格勒-纳塔催化剂存在下进行聚合，合成时用氢调节相对分子质量，生成高相对分子质量的聚α-烯烃。其化学反应式为：

$$nR—CH=CH_2 \xrightarrow[H_2]{TiCl_3/Al(C_4H_9)_3} \left[\begin{array}{c} —CH—CH_2— \\ | \quad\quad\quad \\ R \quad\quad\quad \end{array} \right]_n$$

5. 复合添加剂(package)

20 世纪 40~50 年代国外的汽车增多，特别是美国的小汽车急剧增加，经常发生停停开开的现象，导致汽油机曲轴箱内低温油泥增多，堵塞油路。20 世纪 50 年代美国杜邦公司研究出一种含有碱性氮基团的甲基丙烯酸酯类共聚物，具有分散增溶作用，改善了低温油泥问题。由于它不含金属、燃烧后无灰，被称为无灰分散剂。到了 20 世纪 60 年代，出现了非聚合型的丁二酰亚胺(表 5-4)，它不但能很好地解决低温油泥问题，而且当它与金属清净剂复合后有增效作用，既提高了润滑油的质量，又降低了添加剂的用量。添加剂的复合配方是润滑油添加剂领域技术的一大突破点，丁二酰亚胺无灰分散剂在后来获得了飞速发展和应用的原因也在于此。

目前添加剂公司销售单剂的品种越来越少，复合剂的品种越来越多。如汽油机油复合剂、柴油机油复合剂、二冲程汽油机油复合剂、船用发动机油复合剂、工业齿轮油复合剂、液压油复合剂、防锈油复合剂等十多种类别。

6. 合成润滑油

合成润滑油包括：聚乙二醇、磷酸酯、二元醇或多元醇、烷基苯、聚烯烃、联苯和有机硅等。

合成润滑油可以在极地寒冷气候下或在高温条件(170℃)下工作，也可用于喷气发动机上，在这样的使用条件下，发动机操作温度很高，而高空环境温度很低。从目前来看，合成润滑油价格较高，但它们的特殊使用性能使得其市场需求不断增长。

(二) 燃料添加剂

燃料添加剂是应用较早的石油油品添加剂，例如，四乙基铅抗爆剂在 1921 年发现，在 20 世纪 20~30 年代已成为生产汽油的重要组分；2，6-二叔丁基对甲酚抗氧剂，也是应用较早的品种。

过去，燃料油各方面的使用性能在很大程度上可依靠石油加工技术的进步来改善，例如，通过催化重整、催化裂化、烷基化、异构化等二次加工，制得汽油的辛烷值都比直馏油的要高。近年来，随着内燃机等机械工业的技术进步、环境保护法规要求的提高，以及原油来源的变化，制得的石油燃料的使用性能暴露出来的问题越来越多。这样，仅靠石油加工技术进步已不能解决问题，燃料添加剂的开发研究在燃料油生产中的地位日趋重要，也越来越受到人们的重视。燃料添加剂的种类很多，根据其功能的分类见表 5-6。

表 5-6　燃料添加剂分类及其作用

添加剂类型	代表性化合物	主要作用
抗爆剂	四乙基铅、四甲基铅、MTBE、环戊二烯三羰基锰	提高汽油的辛烷值，防止汽缸中的爆震现象，减少能耗提高功率
抗氧剂	*N*，*N*-二仲丁基对苯二胺、2，6-二叔丁基对甲酚、2，6-二叔丁基酚类	延缓油品氧化，防止胶质生成而防止油路堵塞，进气门黏结导致功率降低等
金属钝化剂	*N*，*N*-二水杨叉-1，2-丙二胺、*N*，*N*-二水杨叉-1，2-乙二胺	抑制金属(铜)催化氧化作用，与抗氧剂复合后有明显协同作用
防冰剂	乙二醇甲醚、乙二醇乙醚	能与油中水形成低晶点溶液，也能溶解一定量冰晶
防静电剂	有机铬盐与钙盐和有机含氮共聚物三组分复合剂	提高油品的导电率，防止电荷聚集，引起火灾
抗磨防锈剂	磷酸酯、环烷酸、二聚酸与磷酸酯	减少燃油泵柱塞头磨损，防止油管、油缸锈蚀与腐蚀
流动性改进剂	聚乙烯-醋酸乙烯酯、乙烯-丙烯酸酯类	降低柴油冷滤点及凝点，改善低温流动性能
十六烷值改进剂	硝酸异戊酯、混合烷基硝酸酯	提高柴油十六烷值，缩短柴油滞燃期，改善柴油着火性
清净分散剂	烷基磷酸胺、烯基丁二酰亚胺、烷基酰胺	防止气化器及进气阀门污染与沉积，减少油路沉渣
多效添加剂	含有清净防锈防腐的用于汽油的复合剂，含有抗氧、分散及钝化剂的稳定性复合剂	解决燃料系统部件的清净及防腐问题，使柴油安定性得到改善
助燃剂	磺酸盐(钡盐、镁盐)等	促进柴油充分燃烧，减少排气中烟尘

1. 抗爆剂(antiknock additive)

汽油主要是用做汽化器式内燃机发动机的燃料，在飞机、汽车、拖拉机、快艇、小型发电机、小型施工机械和农林机械上使用。汽油在内燃机发动机内的燃烧，会因为汽油质量和/或操作不当等因素，产生爆震现象，表现为汽车软弱无力。影响爆震的关键因素是辛烷值，因此，辛烷值是车用汽油最重要的质量指标。把异辛烷(2，2，4-三甲基戊烷)的辛烷值定义为100，正庚烷的辛烷值定义为0，从而定义辛烷值。辛烷值可为负，也可超过100。

汽油的牌号也是以辛烷值的指标来划分的，如国内高品质汽油90号、93号、95号、97号，是以研究法辛烷值区分的。汽油辛烷值 的高低，也是一个国家炼油工业水平和汽车设计水平的综合反映。汽车引擎压缩比越高，对汽油辛烷值要求就越高。

通常，提高汽油的辛烷值有两种不同的方法：一是采用热裂化、热重整、催化重整、催化裂化、烷基化和异构化等工艺，以提高汽油中高辛烷值组分的含量；另一种是使用提高辛烷值的添加剂——抗爆剂和/或引进高辛烷值组分。

最早使用的汽油抗爆剂为四乙基铅(tetraethyl lead)，简称TEL，分子结构式为$Pb(C_2H_5)_4$。它从1923年开始使用，直至1959年，四乙基铅一直是人们使用的优良抗爆剂，但产生了严重的铅污染。

随着汽车废气排放的控制及保护环境的需要，含铅抗爆剂已逐渐被禁用，取而代之的是一些较为安全环保的辛烷值改进剂，主要类型有醚类[如甲基叔丁基醚(MTBE)，$CH_3OC(CH_3)_3$]、醇类(如甲醇、乙醇、叔丁醇)和金属有机化合物(如甲基环戊二烯三羰基锰)等。

20世纪90年代以来，日益苛刻的环境保护法影响到汽油规格，要求降低汽油中的芳香烃含量及烯烃含量，减少燃烧产物中可挥发的有机化合物量，并降低夏季汽油挥发度，进一步促进了高辛烷值抗爆组分的研究和发展，同时也对炼油工业提出了更高的要求。

2. 十六烷值改进剂（cetane number improver）

柴油是压缩式内燃机燃料。重型汽车、公共汽车、机车、拖拉机、大型船舶和各种矿山、建筑和军用机械大多使用柴油发动机。目前一些轿车和轻型车也倾向用柴油燃料。对柴油质量的要求，最重要的是要有良好的燃烧性能。

十六烷值是柴油燃烧性能的重要指标。它表明柴油压缩着火的难易程度，并与低温启动性、暖机时的烟雾污染、噪音、功率、燃料消耗、发动机寿命有关。人为规定正十六烷的十六烷值为100，甲基萘的十六烷烷值为0。使用过低十六烷值的柴油，将会延长柴油在燃烧室中的滞燃期，严重时会发生爆震，使发动机功率下降，机械磨损和油耗上升。直馏柴油的十六烷值一般都比较高。烷烃的十六烷值最大，芳香烃的最小，环烷烃和烯烃介于两者之间。当柴油中调入催化裂化馏分后，使柴油十六烷值下降。近年来，随着催化裂化柴油产量增加，提高柴油的十六烷值就成为当前面临的实际问题。为改善柴油的着火性能，一般除混合高十六烷值组分之外，常要添加十六烷值改进剂。

十六烷值改进剂是那些易分解得到自由基并在柴油燃烧时使烃类氧化提高链引发速率的化合物。它促使燃料快速氧化，从而提高燃料的着火特性。主要有硝酸烷基酯、二硝基化合物和过氧化物。其中以敏感性好的硝酸烷基酯应用最为广泛，如硝酸异丙酯、硝酸戊酯、硝酸丁酯和硝酸异辛酯等。一般添加剂的用量为1.5%，十六烷值可提高12~20。

实际使用的有硝酸戊酯、硝酸已酯和2，2-二硝基丙烷。

3. 低温流动改进剂（cold flow improver）

燃料油低温流动改进剂能降低燃料油的倾点和改善过滤性，改善柴油低温使用性能。另外，它对增产柴油，节省煤油、提高炼油厂生产的灵活性与经济效益，也具有明显效果。

燃料油的低温性能以浊点（cloud point，简称CP）、倾点（pour point，简称PP）及冷滤点（cold filter plugging point，简称CFPP）为特性参数。CP（浊点）是开始析出蜡结晶之温度；PP（倾点）是蜡结晶失去流动性之温度；CFPP（冷滤点）是蜡结晶堵塞过滤器之温度。

柴油低温流动改进剂的作用机理和润滑油降凝剂基本相同，它靠与柴油中析出的石蜡发生共晶，使蜡结晶细化；还能吸附在蜡结晶表面，靠其侧链上的极性基团抑制石蜡结晶生长，作为蜡结晶生长抑制剂，保持柴油良好的低温流动性能。因此，不加改进剂的柴油，只要有0.5%~2%的石蜡析出，就可造成柴油凝固。柴油低温流动改进剂一般不能改变柴油的蜡析出温度，也不改变某一温度下蜡析出量，不改变柴油的浊点，只改变蜡晶的形状大小，阻止它生成三维网状结构。

国内外研究过的柴油低温流动改进剂有几十种类型的化合物。工业生产的主要品种是低相对分子质量的乙烯-醋酸乙烯酯共聚物；其他品种有：聚烯烃、聚丙烯酸酯、烯基丁二酰胺酸、氯化聚乙烯等。一般推荐加入量为0.01%~0.1%，国外实际平均加入量为0.03%左右。

4. 防冰剂

燃料防冰剂是一种防止喷气燃料中微量溶解的水（一般在百万分之几十的范围内变化）在低温下析出产生冰晶和防止飞机燃料系统结冰的添加剂。

能作为喷气燃料防冰剂的化合物很多，如表面活性剂（山梨醇油酸酯、烷基酚聚氧乙烯基醚)、脂肪胺类[碳链为$C_{10\sim18}$的R(NH)RCOOH的脂族胺类]、脂肪醇(脂肪族乙二醇、脂肪二羟基醇)、脂肪酸($C_{12\sim22}$的脂肪酸)、硼酸酯等。但目前国内外通常采用醇醚类化合物做为喷气燃料防冰添加剂，如乙二醇乙醚、二乙二醇乙醚、乙二醇甲醚、二乙二醇甲醚、异丙醇、乙二醇、三甘醇等。

作为喷气燃料防冰剂的物质要既能溶于水又能溶于燃料，而与水形成的不同比例的溶液冰点要低。此外，要求低温油溶性好，易于燃烧，沸点应与燃料馏分近似，并在加到燃料中对燃料的理化指标和使用性能无有害影响。防冰添加剂的简单工作原理是：

(1) 防冰剂具有很好的亲水性，它在喷气燃料中以它本身的羟基与燃料中的水分子之间形成氢键缔合：

$$\cdots H-\underset{\substack{|\\H}}{O}\cdots H-\underset{\substack{|\\CH_2CH_2OCH_3}}{O}\cdots H-\underset{\substack{|\\H}}{O}\cdots H-\underset{\substack{|\\CH_2CH_2OCH_3}}{O}\cdots H-\underset{\substack{|\\H}}{O}\cdots$$

又因为防冰剂本身属于醇醚类化合物，冰点很低，因而强有力地降低了燃料中水的冰点和抑制冰晶的形成。

(2) 防冰剂只具有一定的油溶性，它在水中的溶解度比在燃料中的溶解度大得多，它能与水构成不定比例的混合物，因其结晶点很低，从而使燃料中水不易结成冰霜。

(3) 防冰剂还能防止在储油容器的自由空间器壁上生成冰晶，这是因为加有防冰剂的燃料在储油器中呼出的是防冰剂和水的“混合气”，这种“混合气”遇冷在器壁上凝聚成的液状物冰点很低，因而不以冰霜状态凝聚在容器的内表面和呼吸口，从而起到了气相防冰的作用。

乙二醇甲醚是国内最常用的防冰剂，它的分子式为$CH_3OCH_2CH_2OH$。国内均采用常压下环氧乙烷与醇类在催化剂的作用下发生反应，得到乙二醇甲醚及少量相对分子质量较大的物质。主要反应过程如下：

$$\underset{\diagdown\ O\ \diagup}{CH_2-CH_2} + CH_3OH \xrightarrow[40℃]{催化剂} CH_3OCH_2CH_2OH$$

二、原油添加剂

原油添加剂或称油田助剂，是指在石油勘探、钻采、集输炼制等过程中使用的化工产品和天然化学物质。

现代石油工业的发展，离不开门类齐全、性能优良、供应充足的油田化学品工业的支持。随着工业技术的发展，油田助剂用量越来越大。1988年世界油田助剂为12.0Mt，价值超过80亿美元；1990年达到92亿美元以上；1993年达112亿美元以上。到目前为止，油田化学助剂已有七十多类，三千多个品种。我国从20世纪70年代进行油田化学品的开发，不断完善，目前品种上千，年销售量逾百万吨，价值近20亿元；进入21世纪，将会达到30亿元。

油田化工产品种类繁多，按其结构可分为三类：① 简单化合物；② 高分子聚合物(如植物胶及其衍生物、纤维素及衍生物、合成聚合物和生物聚合物等)；③ 表面活性剂。

这里主要介绍原油流动改进剂、处理剂、强化采油剂。

(一) 原油流动改进剂(或称蜡控剂)

我国原油的含蜡量由2%~30%不等，凝点相应为-50~28℃。原油中蜡凝析在井底或井面设备上，会减少出油量，有时会堵塞油嘴、阀门和调节器等设备，以及引起机械方面的故障。为了控制原油中蜡的析出或制止结蜡，一般在原油中添加某种添加剂，即蜡控剂。蜡控剂一般分为溶蜡剂、蜡分散剂、蜡结晶改变剂、流动性改进剂四类。

1. 溶蜡剂

多为特种溶剂，它可将沉析的蜡溶胀，形成有一定黏度的松软物质，或将之完全溶解，从而被油流携带清除。常用溶蜡剂的主要成分有吡啶、吗啉、低相对分子质量的伯、仲、叔胺，如正丁胺、乙二胺、二乙撑三胺、二甲基丙胺、二乙基丙胺、环己胺等。辅助溶剂为甲苯、二甲苯等。应用中常用表面活性剂来增效，所用表面活性剂都为非离子型的烷基酚与氧化乙烯的缩合物。

2. 蜡分散剂

其作用是蜡的结晶一旦出现，就被分散剂所包覆，使之无法成长为大颗粒，无法在管壁、设备表面上黏附，从而阻止或延缓蜡的沉积。蜡分散剂包括磺酸盐、烷基酚衍生物、聚酰胺和萘等。

3. 蜡结晶改变剂

与蜡共结晶，改变了晶体的特性，使之不易凝结，不易在表面上附着。常用的有聚乙烯类衍生物、聚酯类化合物。

4. 流动改进剂

也称降凝剂或减黏剂。

这类剂都是聚乙烯的衍生物如乙烯、醋酸乙烯的共聚物，简称 EVA。

（二）原油处理添加剂

油井喷出的原油内溶解了部分气体（如轻质烃、腐蚀性气体等），夹带了水分或已乳化了的水分和泥砂，还溶解了一些盐类等。原油在送入炼油系统前，必须经过物理的或化学的预处理，达到净化油的要求。下面结合原油的预处理介绍有关的添加剂。

1. 破乳剂

从地下抽出来的原油一般是与盐水混合在一起的。在油田，已将大部分盐水从原油中分离出去了。但一般炼油厂接收到的原油中还有1%~3%的盐水。原油中所含盐水中有许多杂质，不溶物的含量也很高。碳酸盐、硼酸盐、氯化物、磷酸盐和硫酸盐在水中的含量都很高。盐水是以水/油(W/O)乳液混在原油中进入炼油厂。原油中天然的乳化剂使乳化液保持稳定。使稳定的乳液破坏，成为不相混溶的两相，这种过程叫破乳。凡能破坏乳液的物质总称为破乳剂。原油脱盐、脱水装置的主要任务是将分散在油中，并被一层牢固的乳化液所包围的很细的水滴聚结脱除。由于单纯依靠重力难以沉降脱除，因此，一般要同时采用加热、加入化学破乳剂和高压电场等三种破乳手段。由于油田乳化液的成形机理相当复杂，不同油质的油所用的破乳剂类别也不一样。

破乳剂的破乳效果与原油乳化液的油水界面张力密切相关，破乳剂降低界面张力能力越强，破乳效果越好。破乳剂的破乳过程包括顶替作用和胶溶作用，在低破乳剂用量下，以顶替作用为主，界面张力随破乳剂用量的增加而降低；较高破乳剂用量下，以胶溶作用为主，界面张力随破乳剂用量的增加而升高。同一原油的油水界面膜对破乳剂 HLB 值(称为亲水亲油平衡值，见本章第三节)的要求有一定的确定性，只有当破乳剂的

HLB 值处于或接近最佳值时，才能形成最大的界面吸附，此时界面张力下降得最低。常用的破乳剂主要有：烷基酚醛树脂聚氧乙烯聚氧丙烯醚、聚硅氧烷聚氧乙烯聚氧丙烯醚、聚磷酸酯、高相对分子质量与超高相对分子质量聚氧乙烯聚氧丙烯醚、聚醚的改性产物[以醇、胺等含活性氢的化合物为起始剂制得的嵌段聚醚(聚氧乙烯氧丙烯或丁烯醚)在有机溶剂中与甲苯二异氰酸酯或六次甲基二异氰酸酯等二异氰酸酯反应，得到油溶性破乳剂]、含氮破乳剂(包括以胺类为起始剂的嵌段聚醚，季铵化聚醚、脂肪胺盐酸盐及高碳数烷基咪唑啉类)及磺酸盐及醚硫酸盐。

目前原油破乳剂的发展已由中低相对分子质量向高相对分子质量、从水溶性向油溶性、从通用型向专一型的方向发展，力求做到高效低耗、一剂多用的功能。

2. 缓蚀剂

能抑制或完全阻止金属在侵蚀介质中腐蚀的物质总称为缓蚀剂，也常称为阻蚀剂、腐蚀抑制剂和防腐蚀剂等。

油田器材设备受到腐蚀的因素很多，原油中存在的腐蚀性气体(CO_2、H_2S 等)和盐水都可引起腐蚀，例如在操作温度及压力下，油田设备常出现硫化物应力腐蚀开裂和氢脆现象。在炼油厂常压塔顶受到腐蚀，主要是一些原油中氯化物盐类因水解产生 HCl 而引起腐蚀。对 80%以上的硫化氢腐蚀可用阳离子型表面活性剂加以抑制，其抑制腐蚀的机理是在金属器材表面上形成中性基薄膜，从而起到抑制腐蚀的作用。

3. 杀菌剂

油井经过一定时期的生产后，井口压力逐渐下降，通常采用注水法提高压力。但水中常有四种细菌：腐生菌、铁生菌、硫细菌、硫酸盐还原菌。这四种菌对水质都有影响：腐生菌主要是由于脱水过程中加入破乳剂等助长的，在污水回收使用时危害很大；硫酸盐还原菌将硫酸盐还原，产生有腐蚀性的 H_2S 气体，对金属腐蚀很厉害；硫细菌可以把水中硫化物转变为硫酸引起腐蚀。铁细菌能将 $Fe(OH)_2$氧化成高价铁 $Fe_2(CO_3)_3$ 及 $Fe_2(SO_4)_3$。这些菌类污损水质，并腐蚀设备造成堵塞，使水流困难，因此常用杀菌剂来抑制和消除这些菌类。

常用的杀菌剂有季铵盐和甲醛，或戊二醛和季铵盐，复合使用效果较好，新品种烷基氮杂内酰胺对硫酸还原菌的杀菌力最强。

(三) 强化采油添加剂

油井生产一次回收法的采油率仅 5%~30%。为了提高采油率，采用压气法或注水法进行二次回收，油回收率可达 40%~50%。但仍有 59%以上的原油滞留在油构造中。近年来，国内外采用了强化三次回收法，油回收将有可能达到 60%~65%。油田生产的二次回收法和三次回收法总称为强化回收法(简称 EOR 法)。

目前国外采用的强化回收法从四方面进行：① 改良型注入法，即采用高聚物注入法和低浓度界面活性剂注入法；② 碳酸气压注入法；③ 乳液注入法，即采用高浓度界面活性剂注入法；④ 热回收法，即采用水蒸气压入法。

美国在这方面做了不少工作，据报导，美国目前以碳酸气压入法和水蒸气压入法为主，改良型注入法和乳液法还在实验阶段，前苏联则以低浓度界面活性剂注入法为主。

1. 强化采油添加剂

高聚物入法采用的是聚丙酰胺水溶液。据介绍，1 份聚丙烯酰胺可增产 1 份原油。目前采用的低浓度界面活性剂是烷基酚乙二醇酯。将低浓度烷基酚乙二醇酯压入多孔质砂岩油层，使油与水的界面张力下降，从而达到离析出油的目的。乳液法尚在实验阶段，技术内容报道不多，此法是选用适宜的界面活性剂与醇类(异丙醇、叔丁醇和氨醇等)注入井下，使烃类、水、盐类形成微粒乳液，并构成中间层，再注入聚丙烯酰胺水溶液，最后注入水来采油。据介绍，1桶乳液可回收原油2.5桶，乳液中表面活性剂含量仅为7%。

2. 强化采油絮凝剂

丙烯与丙烯酰胺共聚的阴离子型高聚物水溶性树脂具有选择絮凝作用，可将泥浆中的黏土絮凝，抑制其分散，使易于沉降、过滤，控制原油的固体含量。此外，它还具有稳定泥页岩壁的作用。也可采用木质素磺酸盐作为活性助剂，与聚丙烯酰胺等制成所需要的絮凝剂，其成本比一般用聚丙烯酰胺低25%~50%。

思考题

1. 怎样理解精细石油化工产品？它具有哪些重要的经济特性？怎样理解添加剂在石油化工中的重要性？

2. 润滑油添加剂一般分为哪几类？它们的主要作用是什么？

3. 清净分散剂的主要功能是什么？写出它们的化学组成通式并举一、二个例子说明。

4. 写出ZDDP抗氧抗腐剂的分子结构式及作用机理。

5. 简述黏度指数改进剂在润滑油中主要作用，并举出一、二种常用剂名称及分子结构式。

6. 降凝剂降凝的基本作用机理是什么？请写出一、二种典型降凝剂。

7. 燃料添加剂一般分为哪几类？它们的主要作用是什么？

8. 请写出抗爆剂和十六烷值改进剂的作用并各举一个例子。

9. 请叙述流动改进剂和防冰剂的作用并各举一个例子。

10. 原油开采、加工广泛采用添加剂，试举二个化合物的例子说明其作用。

第三节　表面活性剂

一、概论

表面活性剂工业是20世纪30年代发展起来的一门新型化学工业，随着石油化学工业的发展，发达国家表面活性剂的产量逐年迅速增长，已成为国民经济的基础工业之一。目前，世界上表面活性剂有5000多个品种，商品牌号达万种以上。

(一) 定义

习惯上，只把那些溶入少量就能显著降低溶液表面张力并改变体系界面状态的物质称为表面活性剂。

当然，不能只从降低表面张力的角度来定义表面活性剂，因为在实际使用时，有时并不要求降低表面张力。那些具有改变表面润湿性能、乳化、破乳、起泡、消泡、分散、絮凝等多方面作用的物质，也称为表面活性剂。所以应该认为，凡是加入少量能使其溶液体系的界面状态发生明显变化的物质，称为表面活性物质。

（二）表面活性剂的作用

表面活性剂具有界面吸附、定向排列和生成胶束等基本性质，因而产生下述几个物理作用：

1. 润湿作用和渗透作用

如在水中添加少量表面活性剂时，对固体的润湿和渗透就容易得多。

2. 乳化作用、扩散作用和增溶作用

使非水溶性物质在水中呈均匀乳化或分散状态的现象称为乳化作用或扩散作用。非水溶性液体（如油）均匀分散在水中或另一液体中的现象是乳化，一种固体微粒均匀分散在一液体或水中的现象称为扩散。

最常见的油与水的乳化有两种基本形式：一种是少量油分散在大量的水中，水是连续相，油是分散相，称水包油型（W/O）；另一种是少量水分散在大量的油中，油是连续相，水是分散相，称油包水型（O/W）。

增溶作用与乳化作用、扩散作用不同。当溶液中表面活性剂的浓度达到临界胶束浓度时，胶束能把油及固体微粒吸聚在疏水基端，使微溶性或不溶性物质增大溶解度的现象称为增溶作用。

3. 发泡作用和消泡作用

在气液相界面间形成由液体膜包围的空间结构，从而使界面间表面张力下降的现象称为发泡作用。发泡的方法有机械（如搅拌）发泡、物理发泡和化学发泡。

与此相反，消泡是要降低溶液和悬浮液表面张力，防止泡沫形成或使原有泡沫减少或消失。

4. 洗涤作用

表面活性剂降低了界面间的表面张力，从而产生了润湿、乳化、扩散和抗再黏附等多种作用，洗涤就是这些作用的综合结果。

（三）表面活性剂的亲水亲油平衡值及其附加性质

表面活性剂除了前述基本性质外，还可派生出一些附加性质，它们主要与表面活性剂的亲水亲油平衡值（HLB）、化学结构、界面现象等有关。

1. 亲水亲油平衡值（HLB）

即表面活性剂亲水基与亲油基的比值，是选择和评价表面活性剂使用性质的重要指标。

亲水亲油平衡值（HLB）有两种表示法：一种以符号表示，亲水性最强的为 HH，强的为 H，中等的为 N；亲油性强的为 L，最强的为 LL。另一种以数值（HLB）表示：HLB = 40 为亲水性最强，为 1 的亲水表面活性最弱。目前工业上重要的乳化剂的 HLB 值均已测出（表 5-7），它可从有关手册中查到。

表 5-7　一些表面活性剂的 HLB 值及表示符号

表示符号		HLB 值	
阴离子表面活性剂		阴离子表面活性剂	
硬脂酸钠皂	HH	油酸钠皂	18
月桂酸钾皂	HH	油酸钾皂	20
十二烷基硫酸钠	HH	硬脂酸	~40

续表

表示符号		HLB 值	
二甲苯基磺酸钠	HH	油酸乙醇胺皂	12
萘基磺酸钠	HH	烷基苯磺酸钠	11.7
烷基萘磺酸钠	HH	甘油单硬脂酸酯	5.5
油酸磺酸钠	H	阳离子表面活性剂	
土尔其红油(太古油)	HH	N-十六烷基-N-乙基吗啉化合物	25~30
甘油单脂酸酯(含高级醇硫酸钠)	H	非离子表面活性剂	
甘油单脂酸酯(含肥皂)	H	三油酸山梨糖醇酯	1.8
硬脂酸铵皂	L	三硬脂酸山梨糖醇酯	2.1
硬脂酸镁皂	LL	倍半油酸山梨糖醇酯	3.7
硬脂酸铅皂	LL	单油酸山梨糖醇酯	4.3
阳离子表面活性剂		单硬酯酸山梨糖醇酯	4.7
季铵盐氯化物	HH	单棕榈酸山梨糖醇酯	7.7
烷基胺盐酸盐	HH	单月桂酸山梨糖酯	8.6
非离子表面活性剂		单硬脂酸甘油酯	3.8
脂肪醇聚氧乙烯醚	HH-H	单硬脂酸乙二醇酯	4.7
脂肪酸聚氧乙烯醚	HH-H	单月桂乙二酸醇酯	6.1
多元醇脂肪酸酯-聚氧乙烯醚	HH-L	单油酸乙二醇酯	4.7
脂肪醇聚氧丙烯醚	H-L	单硬脂酸四乙二醇酯	7.7
脂肪酸聚氧丙烯酯	H-L	单油酸四乙二醇酯	7.7
多元醇脂肪酸酯-聚氧丙烯醚	H-L	单月桂酸四乙二醇酯	9.4
卵磷脂	H-L	单硬酯酸六乙二醇酯	9.1
羊毛脂	L-LL	单月桂酸山梨糖醇酯-聚氧乙烯缩合物(21 分子)	16.7
胆甾醇脂肪酸脂	L-LL	单月桂酸山梨糖醇酯-聚氧乙烯(6 分子)	17.3

图 5-1 示出了表面活性剂的 HLB 值与其用途的大致关系。

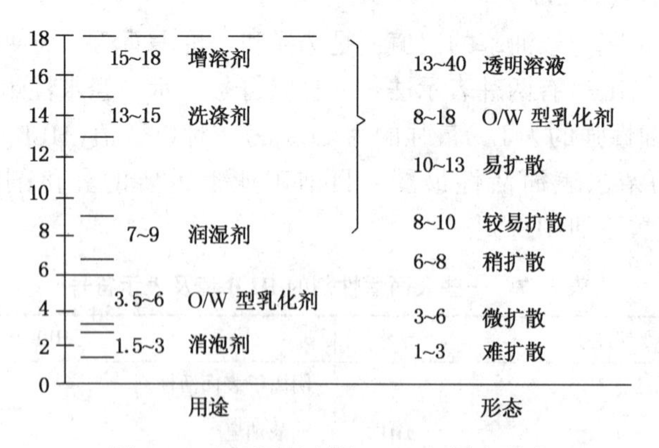

图 5-1　表面活性剂的 HLB 与用途形态

2. 化学结构与附加性质

表面活性剂的分子结构一部分是不带有支链结构，一部分是带有支链的分支结构。不同结构的表面活性剂在应用上显示不同的性质。阴离子表面活性剂烷基磺酸钠 R—SO_3Na，亲水基为—SO_3Na，疏水基为直链烷基 R。当 R 的碳原子数<12 时，它是一个润湿剂；如 R 的碳原子数>20 时，它只能是一个乳化剂。一般来说，带少量支链的直链结构的乳化性能和扩散性能较好。

（四）表面活性剂的分类

表面活性剂最主要的分类方法是按其在水溶液中能否离解成离子和离子所带电荷的性质分类的。一般分为阴离子型表面活性剂、阳离子型表面活性剂、两性离子表面活性剂和非离子型表面活性剂。各类再按其化学结构又分为若干小类。

二、表面活性剂品种简介

（一）阴离子表面活性剂

阴离子表面活性剂溶于水时，与亲油基相连的亲水基是阴离子，是起活性作用的部分。

1. 脂肪羧酸盐

脂肪羧酸盐阴离子表面活性剂（如肥皂）是最古老的表面活性剂，现仍大量地应用于日常生活及生产中。肥皂是天然油脂（如牛油、猪油、亚麻仁油、大豆油、棕榈油等）为主的动植物油脂，与氢氧化钠水溶液一起搅拌进行皂化制得的。其反应式为：

$$\begin{array}{l} RCOOCH_2 \\ \quad | \\ RCOOCH_2 \\ \quad | \\ RCOOCH_2 \end{array} + 3NaOH \longrightarrow \underset{脂肪羧酸}{3RCOONa} + \begin{array}{l} CH_2OH \\ \quad | \\ CH_2OH \\ \quad | \\ CH_2OH \end{array}$$

油脂 $R=C_{12}\sim C_{18}$　　　　甘油

通常所用的碱多为氢氧化钠，但制化妆品用皂时也使用氢氧化钾，该皂可以在比较柔和的状态下使用。钠皂、钾皂在软水中具有丰富的泡沫和良好的洗涤能力。但在硬水中与钙、镁等离子形成不溶性的钙皂、镁皂，不仅洗涤能力降低，并且还会再沾污洗涤物。肥皂水溶液的碱性很高，pH 值约为 10，洗涤油性污垢具有良好性能，也常用作油-水型乳化剂。

2. 烷基苯磺酸盐

（1）直链烷基苯磺酸盐（LAS）作为合成洗涤剂用表面活性剂，LAS 使用量最多，约占世界总用量的 40%以上。

LAS 是由氯化石蜡或烯烃与苯发生烷基化反应得到烷基苯，然后将其磺化，再用苛性钠中和制取。其反应式为：

$$\underset{氯化石蜡}{CH_3(CH_2)_{10}CH_2Cl} + C_6H_6 \longrightarrow \underset{十二烷基苯}{C_{12}H_{25}-C_6H_5} + HCl \xrightarrow[发烟H_2SO_4]{+SO_3或} \underset{十二烷基苯磺酸}{C_{12}H_{25}-C_6H_4-SO_3H}$$

$$或\ \underset{直链\alpha-烯烃}{2CH_3(CH_2)_9C{=}CH_2} + C_6H_6 \xrightarrow[AlCl_3]{HF} \underset{十二烷基苯}{C_{12}H_{25}-C_6H_5} + HCl \xrightarrow[发烟H_2SO_4]{+SO_3或} \underset{十二烷基苯磺酸}{C_{12}H_{25}-C_6H_4-SO_3H}$$

$$\underset{十二烷基苯磺酸}{C_{12}H_{25}-C_6H_4-SO_3H} + NaOH \longrightarrow \underset{十二烷基苯磺酸钠}{C_{12}H_{25}-C_6H_4-SO_3Na}$$

若采用三氧化硫为磺化剂，其磺化反应为气-液反应，图 5-2 示出了多釜(或罐组式)磺化工艺流程简图。

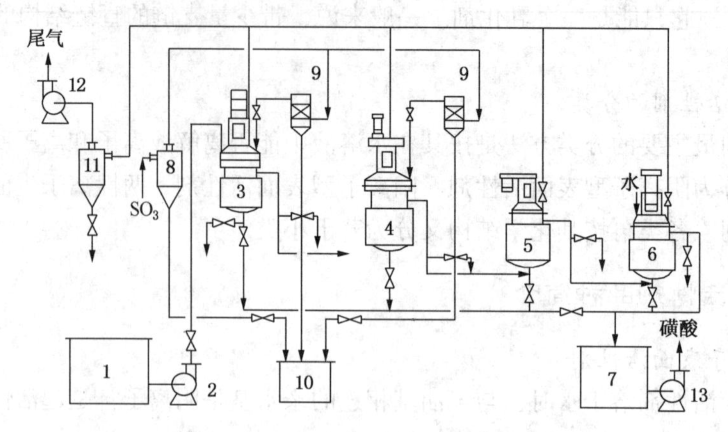

图 5-2　罐组式三氧化硫磺化工艺流程图

1—烷基苯储罐；2—烷基苯输送泵；3—1 号磺化反应器；4—2 号磺化反应器；5—老化器；6—加水器；7—碘酸储罐 8—三氧化硫雾滴分离器；9—三氧化硫过滤器；10—酸滴暂存器；11—尾气分离器；12—尾气风机；13—磺酸输送泵

多釜式串联的连续磺化工艺一般由 2～5 个釜串联，烷基苯首先加入第一釜，然后依次溢流至下一釜中，三氧化硫和空气按一定比例从各个反应器底部的分布器通入，通入量以第一釜最多，并依次减少，使大部分反应在物料黏度较低的第一釜中完成，第一釜的温度为 45℃，停留时间约 15min。第二釜的温度为 55℃，停留时间约 8min。中和值控制第一釜出口为 80 ~ 90 mg NaOH/g，第二釜出口为 120 ~ 125mg NaOH/g，最终产品为 130 ~ 136mg NaOH/g。

十二烷基苯磺酸钠是一种黄色油状液体，经纯化可以形成六角形斜方薄片状结晶。易溶于水，具有良好的去污能力和起泡性能。在硬水、酸性水、碱性水中均很稳定，对金属盐亦颇稳定。可用作水溶促进剂、偶合剂、防结块剂、乳化剂等。

(2) 支链烷基苯磺酸盐(ABS)　作为合成洗涤剂，ABS 曾在世界上得到最广泛的使用，现在仍在使用。由四聚丙烯和苯反应得到支链十二烷基苯，然后将其磺化，最后用苛性钠中和得到。ABS 和 LAS 在去污方面几乎没什么不同，但是由于其生物降解性明显低劣，污染性强，应用受到了限制。

3. 脂肪醇硫酸盐

脂肪醇硫酸盐(AS)是工业用和家庭中代替肥皂的早期合成洗涤剂。生产表面活性剂用的脂肪醇其碳数范围主要为 C_{12} ~ C_{15} 最早是从动植物油脂加氢而制得的，如用椰子油还原醇、豆蔻醇、鲸蜡醇及由牛油制得的十八醇等。20 世纪 60 年代以后，以石油为原料的合成脂肪醇的生产有了很大发展。工业上通常用氯磺酸、三氧化硫或硫酸化脂肪醇，再以氢氧化钠、氨或醇胺中和，即得到脂肪醇硫酸盐(钠)，其反应式为：

$$ROH + ClSO_3H \longrightarrow ROSO_3H + HCl$$

$$ROH + SO_3 \longrightarrow ROSO_3H$$

$$ROSO_3H + NaOH \longrightarrow ROSO_3Na + H_2O$$

脂肪醇硫酸盐表面活性剂是润湿力、乳化力和去污力良好的表面活性剂之一。可作为餐具洗涤剂、各种香波、牙膏、纺织用润湿剂，此外还可用作牙膏发泡剂、乳化剂、重垢棉织物洗涤剂、硬表面清洁剂等。

4. 脂肪醇磷酸酯盐

脂肪醇磷酸酯盐是由高级脂肪醇与五氧化二磷反应生成的磷酸单酯和磷酸双酯，然后用氢氧化钠中和得脂肪醇磷酸单酯盐和脂肪醇磷酸双酯盐。其反应式为：

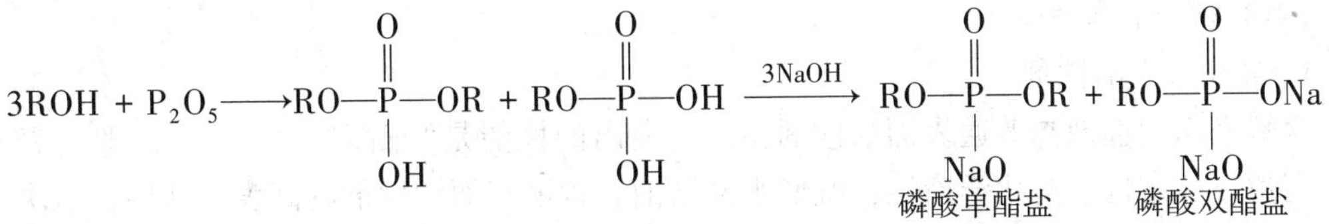

$$3ROH + P_2O_5 \longrightarrow RO-\overset{\overset{\displaystyle O}{\|}}{\underset{\underset{\displaystyle OH}{|}}{P}}-OR + RO-\overset{\overset{\displaystyle O}{\|}}{\underset{\underset{\displaystyle OH}{|}}{P}}-OH \xrightarrow{3NaOH} \underset{\text{磷酸单酯盐}}{RO-\overset{\overset{\displaystyle O}{\|}}{\underset{\underset{\displaystyle NaO}{|}}{P}}-OR} + \underset{\text{磷酸双酯盐}}{RO-\overset{\overset{\displaystyle O}{\|}}{\underset{\underset{\displaystyle NaO}{|}}{P}}-ONa}$$

脂肪醇磷酸酯钠对酸碱稳定，易于生物降解，具有良好的去污能力，可用于金属、玻璃等的清洗，还可作为纤维工业的助剂。近年来在金属润滑剂、合成树脂、纸张、农药、化妆品等领域也得到应用。

(二) 阳离子型表面活性剂

阳离子型表面活性剂溶于水时，与其亲油基相连的亲水基是阳离子，起活性作用的部分是阳离子。阳离子表面活性剂绝大部分是含氮有机化合物，少数是含磷、硫、碘等有机物。含氮的阳离子型表面活性剂有伯胺盐、仲胺盐、叔胺盐及季铵盐，胺盐为弱碱性的盐，对 pH 较为敏感，在酸性条件下，形成可溶于水的胺盐；在碱性条件下，则游离出胺。

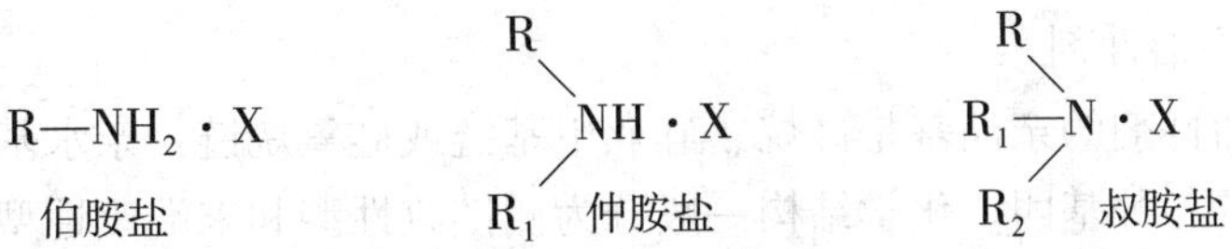

$$\underset{\text{伯胺盐}}{R-NH_2 \cdot X} \qquad \underset{\text{仲胺盐}}{\begin{matrix} R \\ \quad\diagdown \\ \quad NH \cdot X \\ \quad\diagup \\ R_1 \end{matrix}} \qquad \underset{\text{叔胺盐}}{\begin{matrix} R \\ \quad\diagdown \\ R_1-N \cdot X \\ \quad\diagup \\ R_2 \end{matrix}}$$

式中，R 为 $C_{12}\sim C_{18}$烷基；R_1，R_2 为 CH_3；X 为无机酸或有机酸。

1. 烷基胺盐

工业上多用其混合物，主要用作纤维助剂、矿物浮选剂、分散剂、乳化剂、防锈剂、抗静电剂、染料的固色剂等。

2. 季铵盐

工业上有实用价值的季铵盐有长碳链季铵盐、咪唑啉季胺盐和吡啶季铵盐，主要用途作为家用、医用和工业用杀菌剂、消毒剂、清洗剂、防霉剂。

(三) 两性表面活性剂

这类表面活性剂或同时具有阴离子、阳离子，或非离子和阳离子，或非离子和阴离子，所以称为两性表面活性剂，起活性作用的部分是阴离子和阳离子。两性表面活性剂在碱性溶液中呈阴离子活性，在酸性溶液中呈阳离子活性，在中性溶液中呈两性活性。在表面活性剂中，两性表面活性剂的开发较晚，品种也不多，应用范围也很窄。

两性表面活性剂有甜菜碱型，其分子结构一般为：

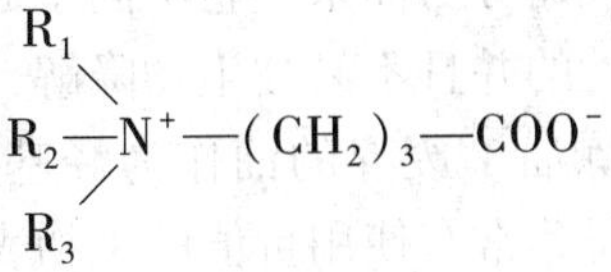

$$\begin{matrix} R_1 \quad\quad\quad\quad\quad\quad\quad\quad \\ \diagdown \quad\quad\quad\quad\quad\quad\quad \\ R_2-N^+-(CH_2)_3-COO^- \\ \diagup \quad\quad\quad\quad\quad\quad\quad \\ R_3 \quad\quad\quad\quad\quad\quad\quad\quad \end{matrix}$$

式中，R_1 为 $C_{12}\sim C_{18}$烷基；R_2，R_3 为 CH_3。

还有氨基酸型，其分子结构一般为 $R-NH-(CH_2)_n-COOH$，R= C_{12}~C_{18}烷基，$n=1$~2以及咪唑啉型和磷酸酯型。

其他类型表面活性剂如非离子表面活性剂、氟碳表面活性剂、硅表面活性剂、高分子表面活性剂及生物表面活性剂，这里不一一介绍了。

(四) 特种表面活性剂

1. 含氟表面活性剂

含氟表面活性剂与普通表面活性剂相比，突出的性能是“三高”、“二憎”，即高表面活性、高耐热稳定性、高化学惰性；既憎水又憎油。含氟表面活性剂的高表面活性，取决于其分子中碳氟链所具有的极强的疏水性及较低的分子内聚力，主要表现在两个方面：一是能使水的表面张力降到很低的数值；二是其使用浓度很小。一般碳氢键表面活性剂的应用浓度约为0.1%~1%，水溶液的最低表面张力只能降到30~35$mN \cdot m^{-1}$；而碳氟键表面活性剂的一般用量为0.005%~0.1%，水溶液的最低表面张力可达20$mN \cdot m^{-1}$以下。

常用的几种含氟表面活性剂有：全氟磺酸盐，(也叫全氟烷基磺酸盐)、全氟羧酸盐、*N*-全氟辛酰基氨基酸盐和*N*-乙基全氟辛基磺酰氨基乙酸盐。这类化合物是新型工业防水防油剂。如全氟癸烯对氧苯磺酸钠盐，商品名是氟6201，化学式为：$C_{10}F_{19}OC_6H_4SO_3Na$，具有出色的湿润、乳化、起泡、扩散功能，在强酸、强碱、强氧化剂作用下均不分解，主要用作原油的封存和消防灭火剂。*N*-含氢全氟庚酸钾盐无毒，易溶水，主要用作四氟乙烯悬浮聚合时的分散剂。

2. 含硅表面活性剂

这类表面活性剂的亲油基是硅烷、硅亚甲基链或硅氧烷链，亲水基有阴离子型、阳离子型和非离子型的各种基团。化学结构一般分为侧链改性型和末端改性型。含硅表面具有较高表面活性，优良的性能使其在日用化工、塑料成型、金属加工、造纸、印刷、纺织行业得到应用。

3. 含硼表面活性剂

含硼表面活性剂是一类新型特殊表面活性剂，通常是一种半极性化合物，由具有邻近羟基的多元醇、低碳醇的硼酸三酯和某些脂肪酸所合成。这类表面活性剂一般为非离子型，但在碱性介质中重排为阴离子型。可为油溶性的也可为水溶性的。

含硼表面活性剂主要用作气体干燥剂，润滑油和水溶性无水液体的稳定剂、极压剂、压缩剂工作介质和防蚀剂，聚氯乙烯、聚丙烯酸甲酯的抗静电剂、防滴雾剂以及各种物质的分散剂和乳化剂等。

4. 生物表面活性剂

生物表面活性剂是微生物在一定条件下培养时，其代谢过程中分泌出具有一定表面活性的代谢产物，如：糖脂、多糖脂、脂肽或是中性类脂衍生物等。生物表面活性剂的制备主要分为培养发酵、分离提取、产品纯化三大步骤。

生物表面活性剂是由微生物代谢分泌而来，它不同于通常化学合成的表面活性剂，化学合成的表面活性剂是具有一定毒性的并且不易被生物降解，而生物表面活性剂是完全可以生物降解并且基本是无毒的。若将炼油T废弃的油作为烃基用来培养微生物，这样既可解决炼油厂的环境污染问题，又可获得非常有使用价值的生物表面活性剂，几乎所有大的石油公司和大的跨国化学公司都在积极地计划发展生物技术，生物表面活性剂的开发是此项发展计划的主要组成部分。

思考题

1. 什么是表面活性剂？简述表面活性剂的作用原理。
2. 表面活性剂有几类？试举例说明。
3. ABS和LAS两种烷基苯磺酸有什么不同？
4. 含氟表面活性剂与普通表面活性剂相比有何特点？
5. 生物表面活性剂的优点有哪些？

第四节　塑料、橡胶助剂

塑料、橡胶助剂是指橡胶、塑料成型加工和使用过程中能改进制品质量并构成其组分的辅助化学品。

一、塑料助剂

（一）概述

塑料的主要成分是高分子树脂，含量为40%～100%，它基本上决定塑料的主要性能。由于树脂本身存在着各种缺陷，如耐热性差、易热降解、有的加工性能差等，通过向其中添加助剂可改善其性能，达到实用、耐久、增强等目的，所以塑料助剂是塑料不可缺少的成分。

当前，发展塑料助剂的一个显著特征是不断地开发高效低毒新品种，用于取代那些不适应各种卫生、劳动保护等法规的老品种，同时用优质高效品种取代剂量大、功效差的老品种。塑料助剂的功能及类别见表5-8。塑料助剂中最重要的是增塑剂和稳定剂两大类。

表5-8　塑料助剂的功能和类别

功　能	添加剂类别
加工性能	润滑剂、脱模剂、触变剂、增塑剂、稳定剂
力学性能	增塑剂、增强填充材料、增韧剂、冲击改性剂
光学性能	着色剂(颜料、染料、成核剂、荧光增白剂)
老化性能	抗氧剂、热稳定剂、紫外线吸收剂、杀菌剂、防霉剂
表面性能	抗静电剂、爽滑剂、耐磨剂、防粘连剂、防雾滴剂
降低成本	粒状填料、稀释剂、增容剂、填料
其他性能	发泡剂、阻燃剂、化学交联剂、偶联剂

（二）增塑剂

1. 增塑剂及其要求

凡添加到聚合物体系中能使聚合物玻璃化温度降低，塑性增加，使之易于加工的物质均可称为增塑剂。它们通常是高沸点、较难挥发的液体或低熔点的固体，一般不与聚合物发生化学反应。

增塑剂的主要作用是削弱聚合物分子间作用力，从而增加聚合物分子链的移动性，降低聚合物分子链的结晶性，也就是增加聚合物的塑性。表现为聚合物的硬度、模量、软化温度和脆化温度下降，而伸长率、曲挠性和柔韧性提高。

例如用邻苯二甲酸二辛酯(DOP)增塑剂塑化聚氯乙烯(PVC)，当升高温度时DOP分子插入PVC分子链中间，DOP的酯型偶极相互作用，并使DOP的苯环极化，这样DOP与PVC分子链就很好地结合在一起。由于DOP分子的非极性部分亚甲基链不极化，它夹在PVC分子链之间，显著地削弱了PVC分子间的相互吸引力，PVC树脂在变形时链的移动就容易了。

因此，增塑剂应具有的主要特性是相容性，也称可混用性。在树脂成型过程中，树脂与增塑剂的相容性是基本条件。一般地说，增塑剂的分子结构与树脂结构类似时，两者的相容性较好。增塑剂选择要考虑的因素还有许多，如挥发性、耐水性、耐油性、耐热性、耐光性、低温柔韧性(增塑剂的耐寒性)、毒性、非燃性、臭味、颜色、防污染性等。电线、电缆用的薄膜、软管等塑料要求高电绝缘性，因此这类制品在选用增塑剂配伍时也要注意电性能。

并非每种塑料都要添加增塑剂，如聚乙烯、聚丙烯这两大类通用塑料不必加增塑剂就能制造薄膜。可是有些树脂如不加一定量的增塑剂就不能制得软质制品，如聚氯乙烯、纤维素塑料、聚乙烯醇缩丁醛、聚苯乙烯、有机玻璃等。大约有80%~90%的增塑剂消耗于聚氯乙烯的软制品。聚氯乙烯软制品平均使用45份左右的增塑剂(注：在塑料、橡胶加工中，助剂用量一般以“份”表示，即对应于100质量份生胶、树脂所添加的助剂质量份数)。

2. 增塑剂的原料、主要品种及合成

绝大部分增塑剂都是酯类物质，而且通常都是通过醇和酸反应合成的。合成增塑剂所使用的酸(酸酐)和醇，主要有如下的种类：

(1) 酸及酸酐类

① 邻、对苯二甲酸及其酐；

② 脂肪族二元酸：如己二酸、壬二酸、癸二酸、十二烷二酸等；

③ 脂肪族一元酸：主要为C_5~C_{13}脂肪酸，另外如油酸、硬脂酸等

(2) 醇类

① 一元醇：各种低、中、高级醇。如甲醇、乙醇、丁醇、辛醇、庚醇、十三烷醇等。

② 多元醇：乙二醇、二甘醇、三甘醇、新戊醇、三羟甲基丙烷、季戊四醇、木糖醇等。

3. 增塑剂的主要品种：

(1) 苯二甲酸酯类　苯二甲酸酯增塑剂可分为邻苯二甲酸酯和对苯二甲酸酯两类。

邻苯二甲酸酯是使用最广泛的增塑剂，品种多、产量大。目前邻苯二甲酸酯的产量约占增塑剂总产量的80%左右。这类增塑剂具有色泽浅、毒性低、电性能好、挥发性小、气味少、耐低温性等特点，是通用型增塑剂，常用作主增塑剂。。

邻苯二甲酸直链醇酯，如邻苯二甲酸二(十三)酯系，它是一种高温增塑剂。其耐热性、挥发损失、抗迁移性和高温电性能均比较优良，缺点是相容性和加工性较差，通常用于90℃级和105℃级的聚氯乙烯电缆料中。

(2) 脂肪酸酯类　脂肪酸酯类增塑剂多用作低温增塑剂。这是因为它的低温性能好，但与聚氯乙烯的相容性较差，故只能用作耐寒的副增塑剂，与邻苯二甲酸酯类并用。大量使用的有己二酸二辛酯(DOA)、壬二酸二辛酯(DOZ)、癸二酸二丁酯(DBS)及癸二酸二辛酯(DOS)。DOA是聚氯乙烯的优良耐寒增塑剂，多与DOP等主增塑剂并用于耐寒的农业薄

膜、电线、薄板、人造革、户外用水管和冷冻食品的包装薄膜等。

(3) 磷酸酯类　磷酸酯与聚氯乙烯等树脂有良好的相容性，特别是阻燃性能好。它们既是增塑剂，又是阻燃剂，但有毒。芳香族磷酸酯的低温性能差，而脂肪族磷酸酯的低温性能好，但热稳定性较差，耐抽出性不如芳香族磷酸酯。其主要品种有磷酸三甲苯酯(TCP)、磷酸三苯酯(TPP)、磷酸三丁酯(TBP)、磷酸三辛酯(TOP)、磷酸二苯一辛酯(DPOP)等。

(4) 环氧酯类　环氧增塑剂是近年应用很广的助剂，它既能吸收聚氯乙烯树脂在分解时放出的氯化氢，又能与聚氯乙烯树脂相容，所以它既是增塑剂又是稳定剂。大部分环氧酯类增塑剂具有热稳定效果。环氧化油通常具有良好的耐抽出性、抗迁移性及低温性能，主要用于耐候性高的聚合物制品的副增塑剂。主要品种有环氧大豆油、环氧脂肪酸丁酯、环氧脂肪酸辛酯、环氧四氢苯二甲酸二辛酯(EPS)。

(5) 聚酯类　聚酯增塑剂一般塑化效率都比较低，黏度大，加工性和低温性都不好，但挥发性低、迁移性小，耐油和耐肥皂水抽出，因此是很好的耐久性增塑剂。通常需要同邻苯二甲酸酯类主增塑剂并用。多用于汽车、电线电缆、电冰箱等长期使用的制品中。聚酯增塑剂主要是二元酸和二元醇的聚合物，相对分子质量一般在1000~6000之间。

(6) 偏苯三酸酯类　偏苯三酸酯类是一类性能十分优良的增塑剂，兼有单体型增塑剂和聚合型增塑剂两者的优点。挥发性低、迁移性小、耐抽出和耐久性类似于聚酯增塑剂，而相容性、加工性和低温性又类似于邻苯二甲酸酯类。主要品种有偏苯三酸辛酯(TOTM)、偏苯三酸三(正辛)正癸酯(NODTM)。

(7) 含氯增塑剂　氯化石蜡是目前广泛使用的含氯增塑剂，价格低、电性能优良，具有难燃性，但相容性较差，仅用作副增塑剂。

(三) 稳定剂

塑料在成型加工、储存和使用过程中，因各种因素导致其结构变化、性能变坏，逐渐失去使用价值的现象统称塑料老化。

引起老化的外在因素是光、氧、热、电场、辐射、应力等物理因素；溶剂或化学介质侵蚀等化学因素，霉菌、虫咬等生物因素；内在因素是分子结构和所加添加剂的作用等影响，其中以光、氧、热三者影响最甚。而抑制或延缓其影响的最主要方式是添加光、氧、热稳定剂。

1. 抗氧剂

高聚物的氧化是一种自由基连锁反应。抗氧剂可以捕获活性自由基，生成非活性自由基，从而使连锁反应终止，它还能分解氧化过程中产生的聚合物过氧化物，生成非自由基产物，从而中断连锁反应。总之，抗氧剂的作用在于延缓高分子材料的氧化过程，保证它们能够顺利进行加工并延长其使用寿命。抗氧剂广泛用于橡胶、聚烯烃塑料和纤维等高分子材料，其中橡胶工业中抗氧剂统称为防老剂。

按照作用机理分为抗氧剂自由基抑制型和过氧化物分解型两类。自由基抑制剂又称为主抗氧剂，包括胺类和酚类两大类系列。胺类抗氧剂几乎都是芳香族中的衍生物，主要有二芳基仲胺、对苯二胺、醛胺等。它们大都具有较好的抗氧化性能，一般用于橡胶工业。酚类抗氧剂主要是受阻酚类，如2，6-二叔丁基对甲酚，抗氧化效果较前者差，但无污染，主要用于塑料及浅色橡胶制品。

过氧化物分解剂又称为辅助抗氧剂，主要有硫代二丙酸酯等硫代酯和亚磷酸酯两大类，它们主要是用于聚烯烃中，与酚类抗氧剂并用，以产生协同作用。DLTP(硫代二丙酸十二烷基酯)、DMTP(十四烷基酯)和DSTP(十八烷基酯)是硫类抗氧剂的主要品种，其中DLTP的消费量最大。该类抗氧剂中近来开发了许多优良品种。

2. 热稳定剂

热稳定剂的主要作用是防止高分子材料在加工或使用过程中，因受热而发生降解或交联，以达到延长其使用寿命的目的。许多高分子材料(如聚氯乙烯)、一些工程塑料和某些橡胶(如氯丁橡胶)的加工和使用，常需应用热稳定剂，尤以聚氯乙烯最为突出。聚氯乙烯是一种极性高分子，分子链间的吸引力很强，必须加热到160℃以上才能塑化成型，但聚氯乙烯一般加热到120~130℃就要分解，产生氯化氢，加工温度比分解温度还要高，这是聚氯乙烯用作合成材料的一个难题。为了解决这个难题，就特别需要应用热稳定剂。因此，一般所谓热稳定剂，就是专指聚氯乙烯以及氯乙烯共聚物加工时所添加的热稳定剂，或者可以说是指狭义的热稳定剂。现讨论的就是这种热稳定剂，通常也简称为稳定剂。

热稳定剂主要有铅系稳定剂、锡系稳定剂、其他金属系稳定剂、有机稳定剂和混合稳定剂等五类。铅类稳定剂是热稳定剂的主要类别，约占热稳定剂总量的60%。所有金属稳定剂均为盐类和皂类两种剂型。所谓金属皂是高级脂肪酸金属盐的总称，其品种极多。作为聚氯乙烯热稳定剂用的金属皂中，金属基一般是Ca、Ba、Zn、Mg，脂肪酸基有硬脂酸、C_8~C_{16}饱和脂肪酸、油酸等不饱和脂肪酸，此外还有非脂肪酸的烷基酚等。有机稳定剂中最广泛应用的是环氧化大豆油及其酯，主要用于配制钡、镉协同混合稳定剂。此外，还有烷基或芳基亚磷酸盐、多元醇酯和二苯基脲等，都是近年来国外着力开发的品种。混合稳定剂有两种制法：一种将个别稳定剂混合进行共沉淀，另一种是将多种稳定剂与脂肪酸或油酸共同混配。混合稳定剂的缺点是常出现粘辊现象。具体配方视不同用途而定，可参阅有关资料。

3. 光稳定剂

紫外光能激发和生成游离基是导致高聚物老化以至损坏的基本因素，能抑制光降解的辅助化学品称光稳定剂。

长期暴露在室外的塑料受日光、温度变化、大气组成(臭氧、硫及其他化学介质)、水分等影响，材料的外观发生变化和物理机械性能发生变化，即产生全天候老化。其中光老化是主要因素，又以紫外光的影响最突出。紫外光的波长短、能量高，塑料吸收紫外线后易形成电子激发或破坏化学键，引起自由基链式反应。大气中有氧，常伴随光氧化反应而发生断链和交联，形成含氧官能团，从而导致塑料性能化变化，即发生光氧老化。在塑料中添加的光稳定剂用量极少，通常仅需0.01%~0.5%。它应具备以下性能：①能吸收290~400nm波长范围的紫外线，或能有效地淬灭激发态分子的能量，或具有足够的捕获自由基的能力；②与塑料及其添加剂的相容性好；③具有良好的光稳定性；④化学稳定性好；⑤热稳定性良好；⑥不污染制品；⑦无毒或低毒；⑧耐抽出、耐水解性能优良，⑨价格低廉。

工业上常用的紫外线吸收类光稳定剂有水杨酸酯、二苯甲酮类、苯并三唑类、三嗪类、取代丙烯腈类、反应型吸收剂等。还有一类是反应型紫外线吸收剂，一般在二苯甲酮、苯并三唑或三嗪类紫外线吸收剂分子上接上反应性活性基团，使其可与单体共聚或与高分子接枝，因而不会挥发和迁移，耐溶剂抽出，其反应性基团一般是丙烯酸型的，如2-[2-羟基-4′-(甲基丙烯酯)苯基]苯并三唑和结构未公布的肼类。

二、橡胶助剂

（一）概论

橡胶是具有高弹性能的高聚物。和塑料一样，橡胶在成型加工过程中和使用中，也会受到外界光、热、空气、臭氧和机械作用等影响，产生降解和交联反应。降解反应可使橡胶产生发黏现象，交联反应则使橡胶发脆、变硬从而丧失其原有的物理机械性能。为了抑制橡胶的降解和交联反应，必须添加防老剂、抗氧剂、抗静电剂、金属钝化剂等。

此外，为了改善橡胶的加工性能，提高制品质量，降低生产成本，还需要添加补强剂、填充剂、软化剂、防焦剂、塑解剂、增黏剂、脱模剂等。所有以上助剂总称为橡胶助剂。橡胶助剂种类很多，作用也很复杂，就国外的情况来说，橡胶助剂用于轮胎加工的占三分之二，其次用于工业制品、胶鞋、乳胶、泡沫体、电线等制品。目前在国际上使用的品种总共有三千多种。下面重点介绍硫化促进剂和防老剂。

（二）硫化剂和硫化促进剂

1. 硫化剂

能使橡胶分子链起适度交联反应的化学品称硫化剂。硫化剂能降低生胶的可塑性，增强弹性和强度，它分为无机和有机两大类。实际生产中最常用的为硫黄，也可用其他含硫或不含硫的化合物，如一氯化硫、过氧化苯甲酰、多硫聚合物、苯醌化合物、二硫化吗啡啉等。

如单用硫黄，硫化作用进行缓慢，硫化时间长，很易使产品与氧化合，以致其物理机械性能恶化。如使用过量的硫黄，又容易产生喷硫（喷霜）现象，因此常常加硫化促进剂以促进硫化作用，缩短硫化时间，减少硫黄用量。有些硫化促进剂还可降低硫化温度。

2. 硫化促进剂

简称促进剂，有无机促进剂和有机促进剂两大类。目前无机促进剂中除氧化镁、氧化铅和氧化锌少量使用外，其他如氧化钙、碳酸盐等只能充作助促进剂（硫化活性剂）。大量使用的是有机促进剂，类型繁多。根据促进的速度，可分为慢速促进剂、适速促进剂、快速促进剂和超速促进剂等。此外，还有后效促进剂等。这些有机促进剂主要为含硫或含氮的有机化合物。

（1）醛胺类　醛胺类促进剂主要是由脂肪醛与氨或胺（脂肪胺或芳香胺）缩合而得到的化合物。常用的品种有：促进剂 H、促进剂 808。

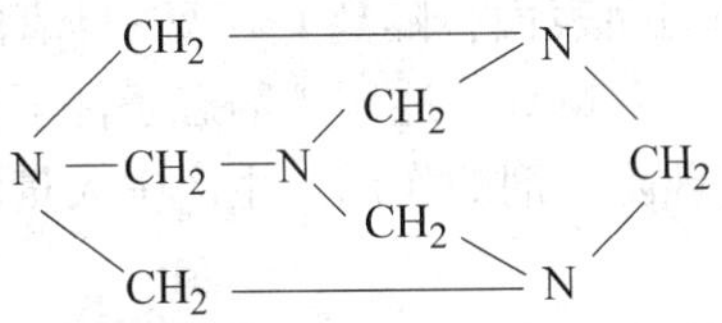

（结构式：$N_4(CH_2)_6$，四个 N 原子之间以六个 CH_2 桥连接）

环六亚甲基四胺
（促进剂 H）

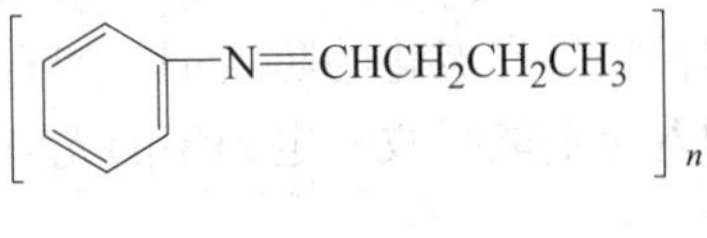

$$\left[C_6H_5-N{=}CHCH_2CH_2CH_3 \right]_n$$

丁醛苯胺综合物
（促进剂 808）

（2）胍类　脲分子中的氧原子被亚胺基（$=NH$）代替后的化合物叫做胍。作为促进剂，主要是胍的衍生物。其通式为：

$$R-NH-\overset{\overset{\displaystyle NH}{\|}}{C}-NH-R$$

R 可为烷基或芳基。胍类促进剂可用相应的硫脲来制备。例如二苯胍（白色粉末，熔点不低于 144℃）可由二苯硫脲与氨反应来制备。

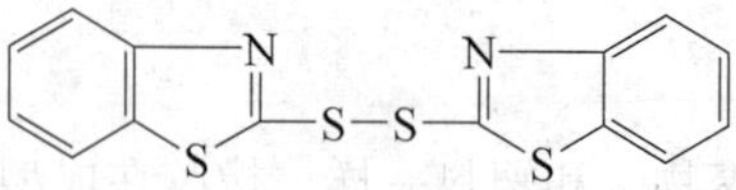

（3）噻唑类　这是一类主要的促进剂，用量约占促进剂总量的 70%。噻唑类促进剂分子中含有噻唑环结构。如二硫化二苯并噻唑（促进剂 DM，白至淡黄色粉末，无毒，稍有苦味，熔点 188℃），其结构式：

（4）秋兰姆类 具有下述结构的化合物称为秋兰姆：

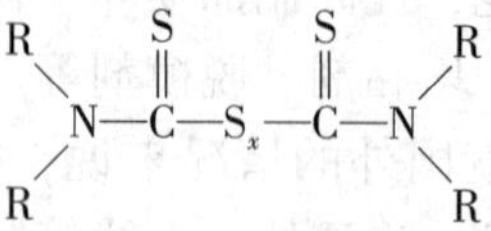

式中，R 可以是甲基、乙基、丁基、苯基或其他基团；S 为硫原子；x 为硫原子的数目。工业上常用的有一硫化物、二硫化物与四硫化物等。

秋兰姆一般是由二硫代氨基甲酸衍生而来，所以也可看作是二硫代氨基甲酸衍生物，常见的这类化合物如二硫化四甲基秋兰姆（促进剂 TMTD 或 TT，白色粉末，熔点 155~156℃）

（5）二硫代氨基甲酸盐（或酯）　二硫代氨基甲酸盐主要是氨基上的氢原子被取代的衍生物。其通式为：

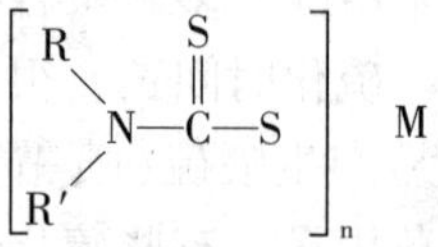

式中，R、R′ 为烷基、芳基；M 为金属原子；n 为金属原子价。

当 R 为甲基、乙基、丁基、苯基时，为通常的各种商品促进剂。其中锌盐应用最广，如二甲基二硫代氨基甲酸锌（促进剂 PZ，白色粉末，熔点 240~255℃）；其次为铅盐；再次为铜、铋、镍盐。至于钾、钠盐多用于胶乳中。

（三）防老剂

一般防老剂分为天然防老剂、物理防老剂和化学防老剂；按其功能分为抗氧剂、抗臭剂和铜盐抑制剂；按效果又可分为变色和不变色、沾污和不沾污、耐热或耐曲挠老化以及防止龟裂等不同用途的防老剂。

天然防老剂是存在于天然橡胶中防止生胶老化的物质，可能为酚类或芳香胺类，还有的可能是含氮有机酸类。物理防老剂系指涂布于橡胶制品表面，隔离其与氧-臭氧的接触，保护橡胶物理性质不易老化的防老剂，如石蜡、地蜡、蜜蜡等，适用于静态条件下使用的橡胶制品。有的着色剂能吸收一定频率的光波，起到物理防老剂的作用。生产中大量使用的是有机防老剂。

通用的有机防老剂有醛胺类、酮胺类、胺类、酚类和混合防老剂等五类。

酚类防老剂前面已讲过，这里主要介绍胺类防老剂。这类防老剂在橡胶工业中有着重要地位，常用的是二芳基仲胺、对苯二胺衍生物、醛胺和酮胺缩合物。

1. 对苯二胺衍生物

其通式为：

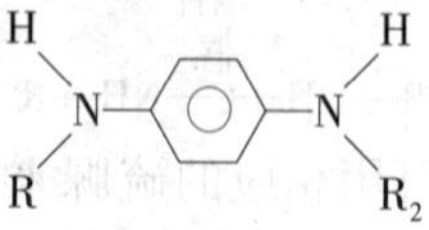

R_1、R_2可为烷基或芳基。如防老剂 288 为 *N*，*N*′-二仲辛基对苯二胺(防老剂 288，棕红色液体，沸点 420℃)。

2. 醛胺类或酮胺类缩合物

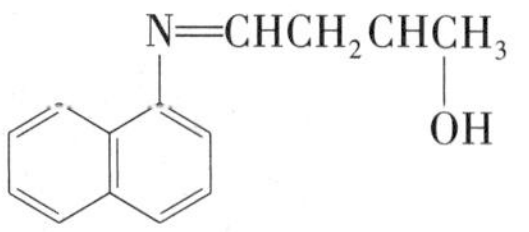

$$\text{N}{=}\text{CHCH}_2\text{CHCH}_3 \text{（1-萘基；CH上连 OH）}$$

抗氧性能良好，喷霜现象比较少，一般用量为 0.5%~6%，如 3-羟基丁醛-α-萘胺(防老剂 AP)。

3. 二芳基仲胺

此类抗氧剂在橡胶加工工业上长期以来占据着重要地位。其主要品种有防老剂 A(即防老剂甲)与防老剂 D(即防老剂丁)。其化学结构和名称如下：

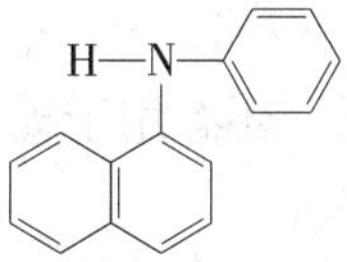

N-苯基-α-萘胺

防老剂 A

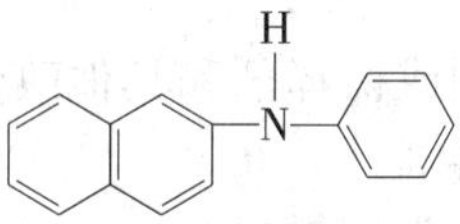

N-苯基-β-萘胺

防老剂 D

前者是黄褐色或紫色结晶，熔点 62℃；后者为浅灰色针状结晶，熔点 108℃。

此类抗氧剂具有较全面的防老能力。它们的抗热、抗氧、抗屈挠龟裂性能都很好，对有害金属也有一定的抑制作用。在橡胶工业中被广泛应用。用量一般为 1%~3%。但在国外，防老剂 A 和 D 都在被逐渐淘汰。

除上面介绍的三种胺类防老剂外，还有其他类的防老剂，如咪唑类防老剂 MB(α-巯基甲基苯并咪唑)以及丙酸酯类防老剂 TPL(二月桂基硫代丙酸酯，DLTP)等。

思考题

1. 从化学组成和实用功能两个方面如何来定义塑料增塑剂？在选用时应注意哪些特性？

2. 按化学法分类，一般有哪几种增塑剂？主要有哪些品种？

3. 塑料加工中使用稳定剂的原因及有哪三种剂？

4. 主抗氧剂和助抗氧剂有哪些主要作用机理？各举二种品种例子。

5. 请叙述热稳定剂和光稳定剂的主要作用机理，并各举一个实例。

6. 除上述增塑剂和稳定剂外，还常用哪些塑料助剂？并举上一、二种例子。

7. 橡胶所用硫化剂和硫化促进剂各有什么作用？请写出一、二种常用化学品。

8. 橡胶用的防老剂，通用的有机类有哪五类？每一类请举一例子说明。

9. 橡胶除了硫化剂和防老剂外，还有哪些助剂？请叙述它们的作用，并举例说明。

第五节 黏合剂

一、概 论

(一)黏合剂及其组成

黏合剂又称胶黏剂。凡能使物体的一个表面与另一物体的表面相黏合的物质，总称黏合剂。实践证明，黏合剂是一类混合物，其体系一般由下列几个组分所组成。

(1)基料 又称黏料，系黏合剂的主要成分，也是决定黏合剂性能的主要物料。

(2)固化剂 又称硬化剂、熟化剂。在黏合过程中，视其所起的作用，又可称为交链剂、催化剂或活化剂。其基本功能是使基料从液态热塑性状态转变成坚韧的固态或热固性状态。

其他还有填料、溶剂或稀释剂和其他改性添加剂。还有用于提高难黏或不黏的两个表面间粘合能力的化学品偶联剂。

黏合剂的组成实质上是黏合剂的配方问题，与所需黏合的材料、工作环境、性能要求等多种因素有关。每种特定的黏合剂组成(配方)，都具有其特有的性能，只有对每一个组分进行严格的选择，才能符合应用的要求。

(二)黏合剂分类

黏合剂分为无机黏合剂和有机黏合剂两大类。有机黏合剂又分为天然黏合剂和合成高分子黏合剂。

1. 无机黏合剂

通常分为水性系、胶泥系、金属焊剂和玻璃泥子四类。

2. 天然黏合剂

包括植物性淀粉、糊精、大豆蛋白胶、天然橡胶和天然树胶等，以及动物性骨胶、皮胶和鱼胶等。

3. 合成高分子黏合剂

一般分为热塑性树脂黏合剂、热固性树脂黏合剂和合成橡胶黏合剂三类，是当前应用范围最广、产量最大的黏合剂。

各类合成高分子黏合剂的用途和性能见表5-9、表5-10和表5-11。

表5-9 主要热塑性树脂黏合剂的用途和性能

黏合剂	形态(溶剂)	用途	优点	缺点
醋酸乙烯系	乳胶(水)、液体(醇)	木器、纸制品、书籍、无纺布、植绒、发泡聚乙烯	黏合速度快，无色，初期黏度高	耐碱性和耐热性较低 有蠕变性
乙烯醋酸乙烯系	乳胶(水)、固体	聚氯乙烯板、纸制品包装、簿册贴边	蠕变性低，黏结速度快，适用范围广	不适用于低温下的快速黏合
聚乙烯醇	液体(水)	纸制品	价廉、干燥快，挠曲性好	
聚乙烯醇缩醛	薄膜	金属结构、安全玻璃	无色透明，有弹性，耐久性良好	剥离强度低

续表

黏合剂	形态(溶剂)	用途	优点	缺点
丙烯酸系	乳胶、液体	压敏制品、无纺布、黏接布、植绒聚氯乙烯板	无色 耐久性高 挠曲性好	略有臭味
氯乙烯系	液体(呋喃)	硬质聚乙烯板及管	速干性	溶剂有着火危险
聚酰胺系	固体、薄膜	金属结构、蜂窝结构	剥离强度高	耐热耐水性低
2-氰基丙烯酸酯	液体	电气电子部件、机械部件	快速黏接，适用范围广	耐久性较差

就黏合剂的使用量说，现时仍以脲醛树脂、三聚氰胺树脂和酚醛树脂三类黏合剂为主，约占黏合剂总量的70%以上，其次是醋酸乙烯乳液黏合剂。这些黏合剂的近期发展趋向基本上仍以改性为主，尚无新的突破。就增长速度说，近些年急剧增长的有丙烯酸酯黏合剂、2-氰基丙烯酸酯黏合剂、厌氧黏合剂、环氧树脂黏合剂、密封材料、压敏胶带和热熔胶等。

表5-10　主要热固性树脂黏合剂的用途和性能

黏合剂	形态(溶剂)	用途	优点	缺点
苯酚系	液体(水)、液体(醇)	合板、砂纸砂布	耐热性好，室外耐久性好	有色，热压温度高，有脆性
间苯二酚系	液体(水)	层压材料	室温固化，室外耐久性高	有色，价格高
脲系	液体(水)	胶合板、木器	适于木器、点焊	易污染，易老化
三聚氰胺系	液体(水)、粉末	胶合板	无色，耐水性好，加热黏合速度快	室温下固化慢，储存期短
环氧树脂系	液体(无)	金属、塑料、橡胶、水泥材料	室温固化，无溶剂，收缩率低	剥离强度较低
不饱和树脂系	液体	水泥材料、各种结合件	室温固化，无溶剂	与空气的接触面难固化
聚氨酯系	液体(醋酸酯)	橡胶、塑料、金属材料	室温固化，适用于硬软质材料，耐低温	受湿气影响
聚芳香烃系	薄膜	高温金属结构	能耐500℃	固化困难

表5-11　合成橡胶黏合剂的用途和性质

黏合剂	状态(溶剂)	用途	优点	缺点
氯丁橡胶系	液体(用苯)	建筑、家具	不需加压黏合，适用范围广	耐热性不高，溶剂有着火危险
丁腈橡胶系	液体(甲乙酮)、乳胶(水)、薄膜	软质聚乙烯、无纺布、金属结构	耐油、耐溶剂性高	有色
丁苯橡胶系	乳胶(水)	可广泛使用	弹性高	

二、常见黏合剂举例

(一)环氧树脂黏合剂

含有环氧基团 $-\overset{O}{\overbrace{C-C}}-$ 的树脂总称为环氧树脂。

在过量的氢氧化钠存在下，用双酚-A(4,4′-二酚基丙烷)与环氧氯丙烷为起始原料可以获得高相对分子质量的双酚-A 二甘油醚环氧树脂，黏度范围为 2~8Pa·s，其结构式为：

$$\underbrace{CH_2-CH}_{\text{环氧}}-CH_2-\left[-O-C_6H_4-C(CH_3)_2-C_6H_4-O-CH_2-\underset{OH}{CH}-CH_2-\right]_n-O-C_6H_4-C(CH_3)_2-C_6H_4-O-CH_2-\underbrace{CH-CH_2}_{\text{环氧}}$$

当 $n=0$ 时，相对分子质量为 340；当 $n=10$ 时，相对分子质量为 3400。

工业环氧树脂除了双酚-A 二甘油醚外，尚有丙三醇二甘油醚、双酚-F 二甘油醚、长链双酚二甘油醚和环氧基线型酚醛树脂。

环氧树脂粘合剂的组分配制简述如下：

1. 固化剂

环氧树脂通过三种固化反应变成热固性树脂。

(1) 环氧基聚合反应　环氧树脂的活性由于有醚键存在而增加，环氧基很容易为多元酸、多元胺以及多元酚等所打开，产生环氧-环氧聚合反应，形成体型结构。

(2)羟基聚合反应　环氧基与由固化剂或改性剂引入的羟基、高分子树脂链上的羟基、固化过程中由活泼氢打开环氧基所生成的羟基和各种酚的羟基反应，从而产生环氧-环氧反应形成交联体型结构。

(3)用交链剂进行固化　常用的交链剂有伯胺、仲胺、有机酸和酸酐。

为了得到充分交联的环氧树脂，不仅需要正确选用适当的固化剂，还需要掌握使之充分交联的固化时间和固化温度。

用于环氧树脂的固化剂种类很多，常用的有十多种。根据固化剂的化学组成可分为胺类、有机酸及酸酐类、咪唑类。环氧树脂还可用其他合成树脂，特别是某些树脂的初级聚合物作固化剂，在这种情况下所得到的热固性树脂的性能多有所改变。

2. 环氧树脂和其他助剂的配合使用

一般来讲，通过适当选择环氧树脂和固化剂可以满足许多领域的要求，如果再在其中引入助剂，将会使黏合剂性能大为改进。

(1)催化剂或促进剂　引入促进剂的目的，是加快固化剂与环氧树脂的反应速度，降低反应温度，从而提高黏接效率。

(2)稀释剂　是用于降低树脂黏度，增加对被黏合材料润湿性能和以便添加更多填料的组分。常用的稀释剂有活性稀释剂，如环氧甘油基树脂、苯基甘油醚、丁基环氧丙基醚、丙烯基环氧丙基醚；非活性稀释剂，如邻苯二甲酸二丁酯(DBP)、邻苯二甲酸二辛酯(DOP)、二甲苯、苯乙烯、甲苯等。双酚-A 环氧树脂最好采用缩水甘油醚型稀释剂。

(3)填料　环氧树脂加入填料后可以降低成本，降低热膨胀系数和收缩率，增加导热性，改变表面硬度，减少放热作用，改善黏合性和操作特性。填料可以是无机物或有机物，但要求对环氧树脂和固化剂必须是惰性的，为中性或微碱性物质，并且与树脂亲合性好。常用的填料如石棉、硅石、云母、石英、冰晶石、铅粉和金属氧化物等。

(二) 丙烯酸酯系黏合剂

这类黏合剂的广泛适用性与其单体的特性有关。首先，有大量的丙烯酸酯或甲基丙烯酸酯等单体供选择；其次，这些单体很容易和大量的其他烯烃单体进行共聚；此外，丙烯酸酯系黏合剂可制成各种物理形态，如溶液、乳液、悬浮液及可热熔性固体等以利于应用，同时在聚合物链上可以带不同的官能团，以适应不同的要求。

1. 丙烯酸乳液黏合剂

丙烯酸乳液黏合剂是以丙烯酸高级酯(C_4~C_8)为主成分，与少量丙烯酸(或甲基丙烯酸)和其他活性单体(如甲基丙烯酸二甘油醚、醋酸乙烯、乙烯基异丁酯、氯乙烯和苯乙烯等)，在引发剂存在下，经乳液共聚合而得到的乳液型黏合剂。此类黏合剂的防老化性、耐水性、柔韧性优良，不用增塑剂是其主要特征。

丙烯酸乳液黏合剂用在纺织工业中，可作静电植绒黏合剂、涂料印花浆黏合剂、无纺布黏合剂、地毯的背帖黏合剂、长丝防卷剂等。在造纸工业中可用作留着剂、涂布剂、憎油剂等。在皮革工业中用作上光剂、整理剂。在黏合剂工业中主要用于压敏黏合剂、磁带磁粉黏合剂等。

2. 氰基丙烯酸酯黏合剂

这是20世纪50年代末出现的黏合剂，由α-氰基丙烯酸甲酯或α-氰基丙烯酸乙酯等制得，它的结构通式为：CH_2——→CCN—COOR，即常用的501、502、504等胶。它又是一种快速固化胶，故又称瞬干胶。氰基丙烯酸酯黏合剂的特点是快速固化，一般在5~180s后即可很好黏合，24h后可达最高强度。氰基丙烯酸酯黏合剂的固化不需加热加压，也不用固化剂，主要是靠微量水分或碱性离子引发的离子聚合反应而固化。固化后的黏合剂色泽浅，黏合面无色透明，抗拉强度高，但韧性较差，抗冲击强度和抗剥离强度均略低。

氰基丙烯酸酯黏合剂对人体器官也有很高的黏合力，且毒性轻微，能为人体所接受，近来医疗界用作黏合皮肤、联接血管、补牙和接骨等方面。

3. 厌氧黏合剂

这也是一种丙烯酸酯黏合剂，20世纪60年代进入市场，由丙烯酸聚乙二醇酯在少量引发剂过氧异丙基苯引发下产生交联反应而固化。这一自由基反应的特点是必须在隔绝氧的条件下进行，因此这种黏合剂也称为厌氧胶。

厌氧胶有单组分的，也有双组分的。用于某些活性金属的黏合，因金属表面释放过渡金属离子起催化剂的作用，采用单组分厌氧胶即可。用于黏合其他材料时，则需添加少量的催化剂，以加速固化速度。

厌氧胶对黏合面的清净程度要求较高，实际应用中主要是用作螺栓紧固、玻璃黏合、磁铁的黏合以及端面密封。

4. 第二代丙烯酸酯黏合剂

在国外，第二代丙烯酸酯黏合剂又称活性丙烯酸酯黏合剂或韧性丙烯酸酯黏合剂。这是20世纪70年代中期才出现的黏合剂商品。与厌氧胶的基本差别是此类黏合剂需加引发剂进行固化，而厌氧胶则以隔断空气为固化条件。活性丙烯酸酯黏合剂由于组分中的溶剂作用，对未经处理的金属表面，甚至是油污的金属表面也能黏合。

活性丙烯酸酯黏合剂是以丙烯酸酯或甲基丙烯酸酯为基料，以氯化聚乙烯、丁腈橡胶等为树脂改性剂，在引发剂过氧异丙基苯引发下，通过接枝聚合而得到的。其特点是黏合表面不需处理、室温下能快速固化，黏合强度高，配方品种多，操作及施工简便，且能用于塑料与金属的黏合。其弱点是黏合强度受到引发剂的浓度以及黏合剂流动性的影响较大，适用期较短，黏合强度和固化速度都还有待于进一步提高。近年来，国外在第二代丙烯酸酯黏合剂的基础上进一步用聚氨酯一类的热塑性弹性体、乙烯-醋酸乙烯共聚物等为树脂改良剂，以弥补其性能上的不足。

另外，国外还开发了所谓第三代丙烯酸酯黏合剂，即厌氧胶组分中加光敏剂(如安息香醚、二苯甲酮等)，在紫外线照射下产生光敏交联而固化，这类黏合剂称为光固化黏合剂，主要用于黏接像玻璃、有机玻璃之类的透明材料。

(三)聚氨酯黏合剂

主链上含有许多重复基团—NH—CO—O—的树脂称为聚氨基甲酸酯，简称聚氨酯。聚氨酯与聚酰胺的结构很相似，只是前者的活性基团—NH—CO—O—比后者的活性基团—NH—CO—多一个氧原子，因此两者的性能有很多相似的地方。聚氨酯主要用于生产硬质或软质泡沫、涂料、密封胶和弹性体。

黏合剂用的聚氨酯化学组成大体有下列三种类型：

第一类为异氰酸酯的自聚体，通常做成单组分黏合剂，以固化剂引起交联作用而固化，典型代表为三苯基甲烷三异氰酸酯(TTI)，主要用于橡胶的黏合。

第二类为异氰酸酯与含多个羟基的化合物部分反应制得的黏合剂，其端基—NCO—有较强的活性，能与被黏合材料形成化合链，在固化剂或水分的存在下进行交联反应而固化。选用不同的异氰酸酯、固化剂做成单组分黏合剂，既有室温固化型的，也有加热固化型的，后者主要用于塑料层压材料的黏合。

第三类为改性的聚氨酯黏合剂，二异氰酸酯(如MDI、TDI等)与二元醇的聚醚或聚酯反应，可制成带羟基的线型结构聚氨酯，在固化剂的存在下，通过另一端基—NCO—交联而固化。

聚氨酯黏合剂的耐水性、耐热性、耐化学药品性、耐油性、耐臭氧性、耐低温性都十分优越，广泛用于金属、皮革、橡胶、塑料、陶瓷等的黏合。聚氨酯黏合剂在制鞋工业上的应用特别成功，对那些不能用其他黏合剂黏接的鞋类原料，尤为有效。聚氨酯对很多塑料具有良好的黏合性能，最适宜用于黏合热塑性塑料。聚氨酯黏合剂对聚氨酯泡沫体和织物植绒都有优良的黏合性，而且其耐干洗性能优越。此外它还广泛用于汽车工业作密封材料。

(四)橡胶黏合剂

1. 天然橡胶黏合剂

天然橡胶的成分为橡胶烃、水分、树脂、蛋白质、糖和无机盐。橡胶烃的化学成分为2-甲基丁二烯-1，3的顺式高聚物，习惯上称聚异戊二烯，优质天然橡胶的橡胶烃含量一般在90%以上，树脂(丙酮抽出物)为3%~4.5%，水分和灰分为1%左右，具有良好的黏性和介电性，抗张强度高于合成橡胶。溶于苯、溶剂汽油、氯仿、四氯化碳、松节油等。在溶剂中先溶胀，逐渐形成黏性液体。生胶或加有橡胶配合剂(硫化剂、促进剂、防老剂等)的混炼胶溶于适当的溶液后所生成的黏胶性液体称为胶浆。又可分为不硫化的生胶浆和硫化的混炼胶浆。一般后者的黏合性比前者好，黏附力高。

作为黏合剂，胶浆可以做成溶液型黏合剂和乳液型黏合剂。溶液型橡胶黏合剂的黏合性强，内聚力高，黏合速度快，但耐油性、耐溶剂性较差。乳液型橡胶黏合剂的硫化既可以在室温下硫化，也可以在加热条件下硫化。黏合剂经硫化后耐热性、弹性和稳定性都有所提高。

2. 氯丁橡胶黏合剂

简称氯丁胶黏合剂，其用量约占合成橡胶黏合剂总量的70%以上，也是橡胶黏合剂中最主要的一种。氯丁胶黏合剂的基料为氯丁橡胶，具有高内聚力、中等极性和结晶性等特点。

氯丁胶黏合剂具有优异的耐燃、耐臭氧、耐老化、耐油、耐水、耐溶剂和耐化学药品性，因此在建筑、制鞋、电子、纺织、汽车、造船等方面有着广泛的应用。

3. 丁腈橡胶黏合剂

由丁二烯和丙烯腈经乳液聚合可制得丁腈胶乳或丁腈橡胶，由于其丙烯腈和稳定剂的含量不等，可有各种不同的品种牌号。丁腈胶乳和丁腈橡胶制品的特点是耐油性好，且具有适宜的耐热、耐磨、耐老化等性能，但耐寒性能差。

4. 丁苯橡胶黏合剂

苯乙烯含量为20%~30%的丁二烯-苯乙烯胶乳可用作黏合剂的基料，其弹性、抗张强度、耐油性、耐候性、耐老化性、耐热性均较天然橡胶为优，但由于分子链的极性小，黏合强度和黏合性能均差。如在配方中增加增塑剂和树脂改性，则黏合性能可有所改善。

（五）密封材料、胶黏带和热熔胶

1. 密封材料

机械装配件接合面的密封，通常采用塑性材料，其密封性是靠外加压力和密封材料的弹性实现的。组装配件接合面都非理想平面，塑性材料的形变在一定条件下会使弹性逐渐丧失，因此这种密封材料经常会导致装配件接合面的泄漏。

现时的密封，多已改用具有优异弹性的密封材料。弹性密封材料是指下列各种系别的材料，即聚硫橡胶系、有机硅系、聚氨酯系、丙烯酸系、异丁烯橡胶系和丁苯橡胶系。弹性密封材料多制成糊膏，经过硫化或硬化后，即可生成橡胶状弹性体。

2. 胶黏带

胶黏带又称压敏胶带，是指在基材上涂以黏弹性的压敏黏合剂所构成的一种材料。广泛用于包装、标签、结扎、绝缘、防腐、防爆等领域。基材有纸基、布基、薄膜基和片基等。胶黏带用的压敏黏合剂必须具备在外加压力下使胶黏带与被黏物之间能很好黏合的性能。胶黏带通常为溶剂型，在应用过程中，当溶剂挥发完后，黏合剂即自动固化，从而失去黏合性能。

压敏黏合剂历来都是用天然橡胶制成的，近些年来增加了很多类合成压敏黏合剂。

（1）聚乙烯醚压敏黏合剂　单体结构为 $CH_2=CH(OR)$，聚乙烯甲基醚系水溶性的，其胶黏带可以耐水浸湿。聚乙烯乙基醚和异丁基醚胶黏带由于有吸湿性，故有长久时效的黏合性。

（2）聚异丁烯压敏黏合剂　耐水性、耐化学药品性和耐寒性能都很好。添加天然橡胶、增黏剂后的压敏黏合剂可提高耐老化能力。

（3）丁基压敏黏合剂　系异丁烯与异戊二烯的共聚体，耐水性、耐化学药品性、耐寒性、电绝缘性和气密性都较好，做成的压敏胶带主要用于低温目的，还可用于如石油、天然气、化工、电讯等部门的地下管线作防腐胶带，外层为聚乙烯，内层为压敏黏合剂，代替防锈涂料，可大量节省劳务费用。

(4)丙烯酸酯压敏黏合剂　用丙烯酸酯(丁酯或辛酯)与有机羧酸共聚，可制得不加溶剂的树脂，再与异氰酸酯或环氧化合物配成压敏黏合剂。由于高聚物分子中有部分交联结构，制成的胶带的耐候性、耐热性等均有提高。由丙烯酸辛酯共聚的乳液还可制成速凝压敏胶，用于商标、标签和封缄等。

(5)改性嵌段丁苯压敏黏合剂　用异丁烯或丁基橡胶将丁苯橡胶改性，则可制成热熔压敏胶。

3. 热熔胶

热熔胶通常是指不含水及溶剂的100%固体黏合剂，使用时将其加热熔融成液体，经黏合后再冷却成固体。

热熔胶有很多优点：如凝固时间短(约只需1s)，因此可以连续作业，不用溶剂，包装及储运简便。熔融温度不高，一般在150~200℃的范围。加工费用少。可以黏合难于黏接的聚烯烃材料等。

大量使用的热熔胶是以热塑性乙烯-醋酸乙烯共聚树脂(EVA)和少量其他树脂为基料的黏合剂体系，其组分由乙烯-醋酸乙烯共聚树脂及改性树脂、增黏剂、黏度调节剂、抗氧剂、无机填料和增塑剂等构成。

思考题

1. 黏合剂一般是由哪几个组分组合成的？各自有何作用？
2. 黏合剂分为哪三类？每一类又分为哪几种类型？
3. 环氧树脂类黏合剂有哪些特性？请举一、二个实例。
4. 环氧树脂通过哪三种固化反应变成热固性树脂？一般常用的固化剂有哪几种？
5. 丙烯酸酯类黏合剂一般包括哪几种？请每一种举一、二个实例。

第六节　水处理剂

我国水资源总量约2.8万亿m^3，居世界第六位。但按人均占有量计算，仅为2300m^3/人，为世界人均占有量的1/4，居世界第108位，水资源很不富裕。据粗略统计，工业用水量约为实际供水量的10%左右，在工业用水中，冷却水的用量居首位，一般占60%以上。这样，为节约冷却用水，工业上大量采用冷却水循环工艺。为了减轻循环冷却水系统腐蚀、结垢、菌藻和黏泥的危害，需要加入一些化学处理剂，即所谓的水处理剂，习惯上也称为水质稳定剂。所以水处理剂是一个很广义的名词，凡是工业用水、农业用水和生活用水中涉及的化学品均可纳入这个范畴，本书只涉及冷却水化学处理剂。

水质稳定剂的主要品种可分为缓蚀剂、阻垢分散剂和杀生剂(杀菌灭藻剂)三大类。

一、缓蚀剂

缓蚀剂是一种化学药剂，它能有效地抑制冷却水系统中电化学腐蚀反应的进行。当腐蚀介质为冷却水时，应用的缓蚀剂可称为冷却水系统缓蚀剂，以区别酸洗缓蚀剂、工艺缓蚀剂、油气井缓蚀剂等。由于缓蚀剂的应用具有效果好、用量少、使用方便等特点，因而近年来得到迅速发展，成为保护金属和抑制腐蚀的一项重要技术，并在石油、化工、机械、电力、冶金、交通等许多工业部门应用。

在整个水处理化学品中，缓蚀剂所占的份额最大，经过半个世纪的研究开发，主要形成了无机缓蚀剂(磷酸盐、锌盐、亚硝酸盐、钼酸盐、钨酸盐、铬酸盐等)和有机缓蚀剂(有机膦酸盐类、有机羧酸类及含磷共聚物类等)两类。由于自身缺陷的存在，水处理缓蚀剂从最初的铬酸盐、聚磷酸盐到有机膦酸盐；从高磷、含金属的配方到低磷、全有机配方；从单一配方到复合配方，显示出水处理缓蚀剂正朝着多品种、高效率、低毒性等方向发展。

(一) 分类

缓蚀剂的种类很多，通常有以下几种分类方法：

首先，按照缓蚀剂的种类是无机化合物还是有机化合物可分为无机缓蚀剂(铬酸盐、重铬酸盐、硝酸盐、亚硝酸盐、磷酸盐、聚磷酸盐、钼酸盐、硅酸盐等)和有机缓蚀剂(胺类、醛类、膦类、硫化物、杂环化合物等)。

其次，根据缓蚀剂抑制的反应是阳极反应还是阴极反应，或两者兼而有之，缓蚀剂可分为阳极型缓蚀剂、阴极型缓蚀剂或混合型缓蚀剂。聚磷酸盐、锌盐等则属于阴极型缓蚀剂，有机胺类则被认为是混合型缓蚀剂。

缓蚀剂分类的第三种方法，是按照缓蚀剂在金属表面形成保护膜的机理不同而将缓蚀剂分为钝化膜型缓蚀剂、沉淀膜型缓蚀剂以及吸附膜型缓蚀剂，这种分类方法见表5-12。

这里主要介绍有机缓蚀剂。

(二) 有机胺类

用于循环冷却水系统的有机胺缓蚀剂，按结构一般可分为胺类、环胺类、酰胺类和酰胺羧酸类等。

表5-12　缓蚀剂的类型

缓蚀剂类型		缓　蚀　剂	保护膜特征
钝化膜型		铬酸盐、亚硝酸盐、钼酸盐、钨酸盐等	致密膜较薄(3～30nm)，与金属结合紧密
沉淀膜型	水中离子型	聚磷酸盐、锌盐	多孔膜厚，与金属结合不太紧密
	金属离子型	巯基苯并噻唑、苯并三氮唑	致密膜较薄
吸附膜型		有机胺、硫醇类、木质素类、葡萄糖酸盐、某些表面活性剂等	在非清洁表面吸附性差

胺类和环胺类一般呈现出一定的弱碱性，它们都能和无机酸或一些有机酸形成盐类，酰胺类和酰胺羧酸类则基本上表现为中性，但二元羧酸类却表现为弱酸性。它们在水中溶解度一般很小，随着烷基的增大，它们在水中溶解度减小，但缓蚀效果却增加了。为了提高胺对金属的缓蚀能力，一般用碳原子数高的胺。为提高它在水中的溶解度用成盐方法解决，这种有机酸的胺盐对水的溶解度就大得多。另一常用的方法是在胺中通入一定比例的环氧乙烷，生成胺的环氧乙烷聚合物。

$$C_{18}H_{37}NH_2+CH_3COOH \longrightarrow [C_{18}H_{37}NH_3]^+ \cdot CH_3COO^-$$

$$C_{18}H_{37}NH_2 + (x+y)\underset{\text{}}{CH_2\overset{O}{\frown}CH_2} \longrightarrow C_{18}H_{37}N\begin{cases}(CH_2CH_2O)_xH \\ (CH_2CH_2O)_yH\end{cases}$$

当上式中 $x=3$、$y=4$ 时，该产物即为应用较多的尼凡丁-18，它可以很好地溶于水或汽油中。它既是水处理缓蚀剂，又是酸洗缓蚀剂，对硫化氢的腐蚀也有一定的缓蚀效果。同时它还是一种良好的表面活性剂，能清洗金属表面的油污和污泥，从而提供具有良好吸附性能的清洁无污的金属表面。

胺类、环胺类以及酰胺类缓蚀剂都是在金属表面形成一层单分子的保护膜。因为胺类分子中的氨基的氮原子上有未共用的电子对，能与金属生成配位键，极性基能吸附在金属表面上：

$$(R)H-\overset{M}{\underset{R}{\ddot{N}}}-H(R)$$

式中，M 表示金属原子，而—R 为疏水基朝向介质，向水或油方向伸展，形成一层金属保护膜，因此起着抑制腐蚀作用。

这类缓蚀剂的使用浓度一般为 20~100μg/g。据报道，当用 50μg/g 时，可达 94%的缓蚀率；在 10μg/g 时，也仍有一定的缓蚀效果。然而这类缓蚀剂的应用也有局限性，一般来说，若要达到较好的缓蚀效果，则必须对金属设备作彻底的清洗，对有油污、垢层、污泥等的金属表面，它们的缓蚀效果是较差的。但这类缓蚀剂最主要的缺点是耐温程度较低，一旦水温高于 50℃，脱附的倾向就成为主要的，即使已成为吸附膜的保护层也会有破坏的危险。所以对高温体系的水质来说，有机胺类吸附膜的保护效果是不够理想的。虽然作为吸附类型的缓蚀剂——胺类、环胺类和酰胺类等有这些不足之处，但是它们在耐 H_2S 及耐酸等方面有特殊的优点。而某些缺点也正在不断的通过分子结构改善来克服，它们的品种也在不断地增加，因此仍有可能得到发展。

最近有报道，林业的副产物——去氢松香胺，已被用作冷却水系统的缓蚀剂，效果很好。尤其是聚氧乙烯基去氢松香胺的缓蚀效果更好，而且还有一定的杀菌作用。

酰胺羧酸类是一类能和金属形成螯合物的表面活性剂，所以也是能形成金属螯合膜的缓蚀剂。

（三）含磷有机缓蚀阻垢剂

20 世纪 60 年代开始，人们开发了含磷的有机缓蚀阻垢剂，到了 20 世纪 70 年代初，在工业上获得了大规模的推广和使用。和无机磷酸盐相比，它们的化学稳定性好，不易水解和降解，缓蚀、阻垢效果也比无机聚磷酸盐好，使用的剂量也比聚磷酸盐为低。当它们和低相对分子质量的聚电解质——聚丙烯酸以及聚磷酸盐等复合使用时，会产生协同效应，从而提高药剂的缓蚀、阻垢效果。

循环冷却水系统中经常使用的含磷有机缓蚀阻垢剂一般有两大类：一类是有机磷酸酯；另一类是有机膦酸盐。

用于水处理的有机磷酸酯，除了磷酸一酯、二酯以外，还有焦磷酸酯、聚氧乙烯基化磷酸酯 $HO-\underset{OH}{\overset{O}{\overset{\|}{\underset{|}{P}}}}-O(CH_2CH_2O)_nR$、聚氧乙烯基化焦磷酸酯 $R(OCH_2CH_2)_nO-\underset{OH}{\overset{O}{\overset{\|}{\underset{|}{P}}}}-O-\underset{OH}{\overset{O}{\overset{\|}{\underset{|}{P}}}}-O(CH_2CH_2O)_nR$。后二者除了在密闭循环冷却水中有较多应用外，近几年来还应用于炼油厂的冷却水系统。

有机磷酸酯的缓蚀、阻垢机理目前还不十分清楚，有人认为有机磷酸酯对金属铁的缓蚀作用属于阳极型。它们能在金属铁的表面进行化学吸附，其所带的烷基覆盖在金属表面上组成了一种化学吸附膜，从而阻止了水中的溶解氧向金属表面扩散而使金属材料得到了保护。至于有机酸酯的阻垢机理，有人认为主要是破坏了钙垢晶体的正常生长，引起晶格畸变而阻垢。

常用的有机磷酸酯总是和其他药剂如苯并三氮唑或巯基苯并噻唑等复合使用。

有机多元膦酸是20世纪60年代后期被开发，20世纪70年代前后被确认的一类水处理剂。它们的出现使水处理工艺有了较大的发展。如氨基甲叉膦酸[$N\leftarrow CH_2-PO_3H_2)_3$，ATMP]、乙二胺四甲叉膦酸([$-CH_2-N\leftarrow CH_2-PO_3H_2)_2]_2$, EDTMP)、羟基乙叉二膦酸[$CH_3-C(OH)(PO_3H_2)_2$，HEDP]、多元醇磷酸酯、膦羧酸[如4，4-二膦酸基1，7-庚二酸、$(H_2O_3P\rightarrow_2\leftarrow CH_2-CH_2-COOH)_2$]等。

有机多元膦酸是一类阴极型缓蚀剂，又是一类非化学当量阻垢剂，具有明显的溶限效应(threshold effect)。当它们和其他水处理剂复合使用时，又表现出理想的协同效应。它们对许多金属离子如钙、镁、铜、锌等具有优异的螯合能力，甚至对这些金属的无机盐类如$CaSO_4$、$CaCO_3$、$MgSiO_3$等也有较好的去活化作用，因此大量应用于水处理技术中。目前它的品种还在不断的发展，所以是一类比较先进且有发展前途的药剂。

除以上所述缓蚀剂外，还有氨基磷酸、烷基环氧羧酸酯、无磷钨系缓蚀剂、有机硅缓蚀剂等。

二、阻垢剂

除了缓蚀，冷却水处理的另一课题是阻垢分散，包括阻止和分散碳酸盐垢和其他各种无机盐垢及腐蚀产物、悬浮物等污垢的沉积。能起这种作用的药剂均可列入阻垢分散剂。水质稳定所用的阻垢剂主要有淀粉、丹宁、磺化木质素等天然化合物和含磷有机化合物、聚磷酸盐、水溶性聚合物[包括聚丙烯酸、聚马来酸、丙烯酸/马来酸共聚物、丙烯酸/丙烯酸羟烷基酯共聚物、马来酸/磺化苯乙烯共聚物、丙烯酸/2-丙烯酰胺基、2-甲基丙基磺酸共聚物(AA/AMPS)、丙烯酸/3-烯丙醇基、2-羟基丙基磺酸(AA/HAPS)、新型丙烯酸基三元共聚物等]。

(一) 聚羧酸类型的阻垢剂

20世纪70年代前后，低相对分子质量的聚羧酸作为冷却水系统的阻垢剂得到了广泛应用，是一类极为有效的阻垢药剂。一般在现场使用的剂量，只要几个μg/g，就能使管道的结垢情况得到较好控制。它们和其他类型的水处理药剂如有机膦酸EDTMP或HEDP等复合使用时，缓蚀或阻垢的效果都会因协同效应而得到提高。同时能使热交换器壁不易形成垢层，或仅形成软垢而易于在温度变化的影响下和水流的冲刷下脱离热交换器表面，甚至能使热交换器表面上结的老垢层在这类聚羧酸药剂较长时间的作用下，逐渐发生剥落。聚羧酸是一类具有溶限效应的药剂，所以用药量很低，对哺乳动物和水生生物的毒性也很低，因此几乎没有排放的污染问题。

这类低相对分子质量的聚合物在水溶液中羧基或磺酸基功能团都会发生部分电离，离解出氢离子或金属正离子和聚合物负离子，因而具有导电性。所以把这类低相对分子质量的聚合物又称为聚电解质。作为水处理剂，这类聚合物的相对分子质量大多在$10^3 \sim 10^4$，相对于一般的高分子聚合物而言，它们的相对分子质量是很低的。某些阴离子型阻垢剂的解离可用下式表示：

$$\left[\begin{matrix}CH_2-CH \\ \quad\;| \\ \quad COOH\end{matrix}\right]_n \xrightarrow{H_2O} \left[\begin{matrix}CH_2-CH \\ \quad\;| \\ \quad COO^-\end{matrix}\right]_n + H^+ \tag{1}$$

$$\left[\begin{matrix}CH-CH \\ |\quad\;\; | \\ HOOC\;\; COOH\end{matrix}\right]_n-\left[\begin{matrix}CH-CH \\ C\quad C \\ O{=}\;\; O \;\;{=}O\end{matrix}\right]_m \xrightarrow{2H_2O} \left[\begin{matrix}CH-CH \\ |\quad\;\; | \\ ^-OOC\;\; COO^-\end{matrix}\right]_n-\left[\begin{matrix}CH-CH \\ C\quad C \\ O{=}\;\; O \;\;{=}O\end{matrix}\right]_m + 2H^+ \tag{2}$$

$$\left[\begin{matrix}CH-CH-CH_2-CH \\ |\qquad |\qquad\qquad | \\ HOOC\;\; COOH\quad CH_2SO_3H\end{matrix}\right]_n \xrightarrow{3H_2O} \left[\begin{matrix}CH-CH-CH_2CH \\ |\qquad |\qquad\quad | \\ ^-OOC\;\; COO^-\;\; CH_2SO_3^-\end{matrix}\right]_n + 3H^+ \tag{3}$$

起阻垢作用的主要是聚合物负离子，这些负离子一般来说都是 Ca^{2+}、Mg^{2+}、Fe^{3+}、Cu^{2+} 等离子的优异螯合剂。因此作为阻垢剂，无论这些聚电解质是氢型还是钠型，都是有效的。然而钠型在运输上比较方便，所以作为阻垢剂聚丙烯酸常转变成聚丙烯酸钠的形式出售和使用。

关于阻垢机理的理论还不成熟，有三种意见：凝聚与随后分散、晶格歪曲、再生自解脱膜，这三种作用可能都有发生，即同时起到阻垢作用。对某一种阻垢剂来说可能其中之一在阻垢作用上是主要因素。阻垢机理理论随着实践发展会得到不断完善的。

目前常用于循环冷却水系统的阻垢剂，还有如聚丙烯酸、聚丙烯酰胺、水解聚马来酸酐等。

（二）其他类型的有机缓蚀阻垢剂

1. 抑制铜腐蚀的缓蚀剂

前面已经介绍了目前国内外用在循环冷却水系统最主要的缓蚀阻垢剂。此外，还有一些行之有效的，但一般在复配情况下才使用的有机缓蚀剂和阻垢剂。其中有些正在大力开发和推广应用，例如葡萄酸钠、磺化木质素盐，有些还是特效的缓蚀剂，例如巯基苯并噻唑等。

巯基苯并噻唑简称“MBT”，它是循环水冷却系统中对铜及铜合金最有效的缓蚀剂之一。因此在有铜设备的冷却水系统中，复合药剂配方中经常含有 1%～2%的巯基苯并噻唑。巯基苯并噻唑的结构式是：（苯环并噻唑环，N=C–SH，S）

苯并噻唑的铜盐在水中几乎不溶解，在使用时 pH 值为 8～11 是很稳定的。MBT 在水中的溶解度较小，因此，投加时常用它的钠盐，投加浓度为 1～2mg/L，保证浓度为 2mg/L。巯基苯并噻唑不仅是铜及铜合金的优异缓蚀剂，也是橡胶硫化促进剂（促进剂 M）和农药中间原料。

苯并三氮唑也是一种很有效的缓蚀剂，使用浓度一般为 1μg/g，但它不如 MBT 使用广泛。

2. 绿色环保多功能阻垢剂

绿色水处理剂，是指制备过程清洁，使用过程对人体健康和环境无毒性，并可生物降解成对环境无害物质的一类新型水处理剂。目前主要有烷基环氧羧酸盐（AEC）、聚天冬氨酸型（PASP）和聚环氧琥珀酸型（PESA）。

（1）PASP　聚天冬氨酸是近年来受海洋动物代谢启发而研制开发的一种生物高分子，具有优异的阻垢分散性能和良好的生物可降解性，是目前公认的绿色聚合物和水处理剂的更新换代产品。PASP 的制备通常是先由原料合成中间体聚琥珀酰亚胺（PSI），然后将中间体在酸或碱的催化作用下，进行水解生成聚天冬氨酸(盐)，最后经酸化、分离提纯后即得到纯化的 PASP。其中制备中间体 PSI 是合成的关键。

(2)PESA　PESA 是一种无磷、非氮且具有良好的生物降解性的绿色水处理剂，具有很强的抗碱性，在高钙、高硬度水中，其阻垢性能明显优于常用的有机磷酸类阻垢剂。

聚环氧琥珀酸的制备通常以顺酐为原料，其合成路线如下：

$$\text{(顺酐)} + H_2O \xrightarrow{NaOH} \text{(顺丁烯二酸钠, ONa/ONa)} \xrightarrow{\text{催化剂C, 催化剂B}} \text{(环氧琥珀酸钠, ONa/ONa)} \xrightarrow{\text{催化剂C}} H{-}\left[O-\underset{NaOOC}{\overset{H}{C}}-\underset{COONa}{\overset{H}{C}}\right]_n{-}OH$$

三、杀生剂

杀生剂(又名杀菌灭藻剂)是水质稳定剂中另一类重要药剂，它能有效地杀灭和抑制冷却水系统中主要的三种微生物，即细菌、藻类和真菌的繁殖。

一些循环冷却水系统中，特别在磷系配方中，微生物的危害比较突出。微生物在管壁上的生长和繁殖，使水质恶化，也大大增加了水流的阻力，引起管道的堵塞，还严重地降低了热交换器的传热效率，甚至造成危险的孔蚀，以致使管道穿孔，设备报废，发生停产检修等事故。藻类在凉水塔和凉水池等部位大量的繁殖，也常造成配水板堵塞，甚至造成填料架被压垮的事故。因此微生物所引起的腐蚀、黏泥、结垢和堵塞是十分普遍又非常严重的问题。为了控制微生物生长及造成的危害，就必须投加杀菌灭藻剂、污泥剥离剂等。这些药剂虽然多数具有强烈的杀生作用，但它们对人和哺乳动物，特别是对水生生物，如鱼类等，往往也有很大的毒性。在当今环境污染控制日益严格的情况下，许多杀菌剂的使用受到限制。

使用杀生剂，还必须考虑在循环冷却水中运行和其他水处理剂能共存而不影响药效，此外，还必须考虑长期使用后是否可能使菌藻产生抗药性等问题。因此，选用何种杀生剂最为有效，是个很值得研究的问题。

(一) 分类

在循环冷却水系统中危害最大的菌藻及其特征见表 5-13。

表 5-13　微生物的种类及特征

微生物	种　类	特　征
藻类	蓝藻类、绿藻类、硅藻类	细胞内含有叶绿素，可以进行光合作用。在含有氮源、磷源、钾源的水中，在日光直接照射下能迅速繁殖。在冷却塔、凉水池中最常见
细菌类	铁细菌	依靠亚铁离子氧化成高铁离子所放出来的能量来维持生命。极容易使器壁产生点蚀孔
	硫细菌	依靠水中的硫或硫化物氧化成硫酸所放出来的能量维持其生命，危害极大
	硫酸盐还原菌	嫌氧菌类。它能将硫酸盐还原成硫化物，造成危害极大的点蚀
	硝化细菌	能将氨等氧化成亚硝酸盐或硝酸盐
真菌类	各种真菌	在木质冷却塔中可导致木材严重损坏

在循环冷却水系统中，无论藻类、细菌类或真菌类，它们的生长或繁殖都需要特定的生活条件，例如碳源、氮源、磷源、一些无机离子、一些代谢物(维生素、氨基酸)、生命过程的能量来源和温度等等，只要切断某些生活条件，那么这些微生物的生存和繁殖就会受到抑制，甚至死亡。但在循环冷却水系统中，具有微生物的一切生存和繁殖的良好条件。因此要抑制这些微生物的繁殖，最有效的手段还是投加药剂即杀生剂。从杀灭微生物的程度将杀生剂分成两类：

(1)微生物杀生剂类　这些杀生剂经常是作用很强的化学药剂，它们能在短时间内产生各种生物效应，能够真正杀死有关的微生物。一般而言，它们大都是强的氧化剂，常以冲击性的方式(例如一次加入大剂量药剂)加入循环冷却水系统之中。毒性一般比较大。

(2)微生物抑制剂类　这类药品不能大量地杀死在循环冷却水中的微生物，而是阻止它们的繁殖，不让其发展到危险的水平。这类药剂的毒性比杀生剂类要小。

根据杀生剂的化学成分，可以分为无机杀生剂和有机杀生剂两大类。例如，Cl_2、Br_2、ClO_2、O_3和 NaClO 等属于无机杀生剂；氯酚类、季铵盐类、氯胺类和大蒜素等则属于有机杀生剂。

按药剂杀生的机制来分，一般可分为氧化型和非氧化型杀生剂两大类。例如 Cl_2、NaClO、Br_2、O_2和氯胺等为氧化型杀生剂，季铵盐、二硫氰基甲烷和大蒜素等属于非氧化型杀生剂。这里只介绍非氧化型杀生剂。

(二) 非氧化型杀生剂

1. 氯酚类杀生剂

氯酚及其衍生物是应用得较早的一类杀生剂，但应用水处理剂中杀菌剂研究得较少，因为它对水生物和哺乳动物的危害也是不可忽视的。它们都是不易被其他微生物迅速降解的药物，排放入水域后易造成环境污染。

2. 季铵盐杀生剂

季铵盐是一类有机铵盐，它具有离子型化合物的性质，极易溶于水而不溶于非极性溶剂中，具有 $C_{12}\sim C_{18}$长碳链的季铵盐具有杀菌性和表面活性作用，所以它是很好的杀菌剂，又是很好的污泥剥离剂。

像十二烷基二甲基苄基氯化铵(商品名 1227，a)用量 30μg/g，对铁细菌、硫酸盐还原菌、厌氧菌等都有较好的杀菌效果，这一类分子结构中含有苄基，另一类含有烷基，如十二烷基三甲基氯化铵(商品名 1231，b)，烷基可以为 $C_{12}\sim C_{16}$不等。再一种是含有吡啶基如十六烷基氯化吡啶(c)。

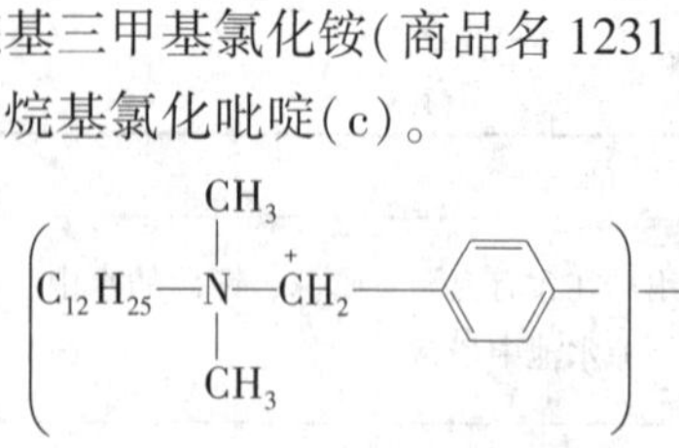

$$\left[C_{12}H_{25}-\overset{+}{N}(CH_3)_2-CH_2-C_6H_5\right]Cl^-$$

(a) 1227

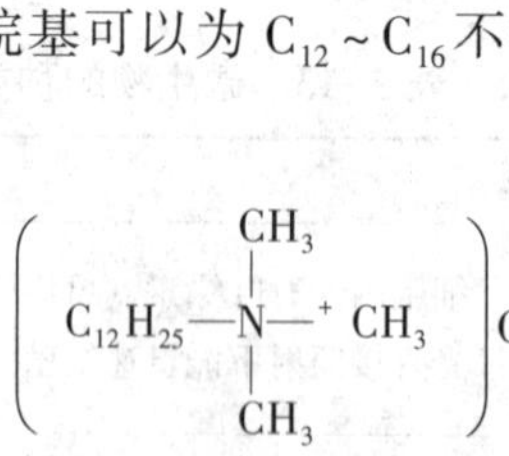

$$\left[C_{12}H_{25}-\overset{+}{N}(CH_3)_3\right]Cl^-$$

(b) 1231

$$\left[C_{16}H_{33}-\overset{+}{N}C_5H_5\right]Cl^-$$

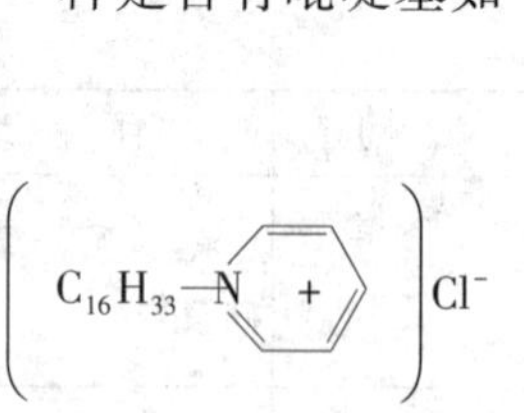

(c)

这三种季铵盐都具有较强的杀菌能力。它们都具有毒性低，且对污泥有剥离作用以及化学性质稳定和使用方便等特点。一般加入量为 10～20μg/g 能达到 99% 的灭菌效果。它的杀菌机理至今仍不完全清楚，但归纳为以下几点：① 季铵盐分子上的氮原子上带有正电荷，而水质中的细菌一般带负电荷，这样季铵盐可被这些微生物选择性地吸附，聚积在这些生物体表面上，改变了细胞原生质膜的物理化学性质，从而使细胞的活动不正常；② 季铵化合物的亲油基团（疏水基团），能溶解并损伤微生物体表面的脂肪层，从而杀死微生物；③ 它可渗透进入菌体内，与菌体蛋白质或酶反应，使微生物代谢异常，从而杀死微生物；④ 它可侵害微生物细胞质膜中的膦脂类物质，引起细胞自溶而死亡。

3. 二硫氰基甲烷（二硫氰酸甲酯）MBT

二硫氰基甲烷是近年来被推荐使用的一种广谱性杀生剂。它的分子式为 $CH_2(—S—C≡N)_2$，对各种真菌类和细菌，包括好气或厌气菌，都有良好的杀灭效果。在循环冷却水系统中，黏泥成为主要障碍时，它特别适用。

当使用浓度在30μg/g时，它对各种异养菌、硝化细菌、硫细菌等的杀菌率可达99%左右。据报道，它对黏泥还有一定的剥离效果。此外，它和水中投加的其他药剂，如缓蚀剂、阻垢剂、其他杀生剂，一般可以共存，而无干扰。它可以和其他杀生剂如氯交替使用，只要加入0.3μg/g，就可有效地杀灭微生物。但在高温、高pH值条件下不太稳定。

4. 大蒜素

大蒜能防治某些疾病，这是众所周知的。大蒜中具有杀菌作用的主要成分是大蒜素，其结构如下：

$$CH_2=CH—CH_2—\overset{\overset{O}{\|}}{S}—S—CH_2—CH=CH_2$$

当大蒜素的使用浓度为300μg/g时，杀菌率可达99%。我国一些大型化肥厂使用人工合成的大蒜素作为冷却水的杀菌剂。它是生物降解型的药剂，所以不会造成环境污染。

5. α-甲胺基甲酸萘酯

又名西维因，原是一种高效低毒的农业杀虫剂，对多种农作物和树木的虫有很好的杀生效果。在循环冷却水系统中用作杀生剂是近年来的事。α-甲胺基甲酸萘酯的分子结构式为：

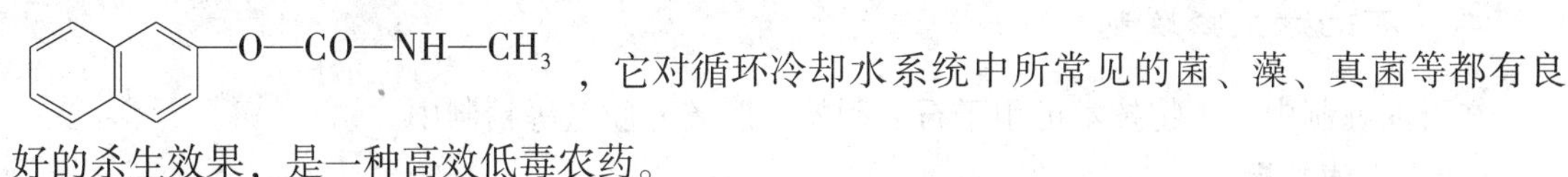

，它对循环冷却水系统中所常见的菌、藻、真菌等都有良好的杀生效果，是一种高效低毒农药。

6. 烯醛类化合物

（1）丙烯醛（ CH_2=CH—CH ）和戊二醛　它们都有很好的杀生效果，戊二醛是一种广谱性杀生剂。一般投入量10~15μg/g，即足以达到杀菌灭藻的目的。

（2）水杨酸　由于使用安全和无刺激气味、灭菌效果好，所以是人们乐于使用的杀生剂。

思考题

1. 现代水处理剂几乎都是各种药剂的复合配方，为什么？

2. 缓蚀剂分类有哪三种分类方法？请举例说明第三种分类方法中的每一种类型的缓蚀剂。

3. 有机胺类缓蚀剂可分为哪四类？每一类举一个例子，叙述它的缓蚀机理。

4. 请写出一、二种聚羧酸类型阻垢剂，并简要叙述其阻垢机理。

5. 为什么在水处理剂中要使用杀生剂？请举出一、二种杀生剂。

第七节　生物石油化工

一、概况

生物技术与化学工程相结合，形成了化学工业的新方向——生物化工，同样与石油化工相结合即形成生物石油化工。生物技术是利用生物有机体或其组成部分发展产品、新工艺的一种技术体系，一般包括基因工程、细胞工程、酶工程和发酵工程四个方面：基因工程主要涉及一般生物类型所共有的遗传物质——核酸的分离纯化、体外剪切、拼接重组及扩增与表达等技术；细胞工程则包括一切生物类型的细胞水平上的基本操作——细胞的离体培养、繁殖、再生融合，以及细胞质、染色体与细胞器的移植与改造等操作技术；酶工程是利用生物有机体内酶所具有的某些特异的催化功能，借助固定化技术、生物反应器和生物传感等新技术、新装置生产特定产品的技术；发酵工程，也称微生物工程，是给微生物提供发酵条件，利用微生物的代谢转化功能生产目的产物的技术。这四个独立体系在许多情况下是密切相关相互渗透的。用生物技术生产石油化工产品，是通过各类微生物的新陈代谢过程进行物质的合成、降解和转化。一切生物原类型的反应，都是由细胞产生的各种酶所催化，而多类酶的独特的结构功能由其特定的遗传基因所决定。通过基因工程和细胞工程可以创造出许多具有特殊功能或各种功能的“工程菌株”或“工程细胞系”，从而使酶工程或发酵工程生产出一系列化学品。而生物技术的产业化又往往是通过酶工程和发酵工程实现的。

生物化工产品主要包括：溶剂类，如发酵法生产酒精和丙酮/丁醇类等，还有小分子有机化合物，如柠檬、乳酸、苹果酸等众多有机酸、氨基酸和生物色素等，以及大分子有机物、各种酶制剂及微生物多糖等。生物农药包括细菌农药、真菌农药、病毒农药和抗生素农药等。

二、石油微生物炼制

在石油炼制中，生物技术可用于石油脱蜡、脱硫和脱氮等精制中。

（一）石油脱蜡

利用解脂假丝酵母、拟圆酵母、粉孢霉菌、诺卡氏菌等进行发酵法脱蜡可除去石油及其馏分产物的蜡质，获得高质量、低凝点的航空汽油、高级柴油、变压器油和多种机油。由于发酵脱蜡具有设备简单、脱蜡深度大、能得到菌体蛋白等优点，目前，许多国家都相继研究开发。石油微生物脱蜡制低凝点润滑油工艺与尿素脱蜡相比，前者生产成本和能耗较低，脱蜡深度大，产品质量稳定，并且用含蜡量较高的原油也可制得低凝点产品，同时也给干酵母的综合利用提供了资源条件。

（二）石油脱硫

许多地区的原油中含硫量高，这些硫化物腐蚀设备，影响产品质量，而且石油产品燃烧时，生成的SO_x还污染环境，因此石油脱硫十分重要。如用氧化硫杆菌、排硫杆菌把有机硫化物分解成H_2S、SO_4^{2-}等无机硫，以除去石油中的硫，使油的质量大大提高，并且不需要高温高压苛刻的反应条件，展示了微生物脱硫具有的广阔前景。

目前石油微生物脱硫法生产的低硫燃料油成本降至低于加氢脱硫的燃料油成本。可以认为，石油微生物脱硫的工业化已为时不远。

（三）石油脱氮

生物技术还可用于石油脱氮。利用土壤中培养出的微生物，通过环羟基化和断裂机理，使

吡啶降解成 NH_3、CO_2和 H_2O。最近，有人已得到能用咔唑作为唯一碳源、能源和氮源生长的微生物。它们对含氮杂环化合物分子的氧化有专一性，并能把油中的含氮杂环化合物氧化。

三、利用生物技术发展石油化工

(一) 国内外生物石油化工开发现状

在石油化工过程中，利用生物技术可以改变反应条件，变高温高压为常温常压，降低能耗、简化流程、减少污染，并可生产传统生产中无法合成或不经济的产品，降低生产成本，提高产品质量。表 5-14 为国外已生产及开发成功的利用石化原料和生物技术的项目。

表 5-14 国外已开发成功和生产的利用石化原料的生物技术

产　品	生物方法	原　料	国　别
苯乙二醇	酶催化反应	苯	英　国
聚苯撑	生物法		
醋酸	细菌发酵	CO_2	日　本
甲酸	细菌发酵	甲醇	日　本
己二酸、癸二酸	微生物发酵	直链烷烃	日　本
己二烯二酸	微生物转化	苯甲酸	日　本
十三碳二酸	酵母发酵	N-石蜡	日　本
醋酸酯	微生物合成	CO	美　国
对苯二酚	加氧酶	苯	法　国
苯酚、儿茶酚	加氧酶	苯	日　本
氢化醌	加氧酶	苯+苯酚	日　本
多糖	微生物发酵	甲醇	美　国
丙烯酰胺	丙烯腈水合酶	丙烯腈	日　本
环氧衍生物	微生物转化	$C_{10\sim18}$等	日本
环氧丙烷	酶法	丙烯	
脂肪酸	酶催化		
SCP	微生物发酵	石蜡、甲醇等	美、苏

表 5-15 为国内开发的利用生物技术生产的石化产品。

表 5-15 国内开发的利用生物技术生产的石化产品

产　品	生物方法	原　料	备　注
丙烯酰胺	丙烯腈水合酶	丙烯腈	小试
邻苯二酚	微生物法		小试
己二烯二酸	微生物法		小试
十五烷二酸	细胞分批发酵	十五烷	小试
十三烷酸	发酵		小试
聚β-羟基丁酸酯	发酵		小试
单细胞蛋白	发酵	甘蔗渣	小试
环氧丙烷	甲烷氧化菌及单加氧酶	丙烯	小试
L-苯丙氨酸	酶法		小试

（二）单细胞蛋白

随着世界人口不断增加，可耕地面积日益减少，动植物蛋白来源不足已成为突出问题。而人类对蛋白质的需要量越来越大，为此需开发新的食品和饲料资源，生产单细胞蛋白就是有效途径之一。

目前生产单细胞蛋白多以淀粉、糖、纤维素以及多种工业废液为原料。随着“石油发酵”热潮的兴起，大力开发以石油为原料，如石蜡，生产单细胞蛋白技术。但主要由于经济效益不佳，多数国家均未能工业化。以甲醇为原料生产单细胞蛋白，在英、美、德、日本、北欧等国都完成了中试，它所采用的菌是甲基养嗜甲基杆菌（methylubhius， methy-toiro-pHus）。

（三）丙烯酰胺

日本日东公司用腈水合酶使丙烯腈水解成丙烯酰胺，随着菌体研究开发水平的提高，其生产能力也在增大。1988 年该公司单套装置的生产能力由 40.0Mt/a 提高到 60.0Mt/a，最近又发现一种新菌体，可使现有生产能力再增加 10kt/a，进一步降低了生产成本，生物法生产丙烯酰胺的工艺也日趋成熟。

该公司酶法生产丙烯酰胺的工艺流程如图 5-3。新工艺采用固定床反应器，所用生物催化剂是诺卡氏菌、微细菌、棒状杆菌属中得到的酶催化剂。该工艺具有如下特性：

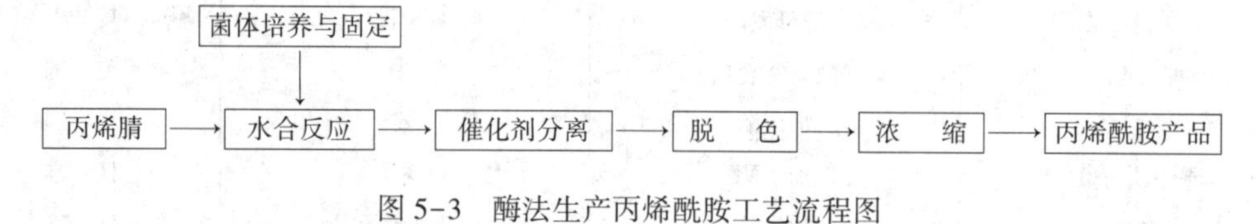

图 5-3 酶法生产丙烯酰胺工艺流程图

① 一次通过的反应转化率高，不需分离回收未反应的丙烯腈；

② 由于酶反应的特异性，丙烯酰胺的选择性极高；

③ 反应在常压下进行，不需要高温高压和惰性气体的存在。装置结构简单，操作安全；无需脱铜，分离精制简单。由于生产工艺简单，而适合于单体和聚合物的连续生产。

若用硫酸水合法生产丙烯酰胺市场价为 9800 元/t，用生物技术可使成本下降 1000 元/t，可见开发该技术有重大意义。

（四）环氧化物

这是重要的石油化工原料，尤其是环氧乙烷和环氧丙烷。传统生产方法是用乙烯、丙烯直接氧化或次氯酸化，该工艺存在着选择性不高或污染严重等缺点。现已发现气态烯烃通过微生物酶催化可生成环氧化物。

美国 Cetus 公司研制成功了用酶作催化剂由烯烃制备环氧化合物的新工艺。该法用吡喃糖-2-氧化酶先将葡萄糖、O_2转化为 H_2O_2并副产左旋果糖，再用卤过氧化酶将 H_2O_2、卤离子、烯烃反应生成卤醇，最后用卤醇环氧化酶将卤醇转化为环氧化物。该工艺与氯醇法一样要生成氯丙醇，但用的是氯离子而不是氯气，氯离子可以循环使用，而且不用石灰，避免了废渣的处理。

用酶催化法生产环氧乙烷和环氧丙烷有着重要的经济意义，已引起各国的重视。用酶催化法生产环氧乙烷和环氧丙烷可能即将实现工业化。

（五）有机酸

长链二元羧酸是制造合成纤维、工程塑料、涂料、香料及医药的重要原料，过去由于有机合成比较困难、成本高，限制了工业上的应用。酵母菌、细菌、丝状真菌都有不同程度氧化正构烷烃生成二羧酸的能力，特别是假丝酵母属和毕赤氏酵母属是正构烷烃发酵生产二羧酸的高产微生物。

日本矿业公司用发酵法进行长链二元酸的生产，1982 年建成 100t/a 十三碳二元酸的发酵装置，1985 年又扩建至 200t/a，这是世界上首次用发酵法生产长链二元酸。日本三井石油化学工业公司最近完成了正构烷烃生产己二酸和癸二酸的中间试验，正着手工业化。这与传统的化学合成法相比，产品纯度高，成本低；发酵法纯度为 95%，传统法为 70%。目前日本在该领域已处于领先地位。

国内，中科院微生物研究所和上海溶剂厂合作，于 1982 年完成了正构烷烃生物发酵法生产长链二羧酸中试，并通过了技术鉴定，为工业化奠定了基础。中科院微生物研究所还以 C_{13} ~ C_{18} 正构烷烃为原料，用解酯假丝酵母 ASZ-1207，经微生物氧化生产 C_{13} ~ C_{18} 脂肪酸，其中不饱和酸含量占 80%。中国石化集团公司抚顺研究院自 1986 年开始开展以烷烃为原料生物发酵制取十三碳二元酸的研究，结果较佳。国内还进行了甲苯生物氧化制尼龙 66 盐的研究。

（六）氨基酸

以石油为原料用微生物分解法生产的氨基酸主要有谷氨酸和赖氨酸。目前国内外主要采用发酵法生产赖氨酸。一般用糖蜜等可再生资源为原料，也可用乙酸、石蜡、乙烯、苯甲酸等为原料，经微生物发酵直接生成 L-赖氨酸。酶法已成为近年来最有前途和生产潜力的方法。预计未来酶法将逐步取代发酵法。该法是 1982 年日本福林用环己烷作原料，经加成反应、氨化和重排反应，再用一种卢氏隐球酵母菌体内酶-L-氨基己内酰胺酶将其水解使其开环而成 L-赖氨酸。该工艺已工业化，它比发酵法有很多优越性，其成本只有发酵法的一半。

用化学合成方法生产化学品通常催化效率低、反应选择性不高，设备通用性差、能耗多、产量低，并有环境污染。而用生物反应则可克服上述缺点：设备费用可望降至化学法的 1/5 以下，能耗减少 1/2，生产成本可降低 30% ~ 35%。因此用生物反应取代化工工艺过程近几年来发展十分迅速。据日本工业协会的统计结果，它可替代氧化反应 44%，缩合反应 17%，取代反应 8%，加成反应 5%，废物利用 8%。利用生物法生产的化学品中 95% 为基础化学品，5% 为精细化学品。生物反应取代的化学反应大部分是石油化学和精细有机合成的基本反应，特别是苯酚、乙二醇、脂肪酸等大吨位化学品都可用氧化还原酶制得。

（七）新型生物降解塑料的开发

聚乳酸属新型可完全生物降解性塑料，是世界上近年来开发研究最活跃的降解塑料之一。聚乳酸塑料在土壤掩埋 3 ~ 6 个月破碎，在微生物分解酶作用下，6 ~ 12 个月变成乳酸，最终变成 CO_2 和 H_2O。Cargil-氏聚合物公司在美国内布拉斯加州 Blair 兴建的 140kt/a 生物法聚乳酸装置于 2001 年 11 月投产。这套装置以玉米等谷物为原料，通过发酵得到乳酸，再以乳酸为原料聚合，生产可生物降解塑料聚乳酸。据称，这是目前世界上生产规模最大的一套可生物降解塑料装置。

Cargill-氏聚合物公司计划投资 17.5 亿美元扩大该产品的生产能力，2009 年在美国的生产能力达到 450kt/a。加上技术转让在亚训、欧洲和南美建设三套世界规模级装置，预计在 10 年后生产能力将达到 100Mt。与此同时通过改进技术，以降低生产成本。预计 7 年后，聚乳酸的生产成本、销售价格可以达到与通用热塑性塑料相竞争的水平。该公司还于 2005 年在美国建设世界规模级生物炼油厂，采用木质纤维素原料，用生物发酵分离工艺生产乙醇、乳酸和木质素(用作燃料)。

德国 Munster 大学和 McGil 大学开发了生物途径生产新一代生物降解聚合物聚硫酯的技术，这种生物降解聚合物比生物技术得到的聚合物聚羰基酯 Biopol(主要用于医药)性能又有改进。聚硫酯是利用 Escherichia Cob 细菌将巯基烷基酸转化而成的。

罗纳-普朗克(Rhone-Poulenc)公司发现了聚酰胺水解酶，可水解聚酰胺低聚物，可消化尼龙废料，为生物法回收尼龙废料打开了大门。

(八) 发酵法生产生物柴油

植物油分子一般由 14~18 个碳链组成，与柴油分子相似。因此，用菜籽油等可再生植物油可加工制取新型燃料——生物柴油。生物柴油合成采用比较简单的酯基转移反应，只需油、醇和催化剂，醇类现多选用甲醇，催化剂一般采用氢氧化钠(或氢氧化钾)。油的分子是三甘油酯，含有 3 个脂肪酸链，联结于甘油分子骨架上。催化剂的作用是使链断开并与甲醇反应生成甲酯，副产甘油。欧洲和北美利用过剩的菜籽油和豆油为原料生产生物柴油获得推广应用。目前生物柴油主要用化学法生产，采用植物油与甲醇或乙醇在酸或碱性催化剂和室温~250℃下进行酯化反应，生成相应的脂肪酸甲酯或乙酯生物柴油。现正在研究生物酶法合成生物柴油技术。用发酵法(酶)制造生物柴油，混在反应物中的游离脂肪酸和水对酶催化剂无影响，反应液静置后，脂肪酸甲酯即可分离。日本大阪市立工业研究所成功开发使用固定化脂酶连续生产生物柴油，分段添加甲醇进行反应，反应温度为 30℃，植物油转化率达 95%，脂酶连续使用 100 天仍不失活。反应后静置分离，得到的产品可直接用作生物柴油。

由于生物技术的发展对化学工业产生重大影响，各国均投入巨资进行生物化工的研究开发，生物技术产品正从医药领域向大宗化学品领域转移。

生物化工将在下述方面继续研究开发：

(1)新型生物反应器的研制和放大设计　生物反应器为活细胞或酶提供适宜的环境，以达到增殖细胞、进行生化反应的目的，是生物反应过程的关键设备。要求达到生产效率高、选择性强、环境污染少。当前的发展趋势是多样化、大型化和自动化。

生物反应器包括细胞反应器(如发酵罐)、细胞培养装置，固定化酶或固定化技术的发展出现了固定化酶或固定化细胞反应器，为使反应产物分离同时进行，又发展了分离型反应器，其中尤以膜反应器发展最快。

抗菌素的生产罐已达 4000m^3，氨基酸生产罐达 500m^3，生产单细胞蛋白的气升式发酵罐达 4000m^3，生产丙酮丁醇的球形发酵罐已达 4000m^3。

为了解决反应器的开发及操作中的在线控制，开展了数学模拟和优化控制模拟的研究，市场已有配有微机控制的发酵罐出售。

(2)生物反应动力学的研究　生物反应动力学包括细胞生长动力学、酶反应动力学、发酵动力学、底物消耗和产物生成动力学模型等。研究和建立动力学模型，可以最佳地进行生物反应过程的工业设计和生产，为提高生产强度、降低消耗、实现计算机优化控制提供依据。

(3)生物产品的新型分离和精制技术的开发　反应液中目的产物的浓度很低，乙醇约10%。一般情况下，其他诸如氨基酸不超过 8%，抗生素不超过 5%，酶制剂不超过 1%，胰岛素不超过 0.01%，单克隆抗体不超过 0.0001%。此外，产物的结构又常与杂质相似，一些具有生物活性的产品对温度、酸碱度及日光十分敏感等，这些都给产品的分离和精制(称为生物工程下游技术)造成困难。分离和精制的费用往往占成本的一半以上，有的甚至高达80%。

目前在发酵液的后处理、液固分离及破碎方面对絮凝剂、离心和膜过滤、物理破碎和酶处理技术等进行了研究，并有了1000m^{2}板框过滤机、1070m^{2}膜过滤机等设备。在分离和精制技术方面，除了常规的盐析沉淀、离子交换、溶剂萃取、吸附、蒸发、蒸馏和精馏外，已有了超滤和凝胶过滤。

(4)制备足够数量的高产优质生物催化剂。

(5)生物技术在治理工业三废和环境保护工程中的应用。

1. 石油化工领域利用生物技术有何重要意义?

2. 在石油炼制中是如何利用生物技术的?请举一、二个实例加以说明。

3. 简述国内外生物石油化工开发现状。

第六章　高分子化学与材料

第一节　前　言

高分子化学与材料是研究高分子化合物合成、反应与应用的一门科学，涉及天然高分子和合成高分子。天然高分子存在于棉、麻、毛、丝、角、革、胶等天然材料中，以及动植物机体的细胞中，其基本物质统称为生物高分子。合成高分子包括通用高分子(常用的塑料、合成纤维、合成橡胶、涂料、黏合剂等)；特殊高分子(具有耐高温、高强度、高模量等特性的高分子)；功能高分子(具有光、电、磁等物理特性的高分子)；仿生高分子(具有模拟生物生理特性的高分子)以及各种无机高分子、复合高分子和高分子复合材料等。

高分子是相对分子质量很大的分子，通常指相对分子质量大于 10^4，链的长度在 10^2 ~ 10^4nm，甚至更大的分子。我们通常把英文中“highpolymer”和“macromolecule”都译为“高分子”，实际两者是有区别的，前者直译“高聚物”，后者为“高分子”。根据国际纯粹化学和应用化学协会(IUPAC)的规定，高聚物指由组成该大分子的重复单元(通称为单体)连接而成；高分子泛指那些相对分子质量很大(大于 10^4)的分子，不管组成结构单元的复杂程度和排列是否有序。

高分子材料不仅指合成的材料，还包括这些物质在成型加工中，经处理变成另一种具有独特性能的材料，如复合材料等。基质为合成高分子的或天然高分子的，也称为高分子材料。

高分子化学与材料研究的内容可分为四个方面：

(1)高分子合成及反应方面　包括聚合反应理论，新的聚合方法及改性方法，高分子基团反应，高分子降解、交联与老化等的研究。

(2)高分子物理与物理化学方面　包括高分子相对分子质量与分级的测定、链结构立体构型与构象、聚集态结构及分子运动，固态与液态物性(力、热、光、电、磁等性质)以及综合的多层次结构与性能之间关系的研究。

(3)高分子成型、加工及应用理论的研究　包括成型方法、流变性能、塑性与弹性理论、材料力学方面的研究及扩大高分子材料的应用范围的研究。

(4)高分子设计方面的研究　包括通过各种合成方法得到不同结构的高分子，性能各异，用途不同，合成、结构、性能和应用四个方面的研究。这可表示为图6-1的“四角关系”：合成与应用之间没有直接的联系，故高分子设计必须以结构与性能的关系和合成与结构的关系为依据，积累过去实践与理论的数据，总结出规律和公式来，还可以把数据及公式储存在电子计算机中，再由计算机帮助制定出分子设计的方案，从合成实验出发，研究制成具有预期结构性能和用途的新的高分子材料。

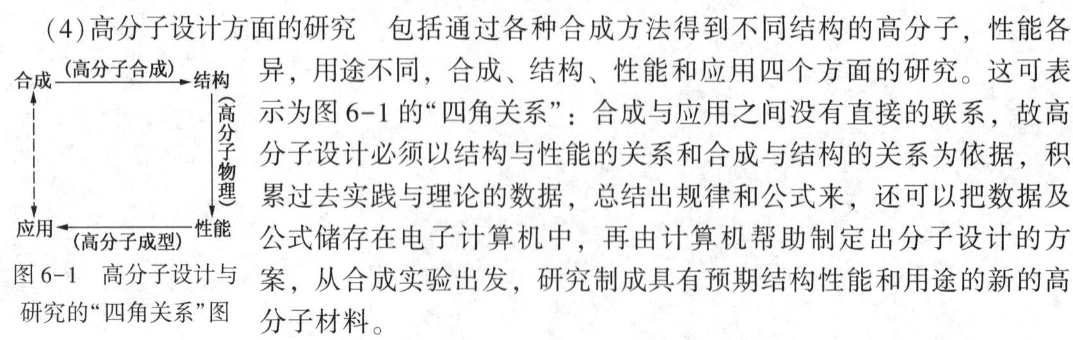

图6-1　高分子设计与研究的“四角关系”图

第二节　聚合物的基本概念

一、命名

聚合物和以聚合物为基础组分的高分子材料有三组独立的名称：化学名称、商品名称或专利商标名称及习惯名称。

1973年，IUPAC提出以结构为基础的系统命名法，首先确定重复结构单元，再排好次级单元的顺序，然后给重复单元命名，并在重复单元前冠以“聚”。

由两种或两种以上的单体经加聚反应而得到的共聚物，如丙烯腈-苯乙烯共聚物，可称腈苯共聚物；又如丙烯腈-丁二烯-苯乙烯三元共聚物，称为腈丁苯共聚物。许多合成橡胶是共聚物，常从共聚单体中各取一字，后附“橡胶”二字来命名，如丁(二烯)苯(乙烯)橡胶、乙(烯)丙(烯)橡胶等。由二种单体如苯酚和甲醛、尿素和甲醛、甘油和邻苯二甲酸酐缩合而得到的高分子缩聚物，分别称为酚醛树脂、脲醛树脂和醇酸树脂，即在原料简称之后加上“树脂”二字。此外“树脂”二字习惯上也泛指在化工厂合成出来的未经成型加工的任何高分子化合物，如聚乙烯树脂、聚氯乙烯树脂等。重要的杂链聚合物，如环氧树脂、聚酯、聚酰胺和聚氨酯等，这些名称都代表一类聚合物，具体品种应有更详细的名称，例如己二胺和己二酸的反应产物称为聚己二酰己二胺。

习惯名称是沿用已久的习惯叫法。例如聚己二酰己二胺这样的命名似嫌冗长，习惯上称为尼龙-66，尼龙代表聚酰胺一大类，尼龙后第一个数字表示己二胺的碳原子数，第二个数字表示己二酸的碳原子数；而聚对苯二甲酸乙二(醇)酯，大家习惯称做涤纶，是聚酯类中常用的一种。我国习惯以“纶”字作为合成纤维商品的后缀字，如锦纶(尼龙-6)、维尼纶(聚乙烯醇缩甲醛)、腈纶(聚丙烯腈)、氯纶(聚氯乙烯)、丙纶(聚丙烯)等。

商品名称或专利商标名称是由材料制造商命名的，突出所指的是商品或品种。这样的材料很少是纯聚合物的，常常是指某个基本聚合物和添加剂的配方，很多商品名称是按商号章程设计的。

由于高分子各类产品已普遍使用，因此有许多习惯名称或商品名称，它们的化学名称的标准缩写也因其简便而日益广泛地采用。现举主要的通用高分子的名称列于表6-1。

表6-1　一些高聚物的习惯名称或商品名称

	化学名称	习惯名称或商品名称	简写符号
塑料	聚乙烯	聚乙烯	PE
	聚丙烯	聚丙烯	PP
	聚氯乙烯	聚氯乙烯	PVC
	聚苯乙烯	聚苯乙烯	PS
	丙烯腈-丁二烯-苯乙烯共聚物	腈丁苯共聚物	ABS
合成纤维	聚对苯二甲酸乙二(醇)酯	涤纶	PETP
	聚己二酰己二胺	锦纶66或尼龙66	PA
	聚丙烯腈	腈纶	PAN
	聚乙烯醇缩甲醛	维纶	PVA

续表

	化学名称	习惯名称或商品名称	简写符号
合成橡胶	丁二烯－苯乙烯共聚物	丁苯橡胶	SBR
	顺聚丁二烯	顺丁橡胶	BR
	顺聚异戊二烯	异戊橡胶	IR
	乙烯－丙烯共聚物	乙丙橡胶	EPR

二、分类

高聚物的种类很多，而且新品种还在不断涌现，为了研究方便起见，需要加以分类使之系统化。目前分类方法很多，但比较重要的是按高分子主链结构进行分类和按高聚物的工艺性能进行分类。兹将各种分类说明如下：

1. 按高分子主链结构进行分类

(1) 按来源分
- 天然高聚物，如天然橡胶
- 合成高聚物
  - 加聚物：聚乙烯，聚氯乙烯
  - 缩聚物：酚醛树脂，尼龙 66

(2) 按组成元素分
- 无机高聚物：聚二硫化硅，聚二氟磷氮 $\left[-P(F)_2=N- \right]_n$
- 有机高聚物：聚乙烯，纤维素
- 元素有机高聚物：硅橡胶，钛环氧树脂

(3) 按高分子主链结构分
- 碳链聚合物(均链高聚物)
- 杂链聚合物

大分子主链完全由碳原子构成的聚合物，称为碳链聚合物。绝大部分橡胶、聚烯烃和其他乙烯类聚合物均属此类。杂链聚合物，其大分子主链除了碳原子外，还含有其他元素的原子(如氧、氮、硅、硫等)。天然高分子物如蛋白质、纤维素等，合成高分子物如聚酰胺、聚酯、有机硅聚合物等都是杂链聚合物。

2. 按高聚物的工艺性能分类

可分为橡胶、塑料和纤维三大类：

橡胶
- 天然橡胶：三叶橡胶，古塔橡胶
- 合成橡胶：丁苯橡胶，氯丁橡胶，乙丙橡胶

塑料
- 热塑性塑料：聚乙烯，聚氯乙烯、聚酰胺
- 热固性塑料：酚醛塑料，环氧塑料
- 工程塑料：聚砜

纤维
- 天然纤维：纤维素，蛋白质
- 化学纤维
  - 合成纤维：锦纶，涤纶
  - 人造纤维：由天然纤维加工而成，如人造棉等

三、有关高分子合成中的基本概念

(一) 单体

通常将生成高分子的那些低分子原料称为单体，或在高分子中形成结构单元的分子叫单体。如生成聚四氟乙烯$\left[CF_2-CF_2\right]_n$，它的单体是 CF_2-CF_2，尼龙 66 的单体为己二酸 $HOOC\left(CH_2\right)_4COOH$ 和己二胺 $H_2N\left(CH_2\right)_6NH_2$。

(二) 聚合度

聚合度常用符号 *DP* 表示，如聚四氟乙烯$\left[CF_2-CF_2\right]_n$的 $DP=n$。在两种以上单体合成的聚合体中，聚合度 *DP* 与重复单元数 n 的关系较复杂，在尼龙 66 $\left[CO-(CH_2)_4-CO-NH-(CH_2)_6-NH\right]_n$中的 $DP=2n$。

(三) 均聚物

指由同一种单体形成的高分子，其结构单元是均一的物质。

(四) 共聚物

指由两种或更多种的单体形成的高分子，其结构单元有若干个物质。

(五) 相对分子质量及相对分子质量分布

高分子中每一个链的长短都不一样，也即相对分子质量大小不一，这种情况称为相对分子质量的多分散性，常用平均相对分子质量和相对分子质量分布来表征高分子的这种性质。详见第五节。

第三节　聚合反应

由单体转变成为聚合物的反应称为聚合反应。根据反应机理，将聚合反应分成连锁聚合反应(加聚反应)和逐步聚合反应(缩聚反应)两大类。

一、加聚反应

加聚反应绝大多数是由烯类单体出发，通过连锁加成作用而生成高聚物的。其反应历程可分为三大类：自由基聚合反应、离子型聚合反应、配位聚合反应。加聚反应有一个突出的特点，即在低转化率和在聚合过程中经常存在大量单体的情况下，也能在倾刻之间形成高相对分子质量的聚合物。

(一) 自由基加聚反应

目前工业上自由基聚合大多采用引发剂来引发，也可在热、光、辐射等能源直接作用下形成自由基，进行聚合。

引发剂是具有弱的共价键如过氧化二苯甲酰、偶氮二异丁腈、无机盐 $K_2S_2O_8$ 等类型的化合物。在受热时它们易于断裂成为两个自由基，例如过氧化二苯甲酰均裂成为苯甲酰自由基：

$$C_6H_5-\overset{\overset{\large O}{\|}}{C}-O-O-\overset{\overset{\large O}{\|}}{C}-C_6H_5 \longrightarrow 2\,C_6H_5-\overset{\overset{\large O}{\|}}{C}-O$$

自由基聚合反应主要包括链引发、链增长、链转移和链终止等基元反应：

1. 链引发

这一步骤包括从引发剂生成初级自由基(R ·)，以及将它加成到单体上形成单体自由基的过程，其通式表示如下：

$$R\cdot + CH_2{=\!=}\underset{\displaystyle X}{\underset{|}{CH}} \longrightarrow R{-}CH_2{-}\underset{\displaystyle X}{\underset{|}{\dot{C}H}}$$

X 和后面的 X′可以是 H 原子、氯原子或其他原子基团等。

2. 链增长

在引发反应中生成的自由基的反应活性很强，很快与不饱和单体发生加成反应形成生长链——进行自由基连锁反应。在每一步中，自由基的反应都伴随着新的自由基形成：$M_1\cdot$（单体自由基），$M_2\cdot$（二聚体自由基），$M_3\cdot$（三聚体自由基），…… $M_{n-1}\cdot$，$M_n\cdot$（链自由基），使连锁反应继续下去。其通式为：

$$\sim\sim CH_2{-}\underset{\displaystyle X}{\underset{|}{\dot{C}H}} + CH_2{=}\underset{\displaystyle X'}{\underset{|}{CH}} \longrightarrow \sim\sim CH_2{-}\underset{\displaystyle X}{\underset{|}{CH}}{-}CH_2{-}\underset{\displaystyle X'}{\underset{|}{\dot{C}H}}$$

3. 链转移

可以分下述三种情况：

(1)向单体转移

$M_n\cdot$（链自由基）+ M（单体）⟶M_n（大分子）+ $M_1\cdot$（单体自由基）

$$\sim\sim CH_2{-}\underset{\displaystyle X}{\underset{|}{\dot{C}H}} + CH_2{=}\underset{\displaystyle X'}{\underset{|}{CH}} \longrightarrow \sim\sim CH_2{=}\underset{\displaystyle X}{\underset{|}{CH}} + CH_3{-}\underset{\displaystyle X'}{\underset{|}{\dot{C}H}}$$

(2)向溶剂(或相对分子质量调节剂)分子转移

$M_n\cdot$ + S（溶剂）⟶M_n + $S\cdot$（溶剂自由基）

$$\sim\sim CH_2{-}\underset{\displaystyle X}{\underset{|}{\dot{C}H}} + CCl_4 \longrightarrow \sim\sim CH_2{-}\underset{\displaystyle X}{\underset{|}{C}}HCl + \cdot CCl_3$$

(3)向大分子转移，引起大分子支化或交联

① 支化：

$$\sim\sim CH_2{-}\underset{\displaystyle X}{\underset{|}{\dot{C}H}} + \sim\sim\sim CH_2{=}CH_2 \longrightarrow \sim\sim \underset{\displaystyle X{-}CHCH_2\sim\sim}{\underset{|}{CH}}{-}\dot{C}H_2 \longrightarrow \cdots\cdots$$

② 交联：

$$\begin{array}{c}\sim\sim CH_2{-}CH{-}X \\ \cdot \\ + \\ \cdot \\ \sim\sim CHCH_2\sim\sim\end{array} \longrightarrow \begin{array}{c}\sim\sim CH_2{-}CH{-}X \\ | \\ \sim\sim CHCH_2\sim\sim\end{array}$$

4. 链终止

自由基有相互作用的强烈倾向，两基相遇时，由于独电子消失而使链终止。终止反应有偶合和歧化两种方式。

① 双基偶合终止：

$M_n\cdot$（链自由基）+ $M_m\cdot$（链自由基）⟶ $M_n{-}M_m$

$$2\sim\sim CH_2{-}\underset{\displaystyle X}{\underset{|}{\dot{C}}}\sim\sim \longrightarrow \sim\sim CH_2{-}\underset{\displaystyle X}{\underset{|}{\overset{\wr}{C}}}{-}\underset{\displaystyle X}{\underset{|}{\overset{\wr}{C}}}{-}CH_2\sim\sim$$

② 双基歧化终止：

$$M_n\cdot(\text{链自由基})+M_m\cdot(\text{链自由基})\longrightarrow M_n(\text{饱和})+M_m(\text{不饱和})$$

$$\sim\sim CH_2-\underset{X}{\dot{C}H}+\underset{X'}{\dot{C}H}-CH_2\sim\sim \longrightarrow \sim\sim CH_2-\underset{X}{CH_2}+\underset{X'}{CH}=CH\sim\sim$$

除上述链终止，也可以通过与容器器壁碰撞或加入阻聚剂终止自由基连锁反应。由于即使是微量的某种杂质也能起到链转移剂或阻聚剂的作用，因此，所使用的单体原料必须是最纯净的石油化工产品。

(二) 离子型聚合反应

离子聚合反应是聚合反应的一个类型，但是反应的活性中心是离子而不是独电子的自由基。离子聚合反应因活性中心所带电荷的不同（如正碳离子和负碳离子等），可分为阳离子聚合反应和阴离子聚合反应两类。

1. 阳离子聚合反应

阳离子聚合一般采用亲电试剂作为催化剂产生活性离子。质子酸如 $HClO_4$、H_2SO_4、H_3PO_4、CCl_3COOH 等，Lewis 酸如 BF_3、$AlCl_3$、$SbCl_5$、$FeCl_3$、$SnCl_4$、$TiCl_4$、$ZnCl_2$ 等，有机金属化合物如 $Al(CH_3)_3$、$Al(C_2H_5)_2Cl$ 等都可作为催化剂。

适合阳离子聚合反应的烯类单体分子中的取代基团（X）大多属于给电子基团，如 R—、RO—基等。阳离子聚合用于制取聚异丁烯、丁基橡胶、聚乙烯醚、石油树脂、聚呋喃和石油添加剂等。由于阳离子活性中心极其活泼，反应多在低温下进行。

2. 阴离子聚合反应

阴离子聚合常用“亲核试剂”作为催化剂，由它提供有效的阴离子去引发单体。大致可分为三类：一是氨基钠（钾），可使单体苯乙烯、丙烯腈、甲基丙烯酸甲酯等很好地聚合；二是金属锂（钠）及有机锂（钠），可使二烯类单体聚合；三是醇钠（钾）、氢氧化钠（钾），可使环氧类进行开环聚合。前二类属于负碳离子聚合，后一类属于负氧离子聚合。

和自由基聚合反应相似，离子聚合也分为链的开始、链的增长和链的终止等步骤。现以氨基锂引发苯乙烯阴离子聚合为例，说明反应过程的机理。

(1)链引发反应

$$Li^+\ NH_2^- + CH_2=\underset{C_6H_5}{CH} \longrightarrow NH_2-CH_2-\underset{C_6H_5}{CH^-}\ Li^+$$

(2)链增长反应

$$NH_2-CH_2-\underset{C_6H_5}{CH^-}\ Li^+ + CH_2=\underset{C_6H_5}{CH} \longrightarrow NH_2-CH_2-\underset{C_6H_5}{CH}-CH_2-\underset{C_6H_5}{CH^-}\ Li^+$$

$$NH_2\!\left[CH_2-\underset{C_6H_5}{CH}\right]_n\!CH_2-\underset{C_6H_5}{CH^-}\ Li^+ + CH_2=\underset{C_6H_5}{CH} \longrightarrow NH_2\!\left[CH_2-\underset{C_6H_5}{CH}\right]_{n+1}\!CH_2-\underset{C_6H_5}{CH^-}\ Li^+$$

(3)链终止反应

$$NH_2\!\left[CH_2-\underset{C_6H_5}{CH}\right]_{n+1}\!CH_2-\underset{C_6H_5}{CH^-}\ Li^+ + CH_3OH \longrightarrow NH_2\!\left[CH_2-\underset{C_6H_5}{CH}\right]_{n+1}\!CH_2-\underset{C_6H_5}{CH_2} + LiOCH_3$$

可见，离子聚合过程中，单体在催化剂的作用下形成活性中心离子(活性单体)，在活性中心离子附近还有反离子(带相反电荷的离子)存在，直到链终止前，它们通常都以离子对形式存在于反应体系中。

(三) 配位聚合反应

配位聚合反应是一种加聚反应。20世纪50年代，齐格勒(Ziegler)、纳塔(Natta)等人开始把齐格勒-纳塔络合催化剂(见第三章)应用于低压聚乙烯和聚丙烯的生产，获得立构规则性很高的聚合物。如：丙烯单体采用配位聚合，生成的聚合物具有下列三种结构的一种：第一种是等规立构结构(顺式立构)，所有甲基(在式中以R表示)在扩展的聚合物链的一侧。第二种是间规立构结构(反式立构)，所有甲基相间地分布在碳碳链两侧。第三种是无规立构结构，甲基无规则分布。无规聚丙烯是柔软、有弹性、橡胶状的聚合物。等规、间规聚丙烯的结晶度、密度、熔点很高，具有很多优异的性能，见表6-2。

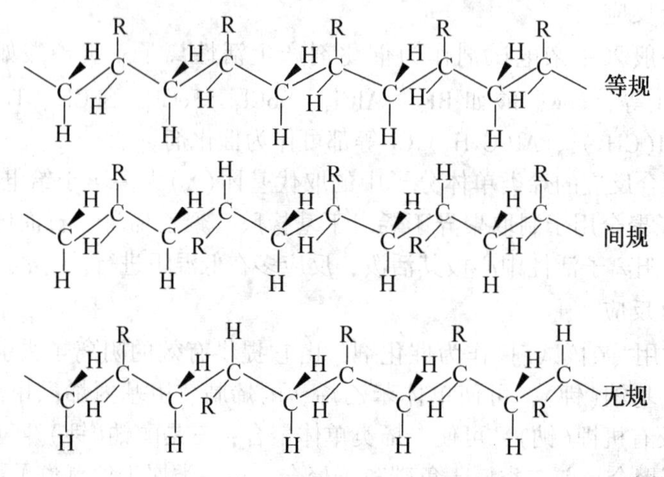

表6-2 有规和无规聚丙烯的性能

性 能	有规聚丙烯①	无规聚丙烯
密度/(g/cm³)	0.94(间规0.91)	0.85
玻璃化温度/℃	115(间规45)	-11~-25
熔点/℃	174~176(134)	
脆化温度/℃	-5~10	<-35
抗张强度/(kg/cm²)	350~370	12~15
断裂伸长率/%	≤600	500~600
强性模量/(kg/cm²)	$(10\sim15)\times10^3$	$0.1\sim0.5\times10^3$
冲击强度(缺口)/(kg/cm²)	5~11	不断

① 这里有规聚丙烯特指等规立构体。

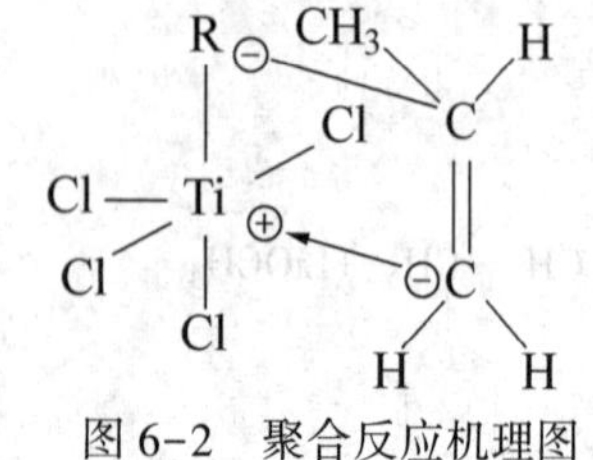

图6-2 聚合反应机理图

可以简单地认为，齐格勒-纳塔催化剂的配位聚合反应机理是将烯键插入到金属与生长的烷基之间的键上去(见机理图6-2)，甲基只能朝一个方向，因此聚合物的等规度高。故该反应也称为定向聚合反应，产生的聚合物也叫定向聚合物。该聚合反应过程在控制聚合物结构方面具有重大价值。

二、缩聚反应

缩聚反应(逐步缩合反应)在高分子合成工业中占有重要地位，人们所熟悉的一些聚合物，如酚醛树脂、聚酯树脂、氨基树脂、尼龙(聚酰胺)以及涤纶(聚酯)等都是通过缩聚反应合成的。顾名思义，缩聚反应是由多次重复的缩合反应(有小分子产物)形成聚合物的过程，这类反应没有特定的反应活性中心，每个单体分子的官能团都有相同的反应能力，所以在反应初期形成二聚体、三聚体和其他低聚物。随着反应时间的延长，相对分子质量逐步增大。增长过程中每一步产物都能独立存在，在任何时候都可以终止反应，在任何时候又可以使其继续以同样的活性进行反应。显然这是连锁聚合反应的增长过程所没有的特征。

对于一般缩聚反应，可写如下式：

$$n\mathrm{a{-}R{-}a}+n\mathrm{b{-}R'{-}b} \rightleftharpoons \mathrm{a}\!\left[\mathrm{R{-}R'}\right]_n\!\mathrm{b}+(2n-1)\mathrm{ab}$$

式中，a 、b 表示能进行缩合反应的官能团；ab 表示缩合反应的小分子产物；—R—R′—表示聚合物链中的重复单元结构。

当两种不同的官能团 a 、b 存在于同一单体时，如 ω -氨基酸、羟基酸等，其聚合反应过程基本相同，如：

$$n\mathrm{a{-}R{-}a} \rightleftharpoons \mathrm{a}\!\left[\mathrm{R}\right]_n\!\mathrm{b}+(n-1)\mathrm{ab}$$

既然缩聚反应是一系列缩合反应，因此两者的区别在于反应物的官能团及生成物的性质不同而已。几乎所有的缩合反应都可以利用来合成聚合物。所要求的原料是一种或二种含两个或两个以上能缩合的官能团的单体。通常用 a-R-a 或 a-R-b 表示。

按照官能团之间的反应类型，则通常的缩聚反应可包括以下一些类型：聚酯化反应，聚酰胺化反应，酚醛缩聚反应，水解缩聚反应，聚酰亚胺化反应，聚硫化物的形成等，此处不再一一介绍。

第四节　聚合实施方法

在聚合物生产的发展史上，自由基聚合曾占领先地位，目前仍占较大的比重。针对自由基聚合，曾将实施方法分为本体聚合、溶液聚合、悬浮聚合、乳液聚合四种。缩聚和离子型聚合也可参照这四种实施方法来划分。

一、本体聚合

不加其他介质，只有单体本身在引发剂或催化剂、光、热、辐射等的作用下进行的聚合称做本体聚合。在本体聚合体系中，除了单体和引发剂外，有时可能加有少量的色料、增塑剂、润滑剂、相对分子质量调节剂等助剂。

乙烯、丙烯、丙烯腈等聚合，通常采用本体聚合，丁钠橡胶的合成是阴离子本体聚合的典型例子，聚酯、聚酰胺的生产是熔融本体缩聚的例子。

工业上本体聚合可分为间歇法和连续法。生产中的关键问题是反应热的排除。聚合初期散热无多大困难，但随着转化率的提高(如 20%~30%)，体系的黏度增大后，散热就不太容易了。若散热不良，轻则造成局部过热使相对分子质量分布变宽，影响产品质量，重则温度失调引起爆聚。改进的办法是采用二段聚合，先在较大的搅拌釜中进行，再进行薄层(如板状)聚合，或以较慢的速度进行。本体聚合的第二个问题是聚合物的出料问题。根据产品特性，可用下列出料方法：浇铸脱模制板材或型材、熔融体挤塑造粒和粉料等。

本体聚合的优点是产品纯净，尤其可以制得透明制品，适用于制板材和型材，所用设备也较简单。

二、溶液聚合

单体和引发剂溶于适当溶剂中的聚合称做溶液聚合。它对热和黏度的控制比本体聚合容易，不易产生局部过热。此外，引发剂分散容易均匀，不易被聚合物所包裹；引发效率较高，这是溶液聚合的优点。但是，溶液聚合也有许多缺点：

(1)由于单体浓度较低，溶液聚合进行较慢，设备利用效率和生产能力较低；

(2)单体浓度低和向溶剂的链转移结果，致使聚合物相对分子质量较低；

(3)溶剂分离回收费用高，除净聚合物中微量的溶剂有困难。而在聚合釜除尽溶剂后，固体聚合物的出料又有困难。

这些缺点使得溶液聚合在工业上应用较少，往往选用悬浮聚合或乳液聚合，但聚合物应用于黏结剂、涂料和浸渍剂、合成纤维纺丝液等(不必脱除溶剂)则要选用溶液聚合。

三、悬浮聚合

悬浮聚合是利用机械搅拌使单体以小液滴状态悬浮在水中进行的聚合，选择的引发剂(油性引发剂)要能溶于单体。一个小液滴就相当本体聚合的一个单元，从单体液滴转变成聚合物固体粒子，中间一定经过聚合物单体黏性粒子阶段。为了防止粒子相互黏结在一起，体系中须另加分散剂，以便在粒子表面形成保护膜。因此悬浮聚合体系一般由单体、引发剂、水、分散剂四个基本组分组成，得到的最终聚合物是呈圆珠状或珍珠状的颗粒，直径通常约为50~2000μm。颗粒大小视搅拌强度和分散剂性质、用量而定。聚合物颗粒经洗涤、分离、干燥即得粒状或粉状树脂产品。悬浮聚合的优点如下：

(1)体系黏度低，聚合热容易从粒子经介质水通过釜壁由夹套冷却水带走，散热和温度控制比本体聚合、溶液聚合容易得多，产品相对分子质量及其分布比较稳定；

(2)产品的相对分子质量比溶液聚合高，杂质含量比乳液聚合的产品少；

(3)后处理工序比溶液聚合和乳液聚合简单，生产成本低，粒状树脂可直接用来加工。

悬浮聚合的主要缺点是产品多少附有少量分散剂残留物，要生产透明和绝缘性能高的产品，须将残留分散剂除净。

由于悬浮聚合兼有本体聚合和溶液聚合的优点，而缺点较少，因此在工业上得到广泛的应用。80%~85%的聚氯乙烯、全部苯乙烯型离子交换树脂母体、很大一部分聚苯乙烯、聚甲丙烯酸甲酯等都采用悬浮法生产。悬浮聚合一般采用间歇操作，在搅拌釜中进行。图6-3是悬浮法生产聚氯乙烯的示意流程。

四、乳液聚合

单体在水介质中由乳化剂分散成乳液状态进行的聚合称为乳液聚合。乳液聚合最简单的配方由单体、水、水溶性引发剂、乳化剂四个组分组成。

乳液聚合物粒子直径约为0.05~0.15μm，比悬浮聚合常见粒子50~2000μm要小得多，

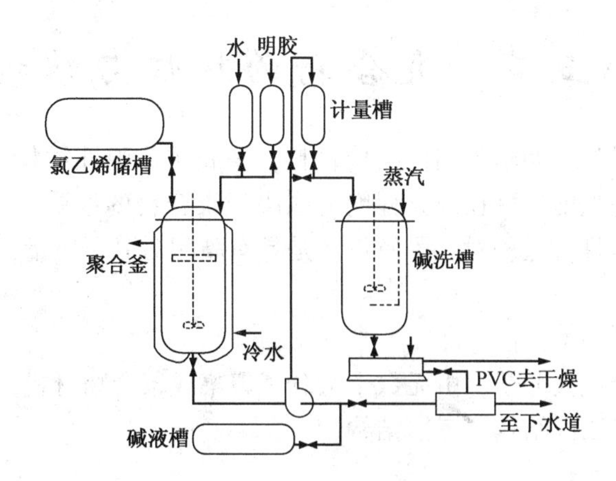

图 6-3　悬浮法生产聚氯乙烯的示意流程

这和聚合机理有关，不作详述。

乳液聚合有以下优点：

(1)水作分散介质，价廉安全。乳液的黏度与聚合物相对分子质量无关。乳液中聚合物含量可以很高，但体系黏度却可以很低。这有利于搅拌、传热和管道输送，便于连续操作；

(2) 聚合速率大，同时相对分子质量高，可以在较低的温度下操作。

乳液聚合也有下列缺点：

(1)需要固体聚合物场合，乳液需经凝聚、洗涤、脱水、干燥等工序，生产成本较悬浮法高；

(2)产品中留有乳化剂，难以完全除净，有损电性能。

丁苯橡胶、丁腈橡胶等聚合物要求相对分子质量高，产量又大，工业上宜采用连续法生产，少量杂质对通用橡胶制品质量并无显著影响，因此这类聚合物常选用乳液聚合法生产。生产人造革用的糊状聚氯乙烯树脂也采用乳液法，产量约占聚氯乙烯树脂总产量的15%~20%左右。直接应用乳胶的场合，如水乳漆、黏合剂、纸张皮革织物处理剂以及乳液泡沫橡胶，更宜采用乳液聚合。此外，甲基丙烯酸甲酯、聚乙酸乙烯酯、聚四氟乙烯等也有采用乳液法生产的。

五、界面缩聚

界面缩聚是一种非均相缩聚反应，这种方法无论在实验室还是在工业上都有应用。例如下列反应：

$$H_2N—NH_2+ClCO \sim\sim COCl \longrightarrow —NHCO \sim\sim CONH—NHCO \sim\sim +HCl$$

把联胺溶于水中形成水溶液，把二酰氯溶于三氯甲烷中形成有机溶液，这两种单体溶液互不相混合，它们只能在其液体接触界面上才互相接触，因此聚合只能发生在这个界面上，在其余地方就不能生成聚合物。当我们把在界面上聚合生成的聚合物撮起提拉时，便会有接连不断的聚合物呈连续丝状被拉出，新的聚合物便在界面处不断形成。

该法优点是设备简单，操作方便，可调整聚合物相对分子质量。

缺点是需要高反应活性单体、大量的溶剂消耗以及设备体积庞大、利用率低等。到目前为止，工业上采用的数目是有限的。

第五节　聚合物的物性与结构

聚合物主要用作材料，如塑料用作结构材料，橡胶用作弹性材料，纤维用作纺织材料。材料的共同基本要求是强度，这在很大程度上取决于聚合物的性质：是均聚物还是共聚物，是线型的还是支链的，具有低相对分子质量还是具有高相对分子质量，结晶度如何等等。

一、聚合物结构

从低分子单体聚合成大分子，由无数个大分子聚集成聚合物材料，中间尚存在着多重结构，即所谓一次结构、二次结构、三次结构。

（一）一次结构

一次结构是单个大分子内与结构单元有关的结构，包括结构单元本身的结构、单元相互连接的序列结构、单元在空间排列的立体异构等与分子构型有关的结构。

大分子内结构单元间的连接可能有多种方式，以聚丙烯为例，它有 d-与 l-两种链节构型。根据 d 与 l 链节联结的序列不同，可组成如下几种异构高分子：

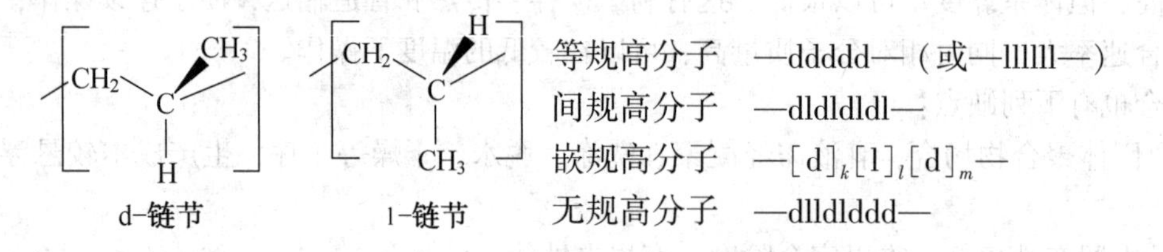

当二种单体 A 与 B 进行共聚合时所得到的共聚物，按两种链节连接的序列不同，可分为如下几种：

① 交替共聚物　—ABABAB—

② 无序共聚物　—ABAABABBBAA—

③ 嵌段共聚物　—$[A]_k[B]_l[A]_m[B]_n$—

④ 嵌均共聚物　—ABB $[A]_k$BAABB $[A]_n$B—

⑤ 接枝共聚物　—AAAAAAAA—（支链 $[B]_m$、$[B]_n$）

不同的序列构成不同性质的聚合物，序列本身是由聚合反应规律控制的。高分子化学的一个重要任务是选择适当的聚合反应工艺条件，来控制一次结构以提高聚合物性能。

（二）二次结构

聚合物的二次结构是涉及单个大分子构象的结构。构象一词与构型不同。构型属于一次结构的范畴，要改变分子构型必须使化学键断裂；而构象的改变是由单键内旋转造成的，并不引起键的断裂。二次结构的单元不再是单个重复单元，也不是整个大分子链，而是由若干重复单元组成的链段。随着一次结构和外界条件（如温度、拉伸等）的不同，线型大分子可以处于伸展拉直、无规线团、有规则等周期曲折、螺旋等二次结构状态，如图 6-4 上半部。

（三）三次结构

在单个大分子二次结构的基础上，许多大分子聚集成聚合物材料，产生了三次结构。

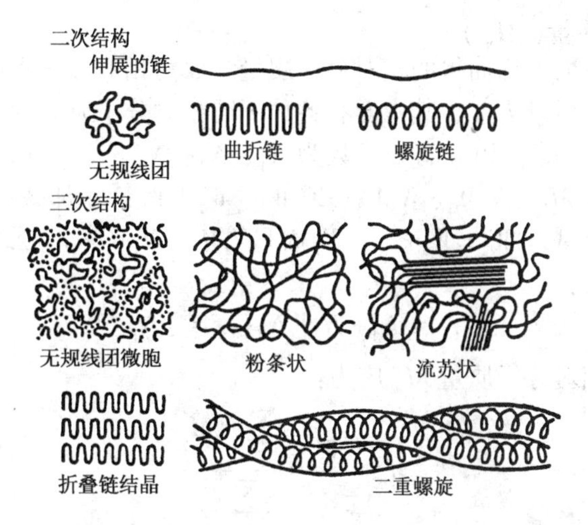

图 6-4　聚合物的二次结构和三次结构图

图 6-4下半部代表几种可能的三次结构形式。三次结构可能均匀地贯穿聚合物的全部，也可能由二种或多种三次结构组成聚合物。一次结构如果是复杂不规则的大分子，二次结构往往呈无规线团状，最后形成的三次结构则是无规缠绕状态的无定形聚合物。相反，一次结构如是简单或立体规整的大分子，二次结构就容易规则曲折起来，最后形成的三次结构是规整的结晶聚合物。

二、聚合物的平均相对分子质量和相对分子质量分布

聚合物的相对分子质量影响聚合物的机械和物理性质。初具强度的聚合物有一个最低临界相对分子质量或临界聚合度 DP_C。在临界聚合度以下，它不具有强度，超过 DP_C 值以后，机械强度随聚合度增加而上升，如图 6-5 所示。大多数常用聚合物的聚合度约处于 200~2000 之间，相当于相对分子质量 2 万~20 万。典型聚合物相对分子质量见表 6-3。与低分子物质的相对分子质量有着严格而明确的数值不同，高聚物却是相对分子质量不等的同系物的混合物。例如聚乙烯，分子式 $\left[CH_2—CH \right]_n$ 式中的 n 可从几十到几百、几千以至几万，即它是由具有不同大小聚合度的聚乙烯分子混合而成。因此，在高聚物中引入了平均相对分子质量、平均聚合度或相对分子质量分布等概念。不同的测试相对分子质量的方法，计算出的平均相对分子质量具有不同的含义，在此依次简单说明。

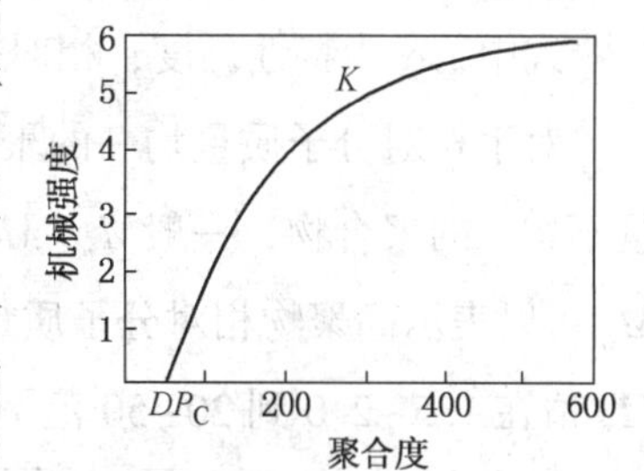

图 6-5　机械强度与聚合度的关系

表 6-3　常用聚合物相对分子质量示例

塑　料	相对分子质量/万	纤　维	相对分子质量/万	橡　胶	相对分子质量/万
低压聚乙烯	6~30	涤纶	1.8~2.3	天然橡胶	20~40
聚氯乙烯	5~15	尼龙-66	1.2~1.8	丁苯橡胶	15~20
聚苯乙烯	10~30	维尼纶	6~7.5	顺丁橡胶	25~30
聚碳酸酯	2~8	纤维素	50~100	氯丁橡胶	10~12

1. 数均相对分子质量($\overline{M}_n$)

以总质量按分子总数平均而得的相对分子质量为数均相对分子质量。

设高聚物试样的总质量为 W，其中含有各种不同相对分子质量的聚合物。相对分子质量分别为 M_1、M_2、M_3、…等，相应的分子数为 N_1、N_2、N_3、…，则每种同样相对分子质量的分子的质量分别为 N_1M_1、N_2M_2、N_3M_3…或 W_1、W_2、W_3、…那么：

$$W = W_1 + W_2 + W_3 + \ldots = N_1M_1 + N_2M_2 + N_3M_3 + \ldots = \sum N_iM_i$$

而试样总分子数为：

$$N = N_1 + N_2 + N_3 + \ldots = \sum N_i$$

显而易见，数均相对分子质量 $\overline{M}_n$ 应为：

$$\overline{M}_n = \frac{W}{N} = \frac{\sum_i N_iM_i}{\sum_i N_i}$$

通过测量沸点上升、冰点下降和蒸气压下降等依数性可测定数均相对分子质量。

2. 重均相对分子质量($\overline{M}_w$)

重均相对分子质量是试样各级分子的质量分数 W_i 与其相对分子质量乘积之和：

$$\overline{M}_w = \frac{W_1M_1 + W_2M_2 + W_3M_3 + \cdots}{W_1 + W_2 + W_3 + \cdots} = \frac{N_1M_1^2 + N_2M_2^2 + N_3M_3^2 + \ldots}{N_1M_1 + N_2M_2 + N_3M_3 + \ldots} = \frac{\sum N_iM_i^2}{\sum N_iM_i} = \frac{\sum W_iM_i}{\sum W_i}$$

用光散射法得到的相对分子质量为重均相对分子质量。

3. 黏均相对分子质量($\overline{M}_v$)

实际上，普遍采用黏度法测定相对分子质量，因此又有一个黏均相对分子质量。

$$\overline{M}_v = \left(\frac{\sum N_iM_i^{\alpha+1}}{\sum N_iM_i}\right)^{\frac{1}{\alpha}} = \left(\frac{\sum W_iM_i^{\alpha}}{\sum W_i}\right)^{\frac{1}{\alpha}}$$

式中，α 为特性黏度，相对分子质量关系式中的指数。

对于相对分子质量均一的聚合物，即 $M_1 = M_2 = M_3 = \cdots = M_i$，则$\overline{M}_n = \overline{M}_w$；相对分子质量不均一的聚合物，一般$\overline{M}_w > \overline{M}_n$；如体系愈不均一，则 $\overline{M}_w$ 和 $\overline{M}_n$ 的差别愈大。所以 $\overline{M}_w / \overline{M}_n$ 可以表示高聚物相对分子质量分布的宽度。$\overline{M}_w / \overline{M}_n$ 又称多分散性指数，典型聚合物 $\overline{M}_w / \overline{M}_n$ 值在 1.5~2.0 到 20~50 范围内，$\overline{M}_v$ 介于 $\overline{M}_n$ 与 $\overline{M}_w$ 之间。

举一简单例子说明 $\overline{M}_n$ 与 $\overline{M}_w$ 的计算方法。设有 1000 个高分子，相对分子质量分别 如下：

分子个数	200	300	400	100
相对分子质量	2000	8000	10000	15000

数均相对分子质量：

$$\overline{M}_n = \frac{\sum N_iM_i}{\sum N_i} = \frac{200 \times 2000 + 300 \times 8000 + 400 \times 10000 + 100 \times 15000}{1000} = 8300$$

重均相对分子质量：

$$\overline{M}_w = \frac{\sum N_iM_i^2}{\sum N_iM_i} = \frac{200 \times 2000^2 + 300 \times 8000^2 + 400 \times 10000^2 + 100 \times 15000^2}{200 \times 2000 + 300 \times 8000 + 400 \times 10000 + 100 \times 15000} = 9940$$

则多分散性指数：

$$\frac{\overline{M}_w}{\overline{M}_n}=\frac{9940}{8300}=1.2$$

三、高聚物的物理状态

高聚物因有柔顺的长链结构，所以它的物理状态不同于低分子物而有其本身的特点。高聚物不能呈现气态，液态的也为数不多。至于固态，则高聚物本身似乎是固体，但并非严格的固体。除结晶相是严格的固体外，还有非晶相(无定形相)存在，非晶相外形可能与固体相似，但严格地说并非固体。

线型非晶相高聚物由于温度改变(在一定应力下)可呈现三种力学状态，即玻璃态、高弹态和黏流态，主要取决于(不同温度下)大分子链及其链段的运动。这些状态的变化可通过形变-温度曲线(又叫热机械曲线)表示出来，即用热天平测定在恒定应力下每一温度时的形变而作出热机械曲线。见图 6-6。

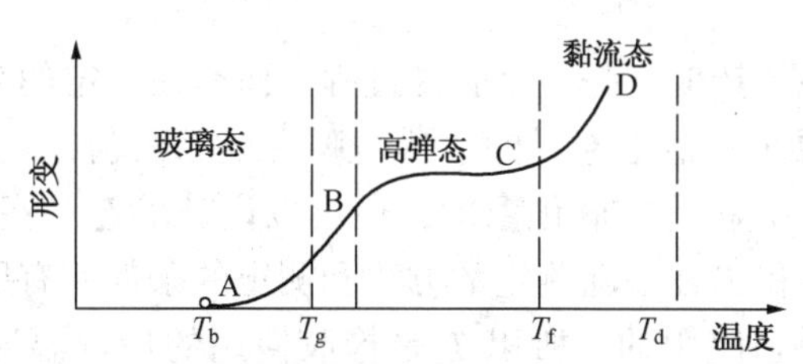

图 6-6　线型无定形高聚物的形变-温度曲线

A—玻璃态；B—过渡区；C—高弹态；(橡胶态)
D—黏流态；T_b—脆化温度；T_g—玻璃化温度；
T_f—流动温度；T_d—分解温度

现将三种聚集状态分述于下：

1. 黏流态

当温度较高时，大分子链和链段都能进行热运动，这时高聚物成为黏流态。受外力作用时，分子间相互滑动而产生形变；除去外力后，不能回复原状，所以形变是不可逆的，这种形变称为黏性流动形变或塑性形变(图 6-7)。出现这种形变的温度(当把高聚物加热时)T_f称为流动温度。高分子物的加工成型(如在模中压制塑料制品、挤塑胶电线)是在黏流态下进行的，因而黏流态又叫塑性态。

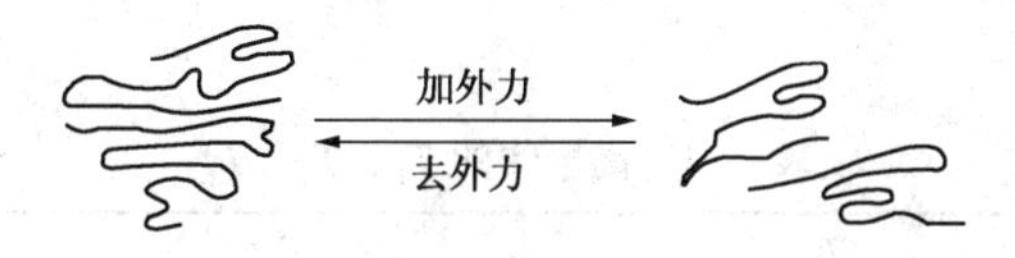

图 6-7　高聚物分子塑性形变示意图

2. 高弹态

如果把处于黏流态的高聚物逐渐降低温度，黏度也就逐渐增大，最后呈弹性状态，加应力时产生缓慢的形变，解除外力后又能缓慢地回复原状，这种状态叫高弹态。这时，因分子动能减少，当受外力时，分子间不能相互滑动，但链段仍可以内旋转，因此有可能使处于无规热运动的链段沿外力作用方向取向，即出现橡胶那样的弹性，这种可逆形变称为高弹形变，形变的本质是分子链构象的改变(图 6-8)。

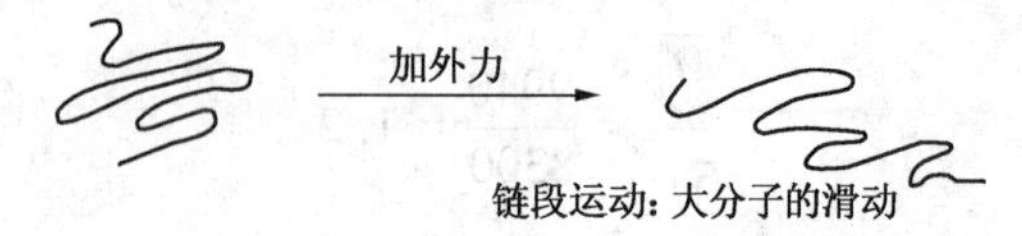

图 6-8　高聚物分子的高弹形变示意图

3. 玻璃态

当温度继续下降，高聚物变得愈来愈坚硬，在外力作用时只产生很小的形变，这种状态叫做玻璃态。这时，无论是整个分子的活动以及链段的内旋转都已被冻结，分子的状态和分子的相对位置都被固定下来，但分子的排列仍然是极紊乱的(与晶态完全不同)，此时分子只能在它自己的位置作振动。当加外力时，链段只作瞬时的形变，相当于链段微小的伸缩和键角的改变等。外力除去后，立即回复原状，所以形变是可逆和瞬时的，且不消耗能量，这种形变称为瞬时弹性形变或普弹形变(即普通弹性形变)。

在室温下，无定形高聚物处于黏流态时称为流动性树脂，处于高弹态时称为橡胶，处于玻璃态时称为塑料。

实验证明，这些形态的转变不是一个骤变过程，而是在一定的温度范围内完成的，即玻璃态、高弹态和黏流态的划分不是绝对的。从高弹态变为黏流态的温度 T_f 叫流动温度；从高弹态变为玻璃态的温度 T_g 称为玻璃化温度，也可以说玻璃态和高弹态(橡胶态)相互转变的温度叫玻璃化温度。T_g 和 T_f 往往随测定的方法和测定的条件而有所出入。

橡胶类物质是在高弹态使用的，所以 T_g 是橡胶使用的最低温度。对橡胶来说，T_g 愈低愈好(如天然橡胶 $T_g=-73℃$，二甲基硅橡胶 $T_g=-100℃$)。塑料制品是在玻璃态使用的，所以 T_g 是塑料使用的最高温度，T_g 高于室温的高聚物原则上都可以制塑料，对塑料来说，T_g 愈高愈好(如聚氯乙烯 $T_g=75℃$，聚碳酸酯 $T_g=150℃$)。所以 T_g 也是衡量塑料耐热性的一个指标。亦有人把 T_g 叫做软化温度或软化范围(因为 T_g 不是一个突变温度，而是在一较小的温度间隔内)。

T_b 是高聚物呈现脆性的最高温度，称为脆化温度。脆化温度为一切高分子材料使用的最低温度，T_b 一般比 T_g 低。

常用的一些高聚物的 T_b、T_g、T_f 见表 6-4。

这里需要说明，由于每批高聚物试样的平均聚合度不同，多分散性程度不同以及试验方法不同，表 6-4 的数据是很不精确的，仅能显示出一个范围。

虽然聚乙烯和聚四氟乙烯的 T_g 都很低，但因这两种高聚物分子对称性好、易于结晶，所以不能用作橡胶。

表 6-4　高聚物的 T_b、T_g、T_f

高聚物	T_b/℃	T_g/℃	T_f/℃
低密度聚乙烯	-70~-50	-125~-105	105~125
聚氯乙烯	81	75，82	160~185
软聚氯乙烯	-35~-22		
聚四氟乙烯	-195	-120	熔点 327℃，$T_d=415℃$
聚三氟氯乙烯		52	熔点 216℃

续表

高聚物	T_b/℃	T_g/℃	T_f/℃
聚苯乙烯	80	87，100	110～150
有机玻璃		92，105	155～180
聚碳酸酯	-130～-100	150	熔点 267℃
聚酰胺 66		50	熔点 264℃
涤纶		69	熔点 267℃
天然橡胶	-70～-50	-73	180～210
顺丁橡胶	-73	-105	
丁苯橡胶(26%苯乙烯)	-46	-57	
丁苯橡胶(70%苯乙烯)		18	
丁腈橡胶(70/30)		-41	
氯丁橡胶	-40	-45	
氯磺化聚乙烯 20		-34	
乙丙橡胶(50/50)		-60	
聚异丁烯	-50	-70	100～120
丁基橡胶	-51～-48	-74	
二甲基硅橡胶	-120～-70	-100	～250
氟橡胶 26		- 55	

① 为偏二氟乙烯与六氟丙烯共聚物。

四、结晶性

纯液体的冰点是液体分子失去移动的自由性和固体分子在一定的结晶结构中变得更有规则排列的温度。聚合物被认为是非均相的，因而聚合物显示不出一定的结晶温度。

当熔融的聚合物冷却时，熔融物中的一些聚合物分子将排列和形成微晶的结晶区域；其余的一些聚合物分子则是无定形的。结晶的聚合物被逐渐加热到使这些微晶消失时的温度称为结晶熔化温度(T_m)。

在测定聚合物的机械性能和热性能方面，聚合物的结晶度是一个重要参数，关系到它的最终用途。例如，高度不规则的聚合物(主要是无定形聚合物)显示弹性体的性质，而高度结晶的聚合物则给出纤维所需要的刚性。

聚合物有规则和形成微晶的倾向是链规则性、有无松散基团以及其空间排列和存在的次级力(如氢键)的函数。例如，在无规聚苯乙烯中，苯基的无规则排列现象显示低的结晶度和高度的无定形；而等规聚苯乙烯中的苯基则排列在主链的一侧，是结晶性的。具有简单结构的线型聚乙烯易于压紧，这种聚合物是高度结晶的。聚合物中出现氢键(如聚酰胺类和酰胺基)影响聚合物的结晶化能力，这是生产纤维用的聚合物所需要的条件。

第六节 塑 料

塑料是以合成树脂为主要原料，添加稳定剂、着色剂、润滑剂以及增塑剂等组分，在加工过程中可塑制成一定形状，而产品最后能保持形状不变的材料。习惯上也包括塑料的半成品，如压塑粉等。它具有质轻、绝缘、耐腐蚀、美观、制成品形式多样化等特点。

一、塑料的分类与特性

根据受热后的情况，塑料可以分为热塑性塑料与热固性塑料两大类。前者可反复受热软化或熔化，后者经固化成型后，再受热则不能熔化，强热则分解。

按化学组成分类，塑料品种繁多。但是根据生产量与使用情况可以分为量大面广的通用塑料和作为工程材料使用的工程塑料。前者如聚乙烯塑料、聚丙烯塑料、聚氯乙烯塑料、聚苯乙烯塑料、酚醛塑料等；后者如聚酰胺塑料、聚碳酸酯塑料、聚甲醛塑料、ABS 塑料(丙烯腈-丁二烯-苯乙烯三元共聚物)、聚四氟乙烯塑料、聚砜塑料、聚酰亚胺塑料、高密度聚乙烯塑料、玻璃纤维增强塑料等。

通用塑料产量大、生产成本低、性能多样化，主要用来生产日用品或一般工农业用材料。例如聚氯乙烯塑料可制成人造革、塑料薄膜、泡沫塑料、耐化学腐蚀用板材、电缆绝缘层等。

工程塑料产量不大，成本较高，但具有优良的机械强度或耐摩擦、耐热、耐化学腐蚀等特性。可作为工程材料，制成轴承、齿轮等机械零件以代替金属和陶瓷等。

各种塑料的相对密度大致为 0.9~2.2。密度的大小主要决定于填料的用量，其密度一般仅为钢铁的 1/6~1/4。塑料作为材料，性能主要从以下几方面进行评价：① 机械性能：强度、坚韧性、刚性、抗蠕变性和抗疲劳性、耐摩性、硬度、摩擦系数等；② 热性能：主要是长时间连续使用时的最低和最高温度极限、热膨胀系数、导热系数等；③ 电性能：主要是介电性或绝缘性能；④ 耐化学腐蚀与老化行为；⑤ 其他：例如对透明性、透气性、燃烧性与根据特殊要求进行评价等。

所有的塑料均为电的不良导体，表面电阻约为 $10^9 \sim 10^{18}\Omega$，因而广泛用作电绝缘材料。塑料中加入导电的填料，如金属粉、石墨等，或经特殊处理可制成具有一定导电率的导体或半导体以供特殊需要。塑料也常用作绝热材料。许多塑料的摩擦系数很低，可用于制造轴承、轴瓦、齿轮等部件，可用水作润滑剂。有的塑料摩擦系数较高，可用于配制制动装置的摩擦零件。它还有其他一些木材、金属和陶瓷所不及的性能。塑料的突出缺点是力性能比金属材料差，表面硬度亦低，大多数品种易燃，耐热性也较差。

大多数塑料品种是一个多组分体系，除基本组分聚合物之外，尚包含各种各类的添加剂。聚合物含量一般为 40%~100%，通常最重要的添加剂可分为四种类型：有助于加工的润滑剂和热稳定剂；改进材料力学性能的填料、增强剂、抗冲改性剂、增塑剂等；改进耐燃性能的阻燃剂；提高使用过程中耐老化性的各种稳定剂。

二、塑料的成型加工方法

塑料制品通常是由聚合物或聚合物与其他组分的混合物，于受热后在一定条件下塑制成一定形状，并经冷却定型、修整而成，这个过程就是塑料的成型与加工。热塑性塑料与热固性塑料受热后的表现不同，因此其成型加工方法也有所不同。塑料的成型加工方法有数十种，其中最主要的是挤出、注射、压延、吹塑及模压，它们所加工的制品质量约占全部塑料制品的 80%以上。前四种方法是热塑性塑料的主要成型加工方法。热固性塑料则主要采用模压、铸塑及传递模塑等成型方法。

(一) 挤出成型

挤出成型又称挤压模塑或挤塑，是热塑性塑料最主要的成型方法。挤出成型的主要设备是挤出机。其结构如图 6-9 所示。热塑性聚合物原料粒子与各种助剂混合均匀后，从料斗加入挤出机的料筒中，料筒内有一根不停旋转的螺杆，外部用加热器控制料筒的温度，原料粒子与各种助剂在挤出机料筒内受到机械剪切力摩擦热和外热的作用使之塑化熔融。由于螺距的设计是越到前面螺距越短，熔融的物料被压缩得很紧密，最后从模口被挤出。改变模口的形状就能得到不同形状的产品，主要有管、棒、板等。

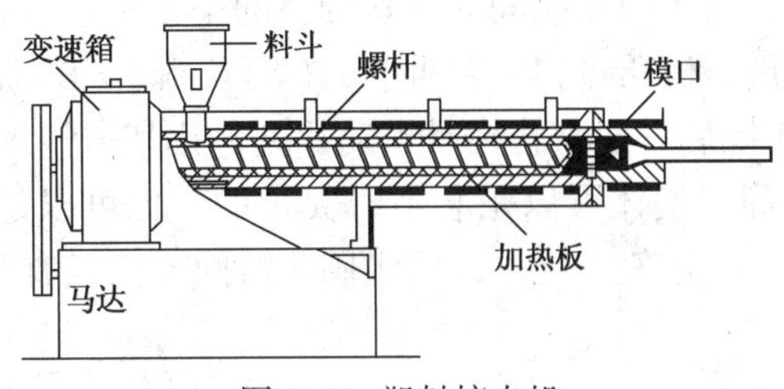

图 6-9　塑料挤出机

（二）注射成型

注射成型又称注射模塑或注塑。此种成型方法是将塑料（一般为粒子）在注射成型机料筒内加热熔化。注塑机好像是一台非常巨大的加热的注射器（见图 6-10）。注射器的头部也是一根可旋转的螺杆，但离注射孔有一定距离，可以前后移动，当塑料呈流动状态时，在柱塞或螺杆加压下熔融塑料被压缩并向前移动，进而通过料筒前端的喷嘴以很快速度注入温度较低的闭合模具内，经过一定时间冷却后开启模具即得制品。

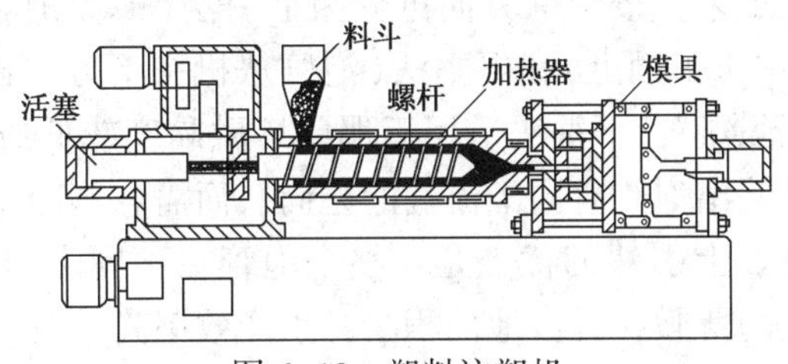

图 6-10　塑料注塑机

（三）压延成型

将已塑化的物料通过一组热辊筒之间使其厚度减薄，从而得均匀片状制品的方法为压延成型。压延成型产品有片材、薄膜、人造革及涂层制品等。由于压延成型是开放式操作，辊筒的温度难以升得太高，因此，适宜采用这种成型方法的塑料大多数是软化温度较低的热塑性非晶态聚合物，如 PVC、ABS、改性聚苯乙烯以及 T_m 不很高的聚烯烃等，其中尤以 PVC 为最多。

按辊筒数目的不同，压延机可分为三辊、四辊、五辊和六辊等多种；按辊筒的排列方式又有 L 形、┐形、Z 形、S 形等多种。压延成型的压延机目前以三辊、四辊为主。图 6-11 是一种常用的 L 形四辊压延机示意图。

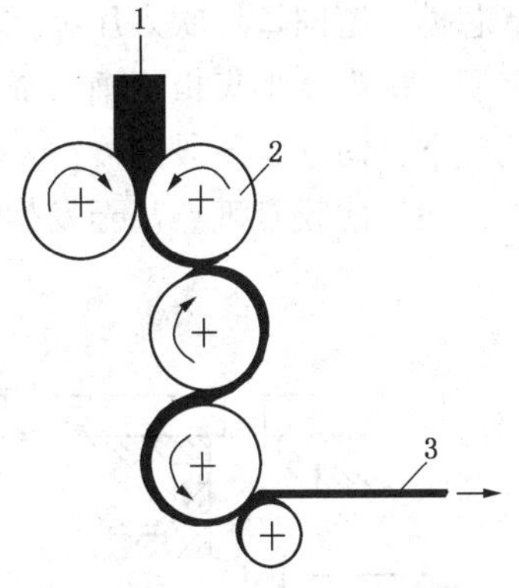

图 6-11　四辊压延机压延成型示意图

1—熔融塑料；2—装在压延机架上的压延辊筒；3—薄膜

（四）模压成型

在压延机的上下模板之间装置成型模具，使模具内的塑料在热与力的作用下成型，经冷却，脱模即得模压成型制品。

模压成型又称压缩模塑或压塑成型，是塑料成型物料在闭合模腔内借助加热和加压，使其固化而形成制品的成型方法，是热固性塑料成型的重要方法之一。模压成型工艺包括成型前的准备和模压过程及后处理等步骤。模压成型前的准备主要为预压和预热。预压就是采用压模和预压机把粉状、碎片或纤维状原料在室温或低于90℃条件下压制具有一定质量和形状(圆片、圆角、扁球、空心体等)的锭料或片料。这样可减少塑料成型时的体积，有利于加料操作，提高传热速度，缩短模压时间。预热的目的是去除水分和给模压提供热料，使模压周期缩短，提高制品质量。模压过程大致可分为(A)装料、(B)加压、加热(闭模)和(C)脱模三步(见图6-12)。闭模后一般需将模具松动片刻，让其中气体排出，通常1~2次，每次时间由几秒至十几秒不等。气体可以是装料时夹带的，也可以是发生交联固化时伴生的水、氮气或其他挥发性物质，排气不但可以缩短固化时间，而且有利于制品潜在性能和表观质量的提高。

(五) 吹塑成型

吹塑成型只限于热塑性塑料中空制品的成型，该法先将塑料预制成片，冲成简单型式或成管型坯后，置入模型中吹入热空气或先将塑料预热吹入冷空气，使塑料处于高度弹性变形的温度范围内而又低于其流动温度，即可吹成模型形状的空心制品。在挤出机前端装置吹塑口模，把挤出的管坯用压缩空气吹胀成膜管。经空气冷却后卷绕成双层平膜。采用挤出吹塑成型方法可以生产厚度为0.01~0.30mm、折径为10~5000mm的薄膜，这种薄膜称为吹塑薄膜。

薄膜的挤出吹塑成型工艺，按牵引方向可分为上引法(薄膜泡管在机头上方)、平吹法(泡管与机头中心线在同一水平面上)和下垂法(泡管从机头下方引出)三种。平吹法一般适用于生产折径300mm以下薄膜，下垂法适用于那些熔融黏度较低或需急剧冷却的塑料。这是因为熔融黏度较低时，挤出泡管有向下流淌的趋向，而需急剧冷却，降低结晶度时需要水冷，下垂法易于实施之故。上引法的优点是：整个泡管在不同牵引速度下均能处于稳定状态，可生产厚度范围较大的薄膜，且占地面积少，生产效率高。

图6-13是上引法生产吹塑薄膜装置流程示意图。塑料熔体从环形口模挤出成为管坯，从芯模孔道向管坯吹入压缩空气，使管坯吹胀变薄，直至所要求的直径为止，再经风环冷却定型，由人字形夹板逐渐叠成双层薄膜，继而卷取成卷。该法的缺点是：热空气向上，冷空气向下，使泡管各段温度分布不够均匀；而且当用于流动性较大的塑料时，易产生溢流现象，导致薄膜有疵点甚至发生破裂。

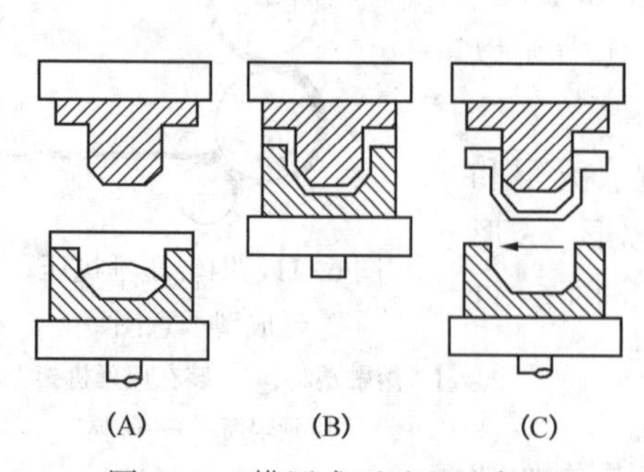

图6-12 模压成型过程示意图
(A)装料；(B)加压、加热(闭模)；(C)脱模

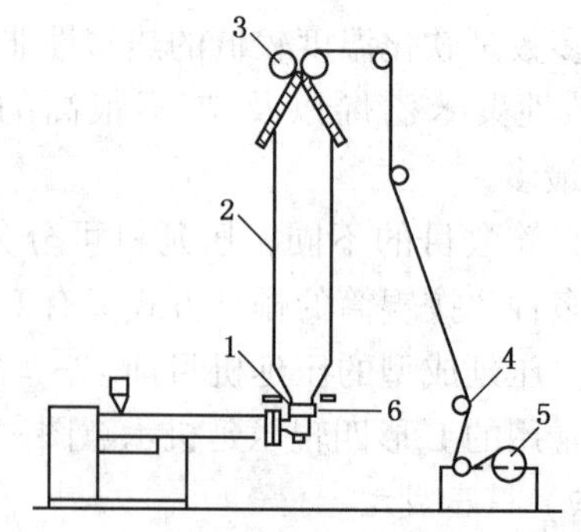

图6-13 吹塑薄膜生产流程示意图
1—挤出；2—吹胀；3—牵引；
4—切割；5—卷取；6—吹气口

（六）其他成型方法

除了上述塑料成型方法外，还有如下一些塑料成型方法：

(1) 滚塑成型　把粉状或糊状塑料原料计量后装入滚塑模中，通过滚塑模的加热和纵横向的滚动旋转，聚合物塑化成流动态并均匀地布满在滚塑模的每个角落，然后冷却定型脱模，即得制品。

(2)流延成型　把热塑性或热固性塑料配成一定黏度的胶液，经过滤后以一定的速度流延到卧式连续运转着的基材上，然后通过加热干燥脱去溶剂成膜，从基材上剥离就得流延薄膜。

(3)浇铸成型　将液状聚合物倒入一定形状的模具中，常压下烘焙、固化、脱模即得制品。

(4)固相成型　在熔融温度下塑料成型的方法称为固相成型。在高弹态成型时称为热成型；在玻璃化温度以下成型则称为冷成型。

近年来，塑料的成型方法有不少发展。如多层共挤出法可用于制备复合薄膜；发泡挤出法可以直接制备发泡壁纸等。另外有一种称为反应性注塑成型的新型加工方法：加工时将液体的原料用压力压入混合器中混合均匀，然后注入密封的模具中，由于原料的高活性，它们在模具中迅速反应。这种加工方法同现用的先聚合再加工的方法相比，能耗小，效率高，设备投资为注塑成型的1/2，能耗仅为1/4。适用于聚氨酯和聚酰胺的加工，用于生产汽车保险杠、外部面板、建筑隔音隔热材料等。

三、热塑性塑料简介

热塑性塑料性能柔韧、脆性低，多数不需要加填料；但尺寸稳定性和热稳定性较差。热塑性塑料易加工，所以成型加工费用低。在当前世界塑料总产量中，热塑性塑料约占全部塑料产量的60%，其中产量较大的是聚乙烯、聚丙烯、聚苯乙烯、ABS树脂、聚氯乙烯，这几种产品占热塑性塑料总产量的80%以上。

（一）聚乙烯

聚乙烯(PE)是乙烯聚合而成的聚合物，分子式为$\{CH_2-CH_2\}_n$，为白色蜡状半透明材料，柔而韧，比水轻，无毒，具有优异的介电性能。易燃烧，且离火后继续燃烧，火焰上端呈黄色，燃烧时可熔融滴落。聚乙烯的透明度随结晶度增加而下降，一般经退火后不透明而淬火处理后透明。在一定结晶度下，透明度随相对分子质量增大而提高。

聚乙烯的透水率低，对有机蒸气透过率大，可在一定程度下渗透大多数气体。但高密度聚乙烯要比低密度聚乙烯透气性差些。一般来说，聚乙烯吸水性差，不受稀酸和碱的浸蚀，然而可被浓酸所浸蚀。相比之下，它的耐化学品性是优异的。聚乙烯受烃类及卤代烃等溶剂的作用会缓慢溶胀。聚乙烯的抗拉强度低，但耐冲击性好。

乙烯的聚合有三种方法：高压聚合法、中压聚合法和低压聚合法。不同工艺得到的聚乙烯的一些性能指标列在表6-5。

表6-5　聚乙烯性能比较

聚乙烯类型	高压法		低压法			
					中压法	
密度/(g/cm^3)	0.91	0.92	0.93	0.94	0.95	0.96
结晶度/%	65		75	85	95	
刚性(比较值)	1		2	3	4	

续表

聚乙烯类型	高压法	低压法		
		中压法		
抗拉强度/MPa	13.7	17.6	24.5	39.2
伸长率/%	500	300	100	20
邵氏硬度 A	50	60	65	70
透气率/%	20	14	8	5

聚乙烯作为塑料使用时其相对分子质量要达到 1 万以上。其性能因密度不同而有差异。根据化学结构及密度的差别，可以把不同工艺得到的聚乙烯分类，如表 6-6。

表 6-6 聚乙烯的结构分类

名　称	产品特点	结构特点	密度/(g/cm^3)
HP-LDPE	高度支化的乙烯均聚物	15~30 支链/1000 分子	0.910~0.925
HDPE		接近于线型，无长支链	0.940~0.965
LLDPE	乙烯共聚物	线型结构，有短支链，无长支链	0.910~0.940
VLDPE	LLDPE 产品的延伸	线型结构，有更多的短支链	0.880~0.900
ULDPE		线型结构，有更多的短支链	0.885~0.915

低密度聚乙烯主要用来生产塑料薄膜。用于食品包装、各种商品包装以及农业育秧薄膜，其次用来制造容器、管道、绝缘材料以及泡沫塑料等。高密度聚乙烯主要用来制造容器、管道、绝缘材料以及硬泡沫塑料等。

相对分子质量为 200 万~600 万的聚乙烯叫做超高相对分子质量聚乙烯，具有以下特性：耐磨性能优良，摩擦系数很低，可以自润滑，表面无黏着性，耐化学腐蚀性优良，抗冲性能优良，并且具有良好的减少噪音的作用。它主要用作包装材料和工程材料，用来制造精密齿轮(如计时、计量用齿轮)以及耐磨部件等。

(二) 聚丙烯

聚丙烯(PP)的相对分子质量一般为 10 万~15 万，白色蜡状材料，外观与聚乙烯相似，但密度较低。聚丙烯制品有良好的电阻性能和耐化学品性，吸水性低。它有良好的耐热性，可在 100℃的温度下进行消毒。因为聚丙烯耐挠曲疲劳，所以聚丙烯做的自绞链型制品使用时间比较长。聚丙烯的其他重要性质是坚韧、高耐磨、尺寸稳定性好、无毒、抗冲击强度高、透明。

聚丙烯从组成上可分为均聚丙烯和共聚丙烯两大类；从结构上来分可分为等规聚丙烯(IPP)、间规聚丙烯(SPP)、无规聚丙烯(APP)三种。

大多数聚丙烯的生产是在低压下用齐格勒-纳塔型催化剂($TiCl_3$或 $TiCl_4$和 AlR_3)于溶液中进行的。虽然高压聚合对产率有利，但低压有助于提高聚合物中有规立构的等规构型。产物的性质类似高密度聚乙烯。但其脆化点(0℃或 0℃以上)高于聚乙烯。

聚丙烯是一种通用的热塑性塑料。主要用来生产注塑制品、挤塑制品、合成纤维与塑料薄膜。以美国为例，聚丙烯消费情况是：注塑制品占 30%，纤维和长丝占 33%，薄膜占 10%，吹塑占 2%，其他 28%。塑料制品主要有容器、储罐、阀门、板材以及绝缘材料等。聚丙烯薄膜可用于食品和药物包装、录音带以及绝缘材料等。经撕裂为纤维后编织成重磅织物可作为麻袋代用品。

聚丙烯纤维因为密度小、成本低而具有特色，市场上称为丙纶纤维，可与棉花混纺，作为衣料用布或滤布、防水布等，并可制造地毯等。

聚丙烯泡沫塑料则可作为包装材料。低发泡刚性聚丙烯泡沫塑料可用于绝热吸音的结构材料。

（三）聚苯乙烯

聚苯乙烯(PS)是非结晶聚合物，透明度达88%~92%，折射率为1.59~1.60，由于折射率高，具有良好的光泽。热变形温度为60~80℃，至300℃以上解聚，易燃烧。PS的导热系数不随温度而改变，因此是良好的绝热材料。PS具有优异的电绝缘性，体积电阻和表面电阻高，功率因数接近于0，是良好的高频绝缘材料。PS能耐某些矿物油、有机酸、盐、碱及其水溶液。PS溶于苯、甲苯及苯乙烯。

1930年德国I.G.公司开始聚苯乙烯的工业生产。苯乙烯可用自由基引发剂，也可用络合催化剂进行聚合。用本体聚合、悬浮聚合和乳液聚合技术相结合的方法进行聚合，所得聚合物是无规立构的。在典型的间歇式悬浮聚合过程中，苯乙烯单体用悬浮稳定剂和搅拌的方法悬浮在水中。聚合反应完成后，将硬粒状聚合物转移到搅拌槽。这个槽是连续离心过程的加料槽，把聚合物颗粒与水分离开。聚合物颗粒用旋转式干燥器干燥，接着与不同添加剂混合，再送入挤压机，最后送到造粒机造粒。聚合反应由反应器温度和链转移剂控制。水用作放热反应的冷却介质，也用作悬浮介质。

由于聚苯乙烯具有成本低、产量大、品种多、易加工、性能好和应用广的特点，成为四大通用塑料之一。PS树脂目前有四种主要类别：通用级PS(GPPS)、高抗冲型PS(HIPS)、可发泡PS(EPS)和间规PS(SPS)。

聚苯乙烯具有透明、价廉、刚性大、电绝缘性好、印刷性能好等优点，广泛应用于工业装饰、照明指示、电绝缘材料以及光学仪器零件、透明模型、玩具、日用品等。另一类重要用途是制备泡沫塑料。聚苯乙烯炮沫塑料是重要的绝热和包装材料。

（四）ABS塑料

ABS塑料是由丙烯腈、丁二烯、苯乙烯三种单体构成的一系列聚合物的总称，包括三种单体的共聚物、二种单体共聚物的混合物、接枝共聚物等。ABS的名称来源于这三个单体的英文名字的第一个字母。ABS塑料具有优良的综合性能，包括高抗冲性能、耐热、耐溶剂以及电性能良好，无毒。因制造方法的不同而呈不同程度的半透明状。增加橡胶的含量则抗冲性能提高，但耐热性、刚性、介电性能等稍有降低。如果用α-甲基苯乙烯代替苯乙烯，则耐热性能可提高。

ABS应用范围甚广，可用于制造齿轮、泵叶轮、轴承、把手、管道、电机外壳、仪表壳、冰箱衬里、汽车零部件、电气零件、纺织器材、容器、家具等。也可用作PVC等聚合物的增韧改性剂。

ABS的制备方法大致可分为下面几种：

1. 混炼法

用乳液聚合的方法分别制得AS树脂(丙烯腈与苯乙烯的共聚物)和BA(丁腈橡胶)，然后将65份AS塑化再加入35份BA一起混炼即得。也可用丁苯胶(BS)代替BA。这种方法制得的ABS实际上是塑料与橡胶的共混物。

2. 接枝法

接枝法又分为不均匀接枝法和均匀接枝法两种。不均匀接枝法亦称乳液聚合法，是在聚丁二烯(PB)橡胶乳液中加入丙烯腈和苯乙烯两种单体在50~90℃进行聚合而制得ABS。根据聚合实施方法的不同，均匀接枝法又分为本体聚合法、悬浮聚合法和本体悬浮聚合法三种情况。

将PB溶于丙烯腈和苯乙烯中，然后使两者进行本体聚合即为本体悬浮法；若进行悬浮聚合即为悬浮聚合法；若首先进行本体预聚合，再将预聚体进行悬浮聚合则称为本体悬浮聚合法。

3. 接枝混炼法

由不均匀接枝法制得的ABS乳胶与AS聚合物乳胶混合、凝固、脱水、干燥即得接枝混炼法的ABS。

(五) 聚氯乙烯

聚氯乙烯(PVC)是氯乙烯的均聚物。聚氯乙烯有二类均聚物：软质型和硬质型。硬质聚乙烯的抗拉强度约在41.4~62 MPa之间，而软质聚氯乙烯则约在6.9~27.6 MPa之间。这两类均聚物有各种各样的性质，其中包括自熄性，这种特性是聚合物主链上的氯原子提供的。它用途极广，其消耗量占合成树脂总消费量的29%，仅次于PE，位居第二。

这两类聚氯乙烯都具有优良的耐化学品性和耐磨性，软质聚氯乙烯制品质地柔软，相对密度在1.15~1.8之间。这类制品最高可拉伸至它们原来长度的4.5倍。制得的软质聚氯乙烯孔隙度高，使之可吸附增塑剂。硬质聚乙烯的相对密度在1.3~1.6之间，制品质地坚硬，拉伸不能超过其原来长度的40%。由于聚乙烯中的氯原子随意定向(即无规立构)，所以一般来说聚氯乙烯聚合物的结晶度低。

氯乙烯单体用过氧化物、偶氮二异丁腈之类自由基引发剂以四种常用的聚合方式(悬浮聚合、乳液聚合、本体聚合、溶液聚合)中的任一种进行聚合，最初实现工业化的是乳液法。当前以悬浮法为主：水与悬浮剂(如聚乙烯醇)一起用作悬浮和传热介质，聚合温度约为40~70℃。常用的聚氯乙烯装置的反应器体积小型的为6~40m^3，大型的达到200m^3。

聚氯乙烯塑料的主要应用有：

① 软制品：主要是薄膜和人造革。薄膜制品有农膜、包装材料、防雨材料、台布等；

② 硬制品：主要是硬管、瓦楞板、衬里、门窗、墙装饰物等；

③ 电线及电缆的绝缘层；

④ 地板、家具、录音材料等。

四、热固性塑料简介

热固性塑料是赋予聚合物三维、不熔结构的交联的长链分子形成的网络。它们在加热或压力下不可逆聚合而形成坚硬的物体。工业上重要的品种有酚醛塑料、氨基塑料、环氧塑料、不饱和聚酯塑料及有机硅塑料等。它们在生产及成型过程中有共同的特点：所用原料合成树脂是相对分子质量较低(数百至数千)的液态、黏稠流体或脆性固体，其分子内具有活性反应基团，为线型或线型支链结构。在成型为塑料制品过程中，同时发生固化反应——由线型低聚物(或具有分支结构的线型低聚物)转变为体型高聚物。这一类合成树脂不仅可用来制造热固性塑料制品，还可用作涂料和黏合剂，但是都要经过固化过程才能生成坚韧的涂层和发挥黏结作用。

现就几种重要的热固性塑料予以简述。

(一) 酚醛塑料

由苯酚或甲酚以及混合酚与醛类(主要是甲醛)经缩合反应得到的酚醛树脂为原料，加填料、固化剂、润滑剂以及着色剂等添加剂，经成型固化得到酚醛塑料及制品。工业上生产酚醛树脂可采用碱性催化法或酸性催化法。碱性催化得到的酚醛树脂具有若干游离的—CH_2OH基团，单独受热可固化为体型高聚物。酸性催化得到的酚醛树脂通常无—CH_2OH基团，所以固化时必须添加六次甲基四胺作为固化剂。

酚醛塑料的主要特点是价格便宜、尺寸稳定性好、耐热性优良，根据不同的性能要求可选择不同的填料和配方以满足不同用途的需要。酚醛塑料主要用作电绝缘材料，故有“电木”之称。在宇航中可作为烧蚀材料以隔绝热量防止金属壳层熔化。它的缺点是性质较脆，颜色单调，原料苯酚和甲醛都有一定毒性。

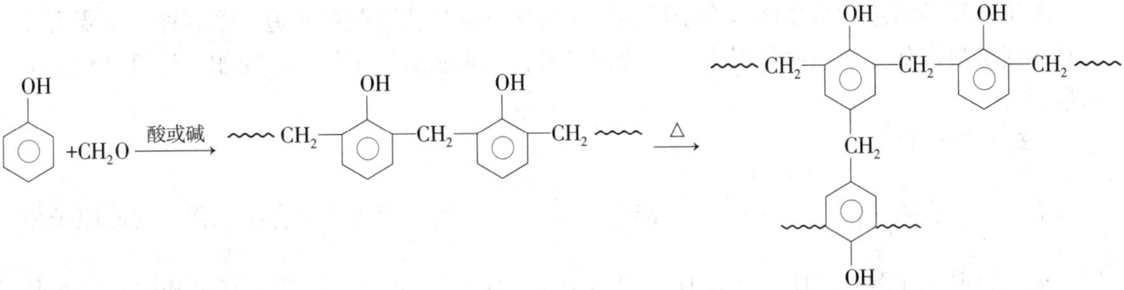

$+CH_2O \xrightarrow{\text{酸或碱}}$ ～～ CH_2—(OH苯环)—CH_2—(OH苯环)—CH_2 ～～ $\xrightarrow{\triangle}$ ～～ CH_2—(OH苯环)—CH_2—(OH苯环)—CH_2 ～～（经 CH_2 交联）

苯酚+甲醛　　　　线型酚醛树脂　　　　体型酚醛树脂(电木)

(二) 氨基塑料

由醛类(主要是甲醛)与含有多个氨基的化合物反应，首先得到含有多个—CH_2OH 活性基团的低聚物或衍生物(氨基树脂)，然后加填料、固化剂、着色剂、润滑剂等，最后经成型固化为体型高聚物(氨基塑料及其制品)。工业上最重要的氨基化合物是甲醛与脲(尿素)或三聚氰胺反应生成的尿醛树脂。

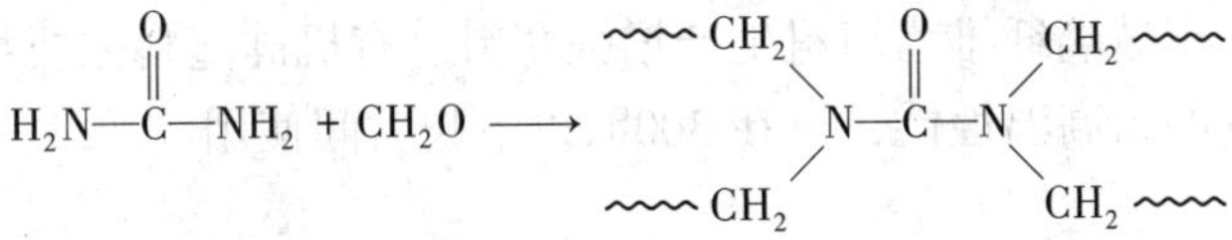

$$H_2N—\overset{O}{\overset{\|}{C}}—NH_2 + CH_2O \longrightarrow (\sim CH_2)_2N—\overset{O}{\overset{\|}{C}}—N(CH_2\sim)_2$$

尿素　　　　尿醛树酯

氨基树脂的特点是无色，可制成各种色彩的塑料制品。氨基塑料制品表面光洁、硬度高，具有良好的耐电弧性，可用作绝缘材料。氨基塑料主要用作各种颜色鲜艳的日用品、装饰品以及电器设备等。

(三) 环氧塑料

分子中含有多个环氧基团 —CH—CH—（两个 C 之间以 O 相连成环）的合成树脂称为环氧树脂。由环氧树脂固化得到的体型高聚物具有坚韧、收缩率低、耐水、耐化学腐蚀、耐溶剂、介电性能优良和许多材料可以牢固地黏结等特点。

环氧树脂虽有若干不同品种，但工业生产主要是由双酚 A 与环氧氯丙烷反应得到的环氧树脂、酸法酚醛树脂与环氧氯丙烷反应得到的环氧树脂。环氧塑料的组成除基本组分环氧树脂之外，还含有固化剂、增韧剂、稀释剂、填充剂等。

环氧塑料有增强塑料、泡沫塑料、浇铸塑料之分。增强塑料主要是用玻璃纤维增强，俗称环氧玻璃钢，是一种性能优异的工程材料。环氧泡沫塑料用于绝热、防震、吸音等方面。环氧浇铸塑料主要用于电气方面。

(四) 不饱和聚酯塑料

由线型不饱和聚酯树脂、乙烯基单体、着色剂、引发剂和填料(玻璃纤维或其织物)形成的复合材料。线型不饱和聚酯树脂与乙烯单体在引发剂作用下发生共聚反应从而转变为体型结构高聚物。线型不饱和聚酯树脂通常由二元饱和酸(或酸酐)、二元不饱和酸(或酸酐)和多元醇(主要是二元醇)经缩合反应得到的低相对分子质量聚酯的总称，改变原料种类和配比而得不同牌号的产品。工业上应用较普遍的是由邻苯二甲酸酐、顺丁烯二酸酐与乙二醇反应得到的线型不饱和聚酯树脂。乙烯基单体的作用在于参加共聚反应以改进体型结构的密度，提高产品性能。引发剂主要用有机过氧化物，加入促进剂如叔胺则可于常温进行固化。

不饱和聚酯树脂的主要优点在于可在常温常压下固化，因此可制造大型制件。主要用玻璃纤维或玻璃布作为增强材料以生产玻璃钢材料，用来制造汽车外壳、船舶、建筑材料、国防器材等。

(五) 有机硅塑料

有机硅聚合物是由 $-\overset{|}{\underset{|}{Si}}-O-$ 主链、$-\overset{|}{\underset{|}{C}}-Si-$ 侧链形成的聚合物总称。与硅原子相结合的有机基团主要为 CH_3-、C_6H_5-和 $CH_2{=}CH-$ ，也可能是其他有机基团；这些基团的数目为1~3个。与三个有机基团相结合的硅原子仅可存在于聚合物的端基位置，与一个有机基团相结合的硅原子则形成支链。由于组成与相对分子质量大小的不同，有机硅聚合物可为液态(硅油)、半固体(硅脂)——两者为线型低聚物；弹性体(硅橡胶)——线型高聚物；树脂状流体(硅树脂)——具有反应活性(主要是—Si—OH 基团)的含支链的低聚物。

有机硅塑料中的主要组分硅树脂将固化转变为体型高聚物，固化条件因树脂结构和固化剂的不同，可在室温固化或受热固化。有机硅树脂可用作涂料、高温黏合剂或加入无机粉状填料生产模塑制品；用玻璃纤维为填料生产增强塑料。有机硅塑料主要特点是不燃，具有优良的介电性能，优良的耐高温性能，可在300℃以下长时间使用。

五、工程塑料

高密度聚乙烯特别是超高相对分子质量聚乙烯、ABS塑料、氟塑料、聚酰胺(尼龙)塑料以及PBT塑料等都具有优良的综合工艺性能，如坚固、强韧和耐磨的特性，可以作为工程材料使用，在此意义上属于工程塑料。除此以外，重要的工程塑料尚有聚砜、聚碳酸酯、聚甲醛、氯化聚醚、PPO塑料等，尼龙、氟塑料、聚四氟乙烯等的产量相对较低。工程塑料能够耐宽范围的温度，又能抗御强烈的气候、化学品和其他有害物质的侵袭。工程塑料大量用作结构材料，可与其他材料如金属和陶瓷在工程应用上相竞争。工程塑料的优良性能主要归因于强大的分子链间作用力和晶态的特性。

(一) 尼龙(聚酰胺)

是最实用的、产量最大的工程塑料。它的性能良好，尤其是经过玻璃纤维增强后，强度更佳，应用更广。

聚酰胺是由二元酸同二元胺通过缩聚反应聚合而成，主要品种有尼龙-66、尼龙-6、尼龙-610、尼龙-1010等。前一个数字表示二元胺中的碳原子数，后一个数字表示二元酸中的碳原子数。分子中碳原子数越多，聚合物的性质越柔软。在我国，尼龙-6和尼龙-66主要用作合成纤维，使用温度在100℃以下。如尼龙-66的分子式如下：

$$\left[HN-(CH_2)_6-NH-\overset{O}{\overset{\|}{C}}-(CH_2)_4-\overset{O}{\overset{\|}{C}} \right]_n$$

尼龙有很好的耐磨性、韧性和抗冲击强度，主要用作具有自润滑作用的齿轮和轴承。

尼龙的耐油性好，阻透性优良，无嗅，无毒，是性能优良的包装材料。可长期存装油类产品，制作油管。将尼龙掺混在聚乙烯塑料中或做成以尼龙为内衬的复合瓶可以制成价格低廉的农药包装瓶。但尼龙在强酸或强碱条件下不稳定，应避免同浓硫酸、苯酚等试剂接触。

如果用芳香族的二元酸同芳香族的二元胺反应，得到的芳香尼龙是一类耐高温性能十分优异的塑料。用芳香尼龙纺成的丝称为芳纶，其强度可同碳纤维媲美，是重要的增强材料，在航天工业中大量使用。

(二) 聚碳酸酯(PC)

是20世纪50年代末期发展起来的一种热塑性工程塑料。是由双酚A与光气反应制备而成。其分子式为：

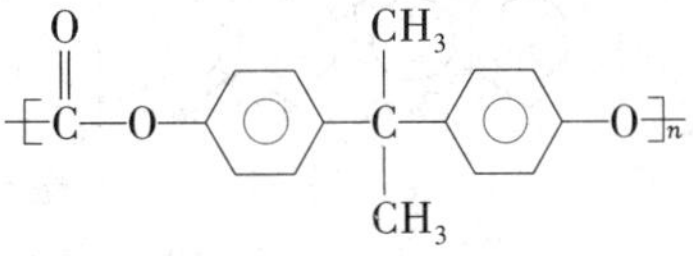

$$\left[\overset{O}{\overset{\|}{C}}-O-\langle\bigcirc\rangle-\underset{CH_3}{\overset{CH_3}{\overset{|}{\underset{|}{C}}}}-\langle\bigcirc\rangle-O \right]_n$$

PC是一种韧而刚性的塑料，它不仅强度高，而且成型收缩率小(0.5%~0.7%)，尺寸稳定性高，特别适于制备精密仪器中的齿轮、照相机零件、医疗器械的零部件。PC的耐冲击性能也很好，可用作电动工具的外壳。PC还具有良好的电绝缘性，是制备电容器的优良材料。PC的耐温性好，可反复消毒，近年来被大量用于制备婴儿奶瓶、饮水杯(又称“太空杯”)和净水桶等中空容器。PC的透光性好，强度和表面耐磨性均优于聚甲基丙烯酸甲酯，可用于制备飞机风挡，透明仪表板。同时，也是制备CD光盘的原料。

但PC树脂的耐应力开裂性和耐溶剂性较差，同溶剂接触后表面会产生龟纹，在使用时须特别加以注意。

(三) 聚甲醛(POM)

由甲醛或三聚甲醛聚合而成。化学式为：$\left[CH_2-O \right]_n$，是一种非常坚韧、耐磨的工程塑料，有很优异的耐冲击性、抗疲劳性。它的抗张强度比黄铜和锌还高，经拉伸处理后，它的强度可同钢材媲美：一根直径为3mm的细丝可以承受10^4N的拉力。聚甲醛的摩擦系数小，耐磨性好，具有自润滑的作用，制成的轴承、活塞在使用时无须加油润滑，可以代替价格昂贵的有色金属，制备齿轮、轴承、滑块、阀门、开关、键盘、拉链和把手等耐磨器件。

(四) 聚砜(PSF)

由双酚A的钠盐同二氯二苯砜缩聚而成。在主链中有很多苯环，是一种高强度的耐高温塑料。

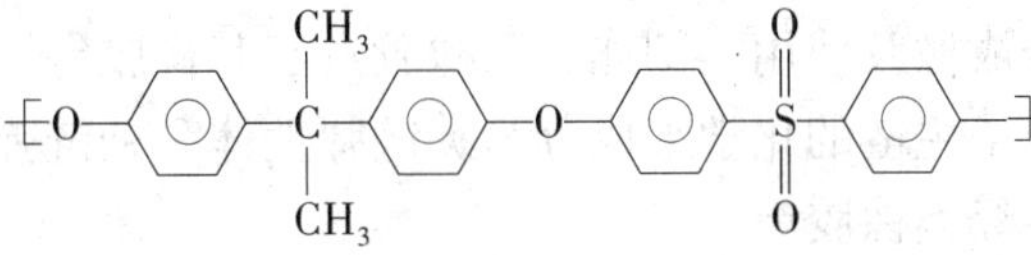

$$\left[O-\langle\bigcirc\rangle-\underset{CH_3}{\overset{CH_3}{\overset{|}{\underset{|}{C}}}}-\langle\bigcirc\rangle-O-\langle\bigcirc\rangle-\underset{O}{\overset{O}{\overset{\|}{\underset{\|}{S}}}}-\langle\bigcirc\rangle \right]_n$$

聚砜的刚性高和耐磨性好，介电性能、耐温性、耐氧化性和耐辐照性都很优良，可在150℃以上长期使用。适于制备汽车、飞机中耐热的零部件，也可用于制备线圈骨架和电位器的部件等。由于聚砜的成膜性很好，已被大量用于微孔膜的制备。

(五) 聚酰亚胺

是一种具有下述结构的耐高温塑料，主链上具有芳杂环，因此，比聚砜的刚性和耐温性更好，可以在250~300℃以上长期使用。它是制造电机漆包线绝缘层的重要原料，主要用于宇航和电子工业中。

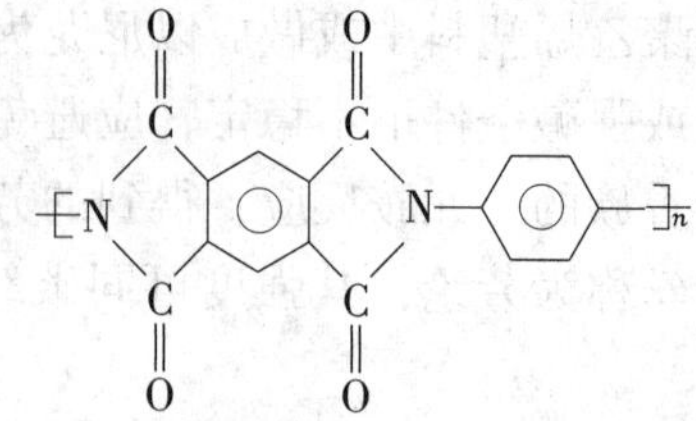

根据同一原理，我们还可以合成结构更加复杂、耐温性更高的聚合物。如聚苯并咪唑(PBI)具有梯形的结构，耐温性好。

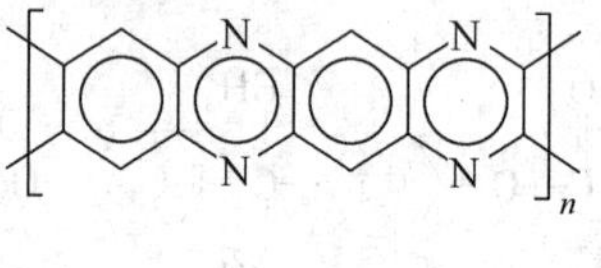

第七节　合成橡胶

一、概　述

橡胶是有机高分子弹性化合物，在很宽的温度范围(-50～150℃)内具有优异的弹性，所以被称为高弹体。具有良好的疲劳强度、电绝缘性、耐化学品性以及耐磨性。橡胶(天然橡胶、合成橡胶)辅之纤维织物、助剂等原材料，可加工成轮胎、胶带、胶鞋、工业杂品等橡胶制品，国民经济各部门都离不开它。一个国家的国防和经济潜力，在一定程度上取决于橡胶工业水平。

二、橡胶分类

橡胶按其来源，可分为天然橡胶和合成橡胶两大类。天然橡胶是从自然界含胶植物中制取的一种高弹性物质；合成橡胶是用人工合成方法制得的高分子弹性材料。

合成橡胶品种很多，按其性能和用途，可分为通用合成橡胶和特种合成橡胶。凡性能与天然橡胶相同或相近，广泛用于制造轮胎及其他大量橡胶制品的，称为通用合成橡胶，如丁苯橡胶、顺丁橡胶、氯丁橡胶、丁基橡胶等。凡具有耐寒、耐热、耐油、耐臭氧等特殊性能，用于制造特定条件下使用的橡胶制品，称为特种合成橡胶，如丁腈橡胶、硅橡胶、氟橡胶、聚氨酯橡胶等。但是，特种橡胶随着其综合性能的改进、成本的降低，以及推广应用的扩大，也可以作为通用合成橡胶使用，例如乙丙橡胶、丁基橡胶等。

合成橡胶还可按大分子主链的化学组成分为碳链弹性体和杂链弹性体两类。碳链弹性体又可分为二烯类橡胶和烯烃类橡胶等。

三、橡胶制品的原材料

橡胶制品的主要原材料有生胶、再生胶以及各种配合剂，有些制品还需用纤维或金属材料作为骨架材料。

(一) 生胶和再生胶

生胶包括天然橡胶和合成橡胶。

天然橡胶来源于自然界中含胶植物，有橡胶树、橡胶草和橡胶菊等，其中三叶橡胶树含胶多、产量大、质量好。从橡胶树上采集的天然胶乳经过一定的化学处理和加工，可制成浓缩胶乳和干胶。前者直接用于胶乳制品，后者即作为橡胶制品中的生胶。

合成橡胶是用人工合成的方法制得的高分子弹性材料，生产合成橡胶的原料主要是石油、天然气、煤以及农林产品。

再生胶是废硫化橡胶经化学、热及机械加工处理后所制得的具有一定可塑性和可重新硫化的橡胶材料。再生过程中主要反应称为“脱硫”，即利用热能、机械能及化学能(加入脱硫活化剂)使废硫化橡胶中的交联点及交联点间分子链发生断裂，从而破坏其网链结构，恢复一定的可塑性。再生胶可部分代替生胶使用，以节省生胶，降低成本，还可改善胶料工艺性能，提高产品耐油、耐老化等性能。

(二) 橡胶的配合剂

橡胶虽具有高弹性等一系列优越性能，但还存在许多缺点，如机械强度低、耐老化性差等。为了制得符合使用性能要求的橡胶制品，改善橡胶加工工艺性能以及降低成本等，必须加入各种配合剂。橡胶配合剂种类繁多，根据在橡胶中所起的作用，主要有以下几种：

(1)硫化剂　用以使橡胶硫化，形成交联结构。一般用硫黄作硫化剂，氯丁橡胶用氧化锌。不含双键的饱和胶用有机过氧化物作硫化剂。

(2)硫化促进剂　用以促进橡胶的硫化作用，降低硫化温度，缩短硫化时间。

(3)防老剂　橡胶分子中含有较多的不饱和键，容易被氧和臭氧所氧化，并发生热氧化和光氧化作用。防老剂具有抑制和延缓橡胶老化的作用。

(4)增塑剂　具有使生胶软化、易于加工、减少动力消耗的作用。

(5)填充剂　能够提高橡胶的强度、降低橡胶的成本。主要为炭黑。

(三) 纤维和金属材料

橡胶的弹性大、强度低，因此很多橡胶制品必须用纤维材料或金属材料作骨架材料，以增大制品的机械强度，减少变形。

纺织纤维(包括天然纤维和合成纤维)和玻璃纤维等经加工制成帘布、帆布、线绳以及针织品等。各种类型金属材料除钢丝作为骨架材料外，还可作结构配件，如内胎气门嘴、胶辊铁芯等。骨架材料的用量因品种而异，如雨衣用骨架材料约占总量的80%~90%，输送带约占65%，轮胎类约占10%~15%。

四、橡胶加工工艺

橡胶制品的生产，在进行产品结构设计后，一般都经图6-14所示的工艺过程。主要包

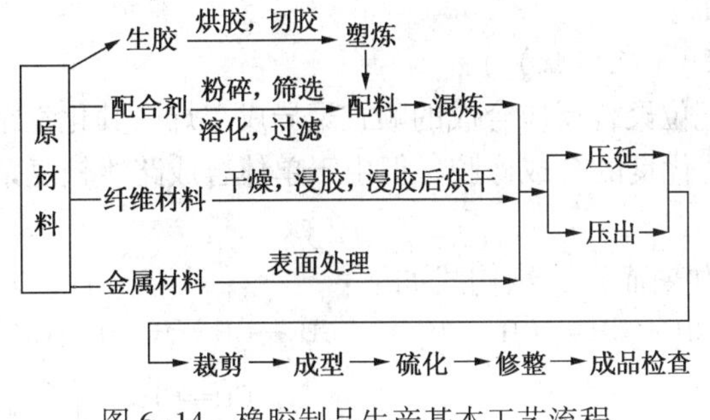

图6-14　橡胶制品生产基本工艺流程

括塑炼、混炼压延、压出、成型、硫化等工序。

1. 塑炼

使生胶由弹性状态转变为可塑状态的工艺过程。分为机械塑炼法和化学塑炼法。经塑炼后可获得适宜的可塑性和流动性，有利于后工序的进行，如混炼时配合剂易于均匀分散、压延时胶料易于渗入纤维织物等。

2. 混炼

将各种配合剂混入生胶中制成均匀的混炼胶的过程。分为间歇与连续混炼法。采用开放式炼胶机混炼和用密闭式炼胶机混炼，都属于间歇混炼方法。而近年来发展的用螺杆传递式连续混炼机混炼，则属于连续混炼法。

3. 压延和压出

压延是使物料受到延展的工艺过程，主要用于胶料的压片、压型、贴胶、擦胶和贴合等作业。

压出是胶料在压出机机筒和螺杆间的挤压作用下，连续通过一定形状的口型，制成各种复杂断面形状半成品的工艺过程。可以制造轮胎胎面胶条、内胎胎筒、纯胶管等。

4. 成型

把构成制品的各部件通过粘贴、压合等方法组合成具有一定型状的整体过程。

5. 硫化

硫化是胶料在一定条件下，橡胶大分子由线型结构转变为网状结构的交联过程，其目的是改善胶料的物理机械性能和其他性能。

五、主要橡胶简介

(一) 天然橡胶

由橡胶树分泌的胶乳提炼而得，其化学成分是顺式聚异戊二烯：

$$\left[CH_2-CH_2-\underset{}{\overset{\displaystyle CH_3}{\overset{|}{C}H}}-CH_2 \right]_n$$

天然橡胶的主要特点是抗张强度高于一般合成橡胶。它的回弹性优良，在较大的温度范围内具有良好的机械性能。但耐老化性较差，不能耐油、苯、甲苯和卤代烃以及氧化剂和氧化性酸的作用。

虽然近年来合成橡胶的产量在世界范围内不断增长，但天然橡胶价格低廉，性能优良，所以，当前全世界所消耗的橡胶总量中天然橡胶占30%左右。主要用来生产轮胎、输送带及一般工业和生活用橡胶制品。在不严重影响橡胶制品的使用条件时，可添加适量的丁苯橡胶、顺丁橡胶等合成橡胶。

(二) 合成天然橡胶(异戊橡胶)

由单体异戊二烯经配位聚合反应合成的顺式聚异戊二烯。其化学结构与物理机械性能与天然橡胶非常相似，是性能优良的合成橡胶。但由于单体合成路线较复杂，所以产量受到限制。

(三) 丁苯橡胶

由丁二烯与苯乙烯共聚而得，结构式如下：

$$\left(CH_2-CH=CH-CH_2 \right)_x \left(CH_2-\underset{\displaystyle CH=CH_2}{\underset{|}{CH}} \right)_y \left(CH_2-\underset{\displaystyle C_6H_5}{\underset{|}{CH}} \right)_z$$

1937 年在德国首先工业化，是最早工业化的合成橡胶。标准乳液法丁苯橡胶的苯乙烯含量为 23.5%。增高苯乙烯含量则制品硬度提高，弹性降低。工业上还生产加有 27.3%左右芳烃或环烷烃油类的充油丁苯橡胶以改进其加工性能，降低成本。丁苯橡胶的抗张强度、回弹性、抗撕裂性等性能低于天然橡胶，这些性能不足之处可通过与天然橡胶并用或调整配方得以改善。全世界丁苯橡胶的产量约占总产量的 60%，其产量和消耗量在合成橡胶中占第一位。高苯乙烯含量的丁苯橡胶主要用来制造橡胶鞋底。标准苯乙烯含量的丁苯橡胶主要用来制造轮胎。由于丁苯橡胶的强度低于天然橡胶，而且抗撕裂性差，作为轮胎使用时由于丁苯橡胶的形变滞后于应力的变化，所以在交变应力作用下丁苯橡胶会产生“内耗”而引起轮胎内部发热的现象。因此，丁苯橡胶不适于用来制造高速轮胎和大型车辆的轮胎，而适用于小型车辆的轮胎和其他工业用橡胶制品。

（四）顺丁橡胶

顺丁橡胶是以 1，3-丁二烯为单体聚合而成的一种通用橡胶。1956 年由美国首先合成，其产量仅次于丁苯橡胶，位居第二。丁二烯可在多种催化剂体系的作用下聚合生成立体结构规整的聚丁二烯橡胶(包括顺式-1，4 和反式-1，4 的结构)。我国采用铝-硼-镍催化体系所得聚丁二烯橡胶的顺式-1，4 结构的含量在 96%以上，所以称为顺丁橡胶。

顺丁橡胶的主要特点是耐寒性优良，最低使用温度可达-100℃，优于其他的二烯烃橡胶。其耐磨性和回弹性优良，但抗撕裂性一般，耐日光老化性较差。另一优点是在交变应力作用下内耗低，所以作为轮胎使用时内发热量低，适于制造轮胎、胶鞋、胶带、胶辊等耐磨制品。其主要缺点是混炼加工性比天然橡胶和丁苯橡胶差，而抗撕裂性低于天然橡胶，所以使顺丁橡胶的使用范围受到限制。针对顺丁橡胶的缺点，从结构上进行了调整，出现了一批新品，如中乙烯基丁二烯橡胶、高乙烯基丁二烯橡胶、低反式丁二烯橡胶、超高顺式丁二烯橡胶等。

（五）乙丙橡胶

由乙烯和丙烯经配位共聚得到的弹性体，是一种通用橡胶和特种橡胶之间的合成橡胶。它分为两类：一类是乙烯-丙烯二元共聚物，分子中基本不含双键，需要用过氧化物进行硫化。另一类是乙烯-丙烯-二烯烃单体三元共聚物，分子中引入二烯烃单体的目的在于可用硫黄进行硫化，从而开辟工业应用的途径。可用的二烯烃单体较多，工业上采用的主要是 1，4-己二烯、双环戊二烯、5-乙叉-2-降冰片烯，为了使共聚物具有优良的弹性，乙烯含量应在 10%~80%范围，工业上主要生产乙烯/丙烯为 70/30~40/60(质量)的共聚物。

二元乙丙橡胶分子中无双键，三元乙丙橡胶硫化后残存双键很少，所以分子结构属于饱和烃。它决定了乙丙橡胶的特性：耐气候性、耐氧化性、耐臭氧性、耐水性、绝缘性能优良。并且能够添加大量的填充油和填充剂，即使充油 100 份，橡胶的性能下降也不明显。缺点是抗撕裂性差，与帘子线黏结性不好，硫化速度慢，妨碍了与天然橡胶和丁苯橡胶共混时的硫化。针对乙丙橡胶的缺点，开发了一系列改性乙丙橡胶，如乙丙橡胶进行溴化、氯化、氯磺化、丙烯腈接枝等。它主要用作电气绝缘用橡胶、填圈、耐臭氧和室外用橡胶零件等。

（六）丁基橡胶

由含异丁烯 1%~35%(大多为 1.5%~4.5%)的戊二烯，在催化剂 $AlCl_3$作用下，于-95~-87℃经阳离子聚合生产的弹性体，硫化后不饱和键含量极少，所以表现了如下特性：耐气候性、耐氧化性、耐热性优良。最高使用温度超过 148℃，耐磨性接近天然橡胶；抗撕裂性低于天然橡胶但优于丁苯橡胶，室温下的回弹性很差。另一主要特点是对氧和氮的透气率非常低。适于用作气密性材料，制造轮胎的内胎，以及绝缘材料、防震动、防撞击材料。

（七）氯丁橡胶

由2-氯丁二烯-1，3经乳液聚合生产的弹性体，其主要特性是耐日光老化、耐氧化和耐热老化性能优良，可耐油和有机药品作用，以及耐酸的腐蚀作用，对氧和氮的透气率低。适于制造电缆包层、橡皮带、气密性材料、石油和化学药品储罐衬里。氯丁橡胶胶乳可用作涂料、黏合剂、密封用材料。

（八）丁腈橡胶

由丙烯腈和丁二烯经乳液共聚生产的弹性体。主要特点是耐油和耐化学药品的腐蚀作用优良。其物理机械性能和耐化学性能随丙烯腈含量而变化。丙烯腈含量一般为20%～40%，丙烯腈含量降低耐油性下降，但低温性能和回弹性提高。耐磨性接近天然橡胶，耐热老化性优良，但耐日光老化性差。可被强氧化剂、酮、醚和酯等有机溶剂溶胀。

（九）聚氨酯橡胶

由含端羟基的聚酯或聚醚与二异氰酸酯（如甲苯二异氰酸酯、对二苯基甲烷二异氰酸酯、1，5-萘二异氰酸酯）反应得到的线型高聚物。早期产品主要在混炼时进行“硫化”，使活性基团发生反应得到高聚物。目前主要发展了浇铸型产品，首先由含端羟基的聚酯如己二酸与乙二醇或丙二醇缩聚得到的聚酯与二异氰酸酯反应，得到端基为异氰酸酯基团的预聚物。预聚物一般为液体或低熔点固体，然后用二元胺或二元醇进行扩链，使之生成高聚物（弹性体）。可以用热塑性塑料的成型方法，如注塑、挤塑进行成型加工。其主要特点是具有优良的耐磨性、抗冲性能，耐日光老化性和耐热老化性优良，并且具有优良的耐油和耐溶剂性能，但不耐水蒸气的作用，室温回弹性很差。主要用作耐磨齿轮、纺织，机器零件等。

（十）其他特种橡胶

为了适应国防、尖端技术以及工业上特殊的需要，除上述某些特种橡胶外，还发展了耐高温、耐腐蚀的氟橡胶、氟硅橡胶、硅橡胶以及氮磷橡胶等特殊结构的特种橡胶。

1. 氟橡胶

含氟弹性体的总称。工业上重要的是三氟氯乙烯与偏二氟乙烯的共聚物、偏二氟乙烯与六氟丙烯的共聚物。其主要特点是具有优良的耐化学腐蚀和耐有机溶剂性能，并且耐油性优良，最高使用温度可达240℃，但低温性能较差，仅可达-24℃。

2. 硅橡胶

具有下列线型结构的高聚物：

$$\sim\sim\sim \underset{R}{\overset{R}{\underset{|}{\overset{|}{Si}}}} - O - \underset{R}{\overset{R}{\underset{|}{\overset{|}{Si}}}} - O - \underset{R}{\overset{R}{\underset{|}{\overset{|}{Si}}}} - O \sim\sim\sim$$

R为甲基或苯基。用过氧化物进行硫化；如果含有乙烯基，则可用硫进行硫化。具有优良的低温和高温性能（-15～+300℃），优良的耐老化性能，但耐溶剂性和耐腐蚀性不如氟橡胶。因此发展了R-基团含有氟取代的氟硅橡胶。

氟橡胶主要用作耐腐蚀和耐油的密封圈、隔膜等，硅橡胶则主要用作耐高温、耐低温的绝缘材料、隔膜以及密封圈等。

3. 氮磷氟橡胶

具有氮-磷主链的新型特种橡胶。已生产的氮-磷橡胶结构见结构式：

$$
\begin{array}{c}
OCH_2-CF_3 \\
| \\
-[P=N]_n- \\
| \\
OCH_2CF_2CF_2H
\end{array}
$$

其主要特点是低温性良好，使用温度范围为-62～+205℃，耐溶剂性优良。

第八节　合成纤维

一、概　述

所谓纤维是指长度比其直径大很多倍，并且有一定柔韧性的纤细物质。合成纤维是某些合成树脂的加工产物，这些合成树脂基本上都是线型高聚物。能够用来生产合成纤维的高聚物在宏观结构上应当是具有适当结晶度、经拉伸取向后成为不可逆的聚合物。它需要具备以下条件：

(1)聚合物主链是线型结构，聚合物的链长度要求超过100nm，方才形成有实用价值的纤维。所得纤维强度与平均相对分子质量有关，随相对分子质量增高而增加。但相对分子质量达到一定范围后强度不再增加。

(2)聚合物分子结构具有线型对称性，这样可以使分子与分子间结合紧密。如果存在不规则的长支链则妨碍分子与分子的结合紧密性，因此不适于用来生产合成纤维。

(3)聚合物大分子与大分子之间存在相当强的作用力。如离子键、偶极键、色散力、范德华力等。

同一品种的合成树脂既可用来生产合成纤维又可用来生产热塑性塑料时，生产合成纤维用的合成树脂平均相对分子质量一般要求低于热塑性塑料，而且相对分子质量分布要求狭窄以便于纺丝。

二、纤维的分类

纤维可分为两大类：一类是天然纤维，如棉花、羊毛、蚕丝和麻等；另一类是化学纤维，即用天然或合成高分子化合物，经化学加工而制得的纤维。化学纤维可按高聚物的来源和化学结构等进行分类，其主要类型如图6-15所示。

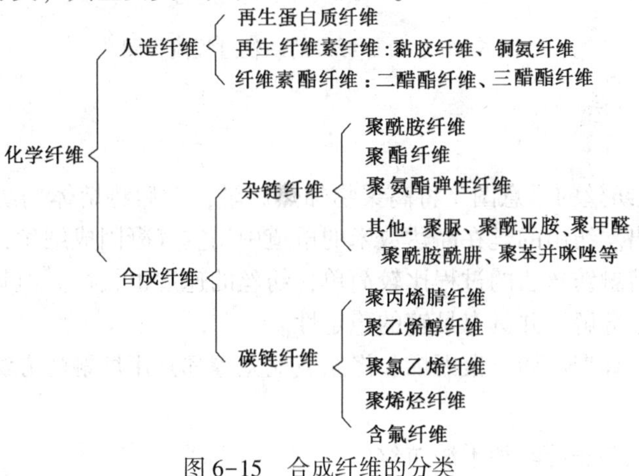

图6-15　合成纤维的分类

人造纤维是以天然高聚物为原料，经过化学处理与机械加工而得的纤维。其中以含有纤维的物质，如棉短绒、木材等为原料的，称纤维素纤维。以蛋白质为原料的，称再生蛋白质纤维。

合成纤维是由合成的高分子化合物加工制成的纤维。根据大分子主链的化学组成，又分为杂链纤维和碳链纤维两类。合成纤维品种繁多，其中最重要的是涤纶、锦纶、腈纶、维尼纶、丙纶、氯纶、氟纤维、弹性纤维、聚偏二氯乙烯纤维等，前几种是我国生产的最主要的衣着用合成纤维品种，产量占合成纤维总产量的90%以上，世界范围的格局也大体如此。

三、纤维加工过程

合成纤维的制备包括纺丝和后加工两道工序。

纤维纺丝的过程同蚕儿吐丝的过程是相似的。首先要把高聚物做成黏稠的液体，俗称纺丝液，然后将它们从喷丝头均匀地压出来。喷丝头的原理同洗澡用的莲蓬头相似，上面有几十个到数万个很微小的孔，孔径在0.04~1mm之间。从喷丝孔压出的黏液细流在空气或其他液体中凝固成细丝，随后绕在专门的筒子上，即完成了纺丝过程。细丝的缠绕收卷方式同生产的品种有关，如果生产的是长丝，则需将每根纤维分别卷绕，如果生产的是短丝，则可将喷丝头纺出的丝集成一束收卷。

直接纺丝得到的纤维没有足够的强度，手感很粗硬，甚至很脆，不能用来制备织物。必须经过一系列的后处理加工，才能得到结构稳定、性能优良的纤维。此外，合成纤维与天然纤维的混纺过程也是在后处理工序中完成的。纺丝过程流程简图如图6-16。

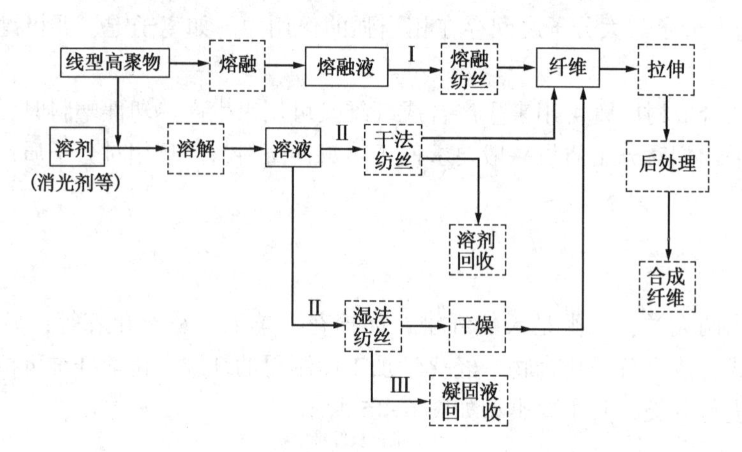

图6-16　合成纤维的纺丝过程流程图

（一）纤维纺丝方法

1. 熔融纺丝法

图6-17是熔融纺丝的示意图。将高聚物加热熔融，随后将熔体用纺丝泵连续、均匀地从喷丝头小孔中压出。纺出的丝在高达数米的甬道中用空气凝固成细丝，也可以直接浸入冷水浴中进行凝固。熔融纺丝法的过程比较简单，纺丝的速度也较快。但其首要条件是该高聚物在熔融温度下不会分解，并具有足够的稳定性。

大多数高聚物，如聚乙烯、聚丙烯、涤纶或尼龙等都是用熔融的方法来纺丝的。

2. 溶液纺丝

溶液纺丝又分为湿法纺丝和干法纺丝。

（1）湿法纺丝　指所用的凝固浴为水、溶剂或溶液等介质，即纺丝液细流的凝固是在液体介质中完成。图6-18是湿法纺丝示意图。以黏胶纤维为例，其生产过程是：黏胶→纺丝泵→烛形过滤器→鹅头管（曲形管）→喷丝头→凝固浴→导杆→导丝辊→卷筒。由于黏胶纺丝过程包括碱性介质中的纤维素磺酸酯再生为纤维素等的化学变化及凝固脱水等物理化学变化，所以纺丝所用的凝固浴一般由硫酸、硫酸锌、硫酸钠和少量表面活性剂组成。

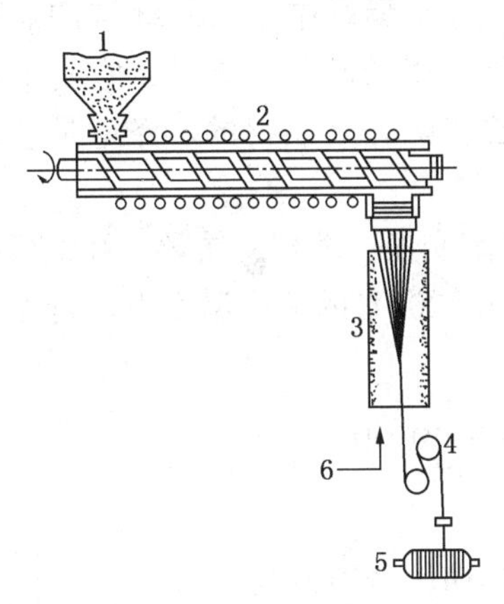

图 6-17　熔融纺丝示意图

1—料斗；2—螺杆挤出机；

3—纺丝甬道；4—导丝器；

5—卷丝筒；6—空气入口

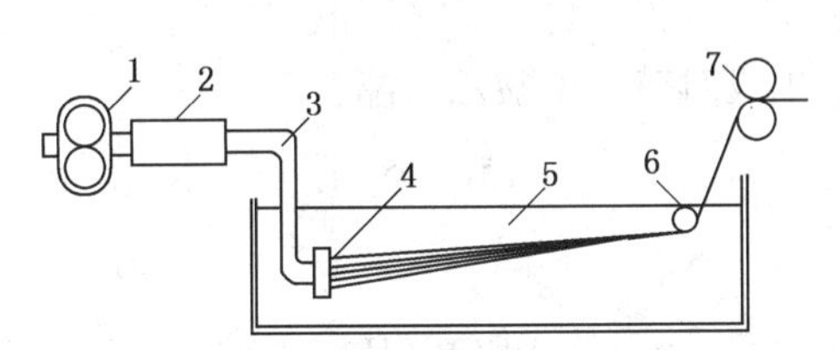

图 6-18　湿法纺丝示意图

1—纺丝泵；2—烛形过滤器；3—鹅颈管；

4—喷丝头；5—凝固浴；6—导杆；7—导丝辊

（2）干法纺丝　指凝固浴为热空气，从喷丝头出来的原液细流进入起干燥作用的环境中，原液细流所含溶剂被热空气加热，迅速挥发并被带走而凝固成丝。干法纺丝的简单流程如图 6-19 所示。腈纶、维纶和氯纶可采用干法纺丝。

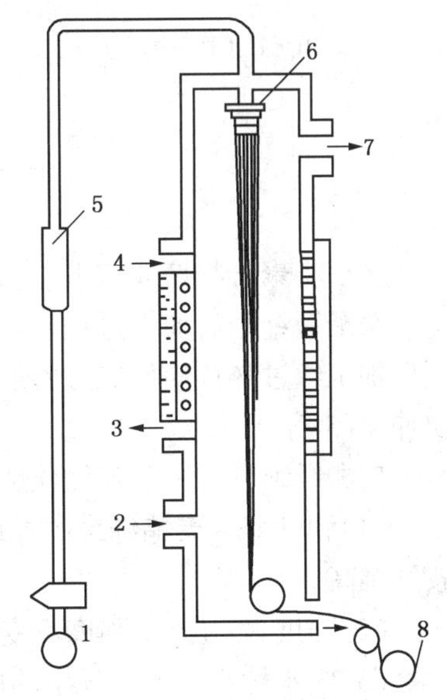

图 6-19　干法纺丝示意图

1—纺丝泵；2—空气入口；3—蒸汽出口；

4—蒸汽入口；5—过滤器；6—喷丝头；

7—空气及溶剂出口；8—卷丝筒

（二）纺丝后加工

通过纺丝方法得到的纤维，分子排列不规整，纤维的结晶度低，取向度低，物理力学性能差，不能直接供纺织用，必须进行一系列的后加工，以提高性能，成为可用的产品。丝的品种、用途不同，后加工的工序也不同。

短纤（其长度与棉、毛相当）的后加工包括：集束→拉伸→热定型→卷曲→切断→干燥→打包等步骤。

长丝的后加工包括：初捻→拉伸、加捻→后加捻→热定型→络丝等步骤。

拉伸的目的是使高分子链沿纤维轴取向排列，以增加分子链间作用力，从而提高纤维的强度。拉伸可以引发结晶，使结晶度增加，降低延伸度。拉伸要在 $T_g \sim T_m$ 的温度范围内进行，通过一组转动的、速度不同的牵伸辊施加的牵伸力使纤维受到拉伸作用。

热定型的目的是消除纤维的内应力，提高纤维的尺寸稳定性，并进一步改善其物理力学性能，使拉伸和卷曲的效果固定下来。热定形的温度常在 $T_g \sim T_m$ 之间，并辅于适当的湿度、张力等。后加工时纤维结构的变化见图 6-20。

图 6-20　后加工时纤维结构的变化

四、重要合成纤维简介

(一) 涤纶

其化学组成属于聚酯，又称聚酯纤维。聚酯纤维的品种很多，但目前主要品种是聚对苯二甲酸乙二酯纤维，它是由对苯二甲酸或对苯二甲酸甲酯和乙二醇缩聚制得的。涤纶是它的商品名，俗称“的确良”。

以对苯二甲酸二甲酯为原料生产涤纶纤维，主要经过酯交换、缩聚、纺丝、纤维后加工四个步骤。首先，将对苯二甲酸二甲酯溶于乙二醇，在 150~200℃的适中温度下进行酯交换反应，生成对苯二甲酸乙二酯：

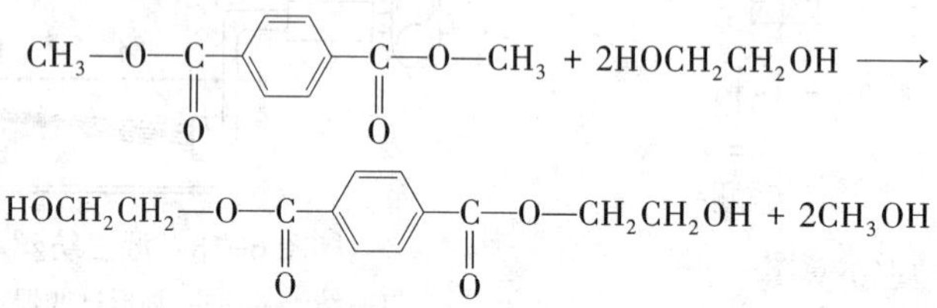

$$CH_3-O-\underset{\substack{\|\\ O}}{C}-C_6H_4-\underset{\substack{\|\\ O}}{C}-O-CH_3 + 2HOCH_2CH_2OH \longrightarrow$$

$$HOCH_2CH_2-O-\underset{\substack{\|\\ O}}{C}-C_6H_4-\underset{\substack{\|\\ O}}{C}-O-CH_2CH_2OH + 2CH_3OH$$

生成的对苯二甲酸乙二酯在更高温度(270~300℃)和高真空度(~100Pa)下进行缩聚。首先二个对苯二甲酸乙酯分子之间发生反应，产生二聚体，释出乙二醇。此二聚体再与单体反应生成三聚体。依此继续下去形成聚合物：

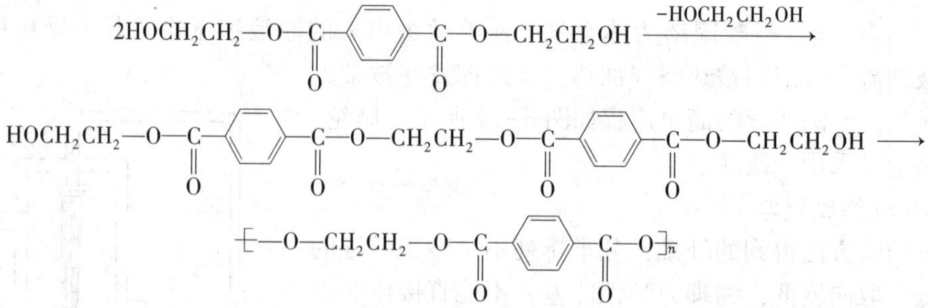

$$2HOCH_2CH_2-O-\underset{\substack{\|\\ O}}{C}-C_6H_4-\underset{\substack{\|\\ O}}{C}-O-CH_2CH_2OH \xrightarrow{-HOCH_2CH_2OH}$$

$$HOCH_2CH_2-O-\underset{\substack{\|\\ O}}{C}-C_6H_4-\underset{\substack{\|\\ O}}{C}-O-CH_2CH_2-O-\underset{\substack{\|\\ O}}{C}-C_6H_4-\underset{\substack{\|\\ O}}{C}-O-CH_2CH_2OH \longrightarrow$$

$$\left[-O-CH_2CH_2-O-\underset{\substack{\|\\ O}}{C}-C_6H_4-\underset{\substack{\|\\ O}}{C}-O-\right]_n$$

然后将聚合物熔体铸带、切片。聚酯纤维纺丝通常采用挤压熔融纺丝法进行。

聚酯短纤维后加工过程包括集束、拉伸、上油、卷曲、热定型、切断、打包等工序。长丝后加工经过热拉伸加捻、后加捻、热定型、络丝等工序。拉伸于 82~100℃下进行，一般拉伸 4~5 倍。

聚酯纤维具有一系列优异性能：

(1)弹性好　聚酯纤维的弹性接近于羊毛，耐皱性超过其他一切纤维，弹性模量比聚酰胺纤维高。

(2)强度大 湿态下强度不变。其冲击强度比聚酰胺纤维高 4 倍，比黏胶纤维高 20 倍。

(3)吸水性小　聚酯纤维的回潮率仅为 0.4%~0.5%，因而电绝缘性好，织物易洗易干。

(4)耐热性好　聚酯纤维熔点 255~260℃，比聚酰胺耐热性好。

此外，耐磨性仅次于聚酰胺纤维，耐光性仅次于聚丙烯腈纤维，具有较好的耐腐蚀性。

由于聚酯纤维弹性好，织物有易洗易干、保形性好、免熨等特点，所以是理想的纺织材料。可纯纺或与其他纤维混纺制作各种服装及针织品。在工业上，可作为电绝缘材料、运输带、绳索、渔网、轮胎帘子线、人造血管等。

（二）锦纶

为聚酰胺类纤维的总称，聚酰胺纤维是指分子主链含有酰胺键的一类合成纤维，锦纶是它的商品名，国外商品名有尼龙、耐纶、卡普隆等。大规模工业生产的有锦纶-66、锦纶-6、锦纶-610、锦纶-1010等。

聚酰胺纤维一般分为两大类：一类是由二元胺和二元酸缩聚而得，通式为；$\left[NH(CH_2)HCO(CH_2)CO\right]_n$；另一类是由ω-氨基酸缩聚或由内酰胺开环聚合而得，通式为$\left[NH(CH_2)CO\right]_n$。根据其单体所含碳原子数目的不同，可得到不同品种。

锦纶纤维的生产主要包括：由单体经聚合或缩聚而得到聚酰胺，然后进行纺丝和后加工。聚酰胺的工业生产常采用三种方法：熔融缩聚法、开环聚合法和低温聚合法（即界面聚合或溶液聚合法）。聚酰胺66是先将己二酸己二胺按化学配比混合制得己二酸己二胺盐，它以稀溶液的形式存在，然后浓缩，再加0.5%~1%（摩）的醋酸，加热反应混合物，连续蒸去水，可使聚合进行完全，这样可以获得相对分子质量足够高的聚合物。聚酰胺6是采用己内酰胺为原料，以水为活化剂的水解聚合制得。其聚合方法有两种：常压连续聚合法和高压密闭聚合法。

聚酰胺纤维是合成纤维中性能优良，用途广泛的品种之一。其性能特点有以下几点：

（1）耐磨性好，优于其他一切纤维，比棉花高10倍比羊毛高20倍。

（2）强度高、耐冲击性好，它是强度最高的合成纤维之一。

（3）弹性高、耐疲劳性好，可经受数万次双曲挠，比棉花高7~8倍。

（4）密度小，除聚丙烯和聚乙烯纤维外，它是所有纤维中最轻的，相对密度为1.04~1.14。

此外，耐腐蚀、不发霉，染色性较好。

聚酰胺纤维的缺点是：弹性模量小，使用过程中易变形，耐热性及耐光性较差。

聚酰胺纤维可以纯纺和混纺，作各种衣料及针织品，特别适用于制造单丝、复丝、弹力丝袜，耐磨又耐穿。工业上主要用作轮胎、帘子线、渔网、运输绳以及降落伞、宇宙飞行服等军用物品。

（三）腈纶纤维

以丙烯腈（$CH_2{=}CH{-}CN$）为原料聚合成聚丙烯腈，而后纺制成合成纤维。腈纶是它的商品名。因为丙烯腈的染色性能和纺丝性能不良，所以工业生产的都是丙烯腈共聚物。腈纶中丙烯腈含量一般在85%以上，再加入5%~10%的丙烯酸甲酯、醋酸乙烯等“第二单体”进行共聚。改善染色性常加入1%~2%的甲叉丁二酸、丙烯磺酸钠等“第三单体”共聚。

丙烯腈可以在低温下用自由基型或阴离子型引发剂进行聚合。丙烯腈的工业聚合是通过加成反应进行的，它常常与其他单体（诸如甲基丙烯酸酯、醋酸乙烯、氯乙烯和丙烯酰胺等）共聚。聚合在水介质中连续进行，同时使用过硫酸铵之类作氧化还原催化剂，然后将所得聚合物过滤、洗涤和干燥。

由于聚丙烯腈类对高温敏感，所以不采用熔体纺丝法，而用溶液纺丝法（湿纺或干纺）。聚丙烯腈类的溶解需要极性大的溶剂，最常用的溶剂是二甲基甲酰胺。改性聚丙烯腈纤维采用丙酮溶剂纺丝。同时，在纺丝前要向溶液中加入各种添加剂，如染料、上光剂、增亮剂等。

聚丙烯腈纤维无论外观或手感都很像羊毛，因此有“合成羊毛”之称。与天然羊毛相比，纤维强度比羊毛高1~2.5倍；密度（相对密度1.14~1.17）比羊毛小（相对密度1.30~1.32）；

保暖性及弹性均较好。聚丙烯腈纤维的耐光性与耐气候性能，除含氟纤维外，是天然纤维和化学纤维中最好的。在室外曝晒一年强度仅降低20%，而聚酰胺纤维、黏胶纤维等则强度完全破坏。聚丙烯腈纤维具有很高的化学稳定性，对酸、氧化剂及有机溶剂极为稳定，其耐热性也较好。聚丙烯腈纤维的弹性模量高，仅次于聚酯纤维，比聚酰胺纤维高2倍，保型性好。因此，聚丙烯腈纤维广泛地用来代替羊毛，或与羊毛混纺制成织物、棉织物等。还适用于制作军用帆布、窗帘、帐蓬等。

（四）丙纶纤维

丙纶纤维是聚丙烯纤维的商品名，近年来发展较快，产量仅次于涤纶、锦纶和腈纶，在合成纤维中形成了“四大纶”的格局。

目前聚丙烯纤维的工业生产是采用连续聚合的方法进行定向聚合，得到等规聚丙烯树脂。由于熔体黏度较高，普遍采用熔融挤压法纺丝。

聚丙烯纤维的相对密度为0.91，是目前所有合成纤维中最轻的。它的强度高，回弹性极好，耐磨性仅次于聚酰胺纤维，并具有良好的耐腐蚀性，短纤维具有较高的膨松性和保暖性。聚丙烯纤维的主要缺点是耐光性和染色性差，其次是耐热性、吸水性和手感差。目前已研制出丙纶特色纤维，即采取加入紫外线吸收剂制得耐老化纤维。采取改进染料和原液着色法制得丙纶着色纤维，为发展服装用料创造条件。

聚丙烯纤维可与棉、毛、黏胶纤维混纺用于衣料。工业上用作渔网、绳索、滤布、工作服等。

五、合成纤维工业技术的发展趋势

国外合纤维发展的趋势是工艺的高效化、生产的弹性化、品种的差别化、纤维的材料化及功能化。工艺及生产由聚合到纺丝均强调高效率、高效益。如采用高效聚合催化剂；通过聚合反应工程设计使过程优化，以有效地控制产品相对分子质量及其分布；采用大型连续化生产线；推广高速纺技术等，以提高生产效率。如聚酯通过新技术的应用，实现一套装置运转，由反应器排出的熔体平行地直接进入几条支生产线，生产出多种不同的产品，操作十分灵活。超细纤维的发展也令人瞩目，目前已能纺出0.00011旦(dtex)的纤维，而天然纤维最细的是1.1旦，高旦纤维料的出现为服装用纤维开辟了很广阔的市场。由于品种差别化，产品更新换代迅速。通过成型、复合、共混、共聚、交联、化学转化等改性途径，可赋予纤维新的特性。或通过分子设计，改造已有的成纤分子，纤维材料化及功能化也将迅速发展。除了服装用纤维外，结构材料、生物医药、产业及信息等领域耗用的纤维将与日俱增。

高技术的功能性纤维中，开发的重点为新一代高强高模量纤维——聚苯并双噁唑(PBO)、高强高模量维纶纤维、高强高模量聚乙烯纤维、聚丙烯腈预氧化纤维、碳纤维、沥青碳纤维以及超滤膜纤维。差别化纤维除仿丝、仿麻、仿鹿皮纤维品种外，将涌现高收缩、染色改性、异形、混纤、高强力、变形纱、抗起毛等纤维品种以及耐高温、阻燃、导电、防辐射等各种纤维。

第九节　功能高分子

功能高分子是指具有特定的功能作用，可作功能材料使用的高分子化合物，当前这是一类甚受瞩目、发展迅速的高分子材料。目前已获得的一些功能有：

一、分离吸附功能

具有这种功能常用的材料是离子交换树脂，它是由交联结构的高分子骨架与可电离的基团两个部分组成的不溶性高分子电解质，能与液相中带相同电荷的离子进行交换反应。

以强酸型离子交换树脂 R—SO_3H 为例（R 为树脂母体），存在如下的可逆反应：

$$\mathrm{R—SO_3H+Na^+ \rightleftharpoons R—SO_3Na+H^+}$$

在过量 Na^+存在时，反应向右进行，H 型树脂可完全转化成钠型，此即除去溶液中 Na^+的原理；当 H^+过量时（即加入酸时）则反应向左进行，此即强型离子交换树脂再生的原理。

离子交换树脂是在具有微细网状结构的高分子骨架（母体）上引入离子交换基团的树脂。其合成方法可分为两类：一是在交联的高分子骨架上通过高分子反应引入交换基团。例如使苯乙烯与二乙烯苯共聚（二乙烯苯的用量称为交联度），再进行磺化，引入—SO_3H，即得强酸型离子交换树脂；另一种方法是带有离子交换基团的聚合或缩聚反应。例如通过以下反应：

$$\mathrm{CH_2{=}C(CH_3)COOH} + \mathrm{CH_2{=}CH{-}C_6H_4{-}CH{=}CH_2} \longrightarrow \begin{matrix} \sim\sim \mathrm{CH_2{-}C(CH_3)(COOH){-}CH{-}CH_2} \sim\sim \\ | \\ \mathrm{C_6H_4} \\ | \\ \sim\sim \mathrm{CH_2{-}C(CH_3)(COOH){-}CH{-}CH_2} \sim\sim \end{matrix}$$

从而制得弱酸型离子交换树脂。

目前十分活跃的“膜技术”不断涌现出具有特殊分离功能的材料，如离子交换膜、扩散渗析膜、超滤膜、富氧膜以及各种透气性膜等，有生物功能的固定化酶膜，还有有分子识别功能的高分子材料。

二、物理功能

如感光性高分子又称为感光性树脂，是具有感光性质的高分子物质。高分子的感光现象是指高分子吸收了光能量后，分子内产生化学的或结构的变化，如降解、交联、重排等。

带有感光基团高分子的合成方法，有两种类型：

（1）使带有感光基团的单体进行聚合或缩聚反应。

（2）通过高分子反应，使高分子骨架带上感光基团。例如把聚乙烯醇用肉桂酰氯酯化而制得聚乙烯醇肉桂酸酯：

$$\mathrm{\{CH_2{-}\underset{\displaystyle OH}{CH}\}_n} + \mathrm{C_6H_5{-}CH{=}CH{-}\underset{\displaystyle \| \atop O}{C}{-}Cl} \longrightarrow \mathrm{\{CH_2{-}\underset{\displaystyle OCOH{=}CH{-}C_6H_5}{CH}\}_n}$$

该聚合物受到光照后发生交联固化，是一种研究较早的感光性高分子。用此方法可研制出很多品种的感光性高分子。

感光性高分子已广泛应用于印刷工业的各种板材料及 UV 油墨上，例如感光树脂凸版、平版中的感光液、凹版中的光致抗蚀剂、网板印刷中的膜及感光液、印刷油墨中的紫外光固化油墨等。

感光树脂除根据照相功能而作为光致抗蚀剂之外，还可利用感光高分子的光导电、光固化功能而获得重要应用，例如光电导摄影材料、光信息记录材料、光-能转换材料等。在化学工业中，光固化膜、光固化胶黏剂等则是光固化的具体应用。

三、化学功能

高分子催化剂是一类对化学反应有催化作用的高分子物质。高分子催化剂易于从反应体系分离，可重复使用，不污染产物，在实际应用中具有很多优点，已应用在工业生产上。

高分子催化剂，可分为以下几种类型：

(1)高分子电解质型　各种用于催化水解、缩合、烷基化等化学反应的离子交换树脂。例如，交联磺化聚苯乙烯型离子交换树脂，早在20世纪40年代就已经作为催化剂使用。

(2)氧化还原性高分子　用以催化各种氧化还原反应。例如用含有氢醌基或硫醇基的氧化还原树脂催化过氧化氢的合成反应、有机化合物的氧化反应等。

(3)使用旋光性高分子进行的不对称合成。

(4)金属螯合物高分子催化剂。

(5)以高分子为载体的酶催化剂。

酶本身是由氨基酸组成的蛋白质高分子化合物，是自然界中最有效的催化剂。虽然在合成化学中也用酶作催化剂，但反应后难以分离，在不使酶发生变性的情况下难以回收，并污染生成物。将酶固定在适当的载体上，使之不溶于水，提高使用效果，称为固定化酶。以高分子为载体制备固定化酶是当前酶固定化的研究方向。

四、医用高分子

用于医学的高分子材料，如人工心脏瓣膜、人工肺、人工肾、人工血管、人工骨骼、人造血液等，已有很多研究报道。医用高分子在性能上要求有“生体适应性”，如良好的化学稳定性、无毒、无副作用、耐老化、耐疲劳以及生物相容性(无异物反应，抗血凝性等)。例如医用缝线、高分子药物、组织黏合剂等。还要求在其发挥了效用之后，能被机体组织分解吸收或迅速排出体外。

医用高分子目前最大的难点是血凝性。生物体有一种排斥异物的能力，血液一接触到植入人体的高分子材料，就会产生排它作用，在植入物表面形成血凝。生物机体的高级结构是由亲水性微区与疏水性微区组成的微观非均一结构。采用微相分离的亲水-疏水型嵌段共聚物可望能解决这一问题。例如已合成聚醚与聚氨酯形成的嵌段共聚物(Biomer)，具有层状微观相分离结构，与血浆蛋白质中的白蛋白亲和性特别好，抗血凝性优良。其他抗血凝性好的高分子还有：聚醚聚氨酯嵌段共聚物与聚硅氧烷形成的Avcothane、甲基丙烯酸羟乙酯和二甲基硅氧烷嵌段共聚物以及聚环氧丙烷和尼龙610组成的嵌段共聚物等。

医用高分子药物有两种基本类型：一是以高分子为载体，联接上低分子药物即所谓药物高分子化。与相应的未经高分子化的药物相比，这类药物具有低毒、高效、缓解、长效等优点。例如，通常的抗癌药物都有毒，并容易引起恶心、脱发等不良反应，将其高分子化后其情况大大改善。另一类高分子药物是本身具有药效的高分子物，例如，聚乙烯吡咯烷酮可作血浆代用品等。

五、其他功能

(一) 高吸水性树脂

通常的吸水材料如棉花、海绵纸等，其吸水能力只有自身质量的20倍左右，并且挤压时大部分水将被排挤出来，而高吸水性树脂可吸收自身质量数百倍到上千倍的水，且能经受一定的挤压作用。

高吸水性树脂有两种：一种是使淀粉纤维素接上亲水基团，例如，把淀粉与丙烯腈接枝聚合，再水解而制得高吸水性产品；另一种是利用具有亲水基团的聚合物，如聚丙烯酸、聚乙烯醇等，进行交联而制得的吸水性树脂。

高吸水性树脂应用十分广泛，例如作卫生材料、农业园艺水土保持材料、建筑材料、防静电材料等。此外，它还具有将化学能转变成机械能的功能，可用于制备相应的机械装置，也可用以制成 pH 传感器等测量设备。

（二）导电性高分子材料

指自身具有导电功能的高分子聚合物。具有导电性的高分子材料，一般是具有长共轭双键结构的高分子，某些高分子金属配合物也具一定的导电功能。

聚乙炔具有共轭双键结构，为不溶不熔的粉末，难于加工，且导电率不高。20 世纪 70 年代，人们改进了乙炔聚合的方法，并采用了掺杂技术，即在聚乙炔中加入 1%的 AsF_5或 I_2，使导电率提高十个数量级，成为导电性优异的高分子金属，这一成就引起了广泛注意。现在许多科学家正在致力研究各种具有长共轭双键的高分子，尤其是采用固相聚合的方法研究乙二炔及其衍生物的聚合及其产物的性能。这类产物具有特殊的光学性能，以及典型的半导性。有的具有光导性，有的在不同温度下显示不同的颜色和具有负的膨胀系数等，有的用于制备大功率蓄电池已获成功。但研究工作尚处于初始阶段，未工业化，但其发展前景是诱人的。

高分子实现“功能化”，最早或最简单的方法是寻找一种或数种具有想要“功能”的非高分子材料，然后将这些称为功能材料的物质与高分子物混合调制混炼而成。目前探索的“功能化”途径是在高分子成型加工或高聚物合成中直接导入具有特殊功能的官能团，这要比混合添加的方法更可靠一些，人们称之为功能高分子的“分子设计”。

思考题

1. 写出下列单体形成聚合物的反应式，形成聚合物的结构单元、命名？属于哪类反应？

$$CH_2 = CHCOOCH_3$$

$$NH_2(CH_2)_6NH_2 + HOOC(CH_2)_4COOH$$

$$HO\text{-}\!\!\left[CH_2\right]\!\!_5\text{—}COOH$$

2. 写出下列聚合物的名称、单体和合成反应式。

$$\left[NH(CH_2)_5CO\right]_n \quad \left[CH_2—C(CH_3)=CH-CH_2\right]_n$$

$$\left[CH_2—\underset{COOCH_3}{\overset{CH_3}{C}}—\right]_n \qquad \left[CH_2—\underset{C_6H_5}{CH}\right]_n$$

3. 名词解释：数均相对分子质量 $\overline{M}_n$、重均相对分子质量 $\overline{M}_w$、分散性指数 $\overline{M}_w/\overline{M}_n$。

4. 以偶氮二异丁腈为引发剂，写出氯乙烯聚合过程中的各基元反应式。

5. 什么叫链转移反应？有几种形式？对聚合速率与相对分子质量有何影响？

6. 无规共聚物、交替共聚物、接枝共聚物和嵌段共聚物在结构上有什么区别？

7. 比较本体聚合、溶液聚合、悬浮聚合和乳液聚合的配方基本组分和优缺点。

8. 简要说明自由基聚合、阳离子聚合和阴离子聚合反应特征。

9. 聚合物的立体规整性的含义是什么？简述 Ziegler–Natta 催化剂体系。

10. 什么叫连锁聚合反应？什么叫逐步聚合反应？试比较两种反应类型的主要特征。

11. 塑料按化学组成分类可分为几类？主要有哪些？

12. 塑料除基本组分聚合物外，还有哪些组分？各起什么作用？

13. 塑料的成型加工方法有哪些？

14. 合成橡胶的配合剂主要指哪些？有什么作用？

15. 简述橡胶的加工工艺。

16. 写出天然橡胶、顺丁橡胶、氯丁橡胶的分子式。

17. 常用的通用橡胶有哪些？它们的主要用途是什么？

18. 橡胶为什么要硫化？为什么合成橡胶的硫化比天然橡胶要困难些？

19. 涤纶、锦纶、腈纶、丙纶的主要性能及应用。

20. 写出以对苯二甲酸二甲酯为原料生成涤纶过程的化学方程式。

21. 为什么称丙烯腈纤维为“人造羊毛”？

22. 写出涤纶、尼龙–66、腈纶分子式。

附录　聚合物英文缩写一览表

AAS	丙烯腈-丙烯酸酯-苯乙烯三元共聚物
ABS	丙烯腈-丁二烯-苯乙烯三元共聚物
ACS	丙烯腈-氯化聚乙烯-苯乙烯三元共聚物
AK	醇酸树脂
AMMA	丙烯腈-甲基丙烯酸甲酯共聚物
AR	丙烯腈橡胶
AS	丙烯腈-苯乙烯共聚树脂
ASA	丙烯腈-苯乙烯-丙烯酸酯共聚物(以聚丙烯酸酯为骨架接枝 AS)
AU	聚酯型聚氨酯橡胶
BR	丁二烯橡胶(或顺丁橡胶)
CA	醋酸纤维素
CMC	羧甲基纤维素
CN	硝酸纤维素
CPA	己内酰胺-己二酸己二酯-癸二酸己二酯三元共聚物
CPE	氯化聚乙烯
CPVC	氯化聚氯乙烯
CR	氯丁橡胶
CSM	氯磺化聚乙烯
CTBN	羧基为端基的丁腈共聚物
EC	乙基纤维素
ECO	环氧氯丙烷橡胶
ECTFE	乙烯-三氟氯乙烯共聚物
EOT	聚乙烯硫醚
EP	环氧树脂
EPDM	乙烯-丙烯-二烯共聚物
EPR	乙丙橡胶
EPSAN	乙烯-丙烯-苯乙烯-丙烯腈共聚物
EPT	乙烯-丙烯三元共聚物
ETFE	乙烯-四氟乙烯共聚物
EU	聚醚型聚氨酯橡胶
EVA	乙烯-醋酸乙烯共聚物
FPM	氟橡胶
HDPE	高密度聚乙烯
PPO	聚苯醚
PPS	聚苯硫醚
PS	聚苯乙烯
PTFE	聚四氟乙烯
PTP	聚对苯二甲酸酯
PU	聚氨酯
PVA	聚乙烯醇
PVAc	聚醋酸乙烯

PVB	聚乙烯醇缩丁醛
PVC	聚氯乙烯
HIPS	耐冲击聚苯乙烯
IIR	异丁橡胶
IR	异戊二烯橡胶
LDPE	低密度聚乙烯
MABS	甲基丙烯酸甲酯-丙烯腈-丁二烯-苯乙烯共聚-共混物
MBS	甲基丙烯酸酯-丁二烯-苯乙烯共聚共混物
MF	三聚氰胺-甲醛树脂
NBR	丙烯腈-丁二烯共聚物
NR	天然橡胶
PA	聚酰胺
PAA	聚丙烯酸
PAI	聚酰胺-酰亚胺
PAN	聚丙烯腈
PAS	聚芳砜
PB	聚丁二烯
PBAN	聚丁二烯-丙烯腈
PBI	聚苯并咪唑
PBMA	聚甲基丙烯酸正丁酯
PBS	聚丁二烯-苯乙烯
PBTP	聚对苯二甲酯丁二醇酯
PC	聚碳酸酯
PCL	聚己内酰胺
PCTFE	聚三氟氯乙烯
PE	聚乙烯
PEG	聚乙二醇
PEO	聚氧化乙烯
ETP	聚对苯二甲酸乙二醇酯
PF	酚醛树脂
PI	聚酰亚胺
PMAN	聚甲基丙烯腈
PMMA	聚甲基丙烯酸甲酯
PO	聚烯烃
PP	聚丙烯
PPI	聚异氰酸酯
PVCAc	氯乙烯-醋酸乙烯共聚物
PVD	聚偏二氯乙烯
PVDF	聚偏氟乙烯
PVF	聚乙烯醇缩甲醛
PVF	聚氟乙烯
SAN	苯乙烯-丙烯腈共聚物
SBR	丁苯橡胶
SBS	苯乙烯-丁二烯-苯乙烯嵌段共聚物
SIS	苯乙烯-异戊二烯嵌段共聚物
TE	热塑性弹性体